“十三五”国家重点图书出版规划项目
物 理 学 名 家 名 作 译 丛

（英）马尔科姆·朗盖尔　著
向守平　郑久仁　朱栋培　袁业飞　译

物理学中的理论概念

Theoretical Concepts in Physics

中国科学技术大学出版社

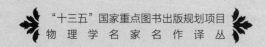

安徽省版权局著作权合同登记号：121414030 号

图书在版编目(CIP)数据

物理学中的理论概念/(英)马尔科姆·朗盖尔(Malcolm Longair)著;向守平,郑久仁,朱栋培,袁业飞译.—合肥:中国科学技术大学出版社,2017.8(2021.4 重印)
(物理学名家名作译丛)
"十三五"国家重点图书出版规划项目
ISBN 978-7-312-03376-6

Ⅰ.物… Ⅱ.①马… ②向… ③郑… ④朱… ⑤袁… Ⅲ.物理学—研究 Ⅳ.O4

中国版本图书馆 CIP 数据核字(2017)第 102306 号

出版 中国科学技术大学出版社
安徽省合肥市金寨路 96 号,230026
http://press.ustc.edu.cn
https://zgkxjsdxcbs.tmall.com
印刷 合肥华苑印刷包装有限公司
发行 中国科学技术大学出版社
经销 全国新华书店
开本 710 mm×1000 mm 1/16
印张 32.5
字数 673 千
版次 2017 年 8 月第 1 版
印次 2021 年 4 月第 4 次印刷
定价 99.00 元

内容简介

本书以一种独创、新颖且全面综合的方法对物理学中的理论研究进行了探讨，并以真实的物理学是科学家不断探索和实践的结果的视角阐述主题。作者试图将本书作为大学本科高年级物理课程的补充读物，并假定读者对普通物理的知识已有所了解。利用对7个专题的系列研究，作者着重描述了理论物理学中某些最难的概念、科学家们充满智慧的艰难探索，以及研究和发现所带来的激动和欣喜。这些专题研究包括牛顿运动定律和万有引力定律起源、麦克斯韦方程组、线性/非线性力学与动力学、热力学与统计物理、量子概念起源、狭义相对论、广义相对论与宇宙学。本版在处理方式上与受到读者高度好评的第1版相同，但在第1版的基础上做了全面修订，并增加了许多新的案例。

本书适合用作研究生和高年级本科生的教材。译者是在各专题领域工作多年的著名学者。

前　言

本书写作的动机源于1977～1980年我在剑桥大学给准备进入物理学和理论物理学最后一年学习的本科生所讲授的一门课程。该课程的目的是概述物理学理论研究的本质，以使学生更容易接受最后一年多门物理学课程的高强度学习。该课程的宗旨在第1章和其后的相关论题中做了描述，其中使我感受强烈的是：学生在学习大学本科物理学课程时，如果不理解其内涵、处理方法以及被专业物理学家作为研究工具的技术，就领会不到人类的智慧激情与物理学之美。该课程曾作为普通物理课程的替代课程，并命名为"物理学中的理论概念"。

这一课程的一个重要特点是：它是由学生自主选择的，并且完全没有考试。该课程于每周一、周三、周五上午9:00开始讲授，在7～8月间持续讲授4周，该时间段正是剑桥大学多年来的夏季学期，正好处于最后一学年物理课开课之前的阶段。因除了开课的时间选择外，该课程没有考试，加上夏季阶段剑桥大学特有的吸引力，所以有为数众多的学生选修该课程。学生们的积极反馈使我非常愉悦，也因此激励我把这一课程内容写成出版物出版。我还没有看到其他任何一本书所包含的内容与此书相同。

本书第1版于1984年出版，书中增添了我讲授物理学和理论物理学的一些体会。那时我已经担任爱丁堡皇家天文台台长并负责爱丁堡大学天文系的工作。1991年我回到剑桥大学，深入参与了物理教学大纲的修订工作，并在此基础上建立了当前的3年或4年的课程体系。最后，4年里我更新了旧课程的内容，并将它更名为"物理学中的概念"。我继续扩展补充所讨论内容的范围，这些最近补充的许多内容已包括在这一新版本中。

我在第1版中强调过的许多特点在新版本中仍然有所体现。本书对物理学以及理论物理学采用的是一种高度独立的处理方式。它绝不是正规的大学物理课程那样的物理学和理论物理学系统阐述的替代品。本书应当被看作是对正规教学内容的补充,它从物理学如何产生以及物理学家和理论物理学家在实际中如何工作的角度,阐述和补充相关教学内容。如果我能使学生像专业物理学家那样了解和热爱物理学,或者哪怕只是使学生提高了一点对物理学的欣赏能力,这本书就达到了目的。

在第1版中我有意突出了主要人物个人的卓越贡献,这在很大程度上扩展了传统教科书的内容。我的意图是强调每个物理学家探讨问题的个性,以使我在讲述物理学如何取得进展时有比较多的自由空间来表达自己的观点和感受。20年之后,我发现自己的写作风格发生了变化。现在看来,和现在的写作风格相比,我早期的写作非常"夸张"并"无拘无束"。显然,现在的行文更为谨慎,部分内容是对以前的一些不是很正确的论点,经过深思熟虑后改变其所强调的重点的结果。但无需担心,第1版中所洋溢的热情在新版中丝毫没有减少,只是写作时采用了更为成熟的观点。最终,我把全书从头到尾做了改写,试图在保留早期写作活力的同时,使语言表述上尽可能准确。

本书中所表述的观点显然都是我自己的,但我的许多剑桥和爱丁堡的同事,在将我的想法用公式表述出来以及理清我的思路方面起了重要作用。对该课程的最初设想来自我与库克(Alan Cook)、海涅(Volker Heine)和沃尔瑟姆(John Waldram)的讨论。我从海涅和斯科特(J. M. C. Scott)手中承接了"数学物理例题"课程,这门课程对我理顺自己的思路帮助极大。此后几年里,约瑟夫森(Brian Josephson)对"概念"课程提供了帮助并提出了许多精辟的见解。在我讲述热力学部分时,正好豪伊(Archie Howie)也在讲授"热力学"课程,我在与他的讨论中受益匪浅。"概念"课程作为1990年代课程改革的一部分,豪伊也参与了该课程的讲授,我很乐于研究他的许多创新之处并进一步加以发挥。

在爱丁堡,布兰德(Peter Brand)、皮科克(John Peacock)和海文斯(Alan Heavens)对我在一些概念的理解方面有过很大帮助。在剑桥,许多同事对我把物理学生动地介绍给大学生的努力给予了很大支持。特别感谢沃尔瑟姆和格林(David Green),他们在和我一起共同授课期间,与我进行过无数次的讨论。我还要感谢格尔(Steve Gull)和雷森比(Anthony Lasenby),他们的讨论给予我的帮助无法估量。马哈詹(Sanjoy Mahajan)对量纲方法一节特别感兴趣,并且仔细阅读了我所写的内容,我对他的帮助与建议非常感激。特别还要感谢哈曼(Peter Harman),他阅读了我写的有关麦克斯韦方程组的部分并提出了有益的建议。

有两个组织不断为我提供有关物理学的宝贵见解。第一个是物理系教学委员会。我认为,一部关于如何讲授物理学和理论物理学的热烈讨论的录像,也许比整个课程教给学生的物理知识还要多。第二个是教职员-学生物理学协商委员会。它像是一个大市场,在那里,物理学课程的组织者在教学的所有环节中面对的是一群聪明且能言善辩的顾客。学生们参与这些讨论,大大有助于所讨论的内容公开。

我必须还要感谢多年来听过我的这门课或其他课的大学生们对我的激励。他们的评论和热情使得本书第1版最终问世。新的一版也是如此——剑桥大学的学生们是一种珍稀资源,他们使得讲课和教学成为一种特殊的荣幸和真正的享受。

恐怕我最应当感谢的是已故的赖尔(Martin Ryle)和朔伊尔(Peter Scheuer),他们在1960年代(即我在射电天文研究室工作期间)指导过我的研究工作,教会我如何成为一名物理学家。我从他们那里学到的真正的物理学,比从其他任何人那里学到的都要多。对我同样有极大影响的,还有已故的泽尔多维奇(Yakov Borisevichi Zeldovich),以及我的同事桑尼耶夫(Rashid Sunyaev)。1968~1969年,在莫斯科的这一年是我打开物理学和天体物理学新思路革命性的一年。另一个对我有很大影响的人是皮帕德(Brian Pippard),他对物理学的透彻见解给了我深刻的启发。尽管我和他在物理观点上有很大不同,但在我们一起讨论过的物理问题中,没有哪个问题我没有迅速受到他的启发。

许多人为这本书的编写提供了帮助,我对他们深表谢意。在爱丁堡编写第1版时,墨里(Janice Murray)和霍伯(Susan Hooper)高质量地完成了大部分打字工作。弗雷特韦尔(Marjorie Fretwell)帮我画了所有的线描图,其中许多图在第2版时重新画了一遍。爱丁堡皇家天文台照相实验室的哈德利(Brian Hadley)及其同事们帮我把图缩小到适宜出版的尺寸,并提供了第1版所用的所有照片。皇家天文台图书馆的工作人员帮助我查找参考文献,正是他们的努力,使得克劳福德(Crawford)

收藏的老版科学著作中许多珍贵的资料照片得以发表。

在本书第2版的编写过程中，安德鲁斯(Judith Andrews)令人赞叹地把第1版中的大量内容转换成LaTeX文本；同样重要的是，她是我的秘书和私人助理，在她的帮助之下，我在做管理实验室工作的同时，得以有时间改写这本书。

由于全力以赴地工作，我感到亏欠妻子黛博拉(Deborah)和两个孩子马克(Mark)和莎拉(Sarah)很多，这种情感是无法用语言来表述的。

作　者

目　　次

前言 ………………………………………………………………………………（ⅰ）
第1章　引言 …………………………………………………………………………（1）
　1.1　对读者的说明 ……………………………………………………………（1）
　1.2　本书的由来 ………………………………………………………………（4）
　1.3　对读者的告诫 ……………………………………………………………（5）
　1.4　物理和理论物理的本质 …………………………………………………（5）
　1.5　环境的影响 ………………………………………………………………（7）
　1.6　本书的计划 ………………………………………………………………（8）
　1.7　致歉和鼓励的话 …………………………………………………………（9）
　1.8　参考文献 …………………………………………………………………（10）

专题1　牛顿运动定律和万有引力定律起源

第2章　从托勒密到开普勒——哥白尼的革命 ……………………………………（13）
　2.1　古代史 ……………………………………………………………………（13）
　2.2　哥白尼的革命 ……………………………………………………………（16）
　2.3　第谷·布拉赫——天堡之主 ……………………………………………（18）
　2.4　开普勒与天体和谐 ………………………………………………………（22）
　2.5　参考文献 …………………………………………………………………（28）
第3章　伽利略与物理科学的本质 ………………………………………………（30）
　3.1　引言 ………………………………………………………………………（30）
　3.2　作为实验物理学家的伽利略 ……………………………………………（30）
　3.3　伽利略望远镜的发现 ……………………………………………………（36）
　3.4　问题的要点 ………………………………………………………………（38）
　3.5　对伽利略的审判 …………………………………………………………（42）

3.6 伽利略相对论 …… (43)
3.7 反思 …… (45)
3.8 参考文献 …… (47)
第4章 牛顿与引力定律 …… (48)
4.1 引言 …… (48)
4.2 林肯郡(1642～1661) …… (48)
4.3 剑桥(1661～1665) …… (49)
4.4 林肯郡(1665～1667) …… (49)
4.5 剑桥(1667～1696) …… (54)
4.6 炼金术士牛顿 …… (58)
4.7 对古代经典的解读 …… (60)
4.8 伦敦(1696～1727) …… (61)
4.9 参考文献 …… (62)
第4章附录 关于圆锥曲线和有心轨道的注释 …… (63)

专题2 麦克斯韦方程组

第5章 麦克斯韦方程组的起源 …… (72)
5.1 电磁学的发端 …… (72)
5.2 法拉第及其力线——没有数学的数学 …… (75)
5.3 麦克斯韦怎样导出电磁场方程组 …… (80)
5.4 赫兹与电磁波的发现 …… (90)
5.5 反思 …… (92)
5.6 参考文献 …… (93)
第5章附录 有用的矢量场 …… (94)
第6章 改写电磁学史 …… (105)
6.1 引言 …… (105)
6.2 麦克斯韦矢量方程组 …… (106)
6.3 电磁学的高斯定理 …… (107)
6.4 与时间无关的保守力场 …… (108)
6.5 电磁学的边界条件 …… (108)
6.6 安培环路定理 …… (112)
6.7 法拉第电磁感应定律 …… (112)

6.8　本构方程 …………………………………………………………………（113）
6.9　库仑定律的导出 ……………………………………………………………（114）
6.10　毕奥-萨伐尔定律的导出 ……………………………………………………（116）
6.11　解释介质中的麦克斯韦方程组 ……………………………………………（116）
6.12　电磁场的能量密度 …………………………………………………………（120）
6.13　结束语 ……………………………………………………………………（123）
6.14　参考文献 …………………………………………………………………（124）

专题 3　线性/非线性力学与动力学

第 7 章　力学与动力学方法 ……………………………………………………（127）
7.1　牛顿运动定律 ………………………………………………………………（127）
7.2　“最小作用”原理 ……………………………………………………………（129）
7.3　欧拉-拉格朗日方程 …………………………………………………………（132）
7.4　小振动与简正模式 …………………………………………………………（135）
7.5　守恒定律与对称性 …………………………………………………………（139）
7.6　哈密顿量与泊松括号 ………………………………………………………（142）
7.7　提示 …………………………………………………………………………（144）
7.8　参考文献 ……………………………………………………………………（145）
第 7 章附录　流体运动 …………………………………………………………（145）
第 8 章　量纲分析、混沌与自组织临界性 ……………………………………（151）
8.1　引言 …………………………………………………………………………（151）
8.2　量纲分析 ……………………………………………………………………（151）
8.3　混沌简介 ……………………………………………………………………（165）
8.4　标度律与自组织临界性 ……………………………………………………（176）
8.5　超越计算 ……………………………………………………………………（183）
8.6　参考文献 ……………………………………………………………………（184）

专题 4　热力学与统计物理

第 9 章　热力学基础 …………………………………………………………（189）
9.1　热量和温度 …………………………………………………………………（189）
9.2　热的气体动理论与热质论 …………………………………………………（190）

9.3　热力学第一定律 ……………………………………………………………… (194)
9.4　热力学第二定律的起源 …………………………………………………… (204)
9.5　热力学第二定律 ……………………………………………………………… (209)
9.6　熵 ……………………………………………………………………………… (218)
9.7　熵增原理 ……………………………………………………………………… (220)
9.8　合并了热力学第一、第二定律的微分式 ………………………………… (224)
9.9　参考文献 ……………………………………………………………………… (224)
第9章附录　麦克斯韦关系和雅可比行列式 ………………………………… (225)
第10章　气体动理论与统计力学的起源 ……………………………………… (230)
10.1　气体动理论 …………………………………………………………………… (230)
10.2　气体动理论(第一版本) …………………………………………………… (231)
10.3　气体动理论(第二版本) …………………………………………………… (232)
10.4　麦克斯韦速度分布 ………………………………………………………… (237)
10.5　气体的黏滞度 ……………………………………………………………… (242)
10.6　热力学第二定律的统计性质 ……………………………………………… (245)
10.7　熵与概率 …………………………………………………………………… (247)
10.8　熵与态密度 ………………………………………………………………… (251)
10.9　吉布斯熵与信息 …………………………………………………………… (254)
10.10　结束语 ……………………………………………………………………… (257)
10.11　参考文献 …………………………………………………………………… (257)

专题5　量子概念起源

第11章　1895年前的黑体辐射 …………………………………………………… (261)
11.1　1890年物理的状态 ………………………………………………………… (261)
11.2　辐射发射和吸收的基尔霍夫定律 ………………………………………… (262)
11.3　斯特藩-玻尔兹曼定律 ……………………………………………………… (266)
11.4　维恩位移定律及黑体辐射谱 ……………………………………………… (274)
11.5　参考文献 …………………………………………………………………… (277)
第12章　1895～1990:普朗克与黑体辐射谱 …………………………………… (279)
12.1　普朗克的早期生涯 ………………………………………………………… (279)
12.2　热平衡中的振子与它们的辐射 …………………………………………… (281)
12.3　谐振子的平衡辐射谱 ……………………………………………………… (286)

12.4　通向黑体辐射谱 …… (289)
12.5　普朗克辐射定律的最初形式 …… (292)
12.6　瑞利与黑体辐射谱 …… (294)
12.7　黑体辐射定律与实验的比较 …… (297)
12.8　参考文献 …… (298)
第12章附录　瑞利1900年带原始脚注的文章 …… (300)
第13章　黑体辐射的普朗克理论 …… (302)
13.1　引言 …… (302)
13.2　统计力学的玻尔兹曼方法 …… (302)
13.3　普朗克的分析 …… (305)
13.4　普朗克和自然单位 …… (308)
13.5　普朗克和 h 的物理意义 …… (310)
13.6　为什么普朗克找到了正确的答案 …… (312)
13.7　参考文献 …… (315)
第14章　爱因斯坦和光的量子化 …… (317)
14.1　爱因斯坦的奇迹年 …… (317)
14.2　关于光的产生和转化的一个启发性观点 …… (319)
14.3　固体的量子理论 …… (325)
14.4　德拜的比热容理论 …… (328)
14.5　再论气体比热容 …… (330)
14.6　结束语 …… (334)
14.7　参考文献 …… (334)
第15章　量子假说的胜利 …… (336)
15.1　1909年的情况 …… (336)
15.2　盒中粒子的涨落 …… (336)
15.3　随机叠加的波的涨落 …… (339)
15.4　黑体辐射中的涨落 …… (340)
15.5　第一届索尔维会议 …… (342)
15.6　玻尔的氢原子理论 …… (345)
15.7　爱因斯坦(1916)“关于辐射的量子理论” …… (351)
15.8　故事结语 …… (355)
15.9　参考文献 …… (357)
第15章附录　存在噪声时对信号的探测 …… (358)

专题 6 狭义相对论

第 16 章 狭义相对论——不变量的研究 …………………………… (366)

16.1 引言 …………………………………………………………… (366)

16.2 几何和洛伦兹变换 ……………………………………………… (373)

16.3 三维矢量和四维矢量 …………………………………………… (375)

16.4 相对论动力学——动量和力的四维矢量 ………………………… (380)

16.5 描述运动的相对论方程 ………………………………………… (384)

16.6 频率四维矢量 …………………………………………………… (386)

16.7 洛伦兹收缩和磁场起源 ………………………………………… (387)

16.8 反思 …………………………………………………………… (389)

16.9 参考文献 ………………………………………………………… (390)

专题 7 广义相对论与宇宙学

第 17 章 广义相对论初步 …………………………………………… (394)

17.1 引言 …………………………………………………………… (394)

17.2 相对论引力的本质特征 ………………………………………… (397)

17.3 各向同性的弯曲空间 …………………………………………… (405)

17.4 通往广义相对论之路 …………………………………………… (409)

17.5 施瓦西度规 ……………………………………………………… (413)

17.6 围绕点质量的粒子轨迹 ………………………………………… (415)

17.7 行星轨道近日点进动 …………………………………………… (421)

17.8 施瓦西时空中的光线 …………………………………………… (423)

17.9 黑洞附近的粒子和光线 ………………………………………… (425)

17.10 施瓦西黑洞周围的圆轨道 ……………………………………… (427)

17.11 参考文献 ……………………………………………………… (430)

第 17 章附录 各向同性弯曲空间 ……………………………………… (431)

第 18 章 宇宙学技术 ……………………………………………… (436)

18.1 引言 …………………………………………………………… (436)

18.2 约瑟夫·夫琅禾费 ……………………………………………… (436)

18.3 摄影术的发明 …………………………………………………… (437)

18.4　新一代望远镜 …………………………………………………………… (439)
18.5　天文学基金 …………………………………………………………… (444)
18.6　电子革命 …………………………………………………………… (448)
18.7　第二次世界大战的影响 …………………………………………… (449)
18.8　紫外线、X 射线、γ 射线天文学 ………………………………… (451)
18.9　反思 …………………………………………………………… (453)
18.10　参考文献 …………………………………………………………… (454)
第 19 章　宇宙学 …………………………………………………………… (456)
19.1　宇宙学和物理学 …………………………………………………… (456)
19.2　基本宇宙学数据 …………………………………………………… (457)
19.3　罗伯逊-沃克度规 …………………………………………………… (461)
19.4　宇宙观测 …………………………………………………………… (465)
19.5　历史插曲——稳态理论 ………………………………………… (470)
19.6　标准世界模型 …………………………………………………… (472)
19.7　宇宙的热历史 …………………………………………………… (481)
19.8　早期宇宙的核合成 ………………………………………………… (488)
19.9　最好的宇宙学模型 ………………………………………………… (492)
19.10　参考文献 …………………………………………………………… (495)
第 19 章附录　空宇宙的罗伯逊-沃克度规 ………………………… (495)
后记 …………………………………………………………………… (498)
索引 …………………………………………………………………… (499)

第1章　引　　言

1.1　对读者的说明

本书为热爱物理和理论物理的学生而写。依我看来，大多数理想的物理课程教学尝试有两种形式：一种是大学教师们在课程和辅导课堂上讲述学科内容的方式；另一种是我们以物理学家的身份实践这门学科。我的经验是，这些活动之间常常很少联系，因为当学生们从事物理学家这份职业时，很少在他们的授课对象前露面，这真是大不幸。

为什么标准的课程会演化到现在的形式？当然有很好的理由。

首先，物理和理论物理不是特别简单的学科，且重要的是需要学生尽可能打好清晰和系统的基础。学生在基本技巧和物理概念上要有扎实的根基，这是必需的。但是我们不能把这个过程与解决实际的物理问题相混淆。标准的物理课程和与其相关的数学是基本的"五指"练习，用来发展技巧与提高理解。但是这样的练习与在皇家节庆大厅里表演《锤子键》奏鸣曲很不一样。只有当答案确实很重要时，当你作为一个科学家的声誉依赖于你在研究环境中能否进行正确的推理，或者更现实地说，当你在做原创性研究时的能力决定你是否可被雇用或者你的研究基金能否延续时，你才是在做物理或理论物理。该过程与完成答案就在书的背面的习题很不一样。

其次，讲课者感到有如此多的材料应该被包含在他们的课程中，所有的物理大纲都严重过量，他们一般很少有时间空闲下来去问"所有这些讲的是什么"。确实，专业技术本身迷人的知识易被完全吸收，这样一般可以留给学生自己去发现物理的基本真理的机会。

以下列出物理实践的若干方面，它们在我们的教学中被疏忽了，但我相信在职业生涯中，它们是我们所用方法的重要方面。

(1) 一系列课程本质上是组合练习，太简单就会失去对整个学科的**整体观**。职业物理学家们在处理问题时会用物理整体观，而没有人为的热物理、光学、力学、电磁学、量子力学等界限。

(2) 由此而来的是，物理中任何问题通常都可以用各种不同的方法处理和解决。通常**没有解决一个问题的单个“最佳方法”**。如果从问题不同的立足点出发研究，如热力学、电磁学、量子力学等，那么就会对物理是如何运作的这一点有更为深刻的见解。

(3) 问题是人们如何处理以及如何考虑物理，这因人而异。没有两个职业物理学家用同样的方法思考，因为他们在研究活动中有使用物理工具的不同经验。但当写下有关的方程并求解时，应该得到同样的解答。物理学家个体对课题的响应，是物理教学和实践方法的主要部分，它远远超出大学生们或者教师们愿意相信的范围。正是不同的讲课者研究物理的方法差异提供了他们对课题理解所依赖的心理过程本质的洞察。我对同事高夫(Douglas Gough)在名为“在恒星内部”的维也纳学术研讨会上精彩的总结性发言记忆犹新，他以下面的漂亮段落结尾：

> 我相信，人们永远不能带着毫无偏见的心态研究一个新的科学问题。一方面，没有先验知识，人们怎么知道得到的是否是正确结果？但另一方面，靠着先验知识，人们通常纠正其观测或理论，直到正确结果出现……但也有极少数场合，不管你怎么努力，还是得不到正确结果。一旦尝尽了错误的所有可能性，成见就被迫放弃，人们重新定义所谓的“正确”。经验是如此痛苦，让人难以忘怀。成见被新的见解不断代替，构成了实际知识的进步。这就是作为科学家的我们不断追求的。[1]

事实上，高夫的金玉良言是研究探索过程的基础。关于问题的解可能是什么，我们大家都有不同的成见和个人想法，正是这种研究的多样性引发新的理解。

(4) 标准课程的另一个潜在的问题是**知识前沿研究**中到底该涉及什么内容。每当讲课者讲到课程的这一部分，可以顺便吹吹那些在其研究工作中让他们激动过的事情，这时他们总是处于最佳的状态。在不多的场合，讲课者从教师变为研究者，在那一刻学生们看到了工作中的真实的物理学家。

(5) 常常很难分享**物理发现和研究过程中的极度兴奋**，而这些，正是我们大多数人如此热衷于研究的真正理由：一旦进入挑战性问题的研究，就再也不会离开。关于科学家“疯癫”的说法不完全是虚构的，在完成前沿研究时，几乎都需要全身心投入到问题中去而几乎放弃对正常生活的关心。许多伟大科学家的传记显示了他们具有超常的专注能力——牛顿(Isaac Newton)和法拉第(Michael Faraday)的例子马上涌上心头。作为物理学家，一旦切入具有挑战性的研究，他就无休止地工作直到灵感完全耗尽。所有的职业物理学家都经历过这种低效率心智付出，直到后来经反思后才把它列入自己最好的研究经验中。然而也有某些学生，在结束一门物理课程后，还没有真正明白是什么在驱使他们。

(6) 物理历史中某些伟大发现的案例，可传达出许多这样的兴奋，但这还很少出现在我们的课程中。原因很简单：首先，没有时间去甄别材料；第二，确定有关的历史资料不是那么简单的事——与其他学科一样，物理创造了自己的神话；第三，如今一般将历史和科学哲学作为整体学科，是与物理和理论物理分开教学的。我的看法是，重视一些历史案例的研究，可为物理中的研究和发现过程以及包含它们的知识框架提供难以估量的见解。同时，在这些历史研究案例中，我们自己能总结出类似的研究经验。

(7) 在这些历史案例中，所有职业物理学家都熟悉的关键因素是勤奋、经验和直觉(也许是最重要的，具关键的核心作用)。许多非常成功的物理学家都很倚重他们在广泛经历中获得的直觉和在物理与理论物理上的大量勤奋工作。如果经历可以传授的话，那就太好了。但我相信有些东西只能从大量细致艰苦的工作中获得。我们都记得自己的错误和误入的死胡同，它们带给我们的物理研究经验与成功带来的一样多。直觉有可能是一件很危险的工具，当一个人在前沿物理的研究中过于倚重它时，可能会犯大错，尽管它确实是许多重大物理发现的源头。这些是不能从“五指”练习技术中得到的，它包含一个超越已知物理学的想象飞跃。

(8) 这些考虑把我带进我把它看作是物理学家和理论物理学家经验的核心的那个部分。从本质上来讲，物理中的创造性与艺术中的创造性并非那么不同。例如，在牛顿运动定律、麦克斯韦方程组、相对论和量子理论等的发现中，在本质上，内在的想象飞跃与伟大的艺术家、音乐家、作家等的创造差别不是那么大。基本差别在于物理学家必须在一套非常严格的规则中进行创造，并且他们的理论可在与实验和观测的对照中被检验。实际上，人们很少能以近乎超人的直觉发现一种全新的物理理论，但会被类似的创造热情驱使。我们走的每一小步，都为我们对总体物理宇宙本性的理解做出了贡献。大家都以自己的方式向着那从未有人去过的地方拓进。

(9) 最好的实验和理论物理结论中包含的想象和创造，毫无疑问可归于真正意义上的美。至少对我来说，伟大的物理成就能唤起我与他人创造出伟大的艺术作品的共鸣。我怀疑我们中的许多人对物理有着同样的感觉，但一般不愿意承认这一点。这有点令人遗憾，因为实验和理论物理的成就耸立于人类奋斗的顶峰。我每当发现物理的某部分特别漂亮——这种例子很多——就会告诉学生，我想这是很重要的。当我教到这样的内容时，我体验到再发现的过程，就像听一首熟悉的古典音乐——和某些人无数次倾听《英雄》交响乐或《春之祭》一样。

(10) 最后，物理趣味无穷。专注于技术的标准课程丢失了如此多的学科乐趣与激动。要紧的是分享我们对物理的热情。虽然物理在形形色色的领域里都得到了实际的应用，但我还是要毫不脸红地发扬它一下，基于其自身的理由——如果对这一地位需要辩解的话，那就是在达到对物理世界的真正理解进程中，我们的心智和想象的威力真是已发挥到了极限。

在本书中，我采用了一种与标准教科书完全不同的方法来研究物理中的理论推理。强调的是发现物理定律新见解的天才与他们的兴奋，其中许多是通过仔细分析历史案例来进行研究的。但我的目的不只是简单地试图重新调整物理呈现方法的平衡，一些更进一步的目标可以从1.2节中认识到。

1.2 本书的由来

本书的由来可追溯到1970年代中期在剑桥物理系的讨论,参加者是本学科偏理论课程教学的教师。他们认为,从理论观点看,教学大纲缺乏连贯性,并且与理论物理截然不同,学生们不是很清楚物理的范围。它们真是如此不一样的内容吗?

随着我们想法的演化,变得非常清楚的是,这些讨论对所有最后一年的大学生们都会是有价值的。于是我就设计了一门题为"物理学中的理论概念"的课程,打算在7月和8月的夏季学期教给进入最后一学年的本科生。完全不考试,并且完全自主选修。选此课程,学生们除了能获得对物理和理论物理不断加深的认识外,没有学分。我被第一个邀请讲此课程,在剑桥最为宜人的夏季里,在周一、周三和周五上午9:00吸引学生来听课是相当大的挑战。

我们同意课程应该包含下列内容:

(1) **实验与理论的交互作用**。要特别强调实验,特别是新技术在引领理论进步中的重要性。

(2) **现成的破解理论问题的合适数学工具**的重要性。

(3) **近代物理基本概念的理论背景**。强调背后的主题,如对称、守恒、不变性等。

(4) **物理中近似和模型的作用**。

(5) **理论物理方面实际科学论文的分析**。提出职业物理学家如何破解实际问题的见解。

我决定通过一系列案例研究来展示这些专题,这些案例设计用来演示物理和理论物理的不同方面。同样,还包含了下列目标:

(6) 强化和重温许多基本的物理概念,这些概念对所有最后一学年的学生都应是信手拈来的。

最后,我希望此课程:

(7) **传递我个人对物理和理论物理的热情**。我自己是研究高能天体物理和天体物理宇宙学的,但我自认为自己依然是物理学家:我认为,天文学、天体物理和宇宙学不过是物理的分支,只是被应用到了大尺度的宇宙。我的热情起因于被卷入到我们所能理解的关于宇宙的天体物理和宇宙学研究。我属于非常幸运的一代,于1960年代早期开始天体物理的研究,见证了我们所认识的宇宙在许多物理方面发生的令人惊异的革命。同样的见解对所有的物理领域都适用。该科目不用于生搬硬套的示范式训练,其目的不是仅为学生提供考试题目。这是一个活力四射的、健康茁壮的且内容广博的科目。

在4个夏天的授课后，我迁到了爱丁堡，在那里写了本书的第1版。1991年我回到剑桥。从1998年起，我给三年级大学生讲授的该课程，更名为“物理学中的概念”。在第2版中，我引入了新的案例，详细阐述了许多当初引发课程的原始想法。为了更全面覆盖并提高对学生的实用性，我加进了数学物理辅导课上的材料，以及自己的关于物理整体讲述经验的材料。据经验，我将我认为对学生会有帮助的那些进一步的说明放在每章的附录中。

1.3　对读者的告诫

提醒读者两件事：

第一，本书**基本是相关专题的个人观点**。它是为强调1.1节(1)到(10)以及1.2节(1)到(7)而有意设计的，换句话说，本书强调那些由于时间紧而被挤出了物理课程的内容。

第二，也是更重要的，这一组专题研究不是一般教科书的内容，不是通过标准的物理和数学课程来系统展开专题的替代品。读者应把此书当作这些课程的增补，我希望此书能提高读者对物理的理解、欣赏、享受能力。

1.4　物理和理论物理的本质

让我们以对科学奋斗的基础发表一个正式声明作为开始。自然科学的目的在于对自然现象给出一组合理的、系统的解释，并使我们能够以过去的经验对新环境做出预言。**理论**是这种论证的正规基础，它不一定要用数学语言表达，但数学语言会给我们最为强大和普遍的推理方法。因此只要有可能，我们就试图把**数据**以一种数学上可以处理的形式保存。这对物理学中的理论有以下两个直接的影响：

(1) 所有物理的基础都是**实验数据**，且这些数据必须是**定量的形式**。一些人也许会相信，整个理论物理可由纯推理产生，不过他们一开始就注定要失败。理论物理的伟大成功总是牢固地建立在实验物理成就之上的，实验对物理理论提供了强力的约束。因而每一个理论物理学家都要对实验物理的方法有良好而包容的理解，这样不仅可使理论与实验以有意义的方式对照，而且可使新的实验被提出。这些实验是可以实现的,且可以从与之对立的理论中区分出来。

(2) 像早先说过的,我们必须要有合适的数学工具,借助它们来破解我们需要解决的难题。历史上,数学与实验并不总是同步的:有时数学已经可以实现了,但检验理论必需的实验方法还没有。在其他时候,相反的情形也是有的,这时必须要发展新的数学工具来描述实验的结果。

数学是物理推理的中心,但我们要牢记把它当作理论的物理内容对待。让我从狄拉克关于他对数学和理论物理的态度写的回忆中引用几句话。狄拉克在其所有的工作中追求数学的美。例如,一方面,他写道:

> 在我遇到的所有物理学家中,我认为薛定谔(Erwin Schrödinger)是和我自己最相似的人……我相信这一点的理由是,薛定谔和我都强烈地欣赏数学的美,并且这主导了我们所有的工作。对于我们,这是一种行动信仰,任何描写自然基本定律的方程必定蕴含着伟大的数学美。这是可持有的非常有益的信仰,可视为我们许多成功的基础。[2]

另一方面,更早些他写道:

> 我完成了工程(本科)的课程并试图解释工程训练对我的影响。很明显,我只对精确的方程感兴趣。在我看来,如果一个人带着近似来工作,那么其工作中一定有着令人难忍的丑陋,我非常想保持数学的美。然而我受到的工程训练确实教我要忍受近似,我能看出,就是基于近似的方程中也有相当多的美。
>
> 这是见解的整体改变,还有其他的,也许主要是由相对论带来的。我开始相信存在某些精确的自然定律,我们必须要找出由这些精确定律导出的结果。其中典型的是牛顿运动定律。现在,我们知道,牛顿运动定律不是精确的,只是个近似。由此,我引申说,也许我们所有的自然定律都只是近似……
>
> 我想,如果我没有接受过工程训练,也许不会有后来做的那类工作上的任何成功。因为必须抛弃这样一种观点,即认为只应该同精确方程打交道,只应该与能从已知的人们盲从接受的精确定律逻辑地推演出来的结果打交道。工程师们只关心那些对描写自然有用的方程,他们并不十分在意方程是如何得到的……
>
> 这理所当然地就把我引导到"这个见解真是能有的最好见解"的看法。我们想有一个对自然的描写。我们想有能描写自然的方程,并且通常希望它是最好的近似方程,我们必须容忍严格逻辑的缺乏。[3]

这里有重要而深刻的观点,读者应该是熟悉的。真没有什么严格逻辑的办法来表述理论——我们不停地近似,靠实验把我们保持在正确轨道上。可注意到,狄拉克在最高的水平上(牛顿运动定律、狭义和广义相对论、薛定谔方程和狄拉克方程之类的观念就是**理论物理成就的巅峰**)描述理论物理,极少数人能在此水平上创造性地工作。但是每当我们试图去定量地模拟自然界的时候,同样的近似可以通过各种方式应用到研究的所有方面。

大部分人关心的是,把对已知定律的应用和检验放到先前没有可能或没有预知的物理情景中,常常要做大量的近似以使问题可解。作为物理学家,我们训练的要点就是培养对物理的切身理解的自信,使得我们在面临一个全新的问题时,能运用经验和直觉去识别最富成果的前进道路。

1.5 环境的影响

1.5.1 国际境况

重要的是要认识到,所有的物理学家不光是有着他们自己的个人成见,而且这些成见是被他们研究物理的传统强烈地影响着的。我有在许多不同国家工作的经验,特别是在美国和苏联,可明显感受到物理学家在处理研究问题时的科学传统的显著差异。这大大加强了我对物理的理解和欣赏。

物理的一个别具英国特色的例子是**建模**的传统,在若干场合我们将回到这一点。在19世纪和20世纪初,模型构建看起来是别具英国特色的。我们会看到,法拉第和麦克斯韦的工作中充满模型,正如我们所见,在20世纪初,各种各样的原子模型使人眼花缭乱。汤姆孙(Jospeh John Thomson)的原子"布丁"模型也许是一个较著名的例子,但它只是冰山一角。汤姆孙关于模型构建的重要性说得非常直接:

> 什么样的特别演示方法学生会接受,这个在很多情况下是次要的,主要的是他真的接受它。[4]

汤姆孙的断言在海尔布伦(J. L. Heilbron)的《关于原子物理史:1900～1920》[5]中有着绝妙的说明。建模方法与欧洲大陆理论物理传统是完全不同的——我们发现迪昂(Poincaré Duhem)评论说:"一位法国读者第一次翻开麦克斯韦的书,一种难受的,并且常还是不信任的感觉与其仰慕混杂在一起……[6]"赫兹(Heinrich Rudolf Hertz)曾听说基尔霍夫(Gustav Robert Kirchhoff)(1824～1887)谈道,看到原子和它们的振动随意地穿插在理论讨论当中,很痛苦[7]。在巴黎演讲后,有人告诉我说,有个长辈哲学家曾谈道,我的报告是"不足够笛卡儿的"。我相信英国的建模传统是健康而充满活力的。我担保下面的事实:当我考虑关于物理或天体物理的某些专题时,在我心里一般有某个图像或模型,而不是一种抽象的或数学的思想。

我相信,**物理直觉**的开发是建模传统的主要部分。在一个新的物理情景中,还没有写下所有的数学公式就能进行正确的猜测的能力是非常有用的,我们中大多数人随时不断开发它。但是必须强调,物理直觉不能代替精确的数学答案。如果你想当一个理论物理学家,你必须要能给出严格的数学解。

1.5.2 地方境况

环境的影响作用到不同的物理系,也作用到不同的国家。对于术语"理论物理",人们对"什么是理论物理而不是物理"就有广泛的看法。事实是,在剑桥大学的卡文迪许实验室,大多数课程是强烈偏理论的。意思是说,这些课程为学生在基本理论和它的发展方面提供一个扎实的基础,但相对地就没有很注意实验技巧的重要性。即便实验被提及,强调的一般也是其结果而非实验家们借此获得答案的实验技巧。虽然我们开设有关于实验物理基础的课程,但我们还是期望学生们通过实际的物理实验得到大部分实验训练。这与20世纪早期几十年的剑桥大学物理课程相比有强烈反差,那时强调的是实验。

但是理论物理系或应用数学系的成员会提出,他们比我们教更多的"纯"理论物理。在他们的本科教学中,我相信是这样的。按照定义,这些系里的教学有很强的数学偏向,比之于我们,他们常常更多地集中于应用数学时的严格性。在别的物理系,常是偏向实验而非理论。有趣的是,我发现某些卡文迪许实验室的成员,在系里被认为是"实验家",而在英国别的物理系里却被当作"理论家"。

讨论环境这个问题的理由是,它对我所谓的物理与理论物理可能造成某些偏颇影响。我自己的见解是,物理和理论物理都是促进理解物理整体的部分,它们是观察同一物质客体的不同方法。这是我们最后一学年课程为何叫"物理学中的概念"的一个理由。我个人的观点是,在实验的氛围里,或者在天天与实验者碰面的环境中,发展数学模型有着极大的优越性。

1.6 本书的计划

本书由7个专题研究组成,分别覆盖物理的主要领域和在理论认识中的关键发展。这些专题研究的题目为:

(1) 牛顿运动定律和万有引力定律起源;

(2) 麦克斯韦方程组;

(3) 线性/非线性力学与动力学;

(4) 热力学与统计物理;

(5) 量子概念起源;

(6) 狭义相对论;

(7) 广义相对论与宇宙学。

这些专题听起来很熟悉,但与标准的教科书相比,它们是用相当不同的观点处理的。我的目的不仅是浏览专题的内容,还要重现理论物理中某些伟大发现的思想背景。

同时,从这些历史专题中,我们能获得实际的物理和理论物理是如何完成的这一过程的重要见解。这样的见解能传递某些在达到物理理解新水平的过程中包含的兴奋和激烈的思想斗争。在一部分专题中,我们将跟随科学家本身走的路线来追踪发现过程,并且只采用那时的科学家具有的数学技术。例如,在量子发现之前,我们不能走捷径而假定用光子来代表电磁波。

在考虑每个专题时,我们将复习许多对读者来说本就应该是熟悉的物理基本概念。在一些地方,为了有助于学生深入理解,我设计了不少附录。最后,每个专题前面有篇小短文,解释采用的方法和目标,它们都有某种程度上的不同,以此设计来说明物理和理论物理的不同方面。

1.7 致歉和鼓励的话

请允许我开篇就强调,我不是历史学家和科学哲学家。我引用科学史大多是为达到我自己的目的,说明我自己关于实际的物理学家是如何思考和表现的经验。历史专题是传递某些物理的真实性和兴奋的一个简单的设计。因此我向历史学家和科学哲学家毫无保留地道歉,因为利用了他们的研究成果(对这些成果我是非常尊重的)来达到我的教育目的。我希望,学生们在阅读本书的过程中,能对这些职业科学史家们的工作抱以高度的欣赏和尊敬。

确认取得科学发现的历史是冒险和困难的事情,甚至近年来,也很难理清什么是真正发生过的。在我的背景阅读中,我强烈依赖于标准的传记和历史。对我而言,它们提供了科学实际如何运作的生动图像,我可以把它们与我自己的研究经验联系起来。如果我在某些地方搞错了,我的辩白只能是布鲁诺(Giordano Bruno)的话:"Si non e vero,e molto ben trovato(如果它不是真的,那它就是一项很好的发明)。"

我的目的是让所有高年级的物理本科生都能从本书获益,不管他们是否计划做职业理论物理学家。虽然实验物理可以没有对理论的深刻理解也能完成,但这种观点丢失了该学科如此多的优美和刺激。不过,要记住斯塔克(Stark)的例子,他以拒绝接受他的同事们达成一致的看法为原则。与同事们的看法相反,他证明了光谱线能被电场分裂,他因斯塔克效应而获得了诺贝尔奖。

最后,我希望读者和我一样喜欢这些材料。我的目的之一是在内容中放进读者至今遇到的所有物理知识点,并使读者在接纳的心态中来享受本科课程的最后一年。我特别想分享的是对物理和理论物理中伟大发现的真正欣赏。这些成就与人类奋斗领域的任何一项成就一样伟大。

1.8 参考文献

[1] Gough D O. 1993//Weiss W W, Baglin A. Inside the Stars: IAU Colloquium 137: Series, Vol. 40. San Francisco: Astron. Soc. Pacific Conf: 775.

[2] Dirac P A M. 1977. History of Twentieth Century Physics, Proc.: International School of Physics "Enrico Fermi": Course 57. New York and London: Academic Press: 136.

[3] Dirac P A M. 1977. Op. Cit.: 112.

[4] Thomson J J. 1893. Notes on Recent Researches in Electricity and Magnetism: VI. Oxford: Clarendon Press. (Quoted by Heilbron J L in reference 5 below: 42)

[5] Heilbron J L. 1977. History of Twentieth Century Physics, Proc.: International School of Physics "Enrico Fermi": Course 57. New York and London: Academic Press: 40.

[6] Duhem P. 1991. The Aim and Structure of Physical Theory. Princeton: Princeton University Press: 85

[7] Heilbron J L. 1977. Op. Cit.: 43.

专题1

牛顿运动定律和万有引力定律起源

专题1的内容基本上涵盖了整个现代科学的进程。不同于其他专题，该专题的学习几乎不需要数学知识，但是需要丰富的智力想象。对我而言，这就是一个奠定现代科学基础的顶级天才们的英雄故事，故事中一切角色都有：具有杰出实验技能的人，对观测和实验数据解释富有想象力的人，奠定牛顿世界图景的非凡想象力飞跃的人。对于21世纪的读者来说，乍一看，这些成就也许不是那么卓越，但是仔细想想，事实上这些成就是巨大的。就像巴特菲尔德(Herbert Butterfield)在他的著作《现代科学的起源》[1]中所说的："对运动的理解是科学家经历过的最困难的一步。"在第1章中，高夫表达了关于被迫放弃珍贵成见的痛苦经历。奠定现代科学基础的进程经历了重重困难，在这个摸索过程中，什么时候自然定律能用数学的形式写出是不确定的。

现代人如何达到对物理世界本质的理解？对此我在一开始就要讲述。在第2章即阐明专题1的3章中的第1章中，我们将感受两位现代科学的伟大人物伽利略和牛顿思想的辉煌和悲剧。他们的成功牢牢地建立在第谷(Tycho Brahe)观测方面的显著进步和伽利略作为实验物理学家和天文学家的技能之上。伽利略和宗教法庭对他的审判在第3章中具体讲述，重点是科学史上有争议的事件。涉及的这些问题可被看作是科学研究本质的现代观点的试金石。然后在第4章里，通过对开普勒和伽利略的深刻理解，牛顿以其辉煌成就而被写入史书。

在本书正文一开始就用如此多篇幅描述古代历史可能有点奇怪，这是因为我们目前的理解存在着错误或是被曲解的地方。在阅读过这些内容后，我深切地感受到这一点。它们是饶有趣味的故事，并且与今天的科学实践有着诸多共同之处。除此之外，这些故事还有一些我认为重要的其他方面。本专题涉及的大科学家们有着复杂的个性(专题图1.1)。为了更全面地了解他们的人格与成就，理解他们的知识见解和他们对基础物理学的贡献将会很有帮助。

专题图 1.1　第谷与他为精确地观测恒星和行星的位置建造的仪器。从图中可以看出,那时他坐在“墙象限仪”中,而这个“墙象限仪”对恒星和行星的位置做出了那个时代最准确的测量(引自 Astronomiae Instauratae Mechanica. 1602. Nürnberg:20。来自爱丁堡皇家天文台克劳福德的藏品)

专题 1　参考文献

[1] Butterfield H. 1950. The Origins of Modern Science. London: G. Bell, New York: Macmillan(1951).

第2章　从托勒密到开普勒——哥白尼的革命

2.1　古　代　史

我们所了解的第一位伟大的天文学家是喜帕恰斯(Hipparchus),他于公元前2世纪出生于尼西亚。他的最大成就也许就是关于北方天空850颗恒星的星表。该星表完成于公元前127年,记载了这些恒星的位置和亮度,被认为是一项标志性的成就。作为一个经验丰富的天文学家,他把他得到的恒星位置与150年前提莫恰里斯(Timocharis)在亚历山大(Alexandria)得到的结果相比较,从而发现了**岁差**,即地球自转轴的方向相对于恒星参考系所发生的非常缓慢的变化。我们现在知道,这一进动是由太阳和月球,对略有一点非球形的地球所产生的潮汐转矩而引起的。但是在当时,地球被认为是静止的,岁差只好被归因于"相对于恒星天球面"的运动。

古代天文学著作中最著名的是公元2世纪托勒密(Claudius Ptolomeaus)[即托勒密(Ptolemy)]所写的《大综合论》。"大综合论"一词源于该书书名 Megelé Syntaxis 或 Great Composition 的阿拉伯语翻译的讹误,阿拉伯语译为al-majisti,意即占星术、炼金术等方面的专论。该书共有13卷,包含了与古希腊天文学家特别是喜帕恰斯有关的全部成就。在《大综合论》一书中,托勒密建立了为后人所熟知的**托勒密宇宙体系**,它在天文学中的统治地位达1 500年之久。

托勒密宇宙体系是如何运作的呢?很明显,太阳和月球看起来是在近似圆轨道上围绕地球运行的。它们的轨道是根据恒星天球面而绘出的,而天球面每天绕地球转动一周。此外,水星、金星、火星、木星和土星这五大行星用肉眼都可以看到。古希腊天文学家知道,行星不是简单地围绕地球在一个圆周上运动,而是具有某种更复杂的运动。图2.1显示了托勒密对土星在公元133年相对于恒星背景运动的观测结果。该行星不是沿着一条平滑的路径横过天空的,而是中途有向后的折转。

古希腊天文学家面临的难题是:如何找到能够描述这些行星运动的数学图解。实际上,早在公元前3世纪就有天文学家认为:如果地球绕自转轴转动并且行星也绕太阳运行,这些现象就可以得到解释。蓬托斯(Pontus)的赫拉克利特(Heraclei-

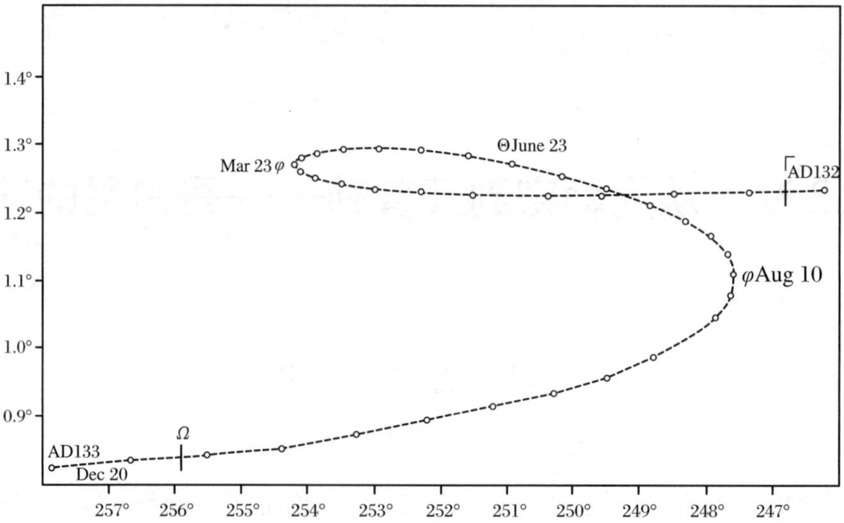

图 2.1　托勒密观测到的土星从公元 132 年 12 月 5 日至公元 133 年 12 月 20 日，相对于恒星背景的运动（引自 Pedersen O and Pihl M. 1974. Early Physics and Astronomy. London：McDonald and Co.：71）

des）描述了一个地球-日心体系，我们将在有关第谷的工作中再次谈到它。最引人注目的是，阿里斯塔克斯（Aristarchus）曾提出，行星沿圆轨道绕太阳运动。阿基米德（Archimedes）在写给国王杰隆（Gelon）的《计沙者》一书中写道：

> 你不是不知道，根据大多数天文学家的看法，宇宙就是一个球面，它的中心位于地球的中心……然而，萨摩斯（Samos）的阿里斯塔克斯发表的作品中，谈到了天文学的一些假说。他在这些作品中猜测，宇宙远比我们想象的大得多。事实上，他开始就假设，恒星和太阳是保持不动的，而地球围绕太阳运动，其轨迹是一个圆，圆心是太阳。[1]

大约在 18 个世纪之后，这些观念启发了哥白尼（Nicolaus Copernicus）的灵感。而在阿里斯塔克斯的时代，这些想法受到排斥。其原因很多，最主要的恐怕就是希腊宗教信条支持者们的反对。按照佩德森（Pedersen）和皮尔（Pihl）[1]的说法就是：

> 基于赫斯提（Hestia）之火和地球为上帝之所在的根深蒂固的观念，阿里斯塔克斯是有罪的。这样的宗教信条不可能被普通人无法理解的抽象天文学理论所撼动。[2]

在我们看来，反对日心说的物理论据同样也是很有意思的。首先是否认地球自转。如果地球在转动，在一个物体被上抛到空中后，它就不会再落回到原来的地点，因为地球在物体落下之前转动了。没有人看到这样的情况发生，因而地球不可能是转动的。第二个问题来自下面的观测结果，即在没有支撑的情况下，物体将由于重力而下落。因此如果宇宙的中心是太阳而不是地球，则一切物体将朝这个中心下落。但是丢出的物体都是朝地心而不是朝太阳下落的。这表明地球必然位于宇宙的中心。这样一来,宗教信条就得到了科学原理的支持。

根据托勒密宇宙体系知,地球静止于宇宙的中心,其他天体的主轨道为圆形,向外依次是月球、水星、金星、太阳、火星、木星、土星,最后是缀满恒星的球面(图 2.2)。托勒密宇宙体系的问题是,它不能解释行星运动的细节(如图 2.1 所示的逆行),因而这一模型必须要更复杂一些。在构建托勒密宇宙体系的过程中,古希腊数学的一个核心观念起了关键作用。古希腊基础哲学的一个要素是,容许的运动只有匀速直线运动和匀速圆周运动。托勒密自己就说过,匀速圆周运动是唯一"与上帝之所在相容"的运动方式。由此设想,行星、太阳和月球除了围绕地球沿圆轨道运行外,还要有相对其主圆轨道附加的圆周运动(图 2.3),这些附加于主圆轨道上的圆称为**本轮**。容易看到,通过适当选取行星在本轮上的运动速度,就可再现图 2.1 所示的轨迹形式。

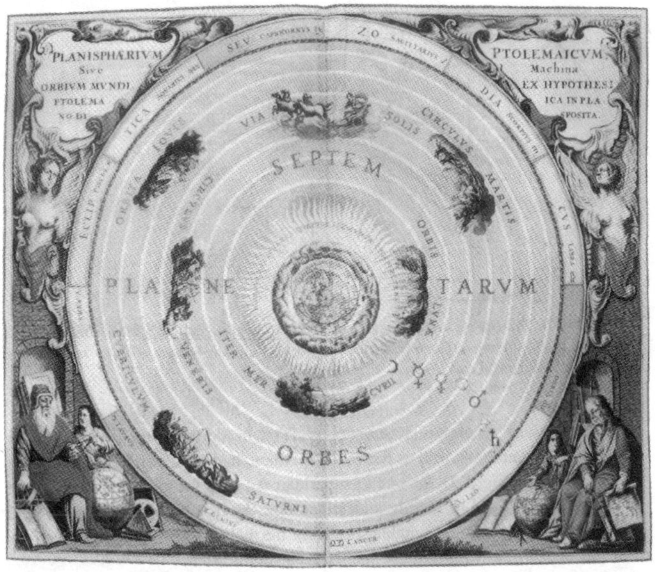

图 2.2　托勒密的基本宇宙体系,距地球由近及远依次是月球、水星、金星、太阳、火星、木星、土星,最后是缀满恒星的球面(引自 Cellarius A. 1661. Harmonia Macrocosmica Amsterdam. 承蒙 F. Bertola 许可,引自 Mundi I. 1995. Biblios, Padova)

天体测量学是精确测定天体在天球面上的位置和运动的学科。它的基本法则之一是:观测时间越长,天体轨道的测定精度就越高。但结果是:观测的时间越长,简单的本轮图像就变得越复杂。为了增进托勒密模型的准确度,人们发现必须假设,容许行星主轨道的圆心偏离地球的位置,但本轮运动要保持匀速运动(图 2.4)。大量的术语被用于描述轨道的细节,但这里并不需要介绍如此复杂的结果[1]。关键是,根据几何上的灵活选择,托勒密及后继天文学家可以很好地解释观测到的太阳、月球和行星的运动，但他们的模型包含大量的或多或少有些随意性的几何判定。尽管复杂，托勒密的模型一直被用于编制历书和确定宗教节日的日期，直到哥白尼的革命性发现。

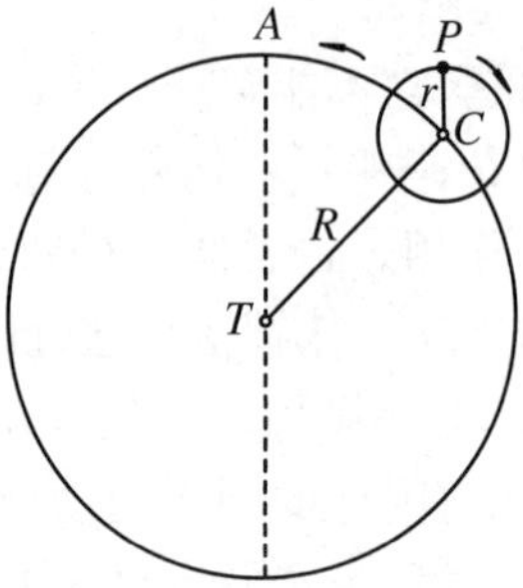

图 2.3　按照阿波罗尼奥斯(Apollonius)的本轮模型，主圆轨道上的圆本轮运动的图示(引自 Pedersen O and Pihl M. 1974. Early Physics and Astronomy. London：McDonald and Co.：83)

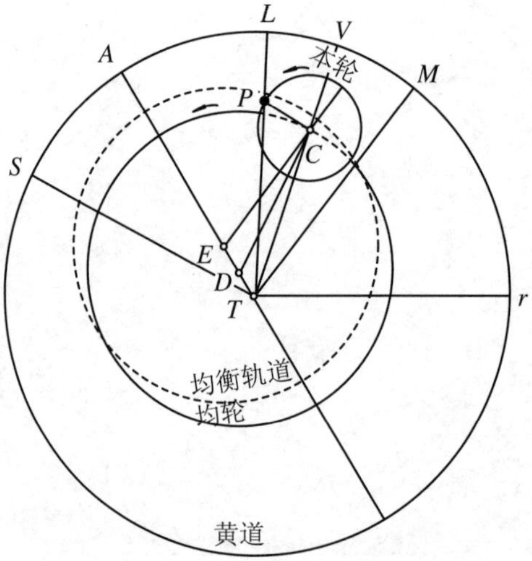

图 2.4　托勒密理论关于外行星运动复杂性的图示(引自 Perdersen O and Pihl M. 1974. Early Physics and Astronomy. London：McDonald and Co.：94)

2.2　哥白尼的革命

到了 16 世纪，作为预测天体位置的工具，托勒密体系变得越来越复杂。哥白尼复原了阿里斯塔克斯的观念，即太阳位于宇宙中心这样一个更简单的模型，该模型可能提供关于行星运动的更为简单的描述。哥白尼于 1473 年出生于波兰的托伦(Torun),先在克拉科夫(Kraków)大学就读,然后来到博洛尼亚(Bologna),在那里学习天文学、希腊语、数学以及阅读柏拉图(Plato)的著作。16 世纪早期,他还在帕多瓦(Padua)学了 4 年医学。等他回波兰时,他已经获得了天文学和数学的所有硕士学位。哥白尼自己还做过一些观测,其成果发表于 1497～1529 年之间。

然而他最伟大的工作是对宇宙日心说能否较为简单地解释行星运动进行的研究。当他得出这一模型的数学结果时,他发现的确可以给出非常好的描述。但是他仍然根据亚里士多德(Aristotle)的物理学戒律,把月球和行星的运动限制为匀速圆周运动。1514 年,他把他的看法写成一篇短文并在私人朋友之间传阅,该短文的题目是"关于天体按排列运动的理论评注"。这些看法于 1533 年被呈送给教皇克莱门特(Clement)七世。教皇赞同这些看法,并在 1536 年正式要求将其出版。哥白尼犹豫了,但最后还是写出了他的巨著《天体运行论》[3]。这部著作的出版被推迟,但最终在 1543 年由奥西安德(Osiander)出版。据说在 1543 年 5 月 24 日,当将这本书的第一本样书送给哥白尼时,他已经躺在病床上奄奄一息了。奥西安德亲自为这本书写了序言,序言的开篇提到,哥白尼的模型只不过是一个简化预测行星运动的计算手段;但从该书的内容显然可以看出,哥白尼毫无疑问地相信,宇宙的真正中心是太阳而不是地球。

图 2.5 为哥白尼著作中的一幅著名的图,它画出了我们现在熟悉的六大行星围绕太阳运行的轨道顺序,其中月球围绕地球运转。最外面是缀满恒星的天球面。哥白尼的图像不仅对科学意义深远,而且对我们理解我们在宇宙中的位置也是如此。其科学意义有两个方面:

首先,宇宙的大小比托勒密模型有巨大的扩展。如果恒星相对较近,它们应当表现出视差,即相对于更远的背景恒星有视运动,这是因为地球在围绕太阳运动。但没有观测到这样的恒星视差,因此恒星必然非常遥远。

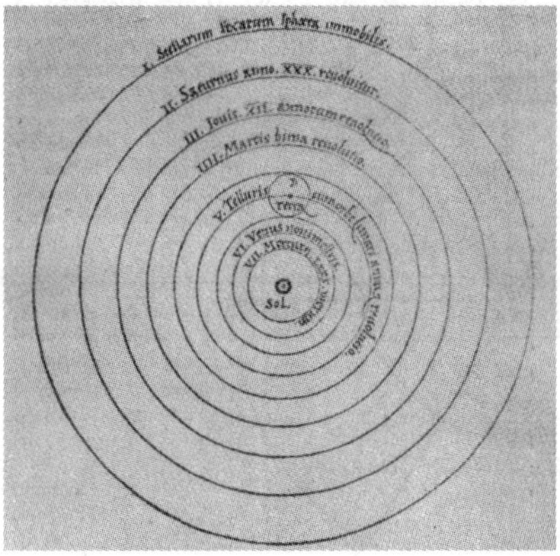

图 2.5　1543 年出版的《天体运行论》所展示的哥白尼宇宙结构

(引自 Crawford Collection. Royal Observatory. Edinburgh)

在英国，这些思想受到伊丽莎白(Elizabeth)一世女皇时代最重要的天文学家迪格斯(Thomas Digges)的热烈欢迎，他也是《天体运行论》一书大部分章节的英文译者。在他的英译文中，哥白尼的宇宙是无限延伸的，空间中到处都有恒星分布(图 2.6)。这一图像有着惊人的先见之明，并且被牛顿所采用，但它也导致了我们以后会看到的一些宇宙学疑难问题。

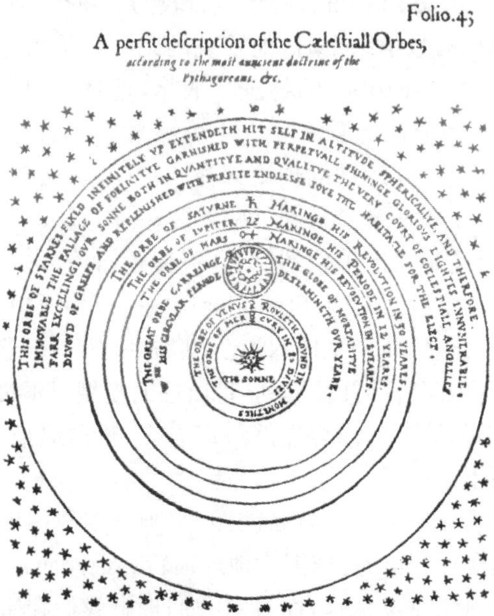

图 2.6　迪格斯版的哥白尼宇宙图像表明，太阳系嵌在无限分布的恒星之中(引自 Digges T. 1576. A Perfit Description of the Caelestiall Orbes. London)

哥白尼宇宙图像的第二个科学意义是，发现了现在占据宇宙中心位置的是太阳，而“所有物体都向宇宙中心下落”这一亚里士多德的基本概念错了。这一问题直到牛顿发现引力定律(即平方反比定律)之后才得以解决。

2.3　第谷·布拉赫——天堡之主

哥白尼的《天体运行论》一书很快就传遍欧洲。哥白尼的研究动机之一是，找到求解太阳、月球和行星运动的比较简单的数学方法，从而可以确定春分的准确日期。这是制定宗教节日的正确日期所必需的，并且这也许就是教皇克莱门特七世接受哥白尼日心说的一个原因。

一直到 1543 年，天体运行的预测都是根据所谓的阿方辛（Aphonsine）表来进行的，该表由托勒密体系推算而来，并经过阿拉伯天文学家的进一步改善。这个表由托雷多（Toledo）的本·锡德（Rabbi Isaac ben Sid）编制，并于 1277 年在卡斯提尔的阿方索（Alfonso）十世的支持下，以手稿的形式发表，题目是“智者阿方索”。该表的手抄本很快就传遍欧洲，但直到 1483 年才正式出版。

现代学者认为，事实上，利用哥白尼模型所做出的预测，常常不比用阿方辛表得出的结果好很多。赖因霍尔德（Erasmus Reinhold）利用《天体运行论》的数据进行了预测，其结果即所谓的普鲁士（Prussia）表，它给出了恒星和行星的位置。这些结果发表于 1551 年，只比《天体运行论》的首次出版晚了不到 8 年。

故事的下一位主人公是第谷（Tycho Brahe），他于 1546 年出生于丹麦斯卡恩（Skåne）的努斯特拉普（Knudstrup）市的一个贵族家庭。第谷很小时就喜爱天文学。但是为了把他培养成一名贵族绅士，家人于 1562 年 3 月送他到莱比锡大学去学习法律。然而，第谷始终保持着对天文学的兴趣，夜晚当老师睡觉了以后，他自己悄悄地进行观测。他还把能省下来的所有的钱都用来购买天文学方面的书、表册和仪器。这个时期他得到了阿方辛表和普鲁士表。他深入研究的灵感来自 1563 年预期的土星与木星的合相，因为他发现，这两份表的预测都错了。阿方辛表的预测与实际要相差大约 1 个月，而普鲁士表的预测也与实际相差好几天。行星运动观测的精度需要改进，这就是促使第谷自 1570 年代后期开始其永载史册的系列观测的最初动机之一。

定居丹麦以后，第谷在哥本哈根大学任教，在那里他对哥白尼的理论进行了讨论。

> 第谷谈到了哥白尼的技巧，虽然他的体系不符合物理原理，但数学上是值得钦佩的，并且没有像前人那样做出不合理的假设。[4]

第谷不断与威廉四世伯爵合作。他在 1575 年访问卡塞尔（Kassel）时拜访过威廉四世伯爵，并在那次访问中首次认识到地球大气的**折射**作用对天文观测的重要性。第谷是第一个在测定恒星与行星的精确位置时考虑到大气折射的天文学家。

第谷决心开展一项把对恒星和行星位置的测量提高到可以达到的最高精度的工作。有人告诉丹麦国王弗雷德里克（Frederick）二世说：“第谷是一位杰出的科学家，将给丹麦带来荣誉。”因此为了防止第谷流失到德国，弗雷德里克二世给第谷提供了无法拒绝的资助。用弗雷德里克二世自己的话来说：

> ……我们提供文岛的土地，其上（包括国王领地）的租户及其佣人，他们所交的全部租金与税收……只要他愿意住在那里并继续开展他的数学研究……[5]

文岛位于丹麦与瑞典之间，第谷觉得这个宁静的岛屿是他实现天文学抱负的理想之所。他被允许利用租金收入来维持他所建立的天文台的日常运转。此外，他还从弗雷德里克二世那里定期得到补助经费，这使他得以建立他的巨大天文台，以及制造天文观测所需的仪器。用第谷自己的话来说："我相信，整个事业使弗雷德里克花费了'至少一大桶黄金'"[6]。索伦(Victor Thoren)估计，第谷在文岛的整个期间，年收入大约是国王的1%[7]。这是近代"大科学"的第一个范例。

这个项目的第一部分是建造主天文台，第谷把它命名为"Uraniborg"(天堡，或者称为天空城堡)。除了有足够的空间安放他的所有天文仪器外，他还在一层建造了炼金术实验室，在那里进行化学实验。这座建筑里面还有造纸厂和印刷机，因而观测结果可以及时出版。

天堡大约在1580年建成，随后第谷就着手建造位于平地上的第二座天文台"Stjerneborg"(星堡)。他此时认识到构建非常坚固的地基对天文仪器的重要性。在新的天文台里，这些仪器密集地分布在一个不大的区域。这些天文仪器是天文台的真正荣誉。它们比望远镜要早，在这里所有的观测都是用肉眼进行的，尽可能精确地系统测量恒星和行星的相对位置。专题图1.1中所示的两台仪器值得特别注意：

第一台是天球仪，在专题图1.1所示的天堡的一楼可以看见它。第谷在它上面画出了他所记录的恒星位置，最后有777颗恒星留有永久的记录。

第二台是墙象限仪，在专题图1.1中可以看到第谷正在用手指着它。墙象限仪固定在一个地方，其半径是6.75 ft(1 ft=0.304 8 m)。通过墙上的一个孔观测恒星，孔的位置正好位于墙象限仪所在的圆的圆心。恒星位置的观测是通过测量其地平角进行的。由于墙象限仪的半径很大，故位置测量的精度可以很高。为了保证时间准确，第谷用了4只钟来指示时间，因此他可以知道哪只钟的走时不准。

第谷在技术方面的成就非常令人瞩目。他是第一个认识到"在观测中考虑**系统误差**至关重要"的科学家。在这方面有两个极好的例子。我们已经提到过第一个例子，即地球大气折射。第二个例子是，因为大的仪器受到重力的作用，故在垂直指向不会弯曲，但在水平指向其端部会向下弯，这就使得所测量的角度不准，即产生系统误差。第谷知道，消除这些系统误差是必要的。

另一个重要的成就是他懂得了，当系统误差的影响被消除之后，还需要对观测精度进行估计。换句话说，就是要对观测中的**随机误差**大小进行估计。第谷很可能是第一位在观测中仔细处理随机误差的科学家。经过他处理后，这些误差只有早期观测误差的1/10。这是观测精度的一个极大提高。第谷所做的观测工作的另一个关键特点是它们的**系统性**，即这些观测在1576～1597年间持续不断地进行了21年，并且观测结果由第谷和他的助手们进行了系统的分析。在这整个期间，他精确测量了太阳、月球、行星和恒星的位置。他最后的星表包含777颗恒星的位置，其精度达到$1'\sim2'$。下一节将看到这个精度大小是至关重要的。

第谷的事业达到了顶峰。他建立了当时世界上最大的天文台，丹麦文岛成为欧洲天文学的中心。但在1588年弗雷德里克二世去世之后，他的继任者克里斯蒂安

(Christian)四世对纯科学的资助减少了。此外,第谷在文岛的管理上也有失误。1597 年事态陷入危机,他被迫携带着他的观测资料、仪器和印刷机离开文岛。最终他在鲁道夫(Rudolf)二世的资助下,定居在布拉格(Prague)郊外的贝那泰克(Benatek)堡,在那里他重新安放了他的那套规模宏大的仪器。在以后的有生之年里,他优先考虑的是对他所获得的大量数据进行分析,并且意外地碰到一回好运气:1600 年他聘用开普勒(Johannes Kepler)来整理火星的观测资料,这是他生前所做的最后几件事之一。

大约在 1583 年,第谷形成了他自己的宇宙体系,是哥白尼和托勒密的宇宙体系的综合(图 2.7)。在他的模型中,地球是宇宙的中心,月球和太阳围绕地球运行,而其他行星围绕太阳运行。第谷以他的模型而自豪,该模型不是 2.1 节提到的赫拉克利特(Heracleides)模型的简单类似,而是包含了更多的内容。离心力和引力定律被发现之前,这一模型没有什么大错;但第谷自己的观测却引发了这一模型的崩溃和引力定律的建立。

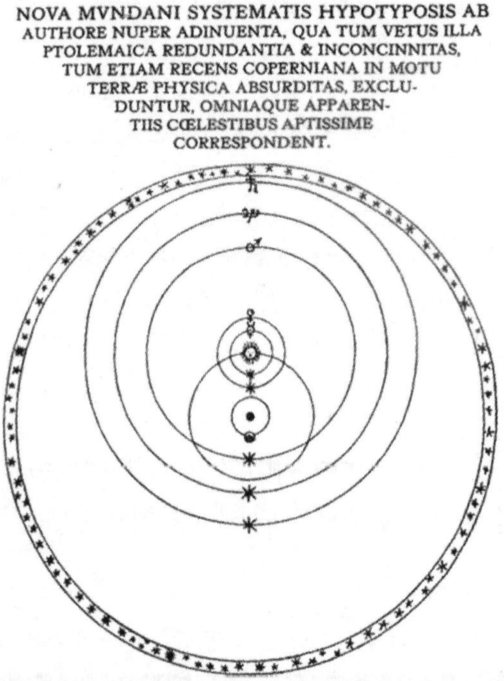
NOVA MVNDANI SYSTEMATIS HYPOTYPOSIS AB
AUTHORE NUPER ADINUENTA, QUA TUM VETUS ILLA
PTOLEMAICA REDUNDANTIA & INCONCINNITAS,
TUM ETIAM RECENS COPERNIANA IN MOTU
TERRÆ PHYSICA ABSURDITAS, EXCLU-
DUNTUR, OMNIAQUE APPAREN-
TIIS CŒLESTIBUS APTISSIME
CORRESPONDENT.

图 2.7　第谷的宇宙体系(引自 Thoren V E. 1990. The Lord of Uraniborg. Cambridge: Cambridge University Press: 252)

第谷的功绩在观测与实验科学中高居榜首。从他的工作中,我们看到了现代实验科学的所有最好的特点,而在他那个时代,这些规则并没有见诸任何文字。如果我们回忆一下,在那个时代,定量的科学测量思想只是偶尔闪现,就可以理解他的成就的伟大之处。那时还没有实验和精密测量的概念——天文观测是所有物理科学中最为精密的。毫无疑问,在牛顿的革命中,第谷的遗产起着核心的作用。

2.4 开普勒与天体和谐

我们现在来介绍一位与众不同的人物——开普勒。他于1571年12月出生在维尔·德·施塔特(Weil der Stadt)的斯瓦比亚(Swabian)。开普勒从小体质弱但天资聪明,1589年他进入大学学习。他第一次接触天文学的机会是通过马斯特林(Michael Maestlin)(即他的数学、几何学与三角学的老师)获得的。1582年,马斯特林发表了文章 *Epitome Astronomiae*,其中有介绍哥白尼的日心宇宙体系。但马斯特林是一个小心谨慎的人,在教会的影响下,他仍然是一名托勒密的信徒。相反,开普勒的态度是坚定的。他说:

> 在图宾根(Tübingen)大学,我专心地跟着有名的老师马斯特林学习。我发觉在很多方面,迄今流行的宇宙结构学说是混乱不堪的。因而,我为我的老师在课堂上经常提到的哥白尼而感到兴奋不已。我不仅再三地在(学生)辩论会上为哥白尼的观点辩护,而且在辩论中还详细地陈述了下面的论点,即第一运动(恒星天球面的旋转)是由于地球转动的结果。[8]

这样,开普勒从一开始就是一个热烈而坚定的哥白尼主义者。他在大学里受到的教育包括天文学和占星学,并成为了一名计算星象的专家,这对他后来的研究很有帮助。

开普勒的深入研究开始于1595年。当时他在思考哥白尼太阳系模型的几个基本问题:为什么只有6个行星围绕太阳运转?为什么这些行星的距离如此有序?为什么它们距太阳越远,其运动得越慢?卡斯珀(Max Casper)把开普勒的观念概括为以下两点:

> 第一,他具有强烈的和谐思想。[9]
>
> 第二,"在这个世界上,没有什么东西不是造物主按计划创造的"是开普勒的核心理念。他所从事的,只不过是发现这一创造计划以及反复理解造物主的意图……[10]

在开普勒教授数学和几何学期间,这些观念就已萌生了。在他写的《宇宙的奥秘》(*Mysterium Cosmographicum*)一书中,他以他特有的风格描述了他的新发现:

> 亲爱的读者,请看这本小册子里面的新发现和整个内容!为了纪念这一新发现,我把它写下来奉献给你:
>
> 地球的轨道是一切天体的量度:一方面,它周围外接一个正十二面

体，包含它的圆为火星轨道；火星外面再外接一个正四面体，包含它的圆为木星轨道；木星轨道再外接一个正六面体，包含它的圆为土星轨道。另一方面，内接地球轨道的是一个正二十面体，所包含的圆为金星轨道；金星轨道再内接一个正八面体，所包含的圆为水星轨道。读者现在就知道行星的数目为什么是现在这样的原因了。[11]

为什么是这样呢？关于立体几何学有一个众所周知的事实，即只有 5 个规则立方体，也就是 5 个**正立方体**。每个正立方体所有的棱都是等长的线段，每个面都是相同的正多边形。令人惊异的是，利用他所选择的正立方体顺序，开普勒能够把行星轨道的半径计算到大约 5%的精度。1596 年，他把他的太阳系模型介绍给乌尔登堡(Würtemburg)君主，并计划建造一个太阳系的实物模型(图 2.8)，然而这一计划没有实现。开普勒没有就此停步。哥白尼没有说明太阳作为太阳系中心的特殊物理意义，而开普勒却认为，维持行星在其轨道运行的力起源于太阳。

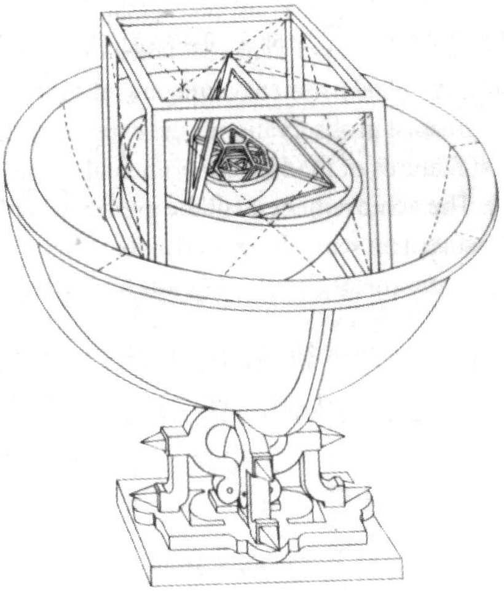

图 2.8　开普勒的相互套嵌的多面体模型，他用该模型计算行星的数目及其与太阳的径向距离(引自 Dictionary of Scientific Biography：Vol. VII. 1973：292. Charles Scribner's Sons © 1970～1980. 经盖尔集团许可翻印. 引自开普勒 1597 年的《宇宙的奥秘》中的原图)

现在看来，开普勒的许多推测都是错的，实际情况并不是他所想象的那样。看上去我为他所费的笔墨过多了，但这其中有两个原因：其一是，开普勒是在探寻哥白尼所发现的现象的物理原因，在他之前，没有人试图想象过这一步跨越；第二点是，开普勒的模型是他的和谐原理与几何原理具有强大魅力的第一个例子。

开普勒以极大的信心与热情，在 1597 年把他的这些想法写在《宇宙的奥秘》一书中出版。他把印本寄给了当时的许多著名科学家，包括第谷和伽利略。伽利略只是致谢他，说收到了这本书，而第谷却谨慎地给予他肯定和鼓励，并邀请他去贝那泰克(Benatek)一起工作。

《宇宙的奥秘》一书对传统天文学思想产生了相当大的冲击。很久之后,开普勒就这本书写道:

> 自那以后,我出版的所有天文学著作都与这本小册子的主要章节有关,也可以说是它的更详细论证或者进一步完善……我的这本书在出版后的这些年里所取得的成功明显表明,没有谁出版的第一本书就如此受到称赞、如此幸运,且所涉及的论题如此有价值。[12]

开普勒认识到,为了验证他的理论,他需要的是更精确的行星轨道数据。只有一个人能得到这样的数据,那就是第谷。经多方奔走,最终开普勒于 1600 年正式受雇于第谷。第谷和开普勒看上去差别很大。当开普勒搬到贝那泰克的时候,第谷已经 53 岁,而开普勒只有 28 岁。第谷是那个时代最伟大的天文学家并且是贵族出身,开普勒是欧洲最伟大的数学家但出身寒微。第谷希望开普勒研究太阳系的第谷理论,而开普勒已经是一名哥白尼的忠实信徒。

1601 年,第谷在去世之前不久,才刚让开普勒研究火星轨道的问题。在临终时,他催促开普勒完成新的天文表以取代普鲁士表。这就是所谓的"鲁道夫表",这是为了向鲁道夫(Rudolf)二世皇帝表示敬意,因为他向第谷提供了贝那泰克堡,以及3 000 荷兰盾的巨额年薪。第谷去世后的两天内,开普勒就被任命为皇室数学家,他一生工作的最伟大时期开始了。

最初开普勒假设火星的轨道是圆,如标准的哥白尼图像那样。他的第一个发现是:如果火星轨道的中心就是地球轨道的中心,则火星的运动就与哥白尼模型所描述的不符。因而这一中心必然是太阳的真实位置。这是一个重要的进展。开普勒进行了大量的计算,试图把观测到的火星轨道拟合为一个圆轨道,这样做实际是遵循了以往的戒律,即只能用圆周运动来描述行星的轨道。在无数次尝试和失败之后,他能够求出的最好轨道还是与第谷的观测结果相差 $8'$。这已经超出了第谷观测中的误差范围。如开普勒所说:

> 上天赐予了我们如此勤奋的观测者第谷,但他的观测还是背离了托勒密的计算结果,其误差达 $8'$;唯一正确的是,我们应当以感激之情接受神的礼物……因为这 $8'$ 不能忽略,它导致了天文学的一个全面变革。[13]

换句话说,第谷最后确定的行星轨道的随机误差只有 $1'\sim2'$,而开普勒发现的最小偏差至少是这一误差的 4 倍。第谷之前的随机误差比第谷时代的大约要大 10 倍,因而开普勒要把这些早期的观测结果拟合为圆轨道模型是没有问题的。

开普勒的这段意味深长的话表明,这样大的偏差是不能接受的,因而他必须从头做起。他描述太阳系的下一个尝试是利用卵形体结构并结合磁学理论,来探讨使行星得以保持在轨道上的力的来源。他发现,根据磁学理论来求解轨道是非常复杂和繁琐的,进而他凭着直觉采用了另外一种方法,即假定行星按照在相同的时间间隔内扫过相同面积的方式运动。无论轨道的实际形状如何,结果总是行星在靠近太阳时运动较快。这样从太阳到行星的直线，在同样的时间间隔内扫过的面积相等。利用这样的方法给出的行星以及地球相对太阳运动的黄经预测值非常精确。这一伟大发现就是我们现在所称的**开普勒行星运动第二定律**。它的正式表述如下：

从太阳到行星的直线在等量时间内扫过等量面积。

开普勒用了大量的时间和精力来拟合火星运动的卵形体轨道及面积定律，但得不到严格相符的结果，其最小偏离约为 $4'$，仍大于第谷观测的误差极限。在进行这些研究的同时，他也在写《关于火星运动的评注》这本专著。在写到第 51 章时他认识到，他所需要的是介于卵形和圆之间的一种图形，即椭圆。他马上得到一个关键性的结果，即火星以及其他行星的轨道都是椭圆，且太阳位于其中的一个焦点上。这本关于火星的专著被重新命名为“新天文学”，副标题为“天体的物理学”。这本书在 1609 年出版，即在他发现这一定律的 4 年之后。该定律现在被称为**开普勒行星运动第一定律**，其正式表述为：

行星的轨道为椭圆，太阳位于椭圆的一个焦点。

把太阳放到椭圆的焦点是需要大胆想象的。开普勒已经了解，火星的运动不能按地球轨道的中心来计算，因此下一个最显著的位置就是焦点。开普勒发现了有关行星轨道的决定性事实，但他对此没有做物理上的解释。这成为以后真正理解引力定律的关键发现之一。等到牛顿这位天才出现，人们才了解了这一发现的全部意义。

下一步的发展归功于伽利略。我们不得不先来讨论一下，1609 年伽利略用他的天文望远镜获得的伟大发现。这些发现记录在他 1610 年出版的书《星空信使》中。伽利略得知开普勒上一年出版了《新天文学》一书，就寄了一本《星空信使》给在布拉格帝国法院（意大利）的托斯卡纳特使，请他转交开普勒并征询开普勒的书面意见。开普勒在 1610 年 4 月 19 日写了一封很长的回信，并在 5 月发表了这封信，题目是“与星空信使的对话”。可以想象得到，开普勒的回信热情奔放，当伽利略介绍自己的观测结果并谨慎地试图给予解释时，开普勒表示完全支持他的想法。

对于开普勒来说，最重要的发现是木星的卫星。它们与哥白尼的图像完全相符。这是一个缩小了的太阳系：可以看到，木星的 4 颗卫星——木卫 1（Io）、木卫 2（Europa）、木卫 3（Ganymede）和木卫 4（Callisto）——都在围绕木星转动。在《星空信使》一书中，伽利略描述了这 4 颗卫星的运动，图 2.9 就是该书中的例图。开普勒对此激动不已。下面是他信中解释木星为什么会有卫星的一段话：

结论是非常清楚的。我们的卫星是因地球而存在的，而不是因其他天体。这 4 颗小卫星是因木星而存在的，与我们地球无关。每个行星与其居住者一起，都有自己的卫星。从这一分析我们推断，木星极有可能是适于居住的。[14]

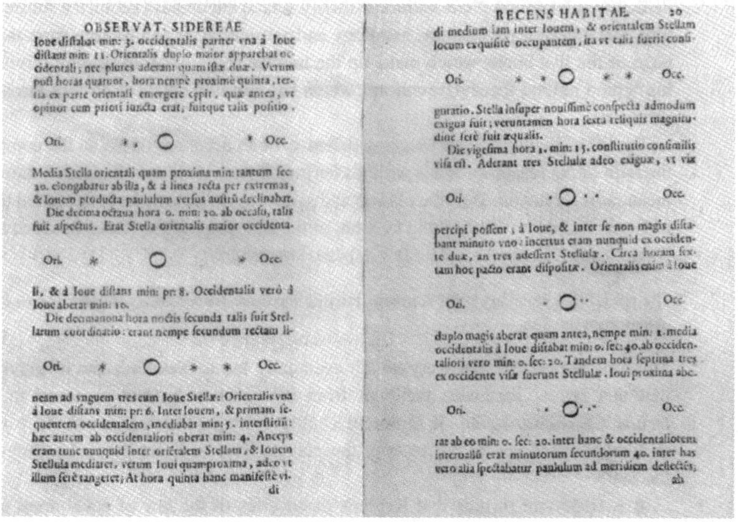
OBSERVAT. SIDEREAE

Ioue diſtabat min: 3. occidentalis pariter vna à Ioue diſtans min: 11. Orientalis duplo maior apparebat occidentali; nec plures aderant quam iſtæ duæ. Verum poſt horas quatuor, hora nempè proximè quinta, tertia ex parte orientali emergere cœpit, quæ antea, vt opinor cum priori iuncta erat; fuitque talis poſitio.

Ori. * * ○ * Occ.

Media Stella orientali quam proxima min: tantum ſec: 20. elongabatur ab illa, & à linea recta per extremas, & Iouem producta paululum verſus auſtrũ declinabat.

Die decima octaua hora 0. min: 20. ab occaſu, talis fuit aſpectus. Erat Stella orientalis maior occidentali,

Ori. * ○ * Occ.

li, & à Ioue diſtans min: pr: 8. Occidentalis verò à Ioue aberat min: 10.

Die decimanona hora noctis ſecunda talis fuit Stellarum coordinatio: erant nempe ſecundum rectam li-

Ori. * ○ * * Occ.

neam ad vnguem tres cum Ioue Stellæ: Orientalis vna à Ioue diſtans min: pr: 6. Inter Iouem, & primam ſequentem occidentalem, mediabat min: 5. interſtitiũ: hæc autem ab occidentaliori aberat min: 4. Anceps eram tunc nunquid inter orĩẽtalem Stellam, & Iouem Stellula mediaret, verum Ioui quamproxima, adeo vt illum ferè tangeret; At hora quinta hanc manifeſtè vi-

di

RECENS HABITAE. 20

di medium iam inter Iouem, & orientalem Stellam locum exquiſitè occupantem, ita vt talis fuerit configuratio.

Ori. * * ○ * * Occ.

Stella inſuper nouiſſimè conſpecta admodum exigua fuit; veruntamen hora ſexta reliquis magnitudine ferè fuit æqualis.

Die vigeſima hora 1. min: 15. conſtitutio conſimilis viſa eſt. Aderant tres Stellulæ adeo exiguæ, vt vix

Ori. * ○ * * Occ.

percipi poſſent; à Ioue, & inter ſe non magis diſtabant minuto vno: incertus eram nunquid ex occidente duæ, an tres adeſſent Stellulæ. Circa horam ſextam hoc pacto erant diſpoſitæ. Orientalis enim à Ioue

Ori. * ○ * * Occ.

duplo magis aberat quam antea, nempe min: 2. media occidentalis à Ioue diſtabat min: 0. ſec: 40. ab occidentaliori vero min: 0. ſec: 20. Tandem hora ſeptima tres ex occidente viſæ fuerunt Stellulæ. Ioui proxima aberat ab eo min: 0. ſec: 20. inter hanc & occidentaliorem interuallũ erat minutorum ſecundorum 40. inter has vero alia ſpectabatur paululum ad meridiem deflectẽs;

Ori. * ○ * * * Occ.

ab

图 2.9　伽利略《星空信使》一书中的两页,显示他画的 4 颗伽利略卫星的运动[承蒙 Royal Observatory(Edinburgh)许可采用]

对此我们能说些什么呢? 使我们感兴趣的是,这种极端的横向思维方式,体现了这位当时欧洲最伟大的数学家个性的一部分。

开普勒的第三定律写在他的专著《宇宙的和谐》中。按照卡斯珀的说法,1619年发表的这部著作,是开普勒所取得成就的巅峰之作。在这部著作中,开普勒试图把他的所有思想综合为一幅宇宙的和谐图像。他的和谐理论中包含几何学、音乐、建筑学、宇宙哲学、心理学、占星学和天文学,这些可以从他这部专著的5个分册的内容中看到(图2.10)。用现代的话来说,这就是他的"大统一理论",几个世纪以来,这一概念使许多物理学家魂牵梦萦。

到了1619年,开普勒不再满足于把行星轨道半径与他的和谐理论相比较时的5%的精度。他此时得到的行星轨道平均半径的精度要高得多。当他开始撰写《宇宙的和谐》第5分册第3章第8节的时候,他忽然发现了现在熟知的**开普勒行星运动第三定律**:

行星轨道的周期与行星到太阳平均距离的3/2次方成正比。

这是一项最终导出牛顿引力定律的决定性的发现。注意这一定律与他在《宇宙的奥秘》一书中所提出的有些不同。但两者并不矛盾,因为开普勒第三定律并没有说明为什么行星必须位于到太阳的特定距离处。

重要的是要注意到,开普勒发现的等面积定律、描述行星轨迹的椭圆以及第三定律,都是想象的直观跳越,而不是根据某些规定的标准数学方法得到的结果。

读者可能认为,有开普勒这样一个热情洋溢的哥白尼主义者的支持,对致力于宣扬哥白尼宇宙学说的伽利略来说,应当是非常宝贵的。但我们将看到,事情并非

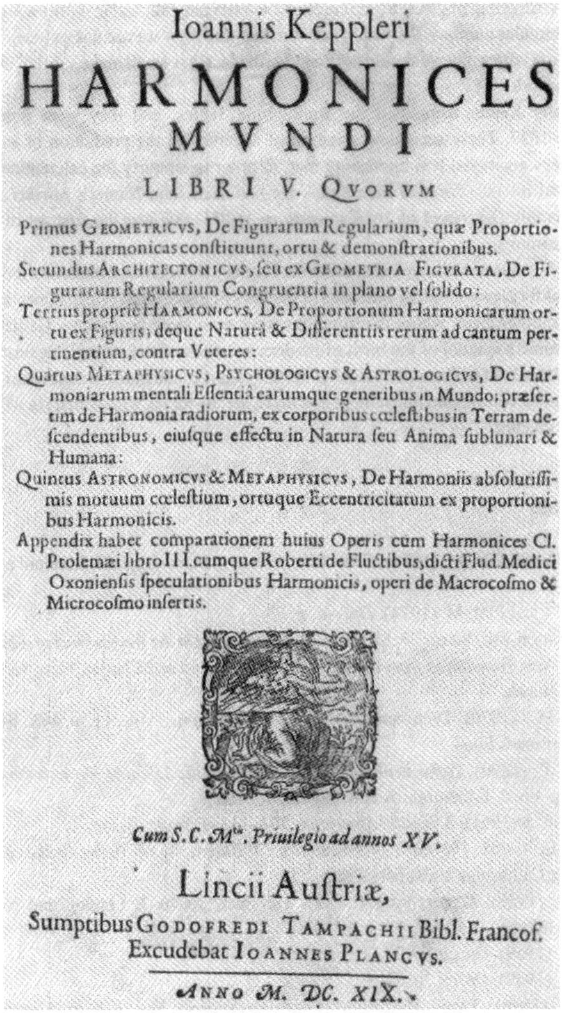

Ioannis Keppleri

HARMONICES

MVNDI

LIBRI V. QVORVM

Primus GEOMETRICVS, De Figurarum Regularium, quæ Proportiones Harmonicas conſtituunt, ortu & demonſtrationibus.

Secundus ARCHITECTONICVS, ſeu ex GEOMETRIA FIGVRATA, De Figurarum Regularium Congruentia in plano vel ſolido:

Tertius propriè HARMONICVS, De Proportionum Harmonicarum ortu ex Figuris; deque Naturâ & Differentiis rerum ad cantum pertinentium, contra Veteres:

Quartus METAPHYSICVS, PSYCHOLOGICVS & ASTROLOGICVS, De Harmoniarum mentali Eſſentiâ earumque generibus in Mundo; præſertim de Harmonia radiorum, ex corporibus cœleſtibus in Terram deſcendentibus, eiuſque effectu in Natura ſeu Anima ſublunari & Humana:

Quintus ASTRONOMICVS & METAPHYSICVS, De Harmoniis abſolutiſſimis motuum cœleſtium, ortuque Eccentricitatum ex proportionibus Harmonicis.

Appendix habet comparationem huius Operis cum Harmonices Cl. Ptolemæi libro III. cumque Roberti de Fluctibus, dicti Flud. Medici Oxonienſis ſpeculationibus Harmonicis, operi de Macrocoſmo & Microcoſmo inſertis.

Cum S. C. M^tis. Priuilegio ad annos XV.

Lincii Auſtriæ,

Sumptibus GODOFREDI TAMPACHII Bibl. Francof.

Excudebat IOANNES PLANCVS.

ANNO M. DC. XIX.

图2.10　开普勒的专著《宇宙的和谐》(Linz,1619)的内容(引自 Crawford Collection. Royal Observatory. Edinburgh)

如此简单。伽利略对开普勒支持的反应相当谨慎,我们至少可以看出他有两个方面的担心。开普勒于1630年11月15日去世,两年之后,伽利略写道:

> 我并不怀疑,但兰兹伯格(Landsberg)和开普勒的某些想法趋于削弱哥白尼的学说而不是增强这一学说。在我看来,对他们这些想法的期望太高了……[15]

我们已经引用了开普勒的文笔华美的论述,其中也显露出某些担忧。但如果我们现在花时间去忧虑汤匙变弯、UFO及麦田怪圈之类的事情,那我们就不会成为搞研究的科学家。除此以外,《宇宙的和谐》中的强烈神秘色彩对伽利略没有产生吸引力。他力图要做的是，在坚实的数学基础上建立整个自然哲学。

伽利略的另一个担心是最令人感兴趣的。我们再次引用他的话：

> 在我看来也许要下这样的结论，即为了保持宇宙间的完美秩序，运动的物体只能沿圆周运动。[16]

开普勒关于行星轨道是椭圆而不是圆的主张从理性上来讲是伽利略不能接受的。我们又一次看到，这一分歧源于亚里士多德的物理学遗训，即可容许的运动只有匀速直线运动和匀速圆周运动。我们现在会说，就伽利略而言，这一看法是未经检验的偏见；但我们不应当掩盖如下事实，即在我们自己的工作中，我们都会做出类似的未经检验的判断。

最终开普勒完成了鲁道夫表，并于 1627 年 9 月发表。这些结果给出了预测太阳、月亮以及行星位置的新的精度标准。有意思的是，为了简化计算，开普勒还发明了他自己的对数形式。实际上，他于 1617 年就看到了 1614 年出版的纳皮耶(John Napier)的 *Mirifici Logarithmorum Canonis Descriptio*，这是第一本自然对数表。

尽管开普勒的行星运动三大定律当时并没有得到公认，但对牛顿后来创立引力定律和天体力学而言，它们起到了决定性的作用。此外还有一位巨人，他的贡献可能意义更为深远，这就是伽利略。他成为现代科学诞生以及反抗公认的宗教教义的象征。伽利略的实验触及了现代科学研究方法的核心。有关他的许多贡献我们将在下一章中介绍。

2.5 参考文献

[1] Pedersen O, Pihl M. 1974. Early Physics and Astronomy. London: McDonald and Co.: 64.

[2] Pedersen O, Pihl M. 1974. Op. Cit.: 65.

[3] Duncan A M. 1976. Copernicus: on the Revolutions of the Heavenly Spheres: a New Translation from the Latin with an Introduction and Notes. London: David and Charles; New York: Barnes and Noble Books.

[4] Hellman D C. 1970. Dictionary of Scientific Biography: Vol. 11. New York: Charles Scribner's Sons.

[5] Dreyer J L E. 1890. Tycho Brahe: a Picture of Scientific Life and Work in the Sixteenth Century. Edinburgh: Adam and Charles Black: 86, 87.

[6] Christianson J. 1961. Scientific American, 204: 118(February issue).

[7] Thoren V E. 1990. The Lord of Uraniborg: a Biography of Tycho Brahe. Cambridge: Cambridge University Press: 188, 189.

[8] Casper M. 1959. Kepler. Translated by Hellman C D. London and New York: Abelard Schuman: 46, 47

[9] Casper M. 1959. Op. Cit.: 20.

[10] Casper M. 1959. Op. Cit.: 62.

[11] Kepler J. 1596. From Mysterium Cosmographicum//Frisch C. Kepleri Opera Omnia: Vol. 1.: 9ff.

[12] Casper M. 1959. Op. Cit.: 71.

[13] Kepler J. 1609. Astronomia Nova//Casper M. Johannes Keplers Gesammelte Werke: Vol. Ⅲ. Munich: Beck (1937): 178.

[14] Kepler J. 1610. Conversation with Galileo's Sidereal Messengered. Translated by Rosen E. 1965. New York and London: Johnson Reprint Co.: 42.

[15] Galilei G. 1630. From Galileo to Newton (1630 – 1720). The Rise of Modern Science 2: 41.

[16] Galilei G. 1632. Dialogues Concerning the Two Chief Systems of the World. Translated by Drake S. Berkeley (1953): 32.

第 3 章　伽利略与物理科学的本质

3.1 引　　言

这里我们将讲述三个分立但又彼此联系的故事。

第一个是关于伽利略作为一个自然哲学家的故事。不同于观测家第谷和数学家开普勒，伽利略是一位实验物理学家。从他最早的著作一直到他最后的巨著《关于两门新科学的对话和数学证明》可看出，他最主要关心的是定量地了解自然规律。

第二个是天文学的故事。它发生在 1609～1612 年间，这在伽利略的事业生涯中是一个相对较短但关键性的时期，在此期间他获得了若干项基础性的天文学发现，这些发现直接影响到他对运动物理学的理解。

第三个故事是最著名的，是关于对他的审判和接下来对他的软禁，这是后来一直引起众多争论的话题。对他在科学方面的指责和审判是最受关注的，触及物理科学的核心本质。普遍的看法是，伽利略是英雄，而天主教会充当了反面角色，代表了保守反动与顽固权威。从方法论的观点看来，伽利略犯了一个逻辑上的错误，而教会当局却犯了一个灾难性的大错，并自那以后一直对科学和宗教产生影响，直到 1980 年代教皇保罗(John Paul)二世正式为此道歉。

我之所以用整整一章的篇幅来写伽利略，是因为今天仍需要很好地了解他的科学精神与经历的磨难，他的故事对今天的物理学研究者仍然会引起共鸣。伽利略的理性正直和科学创造能力对我们是一种激励——比起任何其他人，他对物理学发展的理性框架的创立做出了更多的贡献。

3.2 作为实验物理学家的伽利略

伽利略·伽利雷(Galileo Galilei)是卓越的音乐家和音乐理论家文森罗·伽利略(Vincenzio Galileo)的儿子，1564 年 2 月出生于比萨(Pisa)，1587 年被任命为比萨大学的数学教授，在那里他不是特别受同事们的欢迎。主要原因是，伽利略反对亚里士多德的物理学，而后者的物理学是当时自然哲学的中心支柱。在伽利略看来，亚里士多德的物理学与物质的实际表现不符。如亚里士多德关于不同重量物体下落的断言如下：

> 如果一定重量的物体在一定时间内运动一定的距离，则更重的物体在较短的时间内就可以运动同样的距离，并且如果物体之间的重量成比例，则时间也将成比例。例如，如果一半重量的物体下落一段距离所需时间为 x，则全重的物体下落同样距离所需时间只有 $x/2$。

这完全是错误的，可能正如已经由一个简单的实验演示过的那样——看来亚里士多德从来没有亲自验证过他的断言。伽利略对此的异议被象征性地说成他在比萨斜塔上让不同重量物体下落的故事：如果让不同重量的物体下落同样的高度，则在空气阻力可以忽略的情况下，它们会在相同的时间内到达地面，正如伽利略以及更早的一些学者知道的那样。

1592年，伽利略被任命为帕多瓦大学的数学教授，他在那里一直工作到1610年。正是在这一时期他完成了他最伟大的工作。起初他是反对哥白尼的太阳系模型的；但从1595年开始，他认真地考虑了这一模型，并利用它来解释亚得里亚海(Adriatic)的潮汐成因。他观测到威尼斯的海潮升降的典型幅度大约是5 ft，因此必然有无比巨大的力使得巨量的海水每半天涨一次潮。伽利略推断，如果地球绕自转轴转动并同时绕太阳沿圆轨道运动，则地球表面上一点运动方向的变化，将使海水来回搅动而产生潮汐作用。虽然这并不是对潮汐现象的正确解释，但它使伽利略从物理上赞同了哥白尼的学说。

在伽利略的著作中，论证完全是从观念上进行的，而不管通常意义上的实验证据。伽利略作为一名先驱科学家的天赋，在德雷克(Stillman Drake)的名著《伽利略：先驱科学家》[1]中有很好的描述。德雷克辨认了伽利略没有发表过的散乱手记，并令人信服地表明：伽利略对他的专著里提到的论点实际上是做了实验的，而且实验技巧很高明(图3.1)。

伽利略的工作量是巨大的——他不相信亚里士多德的物理学，但还没有新的东西来替代它。在17世纪早期他进行了许多实验：自由落体、球沿斜面下滚的运动以及摆动的规律……他的结果第一次阐明了加速度的概念。

伽利略那个时代面临的物理学的一个问题是，没有办法精确地测量短的时间间隔。因此他不得不靠他出色的独创性来设计实验。一个非常好的例子是他研究小球如何在斜面上加速下滚的实验。他制造了一个2 m长的平缓斜面，其与水平方向的夹角只有1.7°，并在它上面刻了一个槽，以使一个重的青铜球可以滚动。他在斜面上安放了一些很小的凸条，这样当球经过每个凸条时就会有轻微的咔哒声。然后他沿斜面调整这些凸条的位置，以使咔哒声之间的时间间隔相等(图3.2)。德雷克认为，伽利略通过唱一首有节奏的曲子，让每次咔哒声都经过相等的拍节，

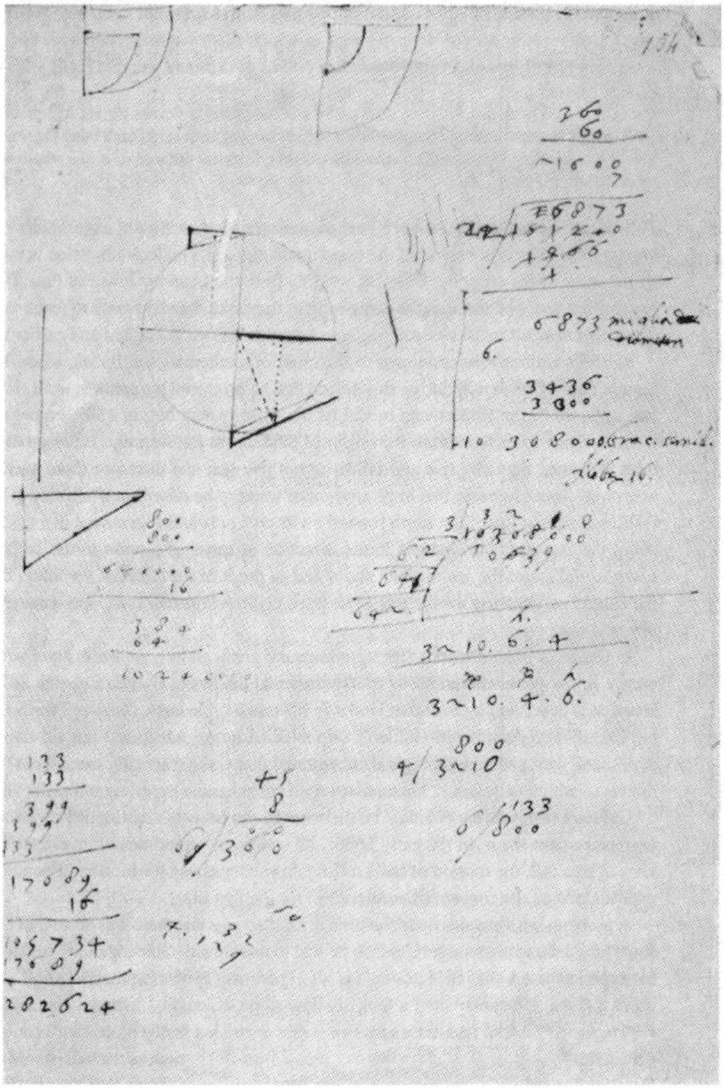

图 3.1 伽利略关于摆动定律的部分手记(引自 Drake S. 1990. Galileo: Pioneer Scientist. Toronto: University of Toronto Press: 19)

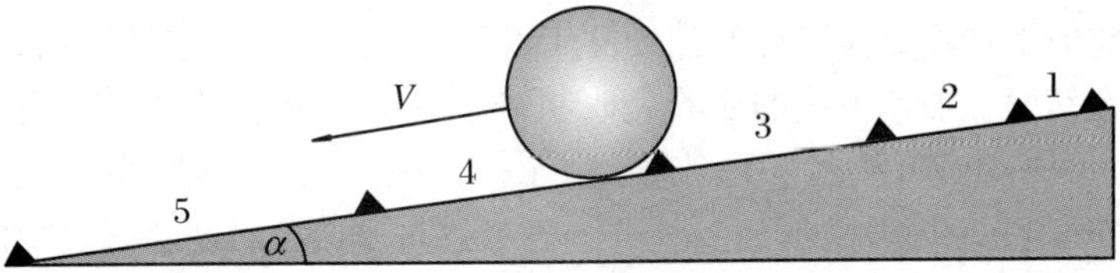

图 3.2 伽利略如何研究匀加速运动的规律(凸条之间的数字标明了使球在板上产生均匀的咔哒声的凸条之间的相对距离)

这样得到的时间间隔之间相差大约只有 1/64 s。从伽利略父亲的职业角度来看，这是可行的。用这样的方法，当小球持续沿斜面下滚时，他可以测量球的运动距离，并根据距离的不同得出两次相继咔哒声之间相应的平均速度。他发现，在相等的时间间隔内，这一速度按奇数 1,3,5,7,…的规律增加。

最初伽利略相信，在加速度不变的情况下，速度正比于运动距离。但从 1604 年的精确实验结果他发现，这一速度应当正比于时间。他现在有了两个关系式：第一个是速度的定义式，即 $x = vt$；第二个是加速度恒定时速度与时间的关系，即 $v = at$。在伽利略出版的著作中没有代数，因而还有待发明微分运算。假设一个做匀加速运动的球的速度是在时刻 1,2,3,4,5(s)时测量的(图 3.2)，并设该球在时刻 0 时由静止开始运动。上述时刻相应的速度($cm \cdot s^{-1}$)将会是所说的 0,1,2,3,4,5,…，而加速度是1 $cm \cdot s^{-2}$。在时间为 0,1,2,3,4,5(s)时，该球运动的总距离是多少？

在时刻 0 时，运动距离为 0 cm。在 0～1 s 之间，平均速度是 0 .5 $cm \cdot s^{-1}$，因而运动距离必然是 0.5 cm；在下一个时间间隔，即在 1～2 s 之间，平均速度是 1.5 $cm \cdot s^{-1}$，因而此时间段内运动的距离为 1.5 cm；从静止点算起的总运动距离现在是 0.5 + 1.5 = 2 (cm)。接下来的时间间隔内的平均速度是 2.5 $cm \cdot s^{-1}$，运动距离是 2.5 cm，且总的距离是 4.5 cm，如此等等。这样我们就得到了一系列的距离(cm)，即 0,0.5,2,4.5,8,12.5,…，以 cm 为单位时即为

$$\frac{1}{2}(0,1,4,9,16,25,\cdots) = \frac{1}{2}(0,1^2,2^2,3^2,4^2,5^2,\cdots) \tag{3.1}$$

这就是伽利略著名的匀加速运动的**时间平方定律**，用代数式来表示时为

$$x = \frac{1}{2}at^2 \tag{3.2}$$

这一结果代表了加速运动本质研究中的一次革命，并直接引发了牛顿的彻底变革。

伽利略并没有就此止步，而是继续进行了两个才华横溢的实验。接下来，他研究的问题是自由落体，即如果一个物体从给定的高度下落，要经过多长时间它能够到达地面？他用一种“水钟”来精确测量时间间隔：一个大的盛满水的容器下面安有一根管子，水可以从管子里流出，根据流出的水量的多少，就可以测量时间间隔。使物体从不同的高度下落，伽利略确定，自由下落的物体遵从时间平方定律，这就是说，当物体自由下落时，它们经受恒定的加速度，即**重力加速度**。

得到了这两个结果之后，他开始寻找这两者之间的关系。这一关系非常漂亮，称为**伽利略定理**。设一个物体自由下落一定的距离 l，在图 3.3 中该距离用线段 AB 来表示。画一个圆，使其直径为 AB。现在设物体沿一个斜面无摩擦地滑下，为方便起见，把斜面的顶端置于 A 点。这样就有伽利略定理：

> 物体沿斜面从 A 点滑到 C 点的时间等于物体从 A 点自由下落到 B 点的时间，其中 C 点为斜面与圆的交点。

换句话说，物体沿圆的任何一条弦滑下的时间，等于物体沿直径自由下落的时

间。当物体沿斜面下滑时,重力加速度的分量是 $g\sin\alpha$,而垂直于斜面的加速度分量为零(图 3.3)。

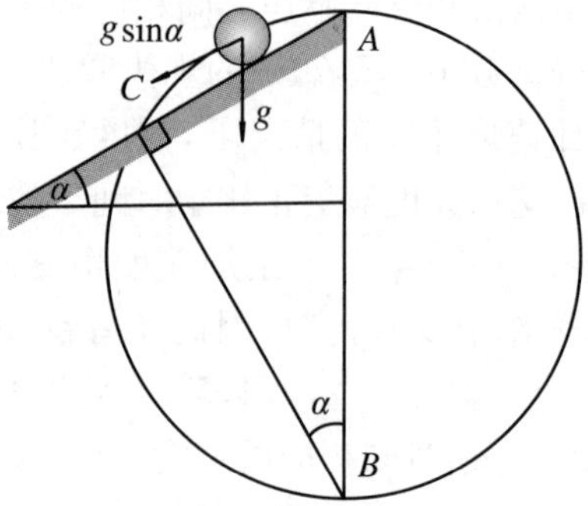

图 3.3　伽利略定理的图示

任何在圆的直径上构造的且第三个点位于圆上的三角形都是直角三角形。因此如图 3.3 所示,我们可以找出相等的角,且运动距离之比 $AC/AB = \sin\alpha$。由于相等的时间内的运动距离正比于加速度,即 $x = \frac{1}{2}at^2$,故伽利略定理得证。

下一个"天才例子"是研究上面这些结论和摆的运动之间的关系。据说伽利略年轻时就注意到,教堂顶上悬挂的烛灯的摆动周期与摆动的**振幅**无关。伽利略用他发现的圆弦定理来解释这一观测结果。如果摆足够长,则摆动的弧长 AC 就几乎等于弦长 AC,其两个端点分别为摆动的最高点和最低点(图 3.4)。把图 3.3 颠倒过来就显然可见,为什么摆动的周期与摆动的振幅无关——根据伽利略定理,沿着任何一条连接 A 点的弦运动到 A 点的时间,与物体自由下落两倍摆长的时间相同。这真是才气焕发又漂亮的物理学结论。

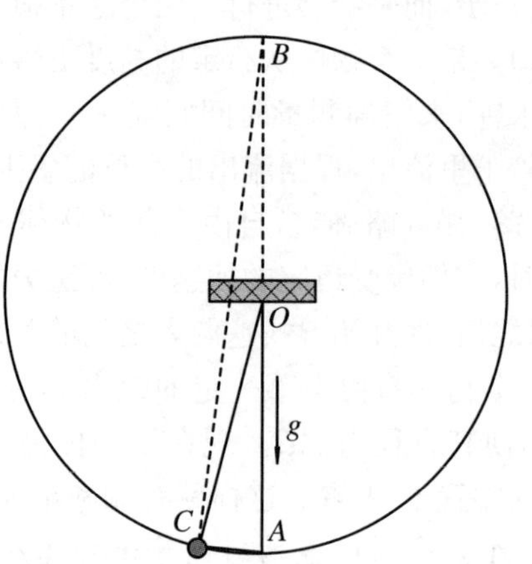

图 3.4　伽利略如何证明,一只很长的摆的摆动周期与摆动振幅无关(注意图 3.3 所示的关系)

伽利略把重力之下的加速度的本质表示为数学形式。这立即得到了实际应用,因为他可以据此研究抛射体的轨迹。抛射体在平行于地面的方向做匀速运动,并在垂直方向因重力作用而做加速运动。伽利略首次得出了炮弹及其他抛射体的抛物线轨迹(图 3.5)。

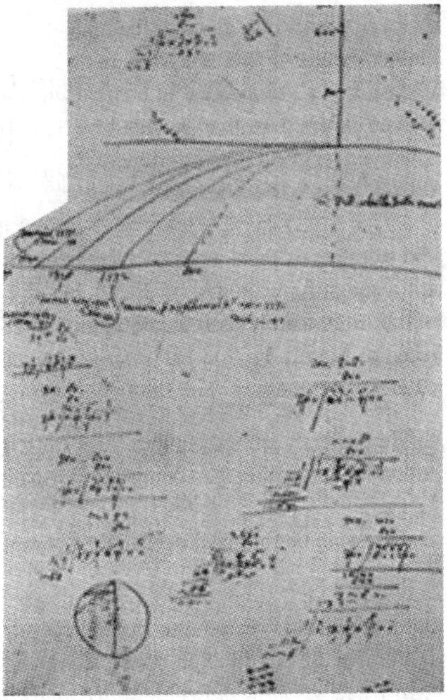

图 3.5　伽利略手记本中的一页,说明了在重力加速度和水平匀速运动相结合的情况下抛射体的轨迹

伽利略开始着手把这些论题的研究写成书,以表明如何根据恒定加速度的规律来理解它们。用他自己的话说,1610 年他是这样计划的:

> ……三本关于力学的书,其中两本说明原理,一本涉及具体问题。虽然其他人也写过这方面的书,但不及我所写的 1/4,无论是篇幅还是其他方面都如此。[2]

后来他以同样的笔调写道:

> ……三本关于局域运动的书——完全新的科学,无论古代还是现代,从来还没有人发现过我所证明的自然和激烈运动中存在的任何一个非凡的定律。这里我或许称其为新物理学,但我是从最基础的地方发现它的。[3]

这些发现的发表后来被推迟到 1620～1630 年代。这是因为望远镜发明的新闻把伽利略的注意力从这项工作上移开了。这也是他认真研究天文学的开始。

3.3 伽利略望远镜的发现

望远镜的发明要归功于荷兰的一位透镜磨制者利柏黑(Hans Lipperhey),他在1608年10月向拿骚(Nassau)的莫里斯(Maurice)伯爵申请一项专利,即他发明的一种装置,可以把远处的物体呈现在较近的距离。伽利略在1609年7月听到这一发明的消息后,就决定自己动手来制作。到了8月,他就制成了一架放大倍数为9倍的望远镜,其放大倍数是利柏黑专利的3倍。这给威尼斯参议院很深的印象,因为他们懂得这样的装置对于一个沿海民族的重要性。伽利略马上被授予帕多瓦大学终身教授的职位,其年薪也大为增加。

到1609年底,他制作了许多台望远镜,放大倍数也不断增大,最大放大倍数可达30倍。1610年1月,他第一次把望远镜指向天空,并接连不断地获得引人注目的发现。这些发现很快于1610年3月记录在他的《星空信使》[4]一书中。概括起来,他的这些发现主要有:

(1) 月球上是多山的,而不是理想的光滑球面[图3.6(a)]。

(2) 银河由数目巨大的恒星构成,而不是均匀分布的光[图3.6(b)]。

(3) 木星有4颗卫星,可以跟踪到它们在大约几周内完成数个完整轨道的运行(图2.9)。

这本书很快在欧洲引起轰动,并使伽利略赢得了国际声誉。这些发现推翻了多个世纪以来被广泛接受的亚里士多德的许多戒律。例如,把银河分解为单个的恒星就和亚里士多德的观点相冲突。通过木星的卫星,伽利略看到了哥白尼太阳系图像的原型。这些发现使伽利略马上被指定为托斯卡纳大公德·美第奇(Cosimo de Medici)的数学家和哲学家,《星空信使》这本书就是呈献给他的。

1610年代末,他又用望远镜获得了其他两个极其重要的发现:

(4) 土星有光环。他认为这一光环是由靠近土星的许多卫星构成的。

(5) 金星有相位变化。

最后一个发现是最重要的。当金星处于其轨道上远离地球的位置,它看起来就是圆的;而如果它和地球位于太阳的同一侧,它看起来就像一弯娥眉月。这被认为是有利于哥白尼学说的证据,因为如果金星和地球一起围绕太阳运转,太阳为光源,就完全自然地解释了金星的相位变化(图3.7)。反之,如果金星是在一个环绕地球的圆轨道上沿本轮运转,而太阳位于更远的球面,则地球上看到的金星被照亮的图像将会完全不同,如图3.7所示。1611年,伽利略把这些重大发现报告给教皇和几位红衣主教,他们对这些发现都很感兴趣。伽利略也被选为林琴科学院

(Academia Lincei)的成员。

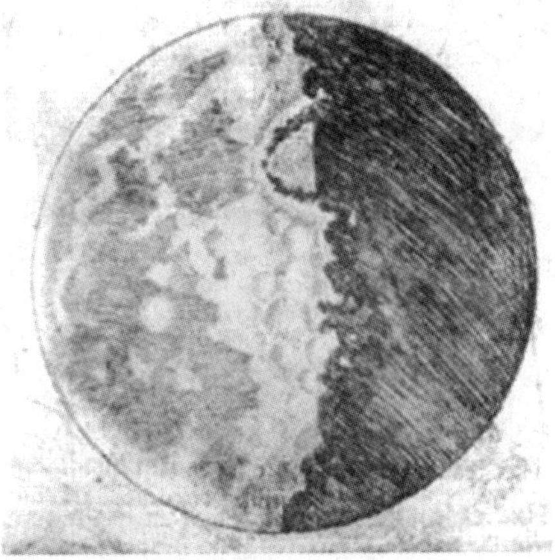

(a)

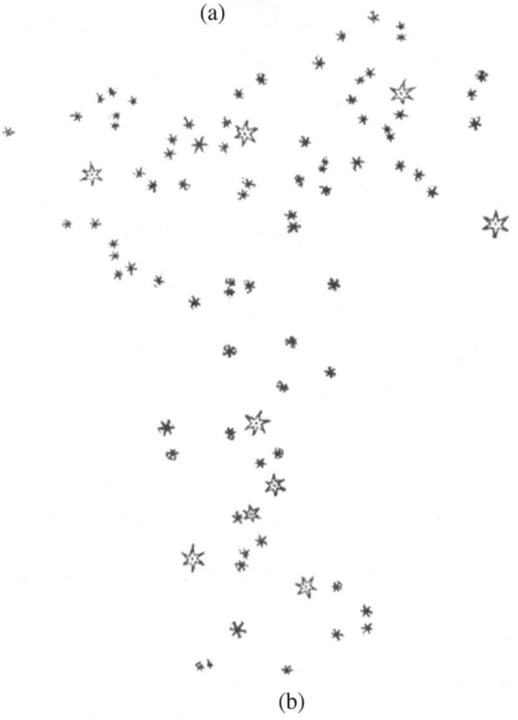

(b)

图 3.6　(a)伽利略所画的用他的望远镜看到的月面图像;(b)伽利略手绘的猎户座腰带附近的天空区域,表明发光的背景可分解为暗淡的恒星[引自 Galilei G. 1610. Sidereus Nuncius(星空信使). Venice. 英译本见 van Helden A. 1989. Chicago:University of Chicago Press]

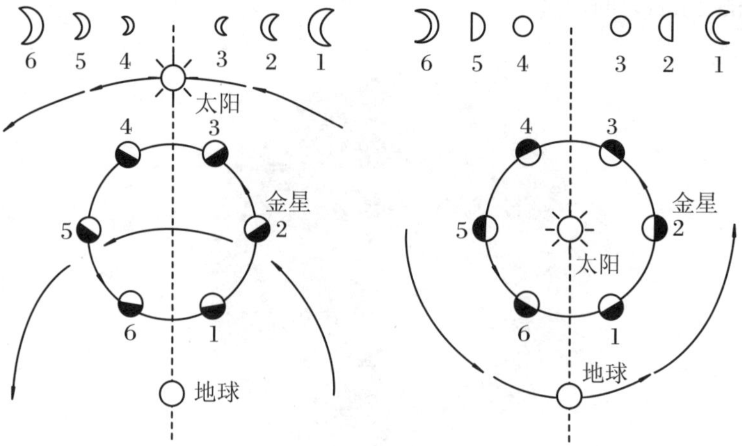

图 3.7 根据太阳系结构的地心说和日心说所画的金星相位(引自 van Helden A. 1989. The Sidereal Messenger. Chicago:University of Chicago Press:108)

3.4 问题的要点

在详述导致伽利略被送上宗教法庭并根据天主教会司法条例中第二项最严重罪行被定罪的事件之前,我们先来概述一下托勒密学说、哥白尼学说与教会当局之间在一些方面的争论。菲诺基亚罗(Finocchiaro)在他的历史纪实《伽利略事件》(1989)[5]中,对此给出了很好的概括。那时的物理学确立的规律大体上还保持在亚里士多德的水平,只有很少的人能从根本上大胆质疑托勒密体系的正确性。哥白尼的学说也有一些问题,因而伽利略不得不陷入这些争论之中,否则他新建立起来的运动规律将被摧毁。

3.4.1 争论的问题

物理上的争论集中在以下问题上:

首先,地球是否相对于固定的恒星在绕自转轴转动?其次,地球以及其他行星是否都在围绕太阳运转?特别地,地球是在运动吗?最后一个问题也叫作**地动假说**。菲诺基亚罗把伽利略之前反对这一假说的理由概括为五点:

(1) 欺骗感觉。我们的感觉从来没有告诉我们,地球在围绕太阳的轨道上运动的任何证据。如果大自然的真相的确如此,那么这样重大的事情我们的感官一定能知晓。

(2) 天文学问题。第一,天体被认为是由不同于地球上的物质构成的。第二,如果金星绕太阳运行,那么它的相位变化应当与月亮的类似。第三,如果地球在运动,那么为什么恒星没有呈现出视差?

(3) 物理学的论证。这些论证主要基于亚里士多德物理学,我们已经谈到过其中的一些论点。

① 如果地球在动,下落的物体将不会垂直落下。可以给出许多反例:雨点是垂直下落的,垂直上抛的物体将垂直落下来等。这跟一个物体从一只运动的船的桅杆顶上落下来的轨迹大不相同。在后一情况下,相对于岸上的观测者,物体不是垂直下落的。

② 朝地球运动前方发射的炮弹,和向相反方向发射的炮弹相比,将具有不同的轨迹。但从来没有发现它们有什么不同。

③ 置于转动的陶轮上的物体,如果没有被固定住,将向外甩出。这种力曾被称为**旋转挤压力**,现在叫作**离心力**。如果地球也在自转,则同样的情况也会发生,但我们并没有被甩离地球表面。

④ 下一个是纯哲学的论证。物体能够具有的"自然"运动形式只有两种,即匀速直线运动和匀速圆周运动。物体或者沿直线落向宇宙的中心,或者保持匀速圆周运动状态。我们已经讨论过下述的问题,即物体是落向地球中心还是落向太阳。此外,按照亚里士多德物理学,一个简单的物体只能具有一种自然运动。但是按照哥白尼的观点,地球上的下落物体将同时具有三种运动:向下自由落体的运动,地球自转的运动以及沿圆轨道绕太阳的运动。

⑤ 如果亚里士多德物理学被否定,用什么来代替它呢?哥白尼的拥护者必须提供更好的理论,但一个可用的也没有。

(4)《圣经》的权威。《圣经》中并没有绝对肯定地宣称,地球静止在宇宙的中心。按照菲诺基亚罗的说法,与之最为相关的陈述[6]为:

①《赞美诗 104:5》:"啊,我的上帝……谁处在地球的根基上,使其永不动摇?"

②《传道书 1:5》:"太阳升起,太阳落下,急归所升之地。"

③《约书亚(Joshua)10:12,13》:"在上帝将亚摩利人(Amorite)交付以色列人的日子,约书亚就向上帝祷告,在以色列人面前说:'太阳啊,你要停在吉比恩(Gibeon);月亮啊,你要止在埃雅隆(Ajalon)山谷。'于是太阳停留,月亮止住,直等民众向敌人复仇。"

这是相当拐弯抹角的依据并且是一个诡计,说明新教徒反对哥白尼比天主教徒更甚,因为他们相信《圣经》上所说的都是实情。天主教神学家对基督教《圣经》的解释更加圆滑和灵活。但是"地球静止在宇宙的中心"这一概念,已经成为神父及编纂基督教教义的圣徒、神学家和教士的结论。菲诺基亚罗写道:

> 争论表明,所有的神父在对《圣经》细节的解释上都是完全一致的……都是依照地静说。因此地静体系已经成为所有信徒的信条,否则(如

哥白尼那样)就是异教徒。[6]

(5) 从我们的观点看来,最有意思的是**哥白尼理论的假说本质**。它击中了自然科学本质的要害。关键之处在于,我们如何来表述哥白尼模型的成功。正确的表述为:如果地球绕自转轴转动并沿圆轨道绕太阳运转,而且其他行星都绕太阳运转,则我们可以简单并准确地描述观测到的太阳、月球及行星在天球面上的运动。我们**不能**从逻辑上反过来说,**因为**行星的运动用哥白尼假说来解释时简单且准确,所以地球必须自转而且围绕太阳在圆轨道上运动。这是一个基本的逻辑错误,因为哥白尼模型成功的原因也许是多种多样的,关键点是**归纳法**与**演绎法**的区别。金格里奇(Owen Gingerich)[7]给出了一个有趣的例子。一个演绎法的论证顺序为:

① 如果下雨,则街道就湿了。

② 下雨了。

③ 因此街道湿了。

这是没有问题的。但是如果把②和③颠倒一下,就会有麻烦了:

① 如果下雨,则街道就湿了。

② 街道湿了。

③ 因此一定下雨了。

这样的推理是错误的,因为该街道可能是威尼斯的街道或是刚喷洒过的街道。换句话说,不能用这样的方法来证明一个陈述的绝对真实性。这种从特殊证据求得普遍规律的推理方法称为**归纳法**。所有的物理科学或多或少都基于归纳法,因此物理规律本质上有一种临时性和假定性。这与《圣经》上记载的上帝说的话以及神父把它们作为教条来解释时的绝对确定性形成显著对照。按照金格里奇的说法[8],这就是导致伽利略被审判和谴责的争论实质——哥白尼假设的宇宙图像与《圣经》中揭示的真相之间的冲突。

3.4.2 伽利略事件

在伽利略1610~1611年用望远镜取得重大发现之前,他只是一个谨慎的哥白尼拥护者,但逐渐地,他对运动本质的理解使他消除了上面(2)和(3)列出的天文学和物理学方面的问题。新的证据符合哥白尼模型,特别是,月球上有山,正如地球上一样。这表明地球和月球是相似的天体,而且金星的相位变化正好是哥白尼学说所预期的那样。因此从物理学方面和天文学方面对哥白尼学说的发难就可以不管,只剩下逻辑学和神学方面的问题需要辩论。

当有利于哥白尼学说的证据积累得越来越多时,守旧的科学家和哲学家们不得不更多地依赖于神学、哲学和逻辑学的论证。1613年12月,大公遗孀克里斯蒂娜(Christina)向伽利略的一位朋友兼同事卡斯泰利(Castelli)询问宗教上反对地动说的理由。卡斯泰利的回答使大公夫人和伽利略都感到满意,只是伽利略觉得还需要说得更详细一些。卡斯泰利认为，神学论证中有三个致命的缺陷。按菲诺基亚罗书中所记：

> 第一，它企图证明的（地球是静止的）结论是有一个前提的，而要弄清楚这一前提（《圣经》所言的地静体系），必须首先要知道结论……《圣经》上的解释取决于物理学的研究，而把《圣经》建立在一个有争议的物理学结论上无疑是本末倒置。第二，《圣经》反对的理由是一个不根据前提的推理，因为《圣经》只是信仰和精神上的权威，而不是科学争论的权威……最后，地球运动是否真的与《圣经》相抵触，这还值得研究。[8]

这封给大公遗孀克里斯蒂娜的信在私人圈子里面传阅，最后传到守旧派人士的手中。他们在布道中攻击日心说，并谴责它的拥护者是异教徒。1615年3月，早就在布道中反对伽利略的多明尼加修士卡契尼（Tommaso Caccini），以异端嫌疑为名向罗马宗教法庭正式控告伽利略。这一罪名比正式的异教徒要轻一些，但仍然是严重的。宗教法庭的手册上说："异端嫌疑人是指那些偶尔表露出冒犯听众的主张的人，是那些保存、撰写、阅读或怂恿他人阅读禁书目录中所列禁书的人……"此外，还有两类嫌疑人——激烈的和轻微的异端，前者显然比后者要严重。一旦指控成立，就必须进入接下来的正规法律程序。

伽利略为了应付指控，就从他的朋友、赞助人那里寻求支持，并写了三篇长文在私人圈子里传阅。其中之一便是著名的《伽利略致大公夫人克里斯蒂娜的信》，信中重复了有关神学论证可行性的论点，并在修订版本里把它从8页扩充为40页。非常幸运，一位那不勒斯（Neapolis）的修士福斯卡里尼（Paolo Antonio Foscarini），在那一年出版了一本书，其中详细论证了运动的地球与《圣经》是相容的。1615年12月，在因病推迟了一段时间之后，伽利略亲自前往罗马为自己辩护，并阻止哥白尼学说的信奉者被定罪。

当时最主要的天主教神学家红衣主教贝拉明（Roberto Bellarmine），也在考虑哥白尼学说的假说性质。这里是当（伽利略）致克里斯蒂娜的信在罗马流传以后，他于1615年4月12日写给福斯卡里尼的一段话：

> ……在我看来，您和伽利略先生都小心翼翼地把自己所说的限定为假设的而不是绝对的，其实我也相信哥白尼的话。因为假设地球运动而太阳静止，这样说并没有什么危险，一切看起来恐怕比假设非同心圆和本轮更好，数学家也会满意。然而，如果断言太阳实际上位于宇宙中心，只是自转而没有从东向西的运动，而且地球处在第三层天上并以很大的速度围绕太阳转，这就完全不同了。这是非常危险的，不仅会激怒所有的经院哲学家和神学家，而且会把《圣经》描黑为虚假，从而危害神圣的宗教信仰。[9]

在这些话的背后，是对伽利略支持哥白尼学说的有根有据的批判。伽利略用观测到的金星相位变化证明哥白尼学说必定正确，这是不对的。例如，按照第谷的宇宙图像，行星围绕太阳运转而太阳与行星一起又围绕地球运转（图2.7），观测到的金星相位与哥白尼图像中的结果是完全一样的。正如金格里奇所说，这是伽利略的一个严重的逻辑错误。严格地讲，他只能做一个假说性的陈述。

宗教法庭的判决对伽利略个人来说还是有利的——他被宣判为不是异端嫌疑人。但是宗教法庭还向一个由 11 人组成的委员会征求对哥白尼学说的看法。1616 年 2 月 16 日，该委员会全体成员一致报告说，哥白尼学说在哲学和科学上都是站不住脚的，在神学上是异端邪说。这一错误的评判成为伽利略此后被定罪的主要原因。看来宗教法庭对此结论还是有些疑惑的，因为没有正式宣告伽利略有罪，而是发布了两条较为温和的训示。

第一条训示由红衣主教贝拉明以私人名义警告伽利略，不要再为哥白尼的学说辩护。贝拉明实际上对伽利略说了些什么，是一件有争议的事情；但他向宗教法庭报告说，他已经警告了伽利略，并且伽利略也接受了这一警告。

第二条训示是由负责禁书目录的主教委员会发布一项法令，内容是：①再次重申，地动说是异端邪说；②福斯卡里尼的书要受到谴责，并被列入禁书目录；③哥白尼的《天体运行论》暂被禁止，直到其中冒犯宗教教义的内容被彻底修改；④所有类似的书都被列为禁书。

社会上传言伽利略曾被宗教法庭审判和定罪。为澄清这些传言，贝拉明做了一个简要声明，说伽利略从来没有被审判和定罪，但他确实被告知禁书法令，并被训令不要再相信哥白尼的学说或为其辩护。虽然伽利略本人免受指控，但这样的结果对他而言是一个失败。

3.5 对伽利略的审判

在接下来的 7 年里，伽利略保持了低姿态并遵从教会的训示。1623 年，教皇格里高利(David Gregory)十五世去世，他的继任者红衣主教巴巴里尼(Maffeo Barbarini)被选举为教皇乌尔班(Urban)八世。他来自佛罗伦萨，对《圣经》的解释所持观点比他的前任更为宽松。他也是一名伽利略的敬慕者，对哥白尼学说采取的态度是认为其可以作为假说讨论，并认为这一假说在做天文学预测时可能会有很大帮助。1624 年春天，伽利略与乌尔班八世有过 6 次交谈，结论是，哥白尼学说是可以讨论的，只要把它当作假说就行。

伽利略回到佛罗伦萨，并立刻着手写作《关于哥白尼和托勒密两大世界体系的对话》。他相信他已经尽力遵从监察官的要求了。该书的序言是由伽利略和监察官合写的。推迟了一段时间之后，这本巨著终于在 1632 年出版。伽利略把这本书写成三个人对话的形式，即辛普利邱(Simplicio)为传统的亚里士多德和托勒密的观点辩护，萨尔维亚蒂(Salviati)为哥白尼的观点辩护，而沙格列陀(Sagredo)是一位不受约束的观察者，一位路人。伽利略始终坚持，这本书的目的不是做裁决，而是传递信息和启示。这本书的出版得到教会当局的正式认可。

《两大世界体系的对话》在科学界受到广泛好评，但很快，抱怨和流言就开始在罗马传播。一份几乎可以肯定是伪造的、签署日期为1616年2月的文件被公开，其中特别指明伽利略被禁止以任何形式讨论哥白尼学说。那时，红衣主教贝拉明已经去世11年。实际上，伽利略在他的书中完全没有把哥白尼的学说当作是假说，而是当作大自然的事实——萨尔维亚蒂所说的就是伽利略自己的想法。哥白尼体系被描述得比托勒密体系更令人满意，这就与教皇乌尔班八世对讨论这两大世界体系所规定的条件相抵触。

教皇被迫采取行动——反宗教改革和重申教会的权威是当时的最高政治考量。伽利略那时已经68岁了，身体状况很差，但还是在被逮捕的威胁下去了罗马。审判的结果是预料之中的。最后，伽利略只对较轻一些的指控承认有罪，即如果他真的违反了1616年强加给他的规定，他也是无意中做错了事。教皇坚持要在审问时以用刑威逼。1633年6月22日，伽利略被判"重大异端嫌疑"罪，并被强迫公开发表放弃哥白尼学说的声明。在判决书上有如下记录：

> 我不持有哥白尼的这一观点，并且在被训示放弃它之后就没有持这一观点。至于其他方面，我现在在你们手里，你们看着办吧。[10]

伽利略最终回到佛罗伦萨，在那里他被终身软禁，直到1642年1月9日在阿尔切特里(Arcetri)去世。

伽利略以不屈不挠的精神，开始他最伟大的著作《两门涉及力学和局域运动的新科学的对话及数学证明》(一般简称为《两门新科学的对话》)的写作。在这部著作中，他把自己一生对物理世界的研究做了系统总结，其最主要的深刻见解在于第二门新科学——运动的分析。

3.6　伽利略相对论

《两门新科学的对话》中陈述的思想，从1608年开始就在伽利略的头脑中逐渐形成了。其中之一就是现在所谓的**伽利略相对论**。通常认为相对论是由爱因斯坦(Albert Einstein)在1905年创立的，但这种说法对伽利略所做的重大贡献而言是不公平的。假设分别在岸上和在一只匀速运动的船上做同样一个实验。如果空气的阻力可以忽略，实验结果会有什么不同？伽利略肯定地回答："没有区别。"

关于运动的相对性前面已有过形象的描述，即一个物体从一只船的桅杆顶上下落(图 3.8)所示的现象。如果船静止,则物体将垂直落下。现在假设船在运动。如果物体仍从桅杆顶上下落,船上的观测者仍然会看到它垂直地落下来。但是岸上的静止观测者却看到物体下落的轨迹相对于岸是曲线[图 3.8(c)]。原因在于,相对岸而言,物体具有两个独立的运动分量——引力产生的垂直向下的加速运动和船运动产生的水平匀速运动。

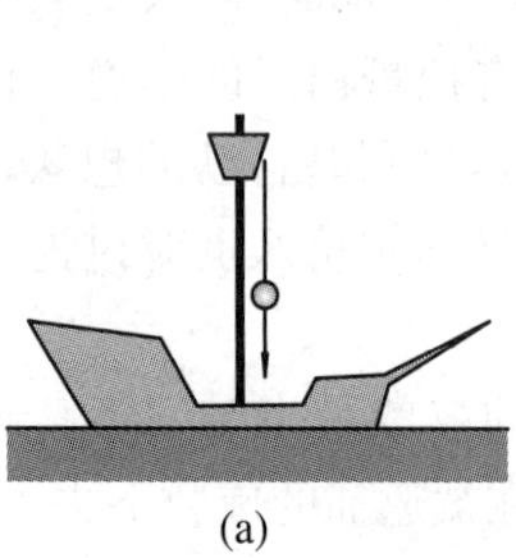

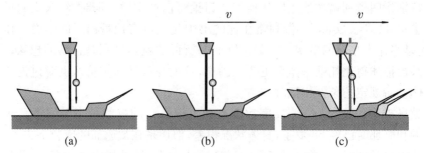

图 3.8 (a)物体从一只在岸参考系 S 中静止的船的桅杆顶部落下;(b)物体从一只运动的船的桅杆顶部落下,在船本身参考系 S'中看到的情景;(c)物体从一只运动的船的桅杆顶部落下,在参考系 S 中看到的情景。在物体下落期间,船向浅灰色位置运动

这自然就导致了**参考系**的概念。当测量某个物体在三维空间中的位置时,我们可以把这一位置用某个直角坐标系中的坐标来表示(图 3.9)。P 点在静止参考系中的坐标是(x,y,z),我们把这个参考系称为 S 系。现在假设,船沿 x 轴正方向以某一速度 v 运动。我们可以在船上建立另一个直角坐标系 S'系,其中 P 点的坐标为(x',y',z')。这样,这两个参考系中的坐标之间就直接建立起了联系。如果物体在 S 系中静止,则 x 保持为常量,但 x'却按 $x'=x-vt$ 变化,其中 t 为时间,并设两个参考系的原点在 $t=0$ 时重合。在 S 系和S'系中,y 与y'相同,z 与z'也相同。此外,两个参考系中的时间也相同。物体在 S 系和S'系中的坐标之间的关系是

$$\begin{aligned} x' &= x - vt \\ y' &= y \\ z' &= z \\ t' &= t \end{aligned} \tag{3.3}$$

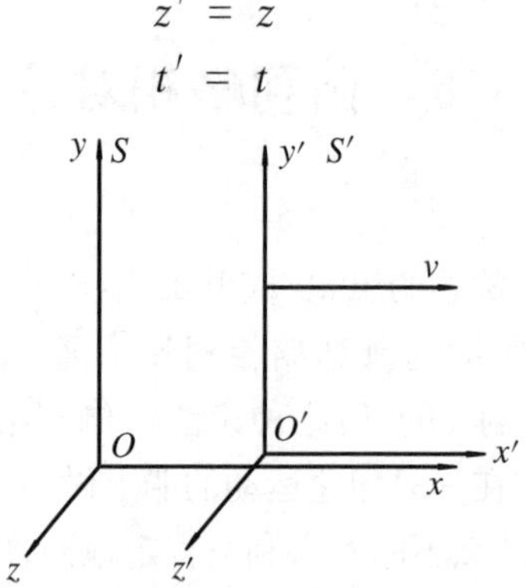

图 3.9 两个沿 x 轴正方向以相对速度 v 运动的笛卡儿参考系的"标准"图示

这称为 S 系和 S' 系之间的**伽利略变换**。相互之间以恒定的相对速度运动的参考系称为惯性参考系。伽利略的深刻见解可被概括为这样的表述:**物理定律在每个惯性参考系中都是相同的**。作为这一观点的一个推论,伽利略建立了第一个**速度分解定律**:如果一个物体在两个不同方向上有速度分量,则该物体的运动可以由这两个方向上的运动叠加而成。他就是这样来解释炮弹和抛射物的轨迹为抛物线的(图3.5)。

在《两门新科学的对话》中,伽利略描述了他对匀加速运动、摆的运动以及自由落体运动的有关发现。最后,他表述了他的**惯性定律**:物体以不变的速度运动,除非某种推动或力使其速度发生改变。注意,这里不变的是速度而不仅仅指速率,即还指在没有力作用的情况下运动方向是不变的。有时也把这一定律称为**运动的守恒定律**:在没有力作用的情况下,速度的分量各自保持不变。这里**惯性**一词指的是物体抵抗运动变化的一种性质。这一定律将成为牛顿的运动第一定律。由此就可以理解,为什么地球的运动对伽利略而言不是问题。根据他自己的相对论原理,他认识到不论地球是静止还是匀速运动,物理定律都是一样的。

3.7　反　　思

我们在研究伽利略的同时,不能不对伽利略事件的神学和哲学实质进行反思。现在看来,毫无疑问,教会在给哥白尼和伽利略的新物理学定罪时犯了错误。到教皇保罗二世承认这一错误已经过了350年。1979年11月,在爱因斯坦100周年诞辰之际,保罗二世表示:"……伽利略在教会的一些人和组织的手里经受了很多苦难,我们不能隐瞒这一事实。"他接下来又声明说,"……在这一事件中,宗教与科学之间的一致,比起相互之间的不理解来要多得多,也重要得多,尽管后者导致了接下来的几个世纪中不断加剧并令人痛苦的冲突。"

对科学家而言,核心问题是科学知识的本质以及物理科学中真理的概念。红衣主教贝拉明的一部分论述是正确的。哥白尼的成就是一个模型,它比托勒密学说更优美、更简洁地解释了太阳、月球和行星的运动。但是在何种意义上它是一个真理?一个人如果经过足够的努力,现在仍可以造出托勒密的太阳系模型,该模型可以精确重复出行星在天空的运动。但其结构极其复杂,而且给不出对描述行星运动的物理基础的深入理解。而哥白尼模型的价值在于,它不仅为了解观测到的天体运动提供了大为改善的基础框架,而且经牛顿之手打开一条坦途,由此得出对普遍运动定律的深刻理解,并导出天体物理学的统一,即运动定律和引力定律。一个科学上令人满意的模型,不仅要能够简单明了地解释大量各不相同的观测和实验现象,也要能够对看似无关联的现象做出定量的预测。

注意我在描述这一过程时使用的是**模型**这个词汇,而不是宣称它是某种意义上的**真理**。伽利略的巨大成就在于,他认识到描述大自然的模型可被置于严格的数学基础之上。他在1624年出版的《试金者》一书中写了一段著名的话:

> 我们眼前的这部伟大的书(我指的是宇宙)中包含的哲理,除非你首先弄懂它的语言及写作符号,不然你是读不懂它的。它是用数学语言来写的,其符号是三角形、圆形和其他几何图形;没有这些工具,你连一个字都无法读懂,就只能一无所知地在黑暗的迷宫中苦苦摸索。[11]

这段话常常被提炼为:

> 大自然这本书是用数学符号来书写的。

这就是伽利略革命性的巨大成就。伽利略所确立的明显的基本事实,需要极高程度的富于想象力的抽象。物质并不遵从看起来简单的伽利略定理:摩擦力总是存在,实验只能在一定精度内进行,而且常常进行不下去。需要深刻的洞察力和想象力,以摆脱不必要的束缚,从而领略到物质世界所表现出的简洁质朴的行为。现代的科学方法始于伽利略采用的把过程形式化的方法。它被称为**假说-演绎法**,即先设立假说,然后根据假说逻辑地推断结论。只要一个模型与观测到的物质没有表现出明显矛盾,这一模型就是可被接受的。但是模型只有在参数空间明确规定的范围内才适用。专业人士变得对模型非常依赖。我们在第1章中曾引用狄拉克和高夫所说的话,描述了这些人士在实际工作中对近似理论的需求以及不得不放弃自己的偏爱时所经受的"痛苦"。

现在,宗教教条已经很难妨碍物理科学的进步了。但是**科学偏见**与**教条**一样是科学争论的起因。这不会特别令人不安,因为这样的事情经常在发生。科学偏见体现在模型之中,而模型提供了一个引起进一步争论的基准体系,并以此为基础提出实验和计算的设想,这些实验和计算是对模型自洽性的检验。在本书中我们可以发现许多例子,其中"权威"和"公认的看法"是科学进步的障碍。往往需要极大的勇气和坚忍不拔的毅力,才能顶住通常占压倒性优势的保守观念的压力。使用宗教语言来表述某些可能主导物理科学研究的时髦学说,不仅仅是离奇的想法。在极端情况下,通过科学资助,可以使科学教条成为排除异己的权威。一个最不幸的例子是,第二次世界大战之后不久在苏联发生的李森科(Lysenko)事件,那时苏共政治哲学强势介入生物科学,造成了苏联在这一科学领域的灾难。

我再举两个时下关注的例子。

早期宇宙**暴胀**的设想,如何变成宇宙学研究领域内的"公认教条",这个例子大家非常感兴趣。为什么应当认真看待暴胀的设想,原因有许多,我们将在第19章讨论。然而,当时的物理学并没有能引起早期宇宙暴胀的直接实验证据。通常的做法的确是,为解释所观测到的宇宙特征,需要反向去"推导"暴胀物理学,然后寻求粒子物理学理论来解释作用力。但如果一个理论止步于自圆其说,而没有经过任何独立的实验验证，这就十分危险了。也许目前能做到的仅限于此。现在甚至将来仍然会有一些人对暴胀理论持怀疑态度，除非将来有更多的独立证据支持暴胀猜测。

随着弦理论的发展，在基本粒子理论中存在同样的方法论问题。包含一维物体而不是点粒子的自洽量子场理论的创立是一项非常引人注目的成就。这些理论的最新版本中，包含了作为基本组成部分的引力量子化。但同样，它们也没有预言实验上可以验证什么。然而，这是一个许多最杰出的理论家都投入了巨大努力的领域。大家都相信，这是处理这些问题的最有希望的途径；尽管可能会被证明，但在可以预见的将来，对该理论进行任何实验或观测上的检验是极其困难的。

3.8 参考文献

[1] Drake S. 1990. Galileo: Pioneer Scientist. Toronto: University of Toronto Press: 63.

[2] Drake S. 1990. Op. Cit.: 83.

[3] Drake S. 1990. Op. Cit.: 84.

[4] Galilei G. 1610. Sidereus Nuncius, Venice//van Helden A. 1989. Sidereus Nuncius or the Sidereal Messenger. Chicago: University of Chicago Press.

[5] Finocchiaro M A. 1989. The Galileo Affair: a Documentary History. Berkeley: University of California Press.

[6] Finocchiaro M A. 1989. Op. Cit.: 24.

[7] Gingerich O. 1982. Scientific American, 247: 118.

[8] Finocchiaro M A. 1989. Op. Cit.: 28.

[9] Finocchiaro M A. 1989. Op. Cit.: 67.

[10] Finocchiaro M A. 1989. Op. Cit.: 287.

[11] Sharratt M. 1994. Galileo: Decisive Innovator. Cambridge: Cambridge University Press: 140.

第4章　牛顿与引力定律

4.1 引　　言

韦斯特法尔(Richard Westfall)的传记文学《永不休止》是他一生研究牛顿生活和工作的成果,他在序言中写道:

> 我研究得越多,牛顿就离我越远。在不同时间去了解许多才华横溢的人是我特殊的荣幸。我毫不犹豫地承认,这些人的学识在我之上。但我从来还没有遇到过一个人,使我不愿意拿自己与他对比,而只是说我只能达到他的1/2,或1/3乃至1/4,总之是一个有限的分数。研究牛顿的最终结论是,我与他没有可比性。他完全是另一类人,是人类智慧造就的极少数顶尖天才之一,我和他完全不在一个档次上。[1]

在接下来的一段中他又写道:

> 我已经知道,在我以年轻人的自信投入这项工作时,其结果必将是自我怀疑,实际上我并没有完成当时的预期目标。[1]

牛顿对科学的影响是无处不在的,他的声望和卓越成就几乎渗透一切领域。下面的年表引自《让牛顿去吧》[2]一书的引言。

4.2 林肯郡(1642～1661)

1642年圣诞节(按照老的儒略历),牛顿诞生于靠近格兰瑟姆(Grantham)的乌尔索普(Woolsthorpe)的一个小村庄。牛顿的父亲是一位成功的农场主,在牛顿出生前三个月,他就去世了。当牛顿三岁的时候,他的母亲嫁给牧师史密斯(Barnabas Smith)并搬到他家里,留下牛顿由祖母照看。牛顿憎恶他的继父,这在他19岁之前所犯宗教罪的登记中有过披露:

> 威胁我的继父和母亲,要烧死他们并烧掉他们的房子。[3]

有人认为，这么早就与他的母亲分开，是他“多疑、神经质、扭曲”的个性产生的原因[4]。他被送到格兰瑟姆的免费学校学习，并寄宿在一位药剂师家里。可能正是由于寄宿的原因，他被引入到化学和炼金术领域，并一生乐此不疲。牛顿自己说过，在他十几岁时，就发明过玩具并做过实验。有报道说，他发明过老鼠拉的磨、钟、幻灯和火风筝，并且用火风筝吓唬过邻居。他在学校时和同学相处得不是很好，因而显得很孤独。为继续学业，他重新回到格兰瑟姆的公立中学，以准备进入他叔父就读过的剑桥大学的三一学院。

4.3　剑桥(1661～1665)

牛顿在三一学院开始是个“减费生”，即他依靠为学院的研究生和富家子弟做杂务来支付学费。他选修了亚里士多德哲学、逻辑学、伦理学和修辞学。他的笔记表明，他私下里还阅读了许多其他方面的书。例如，霍布斯(Thomas Hobbes)、莫尔(Henry More)和笛卡儿(René Descartes)，还有开普勒和伽利略的著作。当时看来，牛顿的数学比较弱，因此他开始恶补这一科目。在这一时期结束时，他已精通了数学的所有领域，在此期间还不断进行了内容广泛的各种实验。1664 年，牛顿成为三一学院的奖学金获得者，并于 1665 年获得学士学位。但很快大瘟疫向北流行到剑桥。剑桥大学关闭了，牛顿回到乌尔索普的家。

4.4　林肯郡(1665～1667)

在接下来的两年里，牛顿的科学创造能力爆发了，这应当是历史记录中最辉煌的一笔。我所知道的唯一可以与此相比的是爱因斯坦在 1905 年所取得的成就。牛顿在 50 年以后写道：

> 1665 年初，我发现了级数近似方法和把高阶二项式化为级数的法则。同年 5 月，我发现了格里高利(Gregory)和斯卢修斯(Slusius)切线方法，并且在 11 月得出直接的流数法。次年 1 月得出色彩理论，并在接下来的 5 月里找到了流数逆运算的方法。就在这一年，我开始思考延伸到月球轨道的引力，并且(在发现如何估计一个转动的球体对其球面的压力之后)根据开普勒的法则，即行星的轨道周期与它们到轨道中心距离的

3/2 次方成正比，推断出把行星保持在轨道上的力必须与行星到其转动中心的距离平方成反比，并由此比较了保持月球在其轨道的力和地球表面的重力，求得了相当一致的结果。所有这些都是在大瘟疫的两年即 1665～1666 年里得到的。这些日子我处于创造力旺盛的年龄段，对数学和哲学的思考比任何时候都多。[5]

这是一份令人十分惊异的清单——牛顿在三个完全不同的领域里做了奠基性的工作。在数学领域，他发明了**二项式定理**以及**微分**和**积分计算法**。在光学领域，他发现了光的颜色分解。他开始用**重力理论**统一**天体力学**，这最终导致了他的运动定律和万有引力定律。让我们来更详细地了解一下他在光学和引力定律方面的成就。

4.4.1 光学

牛顿是一位熟练的实验家。他在三一学院和乌尔索普时，就利用透镜和棱镜做了许多光学实验。当时许多研究者已经注意到：当一束白光穿过一个棱镜时，就会呈现出彩虹的所有颜色。笛卡儿首先提出了被广泛认可的看法，即当光经过棱镜时，被棱镜转化成各种颜色。

牛顿说："1666 年我致力于磨制球形以外的其他形状的光学玻璃，并制造出一块三角形棱镜去实验这一有名的**颜色现象**。"他让太阳光经过一个小孔后，再投射到棱镜上。让他惊异的是，棱镜所产生的彩色光呈长方形。这使他最终完成了著名的**疑难实验**，图 4.1(b)所示即为牛顿亲手画的该实验的图解。

在这一实验中，第一个棱镜产生的颜色光谱被投射到一块平板上，而平板上所开的一个小孔只允许一种颜色的光穿过。第二个棱镜置于第二条光束的路径上，牛顿发现，该束光不再分解为更多的颜色。该实验对光谱中的所有颜色都重复做了一遍，没有发现颜色的进一步分解，这与笛卡儿的理论是矛盾的。牛顿的结论是：

光线本身是不同的可折射的光的异质混合物。[6]

牛顿确立了白光是彩虹所有颜色的叠加，而且当白光经过棱镜时，不同颜色的光线发生不同大小的偏折。

这一工作直到 1672 年才以论文的形式提交给皇家学会。牛顿马上发现自己处在了激烈争论的中心。除了描述他的新结果外，他把这些结果作为有利于他的下述观点的证据，即光是由"微粒"所构成的，这些粒子从光源传播到我们的眼中。牛顿并没有令人满意的"光微粒"理论，也不清楚为什么它们经过物质介质时会有不同的偏折。由于**疑难实验**很难重复，牛顿的处境更糟了。接下来与惠更斯(Christian Huygens)和胡克(Robert Hooke)的不愉快辩论，使得"白光是由光谱中所有颜色组成的"这一关键结果前景黯淡。

这项工作使牛顿得出另外一个重要的结论：不可能建造一个大的伽利略式折

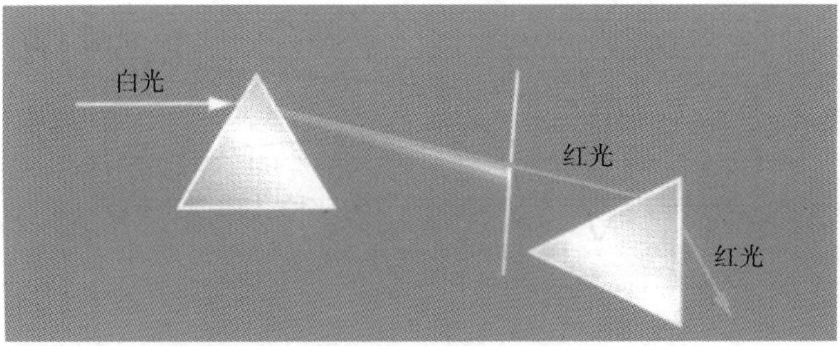

(a)

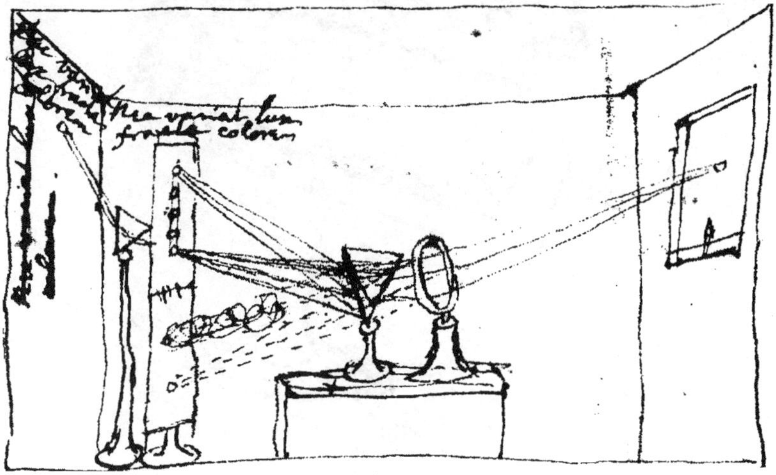

(b)

图 4.1　(a)白光分解为不同颜色的光谱的图示,经过第二个棱镜时,光线不再分解为其他颜色了;(b)牛顿绘制的疑难实验的图示(引自 Hakfoort C. 1988. Let Newton Be:a New Perspective on His Life and Works. eds. Fauvel J, Food R, Shortland M and Wilson R: 87. Oxford:Oxford University Press. 承蒙 Warden and Fellws, New College Oxford 允许刊用)

射望远镜,因为白光会由透镜折射分解为原初的颜色,故不同颜色的光会聚焦到光轴上不同的位置,这个现象称为“色像差”。为解决这一问题,牛顿设计并建造了新型的望远镜,即**全反射式望远镜**,它不受色像差的影响。他亲自研磨镜面,并建造了固定望远镜和镜面的装置。这种望远镜现在叫作牛顿望远镜,其工作原理如图 4.2(a)所示。图 4.2(b)为那个时代所画的牛顿望远镜的图,其上还有牛顿望远镜的放大能力与折射式望远镜的比较,显示出牛顿望远镜的优势。现今所有大的光学天文望远镜都是反射式的,都是牛顿望远镜的后裔。

牛顿还取得了许多实验方面的重大成果,但他始终近乎病态地不愿意把这些成果公布于众。直到 1704 年,他才把在光学方面的工作系统整理为《光学》一书出

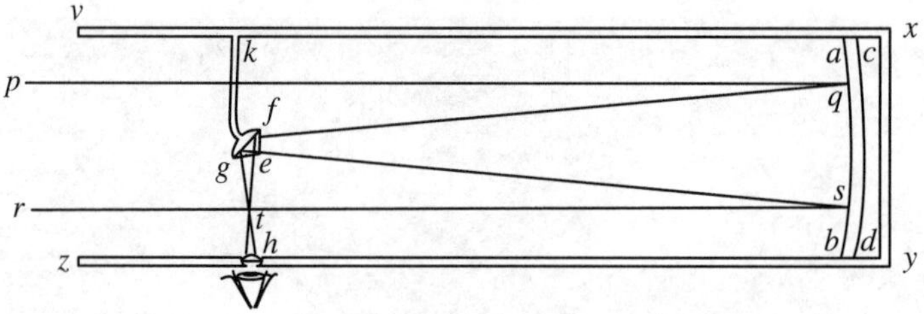

(a)

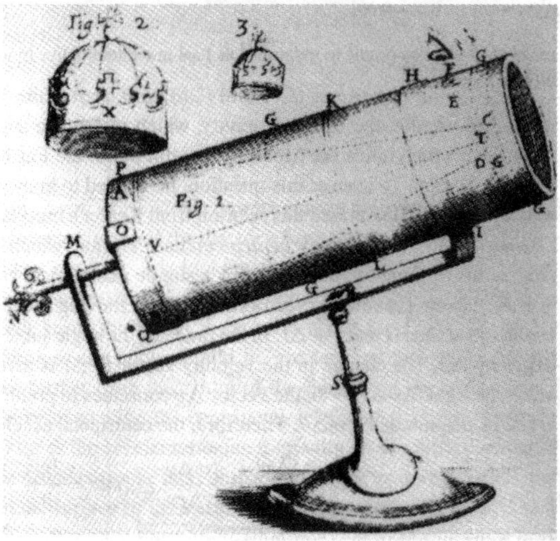

(b)

图 4.2 (a)牛顿式反射望远镜的设计图：*abcd* 是金属反射镜，*efg* 是棱镜，*h* 是透镜(引自 Cohen I B. 1970. Dictionary of Scientific Biography, Vol. 11: 57. New York: Charles Scribner's Sons © 1970～1980. 承蒙盖尔集团许可翻印)；(b)皇家学会会刊 1672 年刊载的牛顿反射望远镜图，两顶王冠表示牛顿望远镜相比传统的伽利略式折射望远镜，在放大率上的改善(引自 Fauvel J, Flood R, Shortland M, and Wilson R. 1988. Let Newton Be: a New Perspective on His Life and Works. Oxford: Oxford University Press: 16)

版，但这是距他的发现和发明很久之后的事情了。

4.4.2 引力定律

牛顿在乌尔索普期间所取得的最著名的成就是他发现了引力定律。他在1665～1666年间所做的计算只是故事的开始，但这些计算基本上包含了 1687 年出版的他引以为豪的《自然哲学的数学原理》(或简称《原理》)一书的全部理论。就像牛顿自己所说的那样，他意识到，开普勒的行星运动第三定律是深藏于开普勒的《宇宙的和谐》之中的。当时三一学院图书馆藏有开普勒的这本书，看来是卢卡斯(Lucasian)数学教授巴罗(Isaac Barrow)把牛顿的注意力吸引到这个问题上来的。

牛顿自己说：

> 引力这一观念（进入到我头脑中），是我坐着沉思时，由一个掉下来的苹果所引发的。[7]

牛顿想到，使苹果掉到地面的重力，是否就是把月球保持在绕地球轨道和把行星保持在绕太阳轨道上的同样的力。为了回答这个问题，他需要知道引力是如何随距离而变化的。根据开普勒第三定律，他通过一个简单的论证就得出了这一关系。首先他需要一个**向心加速度**的表达式（他自己推导出来了）。现在这个公式可以利用矢量，通过一个简单的几何论证推导出来。

图 4.3 给出一个粒子以恒定速率 $|\boldsymbol{v}|$ 沿一个半径为 $|\boldsymbol{r}|$ 的圆运动时，在 t 时刻以及 $t+\Delta t$ 时刻的速度矢量。在 Δt 时间内，矢径 $\boldsymbol{r}$ 的方向变化为 $\Delta\theta$。Δt 时间内速度矢量的变化由图右边的矢量三角形给出。当 $\Delta t\to 0$ 时，矢量 $\Delta\boldsymbol{v}$ 指向圆心方向，其大小为 $|\boldsymbol{v}|\Delta\theta$。因此向心加速度的大小是

$$|\boldsymbol{a}| = \frac{|\Delta\boldsymbol{v}|}{\Delta t} = \frac{|\boldsymbol{v}|\ \Delta\theta}{\Delta t} = |\boldsymbol{v}|\ \omega = \frac{|\boldsymbol{v}|^2}{|\boldsymbol{r}|} \tag{4.1}$$

其中，ω 是粒子（恒定的）角速度的大小。这就是物体以速率 v 沿半径为 r 的圆做圆周运动时，向心加速度 $\boldsymbol{a}$ 的著名表示式。

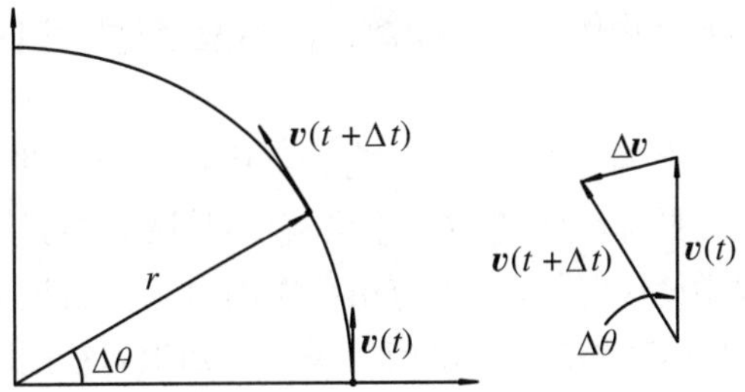

图 4.3　向心加速度矢量图

1665 年牛顿已充分认识到，行星轨道实际上是椭圆而不是圆，但是他认为把开普勒第三定律应用于圆轨道也是可行的，因为行星轨道的扁率一般非常小。

他还知道，加速度正比于产生加速度的力，因而把行星保持在圆轨道上的力 f 必然正比于向心加速度 v^2/r，即

$$f \propto \frac{v^2}{r} \tag{4.2}$$

但开普勒第三定律说，行星轨道运动的周期 T 正比于 $r^{3/2}$。又由于行星的轨道速度是 $v=2\pi r/T$，因此

$$v \propto \frac{1}{r^{1/2}} \tag{4.3}$$

现在，我们可以把式(4.3)的 v 代入到式(4.2)中，得到

$$f \propto \frac{1}{r^2} \tag{4.4}$$

此为牛顿的引力平方反比定律的最初形式,即引力随距离平方的倒数而减小。

这就是牛顿所需要的关键结果,即如果引力确实是万有的,则使苹果掉到地上的力与使月球保持在其绕地轨道的力在本质上应当严格相同。唯一的区别是,苹果的加速度要大于月球的加速度,因为月球与地心的距离是苹果相应距离的60倍。这样,按照引力的普遍理论,月球的向心加速度应当只是地面重力加速度的$1/60^2=1/3\,600$。牛顿有充分的数据来验证这一结论。按照现在的数据,地球表面的重力加速度平均是$9.806\,65\ \mathrm{m\cdot s^{-2}}$,月球绕地球运行的周期是27.32 d,它与地球的平均距离为$r=384\,408\,000\ \mathrm{m}$。利用这些数据,求得月球的平均速度大小是$v=1\,023\ \mathrm{m\cdot s^{-1}}$,且其向心加速度$v^2/r\approx2.72\times10^{-3}\ \mathrm{m\cdot s^{-2}}$,它与重力加速度之间的比为$9.806\,65/(2.72\times10^{-3})\approx3\,600$,这和预期值相同。

牛顿当时的计算并没有给出这么好的一致性,但这足以使他相信,使月球保持在绕地轨道、行星保持在绕日轨道的力,与地球表面造成重力加速度的力,在类型上是严格相同的。由此,任何两个质量分别为M_1和M_2的物体,它们之间引力的普遍公式为

$$f=\frac{GM_1M_2}{r^2} \tag{4.5}$$

其中,G是引力常量,r是物体之间的距离。力沿两个物体之间的连线作用并且总是吸引力。

这项工作成果并没有马上被发表,因为计算中还需要一些更仔细的考虑:

(1) 开普勒已经表明,行星的轨道是椭圆而不是圆,这对计算有何影响?

(2) 还不清楚,太阳系中行星之间的相互作用对它们轨道的影响。

(3) 还不能解释月球绕地球运动的细节(现在知道,这是由于地球不是严格的球体所造成的)。

(4) 也许最重要的是,在计算地球表面的重力加速度和地球对月球的影响时,有一个关键性的假定,即地球的全部质量集中于它的中心。对太阳系中的所有天体也都做了同样的假定。在1665～1666年所做的计算中,牛顿认识到这只是一个近似。他不清楚,对于接近地球表面的物体,这一假定的适用程度。

牛顿把这一工作搁置起来,直到1679年。

4.5 剑桥(1667～1696)

1667年剑桥大学重新开放,牛顿于当年夏天回到三一学院。同年秋季他成为该学院的院委,并在两年之后即他26岁时,被选聘为卢卡斯数学教授,在此后的32

年里他一直保持了这个职位。作为卢卡斯教授，牛顿的任务不是很重。学院要求他每个学期每周至少上一次课，并把讲稿写好存放在大学图书馆。1670～1672 年间，他存放了光学讲稿；1673～1683 年间，存放了理论计算和代数学讲稿；1684～1685 年间，存放的讲稿后来大部分成为《原理》一书的内容；1687 年的讲稿题目是"宇宙体系"，这成为《原理》的第三部分。从记录中看来，没有 1686 年的讲稿，也没有 1688～1696 年他离开剑桥这一时期的讲稿。

牛顿的讲课不是特别成功。关于他在准备写作《原理》时的几年间的情况，他的助手汉弗莱・牛顿(Humphrey Newton)(与他非亲戚关系)后来写道：

> 在学期之外他很少离开他的房间，他在那里阅读他作为卢卡斯教授的讲稿。很少有学生去听他的课，能听懂的更少。由于缺少听众，他常常对着墙讲话……他讲课时，通常只待半个小时；当没有听众时，他就只待 1/4 小时或更短的时间。[8]

这个时期牛顿的第一部著作出版了。1668 年，墨卡托(Nicholas Mercator)出版了他的《对数方法》一书，书中牛顿描述了一些无穷级数分析的方法，他已经使这些方法具有了较大的普遍性。牛顿着手写他的数学著作，以便为后续的研究打下基础。他匆忙写完了《论分析》一书，经巴罗允许，该书被送给伦敦的数学家柯林斯(Collins)先生。但牛顿坚持这本书不署名。这本书在英国和欧洲大陆的数学家之间引发了广泛的通信讨论，从而变得广为人知。

牛顿把《论分析》中最重要的部分纳入另一部书稿中，这就是《流数与无穷级数》。这本书很久以后即 1711 年才由琼斯(William Jones)出版。然而，莱布尼茨(Gottfried Wihelm Leibniz)于 1676 年 10 月到伦敦访问时看到了这部书稿。尽管莱布尼茨的门徒们确认，他只抄写了有关无穷级数的章节，但该件事还是成为后来牛顿愤怒控告莱布尼茨的起因，牛顿认为莱布尼茨剽窃了他有关微分和积分计算的发现。

1679 年和胡克的一次通信促使牛顿回到他对运动和引力定律的研究。胡克要求牛顿计算出在他 14 年前推导出来的平方反比力场中，一个下落粒子的轨迹曲线。这促使牛顿得到了两项至关重要的结果。钱德拉塞卡(Subrahmanyan Chandrasekhar)在其对《原理》一书所做的著名评论[9]中写道：

> 当牛顿第一个认识到开普勒面积定律的真实含义后，他对动力学的兴趣又重新高涨起来。就像他自己所写的："我现在发现，无论把行星保持在其轨道上的力的定律如何，从行星到太阳的半径划过的面积，正比于划过该面积所需的时间。"并且他证明了两个命题：
>
> (1) 所有环绕一个中心点运动的物体，扫过的面积与时间成正比。
>
> (2) 一个沿椭圆轨道公转的物体……指向椭圆焦点的引力的定律……反比于距离的平方。

第一个卓越非凡的发现是无论力的本质如何，只要它是有心力，开普勒第二定律或面积定律就成立,现在知道这是角动量守恒的结果。钱德拉塞卡对此写道:"1679年重新起用开普勒面积定律是一个突破性的胜利,由此《原理》得以在其后广泛流行[9]。"另一场激烈的争论是在牛顿与胡克之间爆发的,起因是胡克声称他是引力平方反比定律的最早发现者。牛顿愤怒地驳斥了胡克的说法,并不再与胡克及其他人交流任何他的计算结果。

1684年,哈雷(Edmund Halley)来到剑桥,并向牛顿问起胡克曾提到过的同样的问题。牛顿立即回答,该粒子的轨道是椭圆,但是哈雷并没有在他的论文中发现对此的证明。1684年11月,牛顿把证明寄给了哈雷。哈雷回到剑桥,并且看到了牛顿一份未完成的手稿,题目是"论绕转物体的运动",这最终被编入《原理》的第一部分。在哈雷耐心的劝说下,牛顿同意把他在运动、力学、动力学和引力方面的研究成果进行系统整理。

到了1685年,当他为出版《原理》而高度紧张地做准备工作的时候,他证明了:对于一个球对称的物体,其引力可以由将其质量集中在球心而准确得出。格莱舍(J. W. L. Glaisher)在纪念《原理》出版200周年时说:

> 牛顿刚一证明出这一非凡的定理——我们从他自己的话中知道,他没有预料到,根据他的数学研究得到的结果竟然如此漂亮——宇宙中所有的物理过程就在他的眼前一览无余……我们可以想象,从近似到准确这一步跨越,会在牛顿的思绪中激起多大的继续创造的热情。[10]

现在,利用矢量计算中的高斯定理以及引力的平方反比定律,这个结果只用几行字就可以证明,但牛顿那个时代没有这种方法。现在我们还没有普遍体会到,在《原理》的写作过程中,这一计算是多么关键性的一步。

汉弗莱·牛顿描述了牛顿在写作《原理》期间的情景:

> 他吃得很少并常常忘记吃饭。他很少在食堂就餐,除非是某些(他必须出席的)节日,此时他穿一双后跟磨掉的鞋,不系鞋带,穿一件白色法衣,头发很少梳理。他很少去学校的礼拜堂,但经常去圣·玛丽(St. Mary)大教堂,特别是在上午。[11]

《原理》是人类智慧最伟大的成就之一。运动学、力学、动力学以及引力定律,都完全是通过数学关系建立起来的,而不考虑力产生的具体物理原因。最初,我们现在所称的**牛顿运动定律**是以特定形式来表述的,我们将在第7章详细讨论。尽管牛顿已经得出了他自己的积分和微分计算方法,但《原理》一书全部是用几何的论述方法写成的。对现今的读者而言,这往往很难阅读,主要是因为当时物理学家对几何论述还不熟练。钱德拉塞卡用现代几何术语出色地重构了这些论述,使我们对牛顿当时使用过的方法有了一些印象。作为牛顿在《原理》中的简练表述的一个例子,图4.4给出了在一个平方反比力场的作用下行星轨道为椭圆的证明。与如下钱德拉塞卡冗长的推导相比,我们可以看到,牛顿的几何证明是何等简洁。

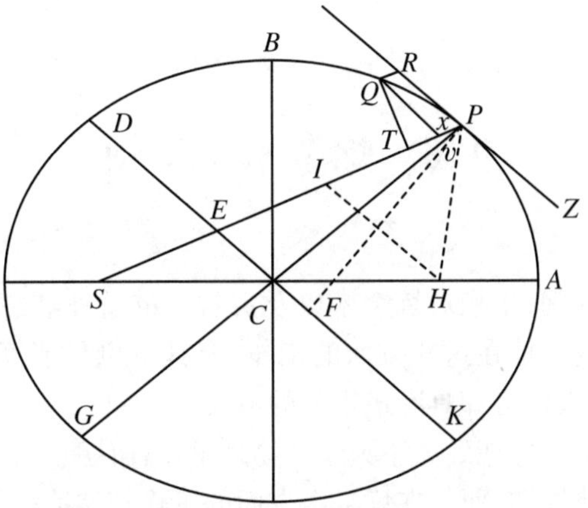

图4.4　牛顿关于在平方反比力场作用下，行星轨道为椭圆的证明(译自拉丁文)(引自Roche J. 1988. Let Newton Be：a New Perspective on His Life and Works//Fauvel J, Flood R, Shortland M and Wilson R. Oxford：Oxford University Press：55)

命题Ⅺ和问题Ⅵ

如果一个物体沿椭圆运动，求出指向椭圆焦点的向心力的法则。

令 S 为椭圆的焦点。作 SP 与椭圆直径 DK 相交于 E 点，与纵坐标 Qv 相交于 x 点；画出平行四边形 $QxPR$。显然 EP 等于半长轴 AC：从椭圆的另一焦点 H 作 HI 平行于 EC，由于 CS 与 CH 相等，故 ES 与 EI 也相等；因而 EP 为 PS 与 PI 之和的一半，由于 HI 与 PR 平行，且角 IPR 与角 HPZ 相等，所以 EP 为 PS 与 PH 和的一半，而 PS 与 PH 的和等于整个长轴，即 $2AC$。作 QT 垂直于 SP，并令 L 为椭圆的主正焦弦(或 $2BC^2/AC$)，则有

$$(L\cdot QR):(L\cdot Pv)=QR:Pv=PE:PC=AC:PC$$

以及

$$(L\cdot Pv):(Gv\cdot pv)=L:Gv \quad 和 \quad (Gv\cdot Pv):Qv^2=PC^2:CD^2$$

由引理Ⅶ推论Ⅱ，当 P、Q 两点重合时，$Qv^2=Qx^2$，且 Qx^2(或 Qv^2)：$QT^2=EP^2:PF^2=CA^2:PF^2$，并且(由引理Ⅻ)$=CD^2:CB^2$。将这4个比例式中的对应项乘在一起并进行简化，得到

$$(L\cdot QR):QT^2=(AC\cdot L\cdot PC^2\cdot CD^2):(PC\cdot Gv\cdot CD^2\cdot CB^2)=2PC:Gv$$

其中，$AC\cdot L=2BC^2$。但 P 点与 Q 点重合时，$2PC$ 与 Gv 相等。因而与它们成正比的量 $L\cdot QR$ 和 QT^2 也相等。将这些等式乘以 SP^2/QR，则 $L\cdot SP^2$ 将等于 $SP^2\cdot QT^2/QR$。因此(根据命题Ⅵ的推论Ⅰ和Ⅴ)向心力与 $L\cdot SP^2$ 成反比，即反比于距离 SP 的平方。

4.6 炼金术士牛顿

在剑桥的整个期间，牛顿对炼金术以及古哲人的著作和《圣经》经文的解读始终保持着极大的兴趣。他在这些方面的工作，充其量也只能算是令人遗憾的偏离正轨，然而对牛顿本人而言却具有最重大的意义。

牛顿学习炼金术就像他致力于数学和物理学一样认真。他在数学和物理学方面的巨大贡献已众所周知，而他在炼金术方面的工作却始终是非常私密的，他的论文中有关炼金术话题的词汇超过 100 万个。从 1660 年代晚期到 1690 年代中期，他在三一学院自己的实验室做了大量的化学实验。图 4.5 为三一学院当时的版画图。牛顿的房间就在门楼右边的一层。很多人认为，学院对面礼拜堂的侧厅有一个棚屋，那就是牛顿的实验室。他亲自动手进行所有的基本炼金术操作，包括建造熔炉。1685～1690 年间他的助手汉弗莱·牛顿写道：

图 4.5　17 世纪的三一学院大门和礼拜堂的版画图，从礼拜堂侧厅看去，靠近大院院墙的一个棚屋可能就是牛顿的化学实验室(David Loggan 雕版，引自他的 Cantabrigia Illustrated. Cambridge，1690. Golinski J. 1988. Let Newton Be：a New Perspective on His Life and Works//Fauvel J，Flood R，Shortland M and Wilson R. Oxford：Oxford University Press：152. 承蒙 the Society of Antiquaries of London 许可刊用)

> 春季和秋季大约各有六周时间，实验室里的火几乎不灭……我完全猜不透他的目的是什么……就我所记得的，他的实验也没有什么特别之处……我一点也看不出来。[12]

这两位“牛顿”每次让熔炉连续燃烧六周，他们轮班照看，常常通宵不眠。

从1660年代晚期到1690年代中期，牛顿花费了巨大的精力把他读到的化学和炼金术知识系统化(图4.6)。他最初的尝试包含在1660年代晚期写成的《化学词典》中，其后25年间不断更新。根据格林斯基(Golinski)的统计[13]，最后的版本所引用的作者超过100位，著作超过150部，参考文献超过5 000页，其中独立的标题就有900个。此外，牛顿花了很大的气力来解读晦涩的有关炼金术过程的寓言式描述。炼金术的神秘性部分在于，其基本事实是不能让世俗人知晓的。一个典型的例子是，牛顿相信，《圣经》中所说的创世纪，实际上就是炼金术过程的寓言式描述。他在1680年代的一份手稿中写道：

> 正如世界创生于黑暗的混沌，经由神带来光并把地球上的空气和水分开一样，我们的工作使黑暗的混沌开始结束，并经由元素分离和物质光照产生基本物质。[14]

牛顿在1670年代的一篇题为“关于大自然的明显规律与植物生长过程”的手稿中，说明了他试图达到的目的。引用格林斯基书中所述：

> 牛顿把世俗化学与对植物生长过程的更高尚的兴趣区分开来……他写道：“大自然的行为或者是植物式的，或者是纯机械式的。”大自然中机械变化所仿效的是普通的或世俗的或化学的过程；而植物生长中所蕴含的艺术是“一种更加奥妙、神秘和高贵的过程”。[15]

牛顿的目标正是要发现植物生长和生命自身的本质。这样的发现将导向上帝的存在，因而必须对世俗大众保守秘密。

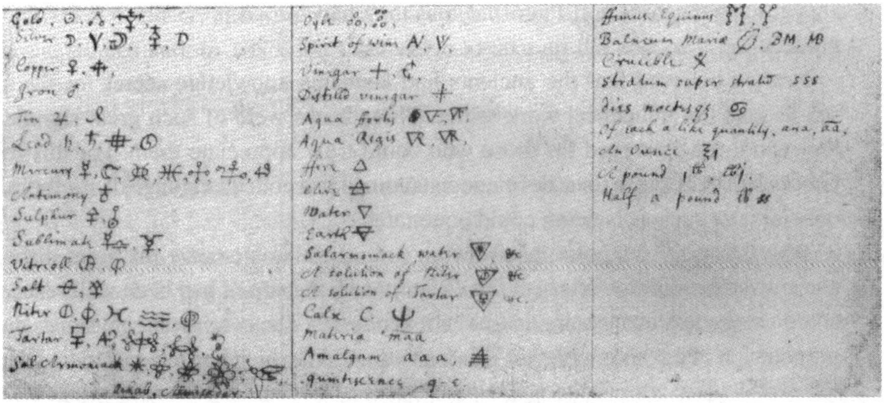

图4.6　牛顿所列出的化学符号(引自Golinski J. 1988. Let Newton Be：a New Perspective on His Life and Works//Fauvel J，Flood R，Shortland M and Wilson R. Oxford：Oxford University Press：155. 承蒙the Provost，Fellows and Scholars of King's College，Cambridge许可刊用)

4.7 对古代经典的解读

牛顿投入了与在炼金术方面差不多的精力来解读古哲人的著作和《圣经》的经文。牛顿自己确信，他的所有重大发现事实上古希腊哲学家都已经知道了。1692年，1689～1693年间，牛顿的门生德·杜依列尔(Nicholas Fatio de Duillier)写信给惠更斯(Christiaan Huygens)说，牛顿已经发现，他在《原理》中的所有主要论点，毕达哥拉斯(Pythagoras)和柏拉图(Plato)都已知晓，但是他们把这些发现当成"天大的秘密"而隐藏起来了。

牛顿相信，这些先哲们把他们的知识视为秘密，其原因与他自己把炼金术工作视为秘密是一样的。这些事实真相的重大意义，只有那些真正能领会它们的人才能知晓。因此古希腊哲人们把他们对自然奥秘的深刻理解掩藏在符号语言的密码之中，而只传授给像牛顿这样的能破解这些密码的人。

拉坦西(Piyo Rattansi)[16]认为，牛顿的目的是使自己的重大发现成为古老而具殊荣的"宗谱"的延续。但是《原理》一书在欧洲大陆是作为数学著作而不是物理著作被广泛认可的。欧洲大陆的物理学家不喜欢引入"不可理解"的引力。对他们而言，牛顿的"引力"是一种神秘的作用力，因为他们想象不出什么样的物理机制可以产生引力吸引：所有其他的物理力，都可以解释为包含具体的物质微粒的作用，但横贯太阳系的引力是什么造成的呢？欧洲大陆的科学家认为，引力定律只是再次引入了"超自然的原因"，而这正是科学革命曾致力消除的东西。他们还觉得，牛顿在各学科分支就像古代权威一样宣布他的发现。

除此之外，牛顿在其一生中对《圣经》及其解读保持着浓厚的兴趣。他主要关注的是近东，着重研究如何通过对《圣经》经文的恰当解读证明：对于历史上所发生过的重大事件，《圣经》其实早有预言。他的目的是想表明，人类的所有知识起源于以色列，然后从那里传播到美索不达米亚(Mesopotamia)和埃及。他的这些研究结果汇集到两本书中，即《古代王国修正年表》和《〈旧约〉与〈圣·约翰启示录〉的预言》。后一本书有323页，曾在1733～1922年间再版12次。

拉坦西(Rattansi)这样描述牛顿对《圣经》经文的研究：

> 他对《圣经》的研究是想证明《圣经》本身就是权威，而不是像那些天主教徒所说，《圣经》只有附加万能教会的圣传才具有权威。同时，这一研究也是为了反对那些自由思想者，他们倾向于"自然的"信仰，因而不再信奉基督教义中奉为神圣的神示。牛顿的研究表明：历史的进程总是按照上帝的设计而演变的，而这一设计只有在事后，以神曾经的预示为我们所

知晓。[17]

他后来又写道：

> 牛顿遵循新教教徒对《旧约》的解读，认为后来的罗马教会已经变成反基督教的王国，它将在基督王国取得最后胜利之前被推翻。[18]

牛顿认为，《圣经》的第四和第五世纪被蓄意歪曲了。他的观点与当时英国教会的教义不合，而作为三一学院的院委，他理应成为教会的成员。一场严重的危机幸而由于皇室的一道敕令而避免：卢卡斯教授不必接受教会的指令。

1693年，牛顿患了精神失常症。病愈之后，他失去了对科学研究的兴趣，并在1696年离开剑桥，到伦敦担任造币厂主管的职务。

4.8 伦敦(1696～1727)

到了牛顿担任造币厂主管的时候，他已经被公认为是英国当时健在的最伟大的科学家。虽然这个位置通常被认为是一个闲职，他还是为当时稳定货币的重铸需要倾注了全部心血。他还负责起诉那些假币制造者，认为他们的行为是触犯法律的，可以判处死刑。显然，牛顿对这项不讨人喜欢的工作尽心尽力。他是一个高效的经营者和管理者，并于1700年被正式任命为造币厂厂长。

1703年，当胡克去世之后，牛顿被推选为皇家学会会长。他当时掌握了极大的权力，可以利用这一权力去做更多自己感兴趣的事情。1696年，哈雷到造币厂供职。1707年，布儒斯特(David Brewster)被任命为把苏格兰币转换成英国国币的总管。1692年，牛顿帮格里高利得到了牛津大学塞维利亚(Savillian)天文学教授的职位，并在1700年初帮哈雷得到了塞维利亚几何学教授的职位。当他最终于1703年辞去剑桥大学卢卡斯教授的职位之后，他力保惠斯顿(William Whiston)接任这个职位。

到了老年他仍然没有变得成熟稳健。他和第一位皇家天文学家弗拉姆斯蒂德(John Flamsteed)之间发生了激烈的争吵，后者对月球进行了非常精密的观测，而牛顿希望把这些观测结果用于分析月球的运动。在弗拉姆斯蒂德自己还没有对结果感到满意之时，牛顿就已经不耐烦了，要求使用这些观测结果。牛顿和哈雷认为，由于弗拉姆斯蒂德是公职人员，观测结果就是国有资产。他们两人最后不仅成功地获取了这些并不完善的观测资料，并且在弗拉姆斯蒂德没有同意的情况下，于1712年以未经授权的方式发表了这些结果。弗拉姆斯蒂德设法追回了300本这种未经授权的印本，并很高兴地把他这一纪念性工作的造假版本付之一炬。他后来把自己的这些观测结果发表在《不列颠星表》(*Historia Coelestis Brittanica*)一书中。

与莱布尼茨发生的争吵更为不堪，使得牛顿声名狼藉。这最初是由德·杜依列尔挑起的，他控告莱布尼茨有剽窃行为。莱布尼茨吁请皇家学会成立一个专门小组，来裁决是谁首先发明了微积分。于是牛顿任命了一个委员会来调查此事，然后自己以该委员会的名义写了一份报告。他写的调查结论表面是不偏不倚的，实际上对自己有利。但他没有就此止步。一篇对该报告的匿名评论刊载在《皇家学会哲学会刊》上，其作者其实还是牛顿。这个故事是令人不愉快的，尤其是后来，莱布尼茨无可争议地成为微积分计算的原创者，人们承认他对此做了持久的贡献。的确，现在普遍应用的微积分标记法是莱布尼茨发明的而不是牛顿发明的。

牛顿于 1727 年 3 月 20 日去世，享年 85 岁，葬于威斯敏斯特（Westminster）大教堂。

4.9 参考文献

[1] Westfall R S. 1980. Never at Rest：a Biography of Isaac Newton. Cambridge：Cambridge University Press：ix.

[2] Fauvel J，Flood R，Shortland M，Wilson R. 1988. Let Newton Be：a New Perspective on His Life and Works. Oxford：Oxford University Press. (The title alludes to Pope's epitaph intended for Newton："Nature，and Nature's Laws，lay hid in night；God said，'Let Newton be'，and all was light.")

[3] Cohen I B. 1970. Dictionary of Scientific Biography：Vol. 11. New York：Charles Scribner's Sons：43.

[4] Fauvel J，et al. 1988. Op. Cit.：12.

[5] Fauvel J，et al. 1988. Op. Cit.：14.

[6] Cohen I B. 1970. Op. Cit.：53.

[7] Stukeley W. 1752. Memoirs of Sir Isaac Newton's Life：19，20. (Edited by White A H. 1936. London)

[8] Cohen I B. 1970. Op. Cit.：44.

[9] Chandrasekhar S. 1995. Newton's Principia for the Common Reader. Oxford：Clarendon Press：7.

[10] Chandrasekhar S. 1995. Op. Cit.：11，12.

[11] Cohen I B. 1970. Op. Cit.：44.

[12]　Golinski J. 1988//Fauvel J, et al. 1988. Let Newton Be. Op. Cit.: 153.
[13]　Golinski J. 1988. Op. Cit.: 156.
[14]　Golinski J. 1988. Op. Cit.: 160.
[15]　Golinski J. 1988. Op. Cit.: 151.
[16]　Rattansi P. 1988//Fauvel J, et al. 1988. Let Newton Be. Op. Cit.: 185.
[17]　Rattansi P. 1988. Op. Cit.: 198.
[18]　Rattansi P. 1988. Op. Cit.: 200.

第 4 章附录　关于圆锥曲线和有心轨道的注释

A4.1　圆锥曲线的方程

圆锥曲线是通过从不同角度截取双锥而得到的位形。其几何定义如下：它们是满足下述要求的平面曲线，即其上任意一点到平面上一固定直线的垂直距离，与该点到平面上一固定点的距离之比为常量。该固定直线称为**准线**，而该固定点称为**焦点**。由图 A4.1，这一要求可以写为

$$\frac{AB}{BF} = \frac{AC + CB}{BF} = \text{常量} = k$$

也就是

$$\frac{AC + r\cos\theta}{r} = k \tag{A4.1}$$

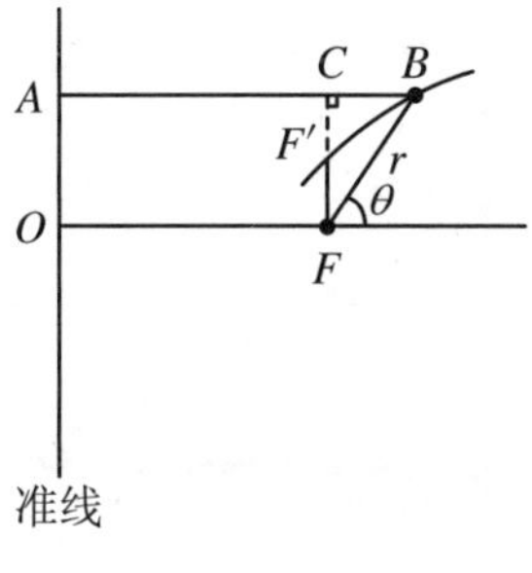

图 A4.1

其中，r 和 θ 为相对焦点 F 的极坐标。现在 AC 和 k 是独立常量，因而可把它们写为 $AC = \lambda/e$ 和 $k = e^{-1}$（λ 和 e 也是常量），从而我们就可以把式(A4.1)写成

$$\frac{\lambda}{r} = 1 - e\cos\theta \tag{A4.2}$$

我们马上得到关于 λ 的一个解释。当 $\theta=\pi/2$ 和 $3\pi/2$ 时，有 $r=\lambda$，因此 λ 就是图 A4.1 中的距离 FF'。注意曲线相对于直线 $\theta=0$ 是对称的。距离 λ 称为**半正焦弦**。图 A4.2 画出了不同 e 值情况下的曲线：如果 $e<1$，就得到一个椭圆；而 $e=1$ 给出的是一条抛物线；$e>1$ 给出的是双曲线。注意 $e>1$ 的双曲线有两个分支，以准线为界，右边分支和左边分支所对应的焦点分别是内焦点 F_1 和外焦点 F_2。

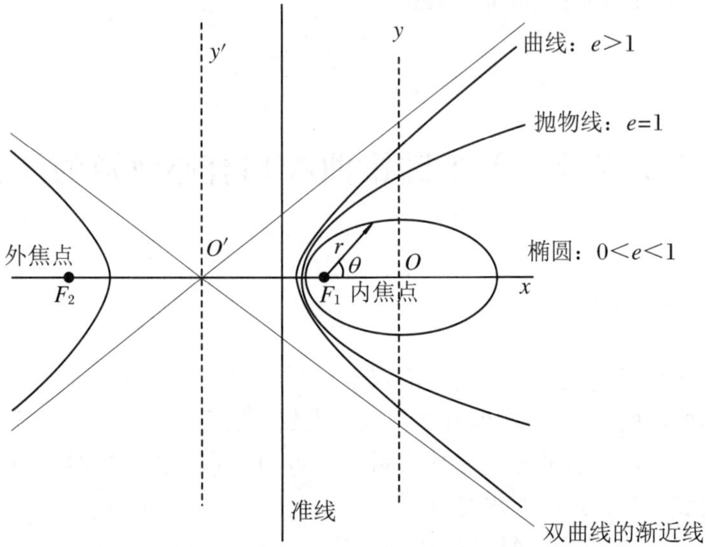

图 A4.2　圆锥曲线：$e=0$，圆（未画出）；$0<e<1$，椭圆；$e=1$，抛物线；$e>1$，双曲线（有两个分支）

可将式（A4.2）写成不同的形式。假设我们选取的是笛卡儿坐标系，其原点位于椭圆的中心。在式（A4.2）所采用的极坐标中，椭圆与 x 轴相交于 $\cos\theta=\pm 1$，即在 x 轴上与焦点的径向距离为 $r=\lambda/(1+e)$ 和 $r=\lambda/(1-e)$ 处。因此椭圆半长轴的长度是

$$a=\frac{1}{2}\left(\frac{\lambda}{1+e}+\frac{\lambda}{1-e}\right)=\frac{\lambda}{1-e^2}$$

且中心与 F_1 的距离为 $x=\lambda e/(1-e^2)$。所以在笛卡儿坐标系中，我们可以写出

$$\begin{cases} x=r\cos\theta-\lambda e/(1-e^2) \\ y=r\sin\theta \end{cases}$$

经过简单代数运算后，式（A4.2）化为

$$\frac{x^2}{a^2}+\frac{y^2}{b^2}=1 \tag{A4.3}$$

这里 $b=a(1-e^2)^{1/2}$。式（A4.3）表明，b 是半短轴的长度。e 的意义也是明显的：如果 $e=0$，则椭圆变成圆。因而，把 e 称为椭圆的**偏心率**是很恰当的。

同样的分析完全可以用于 $e>1$(即双曲线)的情况。其代数过程严格相同,但笛卡儿坐标系的原点此时位于图 A4.2 中的 O' 点,且 $a^2(1-e^2)$ 为一负值。因而我们可以写出

$$\frac{x^2}{a^2}-\frac{y^2}{b^2}=1 \tag{A4.4}$$

其中,$b=a(e^2-1)^{1/2}$。

把圆锥曲线与有心力场中试探粒子轨道联系起来,最常用的方式之一是把方程写成**垂足形式**。在这一形式下,变量 θ 被替换为一个距离坐标 p,即图 A4.3 中所示的曲线上一个特定点的切线到焦点的距离。从图中可以看到,$p=r\sin\varphi$。我们关注的是 B 点的切线,故取 θ 对 r 的导数。由式(A4.2)得到

$$\frac{\mathrm{d}\theta}{\mathrm{d}r}=-\frac{\lambda}{r^2 e\sin\theta} \tag{A4.5}$$

图 A4.4 显示当曲线上的点沿切向运动一个距离 $\mathrm{d}l$ 时,$\mathrm{d}\theta$ 和 $\mathrm{d}r$ 的变化。由 $\mathrm{d}l$,$\mathrm{d}r$ 和 $r\mathrm{d}\theta$ 所定义的小三角形的几何关系,我们看到

$$\tan\varphi=r\frac{\mathrm{d}\theta}{\mathrm{d}r} \tag{A4.6}$$

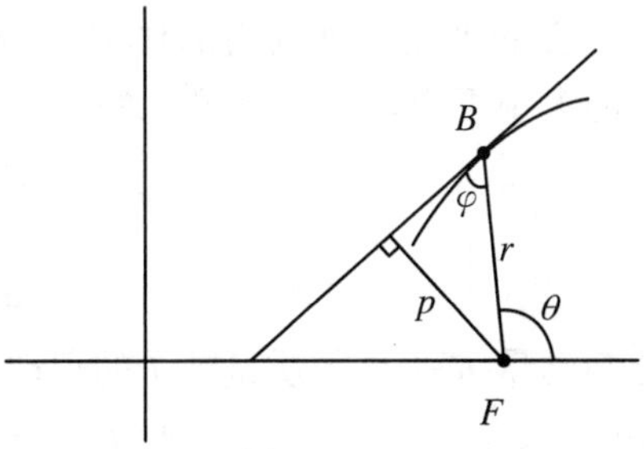

图 A4.3

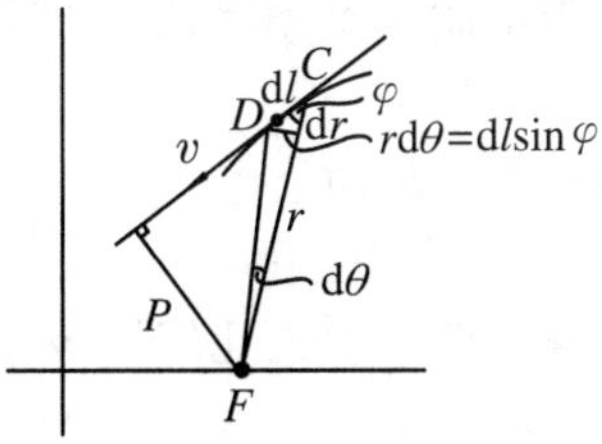

图 A4.4

因而现在消去式(A4.2)中的 θ 的条件是充分的,因为

$$p=r\sin\varphi,\quad \tan\varphi=-\frac{\lambda}{re\sin\theta} \tag{A4.7}$$

经过简单的代数运算得出

$$\frac{\lambda}{p^2}=\frac{1}{A}+\frac{2}{r} \tag{A4.8}$$

其中,$A=\lambda/(e^2-1)$。这就是圆锥曲线的**垂足方程**或 ***pr* 方程**。如果 A 为正,则得到双曲线;如果 A 为负,则得到椭圆;如果 A 为无穷大,则得到抛物线。注意在双曲线的情况下,式(A4.8)中 p 和 r 的值是相对于右边分支的内焦点而言的。在相对于外焦点的情况下,双曲线方程为

$$\frac{\lambda}{p^2}=\frac{1}{A}-\frac{2}{r}$$

现在我们可以回过头来说:如果我们从一个物理理论求得形式如(A4.8)的方程,则得到的曲线必定是圆锥曲线。

A4.2 开普勒定律与行星运动

我们来回忆一下开普勒的行星运动三大定律，其来源已在第3章中讨论过。

K1：行星轨道为椭圆，太阳位于椭圆的一个焦点上。

K2：在相同的时间内，从太阳到行星的矢径扫过相同的面积。

K3：行星轨道的周期 T，与它到太阳的平均距离 r 的 3/2 次方成正比，即 $T \propto r^{3/2}$。

首先考虑一个试探粒子在有心力场中的运动。对于一个孤立系统，由牛顿运动定律可直接导出角动量守恒。如果 $\boldsymbol{\Gamma}$ 是作用于系统的总净力矩，$\boldsymbol{L}$ 是总角动量，则

$$\boldsymbol{\Gamma} = \frac{\mathrm{d}\boldsymbol{L}}{\mathrm{d}t}$$

当质量为 m 的试探粒子在力场的轨道上运行时，$\boldsymbol{L} = m(\boldsymbol{r} \times \boldsymbol{v})$。在有心力场中，把力心取为测量 $\boldsymbol{r}$ 的原点，且由于 $\boldsymbol{f}$ 与 $\boldsymbol{r}$ 为平行或反平行矢量，$\boldsymbol{\Gamma} = \boldsymbol{r} \times \boldsymbol{f} = \boldsymbol{0}$，所以有

$$\boldsymbol{L} = m(\boldsymbol{r} \times \boldsymbol{v}) = \text{常矢量} \tag{A4.9}$$

此即角动量守恒。由于没有由矢量 $\boldsymbol{v}$ 和 $\boldsymbol{r}$ 定义的平面之外的力的作用，粒子的运动完全被限制于 $\boldsymbol{v}$ 和 $\boldsymbol{r}$ 定义的平面内。$\boldsymbol{L}$ 的大小不变，因而可将式(A4.9)写为

$$mrv\sin\varphi = \text{常量} \tag{A4.10}$$

但 $r\sin\varphi = p$，从而

$$pv = \text{常量} = h \tag{A4.11}$$

这一计算表明了引入几何量 p 的益处。**比角动量** h 是单位质量粒子的角动量。

现在我们来计算单位时间扫过的面积。图 A4.4 中三角形 FCD 的面积是 $r\mathrm{d}l\sin(\varphi/2)$。因此单位时间扫过的面积为

$$\frac{1}{2}r\sin\varphi\mathrm{d}l/\mathrm{d}t = \frac{1}{2}rv\sin\varphi = \frac{1}{2}pv = \frac{1}{2}h = \text{常量} \tag{A4.12}$$

此即开普勒第二定律。我们看到，这一定律只不过是有心力场中，角动量守恒定律的另一种表述。注意，这一结果与力的径向变化无关——正如牛顿已完全意识到的那样，最重要的事实是**有心力**。

开普勒第一定律可以由引力场中的能量守恒定律推导出来。我们来求出质量为 m 的试探粒子在平方反比力场中的轨道。可以将矢量形式的牛顿引力定律写为

$$\boldsymbol{f} = -\frac{GMm}{r^2}\boldsymbol{i}_r$$

其中，$\boldsymbol{i}_r$ 是 $\boldsymbol{r}$ 方向的单位矢量。令 $f = -m\,\mathrm{grad}\phi$（$\phi$ 为粒子单位质量所具有的引力势能），我们有 $\phi = -GM/r$。因而，引力场中粒子能量守恒的表达式是

$$\frac{mv^2}{2} - \frac{GMm}{r} = C \tag{A4.13}$$

其中，C 是一个运动常量。但是我们已经看到，由于角动量守恒，对于任何中心力场，$pv = h =$ 常量，所以

$$\frac{h^2}{p^2} = \frac{2GM}{r} + \frac{2C}{m} \tag{A4.14}$$

或者

$$\frac{h^2/(GM)}{p^2} = \frac{2}{r} + \frac{2C}{GMm} \tag{A4.15}$$

我们将这个方程视为圆锥曲线的垂足方程，曲线的准确形状只取决于常量 C 的正负。检查一下式(A4.13)就会发现：如果 C 是负的，则粒子不能达到 $r = \infty$，其轨道为束缚的椭圆轨道；而如果 C 为正，则轨道为双曲线；在 $C = 0$ 的情况下，轨道为抛物线。根据方程的形式明显看出，力的原点位于圆锥曲线的焦点上。

为求得椭圆轨道情况下粒子的周期，我们注意到椭圆的面积是 πab，且单位时间扫过的面积为 $h/2$[式(A4.12)]。故

$$T = \frac{\pi ab}{h/2} \tag{A4.16}$$

比较式(A4.8)和式(A4.15)，半正焦弦为 $\lambda = h^2/(GM)$，并且由 A4.1 节的分析，a，b 和 λ 之间的关系是

$$b = a(1 - e^2)^{1/2} \quad 以及 \quad \lambda = a(1 - e^2) \tag{A4.17}$$

代入式(A4.16)，我们得到

$$T = \frac{2\pi}{(GM)^{1/2}} a^{3/2} \tag{A4.18}$$

其中，a 为椭圆的半长轴，它正比于粒子到焦点的平均距离。这样，我们就推导出了椭圆轨道普遍情况下的开普勒定律。

A4.3　卢瑟福散射

α 粒子被原子核散射是核物理实验的伟大成就之一，这一实验是 1911 年由卢瑟福(Rutherford)和他的同事盖革(Geiger)以及马斯登(Marsden)一起完成的。它确认了原子中的正电荷包含在点状的原子核内。该实验用 α 粒子轰击薄金片，然后测量散射的 α 粒子的角分布。卢瑟福是一位实验学天才，他对理论的嫌忌是有名的。然而，当他接下来亲自做了计算之后，他还是向熟悉理论的一些同事请教，确信自己的计算没有错。虽然这一结果现在被认为是平方反比力场中粒子轨道的经典范例，但此前没有人去做过这样的计算，也没有人认识到它的深层意义。

原子里的所有正电荷被认为包含在一个致密的核中。α 粒子与原子核之间的平方反比静电斥力使得 α 粒子产生偏转，这一偏转可以利用平方反比力场中的粒子轨道公式来确定。图 A4.5 画出了直角坐标系和笛卡儿坐标系两种坐标系中的粒子轨道。由 A4.2 节的讨论可以看出，这一轨道必定是双曲线，且原子核位于外

焦点上。如果没有斥力，α 粒子将沿对角线 AA' 运动，其与核的距离为 p_0，这个距离称为**碰撞参量**。α 粒子在无限远处的速度为 v_0。

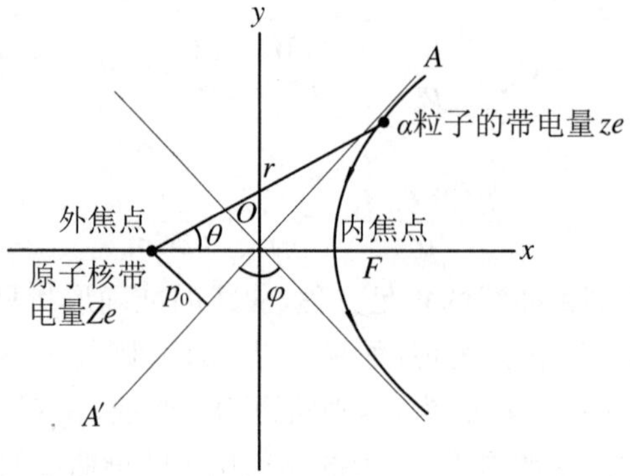

图 A4.5

α 粒子的轨道是式(A4.4)，即

$$\frac{x^2}{a^2} - \frac{y^2}{b^2} = 1$$

由此我们可以求出渐近线 $x/y = \pm a/b$。故图 A4.5 所示的散射角 φ 由下式给出：

$$\tan\frac{\varphi}{2} = \frac{x}{y} = \frac{a}{b} = \frac{1}{(e^2-1)^{1/2}} \tag{A4.19}$$

双曲线相对于其外焦点的垂足方程是

$$\frac{\lambda}{p^2} = \frac{1}{A} - \frac{2}{r}, \quad A = \lambda/\sqrt{e^2-1}$$

它可以与 α 粒子在核场中的能量守恒方程相比较，即

$$\frac{mv^2}{2} + \frac{Zze^2}{4\pi\varepsilon_0 r} = \frac{mv_0^2}{2} \tag{A4.20}$$

因为 $pv = h$ 为常量，故式(A4.20)可以写为

$$\frac{4\pi\varepsilon_0 mh^2}{Zze^2}\frac{1}{p^2} = \frac{4\pi\varepsilon_0 mv_0^2}{Zze^2} - \frac{2}{r} \tag{A4.21}$$

因而 $A = Zze/(4\pi\varepsilon_0 mv_0^2)$ 且 $\lambda = 4\pi\varepsilon_0 mh^2/(Zze^2)$。由 $p_0 v_0 = h$，我们可以把 a 和 λ 的值代入式(A4.19)，得到

$$\cot\frac{\varphi}{2} = \frac{4\pi\varepsilon_0 m}{Zze^2} p_0 v_0^2 \tag{A4.22}$$

这样，散射到 φ 角的 α 粒子数与其碰撞参量 p_0 直接有关。当用平行的 α 粒子束轰击原子核时，碰撞参量在 $p_0 \sim p_0 + \mathrm{d}p_0$ 之间的粒子数正比于半径为 p_0、宽度为 $\mathrm{d}p_0$ 的圆环面积：

$$N(p_0)\mathrm{d}p_0 \propto 2\pi p_0 \mathrm{d}p_0$$

因此散射到 $\varphi \sim \varphi + d\varphi$ 之间的粒子数为

$$N(\varphi)d\varphi \propto p_0 dp_0 \propto \left(\frac{1}{v_0^2}\cot\frac{\varphi}{2}\right)\left(\frac{1}{v_0^2}\csc^2\frac{\varphi}{2}\right)d\varphi$$

$$= \frac{1}{v_0^4}\cot\frac{\varphi}{2}\csc^2\frac{\varphi}{2}d\varphi \tag{A4.23}$$

也可将这一结果写成概率 $p(\varphi)$的形式,即 α 粒子散射到角度 φ 的概率。相对于入射方向,粒子散射到角度 $\varphi \sim \varphi + d\varphi$ 之间的数目是

$$N(\varphi)d\varphi = \frac{1}{2}\sin\varphi p(\varphi)d\varphi \tag{A4.24}$$

如果散射对所有的立体角都是均匀的,则 $p(\varphi)$ = 常量。让式(A4.23)与式(A4.24)等同,我们就得到著名的结果

$$p(\varphi) \propto \frac{1}{v_0^4}\csc^4\frac{\varphi}{2} \tag{A4.25}$$

这就是1911年卢瑟福推导出的概率定律[A1]。他和他的同事发现,α 粒子被薄金片散射后,在角度为 $5^\circ \sim 150^\circ$ 的范围内严格遵从这一关系。超过这个范围,函数 $\cot\frac{\varphi}{2}\csc^2\frac{\varphi}{2}$ 的值变化40 000倍。由已知的 α 粒子的速度,以及这一规律对大的散射角也成立的事实,他们得出原子核的半径必定小于 10^{-14} m,即远远小于原子的尺度(约为 10^{-10} m)。

派斯(Pais)对卢瑟福的发现给予了有趣的评价[A2]。他指出,卢瑟福是幸运的,碰巧使用了能量合适的 α 粒子来观测散射粒子的分布规律。他还指出,在1911年第一次索尔维(Solvay)会议上,卢瑟福并没有提到这一关键性结果,在接下来的几年里也没有意识到它的全部意义。1912年,卢瑟福在他关于放射性的书中第一次使用"原子核"这一概念,书的开头是:

原子必定包含一个具高度荷电的核。

直到1914年在一次皇家学会的讨论中,他才明确表示支持原子的核模型。

A4.4　附录参考文献

[A1]　Rutherford E. 1911. Phil. Mag.,21:669.

[A2]　Pais A. 1986. Inward Bund. Oxford:Clarendon Press:188,189.

专题2

麦克斯韦方程组

每个专题都有它独自的研究重点，这个有点极端的专题也是如此。我们的中心话题是麦克斯韦方程组的起源，在我实际了解麦克斯韦（James Clerk Maxwell）（1831～1879）是怎样获得他的伟大发现位移电流前，我还一直以为，比起其他一些研究专题，我们似乎只是要讲一个非常简单的故事，其实并非如此。作为构建模型的著名实例，像我在物理学中其他任何地方所看到的一样，它直接探求电磁学的核心本质；作为使用类比方法工作的实例，它取得了与实验事实一致的辉煌成果。发现电磁扰动以光的速度传播是本故事的高潮，这一发现直接导致了光学与电磁学的统一和赫兹（Heinrich Rudolf Hertz）（1857～1894）的许多漂亮的实验结果，这一发现充分证实了麦克斯韦理论的正确性。

沿着这条路线，我们赞扬了法拉第（Michael Faraday）（1791～1867）的天赋，他是一位发现了电磁感应现象及许多其他电磁现象的实验工作者。他发明的力线概念（我称之为“没有数学的数学”）对电磁学的数学化和麦克斯韦的理论研究都至关重要（专题图 2.1）。矢量微积分对在数学上简化电磁学起了关键作用，并为修正一些内容提供了机会，我们在第 5 章的附录中收录了矢量微积分的一些有用结果。

然后，在第 6 章中，我们完全倒转了历史进程。我们从麦克斯韦方程组出发，引入最少的假设，导出了我们已赋予其物理意义的实验定律。这听起来似乎有点做作，但这能帮助我们深入了解基本理论的数学结构，这里所要做的事与理论研究的前沿领域中所做的事在逻辑上没有什么不同，这对建立数学和实验测量之间的关系至关重要。这还为电磁学提供了更好的连贯性，经典电磁学可以完全包含在由 4 个矢量偏微分方程构成的方程组中。

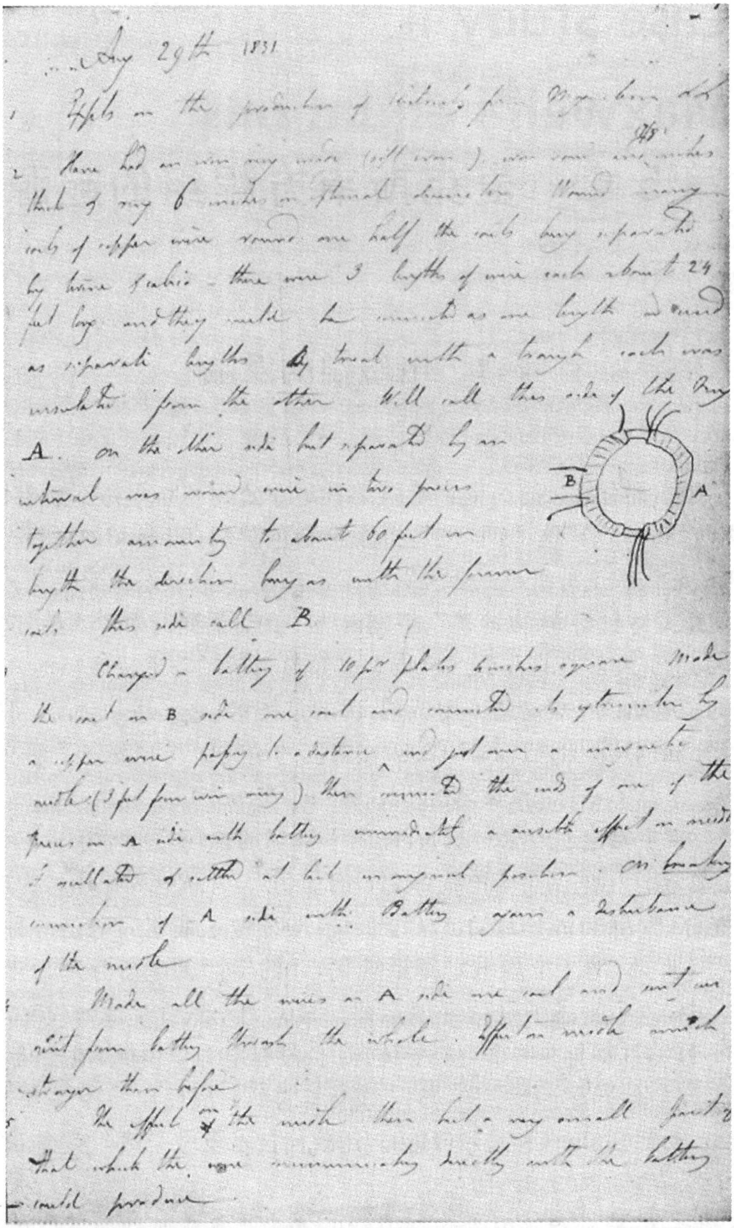

专题图 2.1 本页选自法拉第笔记(1831 年 8 月 29 日),在这一页,他描述了发现电磁感应的情况(感谢英国皇家学会的支持)

第 5 章　麦克斯韦方程组的起源

5.1　电磁学的发端

电学和磁学都有悠久的历史。希腊学者早在公元 800 年初叙述磁性材料时，就用了“磁铁(magnet)”这个词，它是指在希腊色萨利(Thessaly)的镁矽(magnesis)省开采的磁铁矿这种矿石。众所周知，磁铁矿在自然状态就能吸铁。因为在罗盘中需要使用磁性材料，所以该矿石特别重要。在英语词汇中，“磁铁”这个词是指天然磁石，意思是最重要的石头。希腊人也知道由琥珀与毛皮摩擦时产生静电现象所得到的静电知识——希腊不用琥珀，用的是镁铝合金(elektron)。1600 年，吉尔伯特(William Gilbert)(1544～1603)在自己的论文中首次发表了系统研究电磁现象的成果，题为“De Magnete，Magneticisque Corporibus，et de Magno Magnete Tellure”。此文主要论述地球的磁场，证明了地球的磁场类似于条形磁铁的磁场。他还描述了摩擦产生的两个带电物体之间的作用力，并称这种作用力为**电力**。

富兰克林(Benjamin Franklin)(1706～1790)做了证明闪电是一种放电现象的著名实验。此外，他还把静电定律系统化，并约定两种电荷分别为正、负电荷。在这些研究中，他还阐述了电荷守恒定律。1767 年，普利斯特列(Joseph Priestley)(1733～1804)证明：在一个空心导体球内，没有电力。由此，他推断，静电力遵守的定律和重力遵守的定律一样，必定与距离的平方成反比。1971 年，威廉姆斯(Wi-lliams)、弗勒(Faller)和哈尔(Hall)，用现代技术重做了这个实验，实验结果与平方反比定律的偏差为 3.3×10^{-16}。

到 18 世纪末，已获得静电学和静磁学的许多基本实验性质。1770～1780 年代，库仑(Charles Augustin Coulomb)(1736～1806)通过非常灵敏的静电实验，直接确立了静电学的平方反比定律(库仑定律)。在静磁学中，他选用很长的磁偶极子，这样可以认为磁偶极子的两个磁极是分开的，并完成了类似的实验。在本书中，我们使用国际单位制(SI)，用标量形式，这两个定律可以写为

$$f_e = \frac{q_1 q_2}{4\pi\varepsilon_0 r^2} \tag{5.1}$$

$$f_m = \frac{\mu_0 p_1 p_2}{4\pi r^2} \tag{5.2}$$

式中，q_1 和 q_2 是两个点状物体的电荷，r 是二者的距离，p_1 和 p_2 是两个磁极的强度。$1/(4\pi\varepsilon_0)$和 $\mu_0/(4\pi)$是按 SI 单位制包含在定律中的常量。纯化论者可能更喜欢本章的整个论述都使用原始符号，但对现代读者来说，坚持这样的历史真实性，可能会模糊所论事物的本质。用现代矢量记法，可以把静电力的方向明确纳入表达式中：

$$\boldsymbol{f}_e = \frac{q_1 q_2}{4\pi\varepsilon_0 r^3}\boldsymbol{r} \quad 或 \quad \boldsymbol{f}_e = \frac{q_1 q_2}{4\pi\varepsilon_0 r^2}\boldsymbol{i}_r \tag{5.3}$$

式中，$\boldsymbol{i}_r$ 是从一个点电荷指向另一个点电荷的单位矢量。对静磁力，有类似的表达式：

$$\boldsymbol{f}_m = \frac{\mu_0 p_1 p_2}{4\pi r^3}\boldsymbol{r} \quad 或 \quad \boldsymbol{f}_m = \frac{\mu_0 p_1 p_2}{4\pi r^2}\boldsymbol{i}_r \tag{5.4}$$

18 世纪末和 19 世纪初是法国数学的辉煌时期。对我们所讲的这个故事来说，泊松(Simeon Denis Poisson)(1781～1840)的工作特别重要。泊松是拉普拉斯(Pierre Simon Laplace)(1749～827)和拉格朗日(Joseph Louis Lagrange)(1736～1813)的弟子。1812 年，泊松发表了他的著名论文 *Mémoire sur la distribution de l'electricité à la surface des corps conducteurs*，他在该文中证明：静电学的许多问题，可以用引入静电势 V 来简化，静电势 V 是泊松方程的解：

$$\frac{\partial^2 V}{\partial x^2} + \frac{\partial^2 V}{\partial y^2} + \frac{\partial^2 V}{\partial z^2} = -\frac{\rho_e}{\varepsilon_0} \tag{5.5}$$

式中，ρ_e 是电荷分布的密度。这样，电场强度

$$\boldsymbol{E} = -\operatorname{grad} V \tag{5.6*}$$

1826 年，泊松发表了用静磁势 V_m 表达磁通量密度 $\boldsymbol{B}$ 的相应表达式。静磁势 V_m 是如下拉普拉斯方程的解：

$$\frac{\partial^2 V_m}{\partial x^2} + \frac{\partial^2 V_m}{\partial y^2} + \frac{\partial^2 V_m}{\partial z^2} = 0 \tag{5.7}$$

磁通量密度 $\boldsymbol{B}$ 由下式给定：

$$\boldsymbol{B} = -\mu_0 \operatorname{grad} V_m \tag{5.8}$$

直到 1820 年，静电学和静磁学似乎还是彼此无关、相当不同的，但随着现代电磁学的发展，这种情况逐渐改变。18 世纪的最后几年，与静电学和静磁学的定律发展平行，意大利解剖学家伽伐尼(Luigi Galvani)(1737～1798)发现了电可以产生刺激青蛙腿的肌肉使其收缩的效应。1791 年，他证明：当用两个不同的金属丝

* 在物理学中，难以避免一些符号在不同情况下代表不同的物理量。一个明显的例子是能量和电场。为避免混淆，E 几乎总是代表能量；$\boldsymbol{E}$ 代表电场矢量，$|\boldsymbol{E}|$ 为电场的大小，E_x, E_y, E_z 为电场矢量的分量。只要可行，我们坚持推荐皇家学会的约定。

连接神经和肌肉时，观察到同样形式的肌肉收缩。这件事被宣布为发现了**动物电**。

伏特(Alessandro Volta)(1745～1827)怀疑，这种电可能与不同金属和潮湿的肌体接触有关。1800年，他用自己制造的伏特电堆证明了这一点。伏特电堆是在紧贴放置的铜层和锌层组之间用浸透了导电液体的纸板层分隔构成的[图5.1(a)]。用这个电堆，伏特能够演示所有静电现象——放电、电击等。然而，到此为止，伏特实验的最重要发明是一种可控电源。

伏特电堆寿命短暂，原因是纸板会干燥。这促使伏特进而发明了王冠杯，伏特王冠杯的电极放置在玻璃容器中[图5.1(b)]，它是现代电池的前身。普通公众都知道这些发明。有趣的是，黛丝比娜(Despina)利用磁力与催眠术"复活"了极度乔装的费兰多(Ferrando)和古列莫(Guglielmo)，使莫扎特(Mozart)的《女人心》(*Cosi fan tutti*)在1791年首演就大获成功；并且1816年，"电疗法"在启发玛丽·雪莱(Mary Shelley)创作文学史上第一部科幻小说《科学怪人》(*Frankenstein*)的灵感上，发挥了至关重要的作用。

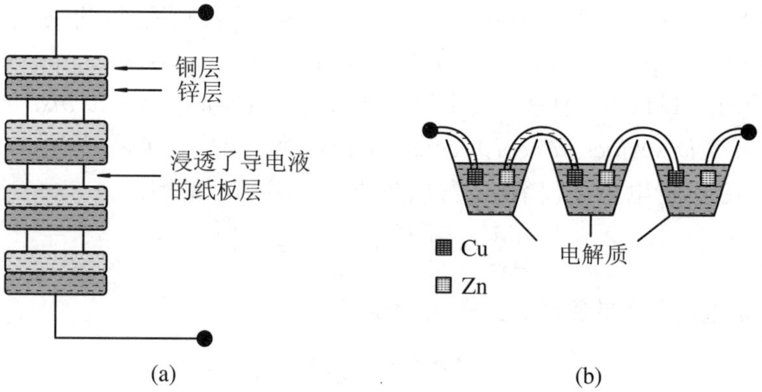

图5.1 (a)伏打电堆的构成；(b)伏打王冠杯，类似现代串联的电池组

1820年，实验有了重大进展。奥斯特(Hans Christian Oersted)(1777～1851)证明：电流总有一个与之关联的磁场，这标志着电磁学的诞生。在他公布这项发现后，物理学家毕奥(Jean Baptiste Biot)(1774～1862)和萨伐尔(Felix Savart)(1791～1841)又发现了与线元 $\mathrm{d}l$ 相距 r 的地方的磁场强度和线元 $\mathrm{d}l$ 中的电流强度 I 有关。在同一年，他们找到了答案——毕奥-萨伐尔定律，用现代矢量符号可被写为

$$\mathrm{d}\boldsymbol{B} = \frac{\mu_0 I \mathrm{d}\boldsymbol{l} \times \boldsymbol{r}}{4\pi r^3} \tag{5.9}$$

注意，为了得到磁场的正确方向，矢量符号很重要。矢量 $\mathrm{d}\boldsymbol{l}$ 的方向是电流 I 的流动方向，r 是从电流元 $I\mathrm{d}\boldsymbol{l}$ 到观测点的距离矢量 $\boldsymbol{r}$ 的长度。

下一步，安培(André Mrie Ampère)(1775～1836)扩展了毕奥-萨伐尔定律，

得到了磁通量密度的环路积分与穿过闭合环路的电流的关系。用现代矢量符号，在自由空间中的安培环路定理可被写为

$$\oint_C \boldsymbol{B} \cdot \mathrm{d}\boldsymbol{s} = \mu_0 I_{\text{包围}} \tag{5.10}$$

式中，$I_{\text{包围}}$是在以环路 C 为边界的区域内的总电流。

故事迅速展开。1826 年，安培发表了著名的论文 *Theorie des phénomènes électro-dynamique, uniquement déduite de I'expérience*，其中包含一个证明：可以通过等价的磁壳表达电流环路的磁场。在论述中，他还给出了分别载有电流 I_1 和 I_2 的线元 $\mathrm{d}\boldsymbol{l}_1$ 和 $\mathrm{d}\boldsymbol{l}_2$ 之间的作用力的公式

$$\mathrm{d}\boldsymbol{F}_2 = \frac{\mu_0 I_1 I_2 \mathrm{d}\boldsymbol{l}_1 \times (\mathrm{d}\boldsymbol{l}_2 \times \boldsymbol{r})}{4\pi r^3} \tag{5.11}$$

$\mathrm{d}\boldsymbol{F}_2$ 是作用在电流元 $I_2\mathrm{d}\boldsymbol{l}_2$ 上的力，矢量 $\boldsymbol{r}$ 从 $\mathrm{d}\boldsymbol{l}_1$ 指向 $\mathrm{d}\boldsymbol{l}_2$。安培还论证了这一公式和毕奥-萨伐尔定律之间的关系。

1827 年，欧姆(Georg Simon Ohm)(1787～1854)得到了电势差 V 和电流 I 之间的关系 $V=RI$，现在称之为欧姆定律，R 是电流所流经的材料的电阻。可悲的是，在科隆，欧姆的同事们不接受这一开创性的成果。欧姆很失望，辞去了在科隆的工作。这一成果的极端重要性后来得到确认，并于 1841 年在伦敦，皇家学会授予欧姆科普利奖章(Copley Medal)。

1830 年前，已经知道了包括所有上述结果在内的整个静电学知识，即静止电荷之间、磁铁和电流之间的作用力都是已知的。麦克斯韦方程组的一个基本特性是它们也处理时变现象。在接下来的 20 年内，实验完全确定了所有随时间变化的电场和磁场的基本性质，故事的主人公无疑是法拉第。

5.2　法拉第及其力线——没有数学的数学

法拉第出生在一个贫困的家庭，父亲是铁匠。1796 年，他和他的家人一起搬迁到伦敦。开始他是利波先生(Mr. Ribeau)书店的一个学徒装订工。通过装订和阅读书籍(包括《大英百科全书》)他学到了早期的科学知识[1]。他特别喜欢阅读泰勒(James Tyler)的电学文章，并用瓶子和旧木材制造小静电发生器，重复做了一些电学实验。

1812 年，戴维(Humphry Davy)(1770～1845)在皇家学院演讲。利波先生的一位客户，送给法拉第一张听讲的门票，让他去听讲。事后，法拉第把他的课堂笔记整理并装订好后送给戴维，表示如果有空缺职位，他可以填补，但接下来没有任

何消息。然而，同年10月，戴维因使用的危险化学品氯化硝酸盐(nitrate of chlorine)发生爆炸而暂时失明，需要有人记录下他的思想。法拉第被推荐承担这项任务。随后，1813年3月1日，他得到了一个永久性职位——戴维在皇家学院的助理。他在那里一直工作到晚年。

在法拉第接受任命之后不久，戴维决定访问欧洲大陆的科学机构，法拉第作为科学助理随行。接下来的18个月，在巴黎，他们遇到了当时最著名的科学家——安培、洪堡(Humboldt)、盖-吕萨克(Gay-Lussac)、阿拉戈(Arago)和其他许多人；在意大利，他们遇到了伏特；而在热那亚(Genoa)还观看了电鳐(torpedo，一种能产生电击的鱼)实验。

1820年，奥斯特发现电与磁之间的联系，并引来一系列相关的科学活动。科学期刊收到了许多描述电磁效应和试图解释它们的有关文章，哲学杂志的编辑请法拉第进行评审。面对这样大规模的实验现象和推断，法拉第开始系统地研究电磁现象。

接着，法拉第重复做了文献报道过的所有实验。特别是，他研究了小磁铁的磁极在载流导线附近的运动。安培已经发现，作用在磁极上的力好像是要让它围绕载流导线做圆周运动。另外，如果磁铁被固定，则载流导线会感受一种力量，让它围绕磁铁做圆周运动。法拉第用两个漂亮的实验证实了这些现象(图5.2)。图5.2右边所示为第一个实验：磁铁被直立放置在一个水银盘中，一个磁极在水银面

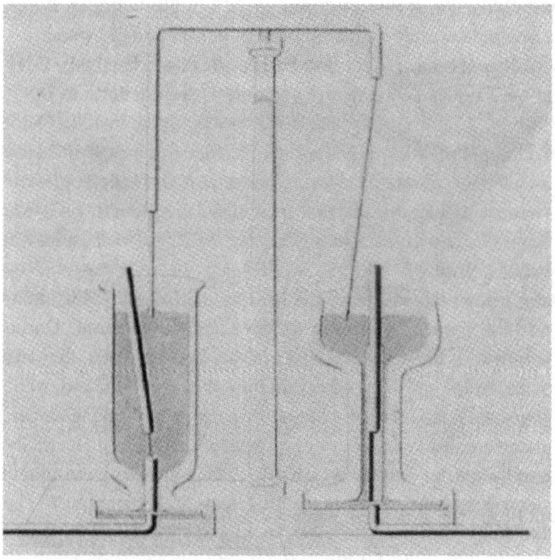

图5.2 显示载流导线和磁铁之间的作用力的法拉第实验：在图的右边，磁铁垂直固定，载流导线绕垂直轴旋转；在图的左边，载流导线垂直固定，磁铁绕导线旋转。这是人类制造的第一个电动机(英国皇家学会提供)

的上方。导线的一端与一个浮在水银面上的小软木塞相连，而另一端则固定在磁铁一端的上方。当有电流通过导线时，导线围绕磁铁的轴旋转，和法拉第的预期一样。图5.2左边所示为第二个实验：载流导线固定，磁铁围绕导线自由旋转。这是人类制造的第一个电动机。

这些实验致使法拉第有了磁力线这一关键性的概念，这是在他观察铁屑围绕磁铁的分布情况(图5.3)时突然浮现出来的。磁力线或磁场线，代表把磁极放置在一个磁场中时作用在磁极上的力的方向。在垂直于磁力线的平面上，通过单位面积的磁力线愈多，作用在磁极上的力愈大。法拉第非常重视将磁力线作为观测静止磁场效应及时变磁场效应的一个直观手段。

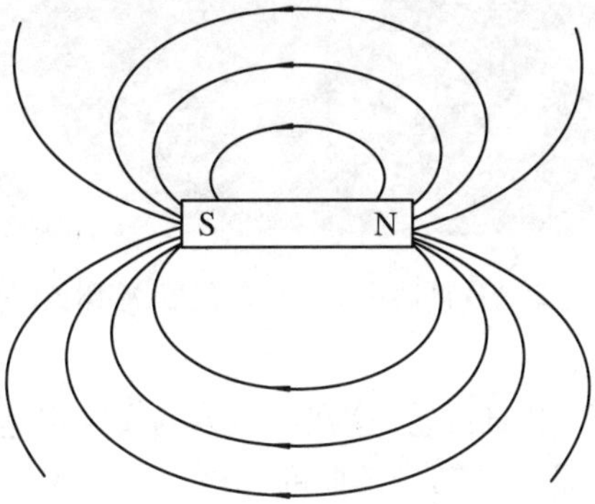

图5.3 法拉第的条形磁铁的磁力线

两个磁极之间的磁力线沿着两极之间的连线，载流导线的环形力线怎么能与此相一致呢？法拉第的照片面临一个难题。法拉第展示(图5.4)，把载流导线弯曲成一个环路可以模拟磁铁产生的所有效应。他认为，磁力线在环路内会被压缩，结果是环路的一侧有一个极性，另一侧有相反的极性。他用实验证明：所有与导线中的电流相关的力都可以按磁力线理解。磁偶极子与环路电流完全等效是法拉第的深刻见解。事实上，如附录A5.7所证明的，从这一见解出发，可以导出关于静止磁铁和电流之间的作用力的所有定律。

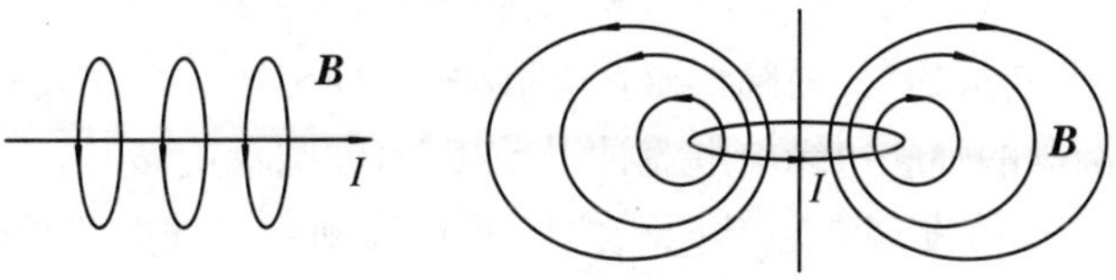

图5.4 法拉第说明电流磁场和条形磁铁等价的理由：左侧的长直导线被弯曲成右侧的环路时，磁力线被压入环路内

重大的进步发生在1831年。法拉第坚信自然界的对称性，他推测，既然电流产生磁场，磁场产生电流也必定是可能的。1831年，他获悉亨利(Joseph Henry)

在纽约奥尔巴尼(Albany)做的实验。在这个实验中,亨利使用了电磁力非常强的电磁铁。法拉第立即有了观测力线使电磁材料产生应变的想法。他把绝缘导线缠绕在粗铁环上,从而能在铁环内产生强磁场。应变效应能用另一个缠绕在环上的线圈探测到,这个绕组与一个电流计连接以测量产生的电流。法拉第装置的原照片如图 5.5 所示。

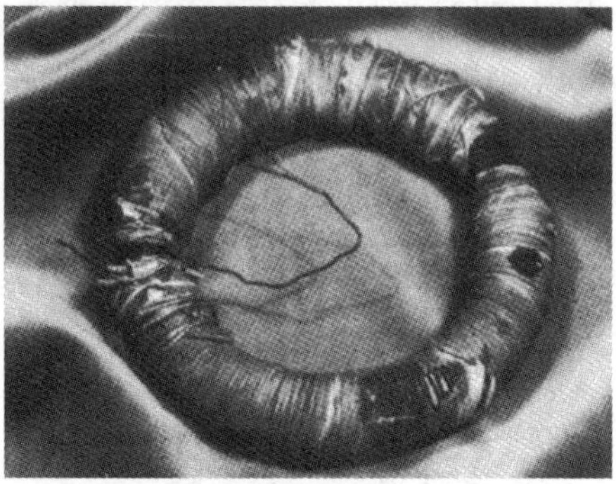

图 5.5　法拉第首次证明电磁感应的仪器(感谢英国皇家协会)

实验在 1831 年 8 月 29 日进行,这在法拉第的实验室笔记本上有精心记载(专题图 2.1)。结果完全不是法拉第所预期的那样。当初级绕组闭合的时候,在次级绕组中的电流计的指针有一个偏转——缠绕在铁环介质上的次级电路中有感生电流。但只在电磁铁内接通或断开电流时观察到电流计的指针有偏转,流过电磁铁的稳定电流对电流计没有作用。换句话说,作用似乎只与变化的电流有关,因而只与变化的磁场有关。至此,法拉第发现了电磁感应。

在接下来的几周,随之而来的是,在一系列确切的实验中,电磁感应的性质都成立。法拉第在改进装置的灵敏度后,还观测到,在电流接通和断开时,在次级电路中所产生的电流是在相反方向流动的。下一步,他在线圈具有不同形状和大小的实验过程中发现,产生这种效应不需要有铁棒。1831 年 10 月 17 日,他进行了一个新的实验:向一个连接有电流计的长线圈(或螺线管)移动圆柱形磁铁时,在线圈中产生了电流。然后,1831 年 10 月 28 日,他在伦敦皇家学会做了一个著名的实验,证明在社会上购买的“大马蹄形磁铁”的磁极之间旋转一个铜圆盘时,可以产生持续电流。铜圆盘的轴和边缘与电流计滑动接触,铜圆盘旋转时,指针偏转。1831 年 11 月 4 日,法拉第发现在磁铁两极之间简单移动铜导线时可以产生电流。这样,在 4 个月内,他发明了变压器与发电机。

早在 1831 年,法拉第依据力线概念创立了定性的电磁感应定律:在电流环路中感生的电动势直接与切割磁力线的速度相关。补充一句,这些磁场线指的是铁屑描绘的磁力线[2]。

他当时意识到,“电”意味着许多不同的东西。除他刚刚发现的磁电外,还有静电,在远古就已经知道,它可以由摩擦产生。伏打电与在伏打电堆中的化学效应相关。在热电中,不同类型的材料接触放置,接触的端点保持在不同温度,会产生电势差。此外还有动物电,如法拉第和戴维一起旅行时所看到的电鳐(torpedo)和电鳗(electric eels)等鱼类产生的电。对具有"后见之明"的现在的我们来说,他问了一个可能是显而易见但在当时能说明他具有深刻洞察力的问题:这些不同形式的电是一样的东西吗? 1832 年,他做了一系列漂亮的实验,结果证明:不管电的来源是什么,包括电鱼,都可以产生同样的化学的、电磁的以及其他的效应。

虽然电磁感应定律在早期阶段就已被发现,但为了证明该定律的普遍有效性,法拉第还是用了几年时间才完成了所有必要的实验工作:无论磁通量的起源是什么,闭合回路中的总磁通量的变化速率都决定了环路中的感应电动势的大小。1834 年,楞次(Heinrich Friedrich Emil Lenz)(1804～1865)宣布澄清了电路中感应电动势的方向问题:在电路中,电动势的方向反抗磁通量的变化(楞次定律)。

法拉第没有表达出电磁现象的数学理论,但他确信,力线这一概念是理解电磁现象的关键。1846 年,他在皇家学会的演讲中,推测光可能是某种沿磁场线传播的扰动。他在论文《对射线振动的思考》中公布了这些看法,但受到了相当大的怀疑。然而,法拉第确实说对了。我们将在下一节中看到,1864 年,麦克斯韦推断出光确实是一种电磁辐射。麦克斯韦用优异的物理直觉和数学能力,把法拉第的思想和发现放入数学表达式中,推导出在真空中传播的任何电磁波都以光速行进。正如麦克斯韦本人在发表于 1865 年的伟大论文《电磁场的动力学理论》中确认的:

> 横向磁场扰动的传播概念,是法拉第教授在他的《对射线振动的思考》中特别阐述过的思想。除了在 1846 年没有数据计算传播速度[3]外,他提出的光的电磁理论与我在本文中已经开始形成的理论在本质上是相同的。

虽然法拉第没有表达出电磁现象的数学理论,但他对电场和磁场行为的深刻感悟给数学家(如麦克斯韦)发展电磁场的数学理论提供了所需要的本质见解。麦克斯韦说:

> 当我继续进行法拉第的研究时,我认为他构思理解现象所设想的方法也是一种数学模型方法,虽然在形式上没有用传统的数学符号表现……我还看出,在数学家发现的一些最富活力的研究方法中,有比法拉第采用原始形式表达法拉第思想好得多的方法。[4]

我(本书作者)必须承认,当我第一次学习电磁力线时,力线对我理解电磁现象是一个障碍,主要是因为没有给我解释清楚,它们只是一种工作模型。在实验中实际测量的那些东西是在空间不同点的力矢量,虚拟的力线只是代表这些矢量场的概念模型。在下一节,我们将回到这个关键问题。

在我们离开对法拉第的描述之前,我们必须进一步描述一个关键性的发现,它影响了麦克斯韦对电磁性质的思考。法拉第对自然力的统一有一种本能的信仰,特别是认为光、电、磁等现象之间应该有密切联系。在1845年年末的一系列实验中,法拉第试图看到强电场对光的偏振的影响,但未能看到。改用磁场,他让光线通过强磁场,实验在很长一段时间内也一直没有显示存在这种影响。1825～1830年,为了制造天文仪器,伦敦皇家学会选购了一些优质光学玻璃——硼酸盐玻璃(borate glass)。它们很沉重,有极大的折射指数。法拉第让光线通过强磁场中的硼酸盐玻璃时,他想看到的现象终于出现。现在把这种现象称为法拉第旋转:当光线沿磁场方向在一个透明介质中行进传播时,线偏振光的偏振平面发生旋转。汤姆孙(William Thomson)(1824～1907)[后来的开尔文勋爵(Lord Kelvin)]认为,这一现象是磁场引起分子电荷做旋转运动的证据。继早些时候安培的提议之后,开尔文设想,磁性本质上是一种旋转性质。这对麦克斯韦建立自由空间中的磁场模型有强烈影响。

在这里,我们必须留意:一个没有接受过数学训练的、有天赋的、细致严密的实验工作者,绝不可能以数学形式表达他的研究成果。法拉第是一个突出的例子。在他的著作中,没有单一的数学公式。然而,他对做实验和设计经验概念模型以解释实验结果有天才般的直觉。这些模型体现了表达电磁场理论所需要的数学知识。

5.3 麦克斯韦怎样导出电磁场方程组

麦克斯韦在英国爱丁堡出生,并接受教育。1850年,他去了剑桥,在那里学习,并以具有鲜明的特点获得数学荣誉学位。爱丁堡大学的自然哲学教授福布斯(James David Forbes)在1852年4月写给三一学院院长惠威尔(William Whewell)的信中说:

> 请不要以为……我不知道他在数学以及其他方面极度粗俗……我认为社会和剑桥的训练是驯服他的唯一机会,必须劝他。[5]

麦克斯韦杰出的数学能力与他鉴赏法拉第的实证模型并赋予它以数学内容的物理创造力相得益彰。联系到此点,若想理解麦克斯韦的理性方法和成就,哈曼的优秀专题论文《詹姆斯·克拉克·麦克斯韦的自然哲学》[6]是必不可少的基本阅读材料。

5.3.1 《论法拉第力线》(1856)

麦克斯韦思考所具有的一个非常鲜明的特点是他使用类推方法工作的能力。早在1856年,在为剑桥的使徒俱乐部(Apostles' Club)写的一篇题为"自然界中的类比”的论说文中他就描述过自己的方法。下面的例子是对这种方法的最好说明，但其本质可以在我们后面的论述中看到。

> 每当(人们)知道了他们很了解的两件事之间的关系时，他们必定还想知道而不太知道的事物之间的一种类似的关系，他们从一种关系到另一种关系进行推论。这一假设是：虽然各成对事物间彼此可能有很大的不同，但一对的关系与另一对的关系可能是相同的。现在，从科学的角度来看，知道关系是最重要的事，要知道，一件事的知识能引导我们走很长的路去接近另一件事的知识。[7]

换句话说，该方法包括认识十分不同的物理问题之间的数学相似性和看到要把一个理论成功地应用到不同情况能走多远。在电磁学的关系上，他发现了电动力学现象和力学及流体力学现象的数学之间有形式上的类似性。在整个工作中，他表达了他对汤姆孙的感激之情，汤姆孙在电磁现象的数学化上走出了实质性的几步。麦克斯韦的伟大贡献不仅是非常多地承续了这个过程，而且还赋予它以真实的物理内容。

同一年，麦克斯韦发表了他的第一篇电磁学论文《论法拉第力线》[8]。在1873年出版的《电磁通论》的序言中，他回忆说：

> ……在我开始研究电学之前，我决定不阅读关于这一主题的数学，直到我第一次通读法拉第的《电学实验研究》[9]。

论文的第一部分详述类比方法，特别提请注意类比磁力线和不可压缩流体的流线。1856年，他没有使用算符，偏导数是在笛卡儿坐标形式下写出的。1870年，麦克斯韦在《论物理量的数学分类》的论文[10]中发明了术语“坡度”(现在的“梯度”)、“旋度”和“收敛度”(与“散度”相反)，并对这些算符的含义提供了一个直观的图像。虽然麦克斯韦仅在研究电磁性质时用了矢量算法，但在我们的论述中，我们将使用矢量算符“散度 div”、“梯度 grad”和“旋度 curl”等。

让我们回顾不可压缩流体的连续性方程或质量守恒方程。考虑一个被闭合曲面 S 包围的体积 v。使用矢量符号，单位时间内通过一个面元 $\mathrm{d}\boldsymbol{S}$ 的质量通量是 $\rho\boldsymbol{u}\cdot\mathrm{d}\boldsymbol{S}$，$\boldsymbol{u}$ 是流动速度，ρ 是质量密度。因此通过闭合曲面的总质量通量是 $\int_S\rho\boldsymbol{u}\cdot\mathrm{d}\boldsymbol{S}$。这等于体积 v 内的质量的损失率

$$-\frac{\mathrm{d}}{\mathrm{d}t}\int_v\rho\mathrm{d}v \tag{5.12}$$

即

$$-\frac{\mathrm{d}}{\mathrm{d}t}\int_v\rho\mathrm{d}v=\int_S\rho\boldsymbol{u}\cdot\mathrm{d}\boldsymbol{S} \tag{5.13}$$

现在，在式(5.13)的右边应用散度定理[式(A5.1)]，我们得到

$$\int_S\rho\boldsymbol{u}\cdot\mathrm{d}\boldsymbol{S}=\int_v(\mathrm{div}\rho\boldsymbol{u})\mathrm{d}v=-\int_v\frac{\partial\rho}{\partial t}\mathrm{d}v \tag{5.14}$$

把第二个等式应用于体积元 dv,得

$$\mathrm{div}\rho\boldsymbol{u} = -\frac{\partial\rho}{\partial t} \tag{5.15}$$

如果液体是不可压缩的,ρ 与时间及空间坐标无关,则

$$\mathrm{div}\boldsymbol{u} = 0 \tag{5.16}$$

麦克斯韦对法拉第阐述的力线和力管的概念印象非常深刻,立即在磁场线和不可压缩流体的流线之间做了类比(图 5.6)。磁通量密度 $\boldsymbol{B}$ 类似于流速 $\boldsymbol{u}$。例如,如果力管或流线发散,则流速降低;与此一样,磁场线发散,则磁场强度降低。这表明,磁场具有特性

$$\mathrm{div}\boldsymbol{B} = 0 \tag{5.17}$$

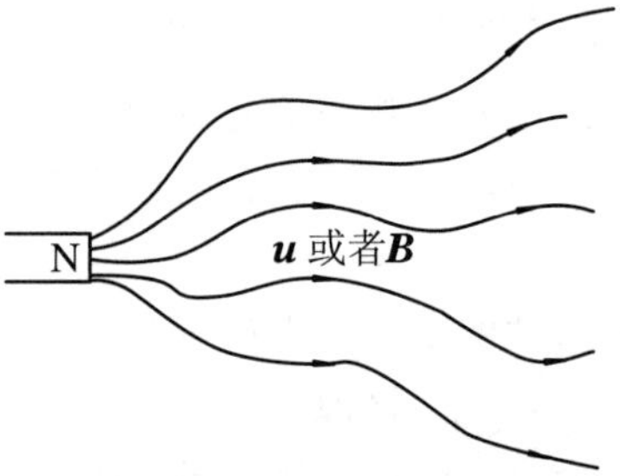

图 5.6　磁力线和不可压缩流体流线之间的类比

在 1856 年的论文中,麦克斯韦认为 $\boldsymbol{B}$ 和 $\boldsymbol{H}$ 之间有重要区别:$\boldsymbol{B}$ 与磁通量关联,称为磁感应;$\boldsymbol{H}$ 和力关联,称为磁场强度。磁通量密度 $\boldsymbol{B}$ 是矢量场的通量密度,这和流速 $\boldsymbol{u}$ 与不可压缩流体的通量密度相关联一样;磁场强度 $\boldsymbol{H}$ 与作用在单位磁极上的力相关联。

论文《论法拉第力线》的重大成就,是把当时已知的所有电磁现象之间的关系写为由 6 个定律构成的一个集合。这种用文字而不是用数学式给出的风格[11],非常类似法拉第的风格。让我们用现代方式重述原始的麦克斯韦方程组。*

1845 年,诺依曼(Franz Ernst Neumann)已经用数学形式明确写下了法拉第电磁感应定律,在一个闭合电路 C 中感生的电动势 ε 与磁通量 Φ 的变化速度成正比,即

$$\varepsilon = -\frac{\mathrm{d}\Phi}{\mathrm{d}t} \tag{5.18}$$

式中,$\Phi = \int_S \boldsymbol{B}\cdot\mathrm{d}\boldsymbol{S}$ 是通过以电路 C 为边界的任意曲面 $\boldsymbol{S}$ 的总磁通量。这可以写成

* 1880 年,亥维赛德(Oliver Heaviside)(1850～1925)和赫兹(1857～1894)几乎同时首次导出了现代形式的麦克斯韦方程组[12]。

$$\oint_C \boldsymbol{E} \cdot \mathrm{d}\boldsymbol{s} = -\frac{\mathrm{d}}{\mathrm{d}t}\int_S \boldsymbol{B} \cdot \mathrm{d}\boldsymbol{S} \tag{5.19}$$

式中，$\boldsymbol{E}$ 是电场强度。左边是一个环路积分，定义在电路中感生的电动势，右边含有 Φ 的定义。现在，在式(5.19)左边应用斯托克斯定理[式(A5.2)]，得

$$\int_S \mathrm{curl}\boldsymbol{E} \cdot \mathrm{d}\boldsymbol{S} = -\frac{\mathrm{d}}{\mathrm{d}t}\int_S \boldsymbol{B} \cdot \mathrm{d}\boldsymbol{S} \tag{5.20}$$

把这一结果应用到面元 $\mathrm{d}\boldsymbol{S}$，我们得到

$$\mathrm{curl}\boldsymbol{E} = -\frac{\partial \boldsymbol{B}}{\partial t} \tag{5.21}$$

下一步，麦克斯韦以矢量形式改写了磁场与产生磁场的电流之间的关系，即安培环路定理：

$$\oint_C \boldsymbol{H} \cdot \mathrm{d}\boldsymbol{s} = I_{包围} \tag{5.22}$$

式中，$I_{包围}$ 是穿过环路 C 所包围的曲面的电流。因此

$$\oint_C \boldsymbol{H} \cdot \mathrm{d}\boldsymbol{s} = \int_S \boldsymbol{J} \cdot \mathrm{d}\boldsymbol{S} \tag{5.23}$$

$\boldsymbol{J}$ 是电流密度。把斯托克斯定理应用到式(5.23)，得

$$\int_S \mathrm{curl}\boldsymbol{H} \cdot \mathrm{d}\boldsymbol{S} = \int_S \boldsymbol{J} \cdot \mathrm{d}\boldsymbol{S} \tag{5.24}$$

因此对面元 $\mathrm{d}\boldsymbol{S}$，我们得到

$$\mathrm{curl}\boldsymbol{H} = \boldsymbol{J} \tag{5.25}$$

我们已经讲过麦克斯韦在导出 $\mathrm{div}\boldsymbol{B} = 0$ 时的推理。用同一方式，他得出结论：在没有电荷的自由空间中，$\mathrm{div}\boldsymbol{E} = 0$。然而，他知道，由泊松静电势方程(5.5)知，在有电荷密度分布 ρ_e 时，这个方程必须写成

$$\mathrm{div}\boldsymbol{E} = \frac{\rho_e}{\varepsilon_0} \tag{5.26}$$

把这种原始的不完整的麦克斯韦方程组汇集在一起就是

$$\begin{aligned} \mathrm{curl}\boldsymbol{E} &= -\frac{\partial \boldsymbol{B}}{\partial t} \\ \mathrm{curl}\boldsymbol{H} &= \boldsymbol{J} \\ \mathrm{div}\varepsilon_0\boldsymbol{E} &= \rho_e \\ \mathrm{div}\boldsymbol{B} &= 0 \end{aligned} \tag{5.27}$$

该文获得的最后一个成果是正式引入现在称为矢量势 $\boldsymbol{A}$ 的量。诺依曼、韦伯(Wilhelm Eduard Weber)(1804～1891)和基尔霍夫(1824～1887)为计算感应电流已引入过这一矢量，其定义是

$$\boldsymbol{B} = \mathrm{curl}\boldsymbol{A} \tag{5.28}$$

这个定义显然与式(5.17)一致，因为 $\mathrm{div}\,\mathrm{curl}\boldsymbol{A} = 0$。麦克斯韦进了一步，他证明感应电场 $\boldsymbol{E}$ 与 $\boldsymbol{A}$ 有关。把定义式(5.28)代入式(5.21)，我们得到

$$\text{curl}\boldsymbol{E} = -\frac{\partial}{\partial t}\text{curl}\boldsymbol{A} \tag{5.29}$$

在等式右边，交换时间导数和空间导数的次序，得到

$$\boldsymbol{E} = -\frac{\partial \boldsymbol{A}}{\partial t} \tag{5.30}$$

5.3.2 《论物理力线》(1861～1862)

上述分析得到了形式连贯的理论，但麦克斯韦还缺少电磁现象的物理模型。1861～1862年，他有了解决这一问题的想法。这些标新立异的思想发表在《论物理力线》一系列论文中[13]。从认为 $\boldsymbol{B}$ 和 $\boldsymbol{u}$ 类似的早期工作开始，麦克斯韦越来越确信，磁性在本质上是旋转性。他的目标是对填充所有空间的介质想出一个能解释应力的模型，“以太(aether)”是设想的光的传播介质，法拉第又已把应力和磁力线联系在一起。换句话说，麦克斯韦的目标是要建立一个以太的力学模型。西格尔(David Sigel)所著的《麦克斯韦电磁理论中的新事物》[14]一书详细分析了这些文献，生动揭示了麦克斯韦的丰富想象，绘图展示了电磁学现象和力学现象之间的物理类比。

这一模型的基础是转动的涡管(vortex tube)和磁通量管的类比。类比来自以下考虑：如果旋转的离心力不被平衡，涡管会向外扩张，与此类似，若对磁场线不做任何限制，它们将会向外扩张。涡旋(vortice)的旋转动能可以写为

$$\int_v \rho u^2 \mathrm{d}v \tag{5.31}$$

式中，ρ 是流体的密度，u 是其旋转速度。这个表达式在形式上等同于磁场含有的能量的表达式 $\int_v [B^2/(2\mu_0)]\mathrm{d}v$。再者，$\boldsymbol{u}$ 是 $\boldsymbol{B}$ 的类似——涡管的旋转速度越大，与磁场越强对应。麦克斯韦假定，各个地方的局部磁通量密度正比于涡管的角速度，角动量矢量 $\boldsymbol{L}$ 平行于涡旋的轴，因此平行于磁通量密度矢量 $\boldsymbol{B}$。

这样，在麦克斯韦开始使用的模型中，所有的空间都充满了涡管[图5.7(a)]。

但是马上有一个力学问题：相邻涡管之间的摩擦会导致其破坏、瓦解。麦克斯韦采用在涡管间插入惰轮(idle wheels)或滚珠轴承(ball-bearings)的实际工程解决方法，使涡管都可以无摩擦地在同一方向旋转[图5.7(b)]。他发表的涡旋图片由旋转六角形阵列表示，如图5.8所示。然后，他把惰轮与带电粒子等同：如果惰轮自由运动，应当像在导体中一样有电流。在绝缘体以及自由空间中，由于涡管的分布情况特殊，惰轮无法自由运动，所以无法携带电流。这种类比的工作方法，如果造成“不适的感觉，甚至是不信任”这种极端情况，那么一点也不奇怪。庞加莱就曾提到，他第一次阅读麦克斯韦的著作时，感觉就是这样(参见1.5.1小节)。

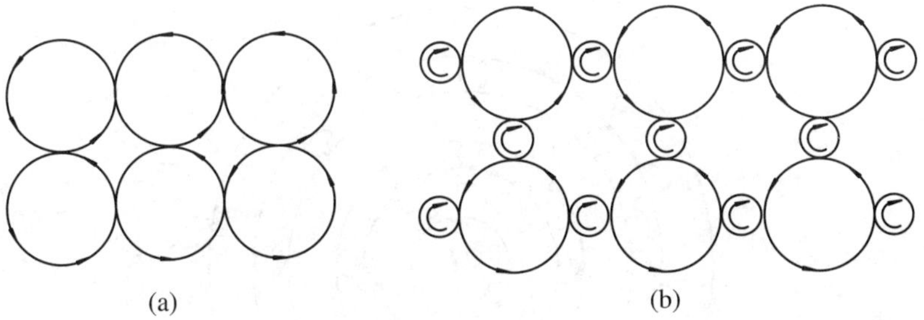

图5.7　(a)麦克斯韦用于代表磁场的原始涡旋模型:在涡旋接触点的摩擦,会导致涡管的旋转能量耗散;(b)麦克斯韦的具有惰轮或滚珠轴承的模型能防止涡旋散失旋转能量,如果这些惰轮能自由运动,它们就等同于导体中的携带电流的粒子

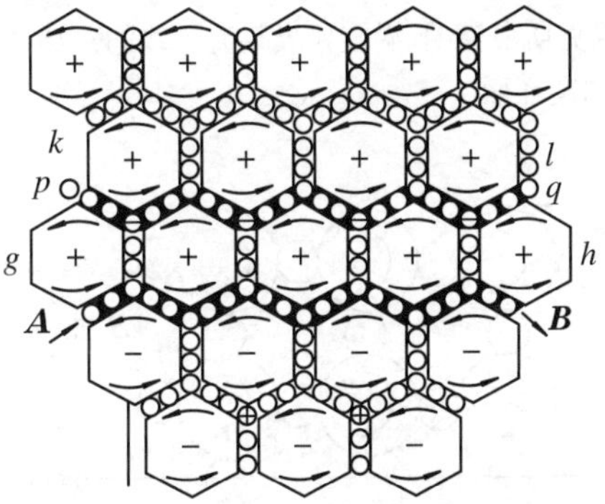

图5.8　麦克斯韦的图片,显示涡管(由六边形表示)和载流粒子的动态相互作用(引自 Phil. Mag,1861. Series 4,Vol. 21,Plate V,Fig. 2);粒子流沿阴影路径向右流动,如从 A 到 B;它们的运动使上一排(涡管)逆时针旋转,下一排(惰轮)顺时针旋转

值得注意的是,用以太(由涡管和惰轮构成)的力学模型能说明所有已知的电磁学现象。例如,考虑流过导线的电流所产生的磁场。如图5.9所示,围绕导线有无限多个涡环(vortex ring)的系列,电流使涡环旋转。正是这样,磁场线形成围绕导线的圆形闭合回路。另一个例子是两个区域之间的界面处,两个区域的磁通量密度不同但彼此平行。在强场区域,涡环以更大的角速度旋转。因此在界面处,带电粒子必定受到一个净力,该力沿界面拖动带电粒子,引发电流,如图5.10所示。注意,在界面上,电流的方向与实验发现的方向一致。

作为一个电磁感应的例子,考虑对图5.9的磁场中插入的第二根导线所产生的影响,如图5.11所示。如果第一根导线中的电流稳定,在第二根导线中将不会有电流。然而,如果第一根导线中的电流有变化,则会通过中间的惰轮和涡环,产生一个冲动使第二根导线中感生出反向电流。

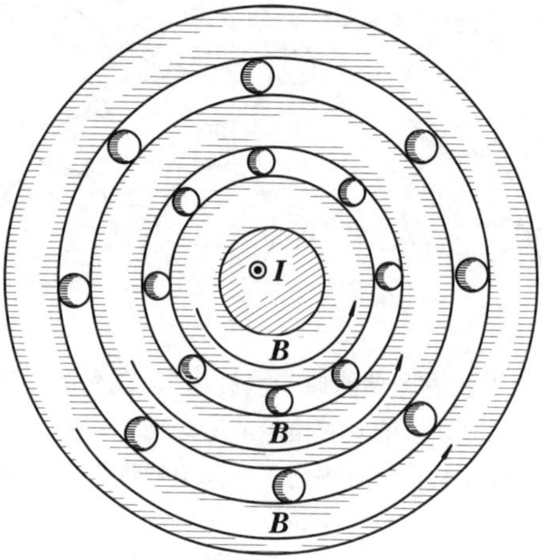

图 5.9　麦克斯韦模型:涡旋代表载流导线的磁场,它构成与导线轴同心的圆环面

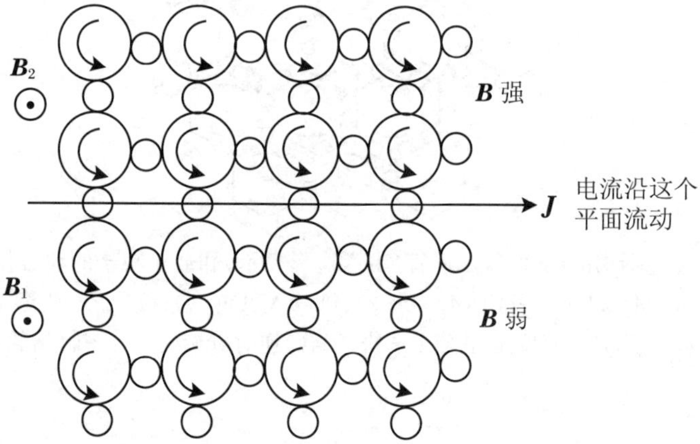

图 5.10　按麦克斯韦模型,界面上的磁通量密度不连续引起表面电流 J,载流粒子沿指示方向流动;因为摩擦,当上面的涡环被加速时,下面的涡环减速;按麦克斯韦方程组,B 的不连续性方向正确

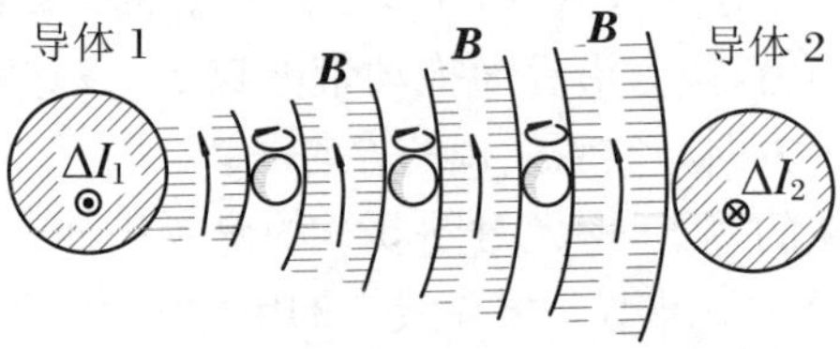

图 5.11　按麦克斯韦模型说明电磁感应现象

在《论物理力线》的最后一部分，他考虑绝缘体怎样贮存电能。他做出的合理假设是：在电场的作用下，绝缘体（或以太）中的惰轮或带电粒子可以离开它们的平衡位置。因此他认为介质中的静电能量是与带电粒子的位移相关联的弹性势能。据此立即可得到两个结果：首先，当作用于介质的电场改变时，绝缘介质或真空中的带电粒子（惰轮）的位置有微小变化，因而有与此粒子运动相关联的小电流。换句话说，有与带电粒子离开平衡位置的位移相关联的电流。其次，由于带电粒子受弹性约束，任何扰动都会导致波在介质中的传播。有了这些想法武装，接着，麦克斯韦进行了一个简单的计算，得到了这种扰动通过绝缘体或真空的传播速度。

在一个线性弹性介质中，带电粒子的位移与电场强度成正比：

$$\boldsymbol{r} = \alpha \boldsymbol{E} \tag{5.32}$$

当电场强度变化时，电荷移动，产生电流，正如以上解释的。麦克斯韦称它为位移电流。如果 n 是带电粒子的数密度，q 是每一个带电粒子的电荷，位移电流密度是

$$\boldsymbol{J}_{\mathrm{d}} = qn\dot{\boldsymbol{r}} = qn\alpha\dot{\boldsymbol{E}} = \beta\dot{\boldsymbol{E}} \tag{5.33}$$

式中，$\beta = qn\alpha$。麦克斯韦认为，应把位移电流密度包含在方程(5.25)中，现在应该有

$$\mathrm{curl}\boldsymbol{H} = \boldsymbol{J} + \boldsymbol{J}_{\mathrm{d}} = \boldsymbol{J} + \beta\dot{\boldsymbol{E}} \tag{5.34}$$

在这一阶段，α 和 β 是未知常量，由介质的已知电磁性质确定。

首先，让我们求扰动通过介质的传播速度。假设没有真实的电流，$\boldsymbol{J} = \boldsymbol{0}$，把式(5.21)和式(5.34)写在一起，有

$$\begin{aligned} \mathrm{curl}\boldsymbol{E} &= -\dot{\boldsymbol{B}} \\ \mathrm{curl}\boldsymbol{H} &= \beta\dot{\boldsymbol{E}} \end{aligned} \tag{5.35}^{*}$$

电磁波的色散关系，即波矢 $\boldsymbol{k}$ 和角频率 ω 之间的关系，可以用标准程序求得。我们寻求形式为 $\mathrm{e}^{\mathrm{i}(\boldsymbol{k}\cdot\boldsymbol{r}-\omega t)}$ 的平面波解，并规定按如下规则，用矢量积及标量取代相应的算子：

$$\begin{aligned} \mathrm{curl} &\rightarrow \mathrm{i}\boldsymbol{k}\times \\ \partial/\partial t &\rightarrow -\mathrm{i}\omega \end{aligned}$$

（见附录 A5.6 节）。这样，方程(5.35)约化为

$$\begin{aligned} \mathrm{i}(\boldsymbol{k}\times\boldsymbol{E}) &= \mathrm{i}\omega\boldsymbol{B} \\ \mathrm{i}(\boldsymbol{k}\times\boldsymbol{H}) &= -\mathrm{i}\omega\beta\boldsymbol{E} \end{aligned} \tag{5.36}$$

式(5.36)没有 $\boldsymbol{k}$ 平行于 $\boldsymbol{H}$ 及 $\boldsymbol{E}$ 的解，即没有纵波。因为如果有的话，式(5.36)的

* 译者注：对于真空电磁场，利用公式 $\nabla\times(\nabla\times\boldsymbol{E}) = \nabla(\nabla\cdot\boldsymbol{E}) - \nabla^2\boldsymbol{E}$，由式(5.35)立即可得 $\nabla^2\boldsymbol{E} - \mu_0\varepsilon_0\ddot{\boldsymbol{E}} = \boldsymbol{0}$。这是一个波动方程，波速 $c = (\mu_0\varepsilon_0)^{-1/2}$。这样，式(5.35)表明，引入“位移电流”的一个直接结果是：变化的磁场感生电场（感生电动势）加上变化的电场（位移电流）感生磁场，这种交互感应导致了电磁扰动在空间的传播，导致了感生电磁波。

左边是0,即 $\boldsymbol{k}\times\boldsymbol{E}=\boldsymbol{0},\boldsymbol{k}\times\boldsymbol{H}=\boldsymbol{0}$。然而,式(5.36)有横波解存在,对于它,矢量 $\boldsymbol{E}$ 和 $\boldsymbol{H}$ 彼此垂直,并与波的传播方向垂直,即 $\boldsymbol{k}\cdot\boldsymbol{H}=0$,这些代表平面横波。在方程(5.36)中消除 $\boldsymbol{E}$,得

$$\boldsymbol{k}\times(\boldsymbol{k}\times\boldsymbol{H}) = -\omega^2\beta\mu\mu_0\boldsymbol{H} \tag{5.37}$$

式中,我们使用了线性本构关系 $\boldsymbol{B}=\mu\mu_0\boldsymbol{H}$,$\mu$ 是介质的(相对)磁导率。利用矢量关系

$$\boldsymbol{A}\times(\boldsymbol{B}\times\boldsymbol{C}) = \boldsymbol{B}(\boldsymbol{A}\cdot\boldsymbol{C}) - \boldsymbol{C}(\boldsymbol{A}\cdot\boldsymbol{B})$$

由式(5.37),我们得到

$$\boldsymbol{k}(\boldsymbol{k}\cdot\boldsymbol{H}) - \boldsymbol{H}(\boldsymbol{k}\cdot\boldsymbol{k}) = -\omega^2\beta\mu\mu_0\boldsymbol{H} \tag{5.38}$$

由式(5.38)知,波的色散关系是 $k^2=\omega^2\beta\mu\mu_0$。由于波的传播速度是 $c=\omega/k$,我们求得

$$c^2 = 1/(\beta\mu\mu_0) \tag{5.39}$$

注意:由于 k 和 ω 成正比,相速度 c_{p} 和波包的群速度 $c_{\mathrm{g}}=\mathrm{d}\omega/\mathrm{d}k$ 两者具有相同的值 c。c 由式(5.39)给出。

现在,麦克斯韦知道如何求常量 β。存储在电介质中的能量密度是带电粒子移动距离 r 时电场在单位体积内做的功,即

$$功 = \int \boldsymbol{f}\cdot\mathrm{d}\boldsymbol{r} = \int nq\boldsymbol{E}\cdot\mathrm{d}\boldsymbol{r} \tag{5.40}$$

但是

$$\boldsymbol{r} = \alpha\boldsymbol{E} \tag{5.41}$$

$$\mathrm{d}\boldsymbol{r} = \alpha\mathrm{d}\boldsymbol{E} \tag{5.42}$$

因此所做的功是

$$\int_0^E nq\alpha\boldsymbol{E}\cdot\mathrm{d}\boldsymbol{E} = \frac{1}{2}\alpha nq|\boldsymbol{E}|^2 = \frac{1}{2}\beta|\boldsymbol{E}|^2 \tag{5.43}$$

这个功等于介质中的静电能量密度 $\frac{1}{2}\boldsymbol{D}\cdot\boldsymbol{E}=\frac{1}{2}\varepsilon\varepsilon_0|\boldsymbol{E}|^2$,式中,$\varepsilon$ 是介质的(相对)介电常量,因此 $\beta=\varepsilon\varepsilon_0$。将其代入式(5.39),我们求得电磁波的速度为

$$c = (\mu\mu_0\varepsilon\varepsilon_0)^{-1/2} \tag{5.44}$$

注意,即使在真空($\mu=1,\varepsilon=1$)中,波的传播速度也是有限的:$c=(\mu_0\varepsilon_0)^{-1/2}$。麦克斯韦用韦伯和科尔劳施(Kohlrausch)得到的 $\mu_0\varepsilon_0$ 的实验值计算波的传播速度 c,他惊奇地发现,c 几乎完全和光的速度一样:他在1861年写给法拉第和汤姆孙的信件中指出,两者数值的差别约在1%以内。按麦克斯韦自己的话,他强调:

> 由科尔劳施和韦伯的电磁实验值,我们计算出的在假想介质内的横向扰动的传播速度,与由斐索(Fizeau)(1819~1896)的光学实验得到的光速完全相同。我们几乎只能并无可避免地推断,光就是在产生电磁现象的介质中的横向扰动。[15]

这一著名的计算表明光与电磁现象具有统一性。

从真空电磁场的一个特定的力学模型，得到这样一个纯金般的结果，人们不禁想弄清楚，但这也不能有所帮助。麦克斯韦相当清楚该模型的意义：

> 将粒子运动与一个和他有理想滚动接触的涡旋的运动相联系，可能显得有些尴尬。我不把它看作是在自然界中存在的一种关联模式……然而，它是一种在力学上可以想象的关联模式，它服务于阐明已知的电磁现象之间的实际的力学联系。[16]

麦克斯韦很清楚理论的“尴尬”，认为这个模型只是一个“临时借用的假说”[17]。因此他在一个更抽象的基础上改写了理论，放弃了关于传播电磁现象的介质的性质的任何特定的假设。1865 年，他进一步发表了经典论文，题为“电磁场的动力学理论”[18]。引用惠特克（Whittaker）的话：“在这篇文章中，在撤除了先前竖立起的体系结构的脚手架后，他展示了这个体系结构。”[19]

在《电磁场的动力学理论》中，最后出现的方程组由 8 个电磁场的普遍方程构成。埃维里特（Everitt）在给他的一位堂兄凯（Charles Cay）的信中称：“这是推出繁荣的罕见时刻。”它揭示了麦克斯韦自己对该文意义的看法：

> 我还有一篇在传阅中的关于光的电磁理论的论文，直到我确信事情相反，我坚持认为它是非常成功的。[20]

在现代矢量形式下，麦克斯韦方程组为

$$
\begin{aligned}
\mathrm{curl}\boldsymbol{E} &= -\frac{\partial \boldsymbol{B}}{\partial t} \\
\mathrm{curl}\boldsymbol{H} &= \boldsymbol{J} + \frac{\partial \boldsymbol{D}}{\partial t} \\
\mathrm{div}\boldsymbol{D} &= \rho_e \\
\mathrm{div}\boldsymbol{B} &= 0
\end{aligned}
\tag{5.45}
$$

注意：引入仍然称为位移电流的项 $\partial \boldsymbol{D}/\partial t$，解决了现代电磁学中的连续性方程的问题。取式(5.45)中第二个方程的散度。因为对任何矢量，算子 div curl 给出的值为零，所以有

$$\mathrm{div}\ \mathrm{curl}\boldsymbol{H} = \mathrm{div}\boldsymbol{J} + \frac{\partial}{\partial t}(\mathrm{div}\boldsymbol{D}) = 0 \tag{5.46}$$

由 $\mathrm{div}\boldsymbol{D} = \rho_e$，我们得到

$$\mathrm{div}\boldsymbol{J} + \frac{\partial \rho_e}{\partial t} = 0 \tag{5.47}$$

这是电荷守恒的连续性方程（见 6.2 节）。没有位移电流项，连续性方程将毫无意义，原始方程组(5.27)将不自洽。

5.4 赫兹与电磁波的发现

确定光与电磁辐射等同，令人欢欣鼓舞，它给光的波动理论提供了一个物理基础，据此可以顺利地解释反射、折射、偏振等现象。虽然我们现在知道光只是电磁辐射的一种形式，但在那时，这还不是很明确的。特别是，没有实验可以测量电磁扰动的传播速度。麦克斯韦知道的事实是，电磁现象传播速度的表达式(5.44)给理论提供了一个关键性检验。在麦克斯韦那个时代的语言中，电磁波的传播速度取决于静电学及静磁学或电磁学绝对单位的比值。由式(5.1)和式(5.2)或式(5.9)知，在SI单位制中，这两个比值分别是$1/(4\pi\varepsilon_0)$和$\mu_0/(4\pi)$；它们二者的比值$v=1/(\varepsilon_0\mu_0)$是光速的平方。1862年，傅科(J. Foucault)得到了一个光速的改进值298 000 km・s^{-1}，它比310 000 km・s^{-1}低4%。后者是由实验确定的v值推断出来的光速。麦克斯韦指出，在他的1865年的论文中，没有评论前一个值。麦克斯韦以顽强的独创性努力提高v的实验值的准确度。1868年，他获得了v的一个新值，方法是用两个有相反电荷的盘子间的静电吸引力，对抗、平衡两个载流线圈之间的电磁排斥力。由此得到的v的估计值所给出的光速是288 000 km・s^{-1}，比傅科的测量值小4%。不久之后，在格拉斯哥(Glasgow)的汤姆孙实验室工作的M'kichan取得了v的一个更好的估计值，获得的光速值为293 000 km・s^{-1}，和傅科的光速值有2%之内的差异。1871年，麦克斯韦出任剑桥卡文迪许物理实验室主任，当务之急仍然是精确测量静电学和电磁学的基本单位，他的继任者斯特拉特(John William Strutt)即瑞利勋爵(Lard Rayleigh)坚持做这一项工作。

麦克斯韦于1879年去世，在他临死之前，实验上获得了存在电磁波的直接证据。在他去世后10年，在赫兹的一系列经典实验中，存在电磁波这件事终于得到确认。在麦克斯韦去世之后近30年，才确认了光是电磁辐射。赫兹的专著《电波》[21]是非常漂亮的实验文集，我强烈建议读者阅读收录在该专著内的电磁学论文。

赫兹发现，在距他的装置相当远的地方，可探测到电磁感应的作用。他用过的发射器和探测器的类型实例如图5.12所示。当把感应线圈产生的高电压加在两个相邻的大球之上而产生火花时，产生电磁辐射。信号是由一对较小的球体组成的偶极子天线发出的，每一个小球都与一根长直导线连接，这些导线构成偶极子发射器。检测辐射场的方法是：观察在一个狭窄间隙中产生的火花，火花间隙连接在类似于发射装置的偶极子天线的两端。在一些实验中，探测器不具有偶极子形态，而是与小球相连的环路或方形天线。

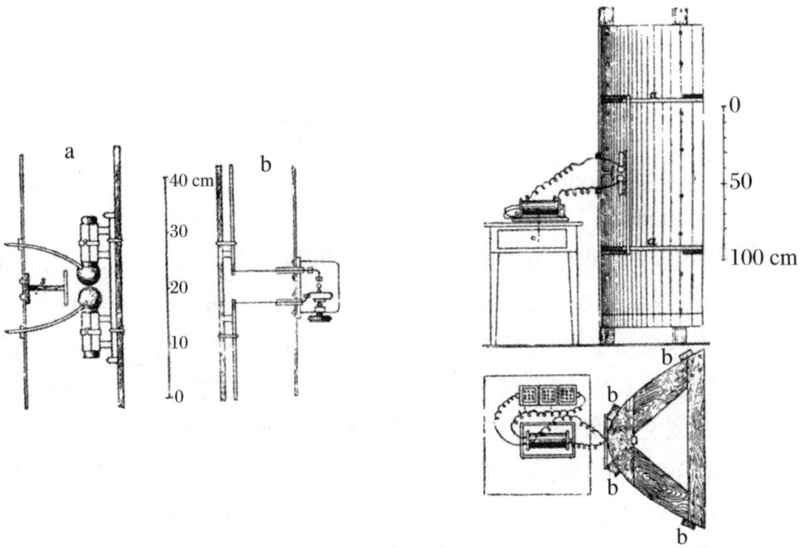

图 5.12　产生和检测电磁辐射的赫兹装置:发射器 a 在球形导体构成的放电器中产生电磁辐射;探测器 b 由一个类似的装置构成,探测器的两个爪尽可能靠近放置,以得到最大灵敏度。发射器放置在一个圆柱抛物反射面的焦点,以产生定向辐射光束(引自 Hertz H. 1893. Electric Waves. London:MacMillan and Co.:183,184)

经过大量的实验与失败,赫兹能够制造波长比较短的波。他做实验时,选用不同尺寸的天线,寻找与发射器和探测器的共振频率相匹配且能有强烈共振的特别装置。他得到的共振圆频率是 $\omega=(LC)^{-1/2}$(L 是偶极子的电感,C 是电容)。他测量辐射波长时,在到火花间隙发射器有一定距离的地方放置一个反射片,使沿发射器和反射片之间的连线上产生驻波。通过测量观察到的最小信号的位置,能够得到共振波的波长 λ:波长 λ 是两个相邻的极小信号位置之间的距离的两倍。波的频率 $\nu=\omega/(2\pi)$。由关系式 $c=\lambda\nu$ 可得到波速 c。赫兹测得电磁辐射的传播速度与自由空间中的光速几乎完全相同。

赫兹在测得电磁辐射的传播速度与自由空间中的光速几乎完全相同后,为了证明电磁波和光波在所有方面的行为完全一样,又做了一系列实验。他在这一研究课题上的重要论文是《直线传播、偏振、反射、折射》。一些实验具有独特的制作技巧。为了证明折射,他用像沥青的所谓硬树脂材料制造的棱镜重 12 英担(约 0.6 t)。实验令人信服地证明存在频率大约为 1 GHz 和波长为 30 cm 的电磁波,并且在上述各方面的表现完全和光一样。注意,赫兹找到了产生频率高达 1 GHz 或波长长到不适合在他的实验室测量的电磁辐射的方法。这些重要的实验结果是麦克斯韦方程组有效性的确凿证据。

5.5 反　思

人类认识电磁现象的过程十分复杂，上述的故事仅仅是这一过程的“精简版本”。从哈曼的重要著作《麦克斯韦的自然哲学》[6]和布赫瓦尔德（Jed Buchwald）的杰出著作《从麦克斯韦到微观物理：19 世纪最后 25 年的电磁理论的状况》[22]，可以获得什么才是真正参与了这一过程的生动印象。科学界经过了漫长、曲折的过程才普遍接受麦克斯韦的深刻见解。麦克斯韦对他自己的贡献非常谦虚。正如戴森（Freeman Dyson）指出的，1870 年，当麦克斯韦任英国科学促进协会的数学物理科学部主任时，他的就职演讲原本可以是促进他有新想法的一个大好机会，但他只是即兴地提到“我喜欢另一种电学理论”，几乎没有提到他最近的电磁学工作，甚至没有提及他自己。正如戴森认为的：“这个故事的寓意是，谦虚并不总是美德。”[23]

但问题有更深层的含意。麦克斯韦的理论不仅是复杂的，而且发现电磁场方程还要求 19 世纪末的物理学家的视角有重大转变。关于这一点，值得引用戴森的进一步论述：

> 为什么他的理论很难理解？除了麦克斯韦的谦虚，还有其他的原因。麦克斯韦用延伸到整个空间的和有形物体只有局部相互作用的场的宇宙取代了牛顿的彼此有超距、有相互作用的有形物体的宇宙。因为场是无形的，场的概念很难把握。那时候的科学家，包括麦克斯韦自己，试着把场想象为是由延伸在整个空间的众多的小惰轮和涡环组成的机械结构。认为这些结构携带有机械应力，它们在电荷以及电流之间传递电场和磁场。为了能够使场满足麦克斯韦方程组，惰轮和涡环系统必须非常复杂。如果试着想象具有这一力学模型的麦克斯韦理论，它看起来像一个倒退到行星在天空中的本轮轨道上运行的托勒密天文学，而不像优雅的牛顿天文学。[23]

上帝对麦克斯韦是公平的，虽然在他 1865 年的伟大论文中，已经没有涡环和惰轮，但他的基本推理无疑是力学的。麦克斯韦得到电磁场方程的路线，就我所知，在理论物理中是构建模型的极端例子。然而，他通过建立模型的类比技术最终获得了一个方程组，其中含有按照场而不是力学和动力学的经典定律对物理现象的本质的描述。这具有深远的影响。这里，我们再次引用戴森的看法：

> 只有当你放弃按力学模型思考时，麦克斯韦的理论才变得简单和清晰。不能把机械物体作为原初的而把电磁应力作为次生的结果来思考，你必须认为电磁场是原初的，机械力是次生的。宇宙的主要成分是场这

个概念,不是麦克斯韦同时代的物理学家能轻易理解的。场是一个抽象的概念,远离我们熟悉的事物和力的世界。麦克斯韦的场方程组是偏微分方程组。牛顿运动定律能用简单的话语表述,即力等于质量乘以加速度;而麦克斯韦方程组则不能。麦克斯韦的理论必须等待下一代物理学家(如赫兹、洛伦兹、爱因斯坦等人)揭示其力量和澄清其概念。下一代通过麦克斯韦方程组成长起来,并熟悉由场构建的宇宙。对于爱因斯坦,场的原初性是自然的,正如对于麦克斯韦,机械结构的原初性一直是自然的那样。[23]

1880年代,亥维赛和赫兹把麦克斯韦方程组约化为所有物理学家熟悉的形式简单的方程(5.45)。它们拥有漂亮的基本对称性和简单性,可以解释经典电动力学的所有现象。它们的优雅和力量是下一章的主题。

5.6 参考文献

[1] Thomas J M. 1991. Michael Faraday and the Royal Institution: the Genius of Man and Place. Bristol: Adam Hilger, IoP Publications.

[2] Harman P M. 1998. The Natural Philosophy of James Clerk Maxwell. Cambridge: Cambridge University Press: 74.

[3] Maxwell J C. 1865//Niven W D. The Scientific Papers of J. Clerk Maxwell in Two Volumes: Vol. 1. 1890. Cambridge: Cambridge University Press: 466. (Reprinted in 1965. New York: Dover Publications)

[4] Maxwell J C. 1873. Treatise on Electricity and Magnetism: Vol. 1. Oxford: Clarendon Press: ix. (Reprint of third edition. 1998. Oxford classics series)

[5] Harman P M. 1990. The Scientific Letters and Paper of James Clerk Maxwell: Vol. 1. Cambridge: Cambridge University Press: 9.

[6] Harman P M. 1998. The Natural Philosophy of James Clerk Maxwell. Cambridge: Cambridge University Press.

[7] Harman P M. 1990. Op. Cit.: 381.

[8] Maxwell J C. 1856 //Tait P G. Scientific Papers: Vol. 1: 155-229.

[9] Maxwell J C. 1873. Op. Cit.: viii.

[10] Maxwell J C. 1870//Gibbs J W. Scientific Papers: Vol. 2: 257-266.

[11] Maxwell J C. 1856//Tait P G. Scientific Papers: Vol. 1: 206, 207.

[12] Hunt B J, Mulligan J F. The Maxwellians: 119 – 128. Ithaca and London: Cornell University Press. Also Nahin P J. 1988. Oliver Heaviside: Sage in Solitude. New York: IEEE Press.
[13] Maxwell J C. 1861 – 1862//Tait P G. Scientific Papers: Vol. 1: 459 – 512.
[14] Siegel D M. 1991. Innovation in Maxwell's Electromagnetic Theory: Molecular Vortices, Displacement Current, and Light. Cambridge: Cambridge University Press.
[15] Maxwell J C. 1861 – 1862//Tait P G. Scientific Papers: Vol. 1: 500.
[16] Maxwell J C. 1861 – 1862//Tait P G. Scientific Papers: Vol. 1: 486.
[17] Harman P M. 1998. Op. Cit.: 113.
[18] Maxwell J C. 1865//Tait P G. Scientific Papers: Vol. 1: 459 – 512.
[19] Whittaker E. 1951. A History of the Theories of Aether and Electricity. London: Thomas Nelson and Sons: 255.
[20] Campbell L, Garnett W. 1882. The Life of James Clerk Maxwell. London: MacMillan: 342. Also Harman P M. 1995. The Scientific Letters and Papers of James Clerk Maxwell: Vol. 2. Cambridge: Cambridge University Press: 203.
[21] Hertz H. 1893. Electric Waves. London: MacMillan. (Reprinted in 1962. New York: Dover Publications Inc.)
[22] Buchwald J Z. 1985. From Maxwell to Microphysics: Aspects of Electromagnetic Theory in the Last Quarter of the Nineteenth Century. Chicago: Chicago University Press.
[23] Dyson F. 1999. James Clerk Maxwell Commemorative Booklet. Edinburgh: James Clerk Maxwell Foundation.

第 5 章附录　有用的矢量场

本附录的目的是强化读者可能已经学过的矢量场知识，并收录一些在第 6 章中会用到的有益结果。

A5.1　散度定理和斯托克斯定理

电磁场规律的表达式有两种形式：一是遍及有限空间体积积分的“大尺度”形式；二是在特定点邻域内的场的性质的“小尺度”形式。这些定理的重要性是把这两种形式的表达式连接在了一起。由第一种形式可导出积分方程，由第二种形式可导出微分方程。把这两种形式连接在一起的基本定理如下：

(1) 散度定理：

$$\underbrace{\int_S \boldsymbol{A}\cdot \mathrm{d}\boldsymbol{S}}_{\text{大尺度}} = \int_v \underbrace{\mathrm{div}\boldsymbol{A}}_{\text{小尺度}}\mathrm{d}v \tag{A5.1}$$

$\mathrm{d}\boldsymbol{S}$ 是包围着体积 v 的曲面 S 上的面元。矢量 $\mathrm{d}\boldsymbol{S}$ 的方向始终是垂直于面元 $\mathrm{d}\boldsymbol{S}$ 并指向体积之外的。

(2) 斯托克斯定理：

$$\underbrace{\oint_C \boldsymbol{A}\cdot \mathrm{d}\boldsymbol{l}}_{\text{大尺度}} = \int_S \underbrace{\mathrm{curl}\boldsymbol{A}}_{\text{小尺度}}\cdot \mathrm{d}\boldsymbol{S} \tag{A5.2}$$

式中，C 是一条封闭曲线，等式左边的积分沿此曲线进行，S 是以环路 C 为边界的开放曲面，$\mathrm{d}\boldsymbol{S}$ 是面元，其正向按右手螺旋规则确定。注意，如果 $\boldsymbol{A}$ 是一个矢量力场，则 $\oint \boldsymbol{A}\cdot \mathrm{d}\boldsymbol{l}$ 是让粒子绕回路一圈需要做的外功的负值。

A5.2　散度定理的三个结果

命题1　取 $\boldsymbol{A}=f\mathrm{grad}g$，导出格林定理的两种形式：

$$\int_v [f\nabla^2 g + (\nabla f)\cdot(\nabla g)]\mathrm{d}v = \int_S f\nabla g\cdot \mathrm{d}\boldsymbol{S} \tag{A5.3}$$

$$\int_v (f\nabla^2 g - g\nabla^2 f)\mathrm{d}v = \int_S (f\nabla g - g\nabla f)\cdot \mathrm{d}\boldsymbol{S} \tag{A5.4}$$

推导　把 $A=f\mathrm{grad}g$ 代入散度定理(A5.1)：

$$\int_S f\nabla g\cdot \mathrm{d}\boldsymbol{S} = \int_v \mathrm{div}(f\nabla g)\mathrm{d}v$$

由$\nabla\cdot(a\boldsymbol{b}) = a\,\nabla\cdot\boldsymbol{b} + \nabla a\cdot\boldsymbol{b}$，可得

$$\int_S f\nabla g\cdot \mathrm{d}\boldsymbol{S} = \int_v (\nabla f\cdot\nabla g + f\nabla^2 g)\mathrm{d}v \tag{A5.5}$$

此式即式(A5.3)。对 $g\nabla f$ 做同样的分析，我们可得

$$\int_S g\nabla f\cdot \mathrm{d}\boldsymbol{S} = \int_v (\nabla f\cdot\nabla g + g\nabla^2 f)\mathrm{d}v \tag{A5.6}$$

现在，让式(A5.5)减去式(A5.6)，我们就获得第二个期望的结果：

$$\int_v (f\nabla^2 g - g\nabla^2 f)\mathrm{d}v = \int_S (f\nabla g - g\nabla f)\cdot \mathrm{d}\boldsymbol{S} \tag{A5.7}$$

如果函数之一是拉普拉斯方程$\nabla^2 f=0$的解，这一结果特别有用。

命题2　试证明：

$$\int_v \frac{\partial f}{\partial x_k}\mathrm{d}v = \int_S f\mathrm{d}S_k \tag{A5.8}$$

证明 取 $\boldsymbol{A}=f\boldsymbol{i}_k$，$f$ 是一个位置标量函数，$\boldsymbol{i}_k$ 是某一 $\boldsymbol{k}$ 方向上的单位矢量。代入散度定理，得

$$\int_S f\boldsymbol{i}_k \cdot \mathrm{d}\boldsymbol{S} = \int_v \mathrm{div} f\boldsymbol{i}_k \mathrm{d}v$$

右边的散度正好是 $\partial f/\partial x_k$，因此得

$$\int_S f\mathrm{d}S_k = \int_v \frac{\partial f}{\partial x_k}\mathrm{d}v$$

这是散度定理在 $\boldsymbol{i}_k$ 方向上的投影。

命题 3 试证明：

$$\int_v (\nabla\times \boldsymbol{A})\mathrm{d}v = \int_S (\mathrm{d}\boldsymbol{S}\times\boldsymbol{A}) \tag{A5.9}$$

证明 把式(A5.8)应用于矢量 $\boldsymbol{A}$ 的两个分量 A_y 和 A_x，有

$$\int_v \frac{\partial A_y}{\partial x}\mathrm{d}v = \int_S A_y\mathrm{d}S_x \tag{A5.10}$$

$$\int_v \frac{\partial A_x}{\partial y}\mathrm{d}v = \int_S A_x\mathrm{d}S_y \tag{A5.11}$$

式(A5.10)减去式(A5.11)，得

$$\int_v \left(\frac{\partial A_y}{\partial x} - \frac{\partial A_x}{\partial y}\right)\mathrm{d}v = \int_S (A_y\mathrm{d}S_x - A_x\mathrm{d}S_y)$$

还有关于 y,z 及 z,x 的两个对应方程，把三个方程结合在一起，就是矢量方程(A5.9)：

$$\int_v \mathrm{curl}\boldsymbol{A}\mathrm{d}v = \int_S (\mathrm{d}\boldsymbol{S}\times\boldsymbol{A})$$

A5.3 斯托克斯定理的另一种形式

命题 试证明：斯托克斯定理有另一种形式：

$$\int_C f\mathrm{d}\boldsymbol{l} = \int_S (\mathrm{d}\boldsymbol{S}\times \mathrm{grad}f) \tag{A5.12}$$

式中，f 是一个标量函数。

证明 让我们取 $\boldsymbol{A}=f\boldsymbol{i}_k$，$\boldsymbol{i}_k$ 是 $\boldsymbol{k}$ 方向上的单位矢量。斯托克斯定理

$$\int_C \boldsymbol{A}\cdot\mathrm{d}\boldsymbol{l} = \int_S \mathrm{curl}\boldsymbol{A}\cdot\mathrm{d}\boldsymbol{S}$$

变为

$$\boldsymbol{i}_k\cdot\int_C f\mathrm{d}\boldsymbol{l} = \int_S \mathrm{curl} f\boldsymbol{i}_k\cdot\mathrm{d}\boldsymbol{S}$$

取 $\boldsymbol{A}$ 是标量 f 和矢量 $\boldsymbol{g}$ 的乘积，即 $\boldsymbol{A}=f\boldsymbol{g}$，我们现在需要把 $\mathrm{curl}\boldsymbol{A}$ 展开：

$$\mathrm{curl} f\boldsymbol{g} = f\mathrm{curl}\boldsymbol{g} + (\mathrm{grad}f)\times\boldsymbol{g} \tag{A5.13}$$

在目前情况下，$\boldsymbol{g}$ 是单位矢量 $\boldsymbol{i}_k$，因此 $\mathrm{curl}\boldsymbol{i}_k=\boldsymbol{0}$。这样有

$$\boldsymbol{i}_k \cdot \int_C f\mathrm{d}\boldsymbol{l} = \int_S [(\mathrm{grad}f) \times \boldsymbol{i}_k] \cdot \mathrm{d}\boldsymbol{S} = \boldsymbol{i}_k \cdot \int_S \mathrm{d}\boldsymbol{S} \times \mathrm{grad}f$$

此即式(A5.12)。

A5.4　两个有特殊性质的矢量场

1. 无旋场或保守场

一个旋度 curl$\boldsymbol{A}=\boldsymbol{0}$ 的矢量场称为无旋场或保守场。更一般地说，如果一个矢量场满足下列条件之一(所有这些条件彼此等价)，它就是保守场：

(1) $\boldsymbol{A}$ 可以表示为 $\boldsymbol{A}=-\mathrm{grad}\varphi$，$\varphi$ 是位置的标量函数，即 φ 仅取决于空间坐标 x，y 和 z；

(2) curl$\boldsymbol{A}=\boldsymbol{0}$；

(3) 对一个闭合回路 C，$\int_C \boldsymbol{A}\cdot\mathrm{d}\boldsymbol{l}=0$；

(4) $\int_A^B \boldsymbol{A}\cdot\mathrm{d}\boldsymbol{l}$ 与从 A 到 B 的路径无关。

条件(2)、(3)显然等价，因为由斯托克斯定理，有

$$\int_C \boldsymbol{A}\cdot\mathrm{d}\boldsymbol{l} = \int_S \mathrm{curl}\boldsymbol{A}\cdot\mathrm{d}\boldsymbol{S} = 0$$

如果 $\boldsymbol{A}=-\mathrm{grad}\varphi$，则对任何 φ，curl$\boldsymbol{A}=\boldsymbol{0}$。最后，我们能写出

$$\int_A^B \boldsymbol{A}\cdot\mathrm{d}\boldsymbol{l} = -\int_A^B \mathrm{grad}\varphi\cdot\mathrm{d}\boldsymbol{l} = -(\varphi_B - \varphi_A)$$

这个积分与在 A 和 B 之间如何选择路径无关。最后这个性质成为该场取名为“保守场”的理由；如果 A 是一个力场，则力场的势等于使单位质量或电荷从场值为零的一个点移动到场内的一个点所需要做的功。

2. 螺旋场

一个使 div$\boldsymbol{A}=\nabla\cdot\boldsymbol{A}=0$ 的矢量场 $\boldsymbol{A}$，称为螺旋场。如果 $\boldsymbol{B}=\mathrm{curl}\boldsymbol{A}$，则 div$\boldsymbol{B}=0$。相反，如果 div$\boldsymbol{B}=0$，则 $\boldsymbol{B}$ 可以表示为一个矢量 $\boldsymbol{A}$ 的旋度。此外，我们还可以给 $\boldsymbol{A}$ 添加上一个任意的保守矢量场，当对 $\boldsymbol{A}$ 取旋度时，它总会消失。因此如果 $\boldsymbol{A}'=\boldsymbol{A}-\mathrm{grad}\varphi$，则总有

$$\boldsymbol{B} = \mathrm{curl}\boldsymbol{A}' = \mathrm{curl}\boldsymbol{A} - \mathrm{curl\ grad}\varphi = \mathrm{curl}\boldsymbol{A}$$

矢量分析中最有用的结果之一是恒等式：

$$\mathrm{curl\ curl}\boldsymbol{A} = \mathrm{grad\ div}\boldsymbol{A} - \nabla^2\boldsymbol{A}$$

也许如下形式更容易记住：

$$\nabla\times(\nabla\times\boldsymbol{A}) = \nabla(\nabla\cdot\boldsymbol{A}) - \nabla^2\boldsymbol{A} \tag{A5.14}$$

A5.5　四个矢量算子在三个坐标系中的表达式

矢量算子梯度 grad、散度 div、旋度 curl 及拉普拉斯算子 ∇^2 在笛卡儿直角坐标系、柱极坐标系和球极坐标系中的表达式都很有用。在标准书籍中都有，我们手头

应当有一张这种表。

1. 梯度 grad 的表达式

笛卡儿坐标系中：

$$\mathrm{grad}\Phi = \nabla\Phi = \boldsymbol{i}_x \frac{\partial \Phi}{\partial x} + \boldsymbol{i}_y \frac{\partial \Phi}{\partial y} + \boldsymbol{i}_z \frac{\partial \Phi}{\partial z}$$

柱极坐标系中：

$$\mathrm{grad}\Phi = \nabla\Phi = \boldsymbol{i}_r \frac{\partial \Phi}{\partial r} + \boldsymbol{i}_z \frac{\partial \Phi}{\partial z} + \boldsymbol{i}_\varphi \frac{\partial \Phi}{\partial \varphi}$$

球极坐标系中：

$$\mathrm{grad}\Phi = \nabla\Phi = \boldsymbol{i}_r \frac{\partial \Phi}{\partial r} + \boldsymbol{i}_\theta \frac{1}{r}\frac{\partial \Phi}{\partial \theta} + \boldsymbol{i}_\varphi \frac{1}{r\sin\theta}\frac{\partial \Phi}{\partial \varphi}$$

2. 散度 div 的表达式

笛卡儿坐标系中：

$$\mathrm{div}\boldsymbol{A} = \nabla\cdot\boldsymbol{A} = \frac{\partial A_x}{\partial x} + \frac{\partial A_y}{\partial y} + \frac{\partial A_z}{\partial z}$$

柱极坐标系中：

$$\mathrm{div}\boldsymbol{A} = \nabla\cdot\boldsymbol{A} = \frac{1}{r}\left[\frac{\partial}{\partial r}(rA_r) + \frac{\partial}{\partial z}(rA_z) + \frac{\partial}{\partial \varphi}(A_\varphi)\right]$$

球极坐标系中：

$$\mathrm{div}\boldsymbol{A} = \nabla\cdot\boldsymbol{A} = \frac{1}{r^2\sin\theta}\left[\frac{\partial}{\partial r}(r^2\sin\theta A_r) + \frac{\partial}{\partial \theta}(r\sin\theta A_\theta) + \frac{\partial}{\partial \varphi}(rA_\varphi)\right]$$

3. 旋度 curl 的表达式

笛卡儿坐标系中：

$$\mathrm{curl}\boldsymbol{A} = \nabla\times\boldsymbol{A} = \left(\frac{\partial A_y}{\partial z} - \frac{\partial A_z}{\partial y}\right)\boldsymbol{i}_x + \left(\frac{\partial A_z}{\partial x} - \frac{\partial A_x}{\partial z}\right)\boldsymbol{i}_y + \left(\frac{\partial A_x}{\partial y} - \frac{\partial A_y}{\partial x}\right)\boldsymbol{i}_z$$

柱极坐标系中：

$$\begin{aligned}\mathrm{curl}\boldsymbol{A} = \nabla\times\boldsymbol{A} = {} & \frac{1}{r}\left[\frac{\partial}{\partial z}(rA_\varphi) - \frac{\partial}{\partial \varphi}(A_z)\right]\boldsymbol{i}_r \\ & + \frac{1}{r}\left[\frac{\partial}{\partial \varphi}(A_r) - \frac{\partial}{\partial r}(rA_\varphi)\right]\boldsymbol{i}_z + \left[\frac{\partial}{\partial r}(A_z) - \frac{\partial}{\partial z}(A_r)\right]\boldsymbol{i}_\varphi\end{aligned}$$

球极坐标系中：

$$\begin{aligned}\mathrm{curl}\boldsymbol{A} = \nabla\times\boldsymbol{A} = {} & \frac{1}{r^2\sin\theta}\left[\frac{\partial}{\partial \theta}(r\sin\theta A_\varphi) - \frac{\partial}{\partial \varphi}(rA_\theta)\right]\boldsymbol{i}_r \\ & + \frac{1}{r\sin\theta}\left[\frac{\partial}{\partial \varphi}(A_r) - \frac{\partial}{\partial r}(r\sin\theta A_\varphi)\right]\boldsymbol{i}_\theta \\ & + \frac{1}{r}\left[\frac{\partial}{\partial r}(rA_\theta) - \frac{\partial}{\partial \theta}(A_r)\right]\boldsymbol{i}_\varphi\end{aligned}$$

4. 拉普拉斯算子∇^2的表达式

笛卡儿坐标系中：

$$\nabla^2 \Phi = \frac{\partial^2 \Phi}{\partial x^2} + \frac{\partial^2 \Phi}{\partial y^2} + \frac{\partial^2 \Phi}{\partial z^2}$$

柱极坐标系中：

$$\nabla^2 \Phi = \frac{1}{r}\frac{\partial}{\partial r}\left(r\frac{\partial \Phi}{\partial r}\right) + \frac{1}{r^2}\frac{\partial^2 \Phi}{\partial \varphi^2} + \frac{\partial^2 \Phi}{\partial z^2}$$

球极坐标系中：

$$\begin{aligned}\nabla^2 \Phi &= \frac{1}{r^2}\frac{\partial}{\partial r}\left(r^2\frac{\partial \Phi}{\partial r}\right) + \frac{1}{r^2\sin\theta}\frac{\partial}{\partial \theta}\left(\sin\theta\frac{\partial \Phi}{\partial \theta}\right) + \frac{1}{r^2\sin^2\theta}\frac{\partial^2 \Phi}{\partial \varphi^2}\\ &= \frac{1}{r}\frac{\partial^2}{\partial r^2}(r\Phi) + \frac{1}{r^2\sin\theta}\frac{\partial}{\partial \theta}\left(\sin\theta\frac{\partial \Phi}{\partial \theta}\right) + \frac{1}{r^2\sin^2\theta}\frac{\partial^2 \Phi}{\partial \varphi^2}\end{aligned}$$

A5.6　矢量算子和色散关系

在寻找波动方程(如麦克斯韦方程组)的平面波解时，利用关系：$\nabla \to \mathrm{i}\boldsymbol{k}$，$\partial/\partial t \to -\mathrm{i}\omega$ 往往能大大减轻工作量。如果把波的相因子写成 $\exp[\mathrm{i}(\boldsymbol{k}\cdot\boldsymbol{r}-\omega t)]$就能得到这种关系。在我们现在的证明中，还需要用到标量积 $\boldsymbol{k}\cdot\boldsymbol{r} = k_x x + k_y y + k_z z$。

$$\begin{aligned}&\nabla \mathrm{e}^{\mathrm{i}\boldsymbol{k}\cdot\boldsymbol{r}} = \operatorname{grad}\,\mathrm{e}^{\mathrm{i}\boldsymbol{k}\cdot\boldsymbol{r}} = \mathrm{i}\boldsymbol{k}\mathrm{e}^{\mathrm{i}\boldsymbol{k}\cdot\boldsymbol{r}}\\ &\nabla\cdot(\boldsymbol{A}\mathrm{e}^{\mathrm{i}\boldsymbol{k}\cdot\boldsymbol{r}}) = \operatorname{div}(\boldsymbol{A}\mathrm{e}^{\mathrm{i}\boldsymbol{k}\cdot\boldsymbol{r}}) = \mathrm{i}\boldsymbol{k}\cdot\boldsymbol{A}\mathrm{e}^{\mathrm{i}\boldsymbol{k}\cdot\boldsymbol{r}}\\ &\nabla\times(\boldsymbol{A}\mathrm{e}^{\mathrm{i}\boldsymbol{k}\cdot\boldsymbol{r}}) = \operatorname{curl}(\boldsymbol{A}\mathrm{e}^{\mathrm{i}\boldsymbol{k}\cdot\boldsymbol{r}}) = \mathrm{i}\boldsymbol{k}\times\boldsymbol{A}\mathrm{e}^{\mathrm{i}\boldsymbol{k}\cdot\boldsymbol{r}}\end{aligned}$$

其中，$\boldsymbol{A}$ 是一个恒定矢量。因此可以看出，变换$\nabla \to \mathrm{i}\boldsymbol{k}$ 完成了对波动解的矢量运算。以类似的方式，可以证明 $\partial/\partial t \to -\mathrm{i}\omega$。

1. 波动方程的色散关系

当我们尝试用这种技术解波动方程时，我们发现，整个波动方程的指数相位因子消去了，得到一个 $\boldsymbol{k}$ 和ω 之间的关系，这个关系称为色散关系。注意，$k = |\boldsymbol{k}|$虽然与时间和位置无关，但与 ω 的关系可能很复杂。下面是一个实例：

一个具有阻尼项 $2\gamma\partial u/\partial t$ 的简单波动方程可以写为

$$\nabla^2 u - 2\gamma\frac{\partial u}{\partial t} - \frac{1}{v^2}\frac{\partial^2 u}{\partial t^2} = 0$$

v 是介质中的声速。记住$\nabla^2 u = \nabla\cdot(\nabla u)$并使用替换$\nabla \to \mathrm{i}\boldsymbol{k}$，$\partial u/\partial t \to -\mathrm{i}\omega$，我们得到

$$(\mathrm{i}\boldsymbol{k})\cdot(\mathrm{i}\boldsymbol{k}) + 2\mathrm{i}\gamma\omega + \frac{\omega^2}{v^2} = 0$$

因而

$$k^2 = \frac{\omega^2}{v^2} + 2\mathrm{i}\gamma\omega \tag{A5.15}$$

式(A5.15)是有阻尼项的波动方程的色散关系。如果没有阻尼，$\gamma = 0$，则波的相速

度是 $v=\omega/k$，群速度 $v_g=\mathrm{d}\omega/\mathrm{d}k=v$。如果 $\gamma\neq0$，则色散关系有一个虚部，相应于波的阻尼。如果阻尼小，$\gamma v^2/\omega\ll1$，则式(A5.15)约化为

$$k=\frac{\omega}{v}\left(1+\mathrm{i}\,\frac{\gamma v^2}{\omega}\right)=k_0\left(1+\mathrm{i}\,\frac{\gamma v^2}{\omega}\right)$$

式中，$k_0=\omega/v$。

2. 波动的表达式

由上所述，可得波动的表达式为

$$\begin{aligned}u(r,t)&=u_0\exp(-\gamma v^2\boldsymbol{k}_0\cdot\boldsymbol{r}/\omega)\exp[\mathrm{i}(\boldsymbol{k}_0\cdot\boldsymbol{r}-\omega t)]\\&=u_0\exp(-\alpha t)\exp[\mathrm{i}(\boldsymbol{k}_0\cdot\boldsymbol{r}-\omega t)]\end{aligned}$$

式中，$\alpha=\gamma v^2$。*

A5.7 电流磁场的四种表达式

从1820年代法拉第的辉煌实验开始(5.2节)，情况变得非常简单。奥斯特证明磁场由电流产生，安培证明载流导线的磁力线是圆形线。法拉第说如果把电线弯曲成环，环内的磁力线比环外会更密、更集中。如图A5.1所示，法拉第在一系列重要的实验中证明，电流环路和磁铁有相同的静磁效应。

因此我们正式确定磁偶极矩 $\mathrm{d}\boldsymbol{m}$ 与在面积为 $\mathrm{d}\boldsymbol{A}$ 的元环路中流动的电流 $\boldsymbol{I}$ 之间有关系

$$\mathrm{d}\boldsymbol{m}=I\mathrm{d}\boldsymbol{A}\qquad(\text{A5.16})$$

$\mathrm{d}\boldsymbol{m}$ 的方向由右手规则给定，具有给旋转赋予电流流动的含意[图5.1(b)]。因此作用在磁场中的电流环路上的力矩是

$$\mathrm{d}\boldsymbol{G}=\mathrm{d}\boldsymbol{m}\times\boldsymbol{B}=\boldsymbol{I}(\mathrm{d}\boldsymbol{A}\times\boldsymbol{B})\qquad(\text{A5.17})$$

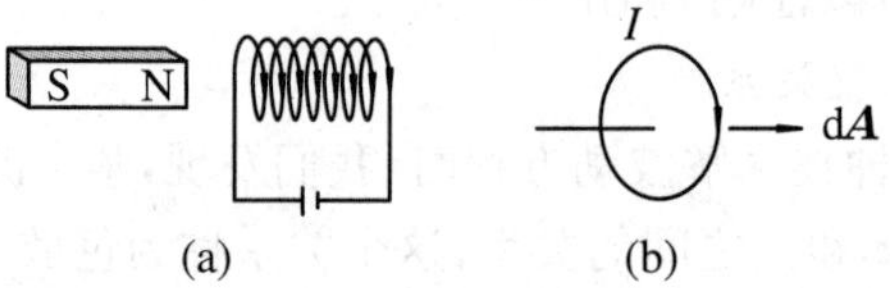

图A5.1 (a)条形磁铁与电流环路的等价；(b)电流环路磁矩的定义

1. 按电流环路的磁矩的定义导出安培环路定理

在磁铁与电流环路之间有一个关键且明显的差异——你不能穿过一个磁铁，但可以穿过一个电流环。这看起来显而易见，但很深刻。假设存在自由磁极，如果我们在磁铁棒的磁场中释放一个自由磁极，则它会撞上该磁铁并停止。然而，对于电流环路的情况，它会不断地运动，在越来越大的轨道上穿过电流环，一直从电流

* 译者注：对于一个有阻尼的平面波，波的振幅随时间衰减。波在任意一点 $\boldsymbol{r}$ 的振幅，与波平面行进到点 $\boldsymbol{r}$ 所花的时间 t 有关。$\boldsymbol{r}$ 与 t 的关系为 $\boldsymbol{k}_0\cdot\boldsymbol{r}=k_0vt=\omega t$，因此有 $\gamma v^2\boldsymbol{k}_0\cdot\boldsymbol{r}/\omega=\gamma\cdot v^2t=\alpha t$，即 $\alpha=\gamma v^2$。

为恒定值的电源获得能量。因为没有自由磁极，所以这不会发生。如果这种实验是用一个磁偶极子做的，则它会停在线圈内。让我们求一个小电流元环路所围绕的邻域 d$\boldsymbol{A}$ 中的磁通量密度[图 A5.2(a)]。距环路中心 r 处的任何一点 P 的静磁势 dV_m 由下式给定：

$$\mathrm{d}V_\mathrm{m} = \frac{\mathrm{d}\boldsymbol{m}\cdot\boldsymbol{i}_r}{4\pi r^2} = \frac{\mathrm{d}\boldsymbol{m}\cdot\boldsymbol{r}}{4\pi r^3}$$

但 $\mathrm{d}\boldsymbol{m} = I\mathrm{d}\boldsymbol{A}$，因而

$$\mathrm{d}V_\mathrm{m} = I\,\frac{\mathrm{d}\boldsymbol{A}\cdot\boldsymbol{i}_r}{4\pi r^2}$$

现在，$\mathrm{d}\boldsymbol{A}\cdot\boldsymbol{i}_r/r^2 = \mathrm{d}\Omega$ 是元电流环对点 P 所张的立体角。因此

$$\mathrm{d}V_\mathrm{m} = \frac{I\mathrm{d}\Omega}{4\pi} \tag{A5.18}$$

现在，将这一结果扩展到有限大小的电流环路。我们可以将这个环路划分为许多元环路，每个都携带电流 I[图 5.2(b)]。这是安培于 1825 年在他的论著中描述的办法。显然，在内部，反向流动电流彼此抵消，只留下在外环中流动的电流。因此在 P 点的静磁势刚好是所有电流元环路产生的静磁势的总和：

$$V_\mathrm{m} = \sum \frac{I\mathrm{d}\Omega}{4\pi} = \frac{I\Omega}{4\pi}$$

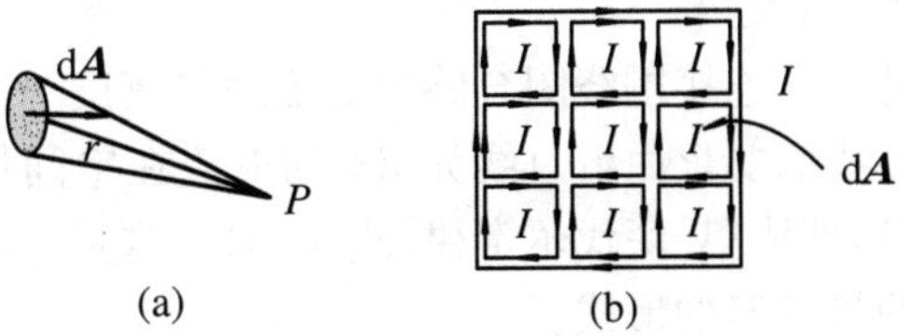

图 A5.2　(a)求元电流环路的磁势 V_m；(b)用安培磁壳求有限电流环路的静磁势

这是一个了不起的简化。我们现在可以求在空间任何一点的静磁势，然后由式(5.8)求磁通量密度：

$$V_\mathrm{m} = \frac{I\Omega}{4\pi},\quad \boldsymbol{B} = -\mu_0\,\mathrm{grad}\,V_\mathrm{m}$$

然后积分，我们得到

$$\int_A^B \boldsymbol{B}\cdot\mathrm{d}\boldsymbol{s} = -\mu_0\int_A^B \mathrm{grad}\,V_\mathrm{m}\cdot\mathrm{d}\boldsymbol{s} = -\mu_0[V_\mathrm{m}(B) - V_\mathrm{m}(A)]$$

现在，让我们检查一下，当我们从电流环路的一侧到另一侧取线积分时会发生什么，如图 A5.3 所示。路径从 A 点开始，点 A 非常接近环路，但在较近的一边对环路平面有点偏离环路平面。因此该环路对点 A 所张的立体角几乎是 2π 立体弧度。随着该点绕环路移动，我们看到立体角减小，在 P 点，立体角减为零。绕元环路进一步移动，立体角变负值，当它到达 B 点时，几乎是 -2π。因此从 A 到 B 绕环路移动，立体角改变 -4π 立体弧度。因此

$$V_{\mathrm{m}}(B) - V_{\mathrm{m}}(A) = \frac{I\Delta\Omega}{4\pi} = -I$$

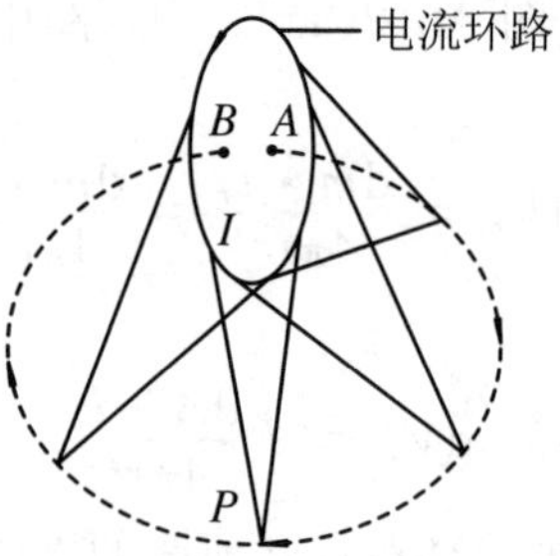

图 A5.3　求沿所示路径从电流环路的一侧到另一侧时磁势的改变量

如果这是一个磁铁,磁势的变化将完全为磁铁内部的逆向磁场补偿,这就是故事的结尾。然而,对于电流环路的情形,积分只是穿过环路到起点 A,因为我们可以让 $B \to A$,我们得到

$$\oint \boldsymbol{B} \cdot \mathrm{d}\boldsymbol{s} = -\mu_0[V_{\mathrm{m}}(B) - V_{\mathrm{m}}(A)] = \mu_0 I \tag{A5.19}$$

值得注意的是,我们已经导出了安培环路定理。

2. 导出毕奥-萨伐尔定律

安培环路定理是一个连接围绕闭合路径的磁通量密度与穿过环路的电流两者的积分方程。下一步我们要求由流过线元 $\mathrm{d}\boldsymbol{s}$ 的电流在空间任何一点产生的磁通量密度 $\mathrm{d}\boldsymbol{B}$(图 A5.4),即毕奥-萨伐尔定律[式(5.9)],这是由电流元 $I\mathrm{d}\boldsymbol{s}$ 产生的磁通量密度的表达式的最普遍的形式。

我们从静磁势给出的磁通量密度的表达式开始:

$$\boldsymbol{B} = -\mu_0 \operatorname{grad} V_{\mathrm{m}}$$

我们发现,如果一个电流环路对 P 点张成一个立体角 Ω,则在 P 点的静磁势是 $V_{\mathrm{m}} = I\Omega/(4\pi)$。取 V_{m} 的梯度,得

$$\boldsymbol{B} = -\frac{\mu_0 I}{4\pi} \operatorname{grad}\Omega$$

电流环路的线元 $\mathrm{d}\boldsymbol{s}$ 产生的磁场 $\mathrm{d}\boldsymbol{B}$ 约化为表达 $\operatorname{grad}\Omega$(在形式上包含 $\mathrm{d}\boldsymbol{s}$)。这样做,我们考虑,当我们把一个向量从 P 点移动距离 $\mathrm{d}\boldsymbol{l}$ 时,Ω 如何变化,如图 A5.4(a)所示。从几何图看出,我们可以把立体角相应的变化写为

$$\mathrm{d}\Omega = (\operatorname{grad}\Omega) \cdot \mathrm{d}\boldsymbol{l}$$

为了求得 $\mathrm{d}\Omega$,最简单的方法是移动电流环路 $-\mathrm{d}\boldsymbol{l}$,从 P 点观察曲面面积的投影如何变化[图 A5.4(b)]。由 $\mathrm{d}\boldsymbol{s}$ 和 $\mathrm{d}\boldsymbol{l}$ 确定的平行四边形构成的矢量面积为

$$\mathrm{d}\boldsymbol{A} = \mathrm{d}\boldsymbol{s} \times \mathrm{d}\boldsymbol{l}$$

如果 $\boldsymbol{i}_r$ 是从 P 点在面元 $\mathrm{d}\boldsymbol{A}$ 的方向上拉出的单位矢量,则从 P 点观察到的投影面积为

$$\mathrm{d}A_{投影} = \boldsymbol{i}_r \cdot (\mathrm{d}\boldsymbol{s} \times \mathrm{d}\boldsymbol{l})$$

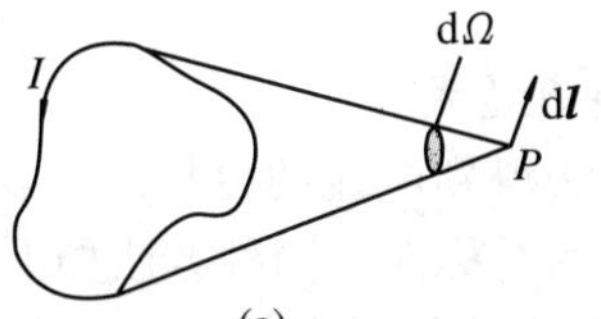

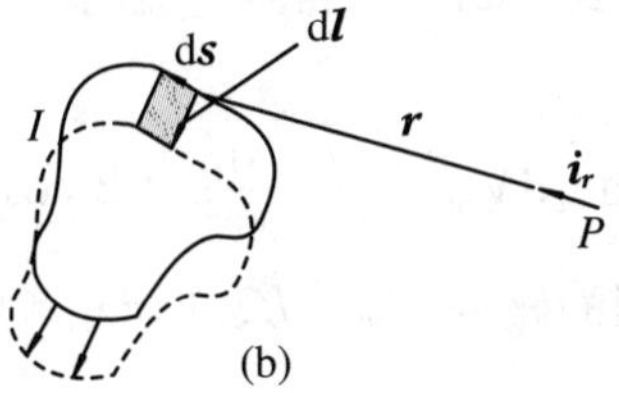

图 A5.4　求一个任意形状的电流环路移动距离 d$\boldsymbol{l}$ 时，磁势的改变量

因此小平行四边形贡献的立体角的变化是 $\mathrm{d}A_{投影}/r^2$，我们用绕完整的电流环路积分，求得立体角的总变化为

$$\mathrm{d}\Omega = \oint_C \frac{\boldsymbol{i}_r \cdot (\mathrm{d}\boldsymbol{s} \times \mathrm{d}\boldsymbol{l})}{r^2} = \oint_C \frac{\boldsymbol{r} \cdot (\mathrm{d}\boldsymbol{s} \times \mathrm{d}\boldsymbol{l})}{r^3}$$

现在，如果我们记得矢量恒等式

$$\boldsymbol{A} \cdot (\boldsymbol{B} \times \boldsymbol{C}) = \boldsymbol{C} \cdot (\boldsymbol{A} \times \boldsymbol{B})$$

那么我们可以写出

$$\mathrm{d}\Omega = \oint_C \frac{\boldsymbol{r} \cdot (\mathrm{d}\boldsymbol{s} \times \mathrm{d}\boldsymbol{l})}{r^3} = \oint_C \frac{\mathrm{d}\boldsymbol{l} \cdot (\boldsymbol{r} \times \mathrm{d}\boldsymbol{s})}{r^3} = \mathrm{d}\boldsymbol{l} \cdot \oint_C \frac{\boldsymbol{r} \times \mathrm{d}\boldsymbol{s}}{r^3}$$

因为围绕电流环路 d$\boldsymbol{l}$ 都是常矢量，所以

$$\mathrm{d}\Omega = (\mathrm{grad}\Omega) \cdot \mathrm{d}\boldsymbol{l} = \mathrm{d}\boldsymbol{l} \cdot \oint_C \frac{\boldsymbol{r} \times \mathrm{d}\boldsymbol{s}}{r^3}$$

从而

$$\mathrm{grad}\Omega = \oint_C \frac{\boldsymbol{r} \times \mathrm{d}\boldsymbol{s}}{r^3}$$

最后，因为

$$\boldsymbol{B} = -\frac{\mu_0 \boldsymbol{I}}{4\pi} \mathrm{grad}\Omega$$

我们获得了表达式

$$\boldsymbol{B} = -\frac{\mu_0 \boldsymbol{I}}{4\pi} \oint_C \frac{\boldsymbol{r} \times \mathrm{d}\boldsymbol{s}}{r^3}$$

这个公式给出了由围绕电路路径的所有长度增量 d$\boldsymbol{s}$ 对点 P 处的场的总贡献，这样我们可以删除积分符号找到电流元 d$\boldsymbol{s}$ 的贡献：

$$\mathrm{d}\boldsymbol{B} = \frac{\mu_0 \boldsymbol{I} \mathrm{d}\boldsymbol{s} \times \boldsymbol{r}}{4\pi r^3} \tag{A5.20}$$

这样，我们导出了毕奥-萨伐尔定律。然而，需注意：毕奥和萨伐尔是用实验得到这个定律的。

3. 导出电流磁场的四种表达式

我们可用四种不同的方法得到电流的磁场。对我们来说，哪种方法最合适取决于问题的性质和电流分布的对称性。四种方法如下：

(1) 按式(5.8)，在球极坐标系中，代替磁偶极矩和偶极场之间的关系，可以用元电流环路的磁矩 $\mathrm{d}\boldsymbol{m}=I\mathrm{d}\boldsymbol{A}$[式(A5.16)]得到电流的磁场。由 $\mathrm{d}V_{\mathrm{m}}=\mathrm{d}\boldsymbol{m}\cdot\boldsymbol{r}/(4\pi r^3)=|\mathrm{d}\boldsymbol{m}|\cos\theta/(4\pi r^2)$ 可得

$$\mathrm{d}\boldsymbol{B}=-\mu_0\,\mathrm{grad}\,\mathrm{d}V_{\mathrm{m}}=\frac{\mu_0\,|\mathrm{d}\boldsymbol{m}|}{4\pi r^3}(2\cos\theta\,\boldsymbol{i}_r+\sin\theta\,\boldsymbol{i}_\theta)$$

(2) 按式(5.8)，可以用静磁势 $V_{\mathrm{m}}=I\Omega/(4\pi)$[式(A5.18)]的梯度得到电流的磁场：

$$\boldsymbol{B}=-\mu_0\,\mathrm{grad}\,V_{\mathrm{m}}=-\frac{\mu_0 I}{4\pi}\mathrm{grad}\Omega$$

(3) 可以用安培环路定理[式(A5.19)]得到电流 I 的磁场：

$$\oint_C \boldsymbol{B}\cdot\mathrm{d}\boldsymbol{s}=\mu_0 I_{\text{包围}}$$

(4) 可以用毕奥-萨伐尔定律[式(A5.20)]得到电流 I 的磁场：

$$\mathrm{d}\boldsymbol{B}=\frac{\mu_0 I\mathrm{d}\boldsymbol{s}\times\boldsymbol{r}}{4\pi r^3}$$

第6章　改写电磁学史

6.1　引　　言

在上一章，我们已经得到了麦克斯韦方程组，导出过程和麦克斯韦自己当年的做法一样。现在，让我们做每一件事情时都直接从麦克斯韦方程组出发，并且只把它们简单地看作是一套关于矢量场 $\boldsymbol{E}$，$\boldsymbol{D}$，$\boldsymbol{B}$，$\boldsymbol{H}$ 及 $\boldsymbol{J}$ 的矢量方程组。首先，这些场矢量不具有任何物理意义；然后，我们做一个最低数量的假设，赋予这些场矢量以物理意义，并由此导出所有在实验上得到的电磁学定律[1]。之后，我们可以把麦克斯韦方程组应用到电磁理论更进一步的方面——讨论电磁波的性质，用加速电荷发射电磁波等。我们提供的理论检验远远超出了推导麦克斯韦方程组所引用过的经验规律。如果有某一理论结果被证明与实验事实不一致，那么，因许多结果之间的连锁性质（如下面所述）而必须改建整个理论大厦。

我的一些同事强烈反对这样改写电磁学史。主要的理由是，在历史上，任何一个人按这条路线发现麦克斯韦方程组都是不可能的。我不想对此进行猜测。我所知道的是，这种从一个数学结构出发，而后赋予一定物理意义并获得某些重要结果的程序，在基础物理的其他方面也有使用。例如，在线性算子和量子力学理论中，在张量微积分与狭义和广义相对论理论中。试图统一所有自然力的弦理论，是当代使用这种做法的一个新的实例。数学有赋予物理理论以形式连贯性和预测真实系统在现实工作中尚未涉及的参数空间区域内的行为的能力。我们知道，数学已让电磁场理论具有显著的对称性和优美的结构。

这项研究从数学物理的一类实例开始，并且在做法上始终保持上述格式。接下来的许多运算在数学上都很简单，重点只是强调：很清楚，我们能够在数学和物理之间呈现对应关系。

6.2 麦克斯韦矢量方程组

麦克斯韦**矢量方程组**的两个基本矢量方程是

$$\mathrm{curl}\boldsymbol{E} = -\frac{\partial \boldsymbol{B}}{\partial t} \tag{6.1}$$

$$\mathrm{curl}\boldsymbol{H} = \boldsymbol{J} + \frac{\partial \boldsymbol{D}}{\partial t} \tag{6.2}$$

我们的讨论就从这两个方程开始。根据我们的程序，在这一章中，$\boldsymbol{E}$，$\boldsymbol{D}$，$\boldsymbol{B}$，$\boldsymbol{H}$ 和 $\boldsymbol{J}$ 都被视为未特指的矢量场，只是用来描述电磁场的时间和空间坐标的函数。我们补充一点，$\boldsymbol{J}$ 遵守连续性方程

$$\mathrm{div}\boldsymbol{J} + \frac{\partial \rho_e}{\partial t} = 0 \tag{6.3}$$

我们做的基本物理确认是

$$\rho_e \text{ 是电荷密度，并且电荷守恒} \tag{6.4}$$

命题 由式(6.3)知，必须认定 $\boldsymbol{J}$ 为电流密度，即 $\boldsymbol{J}$ 是单位时间内流过单位面积的电量。

证明 对于曲面 $\boldsymbol{S}$ 包围的体积 v，对式(6.3)积分得

$$\int_v \mathrm{div}\boldsymbol{J}\,\mathrm{d}v = -\frac{\partial}{\partial t}\int_v \rho_e \mathrm{d}v$$

对等式的左边应用散度定理[式(A5.1)]，有

$$\int_v \mathrm{div}\boldsymbol{J}\,\mathrm{d}v = \int_S \boldsymbol{J}\cdot\mathrm{d}\boldsymbol{S} \tag{6.5}$$

因为已认定 ρ_e 是电荷密度，故

$$-\frac{\partial}{\partial t}\int_v \rho_e \mathrm{d}v$$

是包围在体积 v 内的电荷的损失速率。这样，我们得到

$$\int_S \boldsymbol{J}\cdot\mathrm{d}\boldsymbol{S} = -\frac{\partial}{\partial t}(\text{被曲面 } \boldsymbol{S} \text{ 包围在体积 } v \text{ 内的总电荷}) \tag{6.6}$$

因此由于电荷守恒，$\boldsymbol{J}$ 必定代表电荷通过垂直于 $\boldsymbol{J}$ 的单位面积的流动速率，即 $\boldsymbol{J}$ 是电流密度。

6.3　电磁学的高斯定理

命题　(1) 试证明：电磁场 $\boldsymbol{B}$ 和 $\boldsymbol{D}$ 必须满足如下关系式：

$$\mathrm{div}\boldsymbol{B} = 0 \quad 和 \quad \mathrm{div}\boldsymbol{D} = \rho_e \tag{6.7}$$

(2) 导出相应的积分方程，它们是电磁学中具有特定形式的高斯定理。

证明　(1) 对式(6.1)和式(6.2)取散度。因为旋度的散度总是等于零，我们有

$$\begin{aligned}\mathrm{div\ curl}\boldsymbol{E} &= -\frac{\partial}{\partial t}(\mathrm{div}\boldsymbol{B}) = 0\\ \mathrm{div\ curl}\boldsymbol{H} &= \mathrm{div}\boldsymbol{J} + \frac{\partial}{\partial t}(\mathrm{div}\boldsymbol{D}) = 0\end{aligned} \tag{6.8}$$

借助式(6.3)，我们由上面第二个式子可得

$$\frac{\partial}{\partial t}(\mathrm{div}\boldsymbol{D}) - \frac{\partial \rho_e}{\partial t} = \frac{\partial}{\partial t}(\mathrm{div}\boldsymbol{D} - \rho_e) = 0 \tag{6.9}$$

这样，在空间所有位置，$\mathrm{div}\boldsymbol{B}$ 和 $\mathrm{div}\boldsymbol{D} - \rho_e$ 关于时间的偏导数都是零。因此

$$\mathrm{div}\boldsymbol{B} = 常量, \quad \mathrm{div}\boldsymbol{D} - \rho_e = 常量$$

我们必须确定常量的值。我见过的可取办法有三种：

① 若要得到自洽的结果，为简单起见，就把两个常量都取为零。

② 在某些时候，我们可以相信电荷和电流在宇宙中的分布，使 $\mathrm{div}\boldsymbol{B}$ 和 $\mathrm{div}\boldsymbol{D} - \rho_e$ 减少为零。如果能在一刹那做到这点，它必定总是真实的。

③ 在真实的物理世界中，这些常量应让我们对该矢量场有物理识别。

我们会发现，若要得到自洽的结果，无论我们按上述哪一种方法，都可把两个常量取为零。这样，我们借助连续性方程(6.3)得到了

$$\mathrm{div}\boldsymbol{B} = 0 \tag{6.10}$$

$$\mathrm{div}\boldsymbol{D} - \rho_e = 0 \tag{6.11}$$

请注意，在这一个领域，我们必须放弃严格的逻辑推理，并采用某种辅助手段进行论证。

(2) 现在，我们可以写出这些关系的积分形式。对于任意一个闭合曲面 S 包围的体积 v，对式(6.10)积分，有

$$\int_v \mathrm{div}\boldsymbol{B}\mathrm{d}v = 0$$

利用散度定理[式(A5.1)]，由上式可得

$$\int_S \boldsymbol{B} \cdot \mathrm{d}\boldsymbol{S} = 0 \tag{6.12}$$

同样，由式(6.11)，有

$$\int_v \mathrm{div}\boldsymbol{D}\mathrm{d}v = \int_v \rho_e \mathrm{d}v$$

因此可得

$$\int_S \boldsymbol{D} \cdot \mathrm{d}\boldsymbol{S} = \int_v \rho_e \mathrm{d}v \tag{6.13}$$

式(6.12)和式(6.13)是我们得到的电磁学中的高斯定理。方程(6.13)告诉我们，场 $\boldsymbol{D}$ 起源于电荷。

6.4 与时间无关的保守力场

命题 试证明：如果矢量场 $\boldsymbol{E}$ 和 $\boldsymbol{B}$ 与时间无关，$\boldsymbol{E}$ 必定满足 $\oint_C \boldsymbol{E} \cdot \mathrm{d}\boldsymbol{s} = 0$，即它是一个保守场，所以可以写为 $\boldsymbol{E} = -\mathrm{grad}\Phi$，式中，$\Phi$ 是一个标量势函数。另外，试证明：如果场 $\boldsymbol{B}$ 是时变的，这肯定不行。

证明 如果 $\partial \boldsymbol{B}/\partial t = 0$，则按式(6.1)，我们得到

$$\mathrm{curl}\boldsymbol{E} = 0$$

或者，利用斯托克斯定理[式(A5.2)]，我们还可得到

$$\oint_C \boldsymbol{E} \cdot \mathrm{d}\boldsymbol{s} = 0$$

这里，$\boldsymbol{E}$ 的线积分是围绕闭合回路 C 取的。或者，因为对任意一个标量函数 Φ，$\mathrm{curl\ grad}\Phi = 0$，所以 $\boldsymbol{E}$ 可以是一个标量函数的梯度：

$$\boldsymbol{E} = -\mathrm{grad}\Phi \tag{6.14}$$

这样，按保守力场的定义(见附录 A5.4)，$\boldsymbol{E}$ 是保守力场。

但是如果 $\boldsymbol{B}$ 随时间变化，则有

$$\mathrm{curl}\boldsymbol{E} = -\frac{\partial \boldsymbol{B}}{\partial t} \neq 0$$

因而 $\boldsymbol{E}$ 不是保守力场。这时，我们绝对不能用 $-\mathrm{grad}\Phi$ 表达 $\boldsymbol{E}$。

6.5 电磁学的边界条件

在两个介质的边界处，物理性质会有剧烈变化，因此电磁场的性质会不连续地

改变;但场可以有部分分量具有连续性,并且这与场是否是静态场无关。我们讨论如下三个命题:

命题 1　(1) 试由 6.3 节的内容证明:在边界处,矢量场 $\boldsymbol{B}$ 的垂直于界面的分量 $\boldsymbol{B}\cdot\boldsymbol{n}$ 连续,$\boldsymbol{n}$ 是垂直于界面的单位矢量。

(2) 试证明:如果在边界上没有表面电荷,若 $\boldsymbol{D}\cdot\boldsymbol{n}$ 连续;如果有自由表面电荷,则 $(\boldsymbol{D}_2-\boldsymbol{D}_1)\cdot\boldsymbol{n}=\sigma$,$\sigma$ 是表面电荷密度。

证明　(1) 我们设想跨越边界截出一个底面与界面平行、面积为 S 的很短的圆柱体[图 6.1(a)],圆柱体底面的半径是 r。在所有情况下,都应用这个办法求穿过一个容积的矢量场 $\boldsymbol{B}$ 及 $\boldsymbol{D}$ 的通量。场 $\boldsymbol{B}$ 或 $\boldsymbol{D}$ 穿过圆柱体边界的情况如图 6.1(a)所示。

由式(6.12)知,矢量场 $\boldsymbol{B}$ 通过圆柱体表面的通量为零,即

$$\int_S \boldsymbol{B}\cdot \mathrm{d}\boldsymbol{S} = 0 \tag{6.15}$$

现在减小圆柱体的高度直到圆柱体的高度无穷小。随着圆柱体的高度 $\mathrm{d}y$ 趋近于零,圆柱体侧面的面积 $2\pi r\mathrm{d}y$ 也趋近于零,只有圆柱体上下两个底面对通量有贡献。$\boldsymbol{n}$ 是垂直于界面的单位矢量,方向朝上,面元 $\mathrm{d}\boldsymbol{S}$ 的取向总是通过封闭曲面向外,则 $\pm\boldsymbol{B}\cdot\boldsymbol{n}$ 是矢量场 $\boldsymbol{B}$ 通过单位面积的通量。取介质 1 在下层,介质 2 在上层,通过圆柱体上表面单位面积的通量是 $\boldsymbol{B}_2\cdot\boldsymbol{n}$,通过下表面单位面积进入的通量是 $-\boldsymbol{B}_1\cdot\boldsymbol{n}$。因此式(6.15)化为

$$(\boldsymbol{B}_2-\boldsymbol{B}_1)\cdot\boldsymbol{n} = 0 \tag{6.16}$$

即 $\boldsymbol{B}$ 的法向分量是连续的。

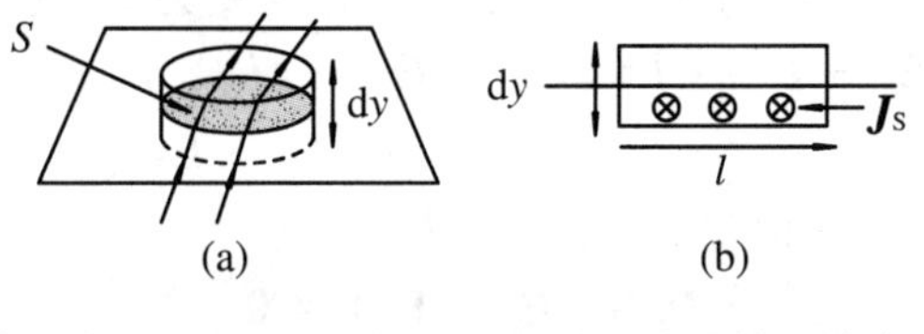

图 6.1　边界条件。(a) $\boldsymbol{B}$ 和 $\boldsymbol{D}$ 的法向分量:$\boldsymbol{B}$ 的法向分量总是连续的;如果自由表面电荷 $\sigma=0$,则 $\boldsymbol{D}$ 的法向分量连续。(b) $\boldsymbol{E}$ 和 $\boldsymbol{H}$ 的平行于界面的分量:$\boldsymbol{E}$ 的切向分量总是连续的;如果表面电流密度 $\boldsymbol{J}_S$ 为 $\boldsymbol{0}$,则 $\boldsymbol{H}$ 的切向分量连续

(2) 按完全相同的做法,由式(6.13),有

$$\int_S \boldsymbol{D}\cdot \mathrm{d}\boldsymbol{S} = \int_v \rho_e \mathrm{d}v \tag{6.17}$$

当我们让圆柱体的高度趋近于零时,左边的 $\int_S \boldsymbol{D}\cdot\mathrm{d}\boldsymbol{S}$ 取两个底面之值的差,右边的 $\int_v \rho_e\mathrm{d}v$ 变成表面电荷 $\int_S \sigma\mathrm{d}\boldsymbol{S}$,因此我们得到

$$(\boldsymbol{D}_2-\boldsymbol{D}_1)\cdot\boldsymbol{n} = \sigma \tag{6.18}$$

这样，如果没有自由表面电荷，$\sigma=0$，则 $\boldsymbol{D}$ 的法向分量连续。

命题 2 如果场 $\boldsymbol{E}$ 和 $\boldsymbol{H}$ 是静态场($\boldsymbol{D}$，$\boldsymbol{B}$ 和 $\boldsymbol{J}$ 也是)：

(1) 试证明：在边界处，$\boldsymbol{E}$ 的切向分量连续。

(2) 试证明：如果表面电流密度 $\boldsymbol{J}_S=\boldsymbol{0}$，则 $\boldsymbol{H}$ 的切向分量连续；如果不为零，则有

$$\boldsymbol{n}\times(\boldsymbol{H}_2-\boldsymbol{H}_1)=\boldsymbol{J}_S$$

证明 (1) 设想取一个横跨两介质界面的矩形环路，环路底边与界面平行，如图 6.1(b)所示。环路与界面垂直的两侧的长度 $\mathrm{d}y$，远远短于水平边的长度 l。场是静态的，因此由式(6.1)得 $\mathrm{curl}\boldsymbol{E}=0$，或者引用斯托克斯定理[式(A5.2)]后，有 $\oint_C \boldsymbol{E}\cdot\mathrm{d}\boldsymbol{s}=0$。现在，我们把这个结果应用于矩形环路。

让 $\boldsymbol{E}_2$ 和 $\boldsymbol{E}_1$ 分别为两种介质界面的上下两边的电场，$\boldsymbol{l}$ 为上边的边长矢量。压扁环路，使之具有无穷小的高度，因而左右两边的 $\mathrm{d}y$ 都对线积分没有贡献。把电场 $\boldsymbol{E}$ 向 $\boldsymbol{l}$ 投影，沿矩形上边的线积分是

$$\int \boldsymbol{E}\cdot\mathrm{d}\boldsymbol{s}=\boldsymbol{E}_2\cdot\boldsymbol{l}$$

沿矩形下边的线积分是

$$\int \boldsymbol{E}\cdot\mathrm{d}\boldsymbol{s}=E_1\cdot(-\boldsymbol{l})$$

因此沿着整个环路的线积分是

$$\oint_C \boldsymbol{E}\cdot\mathrm{d}\boldsymbol{s}=(\boldsymbol{E}_2-\boldsymbol{E}_1)\cdot\boldsymbol{l}=0$$

现在，我们要按与界面垂直的单位矢量 $\boldsymbol{n}$ 表达这一结果。让平行于界面和环路平面的单位矢量为 $\boldsymbol{i}_l$，$\boldsymbol{l}=l\boldsymbol{i}_l$，垂直于环路平面的单位矢量为 $\boldsymbol{i}_\perp$，这样，$\boldsymbol{i}_l=\boldsymbol{i}_\perp\times\boldsymbol{n}$。有

$$\begin{aligned}(\boldsymbol{E}_2-\boldsymbol{E}_1)\cdot\boldsymbol{l}&=(\boldsymbol{E}_2-\boldsymbol{E}_1)\cdot(\boldsymbol{i}_\perp\times\boldsymbol{n})l\\&=\boldsymbol{i}_\perp\cdot[\boldsymbol{n}\times(\boldsymbol{E}_2-\boldsymbol{E}_1)]l=0\end{aligned}\tag{6.19}$$

这个结果必须对 l 的任意值都成立，因而我们得到

$$\boldsymbol{n}\times(\boldsymbol{E}_2-\boldsymbol{E}_1)=\boldsymbol{0}\tag{6.20}$$

这样，在界面的两边，$\boldsymbol{E}$ 的切向分量 $\boldsymbol{n}\times\boldsymbol{E}$ 相等，即在边界处，$\boldsymbol{E}$ 的切向分量连续。

(2) 现在使用式(6.2)对静磁场进行同样的分析。由式(6.2)，有

$$\mathrm{curl}\boldsymbol{H}=\boldsymbol{J}$$

取它与 $\mathrm{d}\boldsymbol{S}$ 的标量积，并对环路内的面积 $\boldsymbol{S}$ 积分，我们得到

$$\int_S \mathrm{curl}\boldsymbol{H}\cdot\mathrm{d}\boldsymbol{S}=\int_S \boldsymbol{J}\cdot\mathrm{d}\boldsymbol{S}$$

对左边应用斯托克斯定理，给出

$$\oint_C \boldsymbol{H}\cdot\mathrm{d}\boldsymbol{s}=\int_S \boldsymbol{J}\cdot\mathrm{d}\boldsymbol{S}\tag{6.21}$$

式中，路径积分围绕矩形环路 C 进行。

现在缩减环路的高度到零。像图 6.1(b)中一样，$\boldsymbol{H}$ 绕环路的线积分是

$$\oint_C \boldsymbol{H} \cdot \mathrm{d}\boldsymbol{s} = \boldsymbol{i}_\perp \cdot [\boldsymbol{n} \times (\boldsymbol{H}_2 - \boldsymbol{H}_1)] l \tag{6.22}$$

流过矩形环路所围平面的总表面电流 $\int_S \boldsymbol{J} \cdot \mathrm{d}\boldsymbol{S}$，可以改写为 $(\boldsymbol{J}_\mathrm{S} \cdot \boldsymbol{i}_\perp) l$。式中，$\boldsymbol{J}_\mathrm{S}$ 是表面电流密度，即流过单位长度的电流。因此我们可以把式(6.21)重写为

$$\boldsymbol{i}_\perp \cdot [\boldsymbol{n} \times (\boldsymbol{H}_2 - \boldsymbol{H}_1)] l = \boldsymbol{i}_\perp \cdot \boldsymbol{J}_\mathrm{S} l$$

由此可得

$$\boldsymbol{n} \times (\boldsymbol{H}_2 - \boldsymbol{H}_1) = \boldsymbol{J}_\mathrm{S} \tag{6.23}$$

如果没有表面电流，即 $\boldsymbol{J}_\mathrm{S} = \boldsymbol{0}$，那么在边界处，$\boldsymbol{H}$ 的切向分量 $\boldsymbol{H} \times \boldsymbol{n}$ 连续。

论述到这一步，对于时变场，关系式(6.20)和式(6.23)的正确性不是显然的，因为在开始讨论时，我们舍弃了时变部分。事实上，我们将要在命题 3 中证明，在含有时变电磁场时，它们仍然正确。

命题 3　试证明：即使存在时变场，命题 2 中的式(6.20)和式(6.23)仍然正确。

证明　(1) 这点更加需要小心。首先按界面 S 对式(6.1)积分，得

$$\int_S \mathrm{curl}\boldsymbol{E} \cdot \mathrm{d}\boldsymbol{S} = -\int_S \frac{\partial \boldsymbol{B}}{\partial t} \cdot \mathrm{d}\boldsymbol{S}$$

应用斯托克斯定理，可得

$$\oint_C \boldsymbol{E} \cdot \mathrm{d}\boldsymbol{s} = -\int_S \frac{\partial \boldsymbol{B}}{\partial t} \cdot \mathrm{d}\boldsymbol{S}$$

现在，把此结果应用于图 6.1(b)中的小矩形。除了右边有一个时变的组成部分外，情况如前。与得到式(6.20)的论述相同，有

$$\boldsymbol{i}_\perp \cdot [\boldsymbol{n} \times (\boldsymbol{E}_2 - \boldsymbol{E}_1)] l = -\frac{\partial \boldsymbol{B}}{\partial t} \cdot \boldsymbol{i}_\perp l \mathrm{d}y + \text{小边的贡献}$$

让矩形高度 $\mathrm{d}y$ 收缩到近于零，消除等式两边的 l，得

$$\boldsymbol{n} \times (\boldsymbol{E}_2 - \boldsymbol{E}_1) = -\left(\mathrm{d}y \frac{\partial \boldsymbol{B}}{\partial t}\right)_{\mathrm{d}y \to 0}$$

存在时变场时，$\partial \boldsymbol{B}/\partial t$ 是有限量，在 $\mathrm{d}y$ 趋近于零的极限情况下，右边没有贡献。因而，我们得到

$$(\boldsymbol{E}_2 - \boldsymbol{E}_1) \times \boldsymbol{n} = \boldsymbol{0}$$

这和前面的结果一样。

(2) 对时变场 $\boldsymbol{D}$，可以进行完全相同的论述，有

$$\int_S \mathrm{curl}\boldsymbol{H} \cdot \mathrm{d}\boldsymbol{S} = \int_S \boldsymbol{J} \cdot \mathrm{d}\boldsymbol{S} + \int_S \frac{\partial \boldsymbol{D}}{\partial t} \cdot \mathrm{d}\boldsymbol{S}$$

应用斯托克斯定理，得

$$\oint_C \boldsymbol{H} \cdot \mathrm{d}\boldsymbol{s} = \int_S \boldsymbol{J} \cdot \mathrm{d}\boldsymbol{S} + \int_S \frac{\partial \boldsymbol{D}}{\partial t} \cdot \mathrm{d}\boldsymbol{S}$$

现在，按照得到式(6.23)的推理，有

$$\boldsymbol{i}_\perp \cdot [\boldsymbol{n} \times (\boldsymbol{H}_2 - \boldsymbol{H}_1)] l = \boldsymbol{i}_\perp \cdot \boldsymbol{J}_\mathrm{S} l + \frac{\partial \boldsymbol{D}}{\partial t} \cdot \boldsymbol{i}_\perp l \mathrm{d}y + \text{小边的贡献}$$

压缩矩形使其高度趋近于零,得

$$\boldsymbol{n}\times(\boldsymbol{H}_2-\boldsymbol{H}_1)=\boldsymbol{J}_S+\left(\mathrm{d}y\frac{\partial\boldsymbol{D}}{\partial t}\right)_{\mathrm{d}y\to 0}$$

因而,即使存在时变电磁场 $\boldsymbol{D}$,我们也有

$$\boldsymbol{n}\times(\boldsymbol{H}_2-\boldsymbol{H}_1)=\boldsymbol{J}_S$$

6.6 安培环路定理

命题 如果 $\boldsymbol{H},\boldsymbol{D}$ 是非时变场(我们将最终确定 $\boldsymbol{H}$ 是静磁场),试证明:若只有永久磁铁和磁性材料,但没有电流,则可以把 $\boldsymbol{H}$ 表示为 $-\mathrm{grad}V_{\mathrm{m}}$;如果有稳定电流,则 $\oint_C\boldsymbol{H}\cdot\mathrm{d}\boldsymbol{s}=I_{包围}$,$I_{包围}$是在以环路 C 为边界的区域内的总电流。这个方程甚至常用于时变场。这是为什么?

证明 如果没有电流,$\boldsymbol{J}=\boldsymbol{0}$,那么由式(6.2)得,在没有时变电磁场 $\boldsymbol{D}$ 时,$\mathrm{curl}\boldsymbol{H}=\boldsymbol{0}$。因此 $\boldsymbol{H}$ 是保守场,可以表示为一个标量场的梯度:

$$\boldsymbol{H}=-\mathrm{grad}V_{\mathrm{m}}$$

如果存在稳定电流,但没有时变电磁场 $\boldsymbol{D}$,则 $\mathrm{curl}\boldsymbol{H}=\boldsymbol{J}$。在曲面 $\boldsymbol{S}$ 上积分,有

$$\int_S\mathrm{curl}\boldsymbol{H}\cdot\mathrm{d}\boldsymbol{S}=\int_S\boldsymbol{J}\cdot\mathrm{d}\boldsymbol{S}$$

上式右边是流过回路 C 所包围的面积的总电流 $I_{包围}$,对上式左边应用斯托克斯定理,我们得到安培环路定理:

$$\oint_C\boldsymbol{H}\cdot\mathrm{d}\boldsymbol{s}=I_{包围}\tag{6.24}$$

这个方程也可用于有时变电磁场 $\boldsymbol{D}$ 的情况,条件是变化要非常缓慢,即 $\partial\boldsymbol{D}/\partial t\ll\boldsymbol{J}$。这常常是一种良好的近似,但当有时变电磁场或电流时,我们必须审查近似是否有效。

6.7 法拉第电磁感应定律

命题 推导法拉第电磁感应定律:$\oint_C\boldsymbol{E}\cdot\mathrm{d}\boldsymbol{s}=-\partial\Phi/\partial t$。式中 $\Phi=\int_S\boldsymbol{B}\cdot\mathrm{d}\boldsymbol{S}$ 是场 $\boldsymbol{B}$ 穿过闭合回路 C 的通量。在这个公式中,$\boldsymbol{E}$ 是总电场,而法拉第定律的通常

表述只涉及感应电场。解释这个明显的差异。

证明　由式(6.1),有

$$\int_S \mathrm{curl}\boldsymbol{E}\cdot\mathrm{d}\boldsymbol{S} = -\frac{\partial}{\partial t}\left(\int_S \boldsymbol{B}\cdot\mathrm{d}\boldsymbol{S}\right)$$

对上式左边应用斯托克斯定理,我们得到法拉第电磁感应定律:

$$\oint_C \boldsymbol{E}\cdot\mathrm{d}\boldsymbol{s} = -\frac{\partial\Phi}{\partial t} \tag{6.25}$$

通常,法拉第电磁感应定律只涉及电场 $\boldsymbol{E}$ 的感应电场成分,但也可以有静电场成分。因为

$$\boldsymbol{E} = \boldsymbol{E}_{\text{感应}} + \boldsymbol{E}_{\text{静电}} = \boldsymbol{E}_{\text{感应}} - \mathrm{grad}V$$

故

$$\mathrm{curl}\boldsymbol{E} = \mathrm{curl}\boldsymbol{E}_{\text{感应}} - \mathrm{curl\ grad}V = \mathrm{curl}\boldsymbol{E}_{\text{感应}} = -\frac{\partial \boldsymbol{B}}{\partial t}$$

这表明,$\boldsymbol{E}$ 可以是包含静电场成分在内的总电场,但静电场对旋度无贡献。

6.8　本构方程

以上的分析都基于 6.2 节引入的矢量方程组的数学性质。虽然我们用了如磁场、静电场、电磁场等名称,但方程组的性质是独立于这些物理名称的。我们现在需要给出场 $\boldsymbol{E}$,$\boldsymbol{D}$,$\boldsymbol{H}$ 及 $\boldsymbol{B}$ 的物理意义。

我们定义 $q\boldsymbol{E}$ 是作用在电荷 q 上的力*。让我们看看,我们的方程组是否完备。由式(6.3)和式(6.4)知,$\boldsymbol{J}$ 已被确认为是电流密度,$\boldsymbol{E}$ 则刚刚被定义为作用在单位正电荷上的力。我们还必须定义 $\boldsymbol{D}$,$\boldsymbol{B}$ 和 $\boldsymbol{H}$,但我们现在只有两个独立的矢量方程,即式(6.1)和式(6.2)。我们的方程组尚不完备。为了方程组的完备性,我们必须根据实验证据引入另一些定义。首先,我们要考虑真空中的电磁场行为,然后进一步对介质做与实验一致的定义。在真空中,定义

$$\begin{aligned}\boldsymbol{D} &= \varepsilon_0\boldsymbol{E}\\ \boldsymbol{B} &= \mu_0\boldsymbol{H}\end{aligned} \tag{6.26}$$

式中,ε_0 和 μ_0 是常量,$\boldsymbol{D}$ 被称为电通量密度或电位移,$\boldsymbol{E}$ 是电场强度,$\boldsymbol{H}$ 是磁场强度,$\boldsymbol{B}$ 是磁通量密度或磁感应强度。$\boldsymbol{D}$ 和 $\boldsymbol{E}$ 之间以及 $\boldsymbol{B}$ 和 $\boldsymbol{H}$ 之间的关系式被称为本构方程或本构关系式。

在介质中,这些关系式不正确。为此,我们一般用引进介质的电极化矢量 $\boldsymbol{P}$

* 译者注:本书原文意为"$q\boldsymbol{E}$ 是作用在静电荷 q 上的力"。

和磁极化矢量$\boldsymbol{M}$,描述在介质中的实际量和在真空中定义的量之间的差异。在介质中,定义

$$\boldsymbol{P} = \boldsymbol{D} - \varepsilon_0 \boldsymbol{E} \tag{6.27}$$

$$\boldsymbol{M} = \frac{\boldsymbol{B}}{\mu_0} - \boldsymbol{H} \tag{6.28}$$

通过这些定义,我们的目标是找到极化矢量 $\boldsymbol{P}$ 和 $\boldsymbol{M}$ 的物理意义。让我们继续进行对方程的数学分析,看看由这些定义是否能推出与已知的所有电学和磁学定律一致的结论。

6.9 库仑定律的导出

命题 真空中的静电场由电荷密度分布 ρ_e 产生。

(1) 试证明:该场满足泊松方程 $\nabla^2 V = -\rho_e/\varepsilon_0$。

(2) 试证明:由 6.8 节中 $\boldsymbol{E}$ 的定义和 6.4 节的结果知,V 是外力在电场中把单位电荷从无穷远处移动到点 $\boldsymbol{r}$ 所做的功。

(3) 试证明:泊松方程的解是

$$V(\boldsymbol{r}) = \int \frac{\rho_e(\boldsymbol{r}')}{4\pi\varepsilon_0 \,|\, \boldsymbol{r} - \boldsymbol{r}' \,|} \mathrm{d}^3 \boldsymbol{r}'$$

(4) 导出库仑定律 $f = q_1 q_2/(4\pi\varepsilon_0 r^2)$。

证明 (1) 我们知道,$\mathrm{div}\boldsymbol{D} = \rho_e$,并且在真空中,我们有定义 $\boldsymbol{D} = \varepsilon_0 \boldsymbol{E}$。因此

$$\mathrm{div}\varepsilon_0 \boldsymbol{E} = \rho_e$$

从而

$$\mathrm{div}(\varepsilon_0 \mathrm{grad} V) = -\rho_e$$

这样,我们得到

$$\nabla^2 V = -\frac{\rho_e}{\varepsilon_0} \tag{6.29}$$

这是真空中电荷密度分布 ρ_e 的静电势 V 满足的泊松方程。

(2) 把电荷 q 从无穷远处移动到点 $\boldsymbol{r}$ 时反抗静电力 $\boldsymbol{f} = q\boldsymbol{E}$ 所做的功是

$$-\int_\infty^r \boldsymbol{f} \cdot \mathrm{d}\boldsymbol{r} = -q\int_\infty^r \boldsymbol{E} \cdot \mathrm{d}\boldsymbol{r} = q\int_\infty^r \mathrm{grad} V \cdot \mathrm{d}\boldsymbol{r} = qV$$

式中,我们引用了式(6.14),并已假定无穷远处的静电势 $V = 0$。这样,V 度量把单位正电荷从无穷远处移动到场内某点时反抗静电力所做的功。注意,作为一个整体,qV 不是建立电场分布所需要的能量。这将在 6.12 节讨论。

(3) ① 只要不是在任何一个点电荷的实际位置,我们都可以利用拉普拉斯方

程,即$\nabla^2 V=0$。这是一个线性方程,可以应用叠加原理。这样,如果 V_1 和 V_2 是拉普拉斯方程的两个独立解,则 $a_1V_1+a_2V_2$ 也是拉普拉斯方程的一个解。换句话说,任何一点的势,都是与场源(即电荷 q)有关联的拉普拉斯方程的解的叠加。因此求解泊松方程时,最简单的做法是把 ρ_e 看作是点电荷在真空中的一种分布。让我们认为场源是分布在位于 $\boldsymbol{r}'=\boldsymbol{0}$ 处的小体积元内的电荷,即在原点有

$$\rho_e(\boldsymbol{r}')d^3\boldsymbol{r}' = q$$

在这种情况下,容易证明,拉普拉斯方程的解是

$$V(\boldsymbol{r}) = \frac{\rho_e(\boldsymbol{r}')d^3\boldsymbol{r}'}{4\pi\varepsilon_0 r} = \frac{q}{4\pi\varepsilon_0 r} \tag{6.30}$$

式中,r 是势函数所在点 P 与电荷 q 的径向距离。电荷 q 位于坐标原点,让我们检查远离原点 $r=0$ 处的真空解。我们记得,在球极坐标中的拉普拉斯方程为

$$\frac{1}{r}\frac{\partial^2}{\partial r^2}(rV) + \frac{1}{r^2}\left[\frac{1}{\sin\theta}\frac{\partial}{\partial\theta}\left(\sin\theta\frac{\partial V}{\partial\theta}\right) + \frac{1}{\sin^2\theta}\frac{\partial^2 V}{\partial\varphi^2}\right] = 0 \tag{6.31}$$

(见附录A5.5)因为有球形对称性,所以 V 与 θ 及 φ 无关。因此将尝试解[式(6.30)]代入式(6.31)的左边,得

$$\frac{1}{r}\frac{\partial^2}{\partial r^2}(rV) = \frac{1}{r}\frac{\partial^2}{\partial r^2}\left(\frac{q}{4\pi\varepsilon_0}\right) = 0$$

(假定 $r\neq 0$)。因此在远离原点的地方,尝试解式(6.30)满足拉普拉斯方程。

② 现在,利用 ρ_e 的泊松方程[式(6.29)],求封闭在以原点为球心的球面内的电荷 Q:

$$Q = \int_v \rho_e dv = -\int_v \varepsilon_0 \nabla^2 V dv$$

式中,$V=q/(4\pi\varepsilon_0 r)$。这样,总电荷是

$$Q = -\frac{q}{4\pi}\int_v \operatorname{div}\left(\operatorname{grad}\frac{1}{r}\right)dv$$

利用散度定理,可得

$$Q = -\frac{q}{4\pi}\int_S \left(\operatorname{grad}\frac{1}{r}\right)\cdot d\boldsymbol{S} = \frac{q}{4\pi}\int_S \frac{dS}{r^2} = \frac{q}{4\pi}\int_S d\Omega = q$$

式中,$d\boldsymbol{S}$ 是垂直于径向的元面积,$d\Omega$ 是立体角元。因此利用泊松方程,我们由尝试解求得了正确的电荷。如果我们让电荷远离 $\boldsymbol{r}'=\boldsymbol{0}$,用 $|\boldsymbol{r}-\boldsymbol{r}'|$ 代替 r,则式(6.30)变为

$$V(\boldsymbol{r}) = \frac{\rho_e(\boldsymbol{r}')d^3\boldsymbol{r}'}{4\pi\varepsilon_0|\boldsymbol{r}-\boldsymbol{r}'|}$$

我们得出的结论是:这个解满足静电学的泊松方程。

(4) 再次返回到在原点的单粒子点电荷 q_1,$\nabla^2 V=-q_1/\varepsilon_0$。$q_1$ 作用在另一个单粒子点电荷 q_2 上的静电力是 $q_2\boldsymbol{E}$,即

$$\boldsymbol{f} = -q_2 \operatorname{grad} V = -\frac{q_1 q_2}{4\pi\varepsilon_0}\operatorname{grad}\left(\frac{1}{r}\right)$$

$$= \frac{q_1 q_2}{4\pi\varepsilon_0 r^2} \boldsymbol{i}_r = \frac{q_1 q_2}{4\pi\varepsilon_0 r^3} \boldsymbol{r} \tag{6.32}$$

这正是静电学中的库仑反平方定律。我们采取了相当迂回的路线，才到达了这个大部分电磁学课程的出发点。兴趣点是我们可以以麦克斯韦方程组为出发点，用最低数量的假设导出库仑定律。

6.10 毕奥-萨伐尔定律的导出

命题 (1) 如果说在真空中有稳定或缓慢变化的电流，那么什么是“缓慢变化”？试证明：在这种情况下，$\mathrm{curl}\boldsymbol{H} = \boldsymbol{J}$。

可以证明：这个方程的解是

$$\boldsymbol{H}(\boldsymbol{r}) = \int \frac{\boldsymbol{J}(\boldsymbol{r}') \times (\boldsymbol{r} - \boldsymbol{r}')}{4\pi |\boldsymbol{r} - \boldsymbol{r}'|^3} \cdot \mathrm{d}^3 \boldsymbol{r}' \tag{6.33}$$

(2) 试证明：由式(6.33)可得毕奥-萨伐尔定律，$\mathrm{d}\boldsymbol{H} = I\sin\theta(\mathrm{d}\boldsymbol{s} \times \boldsymbol{r})/(4\pi r^3)$，$\mathrm{d}\boldsymbol{H}$ 是电流元 $I\mathrm{d}\boldsymbol{s}$ 对在位置矢量 $\boldsymbol{r}$ 处的磁场强度 $\boldsymbol{H}$ 的贡献。

证明 (1) 在6.6节，我们已经讨论过缓变场的问题。“缓变”的含义是位移电流项 $\partial \boldsymbol{D}/\partial t \ll \boldsymbol{J}$。因此由式(6.2)，电流变化缓慢时，我们有 $\mathrm{curl}\boldsymbol{H} = \boldsymbol{J}$。

(2) 正如在6.9节需要 $\nabla^2 V = -\rho_e/\varepsilon_0$ 的解，我们现在需要 $\mathrm{curl}\boldsymbol{H} = \boldsymbol{J}$ 的解。得到通解(6.33)的方法在标准教材中一般都有，不需要在这里重复。由式(6.33)的微分式，我们得到一个电流元和与它相距 $|\boldsymbol{r} - \boldsymbol{r}'|$ 处的场之间的关系：

$$\mathrm{d}\boldsymbol{H} = \frac{\boldsymbol{J}(\boldsymbol{r}') \times (\boldsymbol{r} - \boldsymbol{r}')}{4\pi |\boldsymbol{r} - \boldsymbol{r}'|^3} \mathrm{d}^3 \boldsymbol{r}' \tag{6.34}$$

现在，我们让 $\boldsymbol{J}(\boldsymbol{r}')\mathrm{d}^3\boldsymbol{r}'$ 与电流元 $I\mathrm{d}\boldsymbol{s}$ 等同，则由式(6.34)可得

$$\mathrm{d}\boldsymbol{H} = \frac{I\mathrm{d}\boldsymbol{s} \times \boldsymbol{r}}{4\pi r^3}, \quad |\mathrm{d}\boldsymbol{H}| = \frac{I\sin\theta\,|\mathrm{d}\boldsymbol{s}|}{4\pi r^2} \tag{6.35}$$

式中，$\boldsymbol{r}$ 是从电流元到场内观测点的距离矢量。这正是毕奥-萨伐尔定律。

6.11 解释介质中的麦克斯韦方程组

这是一个可以让我们深入了解麦克斯韦方程组数学结构的特别令人愉快的讨论。

命题 1　借助 6.8 节的定义和 6.3 节的结果，试证明：能把麦克斯韦方程组写成

$$\mathrm{curl}\boldsymbol{E} = -\frac{\partial \boldsymbol{B}}{\partial t} \tag{6.36a}$$

$$\mathrm{div}\boldsymbol{B} = 0 \tag{6.36b}$$

$$\mathrm{div}\varepsilon_0\boldsymbol{E} = \rho_e - \mathrm{div}\boldsymbol{P} \tag{6.36c}$$

$$\mathrm{curl}\left(\frac{\boldsymbol{B}}{\mu_0}\right) = \left(\boldsymbol{J} + \frac{\partial \boldsymbol{P}}{\partial t} + \mathrm{curl}\boldsymbol{M}\right) + \frac{\partial(\varepsilon_0\boldsymbol{E})}{\partial t} \tag{6.36d}$$

证明　式(6.36a)和式(6.36b)只是重写了麦克斯韦方程组的两个方程。在 6.2 节和 6.3 节，我们已讨论过这两个普遍的结果，即

$$\mathrm{curl}\boldsymbol{E} = -\frac{\partial \boldsymbol{B}}{\partial t} \quad 和 \quad \mathrm{div}\boldsymbol{B} = 0$$

下面，导出式(6.36c)和式(6.36d)。由 $\mathrm{div}\boldsymbol{D} = \rho_e$ 和定义 $\boldsymbol{D} = \boldsymbol{P} + \varepsilon_0\boldsymbol{E}$，我们立刻得到式(6.36c)：

$$\mathrm{div}\varepsilon_0\boldsymbol{E} = \rho_e - \mathrm{div}\boldsymbol{P} \tag{6.37}$$

再者，由定义式(6.28)和式(6.27)，有 $\boldsymbol{H} = (\boldsymbol{B}/\mu_0) - \boldsymbol{M}$，$\boldsymbol{D} = \boldsymbol{P} + \varepsilon_0\boldsymbol{E}$，因而由式(6.2)可得

$$\mathrm{curl}\left(\frac{\boldsymbol{B}}{\mu_0} - \boldsymbol{M}\right) = \boldsymbol{J} + \frac{\partial \boldsymbol{P}}{\partial t} + \frac{\partial(\varepsilon_0\boldsymbol{E})}{\partial t}$$

于是，我们得到式(6.36d)：

$$\mathrm{curl}\left(\frac{\boldsymbol{B}}{\mu_0}\right) = \left(\boldsymbol{J} + \frac{\partial \boldsymbol{P}}{\partial t} + \mathrm{curl}\boldsymbol{M}\right) + \frac{\partial(\varepsilon_0\boldsymbol{E})}{\partial t} \tag{6.38}$$

命题 2　(1) 试证明：在静电学中，用体电荷密度为 $-\mathrm{div}\boldsymbol{P}$ 与表面电荷密度为 $\boldsymbol{P}\cdot\boldsymbol{n}$ 的真空代替极化介质，可以正确计算空间任何一点的电场强度 $\boldsymbol{E}$。然后按照这些电荷写出空间任何一点的静电势 V 的表达式。

(2) 试证明：电极化强度 $\boldsymbol{P}$ 代表介质内单位体积的电偶极矩。可以使用如下电偶极矩 $\boldsymbol{p}$ 的静电势公式：

$$V = \frac{1}{4\pi\varepsilon_0}\boldsymbol{p}\cdot\nabla\left(\frac{1}{r}\right) \tag{6.39}$$

证明　(1) 方程(6.36c)是计算空间任何一点的 $\varepsilon_0\boldsymbol{E}$ 的公式，我们给 ρ_e 添加的量 $-\mathrm{div}\boldsymbol{P}$，可以被看作是一个有效电荷密度 ρ_e^*。

现在讨论可极化介质(介质 1)和真空(介质 2)两区域的边界条件。由 6.5 节，我们知道，在所有情况下，

$$(\boldsymbol{D}_2 - \boldsymbol{D}_1)\cdot\boldsymbol{n} = \sigma \tag{6.40}$$

式中，σ 是面电荷密度。如果我们假定表面上没有自由电荷，$\sigma = 0$，则 $\boldsymbol{D}$ 与边界正交的分量是连续的：

$$(\boldsymbol{D}_2 - \boldsymbol{D}_1)\cdot\boldsymbol{n} = 0$$

这时，利用式(6.27)，我们得到

$$[\varepsilon_0 \boldsymbol{E}_2 - (\varepsilon_0 \boldsymbol{E}_1 + \boldsymbol{P}_1)] \cdot \boldsymbol{n} = 0$$

因而，有

$$(\varepsilon_0 \boldsymbol{E}_2 - \varepsilon_0 \boldsymbol{E}_1) \cdot \boldsymbol{n} = \boldsymbol{P}_1 \cdot \boldsymbol{n} \tag{6.41}$$

这样，当我们用真空取代介质时，按式(6.18)，在边界处还必须有一个有效面电荷密度 $\sigma^* = \boldsymbol{P}_1 \cdot \boldsymbol{n}$。

因此在计算电场时，如果用体电荷密度 $\rho_e^* = -\operatorname{div}\boldsymbol{P}$ 和面电荷密度 $\sigma^* = \boldsymbol{P} \cdot \boldsymbol{n}$ 取代介质，我们能求得正确的答案。

让我们来看一下这一切所具有的意义。如果我们用真实的电荷分布 ρ_e^* 和 σ^* 取代了介质，那么空间任何一点的场是什么？

这些电荷产生的总电场可由静电势的梯度得到。由式(6.30)，静电势为

$$\begin{aligned} V &= \frac{1}{4\pi\varepsilon_0}\int_v \frac{\rho_e^*}{r}\mathrm{d}v + \frac{1}{4\pi\varepsilon_0}\int_S \frac{\sigma^*}{r}\mathrm{d}S \\ &= -\frac{1}{4\pi\varepsilon_0}\int_v \frac{\operatorname{div}\boldsymbol{P}}{r}\mathrm{d}v + \frac{1}{4\pi\varepsilon_0}\int_S \frac{\boldsymbol{P}\cdot\mathrm{d}\boldsymbol{S}}{r} \end{aligned}$$

(2) 把散度定理应用到第二个积分后，我们有

$$V = \frac{1}{4\pi\varepsilon_0}\int_v \left[-\frac{\operatorname{div}\boldsymbol{P}}{r} + \operatorname{div}\left(\frac{\boldsymbol{P}}{r}\right)\right]\mathrm{d}v$$

因为

$$\operatorname{div}\left(\frac{\boldsymbol{P}}{r}\right) = \frac{\operatorname{div}\boldsymbol{P}}{r} + \boldsymbol{P}\cdot\operatorname{grad}\left(\frac{1}{r}\right)$$

所以我们可得到

$$V = \frac{1}{4\pi\varepsilon_0}\int_v \boldsymbol{P}\cdot\operatorname{grad}\left(\frac{1}{r}\right)\mathrm{d}v \tag{6.42}$$

这是我们一直想要的漂亮结果。我们记得，静电偶极子在距离 r 处产生的电势为

$$V = \frac{1}{4\pi\varepsilon_0}\boldsymbol{p}\cdot\operatorname{grad}\left(\frac{1}{r}\right)$$

式中，$\boldsymbol{p}$ 是偶极子的电偶极矩。因此我们可以这样解释式(6.42)：$\boldsymbol{P}$ 是介质内单位体积的电偶极矩。

我们可以把电极化现象解释为把介质放入静电场 $\boldsymbol{E}$ 中时，造成在单位体积内有偶极矩 $\boldsymbol{P}$。这是 $\rho_e^* = -\operatorname{div}\boldsymbol{P}$ 这一项的由来。然而，在介质表面的偶极子导致介质一边有净正电荷，另一边有净负电荷，使整个系统保持中性。正是这些电荷导致表面电荷分布满足 $\sigma^* = \boldsymbol{P} \cdot \boldsymbol{n}$。

命题 3 (1) 试证明：在静磁学中，用电流密度 $\operatorname{curl}\boldsymbol{M}$ 和面电流密度 $-\boldsymbol{n}\times\boldsymbol{M}$ 取代磁体，可以正确计算磁感应强度 $\boldsymbol{B}$。然后按照这些电流写出在空间任何一点的静磁矢量势的表达式。

(2) 试证明：磁化强度 $\boldsymbol{M}$ 代表介质内单位体积的磁偶极矩。可以借用如下磁偶极矩 $\boldsymbol{m}$ 在与它相距 r 处产生的静磁矢量势：

$$\boldsymbol{A} = \frac{\mu_0}{4\pi}\boldsymbol{m}\times\nabla\left(\frac{1}{r}\right) \tag{6.43}$$

证明　(1) 由方程(6.36d)知，当我们用真空取代介质时，在式(6.36b)中，我们必须包含一个电流密度分布 $\boldsymbol{J}^* = \mathrm{curl}\boldsymbol{M}$。在两个介质之间的界面上有表面电流 $\boldsymbol{J}_S$ 时，由式(6.23)给出

$$\boldsymbol{n}\times(\boldsymbol{H}_2 - \boldsymbol{H}_1) = \boldsymbol{J}_S$$

如果没有表面电流，即 $\boldsymbol{J}_S = \boldsymbol{0}$，则

$$\boldsymbol{n}\times(\boldsymbol{H}_2 - \boldsymbol{H}_1) = \boldsymbol{0}$$

利用式(6.28)，有

$$\boldsymbol{n}\times\left[\frac{\boldsymbol{B}_2}{\mu_0} - \left(\frac{\boldsymbol{B}_1}{\mu_0} - \boldsymbol{M}_1\right)\right] = \boldsymbol{0}$$

这样，我们得到

$$\boldsymbol{n}\times\left(\frac{\boldsymbol{B}_2}{\mu_0} - \frac{\boldsymbol{B}_1}{\mu_0}\right) = -\boldsymbol{n}\times\boldsymbol{M}_1 \tag{6.44}$$

因此必须引入有效面电流密度 $\boldsymbol{J}_S^* = -(\boldsymbol{n}\times\boldsymbol{M}_1)$。

现在，我们来完成一个类似于说明极化强度 $\boldsymbol{P}$ 的意义的分析。电流强度 I 产生矢量势 $\boldsymbol{A}$，其表达式为

$$\boldsymbol{A} = \frac{\mu_0}{4\pi}\int\frac{I\mathrm{d}\boldsymbol{s}}{r}$$

因为 $I\mathrm{d}\boldsymbol{s} = J\mathrm{d}\sigma\mathrm{d}\boldsymbol{l} = \boldsymbol{J}\mathrm{d}v$。式中，$I$ 为电流强度，$J = |\boldsymbol{J}|$ 为电流密度的数值，$\boldsymbol{J}$ 为电流密度矢量，$\mathrm{d}\boldsymbol{s}$ 与 $\mathrm{d}\boldsymbol{l}$ 为电路元长度矢量，$\mathrm{d}\sigma$ 为电路截面元，$\mathrm{d}v$ 为电路体积元。按照电流密度 $\boldsymbol{J}$ 重写这一表达式，得

$$\boldsymbol{A} = \frac{\mu_0}{4\pi}\int\frac{\boldsymbol{J}\mathrm{d}v}{r}$$

因此由电流密度 $\boldsymbol{J}^*$ 和面电流密度 $\boldsymbol{J}_S^*$ 产生的矢量势为

$$\begin{aligned}\boldsymbol{A} &= \frac{\mu_0}{4\pi}\int_v\frac{\boldsymbol{J}^*\mathrm{d}v}{r} + \frac{\mu_0}{4\pi}\int_S\frac{\boldsymbol{J}_S^*\mathrm{d}S}{r}\\ &= \frac{\mu_0}{4\pi}\int_v\frac{\mathrm{curl}\boldsymbol{M}\mathrm{d}v}{r} - \frac{\mu_0}{4\pi}\int_S\frac{\mathrm{d}\boldsymbol{S}\times\boldsymbol{M}}{r}\end{aligned} \tag{6.45}$$

式中，$\mathrm{d}\boldsymbol{S} = \boldsymbol{n}\mathrm{d}S$。

(2) 现在，由附录 A5.2 的命题 3 中的式(A5.9)，我们知道

$$\int_v\mathrm{curl}\boldsymbol{a}\mathrm{d}v = \int_S\mathrm{d}\boldsymbol{S}\times\boldsymbol{a}$$

因此令 $\boldsymbol{a} = \boldsymbol{M}/r$，我们得到

$$\int_v\mathrm{curl}\left(\frac{\boldsymbol{M}}{r}\right)\mathrm{d}v = \int_S\left(\mathrm{d}\boldsymbol{S}\times\frac{\boldsymbol{M}}{r}\right) \tag{6.46}$$

这样，方程(6.45)变为

$$\boldsymbol{A} = \frac{\mu_0}{4\pi}\int_v\left[\frac{\mathrm{curl}\boldsymbol{M}}{r} - \mathrm{curl}\left(\frac{\boldsymbol{M}}{r}\right)\right]\mathrm{d}v \tag{6.47}$$

但

$$\mathrm{curl}\,x\boldsymbol{a}=x\,\mathrm{curl}\,\boldsymbol{a}-\boldsymbol{a}\times\mathrm{grad}\,x$$

因此

$$\boldsymbol{A}=\frac{\mu_0}{4\pi}\int_v \boldsymbol{M}\times\mathrm{grad}\left(\frac{1}{r}\right)\mathrm{d}v \qquad (6.48)$$

这也是我们一直想要的结果。比较式(6.48)和式(6.43),可以看出,$\boldsymbol{M}$ 代表介质内单位体积的磁偶极矩。

6.12 电磁场的能量密度

命题 1 (1) 由 6.8 节电场 $\boldsymbol{E}$ 的定义,试证明:在包含电磁力但忽略欧姆热时,电池推动电荷和电流反抗静电场力做功的速度是

$$\int_v \boldsymbol{J}\cdot(-\boldsymbol{E})\mathrm{d}v$$

从而证明:系统的总能量是

$$U=-\int_{全空间}\mathrm{d}v\int_0^t \boldsymbol{J}\cdot\boldsymbol{E}\mathrm{d}t$$

(2) 取式(6.2)与 $\boldsymbol{E}$ 及式(6.1)与 $\boldsymbol{H}$ 的标量积,把这个表达式变换为

$$U=\int_{全空间}\mathrm{d}v\int_0^{\boldsymbol{D}}\boldsymbol{E}\cdot\mathrm{d}\boldsymbol{D}+\int_{全空间}\mathrm{d}v\int_0^{\boldsymbol{B}}\boldsymbol{H}\cdot\mathrm{d}\boldsymbol{B}$$

证明 (1) 我们的证明从电磁场对带有电荷 q 的粒子做的功开始。在电磁理论中,这是经典分析之一。以 $\boldsymbol{u}$ 代表粒子的速度,因为磁力 $\boldsymbol{f}=q(\boldsymbol{u}\times\boldsymbol{B})$垂直作用于粒子的位移,磁场力不对粒子做功,故只有电场力做功。当粒子从 $\boldsymbol{r}$ 移动到 $\boldsymbol{r}+\mathrm{d}\boldsymbol{r}$ 时,电场力做的功是 $q\boldsymbol{E}\cdot\mathrm{d}\boldsymbol{r}$,这样

$$在单位时间内做的功=q\boldsymbol{E}\cdot\boldsymbol{u}$$

因此在单位时间、单位体积内做的功是 $qn\boldsymbol{E}\cdot\boldsymbol{u}=\boldsymbol{J}\cdot\boldsymbol{E}$。式中,$n$ 是电荷 q 的数密度。为了求得电场在单位时间内做的总功,要对全空间积分:

$$\int_v \boldsymbol{J}\cdot\boldsymbol{E}\mathrm{d}v$$

电池是驱动这些电流的动力源,单位时间内电池对抗电场力在系统上必须做的功是 $\int_v(-\boldsymbol{J})\cdot\boldsymbol{E}\mathrm{d}v$。因此电池供应的总能量是

$$U_{总}=-\int_{全空间}\mathrm{d}v\int_0^t \boldsymbol{J}\cdot\boldsymbol{E}\mathrm{d}t \qquad (6.49)$$

(2) 证明从用 $\boldsymbol{E},\boldsymbol{D},\boldsymbol{H}$ 和 $\boldsymbol{B}$ 表示 $\boldsymbol{J}\cdot\boldsymbol{E}$ 开始。很简单,由式(6.2),有

$$\boldsymbol{E}\cdot\boldsymbol{J}=\boldsymbol{E}\cdot\left(\mathrm{curl}\boldsymbol{H}-\frac{\partial\boldsymbol{D}}{\partial t}\right)\tag{6.50}$$

现在，取式(6.1)与 $\boldsymbol{H}$ 的标量积，并把它添加到式(6.50)，得

$$\boldsymbol{E}\cdot\boldsymbol{J}=\boldsymbol{E}\cdot\mathrm{curl}\boldsymbol{H}-\boldsymbol{H}\cdot\mathrm{curl}\boldsymbol{E}-\boldsymbol{E}\cdot\frac{\partial\boldsymbol{D}}{\partial t}-\boldsymbol{H}\cdot\frac{\partial\boldsymbol{B}}{\partial t}\tag{6.51}$$

利用矢量关系 $\nabla\cdot(\boldsymbol{a}\times\boldsymbol{b})=\boldsymbol{b}\cdot(\nabla\times\boldsymbol{a})-\boldsymbol{a}\cdot(\nabla\times\boldsymbol{b})$，我们能把式(6.51)改写为[2]

$$\boldsymbol{E}\cdot\boldsymbol{J}=-\mathrm{div}(\boldsymbol{E}\times\boldsymbol{H})-\boldsymbol{E}\cdot\frac{\partial\boldsymbol{D}}{\partial t}-\boldsymbol{H}\cdot\frac{\partial\boldsymbol{B}}{\partial t}$$

取上式对时间的积分，我们求得电池供给系统单位体积的总能量为

$$-\int_0^t\boldsymbol{J}\cdot\boldsymbol{E}\mathrm{d}t=\int_0^t\mathrm{div}(\boldsymbol{E}\times\boldsymbol{H})\mathrm{d}t+\int_0^D\boldsymbol{E}\cdot\mathrm{d}\boldsymbol{D}+\int_0^B\boldsymbol{H}\cdot\mathrm{d}\boldsymbol{B}\tag{6.52}$$

现在，对式(6.52)右边的第一个积分式进行全空间积分，对它交换积分次序后再应用散度定理，得

$$\int_0^t\int_v\mathrm{div}(\boldsymbol{E}\times\boldsymbol{H})\mathrm{d}v\mathrm{d}t=\int_0^t\int_S(\boldsymbol{E}\times\boldsymbol{H})\cdot\mathrm{d}\boldsymbol{S}\mathrm{d}t$$

等式右边的面积分代表单位时间内通过曲面 $\boldsymbol{S}$ 的能量通量。量 $\boldsymbol{E}\times\boldsymbol{H}$ 是众所周知的坡印亭(Poynting)矢量，是在与 $\boldsymbol{E}$ 及 $\boldsymbol{H}$ 都正交的方向上单位时间流过单位面积的能量。显然，$\boldsymbol{E}\times\boldsymbol{H}$ 遍及闭合曲面 $\boldsymbol{S}$ 的积分代表通过该曲面的能量损失率。

式(6.52)的另外两项代表在 $\boldsymbol{E}$ 和 $\boldsymbol{H}$ 场中单位体积内储存的能量。因此我们可以把电场和磁场的总能量表达式写为

$$U=\int_v\int_0^D\boldsymbol{E}\cdot\mathrm{d}\boldsymbol{D}\mathrm{d}v+\int_v\int_0^B\boldsymbol{H}\cdot\mathrm{d}\boldsymbol{B}\mathrm{d}v\tag{6.53}$$

这是我们一直寻求的答案。如果极化介质是线性的，即 $\boldsymbol{D}\propto\boldsymbol{E}$ 且 $\boldsymbol{B}\propto\boldsymbol{H}$，则总能量可以写为

$$U=\int_v\frac{1}{2}(\boldsymbol{D}\cdot\boldsymbol{E}+\boldsymbol{B}\cdot\boldsymbol{H})\mathrm{d}v\tag{6.54}$$

命题 2　在极化介质是线性介质的情况下，即在 $\boldsymbol{D}\propto\boldsymbol{E}$ 时，试把式(6.53)右边的第一项变换成 $\int\frac{1}{2}\rho_{\mathrm{e}}V\mathrm{d}v$。式中，$V$ 是静电势。

证明　让我们逆向证明。由式(6.11)可得

$$\frac{1}{2}\int_v\rho_{\mathrm{e}}V\mathrm{d}v=\frac{1}{2}\int_v(\mathrm{div}\boldsymbol{D})V\mathrm{d}v$$

因为 $\mathrm{div}(V\boldsymbol{D})=\mathrm{grad}V\cdot\boldsymbol{D}+V\mathrm{div}\boldsymbol{D}$，利用此式和散度定理及电场 $\boldsymbol{E}=-\mathrm{grad}V$，由上式可得

$$\begin{aligned}\frac{1}{2}\int_v\rho_{\mathrm{e}}V\mathrm{d}v&=\frac{1}{2}\int_v\mathrm{div}(V\boldsymbol{D})\mathrm{d}v-\frac{1}{2}\int_v\mathrm{grad}V\cdot\boldsymbol{D}\mathrm{d}v\\&=\frac{1}{2}\int_S V\boldsymbol{D}\cdot\mathrm{d}\boldsymbol{S}+\frac{1}{2}\int_v\boldsymbol{E}\cdot\boldsymbol{D}\mathrm{d}v\end{aligned}\tag{6.55}$$

现在我们必须处理式(6.55)中的面积分。我们允许把积分区域推广到一个非常大的体积，随着半径 r 趋于无穷大，V 和 $\boldsymbol{D}$ 会怎样改变呢？如果系统是孤立的，则对于与净电荷有关的可能存在的最低的多极电场，有 $D \propto E \propto r^{-2}$，$V \propto r^{-1}$。例如，如果系统是中性的，则在一个大的距离处，可能的最低多极电场是偶极电场，有 $D \propto r^{-3}$ 且 $V \propto r^{-2}$。因此我们只需要考虑最低的多极情况：

$$\frac{1}{2}\int_S V\boldsymbol{D} \cdot \mathrm{d}\boldsymbol{S} \propto \frac{1}{2}\int \frac{1}{r} \cdot \frac{1}{r^2} r^2 \mathrm{d}\Omega \propto \frac{1}{r} \to 0 \quad (r \to \infty) \tag{6.56}$$

式中，$\mathrm{d}\Omega$ 是立体角元。因此在体积 v 趋向无限大的极限下，式(6.55)右边第一项消失，我们得到

$$\frac{1}{2}\int_v \rho_{\mathrm{e}} V \mathrm{d}v = \frac{1}{2}\int_v \boldsymbol{E} \cdot \boldsymbol{D} \mathrm{d}v \tag{6.57}$$

这样，对于线性介质，式(6.55)右边与 $\frac{1}{2}\iint \boldsymbol{E} \cdot \boldsymbol{D} \mathrm{d}v$ 完全一样。

命题 3 试证明：在没有永久磁铁时，对于线性介质，有 $\boldsymbol{B} \propto \boldsymbol{H}$，式(6.53)右边的第二项变成 $\sum_n \frac{1}{2} I_n \Phi_n$。式中，$I_n$ 是第 n 个电路中的电流，Φ_n 是穿过该电路的磁通量。

证明 引入矢量势 $\boldsymbol{A}$ 来证明最简单，它是导致麦克斯韦发现他的方程的故事的组成部分[见 5.3.1 小节式(5.28)]。我们像通常一样，用 $\boldsymbol{B} = \mathrm{curl}\boldsymbol{A}$ 定义 $\boldsymbol{A}$。现在让我们分析积分

$$\int_v \mathrm{d}v \int_0^B \boldsymbol{H} \cdot \mathrm{d}\boldsymbol{B} \tag{6.58}$$

$\boldsymbol{A}$ 的微分 $\mathrm{d}\boldsymbol{A}$ 的定义式是 $\mathrm{d}\boldsymbol{B} = \mathrm{curl}\,\mathrm{d}\boldsymbol{A}$。现在，再次利用矢量恒等式

$$\nabla \cdot (\boldsymbol{a} \times \boldsymbol{b}) = \boldsymbol{b} \cdot (\nabla \times \boldsymbol{a}) - \boldsymbol{a} \cdot (\nabla \times \boldsymbol{b})$$

可得

$$\nabla \cdot (\boldsymbol{H} \times \mathrm{d}\boldsymbol{A}) = \mathrm{d}\boldsymbol{A} \cdot (\nabla \times \boldsymbol{H}) - \boldsymbol{H} \cdot (\nabla \times \mathrm{d}\boldsymbol{A})$$

按这个方程，把 $\boldsymbol{H} \cdot \mathrm{d}\boldsymbol{B} = \boldsymbol{H} \cdot (\nabla \times \mathrm{d}\boldsymbol{A})$ 代入积分式(6.58)后，再在右边第二个积分中应用高斯定理，我们得到

$$\begin{aligned}\int \mathrm{d}v \int_0^B \boldsymbol{H} \cdot \mathrm{d}\boldsymbol{B} &= \int_v \mathrm{d}v \int_0^A (\nabla \times \boldsymbol{H}) \cdot \mathrm{d}\boldsymbol{A} - \int_v \mathrm{d}v \int_0^A \nabla \cdot (\boldsymbol{H} \times \mathrm{d}\boldsymbol{A}) \\ &= \int_v \mathrm{d}v \int_0^A (\nabla \times \boldsymbol{H}) \cdot \mathrm{d}\boldsymbol{A} - \int_S \int_0^A (\boldsymbol{H} \times \mathrm{d}\boldsymbol{A}) \cdot \mathrm{d}\boldsymbol{S}\end{aligned}$$

对右边第二项，我们要使用与式(6.56)中求无穷远处面积分相同的论证。由于磁场与 r 的关联不强于 $\boldsymbol{A} \propto r^{-2}$ 和 $\boldsymbol{H} \propto r^{-1}$，没有自由磁极，所以随着 $r \to \infty$，这一项趋向零。这样

$$\int \mathrm{d}v \int_0^B \boldsymbol{H} \cdot \mathrm{d}\boldsymbol{B} = \int_v \mathrm{d}v \int_0^A (\nabla \times \boldsymbol{H}) \cdot \mathrm{d}\boldsymbol{A}$$

假设没有位移电流，$\partial \boldsymbol{D}/\partial t = \boldsymbol{0}$，则由式(6.2)，有 $\nabla \times \boldsymbol{H} = \boldsymbol{J}$。此时，上式变为

$$\int_v \mathrm{d}v \int_0^{\boldsymbol{B}} \boldsymbol{H} \cdot \mathrm{d}\boldsymbol{B} = \int_v \mathrm{d}v \int_0^{\boldsymbol{A}} \boldsymbol{J} \cdot \mathrm{d}\boldsymbol{A}$$

现在考虑一个有电流 I 的回路(图 6.2)。取长度为 $\mathrm{d}\boldsymbol{l}$ 的一小段电流管,管的横截面积是 $\mathrm{d}\sigma$,管中的电流密度是 J。使用闭合电流管的优点是电流 I 恒定,即 $\boldsymbol{J} \cdot \mathrm{d}\boldsymbol{\sigma} = J\mathrm{d}\sigma = I =$ 常量。因 $\mathrm{d}v = \mathrm{d}\sigma\mathrm{d}l$,有

$$\int_v \mathrm{d}v \int_0^{\boldsymbol{A}} \boldsymbol{J} \cdot \mathrm{d}\boldsymbol{A} = \int_l \int_0^{\boldsymbol{A}} J\mathrm{d}\sigma\mathrm{d}\boldsymbol{A} \cdot \mathrm{d}\boldsymbol{l} = \int_l \int_0^{\boldsymbol{A}} I\mathrm{d}\boldsymbol{A} \cdot \mathrm{d}\boldsymbol{l}$$

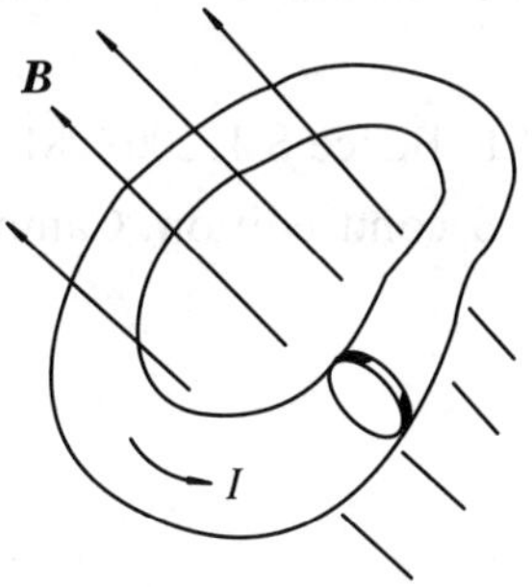

图 6.2　通过闭合电流管的磁通量线,管的截面积是 $\mathrm{d}\sigma$,管中有电流 I

现在,对 $\mathrm{d}\boldsymbol{A}$ 积分。我们注意,事实上,我们是通过乘积 $I\mathrm{d}\boldsymbol{A}$ 求能量的,因此获得数值 $\boldsymbol{A}$ 需要的能量是 I 和 $\boldsymbol{A}$ 乘积的一半,这和发生在静电学中的情况一样。在最后的一个积分中,我们隐藏了对矢量场 $\boldsymbol{J}$ 的依赖,$\boldsymbol{J}$ 包含在恒定电流 I 中。因此

$$\int_v \mathrm{d}v \int_0^{\boldsymbol{A}} \boldsymbol{J} \cdot \mathrm{d}\boldsymbol{A} = \frac{1}{2} I \int_l \boldsymbol{A} \cdot \mathrm{d}\boldsymbol{l} = \frac{1}{2} I \int_S \mathrm{curl}\boldsymbol{A} \cdot \mathrm{d}\boldsymbol{S} = \frac{1}{2} I \int_S \boldsymbol{B} \cdot \mathrm{d}\boldsymbol{S} = \frac{1}{2} I\Phi$$

现在,我们对占据整个空间的所有电流回路叠加上式,得到

$$\int \mathrm{d}v \int \boldsymbol{H} \cdot \mathrm{d}\boldsymbol{B} = \frac{1}{2} \sum_n I_n \Phi_n$$

6.13　结　束　语

我们用矢量场书写电磁学教材有很大的风险!但这真的是一个非常优雅的故事。麦克斯韦方程组的显著特点是能很简洁地讨论经典电磁学的所有现象。公式化的好处是可以推广处理涉及各向异性力的更为复杂的系统,例如,电磁波在磁化等离子体或各向异性材料中传播所遇到的情况。这些都起源于麦克斯韦对真空性能的力学类比,电磁现象是通过这个真空传播的。

6.14 参考文献

[1] Stratton J A. 1941. Electromagnetic Theory. London and New York: McGraw Hill.

[2] Riley K F, Hobson M P, Bence S J. 2002. Mathematical Methods for Physics and Engineering. Second edition. Cambridge: Cambridge University Press. *

* 我们热忱推荐此书作为阅读本书所需要的优秀数学参考书。其矢量与矢量算子的章节对本章特别有用。

专题3

线性/非线性力学与动力学

任何理论物理课程的关键部分之一都是用于处理经典力学和动力学问题的诸多算法，这些算法变得越来越先进。这样或那样的方式都是牛顿在《原理》一书中阐述的基本原理的延伸，尽管它们看起来和牛顿三大定律相去甚远。经典力学和动力学的基础可以以多种形式阐述。以下是我在本科一年级时怀着不安的心情读的琳赛（R. B. Lindsay）和马杰诺（H. Margenau）的教科书《物理基础》[1]中发现的几种不同方法的清单：

（1）牛顿运动定律。

（2）达朗贝尔（D'Alembert）原理。

（3）高斯原理。

（4）赫兹力学。

（5）哈密顿原理和最小作用量原理。

（6）广义坐标和拉格朗日方程。

（7）哈密顿正则方程。

（8）力学变换理论和哈密顿-雅可比方程。

这里不宜深入探讨不同的方式——这在标准教材[如戈德斯坦（Goldstein）的《经典力学》[2]]中有更充分的讲述。当然了，在第7章，我想强调一些对动力学不同方面提供深入洞察的方法的特征。

首先，领会这些不同的方法是完全等价的，这点很重要。原则上，经典力学或动力学中给出的问题能够用以上任何一种方法解答。它们得以发展是因为牛顿运动定律在处理一些特定的问题时不一定是最简单的方法。很多时候，其他方法能给出更直接的途径。此外，这些方法中的一些方法会使我们对一些基本特性有更深刻的理解。在这些特性中，守恒定律和振动的简正模式是特别重要的概念。一些方法会自然地产生一些形式体系，它们能被套用到量子力学中。我们将重述狄拉克发现他的量子力学的方法，以此作为理论物理学家实际上是如何工作的一个说明。

这些方法非常优美而充满力量，但也存在一些任何分析方法都未能解决的问题。在第 8 章，我们超越以上这些分析方法，介绍一些经典力学和动力学系统中只能依靠高速运转的计算机来处理的数值运算。该章讨论了几种解决问题的方法：维数法、混沌动力学中的非线性现象法（最极端的情况下，非常不具线性相关性，只能依靠计算机模型获得对混乱中的原始规律的起源的理解）。这些领域中的研究许多还处于初级阶段。

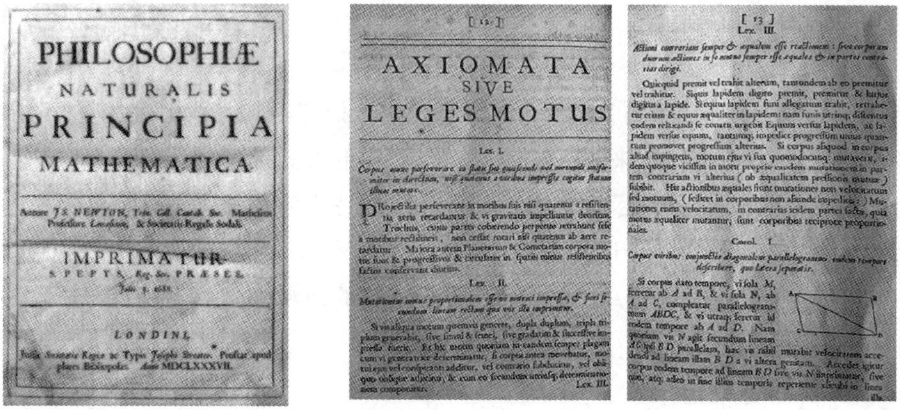
PHILOSOPHIÆ
NATURALIS
PRINCIPIA
MATHEMATICA

IMPRIMATUR
S. PEPYS, Reg. Soc. PRÆSES.

LONDINI,
Anno MDCLXXXVII.

AXIOMATA
SIVE
LEGES MOTUS

Lex. I.

Lex. II.

Lex. III.

Corol. I.

(a) (b)

专题图 3.1 (a) 牛顿《原理》一书的扉页；(b) 出现在《原理》一书中的牛顿运动定律

专题 3 参考文献

[1] Lindsay R B, Margenau H. 1957. Foundations of Physics. London: Constable and Co. (Dover reprint).

[2] Goldstein H. 1950. Classical Mechanics. London: Addison-Wesley.

第 7 章　力学与动力学方法

7.1　牛顿运动定律

在专题 1 中，我们概述了导致牛顿在其《原理》一书中发表运动定律的历史，该书于 1687 年由佩皮斯(Samuel Pepys)出版。《原理》一书包含 3 个分册，最前面有两个小节，分别为"定义"和"运动的公理或定律"。定义有 8 个，描述了诸如质量、动量、冲量、外力、惯性以及离心力等概念。接下来的 3 个公理我们现在叫作牛顿运动定律。对于《原理》中的定义以及公理的严格意义，一直有着许多争论；但在第 1 和第 3 分册的分析中，牛顿对这些量的应用无疑与它们的现代意义一致。三大运动定律的表述形式与所有标准的现代教科书的用语惊人地相似。

(1) **牛顿第一定律**：每个物体都保持其静止或匀速直线运动的状态，除非有外力作用于它迫使它改变那个状态。用矢量来表示，此即

$$\text{如果 } \boldsymbol{f} = \boldsymbol{0}, \quad \text{则} \quad \frac{\mathrm{d}\boldsymbol{v}}{\mathrm{d}t} = \boldsymbol{0} \tag{7.1}$$

(2) **牛顿第二定律**：运动(即动量)的变化正比于力，变化的方向沿力作用的直线方向。实际上牛顿的意思是，动量的变化率正比于力，正如他在《原理》一书中，从头到尾用他的定律来举例说明的那样。用现代的表述，此即

$$\boldsymbol{f} = \frac{\mathrm{d}\boldsymbol{p}}{\mathrm{d}t}, \quad \boldsymbol{p} = m\boldsymbol{v} \tag{7.2}$$

其中，$\boldsymbol{p}$ 是物体的动量。

(3) **牛顿第三定律**：每一个作用都有一个等量、反向的反作用；或者，任何两个物体之间的相互作用总是等量的，且沿同一直线的相反方向。

关于牛顿的"定义"和"三大运动定律"有一些有趣的逻辑问题。牛顿显然认为，一些概念是不阐自明的，如"质量"和"力"。而现在更倾向于认为，三大运动定律为其中涉及的量提供了定义，并同时反映了我们的实验经验。

作为一个例子，只应用力产生加速度的观念，我们就可以如下定义质量。设计一种装置，它可以对不同的物体作用相同大小的力。一个物体的质量因而可以被定义为一个量，它正比于该物体加速度的倒数。利用牛顿第三定律，我们可以定义

一个质量的相对标度。设 A 和 B 两个质点相互作用，则根据牛顿第三定律有 $f_A = -f_B$。注意作用与反作用总是施于不同的物体。如果我们测量它们在相互作用时的加速度，就会发现加速度之比 a_{AB}/a_{BA} 是一定的，记为 M_{AB}。如果把质点 C 与 A 和 B 分别做比较，我们将测量出加速度比 M_{BC} 和 M_{AC}。由实验得到 $M_{AB} = M_{AC}/M_{BC}$。这表明，我们可以把 M_{AB} 写成 M_B/M_A 等。因此我们可以把 M_A, M_B, M_C 之一选为标准质量，从而定义一个质量标度。

现在看来这一切是平凡无奇的，但其中有一点很重要，这就是，即使是在像牛顿定律这样看上去很直观的论断中，也存在着基本的假设和基本的实验结果，它们是论断成立的基础。事实上，牛顿的方程就是真实世界中实际发生过程的非常好的近似。但是并没有从开头就奠定这些基础的严格的逻辑途径。因而只要遵照狄拉克的下述格言，就不会有操作上的问题："我们希望得到描述大自然的方程……并且必须使自己认可严格逻辑的缺失。"

我们不会根据牛顿运动定律推导守恒定律，这是标准教科书的论题。我们只是回忆一下这些定律，它们可以从牛顿定律直接推导出来。这些守恒定律是：

(1) **动量守恒定律**。

(2) **角动量守恒定律**。

(3) **能量守恒定律**(只要定义了合适的势能函数)。

第 7.6 节将根据欧拉-拉格朗日方程推导出这些定律。

一个重要的概念是，在相对做匀速运动的参考系之间，牛顿运动定律在坐标变换下具有的不变性。这个问题是专题 6 中狭义相对论创立的关键。在第 3.6 节中，我们讨论过伽利略关于惯性参考系的发现以及物理定律在伽利略坐标变换下保持不变。图 3.9 表示以相对速度 V 做匀速运动的参考系 S 和 S'。根据伽利略相对论，参考系 S 和 S' 的坐标之间的关系为

$$\begin{aligned} x' &= x - Vt \\ y' &= y \\ z' &= z \\ t' &= t \end{aligned} \tag{7.3}$$

将式(7.3)的第一个关系对时间取二阶导数，我们得到 $\ddot{x}' = \ddot{x}$。这表明，在任何一个惯性参考系中，如果加速度相同，则力也相同。用相对论的语言来说就是，在惯性参考系之间加速度是一个不变量。注意时间是一个绝对量，其意义是，坐标 t 在所有惯性系中表示同样的时间快慢。这些变换在伽利略的工作中是隐含的，他只是说，无论观测者是静止还是做匀速直线运动，自然法则都应当没有区别。正因为如此，方程(7.3)常被称作**伽利略变换**。令人感兴趣的是，伽利略提出这一论点的动机是为了表明：即使地球恰好是在运动，而不是在宇宙的中心处于静止，我们的宇宙观不会因此而改变。因而，这一论点实际上也是伽利略为哥白尼学说辩护的一部分。

7.2 “最小作用”原理

力学和动力学常采用的最有效的方法之一，是求得某一函数，使它导致另外某个适当定义的函数取极小值。在力学的发展过程中，这一方法被表述为**公理**的形式，且在处理各种不同类型的问题时，所选取的形式需要经过仔细推敲。在诸多的基础理论物理学著作中，我发现费恩曼（Richard Feynman）的《物理学讲义》里，题为“最小作用原理”的第2卷第19章，在阐明这一方法用于动力学的基本思路方面，做得非常出色。下面我们将沿循他的讲述，但在表述上要简略得多，因为大部分数学工具我们已经熟悉了。

我们来考虑保守力场中单粒子动力学的简单情况。保守力场即这样的场：它可以由一个标量势的求导而得出。这样的力场包括静电力 $\boldsymbol{f}=-q\,\mathrm{grad}\Phi_e$，以及引力 $\boldsymbol{f}=-m\,\mathrm{grad}\Phi_g$，其中 Φ_e 和 Φ_g 分别为静电势和引力势。在这样的力场中，一个试探粒子的静电势能和引力势能分别是 $V=q\Phi_e$ 和 $m\Phi_g$。

现在我们引入一组公理，利用它们可以求出粒子在保守力场的作用下的轨道。首先定义**拉格朗日量**：

$$\mathcal{L}=\frac{1}{2}mv^2-V \tag{7.4}$$

它是粒子在力场中任意一点的动能与势能之差。为了得到粒子在固定的时间间隔 t_1 到 t_2 内，在力场中两点之间的轨道路径，我们要找到使得下面的函数具有极小值的路径：

$$S=\int_{t_1}^{t_2}\left(\frac{1}{2}mv^2-V\right)\mathrm{d}t \tag{7.5}$$

$$=\int_{t_1}^{t_2}\left[\frac{1}{2}m\left(\frac{\mathrm{d}\boldsymbol{r}}{\mathrm{d}t}\right)^2-V\right]\mathrm{d}t \tag{7.6}$$

下面将表明，这样的表述严格等同于牛顿的运动定律，他把这些定律更准确地称为“公理”。

量 S 没有一个简单的正式名称，但费恩曼把它叫作“作用”，故求 S 的极小值可以看作是一个“最小作用”原理。但其中的问题是，“作用”这个词在力学的发展过程中是用于与 S 不同的情况的。因而我们将只把它称为 S 函数。

我们很容易看到，上面的定义和程序与牛顿第一运动定律是完全一致的。如果没有力的存在，$V=$ 常量，故我们必须求 $\int_{t_1}^{t_2}\boldsymbol{v}^2\mathrm{d}t$ 的极小值。这一极小值相应于 $t_1\sim t_2$ 之间恒定的速度 $\boldsymbol{v}$，这一点可以论证如下：如果粒子在此两点间做加速或减

速运动,且 $t_1 \sim t_2$ 之间的时间间隔不变,则该积分值将必然大于速度恒定时的积分值,因为积分中出现的是 $\boldsymbol{v}^2$,而基本的分析法则告诉我们 $\langle \boldsymbol{v}^2 \rangle \geqslant \langle |\boldsymbol{v}| \rangle^2$。这样,牛顿第一运动定律就相应于 S 取极小值,也就是说,在力不存在的情况下,$\boldsymbol{v}$ 是恒量。

进一步的讨论需要了解**变分计算法**。我们很快将用它来处理一些简单的问题,但在此之前,先来分析一下在标量势场中运动的详细情况。我觉得费恩曼的分析非常具有吸引力。考虑一个单变量函数,如 $f(x)$,当我们求得这个函数的极小值时,就得出曲线上的一个点。在该点 $\mathrm{d}f(x)/\mathrm{d}x = 0$。我们假定这发生在 $x = 0$ 点(图 7.1)。如果把函数在 $x = 0$ 极小值附近近似表述为幂级数:

$$f(x) = a_0 + a_1 x + a_2 x^2 + a_3 x^3 + \cdots$$

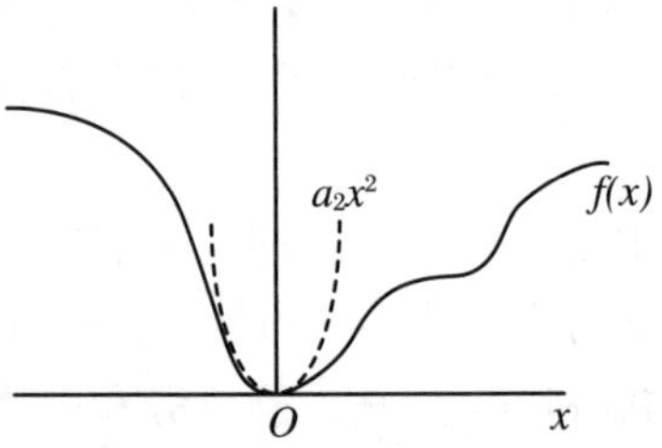

图 7.1　函数 $f(x)$在极小值附近,可以近似表示为 $a_2 x^2$ 的图示

显然,只有当 $a_1 = 0$ 时,在 $x = 0$ 处有 $\mathrm{d}f/\mathrm{d}x = 0$。如此一来,该函数当 $x \to 0$ 时趋于抛物线,因为 $f(x)$在极小值附近的上述展开式中,第一个非零系数必须是 a_2,即

$$f(x) = a_0 + a_2 x^2 + a_3 x^3 + \cdots$$

换句话说,当相对极小值有小位移 x 时,函数 $f(x)$的变化只是 x 的二次项。

现在我们转到粒子动力学。根据同样的原则,可以用 S 的极小值来得出粒子的轨道。如果粒子的最短路径是 $\boldsymbol{x}_0(t)$,则 $t_1 \sim t_2$ 之间的另一路径为

$$\boldsymbol{x}(t) = \boldsymbol{x}_0(t) + \boldsymbol{\eta}(t) \tag{7.7}$$

式中,$\boldsymbol{\eta}(t)$表示 $\boldsymbol{x}(t)$与最短路径 $\boldsymbol{x}_0(t)$的偏离。正如我们定义函数 $f(x)$的极小值是位于 $f(x)$的展开式中没有 x 的一次项的点那样,我们可以定义 S 函数的极小值是位于 S 与 $\boldsymbol{\eta}$ 的一次项无关的点,即不包含 $\boldsymbol{\eta}(t)$项的点。

将式(7.7)代入式(7.6),得到

$$\begin{aligned} S &= \int_{t_1}^{t_2} \left[\frac{m}{2} \left(\frac{\mathrm{d}\boldsymbol{x}_0}{\mathrm{d}t} + \frac{\mathrm{d}\boldsymbol{\eta}}{\mathrm{d}t} \right)^2 - V(\boldsymbol{x}_0 + \boldsymbol{\eta}) \right] \mathrm{d}t \\ &= \int_{t_1}^{t_2} \left\{ \frac{m}{2} \left[\left(\frac{\mathrm{d}\boldsymbol{x}_0}{\mathrm{d}t} \right)^2 + 2 \frac{\mathrm{d}\boldsymbol{x}_0}{\mathrm{d}t} \cdot \frac{\mathrm{d}\boldsymbol{\eta}}{\mathrm{d}t} + \left(\frac{\mathrm{d}\boldsymbol{\eta}}{\mathrm{d}t} \right)^2 \right] - V(\boldsymbol{x}_0 + \boldsymbol{\eta}) \right\} \mathrm{d}t \end{aligned} \tag{7.8}$$

现在我们感兴趣的只是保留到 $\boldsymbol{\eta}$ 的一次项,因而可以去掉$(\mathrm{d}\boldsymbol{\eta}/\mathrm{d}t)^2$ 项。此外,可以用泰勒展开式把 $V(\boldsymbol{x}_0 + \boldsymbol{\eta})$展开到 $\boldsymbol{\eta}$ 的一次项:

$$V(\boldsymbol{x}_0 + \boldsymbol{\eta}) = V(\boldsymbol{x}_0) + \nabla V \cdot \boldsymbol{\eta} \tag{7.9}$$

把式(7.9)代入式(7.8)，并只保留 $\boldsymbol{\eta}$ 的一次项，得出

$$S=\int_{t_1}^{t_2}\left[\frac{m}{2}\left(\frac{\mathrm{d}\boldsymbol{x}_0}{\mathrm{d}t}\right)^2-V(\boldsymbol{x}_0)+m\frac{\mathrm{d}\boldsymbol{x}_0}{\mathrm{d}t}\cdot\frac{\mathrm{d}\boldsymbol{\eta}}{\mathrm{d}t}-\nabla V\cdot\boldsymbol{\eta}\right]\mathrm{d}t \tag{7.10}$$

积分中的前两项表示未知的最小路径，因而为常量。我们要做的是，确保后面的两项与 $\boldsymbol{\eta}$ 无关，这是 S 取极小值的条件，故我们只关注后面这两项。为方便起见，我们写

$$S'\equiv\int_{t_1}^{t_2}\left(m\frac{\mathrm{d}\boldsymbol{x}_0}{\mathrm{d}t}\cdot\frac{\mathrm{d}\boldsymbol{\eta}}{\mathrm{d}t}-\boldsymbol{\eta}\cdot\nabla V\right)\mathrm{d}t \tag{7.11}$$

把第一项进行分部积分，这样，出现在积分中的就是 $\boldsymbol{\eta}$ 而不是 $\mathrm{d}\boldsymbol{\eta}/\mathrm{d}t$，得到

$$S'=m\left[\boldsymbol{\eta}\cdot\frac{\mathrm{d}\boldsymbol{x}_0}{\mathrm{d}t}\right]_{t_1}^{t_2}-\int_{t_1}^{t_2}\left[\frac{\mathrm{d}}{\mathrm{d}t}\left(m\frac{\mathrm{d}\boldsymbol{x}_0}{\mathrm{d}t}\right)\cdot\boldsymbol{\eta}+\boldsymbol{\eta}\cdot\nabla V\right]\mathrm{d}t \tag{7.12}$$

我们知道在 t_1 和 t_2 两点，函数 $\boldsymbol{\eta}$ 必然为零，因为此两点是所有路径必须开始和结束的点。所以式(7.12)的第一项为零。而且，由于对所有相对最小解 $\boldsymbol{x}_0$ 的一阶扰动 $\boldsymbol{\eta}$，积分必须为零，我们可以写

$$S'=-\int_{t_1}^{t_2}\left\{\boldsymbol{\eta}\cdot\left[\frac{\mathrm{d}}{\mathrm{d}t}\left(m\frac{\mathrm{d}\boldsymbol{x}_0}{\mathrm{d}t}\right)+\nabla V\right]\right\}\mathrm{d}t=0 \tag{7.13}$$

此式必须对任意的扰动 $\boldsymbol{\eta}(t)$ 都成立，因而方括号中的值必须为零，即

$$\frac{\mathrm{d}}{\mathrm{d}t}\left(m\frac{\mathrm{d}\boldsymbol{x}_0}{\mathrm{d}t}\right)=-\nabla V \tag{7.14}$$

我们看出，这就是牛顿第二运动定律，由于 $\boldsymbol{f}=-\nabla V$，上式即

$$\boldsymbol{f}=\frac{\mathrm{d}}{\mathrm{d}t}\left(m\frac{\mathrm{d}\boldsymbol{x}_0}{\mathrm{d}t}\right)=\frac{\mathrm{d}\boldsymbol{p}}{\mathrm{d}t} \tag{7.15}$$

这样，我们利用最小作用原理得到的运动定律的另一种表述，与牛顿对运动定律的表述完全等同。当然，更细致全面的处理还有许多工作要做。

我们只要这样说一下就可以了：这一方法可以推广应用到保守力和非保守力的所有情况。关键是我们有了一套程序，包括直接写出系统的动能和势能(分别为 T 和 V)、构造拉格朗日量 $\mathcal{L}$ 并求出函数 S 的极小值。这一方法的巨大优点是，在一些适宜的坐标系中，可以直截了当地写出这些能量。因而下面的步骤就清楚了。我们需要知道，在处理有关问题时，在所采用的任何适宜的坐标系中求得 S 极小值的法则。这些法则就变成**欧拉-拉格朗日方程**。

应当注意到，关于物理学中的作用原理，有一点是很有意思的。一般来讲，我们并没有一个求出拉格朗日量的确定程序。用费恩曼的话来说就是：

> 作用量(S)在特定情况下应当是什么，这个问题必须经由某些尝试和失败才能确定，就像原先确定运动定律那样。你只需要去反复实验你得到的方程，看它是否适合最小作用原理的形式。[1]

一个有趣而重要的例子是，相对论性粒子在电磁场中的运动。其适合的拉格朗日量为

$$\mathcal{L} = -\gamma^{-1} m_0 c^2 - q\Phi_e + q\boldsymbol{v} \cdot \boldsymbol{A} \tag{7.16}$$

其中,洛伦兹因子 $\gamma = (1 - v^2/c^2)^{-1/2}$,$\Phi_e$ 为静电势,$\boldsymbol{A}$ 为磁矢量势。要注意的是,虽然 $q\Phi_e$ 和 $q\boldsymbol{v} \cdot \boldsymbol{A}$ 的形式与势能类似,但是 $-m_0c^2/\gamma$ 绝不是相对论性动能。但当 $v \to 0$ 时,$-m_0c^2/\gamma \to \frac{1}{2}m_0v^2 - m_0c^2$,即该项正好化为非相对论形式的动能。常量 $-m_0c^2$ 不会产生影响,因为我们感兴趣的只是拉格朗日量中变量的极小值。在下一节中,当得出分析拉格朗日量所需的普遍方法后,我们将证明:上述拉格朗日量将导出洛伦兹力的相对论表示。

7.3 欧拉-拉格朗日方程

为简单起见,我们只考虑可以由标量势导出的力。作为一个例子,假设我们考虑的是一个包含 N 个粒子的问题,这些粒子通过一个标量势能函数 V 相互作用。这 N 个粒子的位置由矢量$(\boldsymbol{r}_1, \boldsymbol{r}_2, \boldsymbol{r}_3, \cdots, \boldsymbol{r}_N)$给出。因为我们需要用 3 个分量来表示每一粒子的位置,如 x_i, y_i, z_i,所以上述矢量有 $3N$ 个分量。实际上更方便的是采用另一种位置坐标,我们写为$(q_1, q_2, q_3, \cdots, q_{3N})$。于是两组坐标之间的关系是

$$q_i = q_i(\boldsymbol{r}_1, \boldsymbol{r}_2, \boldsymbol{r}_3, \cdots, \boldsymbol{r}_N) \tag{7.17}$$

以及

$$\boldsymbol{r}_i = \boldsymbol{r}_i(q_1, q_2, q_3, \cdots, q_{3N}) \tag{7.18}$$

注意,这只是变量有了改变。

这样做是为了写出粒子的动力学方程,即用 $q_i (i = 1, 2, \cdots, 3N)$而不是用 $\boldsymbol{r}_i (i = 1, 2, \cdots, N)$表示的每一个独立坐标所满足的方程。我们按照上一节对最小作用原理的分析,利用新的坐标集来构成 T 和 V 这两个量,它们分别代表动能和势能。然后求出拉格朗日量$\mathcal{L}$,以及"作用"量 S,即 $\int_{t_1}^{t_2} \mathcal{L}\,\mathrm{d}t$ 的稳定值:

$$\mathcal{L} = T - V, \quad \delta\int_{t_1}^{t_2} (T - V)\mathrm{d}t = 0 \tag{7.19}$$

这一表述称为**哈密顿原理**,其中 $\mathcal{L}$ 如以前那样为拉格朗日量。关键的一点是,哈密顿原理与坐标系的选取无关。这实际是把第 7.3 节的有关论证从笛卡儿坐标系推广到了更一般的坐标系。

现在系统的动能是

$$T = \frac{1}{2}\sum_i m_i \dot{\boldsymbol{r}}_i^2 \tag{7.20}$$

用新的坐标系来表示,不失一般性有

$$r_i = r_i(q_1, q_2, q_3, \cdots, q_{3N}, t)$$

$$\dot{r}_i = \dot{r}_i(\dot{q}_1, \dot{q}_2, \dot{q}_3, \cdots, \dot{q}_{3N}, q_1, q_2, \cdots, q_{3N}, t)$$

注意，现在 r_i 与 $\dot{r}_i$ 之间的时间相关性也明显地包括在内。因此我们可以把动能重新写为坐标 $\dot{q}_i, q_i$ 以及 t 的函数，即 $T(\dot{q}_i, q_i, t)(i=1,2,\cdots,3N)$。类似地，我们可以把势能都用坐标 q_i 和 t 来表示，即 $V(q_i, t)(i=1,2,\cdots,3N)$。我们需要有一个办法，来求出

$$S = \int_{t_1}^{t_2} [T(\dot{q}_i, q_i, t) - V(q_i, t)]\mathrm{d}t \tag{7.21}$$

的稳定值。重复第7.2节的分析，其中得出了 S 与相对最短路径的一阶扰动无关的条件。与前面的做法相同，令 $q_{0i}(t)$ 为最小值的解，并把函数 $q_i(t)$ 写为

$$q_i(t) = q_{0i}(t) + \eta_i(t) \tag{7.22}$$

重写一下 S：

$$S = \int_{t_1}^{t_2} \mathcal{L}(\dot{q}_i, q_i, t)\mathrm{d}t \tag{7.23}$$

然后把尝试解(7.22)代入式(7.23)。于是

$$S = \int_{t_1}^{t_2} \mathcal{L}[\dot{q}_{0i}(t) + \dot{\eta}_i(t), q_{0i}(t) + \eta_i(t), t]\mathrm{d}t$$

把此式进行泰勒展开，取到 $\dot{\eta}_i(t)$ 和 $\eta_i(t)$ 的一次项：

$$S = \int_{t_1}^{t_2} \mathcal{L}[\dot{q}_{0i}(t), q_{0i}(t), t]\mathrm{d}t + \int_{t_1}^{t_2} \left[\frac{\partial \mathcal{L}}{\partial \dot{q}_i}\dot{\eta}_i(t) + \frac{\partial \mathcal{L}}{\partial q_i}\eta_i(t)\right]\mathrm{d}t$$

同前，对 $\eta_i(t)$ 项进行分部积分，则

$$S = S_0 + \left[\frac{\partial \mathcal{L}}{\partial \dot{q}_i}\eta_i(t)\right]_{t_1}^{t_2} - \int_{t_1}^{t_2} \left[\frac{\mathrm{d}}{\mathrm{d}t}\left(\frac{\partial \mathcal{L}}{\partial \dot{q}_i}\right)\eta_i(t) - \frac{\partial \mathcal{L}}{\partial q_i}\eta_i(t)\right]\mathrm{d}t \tag{7.24}$$

由于 $\eta_i(t)$ 在端点必须始终为零，第一个括号项消失，故有

$$S = S_0 - \int_{t_1}^{t_2} \eta_i(t)\left[\frac{\mathrm{d}}{\mathrm{d}t}\left(\frac{\partial \mathcal{L}}{\partial \dot{q}_i}\right) - \frac{\partial \mathcal{L}}{\partial q_i}\right]\mathrm{d}t \tag{7.25}$$

我们需要积分对所有最小值解的一阶扰动为零，因而求得 S 极小的条件：

$$\frac{\partial \mathcal{L}}{\partial q_i} - \frac{\mathrm{d}}{\mathrm{d}t}\left(\frac{\partial \mathcal{L}}{\partial \dot{q}_i}\right) = 0 \tag{7.26}$$

式(7.26)给出 $3N$ 个方程，表示 $3N$ 个坐标的时间演化。这些基本方程称为**欧拉-拉格朗日方程**。根据我们之前的讨论，这些方程只不过是牛顿第二运动定律用 q_i 坐标写出的结果。

现在根据式(7.16)的拉格朗日量，并利用欧拉-拉格朗日方程，来推导相对论性粒子在电场和磁场中的运动。首先考虑电场中的粒子的情况，且该电场可以由一个标量势导出。此时拉格朗日量为

$$\mathcal{L} = -\frac{m_0 c^2}{\gamma} - q\Phi_{\mathrm{e}} \tag{7.27}$$

先来看粒子运动的 x 分量：

$$\frac{\partial \mathcal{L}}{\partial x} - \frac{\mathrm{d}}{\mathrm{d}t}\left(\frac{\partial \mathcal{L}}{\partial v_x}\right) = 0 \tag{7.28}$$

故有

$$-q\frac{\partial \Phi_{\mathrm{e}}}{\partial x} - \frac{\mathrm{d}}{\mathrm{d}t}\left[-m_0c^2\frac{\partial}{\partial v_x}\left(1-\frac{v_x^2+v_y^2+v_z^2}{c^2}\right)^{1/2}\right] = 0$$

它给出

$$-q\frac{\partial \Phi_{\mathrm{e}}}{\partial x} - \frac{\mathrm{d}}{\mathrm{d}t}(\gamma m_0 v_x) = 0$$

对于 y 和 z 分量也有类似的关系，故我们可以把它们合到一起用矢量形式写为

$$q\,\mathrm{grad}\Phi_{\mathrm{e}} + \frac{\mathrm{d}\boldsymbol{p}}{\mathrm{d}t} = \boldsymbol{0} \quad 或 \quad \frac{\mathrm{d}\boldsymbol{p}}{\mathrm{d}t} = -q\,\mathrm{grad}\Phi_{\mathrm{e}} = q\boldsymbol{E} \tag{7.29}$$

式中，$\boldsymbol{p} = \gamma m_0 \boldsymbol{v}$ 是相对论的三维动量。这样，我们就重现了相对论性粒子在电场 $\boldsymbol{E}$ 中加速度的表示式。

式(7.16)所示的拉格朗日量包含 $q\boldsymbol{v}\cdot\boldsymbol{A}$ 项，这需要更多一些的处理。由于我们已经处理了 $-m_0c^2\gamma^{-1} - q\Phi_{\mathrm{e}}$ 项，故只需考虑

$$\mathcal{L} = q\boldsymbol{v}\cdot\boldsymbol{A} = q(v_xA_x + v_yA_y + v_zA_z) \tag{7.30}$$

仍然只考虑欧拉-拉格朗日方程的 x 分量：

$$\frac{\partial \mathcal{L}}{\partial x} - \frac{\mathrm{d}}{\mathrm{d}t}\left(\frac{\partial \mathcal{L}}{\partial v_x}\right) = 0$$

$$q\left(v_x\frac{\partial A_x}{\partial x} + v_y\frac{\partial A_y}{\partial x} + v_z\frac{\partial A_z}{\partial x}\right) - \frac{\mathrm{d}}{\mathrm{d}t}(qA_x) = 0 \tag{7.31}$$

当把 x,y,z 方向的分量合到一起变为矢量形式时，$\mathrm{d}/\mathrm{d}t$ 的项成为

$$-q\frac{\mathrm{d}\boldsymbol{A}}{\mathrm{d}t} \tag{7.32}$$

再次只考虑式(7.30)的 x 分量，式(7.31)中前一括号项可以化为

$$\begin{aligned} &q\left(v_x\frac{\partial A_x}{\partial x} + v_y\frac{\partial A_y}{\partial x} + v_z\frac{\partial A_z}{\partial x}\right) \\ &\quad = q\left[\left(v_x\frac{\partial A_x}{\partial x} + v_y\frac{\partial A_x}{\partial y} + v_z\frac{\partial A_x}{\partial z}\right)\right. \\ &\qquad \left. + v_y\left(\frac{\partial A_y}{\partial x} - \frac{\partial A_x}{\partial y}\right) + v_z\left(\frac{\partial A_z}{\partial x} - \frac{\partial A_x}{\partial z}\right)\right] \end{aligned} \tag{7.33}$$

此式的右边可以看成是下面这个矢量的 x 分量：

$$q(\boldsymbol{v}\cdot\nabla)\boldsymbol{A} + q[\boldsymbol{v}\times(\nabla\times\boldsymbol{A})] \tag{7.34}$$

其中，算符 $\boldsymbol{v}\cdot\nabla$的意义在附录 A7.1 中有说明。这样，把欧拉-拉格朗日公式用于 $q\boldsymbol{v}\cdot\boldsymbol{A}$项的结果是

$$-q\frac{\mathrm{d}\boldsymbol{A}}{\mathrm{d}t} + q(\boldsymbol{v}\cdot\nabla)\boldsymbol{A} + q[\boldsymbol{v}\times(\nabla\times\boldsymbol{A})] \tag{7.35}$$

但是如附录 A7.1 所示，对时间的全导数与偏导数之间的关系为

$$\frac{\mathrm{d}}{\mathrm{d}t} = \frac{\partial}{\partial t} + (\boldsymbol{v} \cdot \nabla) \tag{7.36}$$

因而式(7.35)变成

$$-q\frac{\partial \boldsymbol{A}}{\partial t} + q[\boldsymbol{v} \times (\nabla \times \boldsymbol{A})] \tag{7.37}$$

这是一个我们所寻求的漂亮结果。基于第 5.3.1 小节导出式(5.30)的同样推理，**感生电场**由下式给出：

$$\boldsymbol{E}_{感生} = -\frac{\partial \boldsymbol{A}}{\partial t} \tag{7.38}$$

并且根据定义，有 $\boldsymbol{B} = \mathrm{curl}\boldsymbol{A}$。故式(7.37)化为

$$q\boldsymbol{E}_{感生} + q(\boldsymbol{v} \times \boldsymbol{B}) \tag{7.39}$$

现在我们可以由式(7.29)和式(7.39)重新整合拉格朗日量，并写出粒子的运动方程：

$$\begin{aligned}\frac{\mathrm{d}\boldsymbol{p}}{\mathrm{d}t} &= q\boldsymbol{E} + q\boldsymbol{E}_{感生} + q(\boldsymbol{v} \times \boldsymbol{B}) \\ &= q\boldsymbol{E}_{总} + q(\boldsymbol{v} \times \boldsymbol{B})\end{aligned} \tag{7.40}$$

其中，$\boldsymbol{p} = \gamma m_0 \boldsymbol{v}$，且 $\boldsymbol{E}_{总}$ 中包括静电场和感生电场。现在，我们就完全复原了在电场与磁场共存的情况下，相对论性荷电粒子运动方程的完整表示。

7.4　小振动与简正模式

我们来举一个简单的例子，以表明在分析小振动情况下系统的动力学表现时欧拉-拉格朗日方程的功效。这自然地导致了系统振动**简正模式**的概念。一个典型的例子是：一个空心圆柱体(即一段薄壁圆管)由等长的弦线把两端悬挂起来，如图 7.2(a)所示。我们来考虑圆柱体的摆动，此时弦线与圆柱体的端面保持在一个平面内。圆柱体发生位移时，从一个端面看过去的图像如图 7.2(b)所示。为明确表述，我们把弦线的长度取为 $3a$，把圆柱体的半径取为 $2a$。

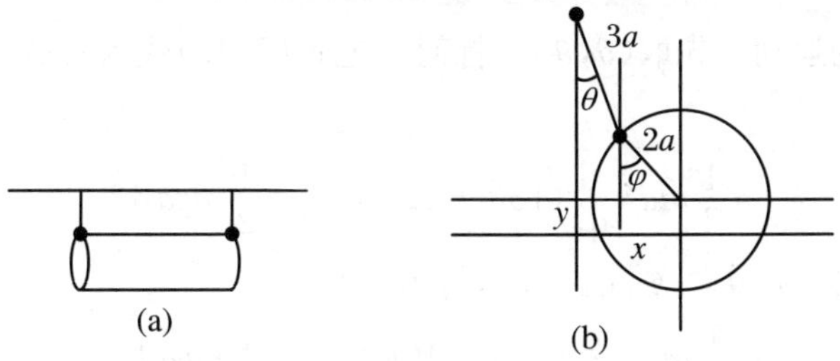

图 7.2　(a)一个空心圆柱体由弦线悬挂两端；(b)分析圆柱体的摆动所用的坐标系

首先，我们选取适当的坐标集，以描述当圆柱体从平衡位置发生小位移时的准确位置。由图 7.2(b)可以看到，对于这样的类似钟摆的运动，θ 和 φ 是很自然的选择。我们现在利用坐标 $\dot{\theta},\dot{\varphi},\theta,\varphi$ 来写出此系统的拉格朗日量。

动能 T 由两部分组成，一部分与圆柱体的**平动**有关，另一部分与其**转动**有关。在分析中，我们只考虑圆柱体在平衡位置 $\theta=0,\varphi=0$ 所产生的小位移。圆柱体质心偏离平衡位置的水平位移是

$$x = 3a\sin\theta + 2a\sin\varphi \approx 3a\theta + 2a\varphi \tag{7.41}$$

其相应的横向运动方程为 $\dot{x}=3a\dot{\theta}+2a\dot{\varphi}$。因此平动动能为 $ma^2(3\dot{\theta}+2\dot{\varphi})^2/2$（$m$ 是圆柱体的质量）。圆柱体的转动动能为 $I\dot{\varphi}^2/2$（I 是其围绕水平轴的转动惯量），此时有 $I=4a^2m$。这样，圆柱体的总动能为

$$\begin{aligned} T &= \frac{1}{2}ma^2(3\dot{\theta}+2\dot{\varphi})^2 + 2a^2m\dot{\varphi}^2 \\ &= \frac{1}{2}ma^2(9\dot{\theta}^2 + 12\dot{\theta}\dot{\varphi} + 8\dot{\varphi}^2) \end{aligned} \tag{7.42}$$

势能 V 完全取决于圆柱体质心相对于平衡位置在垂直方向的位移 y，当 θ 和 φ 值都很小时，有

$$\begin{aligned} y &= 3a(1-\cos\theta) + 2a(1-\cos\varphi) \\ &= \frac{3}{2}a\theta^2 + a\varphi^2 \end{aligned} \tag{7.43}$$

因而，相对于平衡位置的势能为

$$V = \frac{1}{2}mg(3a\theta^2 + 2a\varphi^2) \tag{7.44}$$

故拉格朗日量是

$$\mathcal{L} = T - V = \frac{1}{2}ma^2(9\dot{\theta}^2 + 12\dot{\theta}\dot{\varphi} + 8\dot{\varphi}^2) - \frac{1}{2}mg(3a\theta^2 + 2a\varphi^2) \tag{7.45}$$

注意，拉格朗日量对于 $\dot{\theta},\dot{\varphi},\theta$ 和 φ 是二次的，这是因为动能是速度的二次函数，而势能是相对于平衡位置 $\theta=0,\varphi=0$ 计算的.因此它在极小值附近的展开是位移的二次函数(见第 7.2 节)。

现在我们应用欧拉-拉格朗日方程

$$\frac{\partial\mathcal{L}}{\partial q_i} - \frac{\mathrm{d}}{\mathrm{d}t}\left(\frac{\partial\mathcal{L}}{\partial\dot{q}_i}\right) = 0 \tag{7.46}$$

来求解圆柱体的运动。先取$(\theta,\dot{\theta})$坐标对。把式(7.45)代入式(7.46)，并取 $\dot{q}_i=\dot{\theta},q_i=\theta$，得出

$$\frac{1}{2}ma^2\frac{\mathrm{d}}{\mathrm{d}t}(18\dot{\theta} + 12\dot{\varphi}) = -\frac{1}{2}mga6\theta \tag{7.47}$$

类似地，对于坐标对$(\dot{q}_i=\dot{\varphi},q_i=\varphi)$，得出

$$\frac{1}{2}ma^2\frac{\mathrm{d}}{\mathrm{d}t}(12\dot{\theta} + 16\dot{\varphi}) = -\frac{1}{2}mga4\varphi \tag{7.48}$$

我们最后得到两个微分方程：

$$\begin{cases} 9\ddot{\theta} + 6\ddot{\varphi} = -\dfrac{3g}{a}\theta \\ 6\ddot{\theta} + 8\ddot{\varphi} = -\dfrac{2g}{a}\varphi \end{cases} \tag{7.49}$$

求出系统振动简正模式的关键是，在简正模式中，所有组分都以同一频率振动。因此可以寻求下列形式的尝试振动解：

$$\begin{cases} \ddot{\theta} = -\omega^2\theta \\ \ddot{\varphi} = -\omega^2\varphi \end{cases} \tag{7.50}$$

现在把尝试解(7.50)代入式(7.49)。令 $\lambda = a\omega^2/g$，则

$$\begin{cases} (9\lambda - 3)\theta + 6\lambda\varphi = 0 \\ 6\lambda\theta + (8\lambda - 2)\varphi = 0 \end{cases} \tag{7.51}$$

该方程组有非零解的条件是，系数的行列式为零：

$$\begin{vmatrix} 9\lambda - 3 & 6\lambda \\ 6\lambda & 8\lambda - 2 \end{vmatrix} = 0 \tag{7.52}$$

即

$$6\lambda^2 - 7\lambda + 1 = 0 \tag{7.53}$$

它的解是 $\lambda = 1$ 和 $\lambda = 1/6$。这样，由于 $\omega^2 = \lambda(g/a)$，振动的角频率就是 $\omega_1 = (g/a)^{1/2}$ 和 $\omega_2 = [g/(6a)]^{1/2}$，并且简正模式的振动频率之比为 $6^{1/2}:1$。

通过把解 $\lambda = 1/6$ 和 $\lambda = 1$ 代入方程组(7.51)，我们就可以求出这些模式的物理本质。结果是

$$\begin{aligned} &\omega_1 = (g/a)^{1/2}, \quad \theta_1 = A_1 e^{i(\omega_1 t + \psi_1)}, \quad \varphi_1 = -\theta_1 \quad (\lambda = 1) \\ &\omega_2 = [g/(6a)]^{1/2}, \quad \theta_2 = A_2 e^{i(\omega_2 t + \psi_2)}, \quad \varphi_2 = \frac{3}{2}\theta_2 \quad \left(\lambda = \frac{1}{6}\right) \end{aligned} \tag{7.54}$$

式中，ψ_1 和 ψ_2 是振动的初相位，A_1 和 A_2 是振幅。图 7.3 给出了这些振动模式的图示。根据我们的分析，如果圆柱体按照图 7.3(a)或(b)所示的模式振动，它将永远按同一模式振动下去，其频率分别为 ω_1 和 ω_2。

我们注意到，只要适当选择简正模式的振幅与初相位，就可以由模式 1 和模式 2 的叠加得出其他形式的摆动。由式(7.41)和式(7.54)有

$$x_1(t) = 3a\theta_1 + 2a\varphi_1 - A_1 a e^{i(\omega_1 t + \psi_1)}$$

$$x_2(t) = 3a\theta_2 + 2a\varphi_2 = 6A_2 a e^{i(\omega_2 t + \psi_2)}$$

对于上述类型的一般运动，质心的位移是

$$x(t) = x_1(t) + x_2(t) = A_1 a e^{i(\omega_1 t + \psi_1)} + 6A_2 a e^{i(\omega_2 t + \psi_2)}$$

因而，如果 $t = 0$ 时的 $\theta, \varphi, \dot{\theta}$ 和 $\dot{\varphi}$ 值给定，此后的一般振动的 A_1, A_2, ψ_1 和 ψ_2 就可以求出，因为我们有 4 个初始条件和 4 个未知数。这一求解步骤的妙处在于，可以求得系统在以后任何时刻的 $x(t)$。

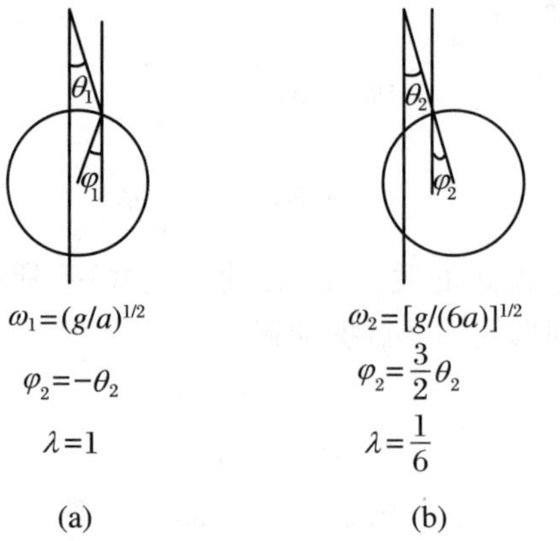

图 7.3 圆柱体相对其平衡位置振动的简正模式的图示

这就表明了**简正模式**的基本重要性。系统在 $t=0$ 时刻的任一位形,都可以看成是简正模式在 $t=0$ 时刻的适当叠加,因而我们可以预知系统此后的动力学行为。

在简正模式的分析中,**正交函数**的完备集特别重要。这些函数是独立且归一化的,因而一般的坐标函数可以表示为它们的叠加。一个简单的例子是傅里叶级数:

$$f(x)=\frac{a_0}{2}+\sum_{n=1}^{\infty}a_n\cos\frac{2\pi nx}{L}+\sum_{n=1}^{\infty}b_n\sin\frac{2\pi nx}{L}$$

其中,正弦和余弦函数的一个正交归一化集,被用来精确描述定义在区间$(0,L)$内的函数 $f(x)$。包含系数 a_0,a_n,b_n 的各项,可以看作是端点在 0 和 L 点并具适当边界条件的振动简正模式。在物理学和理论物理学的广泛领域,有许多不同的正交归一化函数集得到应用。例如,在球极坐标中,连带勒让德多项式给出了球面上定义的正交函数的完备集。

实际上,简正模式不是完全独立的:在真实的物情境中,拉格朗日量中存在小的高次项,它们之间会产生耦合。这使得能量在这些模式之间可以交换,从而造成不同模式开始时相差很大的能量,最终在这些模式之间达到平均分配。这一观念就是能量均分定理的基础,我们将在第 10 章中更详细地讨论这一定理。

此外,在有耗散的情况下,这些模式的振动将最终衰减。整个系统的时间演化,可以根据每一简正模式随时间的衰减而准确得出。在上面的例子中,系统的时间演化由下式给出:

$$x(t)=A_1ae^{-\gamma_1t}e^{i(\omega_1t+\psi_1)}+6A_2ae^{-\gamma_2t}e^{i(\omega_2t+\psi_2)}$$

其中,γ_1 和 γ_2 是每一模式的阻尼常量。

关于简正模式,最后还有一点要说明。显然,动力学系统可能是非常复杂的。例如,上述圆柱体的运动可以是任意的,振动时圆柱体的端面与弦线并不一定要保持在同一平面内。这样,圆柱体的运动就变得更加复杂,但我们可以猜测其他的简正模式将会是什么样。图7.4画出了这些结果:沿圆柱体轴向的摆动[图7.4(a)]和圆柱体绕O点的扭转振动[图7.4(b)]。的确,在许多物理问题中,通过观察来猜测简正模式的形式是很不容易的。这里再重申一下关键点:在一个简正模式中,系统的所有部分必须以同样的频率ω振动。在关于统计力学及量子概念起源的案例学习中,我们将会对简正模式做更多的讨论。

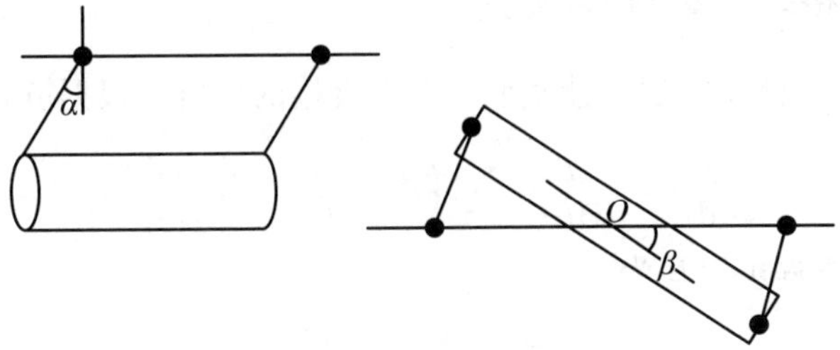

图7.4 悬挂的圆柱体的另外两个简正模式:(a)沿圆柱体轴向的整体摆动;(b)圆柱体绕O点的扭转振动(俯视图)

7.5 守恒定律与对称性

我们记得,在牛顿力学中,守恒定律是由运动方程的第一积分导出的。同样,我们可以从欧拉-拉格朗日方程的第一积分推导出一系列守恒定律。通过对这些方程的仔细观察研究,可以得到对称性与守恒定律之间的密切关系。事实上,这在极大程度上只与拉格朗日量本身的形式有关。

7.5.1 拉格朗日量不是q_i的函数

在此情况下,对所有坐标q_i都有$\partial\mathcal{L}/\partial q_i=0$,因此欧拉-拉格朗日方程写为

$$\frac{\mathrm{d}}{\mathrm{d}t}\left(\frac{\partial\mathcal{L}}{\partial\dot{q}_i}\right)=0,\quad \frac{\partial\mathcal{L}}{\partial\dot{q}_i}=\text{常量}$$

这样一个拉格朗日量的例子是没有力场时粒子的运动。此时$\mathcal{L}=m\dot{q}_i^2/2$,$\dot{q}_i=\dot{x}_i$,并且

$$\frac{\partial\mathcal{L}}{\partial\dot{q}_i}=\frac{\partial\mathcal{L}}{\partial\dot{x}}=m\dot{x}=\text{常量} \tag{7.55}$$

这就是牛顿第一运动定律。

这一计算结果对我们如何定义广义动量 p_i 是具有启发性的。对于一个任意的坐标为 q_i 的系统,我们可以定义**共轭动量**:

$$p_i \equiv \frac{\partial \mathcal{L}}{\partial \dot{q}_i} \tag{7.56}$$

这里的 p_i 并不一定要像普通的动量那样,但它的确具有如下性质,即如果 $\mathcal{L}$ 与 q_i 无关,则 p_i 就是一个运动常量。

7.5.2 拉格朗日量与时间无关

这显然联系到能量守恒。让我们做一个直接的分析。根据链式法则有

$$\frac{\mathrm{d}\mathcal{L}}{\mathrm{d}t} = \frac{\partial \mathcal{L}}{\partial t} + \sum_i \left(\dot{q}_i \frac{\partial \mathcal{L}}{\partial q_i} + \ddot{q}_i \frac{\partial \mathcal{L}}{\partial \dot{q}_i} \right) \tag{7.57}$$

欧拉-拉格朗日方程可以写为

$$\frac{\mathrm{d}}{\mathrm{d}t}\left(\frac{\partial \mathcal{L}}{\partial \dot{q}_i}\right) = \frac{\partial \mathcal{L}}{\partial q_i}$$

把 $\partial \mathcal{L}/\partial q_i$ 代入式(7.57),得到

$$\begin{cases} \dfrac{\mathrm{d}\mathcal{L}}{\mathrm{d}t} - \dfrac{\mathrm{d}}{\mathrm{d}t}\left(\displaystyle\sum_i \dot{q}_i \frac{\partial \mathcal{L}}{\partial \dot{q}_i}\right) = \dfrac{\partial \mathcal{L}}{\partial t} \\ \dfrac{\mathrm{d}}{\mathrm{d}t}\left(\mathcal{L} - \displaystyle\sum_i \dot{q}_i \frac{\partial \mathcal{L}}{\partial \dot{q}_i}\right) = \dfrac{\partial \mathcal{L}}{\partial t} \end{cases} \tag{7.58}$$

当拉格朗日量不显含时间时,有 $\partial \mathcal{L}/\partial t = 0$。因而

$$\sum_i \dot{q}_i \frac{\partial \mathcal{L}}{\partial \dot{q}_i} - \mathcal{L} = \text{常量} \tag{7.59}$$

下面将看到,这一表达式严格等同于牛顿力学中的**能量守恒定律**。上式所示的守恒量称为哈密顿量 H:

$$H = \sum_i \dot{q}_i \frac{\partial \mathcal{L}}{\partial \dot{q}_i} - \mathcal{L} \tag{7.60}$$

我们可以把它用共轭动量 $p_i = \partial \mathcal{L}/\partial \dot{q}_i$ 写成

$$H = \sum_i p_i \dot{q}_i - \mathcal{L} \tag{7.61}$$

注意,在笛卡儿坐标下,哈密顿量化为

$$\begin{aligned} H &= \sum_i (m_i \dot{\boldsymbol{r}}_i) \cdot \dot{\boldsymbol{r}}_i - \mathcal{L} \\ &= 2T - (T - V) \\ &= T + V \end{aligned}$$

这清楚地表明了哈密顿量与能量守恒的关系。值得注意的是,从形式上看,这一守恒定律出自拉格朗日量的时间不变性。

7.5.3 拉格朗日量与粒子的绝对位置无关

这里的意思是,$\mathcal{L}$ 只与 $\boldsymbol{r}_1 - \boldsymbol{r}_2$ 有关,而与 $\boldsymbol{r}_1$ 的绝对值无关。假设我们把所有

的 q_i 都改变同样的一个小量 ε。这样，所有粒子的坐标都平移 ε 而拉格朗日量保持不变的要求即为

$$\mathcal{L} + \sum_i \frac{\partial \mathcal{L}}{\partial q_i}\delta q_i = \mathcal{L} + \sum_i \varepsilon \frac{\partial \mathcal{L}}{\partial q_i} = \mathcal{L}$$

因此不变性要求

$$\sum_i \frac{\partial \mathcal{L}}{\partial q_i} = 0 \tag{7.62}$$

由欧拉-拉格朗日方程(7.26)的求和给出

$$\frac{\mathrm{d}}{\mathrm{d}t}\left(\sum_i \frac{\partial \mathcal{L}}{\partial \dot{q}_i}\right) = \sum_i \frac{\partial \mathcal{L}}{\partial q_i}$$

故由式(7.56)和式(7.62)得到

$$\frac{\mathrm{d}}{\mathrm{d}t}\sum_i p_i = 0 \tag{7.63}$$

这即为**线动量守恒定律**，是要求拉格朗日量对空间平移保持不变的结果。

7.5.4　拉格朗日量与系统在空间中的取向无关

这意味着拉格朗日量是转动不变的。如果系统围绕某个任意轴转动一个小角度 $\delta\boldsymbol{\theta}$，如图 7.5 所示，则位置矢量 $\boldsymbol{r}_i$ 和速度矢量 $\boldsymbol{v}_i$ 的变化分别为

$$\delta \boldsymbol{r}_i = \delta \boldsymbol{\theta}_i \times \boldsymbol{r}_i \quad 以及 \quad \delta \boldsymbol{v}_i = \delta \boldsymbol{\theta} \times \boldsymbol{v}_i$$

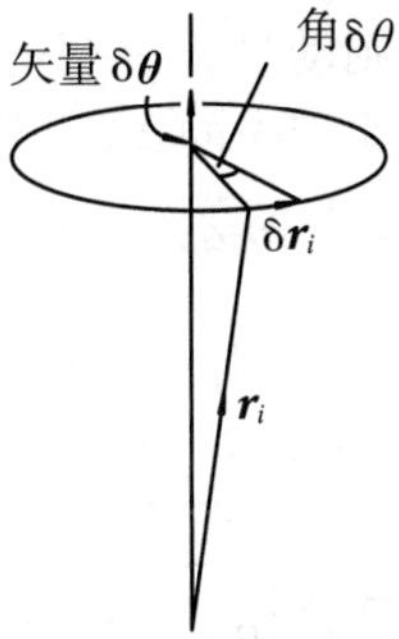

图 7.5　坐标系转动一个小角度 δθ 的图示

我们要求在这一转动下 $\delta\mathcal{L}=0$，因而对于整个粒子系统有

$$\delta \mathcal{L} = \sum_i (\nabla_{r_i}\mathcal{L} \cdot \delta \boldsymbol{r}_i + \nabla_{v_i}\mathcal{L} \cdot \delta \boldsymbol{v}_i) = 0$$

这样得到

$$\sum_i \left[\frac{\mathrm{d}}{\mathrm{d}t}\nabla_{r_i}\mathcal{L} \cdot (\mathrm{d}\boldsymbol{\theta} \times \boldsymbol{r}_i) + \nabla_{v_i}\mathcal{L} \cdot (\mathrm{d}\boldsymbol{\theta} \times \boldsymbol{v}_i)\right] = 0 \tag{7.64}$$

重新安排一下矢量积，式(7.64)化为

$$\sum_i \left\{ \mathrm{d}\boldsymbol{\theta} \cdot \left[\boldsymbol{r}_i \times \frac{\mathrm{d}}{\mathrm{d}t} \nabla_{r_i} \mathcal{L} \right] + \mathrm{d}\boldsymbol{\theta} \cdot (\boldsymbol{v}_i \times \nabla_{v_i} \mathcal{L}) \right\} = 0$$

$$\sum_i \mathrm{d}\boldsymbol{\theta} \left[\frac{\mathrm{d}}{\mathrm{d}t} (\boldsymbol{r}_i \times \nabla_{v_i} \mathcal{L}) \right] = 0 \tag{7.65}$$

$$\mathrm{d}\boldsymbol{\theta} \cdot \sum_i \left[\frac{\mathrm{d}}{\mathrm{d}t} (\boldsymbol{r}_i \times \nabla_{v_i} \mathcal{L}) \right] = 0$$

因此如果拉格朗日量与取向无关,则

$$\sum_i (\boldsymbol{r}_i \times \nabla_{v_i} \mathcal{L}) = \text{常量} \tag{7.66}$$

利用式(7.56),此即

$$\sum_i (\boldsymbol{r}_i \times \boldsymbol{p}_i) = \text{常量} \tag{7.67}$$

这就是**角动量守恒定律**,是要求拉格朗日量转动不变的结果。

7.6　哈密顿量与泊松括号

下一步拓展是把运动方程用 p_i 和 q_i 来表示,以代替原来的 $\dot{q}_i$ 和 q_i。这就是说,我们利用 $\partial \mathcal{L}/\partial \dot{q}_i$ 定义的正则动量 p_i 并不一定对应于牛顿力学中所说的动量。把哈密顿量与拉格朗日量联系起来的式(7.61)可以写为

$$H = \sum_i p_i \dot{q}_i - \mathcal{L}(q, \dot{q}) \tag{7.68}$$

看上去 H 取决于 p_i,$\dot{q}_i$ 和 q_i,但事实上,我们可以把方程重新安排一下,使得 H 仅仅是 p_i 和 q_i 的函数。我们假设 $\mathcal{L}$ 与时间无关,并取通常形式的 H 的全微分。于是

$$\mathrm{d}H = \sum_i p_i \mathrm{d}\dot{q}_i + \sum_i \dot{q}_i \mathrm{d}p_i - \sum_i \frac{\partial \mathcal{L}}{\partial \dot{q}_i} \mathrm{d}\dot{q}_i - \sum_i \frac{\partial \mathcal{L}}{\partial q_i} \mathrm{d}q_i \tag{7.69}$$

由于 $p_i \equiv \partial \mathcal{L}/\partial \dot{q}_i$,上式等号右边第一项和第三项就相互抵消了,则

$$\mathrm{d}H = \sum_i \dot{q}_i \mathrm{d}p_i - \sum_i \frac{\partial \mathcal{L}}{\partial q_i} \mathrm{d}q_i \tag{7.70}$$

这一微分只与增量 $\mathrm{d}p_i$ 和 $\mathrm{d}q_i$ 有关,因而我们可以把 $\mathrm{d}H$ 与它用 p_i 和 q_i 表示的正规形式相比较:

$$\mathrm{d}H = \sum_i \frac{\partial H}{\partial p_i} \mathrm{d}p_i + \sum_i \frac{\partial H}{\partial q_i} \mathrm{d}q_i$$

由此立即得到

$$\frac{\partial H}{\partial q_i} = -\frac{\partial \mathcal{L}}{\partial q_i} \quad \text{和} \quad \frac{\partial H}{\partial p_i} = \dot{q}_i$$

欧拉-拉格朗日方程可以写为

$$\frac{\partial \mathcal{L}}{\partial q_i} = \frac{\mathrm{d}}{\mathrm{d}t}\left(\frac{\partial \mathcal{L}}{\partial \dot{q}_i}\right) = \frac{\mathrm{d}p_i}{\mathrm{d}t}$$

故

$$\frac{\partial H}{\partial q_i} = -\dot{p}_i$$

因而运动方程化为下列关系：

$$\dot{q}_i = \frac{\partial H}{\partial p_i}, \quad \dot{p}_i = -\frac{\partial H}{\partial q_i} \tag{7.71}$$

这一对方程称为**哈密顿方程**。它们是一阶微分方程，对 $3N$ 个坐标中的每个坐标均成立。注意这里 p_i 和 q_i 具有相同的下标。

最后我还想说一下关于**泊松括号**的问题。它与哈密顿运动方程联用，可以使公式的形式变得更为简洁。函数 g 和 h 的泊松括号定义为

$$[g,h] = \sum_{i=1}^{n}\left(\frac{\partial g}{\partial p_i}\frac{\partial h}{\partial q_i} - \frac{\partial g}{\partial q_i}\frac{\partial h}{\partial p_i}\right) \tag{7.72}$$

任何物理量 g 的变化一般都可以写为

$$\dot{g} = \sum_{i=1}^{n}\left(\frac{\partial g}{\partial q_i}\dot{q}_i + \frac{\partial g}{\partial p_i}\dot{p}_i\right) \tag{7.73}$$

利用哈密顿方程，这可以写成

$$\dot{g} = [H,g] \tag{7.74}$$

因此哈密顿方程可以写为

$$\dot{q}_i = [H,q_i], \quad \dot{p}_i = [H,p_i]$$

泊松括号[式(7.72)]具有许多有用的性质。如果把 q_i 当成 g，把 q_j 当成 h，就得到

$$[q_i,q_j] = 0$$

类似地，有

$$[p_j,p_k] = 0$$

并且，如果 $j \neq k$，则

$$[p_j,q_k] = 0$$

但如果 $g = p_k, h = q_k$，则有

$$[p_k,q_k] = 1, \quad [q_k,p_k] = -1$$

泊松括号等于零的量称为**对易**的量。泊松括号等于1的量称为**正则共轭**的量。由式(7.74)所示的关系我们看到，任何与哈密顿量 H 对易的量不随时间变化。特别地，H 本身也不随时间而变，因为它与自身对易。因而我们再次回到了能量守恒。

我们将会了解到，在量子力学的发展过程中，泊松括号起着重要的作用，正如狄拉克的经典教科书《量子力学原理》[2]所展示的那样。在狄拉克的回忆录中，有

一个很有意思的故事，就是关于他如何认识到泊松括号的重要性的故事。狄拉克在 1925 年 10 月曾经担忧过，按照他的量子力学公式，动力学变量是不对易的，亦即对于两个变量 u 和 v，uv 不等于 vu。狄拉克有一个大家都知道的严格习惯，即在每个星期天下午到郊外散步以放松身心。他写道：

> 1925 年 10 月的一个星期天，尽管是到郊外休息一下，但我一边散步一边还是在想这个 $uv - vu$，这样就想起了泊松括号……我已记不太清楚泊松括号是什么。我记不得泊松括号的严格公式，只有一些模糊的印象。但是我感觉到了令人兴奋的可能性，这可能会使我接近一个崭新的想法。
>
> 当然，我不可能在郊外弄清楚泊松括号究竟是什么。我只是尽快赶回家，去看看能发现一些什么有关泊松括号的资料。我查遍了笔记本，没有找到任何关于泊松括号的参考内容。我家里的教科书对此也讲得特别简略。我没有办法了，因为已是星期天傍晚，图书馆也都闭馆了。我整个晚上只能焦急地等待，不知道自己的想法是否可行，但总觉得自信心随着黑夜的渐逝而增强了。第二天早晨，我急忙跑去一家图书馆。一开馆，我就在惠特克(Whittaker)的《分析动力学》中查寻到泊松括号，并发现它正是我所需要的。它提供了一个对易式的绝好类比。[3]

这是科学家如何工作的一个很好的范例。他们实际上并没有记住所要用的所有数学公式，但他们的眼睛和耳朵始终关注着新的事物，不论现在看来距离理解它们还多么遥远，终有一天，零星的信息会变成重要的信息。他们也许没有准确地记住这些信息，但他们知道如何找到这些信息。这些评语同样适用于我们对整个物理学的理解。

7.7 提　　示

我对经典力学的处理有意采用一种不严格的方式。这样，我就可以针对力学和动力学的讨论中不同处理方法的各自特点进行论述。这一课题常常看似有些深奥且数学味十足，因而我有意识地集中讨论其中简单的部分，这些部分最直接地关系到我们对牛顿定律的理解。我想强调一下，可以对这一课题进行严格的论述。例如，可以参见戈德斯坦(Goldstein)的《经典力学》[4]或朗道和栗弗席兹的《力学》[5]。我的目的是想表明，有充分的物理上的理由来发展这些更为复杂的处理方法。

7.8 参考文献

[1] Feynman R P. 1964//Feynman R P, Leighton R B, Sands M. Lectures in Physics: Vol. 2. London: Addison Wesley.

[2] Dirac P A M. 1935. The Principles of Quantum Mechanics. Oxford: Clarendon Press.

[3] Dirac P A M. 1977//History of Twentieth Century Physics, Proc. International School of Physics "Enrico Fermi": Course 57. New York and London: Academic Press: 122.

[4] Goldstein H. 1950. Classical Mechanics. London: Addison Wesley.

[5] Landau L D and Lifshitz E M. 1960. Mechanics, Vol. 1 of Course on Theoretical Physics. Oxford: Pergamon Press.

第 7 章附录　流体运动

本附录的目的是对牛顿运动定律应用到流体时的某些重要问题做一个回顾。流体动力学是一个庞大而重要的课题，下面会看到，对它的处理是十分复杂的。这里我们只着重介绍一下流体与粒子系统或刚体在处理上的一些基本区别。

A7.1　连续性方程

首先，我们来推导一个方程，它告诉我们流体是不会"中断"的。按照电磁学中用过的类似方法（见第 6.2 节），考虑一个边界面为 S 的体积 v 中的净质量流。如果面积元是 $\mathrm{d}\boldsymbol{S}$，其指向垂直向外，则流经 $\mathrm{d}\boldsymbol{S}$ 的质量流为 $\rho\boldsymbol{u}\cdot\mathrm{d}\boldsymbol{S}$（图 A7.1）。对该体积的全部表面积分，质量的流出率必然等于体积 v 中的质量损失率，即

$$\int_S \rho\boldsymbol{u}\cdot\mathrm{d}\boldsymbol{S} = -\frac{\mathrm{d}}{\mathrm{d}t}\int_v \rho\,\mathrm{d}v \tag{A7.1}$$

利用散度定理，得

$$\int_v \mathrm{div}\,\rho\boldsymbol{u}\,\mathrm{d}v = -\frac{\mathrm{d}}{\mathrm{d}t}\int_v \rho\,\mathrm{d}v$$

即

$$\int_{v}\left(\operatorname{div}\rho\boldsymbol{u}+\frac{\mathrm{d}\rho}{\mathrm{d}t}\right)\mathrm{d}v=0$$

这一结果必须对流体内部的任意体积元成立，故

$$\operatorname{div}\rho\boldsymbol{u}+\frac{\partial\rho}{\partial t}=0 \tag{A7.2}$$

这就是**连续性方程**。注意此处我们把全导数改成了偏导数，这是因为在微观形式下，偏导数表示流体性质**在空间一个固定点**的变化。这区别于跟随一个特定的流体元而得到的流体性质的变化，后者由全导数表示，如 $\mathrm{d}\rho/\mathrm{d}t$。下面就对它加以说明。

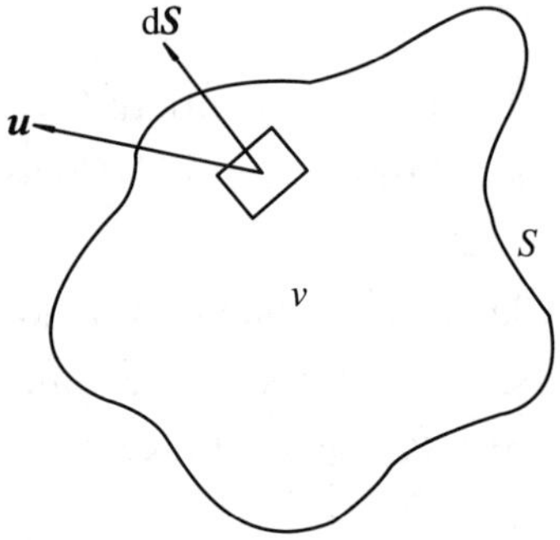

图 A7.1　从体积 v 中流出的流体质量流的图示

我们把 $\mathrm{d}\rho/\mathrm{d}t$ 定义为：当一个流体元在流体中运动时，跟随流体元运动而测到的密度变化率。如图 A7.2 所示，跟随流体元运动的时间间隔为 δt。如果在点(x,y,z)处流体的速度是 $\boldsymbol{u}=(u_x,u_y,u_z)$，则 $\mathrm{d}\rho/\mathrm{d}t$ 为

$$\frac{\mathrm{d}\rho}{\mathrm{d}t}=\lim_{\delta t\to 0}\frac{1}{\delta t}[\rho(x+u_x\delta t,y+u_y\delta t,z+u_z\delta t,t+\delta t)-\rho(x,y,z,t)] \tag{A7.3}$$

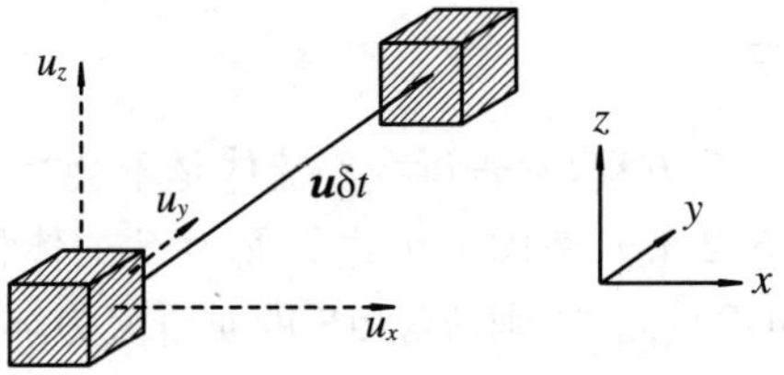

图 A7.2　全导数 $\mathrm{d}/\mathrm{d}t$ 与偏导数 $\partial/\partial t$ 之间关系的图示

现在把括号中的第一项做泰勒展开

$$\frac{\mathrm{d}\rho}{\mathrm{d}t}=\lim_{\delta t\to 0}\frac{1}{\delta t}\left[\rho(x,y,z,t)+\frac{\partial\rho}{\partial x}u_x\delta t+\frac{\partial\rho}{\partial y}u_y\delta t+\frac{\partial\rho}{\partial z}u_z\delta t+\frac{\partial\rho}{\partial t}\delta t-\rho(x,y,z,t)\right]$$

$$= \frac{\partial \rho}{\partial t} + u_x \frac{\partial \rho}{\partial x} + u_y \frac{\partial \rho}{\partial y} + u_z \frac{\partial \rho}{\partial z}$$

此即

$$\frac{\mathrm{d}\rho}{\mathrm{d}t} = \frac{\partial \rho}{\partial t} + \boldsymbol{u} \cdot \mathrm{grad}\rho \tag{A7.4}$$

注意式(A7.4)只不过是一个链式法则,然而它把 $\mathrm{d}/\mathrm{d}t$ 和 $\partial/\partial t$ 的定义联系起来了。还要注意式(A7.4)表示微分算符之间的一个关系:

$$\frac{\mathrm{d}}{\mathrm{d}t} = \frac{\partial}{\partial t} + \boldsymbol{u} \cdot \mathrm{grad} \tag{A7.5}$$

这一关系适用于整个流体动力学。我们可以在这些参考系中任意选择。如果选择的是跟随流体元运动的参考系,则坐标称为**拉格朗日坐标**。如果选择的是固定的外部参考系,则坐标称为**欧拉坐标**。一般情况下常用欧拉坐标,有时为了更简单起见也用拉格朗日坐标。

式(A7.4)使我们可以把连续性方程(A7.2)重写为

$$\mathrm{div}\rho\boldsymbol{u} + \frac{\mathrm{d}\rho}{\mathrm{d}t} = \boldsymbol{u} \cdot \mathrm{grad}\rho$$

展开 $\mathrm{div}\rho\boldsymbol{u}$,得

$$\boldsymbol{u} \cdot \mathrm{grad}\rho + \rho\mathrm{div}\boldsymbol{u} + \frac{\mathrm{d}\rho}{\mathrm{d}t} = \boldsymbol{u} \cdot \mathrm{grad}\rho$$

这样连续性方程化为

$$\frac{\mathrm{d}\rho}{\mathrm{d}t} = -\rho\mathrm{div}\boldsymbol{u} \tag{A7.6}$$

如果流体是不可压缩的,则任何流体元 ρ = 常量,因而 $\mathrm{div}\boldsymbol{u} = 0$。如果流动与时间无关(即 $\partial\rho/\partial t = 0$)并且是无旋的(即 $\mathrm{curl}\boldsymbol{u} = \boldsymbol{0}$),则速度场 $\boldsymbol{u}$ 可以用速度势 ϕ 来表示,定义为 $\boldsymbol{u} = \mathrm{grad}\phi$。故只要满足问题的边界条件,速度势 ϕ 就可以由拉普拉斯方程

$$\nabla^2 \phi = 0 \tag{A7.7}$$

求出。

A7.2　无黏滞性时不可压缩流体的运动方程

为了推导运动方程,考虑作用于一个特定的单位体积流体元的力。我们在拉格朗日坐标系中应用牛顿运动定律,当忽略黏滞力并设流体不可压缩时,有

$$\rho \frac{\mathrm{d}\boldsymbol{u}}{\mathrm{d}t} = -\mathrm{grad}p - \rho\mathrm{grad}\phi \tag{A7.8}$$

其中,p 是压力,ϕ 为引力势。现在我们用欧拉坐标重写一下这个方程,此时要用偏导数代替全导数。分析过程与第 A7.1 节完全相同,但现在考虑的是矢量 $\boldsymbol{u}$ 而不是标量 ρ。这只增加了一点复杂性,因为矢量 $\boldsymbol{u}$ 的 3 个分量是标量函数,它们也适用于式(A7.5)。例如

$$\frac{\mathrm{d}u_x}{\mathrm{d}t}=\frac{\partial u_x}{\partial t}+\boldsymbol{u}\cdot\mathrm{grad}u_x$$

对 u_y 和 u_z 也有类似结果。把这 3 个方程进行矢量相加：

$$\begin{aligned}\boldsymbol{i}_x\frac{\mathrm{d}u_x}{\mathrm{d}t}+\boldsymbol{i}_y\frac{\mathrm{d}u_y}{\mathrm{d}t}+\boldsymbol{i}_z\frac{\mathrm{d}u_z}{\mathrm{d}t}&\\ =\boldsymbol{i}_x\frac{\partial u_x}{\partial t}+\boldsymbol{i}_y\frac{\partial u_y}{\partial t}+\boldsymbol{i}_z\frac{\partial u_z}{\partial t}+\boldsymbol{i}_x(\boldsymbol{u}\cdot\mathrm{grad}u_x)&\\ +\boldsymbol{i}_y(\boldsymbol{u}\cdot\mathrm{grad}u_y)+\boldsymbol{i}_z(\boldsymbol{u}\cdot\mathrm{grad}u_z)&\end{aligned}$$

此即

$$\frac{\mathrm{d}\boldsymbol{u}}{\mathrm{d}t}=\frac{\partial\boldsymbol{u}}{\partial t}+(\boldsymbol{u}\cdot\mathrm{grad})\boldsymbol{u}\tag{A7.9}$$

注意，在计算$(\boldsymbol{u}\cdot\mathrm{grad})\boldsymbol{u}$时，我们把算符$[u_x(\partial/\partial x)+u_y(\partial/\partial y)+u_z(\partial/\partial z)]$作用于矢量 $\boldsymbol{u}$ 的所有 3 个分量，从而得到$(\boldsymbol{u}\cdot\mathrm{grad})\boldsymbol{u}$ 在每个方向上的分量。

因此运动方程(A7.8)在欧拉坐标下是

$$\frac{\partial\boldsymbol{u}}{\partial t}+(\boldsymbol{u}\cdot\mathrm{grad})\boldsymbol{u}=-\frac{1}{\rho}\mathrm{grad}p-\mathrm{grad}\phi\tag{A7.10}$$

这一方程清楚地表明了流体力学的问题之所在。等号左边第二项在速度 $\boldsymbol{u}$ 中引入了很难处理的非线性表达式，这就使得在寻求流体动力学问题的严格解时，会遇到各种各样的复杂性问题。显然这成为数学上十分棘手的难题之一。

有一个改写式(A7.10)的办法，即引入**涡度**矢量 $\boldsymbol{\omega}$，它的定义为 $\boldsymbol{\omega}=\mathrm{curl}\boldsymbol{u}=\nabla\times\boldsymbol{u}$。这样有

$$\boldsymbol{u}\times\boldsymbol{\omega}=\boldsymbol{u}\times\mathrm{curl}\boldsymbol{u}=\frac{1}{2}\mathrm{grad}\boldsymbol{u}^2-(\boldsymbol{u}\cdot\mathrm{grad})\boldsymbol{u}\tag{A7.11}$$

此时运动方程化为

$$\frac{\partial\boldsymbol{u}}{\partial t}-(\boldsymbol{u}\times\boldsymbol{\omega})=-\mathrm{grad}\left(\frac{1}{2}u^2+\frac{p}{\rho}+\phi\right)\tag{A7.12}$$

方程(A7.12)对于某些流体动力学问题的求解是非常有用的。例如，如果我们只考虑稳定流动，即 $\partial\boldsymbol{u}/\partial t=0$，则

$$\boldsymbol{u}\times\boldsymbol{\omega}=\mathrm{grad}\left(\frac{1}{2}u^2+\frac{p}{\rho}+\phi\right)\tag{A7.13}$$

如果流动是无旋的，$\mathrm{curl}\boldsymbol{u}=\boldsymbol{0}$，则 $\boldsymbol{u}$ 可以根据一个标量势求得(见第 A5.4 节)。由于 $\boldsymbol{\omega}=\mathrm{curl}\boldsymbol{u}$，上式等号右边必须为零，故

$$\frac{1}{2}u^2+\frac{p}{\rho}+\phi=\text{常量}\tag{A7.14}$$

另一种适于应用这一守恒定律的重要手段是引入**流线**的概念，它的定义为流体中处处与瞬时速度矢量 $\boldsymbol{u}$ 平行的线。例如，图 A7.3 表示不可压缩黏滞流体流经一个刚性球时球附近的流线。如果我们沿流线跟随流体的流动，量 $\boldsymbol{u}\times\boldsymbol{\omega}$ 垂直于 $\boldsymbol{u}$，则由式(A7.13)，沿 $\boldsymbol{u}$ 的方向即**沿一条流线**，我们重新得到

$$\frac{1}{2}u^2 + \frac{p}{\rho} + \phi = \text{常量}$$

注意,即使 $\boldsymbol{\omega} \neq \mathbf{0}$,这一结果沿一条选定的流线也成立。这样我们就导出了伯努利(Bernoulli)定理。

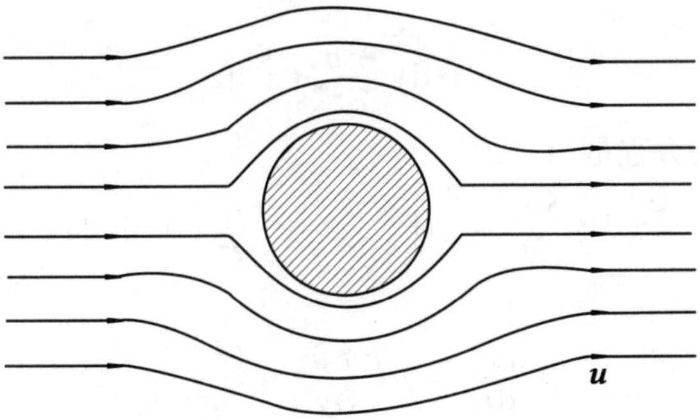

图 A7.3　小雷诺(Reynolds)数,即 $Re \ll 1$ 极限下,不可压缩黏滞流体流经一个刚性球时球附近流线的图示

A7.3　有黏滞力时不可压缩流体的运动方程

在没有应用流体应力张量和张量形式的运动方程的情况下,我们对流体运动的研究已经尽了最大的努力。当必须考虑黏滞力时,运动方程的正规推导就需要全部用张量来处理。但这里我们还是沿用传统方式,只对必要的方程做一些合理的处理。考虑不可压缩流体沿 x 正方向的稳定单向流动,并计算一个体积为 $\mathrm{d}V = \mathrm{d}x\mathrm{d}y\mathrm{d}z$ 的流体元所受到的黏滞力(图 A7.4)。首先来计算作用在该体积底面和顶面即 y 和 $y + \mathrm{d}y$ 处表面的黏滞力。作用在底面上的黏滞力是

$$\mu \mathrm{d}x\mathrm{d}z \frac{\partial u_x}{\partial y}(y)$$

其中 μ 为流体的黏滞度。作用在顶面上的力是

$$\mu \mathrm{d}x\mathrm{d}z \frac{\partial u_x}{\partial y}(y + \mathrm{d}y)$$

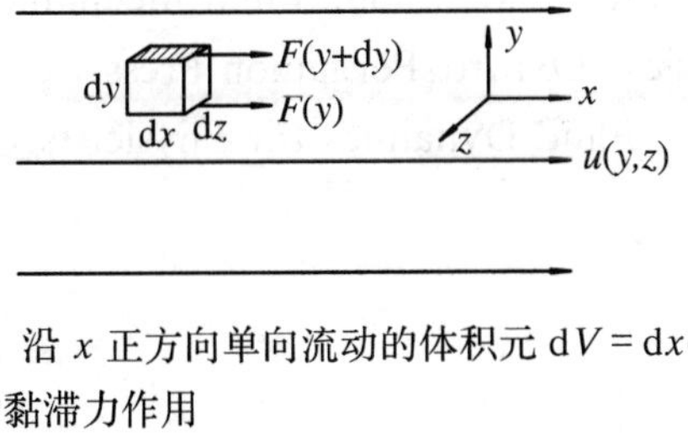

图 A7.4　沿 x 正方向单向流动的体积元 $\mathrm{d}V = \mathrm{d}x\mathrm{d}y\mathrm{d}z$ 所受到的黏滞力作用

流体元受到的净力是这两个力之差。利用泰勒展开：

$$\mu \mathrm{d}x\mathrm{d}z \frac{\partial u_x}{\partial y}(y+\mathrm{d}y) = \mu \mathrm{d}x\mathrm{d}z\left[\frac{\partial u_x}{\partial y}(y) + \frac{\partial^2 u_x}{\partial y^2}(y)\mathrm{d}y\right]$$

对作用于 $\mathrm{d}x\mathrm{d}y$ 定义的表面的黏滞力计算，可以用同样的方法进行。得到的净力是

$$\mu \mathrm{d}x\mathrm{d}y \frac{\partial^2 u_x}{\partial z^2}(z)\mathrm{d}z$$

因此流体元的运动方程是

$$\rho \mathrm{d}V \frac{\mathrm{d}u_x}{\mathrm{d}t} = \mu\left(\frac{\partial^2 u_x}{\partial y^2} + \frac{\partial^2 u_x}{\partial z^2}\right)\mathrm{d}x\mathrm{d}y\mathrm{d}z$$

此即

$$\rho \frac{\mathrm{d}u_x}{\mathrm{d}t} = \mu\left(\frac{\partial^2 u_x}{\partial y^2} + \frac{\partial^2 u_x}{\partial z^2}\right)$$

由于流动是沿 x 方向单向进行的，$\partial u_x/\partial x = 0$，故可以写

$$\rho \frac{\mathrm{d}u_x}{\mathrm{d}t} = \mu \nabla^2 u_x$$

把这一黏滞项的矢量形式添加到方程(A7.10)，我们得到不可压缩流体流动的运动方程：

$$\frac{\partial \boldsymbol{u}}{\partial t} + (\boldsymbol{u}\cdot \mathrm{grad})\boldsymbol{u} = -\frac{1}{\rho}\mathrm{grad}p - \mathrm{grad}\phi + \frac{\mu}{\rho}\nabla^2 \boldsymbol{u} \tag{A7.15}$$

这就是**纳维-斯托克斯(Navier-Stokes)方程**。这里的黏滞力出现在稳定、单向的流动中。为了解详尽全面的处理方法，读者需要查阅一些专门的书籍。例如，巴彻勒(Batchelor)的《流体动力学引论》[A1]，朗道和栗弗席兹的《流体力学》[A2]或法贝尔(Faber)的《物理学家的流体动力学》[A3]。最后这本书我很推崇，因为它提供了很多深刻的物理见解。

A7.4 附录参考文献

[A1] Batchelor G K. 1967. An Introduction to Fluid Dynamics. Cambridge: Cambridge University Press.

[A2] Landau L D, Lifshitz E M. 1959. Fluid Mechanics, Vol. 5 of Course of Theoretical Physics. Oxford: Pergamon Press.

[A3] Faber T E. 1995. Fluid Dynamics for Physicists. Cambridge: Cambridge University Press.

第 8 章　量纲分析、混沌与自组织临界性

8.1 引　言

第 7 章所描述的功能越来越强大的数学工具，为我们解决经典物理学中的复杂动力学问题提供了手段。尽管取得了这些成就，但在物理学的许多领域，解决问题所面临的复杂性却在迅速增大。而且，虽然我们或许可以写出描述系统行为的微分或积分方程，但常常不可能求得解析解。

本章的目的是研究为解决这些复杂问题而发展起来的技术方法。在这些问题中，有些问题的非线性已大大超出了传统分析的范围。

首先，我们回顾**量纲分析**方法，在仔细深入观察的基础上应用这一方法，使得量纲分析成为纯理论物理以及应用物理领域中的强有力工具。我们将给出非线性摆、流体流动、爆炸、湍流等有关的例子。

其次，我们简要讨论一下**混沌**，对它的分析只有借助于高速电子计算机才有可能。混沌问题的运动方程是决定论性的，但计算结果却对初始条件的精度极为敏感。除了上面提到的例子外，还存在更加极端的系统，其中有如此众多的非线性效应在起作用，以至不可能对实验结果做出传统意义上的预测。此外，发现了以标度律呈现的规则性。因此尽管许多过程中包含了令人极度厌烦的复杂性，但系统的行为中也必然存在某种潜在的简单性。这些专题包括**分形**以及**自组织临界性**这个蓬勃发展的领域。

最后，我们概括介绍彭罗斯(Roger Penrose)所称的**非计算物理学**。是否有这样的问题存在：不论计算机多么强大，原则上我们都不能用数学方法求解它们？

8.2 量纲分析

作为一名物理学家，其基本训练的一部分就是保证方程能达到量纲平衡。但

是量纲分析要比简单的量纲一致深刻得多，它可以帮助我们在不求解复杂方程的情况下解决复杂的问题。让我们先来看一个简单的例子，然后再进一步阐述量纲分析的实际功能。

8.2.1 单摆

考虑一个小振动的单摆。它的周期 τ 只与摆线长度 l、摆锤的质量 m 以及重力加速度 g 有关。因此周期可以写为

$$\tau = f(m, l, g) \tag{8.1}$$

式(8.1)必须保持量纲平衡，因而我们把它写成

$$\tau \sim m^{\alpha} l^{\beta} g^{\gamma} \tag{8.2}$$

其中，α，β 和 γ 为常量。本章中我们采用这样的约定：使用符号“$\propto$”时，表示不需要量纲平衡；而使用符号“$\sim$”时，表示方程两边的量纲必须一致。用量纲的语言来表示，式(8.2)即

$$[\mathrm{T}] \equiv [\mathrm{M}]^{\alpha} [\mathrm{L}]^{\beta} [\mathrm{LT}^{-2}]^{\gamma} \tag{8.3}$$

其中，[L]，[T]和[M]分别表示长度、时间和质量的量纲。方程两边的量纲必须相同，因而[T]，[M]和[L]的幂次必须相等，这样就有

$$\begin{aligned}
&[\mathrm{T}]: \quad && 1 = -2\gamma, \quad && \gamma = -\frac{1}{2} \\
&[\mathrm{M}]: \quad && 0 = \alpha, \quad && \alpha = 0 \\
&[\mathrm{L}]: \quad && 0 = \beta + \gamma, \quad && \beta = +\frac{1}{2}
\end{aligned}$$

因此得到

$$\tau \sim \sqrt{l/g} \tag{8.4}$$

对于单摆正确结果是周期 τ 与摆锤的质量 m 无关，这与式(8.4)的结果一致。虽然在许多教科书中都可以找到直接应用量纲分析的例子，但都缺乏对它在纯理论物理和应用物理中的实际功效的评价。

让我们对量纲分析做一个较为深入的讨论。1914 年，白金汉(Edgar Buckingham)在对杰出的理论家托尔曼(R. C. Tolman)的量纲方法做了一些贬低性的评论后，发表了一个著名的定理。白金汉创造性地应用了他的定理，讨论了如何由量纲分析得出真实物理系统的重要信息。他采用的分析步骤如下：

(1) 猜测该问题中所包含的重要量有哪些。

(2) 应用白金汉 Π 定理*。该定理说，包括 n 个变量的系统，其中的量纲有 r 个是独立的，可以由 $n-r$ 个独立的无量纲**群**来表示[1]。这样的一个群是一个无

---

* 感谢马哈詹(Sanjoy Mahajan)博士向我介绍了这一定理的显著功能。他与菲尼(Strel Phinney)和戈德里奇(Peter Goldreich)合著的《数量级物理学：科学中的近似艺术》(2003)[2]，是我向学物理的学生强烈推荐的书籍。

量纲的量,它由某些变量或全部变量的相乘或相除而得到,每个变量都具有适当的幂次。

(3) 由重要量构成的,都属于最简单的 $n-r$ 个可能的无量纲群。

(4) 该问题的最一般解可以写成这 $n-r$ 个独立的无量纲群的函数。

我们来重复单摆问题,允许单摆大摆动,这就是非线性情况。如以前那样,首先我们来猜测独立变量应当是什么。表 8.1 列出了有关变量及其量纲。

表 8.1　非线性摆量纲描述

变量	量纲	描述对象
θ_0	-	释放的角度
m	[M]	摆的质量
τ	[T]	摆的周期
g	$[L][T]^{-2}$	重力加速度
l	[L]	摆长

这里有 $n=5$ 个变量和 $r=3$ 个独立量纲,因而按照白金汉 Π 定理,只能构成两个独立的无量纲群。θ_0 已经是无量纲的,故我们取 $\Pi_1=\theta_0$。只有一个变量与 m 有关,故**没有一个无量纲群可以包含** m,这就是说,单摆的周期必然与摆锤的质量无关。

Π_2 的可能性有很多,如$(\tau^2 g/l)^2$,$\theta_0 l/(\tau^2 g)$等。我们要求 Π_2 与 Π_1 无关,并且希望它越简单越好,即该群中含有最少的因子数。这样,所有其他的无量纲群,都可以由这两个独立的群 Π_1 与 Π_2 构成。通过观察,我们得到最简单的独立群 Π_2 是

$$\Pi_2=\frac{\tau^2 g}{l}$$

因此单摆运动的一般解可以写为

$$f(\Pi_1,\Pi_2)=f\left(\theta_0,\frac{\tau^2 g}{l}\right)=0 \tag{8.5}$$

其中 f 为 θ_0 和 $\tau^2 g/l$ 的函数。注意,我们并没有写出任何微分方程。

式(8.5)可能是某种复杂的函数。但我们猜想,也许可以把解写成一个无量纲群是另一个群的某种未知函数的形式。在这一情况下,式(8.5)可以写成

$$\Pi_2=f_1(\Pi_1)\quad 或 \quad \tau=f_1(\theta_0)\sqrt{l/g} \tag{8.6}$$

我们不能从理论上确定 $f_1(\theta_0)$,但可以根据实验来确定对于给定的 l 和 g 值,周期 τ 如何与 θ_0 有关。这样 $f_1(\theta_0)$就确定了,并且对所有的单摆都相同。这表明 $f_1(\theta_0)$是一个**普适函数**。注意,这个解对所有的 θ_0 值都适用,而不仅仅只适用于小的 θ_0 值(即 $\theta_0\ll 1$)。

在这一特例中,我们可以求得任意 θ_0 值时的严格非线性解。根据能量守恒:

$$mgl(1-\cos\theta)+\frac{1}{2}I\dot{\theta}^2=\text{常量}=mgl(1-\cos\theta_0) \tag{8.7}$$

其中 $I=ml^2$,θ_0 为摆的最大振幅。首先回忆一下小 θ_0 值时的线性解。此时方程(8.7)化为

$$\ddot{\theta}+\frac{g}{l}\theta=0$$

故角频率和振动周期分别是

$$\omega=\sqrt{\frac{g}{l}},\quad \tau=\frac{2\pi}{\omega}=2\pi\sqrt{\frac{l}{g}}$$

现在回到严格的微分方程(8.7),可以把它写为

$$\frac{d\theta}{dt}=\sqrt{\frac{2g}{l}}(\cos\theta-\cos\theta_0)^{1/2} \tag{8.8}$$

摆的周期是摆从零角度摆到 θ_0 所需时间 $t(\theta_0)$的 4 倍,故

$$\tau=4\int_0^{t(\theta_0)}dt=4\sqrt{\frac{l}{2g}}\int_0^{\theta_0}\frac{d\theta}{(\cos\theta-\cos\theta_0)^{1/2}} \tag{8.9}$$

注意,积分结果只与 θ_0 有关。经数值积分后,得到的函数 $f_1(\theta_0)$见图 8.1。因此我们可以写

$$\tau=\sqrt{l/g}f_1(\theta_0) \tag{8.10}$$

正如量纲分析所预测的那样,结果只与无量纲参数 θ_0 和 τ^2g/l 有关。

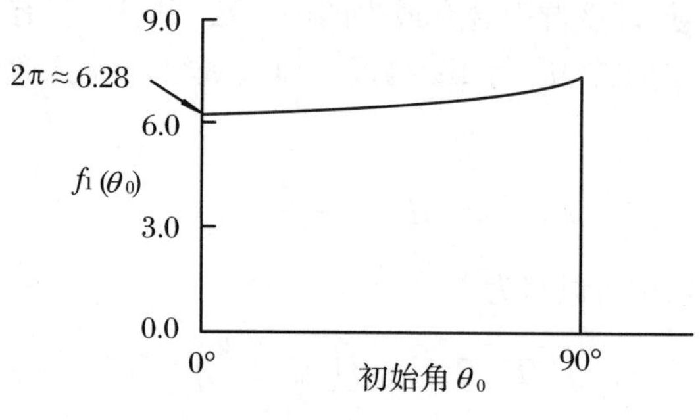

图 8.1 非线性摆的周期与释放初始角 θ_0 的关系

8.2.2 泰勒的爆炸分析

1950 年,泰勒(G. I. Taylor)发表了他关于原子弹爆炸所产生的冲击波动力学的著名分析文章。巨大的能量 E 在一个很小的体积内释放,形成很强的、在周围空气中传播的球面冲击波前。其内部压力巨大,远远超过周围空气的压力。然而,冲击波前的动力学与周围空气的密度 ρ_0 有关,而周围的空气被膨胀的冲击波前扫

过，并使得波前减速。冲击波前所造成的周围气体的压缩，在动力学中起着重要的作用，且这一压缩与空气的比热比有关。对于氧和氮的分子气体，该比热比为 $\gamma=1.4$。此问题中的其他参数只有冲击波前的半径 r_f 与时间 t。表 8.2 给出了这些变量及其量纲。

表 8.2　泰勒的爆炸分析

变量	量纲	描述对象
E	$[M][L]^2[T]^{-2}$	释放能量
ρ_0	$[M][L]^{-3}$	外部密度
γ	–	比热比
r_f	$[L]$	冲击波前半径
t	$[T]$	时间

根据白金汉 Π 定理，现在有 5 个变量以及 3 个独立的量纲，故可以构成两个无量纲群。其中之一可以是 $\Pi_1=\gamma$。第二个无量纲群可以用消去法得到。由 E 和 ρ_0 的商得出

$$\left[\frac{E}{\rho_0}\right]=\frac{[M][L]^2[T]^{-2}}{[M][L]^{-3}}=\frac{[L]^5}{[T]^2}=\left[\frac{r_f^5}{t^2}\right]$$

这样，Π_2 最简单的选择是

$$\Pi_2=\frac{Et^2}{\rho_0 r_f^5}$$

因此我们可以把本问题的解写为 $\Pi_2=f(\Pi_1)$，即

$$r_f=A\left(\frac{E}{\rho_0}\right)^{1/5}t^{2/5}f(\gamma) \tag{8.11}$$

其中 A 是一个常量。

1941 年，英国政府曾要求泰勒进行一项超高能爆炸的理论研究。他的研究报告在那一年里呈交给了英国国内安全部民防研究委员会，直到 1949 年才解密。在关于爆炸所产生的超强冲击波膨胀的详细分析中，他导出了式(8.11)并给出 $f(\gamma=1.4)=1.03$。他把这一结果与当时可用的化学爆炸的高速摄影影片相比较，发现理论预言与观测到的情况相当一致[3]。1949 年，他又把所做的计算结果与利用 TNT-RDX 进行的高能爆炸的结果相比较，再次证实了式(8.11)的适用性[4]。

1947 年，美国军方解密了麦克拍摄的第一次原子弹爆炸的影片，那次爆炸是 1945 年在新墨西哥州的沙漠中进行的。该影片名叫“三位一体爆炸的半科普电影记录”[5][图 8.2(a)]。泰勒可以直接从影片中确定冲击波前的半径与时间的关系[图 8.2(b)]。让美国政府感到不快的是，泰勒算出了那次爆炸所释放的能量[4]，该能量约为 10^{14} J，大约相当于 2 万吨 TNT 爆炸。这项工作成果直到 1950 年才发表，这已经是他开始首次计算工作的 9 年之后了。

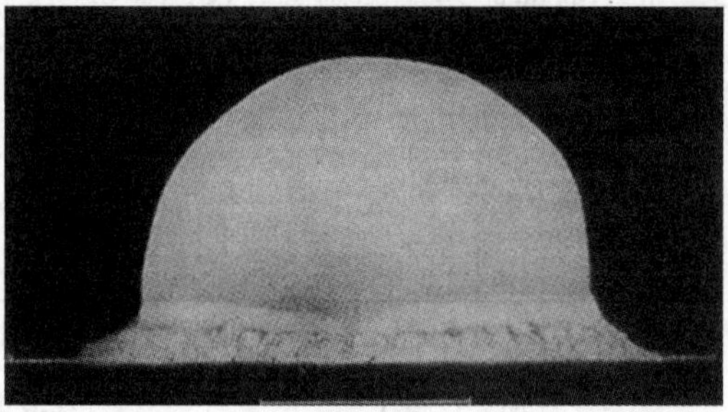

(a)

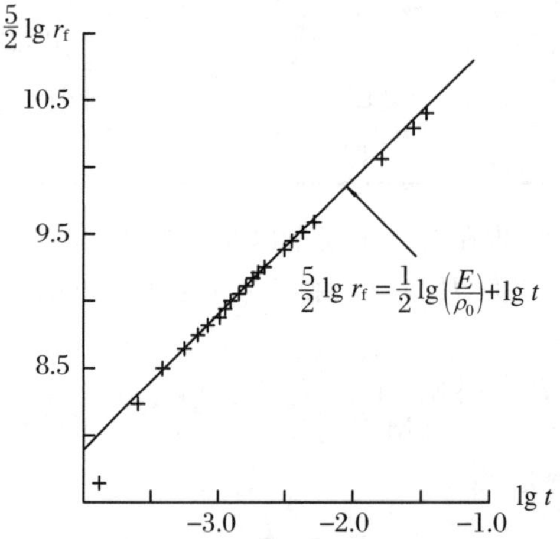

(b)

图 8.2 (a)麦克拍摄的内华达核爆炸的影片中，起爆 15 ms 后的一帧画面；(b)泰勒关于核爆炸冲击波前的动力学分析，表明 $r_f \propto t^{2/5}$（引自 Taylor G I. 1950. Proc. Roy. Soc. A, 201:175）

8.2.3 流体动力学——流体阻力

现在，我们把量纲分析方法用于不可压缩流体流经半径为 R 的球的情况。当黏滞力为主导时，阻力 F_d 的严格结果由斯托克斯（George Gabriel Stokes）导出，这就是所谓的斯托克斯公式，即 $F_d = 6\pi\nu R v$。其中 $\nu = \mu/\rho$ 为**运动黏度**，v 为流体速度。在附录 A7.3 中曾讨论过不可压缩流体的纳维-斯托克斯方程：

$$\frac{\partial \boldsymbol{u}}{\partial t} + (\boldsymbol{u} \cdot \nabla)\boldsymbol{u} = -\frac{1}{\rho}\nabla p + \nu\nabla^2 \boldsymbol{u} \tag{8.12}$$

并有

$$\nabla \cdot \boldsymbol{u} = 0$$

流体动力学问题的复杂性来源于式(8.12)中的非线性项$(\boldsymbol{u} \cdot \nabla)\boldsymbol{u}$。我们用量纲分析来讨论一下作用在球面上的阻力解的形式。其中包括两种极限情况：一种是**黏**

性造成阻力;另一种是流体的**惯性**在其中起主要作用。

在应用量纲分析时,我们考虑物理上等效的情况,即球沿水平方向以速度 v 在静止流体中运动,这一速度等于球静止时离球很远处的流体速度。与前面相同,我们在表 8.3 中列出了确定球在水平运动时可能的重要变量,包括球面上的阻力、球的速度和流体的密度及黏滞度。球的密度对其稳恒的水平运动没有任何影响,但这一运动与球的表面积有关,即与球的半径有关。按照白金汉 Π 定理,现在有 5 个变量和 3 个独立的量纲,故可构成 2 个独立的无量纲群。

表 8.3　球在黏滞流体中的稳恒水平运动

变量	量纲	描述对象
F_d	$[M][L][T]^{-2}$	阻力
ρ_f	$[M][L]^{-3}$	流体密度
R	$[L]$	球的半径
ν	$[L]^2[T]^{-1}$	运动黏度
v	$[L][T]^{-1}$	速度

表 8.3 中最后 3 个变量构成一个无量纲群:

$$\Pi_1 = \frac{vR}{\nu} = Re$$

这里 Re 为雷诺(Reynolds)数,是球的速度 v 的一个无量纲量度。第二个无量纲群必须包括表 8.3 中前两个变量,并与 Π_1 无关。可以构成的无量纲量为

$$\Pi_2 = \frac{F_d}{\rho_f R^2 v^2}$$

根据白金汉 Π 定理,最一般的关系只与 Π_1 和 Π_2 有关。由于我们希望得到 F_d 的表示式,故可以写

$$\Pi_2 = f(\Pi_1), \quad 即 \quad F_d = \rho_f R^2 v^2 f\left(\frac{vR}{\nu}\right)$$

现在阻力应当正比于运动黏度 ν,这意味着函数 $f(x)$ 必须正比于 $1/x$。因此阻力的表达式是

$$F_d = A\rho_f R^2 v^2 \left(\frac{vR}{\nu}\right)^{-1} = A\nu\rho_f Rv \tag{8.13}$$

其中 A 是一个待定常量,但我们不可能用量纲分析方法得到它。仔细研究的结果表明[6],$A = 6\pi$,故

$$F_d = 6\pi\nu\rho_f Rv = 6\pi\rho_f \frac{R^2 v^2}{Re} \tag{8.14}$$

现在,如果想象球的稳恒运动方向是垂直向下的,则阻力将与作用在球上的重力即 $F_g = (4\pi/3)\rho_{sp}R^3 g$ 相平衡。其中,ρ_{sp} 为球的平均密度。这样,球的终极速度满足

$$(4\pi/3)\rho_{sp}R^3 g = 6\pi\nu\rho_f R v$$

即

$$v = \frac{2}{9}\left(\frac{gR^2}{\nu}\right)\left(\frac{\rho_{sp}}{\rho_f}\right) \tag{8.15}$$

到目前为止，我们一直忽略了浮力对终极速度的影响。浮力的计入要通过另一个无量纲群：

$$\Pi_3 = \frac{\rho_f}{\rho_{sp}}$$

浮力的作用减小了球的有效重量，或者等效地说减小了重力加速度的大小，因而

$$g \to g\left(1 - \frac{\rho_f}{\rho_{sp}}\right)$$

请注意这个浮力修正所用的推理方法。如果 $\rho_{sp} = \rho_f$，球将不会下落；而如果 $\rho_f \ll \rho_{sp}$，就会得到式(8.15)的结果。因此正确的终极速度为

$$v = \frac{2}{9}\left(\frac{gR^2}{\nu}\right)\left(\frac{\rho_{sp}}{\rho_f} - 1\right) \tag{8.16}$$

这是历史上的一个重要结果，它被密立根(Robert Andrews Millikan)(1868～1953)用于精确测量电子电荷的著名的油滴实验中(参见第 14.3 节和 15.4 节)。

迄今为止，在分析中，我们假设了在球与流体之间的动量转移中，阻力起着主导的作用。我们来讨论一下这一假设适用的条件。在纳维-斯托克斯方程中，描述流体对压力作用以及对引力势梯度的响应项分别是

$$\frac{\partial \boldsymbol{u}}{\partial t} + (\boldsymbol{u}\cdot\nabla)\boldsymbol{u}, \quad \nu\nabla^2\boldsymbol{u} \tag{8.17}$$

流体的加速度中包含$(\boldsymbol{u}\cdot\nabla)\boldsymbol{u}$ 项，它与流体的**惯性**有关，而 $\nu\nabla^2\boldsymbol{u}$ 项与**黏滞性**有关。为了比较这两项对于一个尺度为 R 的物体的相对重要性，我们对它们的大小之比做一个数量级估计。假设 R 是发生动量转移的尺度，这一转移可能是由于惯性，也可能是由于黏滞性。式(8.17)中的偏导数在数量级上是

$$(\boldsymbol{u}\cdot\nabla)\boldsymbol{u} \sim \frac{v^2}{R}, \quad \nu\nabla^2\boldsymbol{u} \sim \frac{\nu v}{R^2} \tag{8.18}$$

这两项的相对重要性由下面的比给出：

$$\frac{\text{惯性加速度}}{\text{黏滞加速度}} \approx \frac{v^2/R}{\nu v/R^2} = \frac{vR}{\nu} = Re \tag{8.19}$$

其中，Re 为雷诺数。换言之，雷诺数描述了流体中惯性与黏滞性的相对重要性。式(8.13)的解由流体中动量的黏滞性转移所主导，因此适用于雷诺数 $Re \ll 1$ 的情况。此时的流线如图 8.3(a)所示。

另一条分析这一结果的途径是，利用黏滞应力在流体中扩散的特征时间 t_ν，它的数量级近似为

$$\frac{\partial \boldsymbol{u}}{\partial t} = \nu\nabla^2\boldsymbol{u}, \quad \text{取} \quad \frac{v}{t_\nu} \approx \frac{\nu v}{R^2}, \quad \text{这样} \quad t_\nu \approx \frac{R^2}{\nu}$$

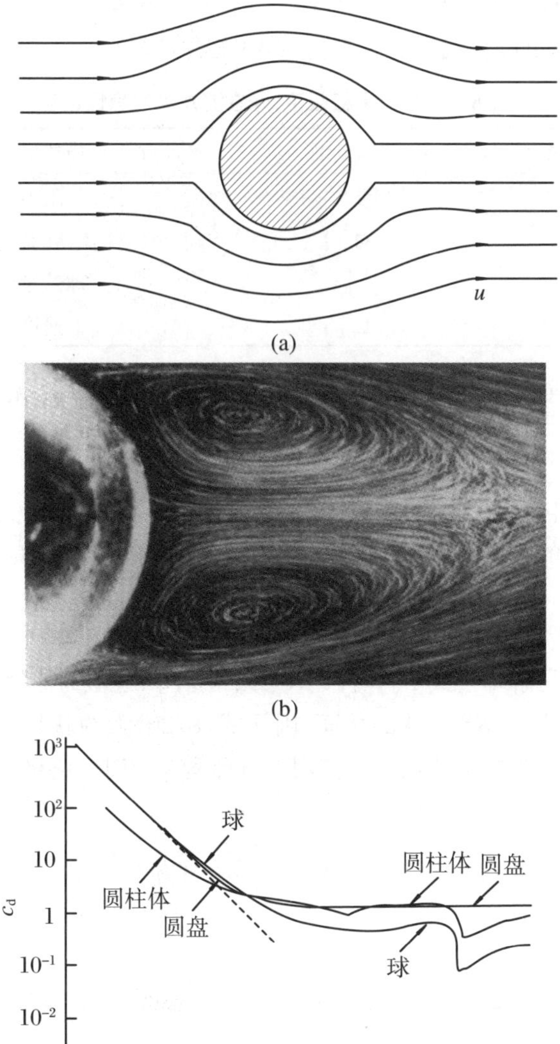

图 8.3　(a)低雷诺数即 $Re \ll 1$ 情况下,黏滞流体流经一个球时的流线图;(b)雷诺数 $Re = 117$ 时的情况[引自 Taneda S. 1956. J. Phys. Soc. (Japan),11,1106,Photo 1g];(c)不同物体的阻力系数 c_d 与雷诺数 Re 的函数关系(引自 Faber T E. 1995. Fluid Dynamics for Physicists. Cambridge:Cambridge University Press:258,266)

流体流经球的时间是 $t_v \sim R/v$。这样,黏滞力有时间传送动量的条件为

$$t_v \gg t_\nu, \quad \text{这样} \quad \frac{R}{v} \gg \frac{R^2}{\nu} \quad \text{或者} \quad \frac{vR}{\nu} = Re \ll 1$$

在高雷诺数极限下，即 $Re=vR/\nu\gg 1$ 时，流体流经球后变为湍流。此时黏滞性变得不重要，故可以从我们的有关参数表中去掉(表 8.4)。

表 8.4　$Re\gg 1$ 极限下，球在流体中的稳恒运动

变量	量纲	描述对象
F_d	$[M][L][T]^{-2}$	阻力
ρ_f	$[M][L]^{-3}$	流体的密度
R	$[L]$	球的半径
v	$[L][T]^{-1}$	速度

现在有 4 个变量和 3 个独立量纲，因而我们仅能构造 1 个无量纲群，即

$$\Pi_2=\frac{F_d}{\rho_f R^2 v^2}$$

可以看到，Π_2 中包含了与这一情况有关的所有变量，而再没有其他变量。正如泰勒对原子弹爆炸的分析那样，首先来尝试最简单的情况，即把 Π_2 取为常量：

$$F_d=C\rho_f v^2 R^2 \tag{8.20}$$

式中，C 是一个大约为 1 的常量。

我们现在容易解释公式 $F_d\propto\rho_f v^2 R^2$：因子 $\rho_f v^2$ 近似为流体到达球时，单位面积的流体动能到达率；R^2 为球的截面；因而式(8.20)大约就是每秒钟被球推开的入射流体的动量。为求出球在重力作用下且计入浮力时的终极速度，令 F_d 等于浮力，即

$$F_d=C\rho_f v^2 R^2=\frac{4\pi R^3}{3}(\rho_{sp}-\rho_f)g$$

故有

$$v\approx\sqrt{gR\frac{\rho_{sp}-\rho_f}{\rho_f}}$$

习惯上将阻力写为

$$F_d=\frac{1}{2}c_d\rho_f v^2 A$$

其中，A 是物体的截面积，c_d为**阻力系数**。表 8.5 中列出了某些情况下的 c_d值。显然，在设计一级方程式赛车时，c_d应当尽可能地小。

表 8.5　不同形状物体的阻力系数 c_d

物体	c_d
球体	0.5
圆柱体	1.0
平面	2.0
小汽车	0.4

低雷诺数情况下，当黏滞性起主导作用时有解析解，而高雷诺数情况下，在惯性区完全没有解析解。图 8.3(b)显示高雷诺数情况下，球后面产生的湍流漩涡。图8.3(c)给出了在一个很大的雷诺数 Re 取值范围内，阻力系数 c_d的变化。通过对式(8.14)的仔细研究发现，在 $Re \ll 1$ 的极限下，$F_d \propto Re^{-1}$，这与图 8.3(c)所示的关系一致；但在高雷诺数情况下，阻力几乎与 Re 无关。

8.2.4　湍流的柯尔莫哥洛夫谱

在流体动力学中，应用量纲分析的另一个重要例子是对湍流的研究。如图 8.3(b)所示，在高雷诺数流体情况下，球后面产生了湍流漩涡。流体动力学的一大问题是，如何了解纳维–斯托克斯方程中由非线性项$(\boldsymbol{u}\cdot\nabla)\boldsymbol{u}$ 所产生的湍流。经验给出的湍流特征非常明晰。漩涡的能量被注入如图 8.3(b)所示的、如球面这样大的尺度上。大尺度的漩涡分裂为小尺度的漩涡，再进一步破碎为更小的漩涡，如此等等。从能量输运的角度看，注入大尺度的能量，级串向下分散到越来越小的漩涡中，直到黏滞力所产生的热能在分子层次的尺度上被耗散掉。这个过程可以用**湍流谱**来表征。它描述了在定常态情况下，当能量连续注入大尺度并最终消失在分子层次时，每一尺度即每单位波长上呈现的能量多少。这些能量级串过程是高度非线性的，并且没有关于湍流谱的解析理论。然而，柯尔莫哥洛夫（Andrey Nikolaevich Kolmogorov）表明，可以用量纲分析来得到一些结果。

柯尔莫哥洛夫的分析主要是关于两个尺度之间的能量转移：一个是能量注入的大尺度 l，另一个是分子耗散变为重要的尺度 λ_{visc}。这一分析的一个重要特点是，在 l 与λ_{visc}之间没有自然的长度尺度。他计算的目的是，确定不同长度尺度的漩涡中动能的大小。描述这一特征的惯常方式是采用 $E(k)\mathrm{d}k$，即在波数 k 到 $k+\mathrm{d}k$ $(k=2\pi/\lambda)$的间隔内，单位流体质量的漩涡中所包含的能量。

假设大尺度时单位流体质量中动能的输入率为 ε_0。如前所述，我们可以列出一个有关变量的表(表 8.6)。这里只有三个变量和两个独立量纲，因而只能构成一个无量纲群：

$$\Pi_1 = \frac{E^3(k)k^5}{\varepsilon_0^2}$$

表 8.6　均匀湍流

变量	量纲	描述对象
$E(k)$	$[\mathrm{L}]^3[\mathrm{T}]^{-2}$	单位波数的能量*
ε_0	$[\mathrm{L}]^2[\mathrm{T}]^{-3}$	能量输入率*
k	$[\mathrm{L}]^{-1}$	波数

* 对于单位流体质量而言。

亦如前述,最简单的假设是 Π_1 是一个量级为 1 的常量,故

$$E(k) \sim \varepsilon_0^{2/3} k^{-5/3}$$

这个关系称为**湍流的柯尔莫哥洛夫谱**。在能量注入的尺度和分子黏滞性耗散变为重要的尺度之间,这一结果与实验得到的湍流谱拟合得很好(图 8.4)。

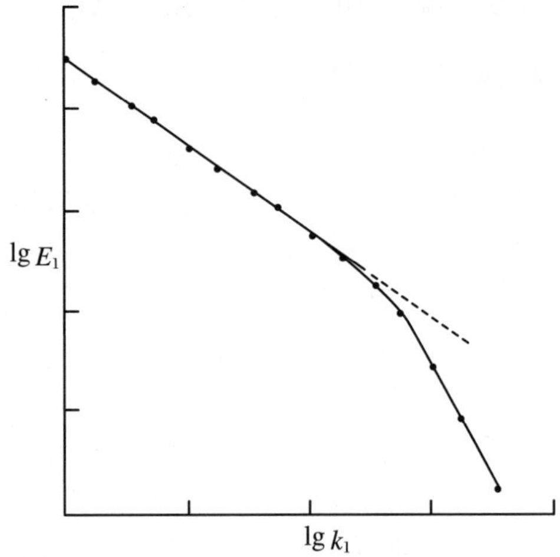

图 8.4 均匀湍流谱的实验结果与量纲分析得到的$E(k) \propto k^{-5/3}$关系(虚线)比较(引自 Faber T E. 1995. Fluid Dynamics for Physicists. Cambridge: Cambridge University Press:357)

在流体和气体动力学中量纲分析有许多应用,这里介绍的只是很少的例子。有关这一方法的效能的更多精彩例子,在巴伦布莱特(G. I. Barenblatt)的名著《标度、自相似性与中间渐近行为》[7]中做了介绍。对于参加与本书同名的课程学习的剑桥大学学生,还有一个特别适合的例子,即划艇的速度正比于 $N^{1/9}$,这里 N 是划桨手的数目。

8.2.5 对应态定律

现在我们来研究量纲分析对非理想气体物态方程的应用,目的是推导出**对应态定律**。设有 n mol 理想气体,其压强 p、体积 V 和温度 T 之间的关系由理想气体定律

$$pV = nRT \tag{8.21}$$

给出,其中 R 为气体常量。在压力非常低和温度很高的情况下,这一定律极好地描述了所有气体的性质,特别是当气体温度远离变为液态或固态的转变温度时。

在**非理想气体**情况下,需要考虑分子的有限大小以及分子间的相互作用力。因此我们需要把气体的宏观性质与分子的微观性质联系起来。表征分子之间作用力的最简单的方式是利用分子势能与分子间距的函数关系[8](图 8.5)。分子之间

有相互吸引的势能，当分子间距变小时，这一势能就变得更负。这可能是由于诸如范德瓦耳斯力的作用。势能随分子间距变小而越来越负，一直持续到某个尺度 σ 为止，此时分子之间相互接触，强大的斥力阻止它们进一步靠近。这样，σ 不仅是分子之间最接近的距离，而且是分子大小的一个量度。从图 8.5 中可以看出，分子间势能的性质可以由分子间距 σ 以及吸引势阱深度 $\Delta\varepsilon$ 来表征。

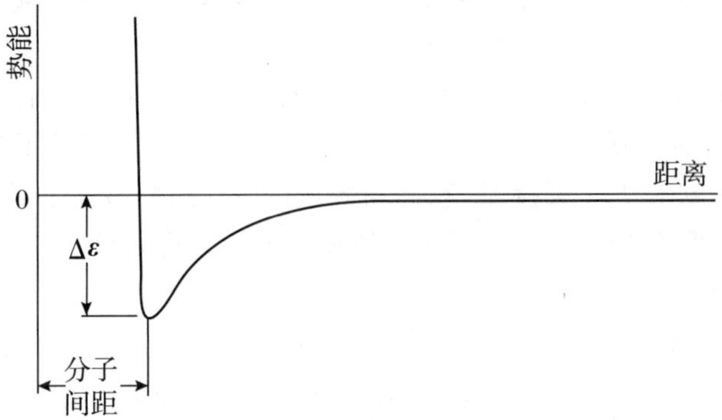

图 8.5　气体分子和相邻分子间的势能，与分子间距的函数关系的图示(间距的平衡距离为 σ)(引自 Tabor D. 1991. Gases, Liquids and Solids and Other States of Matter. Cambridge: Cambridge University Press: 125)

如通常那样，我们把这一问题中所有可能的重要变量列在表 8.7 中，其中包括了 $\Delta\varepsilon$，σ 以及气体分子的质量 m。

表 8.7　非理想气体物态方程中的变量

变量	量纲	描述对象
p	$[M][L]^{-1}[T]^{-2}$	压强
V	$[L]^3$	体积
kT	$[M][L]^2[T]^{-2}$	“温度”
N	–	分子数
m	$[M]$	分子质量
σ	$[L]$	分子间距
$\Delta\varepsilon$	$[M][L]^2[T]^{-2}$	吸引势阱深度

根据白金汉 Π 定理，现在应当有 $7-3=4$ 个独立的无量纲群。但仔细研究表 8.7 就会发现，具有独立量纲的变量数目比初看上去要少。量 pV，kT 和 $\Delta\varepsilon$ 都具有能量量纲$[M][L]^2[T]^{-2}$。此外，无法构造出单独包含 m 的无量纲量，因为没有一个量只包含$[T]$，使得能从具有能量量纲的量中消去$[T]$。因此 m 在这一问题中不能作为一个变量出现。

因而，虽然一开始有 3 个独立的量纲，但实际上只有 2 个，即$[L]$和$[M][L]^2[T]^{-2}$。

表 8.7 中所示的 6 个独立量的量纲,都可以由[L]和[M][L]^2[T]$^{-2}$构造出来。白金汉 Π 定理表明,由此我们可以构造 $6-2=4$ 个独立的无量纲量。

作为开始,我们选择以下 4 组无量纲群:

$$\Pi_1 = N,\quad \Pi_2 = \frac{kT}{\Delta\varepsilon},\quad \Pi_3 = \frac{V}{\sigma^3},\quad \Pi_4 = \frac{p\sigma^3}{\Delta\varepsilon}$$

$\Pi_i(i=1,2,3,4)$这样的选择表明,我们需要用微观量 σ 和 $\Delta\varepsilon$ 来表示宏观量 p,V 和 T。

进一步的研究需要在分析中应用一些物理学知识。物态方程中只含有 p,V 和 T 3 个变量,但我们现在有 4 个独立的无量纲群。假设气体处于某个由 p,V 和 T 表征的状态。p 和 T 是**强度**量,它们与系统的"广延度"无关。假如把系统去掉一半,压强和温度将维持不变,但剩下的体积和分子数将只有一半。因此物态方程只能包含比值 $\Pi_5=\Pi_3/\Pi_1=V/(N\sigma^3)$。

我们已经把问题简化为只有 3 个具有物理意义的无量纲量。Π_2 是分子的典型热能 kT 与其束缚能 $\Delta\varepsilon$ 之比,这一比值表明了气体分子的动能相对于其束缚能的重要性。Π_4 利用分子的束缚能以及气体性质影响所及的体积来表示压强。$\Pi_5=V/(N\sigma^3)$为体积 V 与分子所占有的总体积之比,其中 $N\sigma^3$ 称为**自体积**。

按照惯例,物态方程是把压强表示为体积与温度的函数,这就表明其余的无量纲群之间应当有下述关系:

$$\Pi_4 = f(\Pi_2, \Pi_5)$$

把有关量代入,得到

$$\frac{p\sigma^3}{\Delta\varepsilon} = f\left(\frac{V}{N\sigma^3}, \frac{kT}{\Delta\varepsilon}\right) \quad 或 \quad \frac{p}{p^*} = f\left(\frac{V}{V^*}, \frac{T}{T^*}\right)$$

其中

$$p^* = \frac{\Delta\varepsilon}{\sigma^3},\quad V^* = N\sigma^3,\quad T^* = \frac{\Delta\varepsilon}{k} \tag{8.22}$$

这样选择无量纲量之后,有 $p^*V^*/(NkT^*)=1$。用 p^*,V^* 和 T^* 写出的物态方程称为**对比物态方程**。**对应态定律:对比物态方程对所有气体具有同样的形式。**

因此如果气体势能函数的形状对所有的气体均相同,我们就可以预期,对于 1 mol 气体,$p^*V^*/(RT^*)$是一个常量。表 8.8 列出了一些气体的相应值。可以看到,这一方法对同族分子的气体是成功的。同样成功的物态方程的例子还包括范德瓦耳斯和狄特里奇(Dieterici)物态方程,它们可以写为

$$\left(\pi + \frac{3}{\phi^2}\right)(3\phi - 1) = 8\theta \tag{8.23}$$

以及

$$\pi(2\phi - 1) = \theta\exp\left[2\left(1 - \frac{1}{\theta\phi}\right)\right] \tag{8.24}$$

其中 $\pi=p/p^*$,$\phi=V/V^*$,$\theta=T/T^*$。注意 p^*,V^* 和 T^* 的物理意义:式(8.22)

表明,这些量如何提供了有关分子间距以及分子束缚能的信息。

表 8.8　不同气体的 $p^*V^*/(RT^*)$ 值

气体	$p^*V^*/(RT^*)$	气体	$p^*V^*/(RT^*)$
He	0.327	Ar	0.291
Xe	0.277	H_2	0.306
O_2	0.292	N_2	0.292
Hg	0.909	H_2O	0.233
CO_2	0.277		

这只是应用量纲分析研究非寻常微观物理过程的许多例子之一。其他令人满意的例子还有相变中熔化与临界现象的林德曼(Lindemann)定律,如铁磁相变。这些方法在我们研究维恩(Wilhelm Wien)导出其位移定律的过程中有重要应用(见第 11.3 节)。

8.3　混沌简介

在过去的三十多年里,理论物理学最引人注目的进展之一是,对诸如在牛顿定律那样的决定论性方程描述的系统中所发现的混沌动力学行为进行的研究。在这些研究之前,一些数学家,如庞加莱(Poincaré),就已经预言过一些混沌动力学行为。但在高速计算机发展起来以后,对混沌的研究才突飞猛进,并收获了累累硕果。可以这样来认识混沌系统的特征,即考虑一个动力学系统,它重复启动两次,但这两次的初始条件有非常小的差别,比如说很小的误差所造成的差别:

(1) 在**非混沌系统**中,这一很小的差别所导致的系统行为的误差随时间做线性增长。

(2) 在**混沌系统**中,这一差别所导致的系统行为的误差随时间做指数增长。因而尽管运动方程完全是决定论性的,系统的状态在一段特征时间之后会变得不可预知。

因而,混沌与随机有很大不同:混沌解有充分的定义,但由于方程中非线性的存在,使得输出结果对输入参数的精度非常敏感。对混沌动力学的研究很快就变成了“重工业”,但幸好还有几本优秀著作可供初学者参考。格雷克(James Gleick)的《混沌:开创新科学》[9]是一部杰出的科普著作,它以新闻工作者的洞察力描述了一个技术性课题的科学实质。贝克(G. L. Baker)和戈勒布(J. P. Gollub)的《混沌动力学引论》(简称《引论》)[10]是一本富有吸引力的教科书,它对该课题进行了简明扼要的分析。这里我只简要介绍这一成果丰硕的领域中几个有代表性的重要问题。

8.3.1 混沌行为的发现

动力学系统中的混沌行为是麻省理工学院的洛伦兹(Edward Lorenz)于1950年代末首先发现的。他当时在研究天气系统,并导出了一组非线性微分方程,以描述天气的演化。当时刚刚开始把计算机应用于动力学系统的研究。1959年,洛伦兹把方程组的求解程序输入到新的 Royal McBee 电子计算机中,该计算机每秒钟可以做17次计算。洛伦兹写道:

> 这台计算机计算时是6位数字,而打印出来的结果是3位数字,但我并不认为后面没有打印出来的这3位数会有多大影响。有一天,我把计算机某次曾算出的中间结果再输进去,想重复一下计算并打印出更细致的结果,也就是使打印的频率更高一些。计算开始后我出去喝咖啡。过了几小时,当它算出了几个月的天气数据时,我回来了并且发现,这次算出的结果与以前算出过的完全不一样。
>
> 显然,问题出在我开始时用到的起始条件与以前计算中用过的起始条件有所不同,两者相比有极小的误差。在对几个月的数据计算的过程中,这些误差增长了——大约每4天增长1倍。这表明,对于两个月的数据计算,它们翻了15番,即约增长了30 000倍,因而这两个解失之毫厘,差之千里。[11]

这就是现在众所周知的**蝴蝶效应**的由来。它的意思是,即使只是一只蝴蝶在某块大陆上拍动几下翅膀,也会在地球的其他地方引起一场飓风。这一术语可以看作是**对初始条件敏感**这个概念的一种比喻。洛伦兹在描述温度变化和对流运动的相互作用时,把他的方程简化为

$$\begin{cases}\dfrac{\mathrm{d}x}{\mathrm{d}t} = -\sigma x + \sigma y \\ \dfrac{\mathrm{d}y}{\mathrm{d}t} = xz + rx - y \\ \dfrac{\mathrm{d}z}{\mathrm{d}t} = xy - bz\end{cases} \tag{8.25}$$

其中 σ,r 和 b 为常量。这个系统同时也有混沌行为的表现。洛伦兹的计算标志一个引人入胜的故事的开始,故事中许多独立进行的研究工作从不同角度都遇到了混沌行为。这些被研究的系统包括滴水水龙头、电子电路、湍流、种群动力学、分形几何、木星大红斑的稳定性、恒星轨道和土星的卫星之一(即土卫七)的翻滚。在格雷克的书中有对这个故事精彩的叙述。

我特别欣赏贝克和戈勒布的《引论》,它清晰地描述了混沌系统的许多基本特征。根据他们的看法,混沌动力学的最低条件是:

(1) 系统最少有3个动力学变量。

(2) 运动方程包含一个非线性项,它使一些变量发生耦合。

洛伦兹给出的对流运动方程(8.25)满足这些条件:方程中有 x,y,z 3个变量,并且后面两个方程中的非线性项 xz 和 xy 使得这些变量之间产生耦合。限定这些条件是为了得到混沌行为的下述显著特征:

(1) 系统的轨道是三维发散的。

(2) 运动被限制在动力学变量相空间中的有限区域。

(3) 每一条轨道都是唯一的,并且不与其他轨道相交。

要了解混沌,最简单的办法是给出一个动力学系统如何变为混沌的特例。贝克和戈勒布的书中,对有阻尼的驱动摆的分析就是这样一个特例,它极好地描述了混沌运动是如何产生的。

8.3.2 有阻尼的驱动摆

考虑一个有阻尼的正弦式驱动摆,其摆长为 l,摆的质量为 m,阻尼常量为 γ。摆的驱动频率为 ω_D。我们已经写过不包括阻尼和驱动的非线性摆的运动方程(8.7),即

$$mgl(1-\cos\theta)+\frac{1}{2}I\dot{\theta}^2=\text{常量} \tag{8.26}$$

令 $I=ml^2$ 并对时间求导,得

$$ml\ddot{\theta}=-mg\sin\theta \tag{8.27}$$

阻尼力正比于摆的速度,故我们可以在方程(8.27)右边添加一项 $-\gamma l\dot{\theta}$。类似地,方程右边还可以添加驱动力 $A\cos\omega_D t$。因此运动方程现在是

$$ml\frac{d^2\theta}{dt^2}+\gamma l\frac{d\theta}{dt}+mg\sin\theta=A\cos\omega_D t \tag{8.28}$$

把变量变换一下,贝克和戈勒布给出一个简单的形式

$$\frac{d^2\theta}{dt^2}+\frac{1}{q}\frac{d\theta}{dt}+\sin\theta=\alpha\cos\omega_D t \tag{8.29}$$

其中,q 是摆的品质因数。该方程已被归一化为:在小振动时,摆的自然角频率 ω 等于1,且角频率和时间都被看作是无量纲的。这样最为简单。在我们现在考虑的情况下,振动的幅度可以很大。同时,当摆角超过 $\theta=\pm\pi/2$ 时,摆线仍然被看作是绷紧的。

方程(8.29)可以写成下述3个独立的一阶微分方程:

$$\begin{cases}\dfrac{d\omega}{dt}=-\dfrac{1}{q}\omega-\sin\theta+\alpha\cos\varphi\\[2mm]\dfrac{d\theta}{dt}=\omega\\[2mm]\dfrac{d\varphi}{dt}=\omega_D\end{cases} \tag{8.30}$$

这些方程中包含 ω,θ 和 φ 3个独立的动力学变量:ω 是瞬时角速度;θ 是相对于垂

直平衡位置的摆角；φ 是角频率 ω_D 不变的驱动力的相位。这些变量之间的非线性耦合是通过第一个方程中的 $\sin\theta$ 和 $\alpha\cos\varphi$ 项而产生的。运动是否是混沌的，取决于 α，ω_D 和 q 的取值。

描述混沌行为的问题之一是，图示必须是三维的，以便描绘出所有 3 个动力学变量的演化。幸好，驱动力的角频率是常量，因而动力学行为可以通过瞬时角速度与 θ 关系的简单相图来表现。对 4 组 α 和 q 值的详细研究结果如图 8.6 所示。这些相图被画成大小相同的图。图中，左边一列表示摆在真实空间中的行为以及相应的 α 和 q 的值。

首先考虑**中等驱动的摆**，其 $\alpha=0.5$，$q=2$。相图表现出一个稳态的简单周期性行为，摆动范围在 $\theta=\pm45^\circ$ 之间。相图中还显示，正如物理上要求的那样，在 $\theta=\pm45^\circ$ 处角速度 $\omega=0$。对这一闭合回路的行为我们在单摆中是熟悉的。用动力学系统的术语来说，相图的原点称为**吸引子**。可以通过观测来理解这一术语，即如果没有驱动项，相图中阻尼摆的轨道将螺旋式地向原点落去。图 8.6(a)所示的轨道称为**极限环**。另外 3 幅图表示，当驱动振子的振幅很大时，摆达到稳态后的周期性行为。

(1) 在图 8.6(b)中，$\alpha=1.07$，$q=2$，摆在相图中沿双回路轨道运动，其中一次摆动的幅度从 $\theta=0$ 算起超过 π 弧度。

(2) 当驱动幅度更大[图 8.6(c)]，$\alpha=1.35$，$q=2$，摆在真实空间中环绕原点旋转完整的一圈。相图中轨道在 $\pm\pi$ 弧度处的端点应当是相接的。

(3) 当驱动振幅再大一些[图 8.6(d)]，$\alpha=1.45$，$q=2$，摆在真实空间中旋转两圈，然后回到稳态的初始位置。同样，相图中轨道在 $\pm\pi$ 弧度处的端点也应当是相接的。在真实空间和相空间中描绘摆的行为是一项有益的练习。

然而，当 α 和 q 取其他某些值时，没有稳态的周期性行为出现。图 8.7 给出 $q=2$ 时 $\alpha=1.15$ 和 $\alpha=1.50$ 的相图。这两种情况下的运动是混沌的，即轨道是非周期性的，且对初始条件非常敏感。

还有其他方式可用来分析相图中给出的信息。表征摆的行为的另一种途径是，在相空间图中只画出摆在**强迫振动周期的倍数**时的位置，即画出强迫力频率为 ω_D 时，ω 和 θ 坐标的**频闪图**。这种表现形式称为庞加莱截面，它可以消除动力学运动中的许多复杂性。

对于单摆，在庞加莱截面上只有一个点。图 8.8(a)和(b)给出的例子分别相应于图 8.6(d)和图 8.7(b)中的相图。图 8.8(a)中，周期倍增现象是明显的。这就是如滴水水龙头那样的系统所呈现的一类非线性现象。

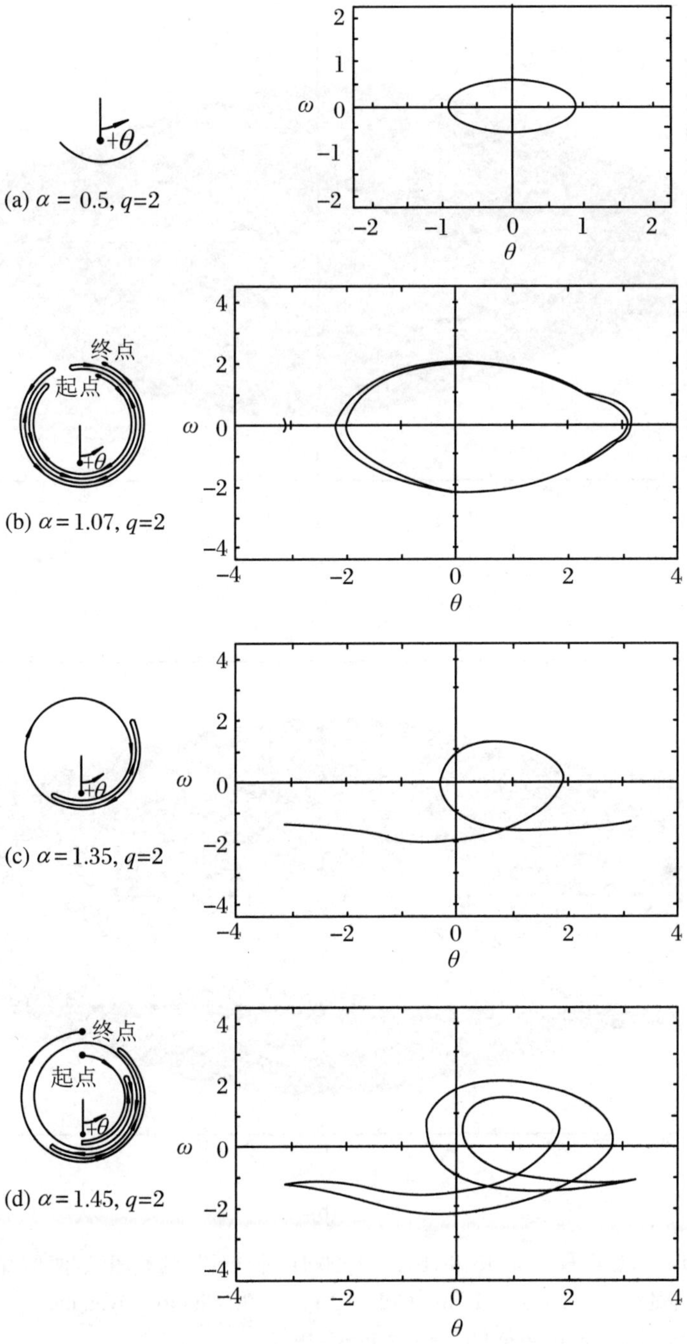

图 8.6　品质因数 q 和驱动振幅 α 取不同值时，非线性摆的 ω-θ 相图（引自 Baker G L and Gollub J P. 1990. Chaotic Dynamics: an Introduction. Cambridge: Cambridge University Press: 21, 22）

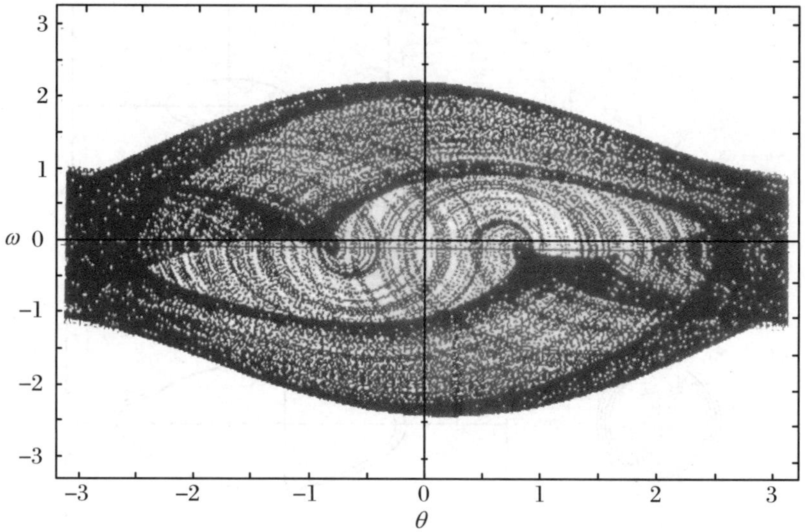

(a)

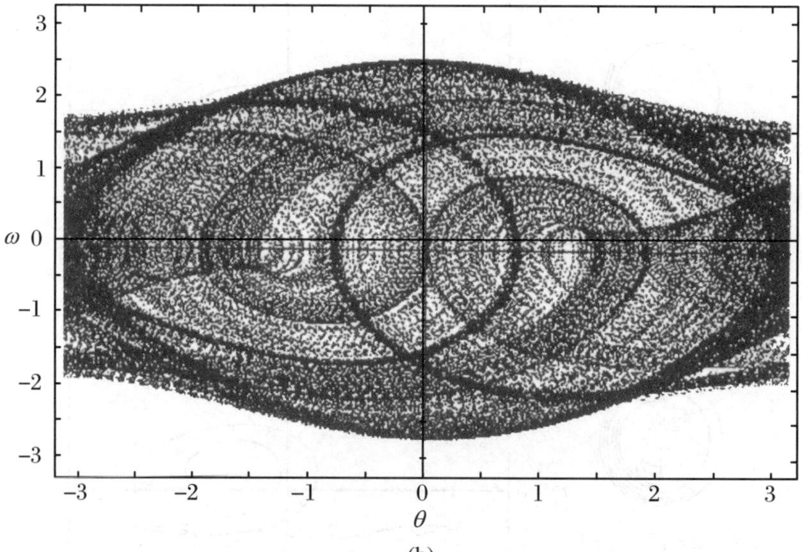

(b)

图 8.7　$q=2$ 以及(a)$\alpha=1.15$ 和(b)$\alpha=1.50$ 时,非线性摆的相图,这两种情况下的运动都是混沌的(引自 Baker G L and Gollub J P. 1990. Chaotic Dynamics:an Introduction. Cambridge:Cambridge University Press:49,53)

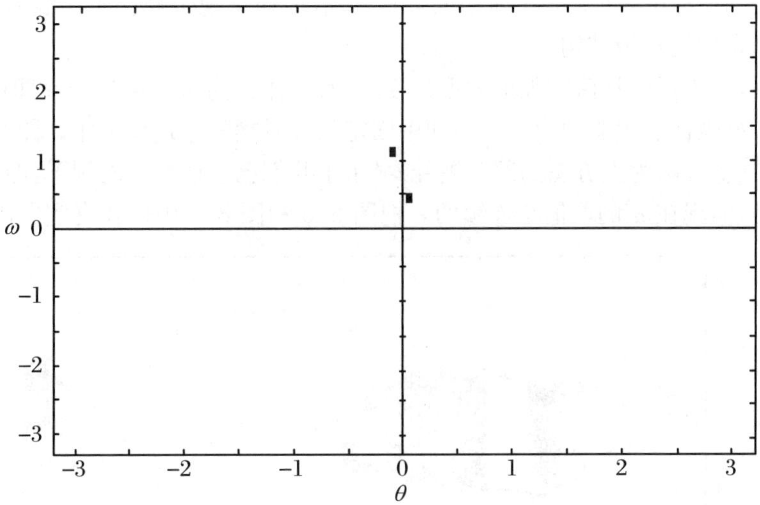

(a)

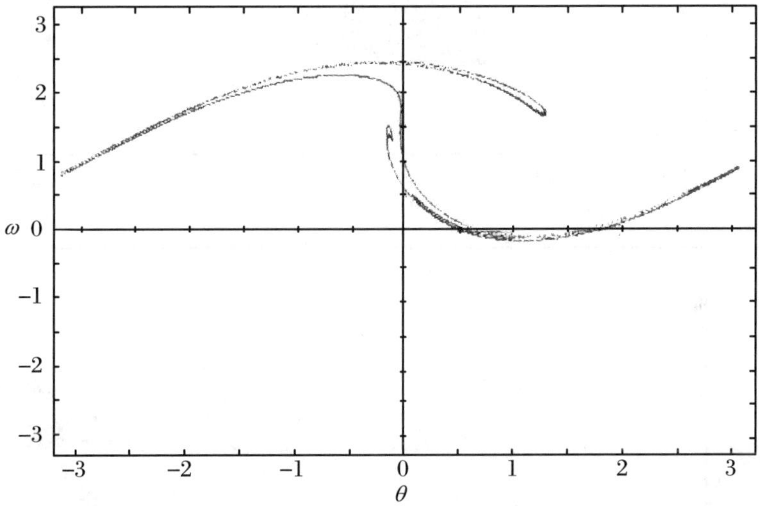

(b)

图 8.8　$q=2$ 以及(a)$\alpha=1.45$ 和(b)$\alpha=1.50$ 时，非线性摆的庞加莱截面：第一种情况是周期倍增的，而第二种情况运动是混沌的(引自 Baker G L and Gollub J P. 1990. Chaotic Dynamics：an Introduction. Cambridge：Cambridge University Press：51，53)

在混沌运动情况下[图 8.8(b)]，轨道在参考平面上的任何一点都没有交叉，但整个结构是有规律的。对于混沌运动，庞加莱截面是自相似的，即不同尺度上的结构具有相似性。如贝克和戈勒布所描述的那样，图形的几何结构是分形结构，其分形维数是可以定义的。他们还讨论了如何计算相空间轨道的分形维数。

分析摆的运动的另一种有效方法是，把时域中的运动用功率谱表现出来。在周期运动的情况下,功率谱在周期的 2 倍、4 倍等处呈现尖峰。而在混沌系统中,功率谱呈现的是宽带结构。

最后,对于不同量值的强迫力振幅 α,摆的总体行为可以通过**分叉图**(图 8.9)来表示。纵坐标表示驱动力每一周期中固定相位时摆的角速度大小。图 8.9 所示的分叉图(下方图为上方图的部分展开)显示了我们已经研究过的例子,即 $q=2$ 时摆的行为,但现在 α 的取值是连续的。把图 8.6 和图 8.7 中摆在真实空间和相空

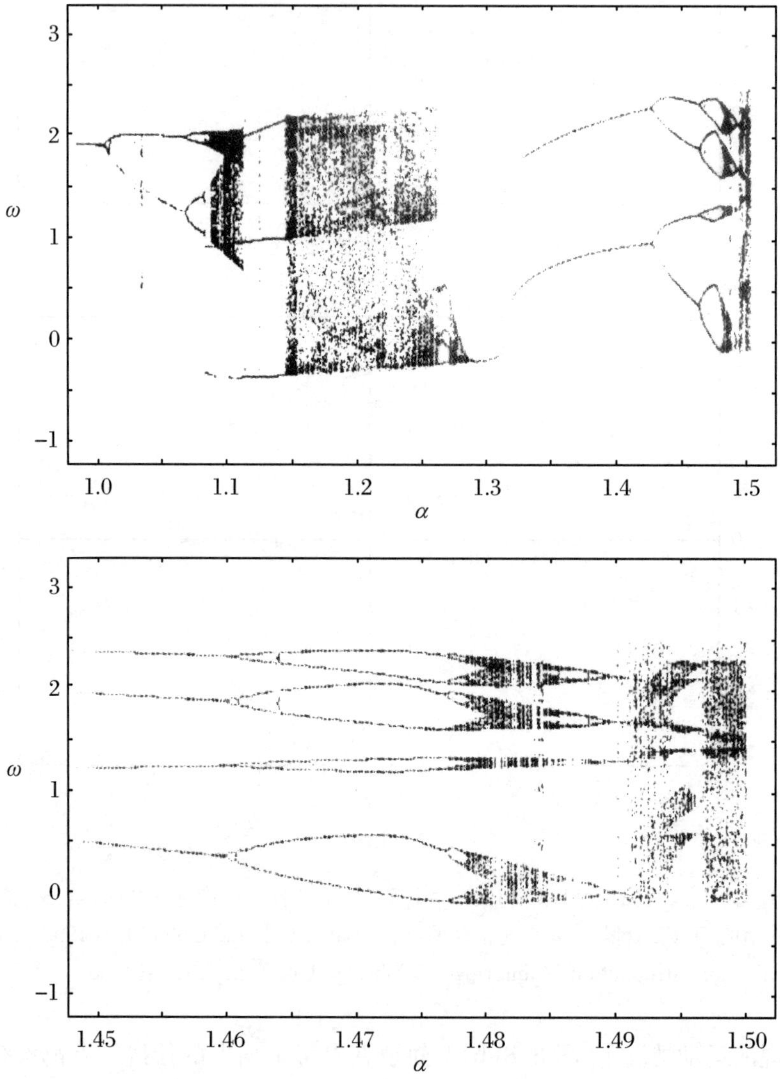

图 8.9　阻尼驱动摆在 $q=2$ 时,对于一定范围内的驱动振幅 α 值的分叉图,ω 取为每次驱动振动开始时的值,下方图是把上方图中 $1.45\leqslant\alpha\leqslant1.50$ 这一段参数范围做了展开(引自 Baker G L and Gollub J P. 1990. Chaotic Dynamics: an Introduction. Cambridge: Cambridge University Press:69)

间中的行为，与分叉图中的位置相比较是有帮助的。图8.9(下方图)非常清楚地显示了，摆的混沌行为是通过一系列的频率倍增而出现的。在实验室的湍流实验中也观察到了这样的行为。图8.9是一幅非常典型的图，它显示出系统具有周期性振荡模式的参数范围，这些区域介于系统具有混沌行为的区域之间。

上面这些图都是在二维参数空间中画出的。研究洛伦兹三参数对流模型在三维参数空间中的动力学运动(图8.10)很有启发意义。对于一组输入参数，在三维相空间中只有唯一的一条轨道，如图中的连续线所示。对另一组略微不同的初始条件，开始时轨道与刚才那条相似，但很快就会变得完全不同。注意系统的演化被局限在参数空间的有限区域内。在这样的图示下有两个吸引子，并且系统可以从一个吸引子的影响范围，跳到另一个吸引子的影响范围。每个吸引子都是一个奇怪吸引子的例子。

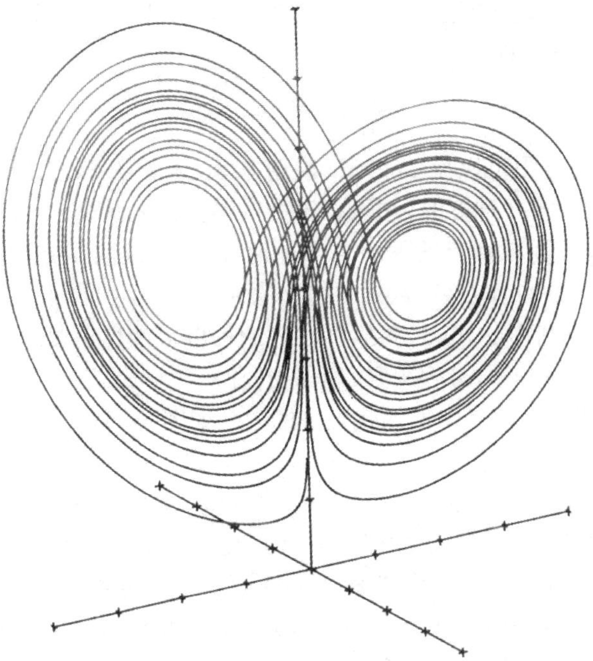

图8.10　洛伦兹吸引子图的部分单一轨道，它是具有3个独立变量的混沌系统演化的三维表示；系统的每一轨道由一条连续线代表，且自身绝不会相交；不同的轨道也不会交叉；相邻轨道上的点很快就分道扬镳，结果形成混沌运动(引自 Gleick J. 1987. Chaos: Making a New Science. New York: Viking: 28)

8.3.3　Logistic 映射与混沌

令人瞩目的是，在另外一个完全不同的领域也发现了混沌行为。梅(Robert

May)曾研究过种群增长问题,特别是一个生物种群如何达到一个稳定状态的问题。一个具有 X_n 个成员的第n 代种群,到第 $n+1$ 代时的成员为 X_{n+1}个,故我们可以写

$$X_{n+1} = f(X_n) \tag{8.31}$$

为简单起见,我们可以设想,假如一对夫妇平均可以有 2.4 个或其他数目的子女,我们把这个数目记为 μ。这样,如果 $X_{n+1}=\mu X_n$,则人口增长将是无限和无法承受的。因此某种使得人口递减到一个有限数量 N 的因素是必需的。在数学上引入递减的方式是把上述关系修改为

$$x_{n+1} = \mu x_n(1 - x_n) \tag{8.32}$$

其中,x_n 为下式定义的**人口测度**:

$$x_n = \frac{X_n}{N}$$

方程(8.32)是一个**差分方程**,类似于费尔哈斯特(P. F. Verhulst)为建立种群演化模型而引入的微分方程:

$$\frac{\mathrm{d}x}{\mathrm{d}t} = \mu x(1 - x) \tag{8.33}$$

种群演化的行为可以用 **Logistic 映射**来表示,如图 8.11 所示。在每一幅图中,横坐标表示第 n 代种群的种群数测度x_n,纵坐标表示第 $n+1$ 代的种群数测度 x_{n+1},而 x_{n+1}又变为横轴上的下一个坐标值,从而继续应用方程(8.32)。在第一种情况下[图 8.11(a)],$\mu=2$,数列的初始值为 $x_1=0.2$。这样,下一代的种群数测度为 $x_2=0.32$。利用公式(8.32),再后代的种群数测度就是 $x_3=0.435\ 2$,$x_4=0.491\ 6$,$x_5=0.499\ 9$…,最后达到一个稳定值 $x_n=0.5$。

在第二种情况下,$\mu=3.3$,诸代种群的数列如图 8.11(b)所示。从 $x_1=0.2$ 开始,接下来的种群数测度为 $x_2=0.528\ 0$,$x_3=0.822\ 4$,$x_4=0.482\ 0$,$x_5=0.823\ 9$,$x_6=0.478\ 7$…,种群数测度 x 最终在$x_n=0.480\ 0$ 和 $x_{n+1}=0.830\ 0$(n 为偶数)之间振荡。换句话说,该种群的演化历经这两个值之间的一个极限环。

第三个例子中,$\mu=3.53$[图 8.11(c)],前 6 个种群数测度值为 $x_1=0.2$,$x_2=0.564\ 8$,$x_3=0.867\ 7$,$x_4=0.405\ 3$,$x_5=0.850\ 8$,$x_6=0.448\ 0$。最终系统进入一个极限环状态,它介于 4 个稳定态 $x_n=0.370\ 0$,$x_{n+1}=0.520\ 0$,$x_{n+2}=0.830\ 0$和 $x_{n+3}=0.880\ 0$ 之间。在图 8.11(b)和(c)中,我们又看到了在阻尼受迫情况下摆出现过的 2 倍周期和 4 倍周期现象。

第四个例子中,$\mu=3.9$[图 8.11(d)],此时系统变为混沌系统。正如摆的情况那样,我们可以作一个分叉图,来显示种群数测度的稳定值(图 8.12)。很明显,两幅分岔图(即图 8.9 和图 8.12)非常相似。在这两个例子中,显然都有周期倍增和趋于混沌行为的共同特征。

费根鲍姆(Mitchell Feigenbaum)对此做了出色的分析。他发现这样的映射在经过周期倍增走向混沌的过程中,有普遍的规律性存在。他指出,依次相继的分

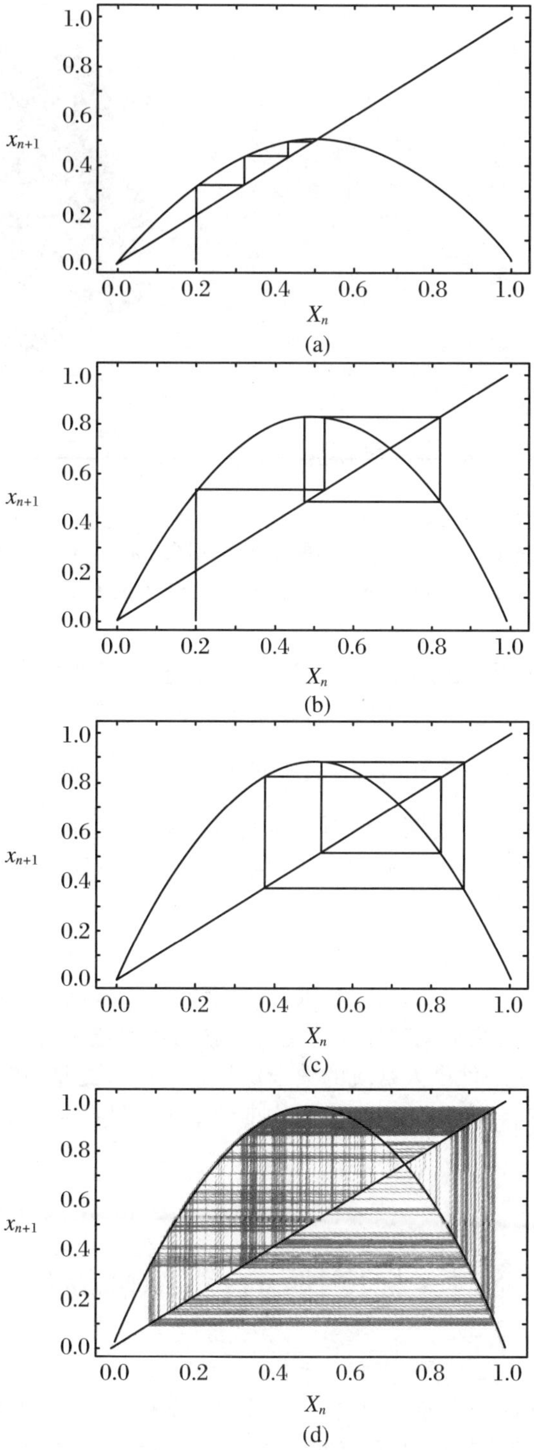

图 8.11　递推关系 $x_{n+1}=\mu x_n(1-x_n)$的逻辑回归,其中 $\mu=2,3.3,3.53,3.9$

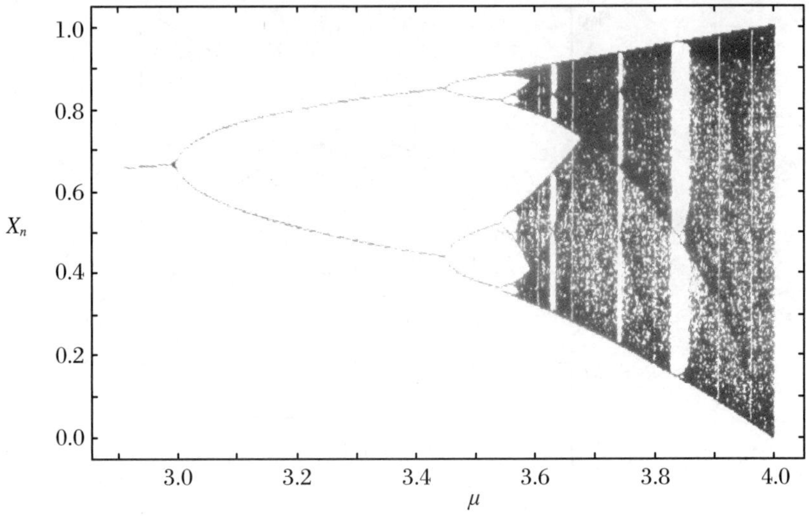

图 8.12　逻辑回归 $x_{n+1}=\mu x_n(1-x_n)$的分叉图(引自 Baker G L and Gollub J P. 1990. Chaotic Dynamics:an Introduction. Cambridge:Cambridge University Press:69)

叉点 μ 值之间的间距之比趋于一个普适常量,即**费根鲍姆数**。如果第一个分叉发生在 μ_1,第二个发生在 μ_2,如此等等,则费根鲍姆数定义为

$$\lim_{k\to\infty}\frac{\mu_k-\mu_{k-1}}{\mu_{k+1}-\mu_k}=4.669\ 201\ 609\ 102\ 990\ 9\cdots$$

对于有两个极大值、通过周期倍增而走向混沌的映射,这个数是一个普适常量。这是混沌动力学系统中存在**普遍性**的一个例子,它表明非线性映射的某些特征与映射的各自形式无关。

以上这些观念在复杂物理系统中得到了许多应用。其中包括土卫七在环绕土星轨道上的翻滚、湍流、激光、化学系统、含有非线性元件的电子电路等。这些进展是激动人心的。非线性系统中存在的混沌观念已经渗透到现代物理学中的许多前沿领域,它不再只是一件供人赏玩的数学珍品。关键之处是,在所有的混沌现象中都潜藏着一些普遍特征,它们现已成为物理学不可或缺的一部分。

8.4　标度律与自组织临界性

第 8.3 节所描述的混沌现象,揭示了非线性动力学系统中潜在的规律性。其中所研究的例子相对来说还是简单的,且可以用数目有限的非线性微分方程来表述。然而,大自然中有更多的例子,其中的非线性以多种不同的形式呈现,并且基本无望写出合适的方程,更不用说进行求解了。尽管如此,在这些例子中还是发现了规律性的存在。为什么会产生这样的情况呢?**自组织临界性**这一新的研究领域的出现,也许包含了新型物理学的种子,使上述问题最终得以解决。巴克(Per Bak)的杰作《大自然如何运行:自组织临界性的科学》[12]使我们有幸对这一领域有所了解。我们将根据他的叙述以及所举的某些例证,对其核心思想做一简要介绍。

8.4.1　标度律

在复杂系统中发现了某些引人注目的**标度律**,使对多重非线性组织现象的研究展现生机。所有这些例子的共同特点是:没有办法写出描述系统相关方面的方程,但却出现了规律性。以下我们列出巴克讨论过的一些比较有代表性的例子。

(1) 标度律的一个典型例子是,不同里氏震级(Richter scale)的地震发生概率的古登堡-里克特(Gutenberg-Richter)定律。例如,约翰逊(Arch Johnson)和纳瓦(Susan Nava)对1974～1983年间美国东南部新马德里地区的地震统计做了研究,他们采用里氏震级来测量地震强度。里氏震级采用的是地震释放能量 E 的对数。他们证实了古登堡-里克特定律,即每年发生震级大于 m 的地震的概率与能量 E 呈幂律关系(图8.13)。地震发生的概率与其震级之间存在简单的关系,这看起来是不可思议的。有不计其数的复杂现象可能会影响到地震的发生——按照我的非专业的统计,包括板块构造、山脉、峡谷、湖泊、地质结构等。无论实际上发生的是什么,显然都是极端的非线性过程。但古登堡-里克特定律的线性关系表明,尽管存在复杂性,仍然有潜在的规律性表现,大的地震只是众多小地震的极端个例。

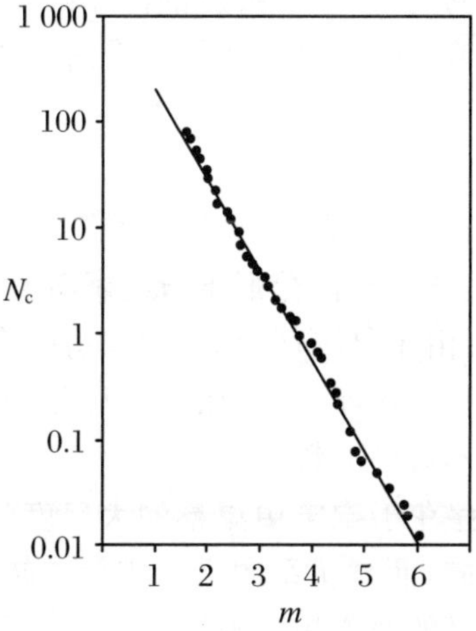

图8.13　每年发生的里氏震级大于 m 的地震数目 N_c 与 m 的关系图(引自 Bak P. 1997. How Nature Works: the Science of Self-Organised Criticality. Oxford: Oxford University Press: 13)

(2) 1963 年,曼德布洛特(Benoit Mandelbrot)分析了超过 30 个月的**棉花价格的月度变化**,发现这一分布有尖峰。当他把棉花价格逐月增减的分布计算出来后,发现这些变化遵从幂律分布。其他的现象(包括股票市场)也遵从这一规律。这实际上是一个令人头痛的非线性问题。有许多非线性因素决定了棉花的价格,如供应、需求、抢购股票、投机、心理作用、内部交易等。这些因素如何能造就一个简单的幂律关系呢?

(3) 塞普科普斯基(John Sepkopski)花了 10 年时间,在图书馆和博物馆研究**生物灭绝**问题。他调查了大量的海洋生物化石记录,用来确定地球上的生物族群在过去 6 亿年间灭绝的比例。这些数据以每 400 万年分成一组,他确定了每组相应的时期中,所有物种都灭绝了的比例。这样得到的结果仍然有尖峰,其灭绝比例呈巨大的变化。但劳普(David Raup)指出,每 400 万年中灭绝比例的概率呈幂律分布。其中有极少量的大灭绝事件,相应于许多物种消失;而大多数只是小灭绝事件。引起人们极大兴趣的是著名的恐龙灭绝事件,它发生在距今大约 6 500 万年前,但并不是化石记录中最大的灭绝事件。恐龙的灭绝也许真的和一颗小行星与地球的碰撞有关,该碰撞所造成的 180 km 的大坑,最近在墨西哥湾尤卡坦(Yutacán)半岛的希克苏鲁伯(Chicxulub)被确认。

(4) **分形**这一术语,是曼德布洛特描述**在所有尺度上具有相似特征**的几何结构时引入的。他在回忆录中说,他更感兴趣的是用数学语言来描述杂乱无章的自然现象,而不是明显有规律的现象。在他的巨著《大自然的分形几何》[13]中,他发现大自然中具有分形特征的形式普遍存在。一个经典的例子是挪威的海岸线:由于大西洋的冲刷以及严酷的北方气候,挪威的海岸线参差曲折,有大量的峡湾,而且峡湾之中还有峡湾。定量刻画其分形特征的最简单的办法是,用边长为 δ 的方格去覆盖全部海岸线(图 8.14),然后数一下总共需要多少方格。令人惊讶的是,方格的数目 $L(\delta)$遵从幂律分布

$$L(\delta) \propto \delta^{1-D}$$

其中,$D = 1.52 \pm 0.01$ 称为该分布的**分形维数**或**豪斯道夫(Hausdorff)维数**。注意这一分布的一个重要特征:由于是幂律分布,故没有一个自然的长度标度,可以与查看海岸线照片时的标度相互认证。换句话说,无论我们选择的尺度大小如何,海岸线所展现的都是同样的不规则形状。

(5) 类似的标度律也存在于**宇宙中星系的大尺度分布**之中。已经发现,星系有强烈的成群或成团的倾向,而且星系团进一步形成超星系团。描述星系成团特征的最简单办法是下面定义的两点相关函数:

$$N(\theta)\mathrm{d}\Omega = N_0[1 + w(\theta)]\mathrm{d}\Omega$$

式中,N_0 为一个适当定义的平均表面密度,$w(\theta)$表示在天空上角位置为 θ、立体角为 $\mathrm{d}\Omega$ 的范围内发现一个星系的过剩概率。星系的大样本观测表明,函数 $w(\theta)$的形式是

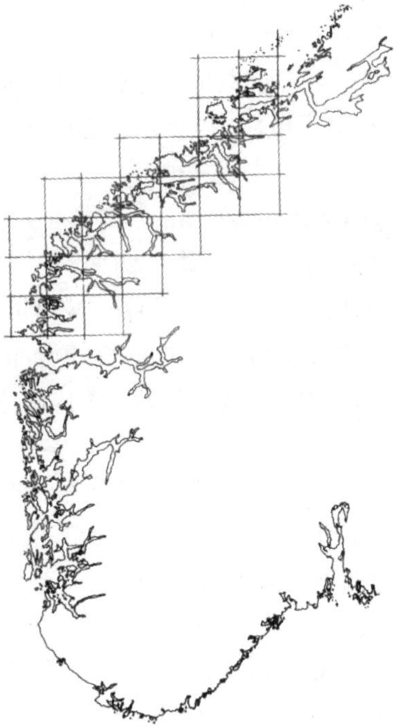

图 8.14　挪威海岸线的分形结构,可以定量地用边长为 δ 且包含海岸线的方格数来确定,此例中需要 26 个方格来覆盖所示区域(引自 Bak P. 1997. How Nature Works:the Science of Self-Organised Criticality. Oxford:Oxford University Press:13. 引自 Feder J. 1988. Fractals. New York:Plenum Press)

$$w(\theta) \propto \theta^{-0.8}$$

相应的空间相关函数是

$$\xi(r) \propto r^{-1.8} \quad (\text{对于物理尺度 } r \leqslant 8\ \text{Mpc}) \tag{8.34}$$

其中,1 Mpc≈3×10^{22} m。这样,虽然星系团是宇宙中的显著结构,但成团现象在所有尺度上都有发生,并不存在一个优先的尺度。这和分形分布是一样的。在 $r\gg8$ Mpc 的尺度上,星系的成团强度随尺度的增大而衰减,且这一衰减比式(8.34)所示的要快得多。在这些尺度上,密度反差 $\delta\rho/\rho\ll1$,故宇宙结构仍处于线性演化阶段。在小于 8 Mpc 的尺度上,密度反差大于 1,因而必然存在非线性的引力相互作用[18]。

(6) 在许多不同的情况下都能发现 **1/f 噪声**。它最初是在电子电路中被发现的,其中的电压尖峰值超过了随机的约翰逊(Johnson)噪声的预期值(参见第 15 章附录)。我的同事韦伯斯特(Adrian Webster)曾说过"1/f 噪声是干扰谱"。它的起源还没有被确定。有两个典型的 1/f 噪声的例子:一个是自 1865 年(自那时起才有了可用的记录)以来全球的温度变化,另一个是类星体光度的时间变化。它们定性地很相似。1/f 噪声谱一般具有如下形式：

$$I(f) \propto f^{-\alpha} \quad (0 < \alpha < 2)$$

其中，f 为频率。在这两种情况下，所观测到的现象被认为是大量非线性过程的结果，最终形成了系统的行为。在电子电路中，必须小心防止这些偶然出现的大的电压尖峰对设备造成破坏。

(7) 齐普夫(George Kingsley Zipf)在他的《人类行为与最小努力原理》[14]一书中，谈到了人类行为中的一些显著的标度律。例如，在把城市规模进行排列时，发现有系统的表现，正如地震的情况那样。全世界的城市可以按照人口进行排列，结果发现城市人口遵从古登堡-里克特定律那样的幂律分布。显然，任何城市的人口和规模都是由大量非线性物理和社会效应所决定的，这些效应共同造成了规模的幂律分布。

(8) 齐普夫还表明，英语中词汇的使用频率遵从幂律分布。英语词汇可以按其使用频率排列。例如，"the"用得最广泛，接着是"of"、"and"、"to"等。是哪些社会和感性的因素造成了幂律分布而不是其他分布？

(9) 在与曼德布洛特讨论这些分布的时候，我非常感兴趣地得知，海顿(Haydn)、莫扎特(Mozart)和贝多芬(Beethoven)的经典音乐都遵从 1/f 噪声分布，而布列兹(Boulez)和斯托克豪森(Karlheinz Stockhausen)的音乐不是分形！

在所有这些例子中，大量存在的非线性现象是非常重要的。初看上去，为解释周围真实世界中出现的有规律的标度律找到任何解析理论的希望很渺茫。然而，还是有希望从预料之外的方向来试一试。

8.4.2 沙堆和米堆

沙堆和米堆的表现或许可以给我们提供一些启示，以理解上面这些复杂非线性系统的不同例子。每个孩子都熟悉堆造沙堡的游戏：如果沙堡的墙太陡，就会发生不同尺度的崩塌，一直到其倾角减小到某个适当的角度为止。在一次可控的实验中，干燥的沙子连续倾倒到一个沙堆的顶部，沙堆不断发生各种尺度的崩塌，但基本上保持圆锥的形状。引人注目的结果是，当沙堆的体积增长时，其圆锥角的大小仍保持不变。这个实验已成为**自组织临界性**的典型实验。其中关键的一点是，不可能用解析方法来研究沙堆或米堆崩塌的物理过程，这是因为，同时发生的非线性现象太多了。图 8.15 表示，试图预言米堆的形成是多么复杂的事情。

巴克(Per Bak)和他的同事完成了一项非常好的计算机模拟工作，它有助于我们了解米堆和沙堆的行为。他们用一个 5×5 方格阵列的简单模型来说明其计算原理。开始时，在每个方格里面随机地放进 0,1,2 或 3 颗米粒。然后再随机地往方格内添加米粒，并遵从如下规则：当方格里面有 4 颗米粒时，就把它们分别放到相邻的 4 个格子中，因而该格子中的米粒数就变为零。如果这样做的结果使得任

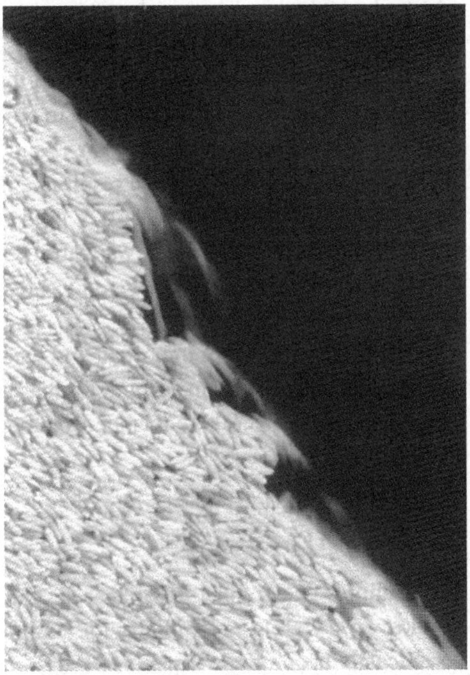

图 8.15　米堆形成过程中微型崩塌的图示[引自 Bak P. 1997. How Nature Works: the Science of Self-organised Criticality. Oxford: Oxford University Press: plate 4//Frette V, et al. 1995. Nature, 379: 49]

何相邻格子内的米粒数达到 4 颗，就重复上述程序；如此不断重复，直到每个方格内的米粒数不超过 3 颗，崩塌停止了。图 8.16 给出了这一过程的图示，其中，米粒的初始分布是随意的。图中显示单颗米粒添加到中间的方格后，接下来的 7 次迭代过程。从图中可以看到，中心添加 1 颗米粒后，会在这 7 次迭代中造成 9 次垮塌事件。图 8.16 的底图中，中间的 8 个涂暗的方格表示，在那里至少发生了一次垮塌事件。

完全相同的计算程序可被用于比这大得多的阵列。例如，图 8.17 所示的 50×50 方格阵列。灰色区域表示，那里的方格中至少发生了一次垮塌事件。(a)，(b)，(c) 和(d) 4 幅图分别代表不同演化阶段的图像。虽然这是一个高度理想化的模型，但它仍然具有许多令人感兴趣并颇具启发性的特点：

(1) 如果模拟过程进行多次，则可以求得垮塌规模的概率分布。这一分布为幂律形式，与地震的古登堡-里克特定律完全相同。

(2) 不需要对参数进行微调，米堆就会变为“临界”状态。

(3) 米堆的周边轮廓是参差不齐的。正如挪威海岸线的轮廓是分形结构那样，用同样的分析可以表明，米堆的周边轮廓也是分形结构。

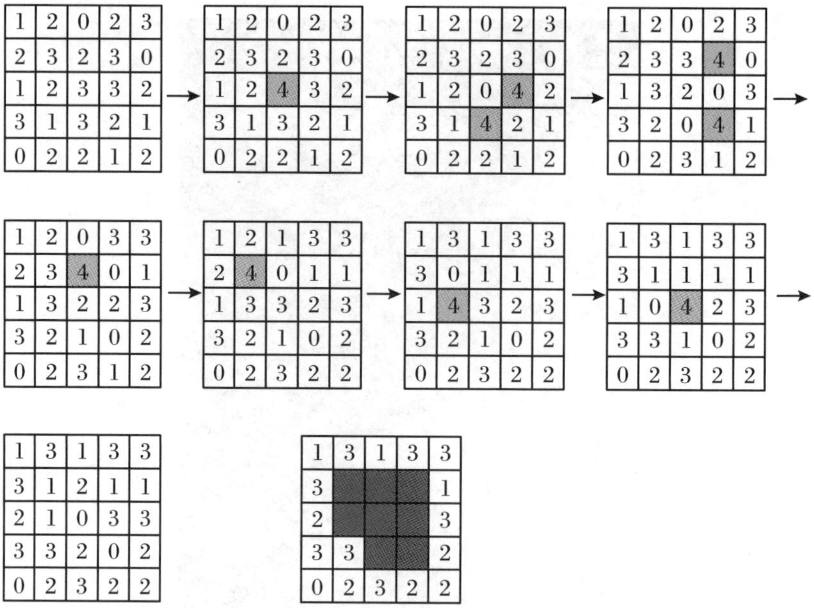

图 8.16　米堆的计算机模型中，微型崩塌演化的图示(引自 Bak P. 1997. How Nature Works: the Science of Self-Organised Criticality. Oxford: Oxford University Press:53.承蒙 Oxford University Press 允许刊用)

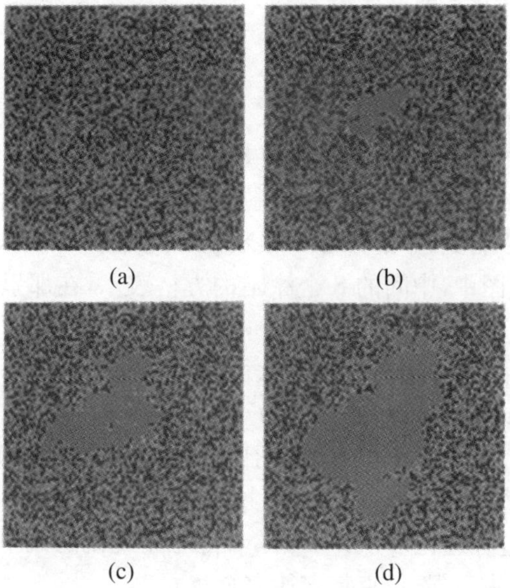

图 8.17　50×50 方格阵列的米堆计算机模型中，微型崩塌演化的图示，图中灰色区域表示该区域的演化中至少发生了一次垮塌事件(引自 Bak P. 1997. How Nature Works: the Science of Self-Organised Criticality. Oxford: Oxford University Press: plate 1. Courtesy of J. Feder and Colleagues, University of Oslo. Figure by M. Creutz)

(4) 可以用不同的规则将米粒重新分配到方格中,但得到的总体表现是一样的。

(5) 对于任何自组织临界系统,不可能得出解析模型。

这些结果是相当引人关注的。这与"最后一根稻草可以压垮骆驼"的故事一样有趣。只有用高速计算机进行大量模拟计算,并用计算机来分析所得数据,才能对这类问题进行研究。巴克在他的书中还给出了许多其他引人入胜的例子。同样的分析方法已被用于研究火山的声波辐射、晶体团簇或胶体的生长、森林火灾、元胞自动机等现象。这些自组织临界现象的共同特征是:它们都包含巨大数量的非线性事件,并最终形成没有优先尺度的标度律。巴克认为,这种行为在大自然的演化过程中占据中心地位。

8.5　超越计算

在物理学教科书中,总是尽可能地用计算来解决复杂的问题;但随着一些极端复杂问题的出现,使得任何计算对它们也无能为力。这一看法正是受到了彭罗斯(Roger Penrose)的影响,他在他的书《皇帝新脑》[15]和《意识的阴影》[16]中,阐述了许多与此有关但有争议的观点。其中,谈到一个出人意料的问题,即用少数几种几何形状的瓷砖如方形、三角形的等,去贴一块无限大的平面。一般人都想不到的是,的确存在这样的几何形状,它们可以贴满一个无限大的平面而不留下任何空洞。其奇特的性质是,所产生的图案是**非周期性**的:即一个局部图案在无限大平面的任何其他地方都不会重复出现。这真是一个令人吃惊的、超出人直觉的结果。

彭罗斯把非周期性地贴满无限大平面所需的瓷砖种类数减少到两种。满足要求的两种瓷砖的一个例子如图 8.18 所示。彭罗斯把这两种形状称为"风筝"和"飞镖"。图 8.18 中所显示的奇异图案一直延续到无穷远,而且在平面上的任何一点,都不能预知贴出来的瓷砖图案会是什么样子,因为已经贴出来的图案永远不会再重复。此外,计算机如何能够判断贴出来的结果是周期的还是非周期的?与贴瓷砖类似的问题,可以转化为不同方面的物理学问题。引起人们极大兴趣的是,是否可能发现,实际的物理问题真的是无法计算的。彭罗斯写了一本小册子《大、小和人脑》[17],对这些有关想法做了一个简要的介绍。

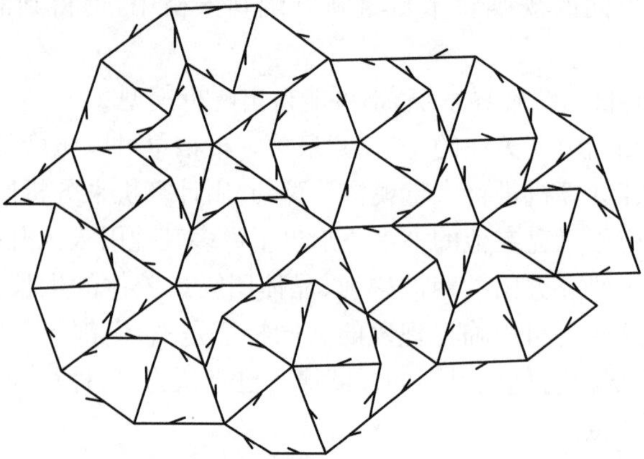

图 8.18 用彭罗斯称为“风筝”和“飞镖”的两种规则图形贴一个平面的图示,可以用这两种图形来贴满一个无限大的平面,并且图案没有周期性[引自 Penrose R. 1986//Escher M C. Art and Science (eds. Coxeter H S M, Emmer M, Penrose R and Teuber M L). Amsterdam:Elsevier Science Publishers]

8.6 参考文献

[1] Buckingham E. 1914. Phys. Rev., 4:345.

[2] Mahajan S, Goldreich P, Phinney S. 2003. Order of Magnitude Physics: the Art of Approximation in Science. http://wol.ra.phy.cam.ac.uk/sanjoy.

[3] Taylor G I. 1950. Proc. Roy. Soc. A:159,201.

[4] Taylor G I. 1950. Proc. Roy. Soc. A:175,201.

[5] Mack J E. 1947. Semi Popular Motion Picture Record of the Trinity Explosion, MDDC221, US Atomic Energy Commission.

[6] Faber T E. 1995. Fluid Dynamics for Physicists. Cambridge: Cambridge University Press.

[7] Barenblatt G I. 1955. Scaling, Self-similarity, and Intermediate Asymptotics Cambridge: Cambridge University Press.

[8] Tabor D. 1991. Gases, Liquids and Solids and Other States of Matter. Cambridge: Cambridge University Press.

[9] Gleick J. 1987. Chaos: Making a New Science. New York: Viking.

[10] Baker G L, Gollub J P. 1990. Chaotic Dynamics: AnIntroduction. Cambridge: Cambridge University Press.

[11] From television interview with Edward Lorenz in the programme "Chaos", produced by Chris Haws for Channel 4 by InCA. 1988.

[12] Bak P. 1977. How Nature Works: the Science of Self-Organised Criticality. Oxford: Oxford University Press.

[13] Mandelbrot B. 1983. The Fractal Geometry of Nature. New York: Freeman.

[14] Zipf G K. 1949. Human Behaviour and the Principle of Least Effort. Cambridge, Massachusetts: Addison Wesley Publishers.

[15] Penrose R. 1989. The Emperor's New Mind. Oxford: Oxford University Press.

[16] Penrose R. 1994. Shadows of the Mind. Oxford: Oxford University Press.

[17] Penrose R. 1995. The Large, the Small and the Human Mind. Cambridge: Cambridge University Press.

[18] Longair M. 1998. Galaxy Formation. Berlin: Springer-Verlag.

专题4

热力学与统计物理

热力学是关于物质系统的性质如何随温度变化的科学。可以在微观尺度上观察一个系统,研究构成系统的粒子或量子的相互作用以及这些作用如何随温度变化。在这种方法中,我们需要对这些相互作用建立物理模型。与此相反,我们也可以在宏观尺度上研究物理系统,这时经典热力学的独特地位就变得很明显。在这种方法中,研究大块物质和辐射的行为时,实际上不涉及物质的任何内部结构。换句话说,经典热力学只关注如压强、体积和温度等宏观量之间的关系。

这似乎使经典热力学相当乏味,但事实上情况完全相反。在许多物理问题中,我们可能不知道详细的、正确的微观物理情况,然而,独立于未知的、详细的微观物理过程,热力学方法可以提供系统宏观行为的答案。从另一个角度看,经典热力学为任何微观模型提供了必须满足的约束条件。热力学论据的效力独立于为解释任何特定现象而建立的物理模型。

在热力学第一定律和第二定律的基础上,人们可以做出深刻的论述*。以下我们就来讲述这些定律。热力学第一定律是关于能量守恒的表述:

当计入热量时,能量是守恒的。

热力学第二定律告诉我们,热力学系统如何随时间演进。该定律的克劳修斯(Clausius)表述是:

不可能把热从低温物体传到高温物体而不引起其他变化。

从经典热力学的角度来看,这些定律无非是在实践经验的基础上制定的合理假设。然而,已经证明它们有极为强大的力量:已应用于无数的现象,并且一次又一次被证明是正确的。实例也包括定律在极端物理条件下的应用,如应用在中子星内的核密度物质,在宇宙大爆炸模型早期阶段的大多数物质($\rho \sim 10^{18}\ \mathrm{kg \cdot m^{-3}}$),以及在实验室实验中的超低温物质。没有一种方法能证明经典热力学的定律,但可以确定:它们是关于物质和辐射的热学性质的共同经验的简明表述。有趣的是,1900年,当普朗克正在为如何理解黑体辐射频谱的性质备受煎熬时,他说:

---

* 常见的说法是指热力学的四个定律:第零定律提供了一个热平衡的定义(见第 9.3.1 小节);第三定律确定,当温度趋于零时,平衡系统(凝聚态系统)的熵和熵的变化在可逆等温过程中趋于 0[1]。然而,第一、第二定律极其深刻,并蕴含着热力学的精髓。

> 在我看来，在所有情况下都必须坚持这两个（热力学的）定律。除此之外，我已准备好舍弃我坚信的每一个物理定律。[2]

事实上，在任何物理问题中从未发现热力学的这两个定律有什么问题。在第9章的论述中，一直贯穿着以下两个重要的主题：第一个是热力学定律的发现阐明了19世纪的先贤们面临的一些概念问题，这些问题的解决，帮助澄清了如热、能量、功等概念；第二个是在讲述第二定律和熵的概念时，热力学的早期历史有助于我们理解卡诺（Sadi Carnot）（1796～1832）对研究理想热机的重要性的认识。大部分论述，我们都是先处理理想热机或理想体系的行为，而后再和现实世界中的非理想的事物的行为进行对比。

我们应该区分热力学方法与建立模型的方法，在第9章，我们将严格坚持不使用模型。在第10章，我们寻求在微观过程中解释热力学定律的性质。我们讨论了两种理论模型：一种是克劳修斯和麦克斯韦阐述的分子动理论，另一种是玻尔兹曼（Ludwig Eduard Boltzmann）和吉布斯（Josiah Willard Gibbs）的统计力学。这些理论是在热力学不做（力学）解释的意义上来做解释的。对于许多学生来说，对热力学的解释通过统计力学比通过经典热力学来得更微妙和更易接受。在许多应用中，这些统计理论确实非常成功，但仍有一些问题，用容易理解的物理处理起来还是太过复杂。一个很好的实例是高温超导，其强相关的电子物理需要提出新的理论见解才好处理，它们现在尚不可用。于是，经典热力学方法进入了人们的工作范围。

应该不难发现，事实上，在解释物质的性质上经典热力学与原子、分子论是并行发展的。我们发现很多经典热力学的先驱（如开尔文、克劳修斯、麦克斯韦及玻尔兹曼等）的名字一再出现在固体、液体及气体的微观理论的发展史中。在第10章我们会讲述两方面的故事：一方面是气体动理论，另一方面是依据气体动理论的成功所导出的统计力学。事实上，这两者是同一个故事的组成部分，尽管没有办法使人容易地接受气体动理论，但正如麦克斯韦首先确认并清楚表明的，熵的增加定律实际上是一个统计结果。

哈曼（Peter Harman）的著作《能量、力与物质：19世纪物理学概念的发展》[3]令人钦佩地描述了这些热学概念的发展。我也承认我从一本旧课本中获得了巨大乐趣。很久以前，当我还是在校的最后一学年的学生时，挑选了一本二手书，它是由美国艾伦（H. S. Allen）和麦克斯韦编写的《热学读本》[4]。该书迷人且充满精彩的历史典故，并有非常清晰的好的实验装置图片，许多我们现在习以为常的结果就是用这些实验装置（专题图4.1）得到的。这样的书不再出版让人感到惋惜。

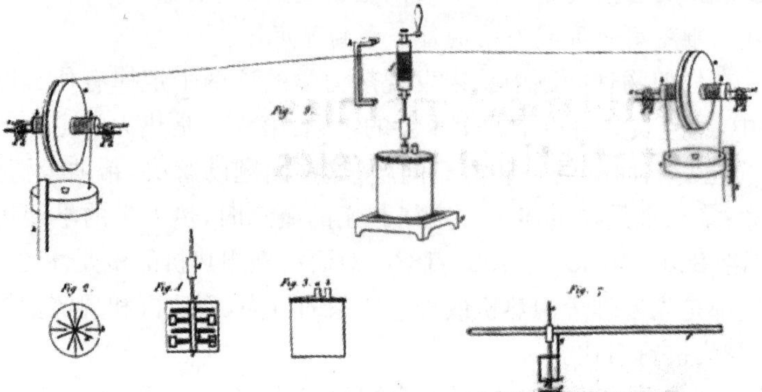

专题图 4.1　著名的焦耳叶轮实验，用于求热功当量(引自 Joule J P. 1850. Phil. Trans. Roy. Soc.，140：64)

专题 4　参考文献

[1] Waldram J R. 1985. The Theory of Thermodynamics. Cambridge：Cambridge University Press.

[2] Planck M. 1931. Letter from M. Planck to R. W Wood//Hermann A. 1971. The Genesis of Quantum Theory (1899 - 1913). Cambridge，Massachusetts：MIT Press：23，24.

[3] Harman P M. 1982. Energy，Force and Matter：the Conceptual Development of Nineteenth Century Physics. Cambridge：Cambridge University Press.

[4] Allen H S，Maxwell R S. 1952. A Textbook of Heat：Parts Ⅰ and Ⅱ. London：MacMillan.

第9章　热力学基础

9.1　热量和温度

如此多的领域中的革命，导致了现代科学的诞生。科学地研究热和温度的起源可以追溯到17世纪早期[1]。要定量研究热和温度，必须制造定量测量“冷热程度”等物理量的仪器。温度计一词首先出现在1624年法国传教士勒雷雄(Jean Leurechon)编写的书籍 *Récréaction Mathématique* 中。1633年，乌特雷德(William Oughtred)把该书翻译成英文，标题是《温度计，或测量气体冷热程度的仪器》。关于在英语文献中第一次出现温度计一词的时间，牛津英文大词典提供的时间为1633年。

伽利略与另外一些人在早些时候已描述过利用气体膨胀测量“热度”，但与现代温度计外形相似的第一个温度计则是1640～1660年制造的。玻璃球内的测温物质是有色酒精，酒精膨胀时进入细长管中；管子是封闭的，防止液体蒸发造成损失。1701年，华伦海特(Daniel Gabriel Fahrenheit)(1686～1736)除掉了密封的内管，制成了一个酒精-玻璃温度计。之后，1714年，不再用沸点较低的酒精，而使用水银，扩大了膨胀温度计的测温范围。在1714～1724年期间，华伦海特把水的沸点定为212 ℉，冰的熔点定为32 ℉，被称为华氏温标。1742年，天文学教授、瑞典乌普萨拉天文台(Uppsala Observatory)创始人摄尔修斯(Anders Celsius)(1701～1744)给瑞典科学院制造了一个水银-玻璃温度计，冰的熔点定为0 ℃，水的沸点定为100 ℃，并采用百分度，现在称为摄氏度。用摄氏温标，绝对零度是－273.16℃。开尔文温标取绝对零度为0 K，相邻两度的间隔与摄氏温标相同。在国际上已接受开尔文(K)为温度的国际标准单位(SI)。

布莱克(Joseph Black)(1728～1799)先是在格拉斯哥(Glasgow)，然后在爱丁堡被聘任为化学和医学教授。在弄清热量与温度的性质方面，他是一位关键性人物。有趣的是，布莱克的一个助手瓦特(James Walt)(1736～1819)不仅在1760年代帮助布莱克完成了实验，而且在随后的故事中，他发挥了核心作用。布莱克的重大成果包括定量区分热量和温度，定义我们现在称为比热容的物理量，他还发现并定义了潜热。

他的实验简单而有效。为了量化热的研究，布莱克使用了稳恒供热的方法，即以稳恒(准静态)速率给物体供热，并测量物体温度的上升量 ΔT。通过精确的实验，布莱克证明：提供给一个物体的热量 Q 与温度差 ΔT 成正比，即 $Q = mc\Delta T$。式中，m 是该物体的质量，c 是物体的比热容，"比"这个词的含意通常是每单位质量。他的重要发现是，不同材料的比热容是不同的，这为发展热的数学理论提供了基础。

布莱克通过冰的融化研究潜热。他指出，在恒温下加热，给冰加的热的唯一效应是将冰转化为同温度的液态水。正如他所认为的，给水的热

……被吸收并潜藏在水中，因此用温度计不能发现它。

他的一个经典实验是：在一个空的大厅中，放两个玻璃容器，每个容器的直径都是 4 in(1 in = 2.54 cm)；第一个装着处在熔点的冰，另一个装着同样温度的水；0.5 h 后，水的温度增加了 7 ℉，而在另一个容器中的冰只有部分融化。事实上，在第二个容器中的冰在 10.5 h 后才完全融化。他用这些数据确定的冰的融解潜热是 80 cal · g^{-1}。用类似的方法，他确定了蒸汽在水的沸点凝结成水的汽化潜热。

9.2 热的气体动理论与热质论

18 世纪结束时，一个主要关于热的本质的争论已经出现。热是一种运动形态的思想可以追溯到公元前 5 世纪古希腊哲学家德谟克利特(Democritus)(约 460 BC～370 BC)的原子理论：物质是由不可分割的粒子构成的，粒子的运动产生了自然界中各种不同的物质形态。

这些想法，在 17 世纪的科学家和哲学家的思想上产生了共鸣。例如，培根(Francis Bacon)(1561～1626)写道：

热本身，其本质和实质是运动，而不是其他什么。

玻意耳(Robert Boyle)(1627～1691)接受这种观点，他以把钉子钉进一块木头时产生热来证明运动论或动力论。他在总结给他留下深刻印象的锤子的作用时，强调：

……受到强烈的不停打击的铁钉，其所有小的组成部分都振动起来，使得原本一个冰冷的物体，让人们有了热的感觉。

胡克(Thomas Hoke)(1586～1647)接受这些看法，认为：

热除了平动或振动，没有什么；热不是别的什么，而是物体各部分非常强烈的运动，它使物体各部分彼此松散，可以轻易地以任何方式移动，并使物体成为流体。

牛顿、莱布尼茨、卡文迪许(Henry Cavendish)(1731～1810),杨(Thomas Young)(1773～1829)和戴维,以及 17 世纪的哲学家霍布斯(Thomas Hobbes)(1588～1679)和洛克(John Locke)(1632～1704)都有类似的认识。

在 18 世纪,还出现了另一种概念,它起源于燃素(phlogiston)的概念。当时的想法是,这一假想的燃素可以和物体结合而使它成为可燃物。1774 年,在普里斯特里(Joseph Priestley)(1733～1804)发现氧气后,现代化学之父拉瓦锡(Antoine-Laurent Lavoisier)(1743～1794)证明:燃烧是氧化过程,过程中含有燃素的说法是不必要的。尽管如此,还是有一种强烈的意见认为,应把热视为一种物理实体。拉瓦锡及另一些人称这种"热物质"为"热质(caloric)",认为:热质是一种"称不出来的流体",即无质量的流体;当热从一个物体流入另一个物体时,类似于水在水轮机中的流动,其量是守恒的,即热质守恒。虽然物质吸引热质,但是考虑到热会扩散,他认为热质是有自我排斥性的弹性流体。如果一个物体比另一个物体有较高的温度,两者彼此接触,热质就从热物体流到冷物体,直到两个物体获得同一温度达到热平衡。因为热质是自我排斥的,所以有更多热质的热物体其体积会增加,这导致热膨胀。拉瓦锡在 1789 年的著作 *Traite Elementaire de Chmie*[2] 中有一个简单的物质表,其中就包含热质。

但是热质论存在问题。例如,当让热物体与冰接触时,热质从热物体流入冰,虽然冰融化成了水,但冰-水混合物的温度却保持不变。这必须假定,热质可以与冰结合形成水。这种假说得到了一批杰出科学家的支持,他们中有布莱克、拉普拉斯、道尔顿(John Dalton)(1766～1844)、莱斯利(John Leslie)、贝托莱(Claude Berthollet)(1748～1822)以及贝采利乌斯(Johan Berzelius)(1779～1848)。卡诺在提出理想热机这一开创性的思想时,就是用热质的流动描述热机的运作。

18 世纪末,两种学说严重冲突。反对热质说的最重要证据是拉姆福德伯爵(Count Rumford)(1753～1814)的实验结果。

在布朗写的传记中,很好地总结了拉姆福德伯爵的实验。传记的名称为"拉姆福德:科学家,战士,政治家,间谍"[2]。拉姆福德出生在美国马萨诸塞州农村的小城镇,原名为汤普森(Benamin Thompson),曾有一个很平凡的职业。除了热学成就外,他还参与创办了英国皇家工程院,与拉瓦锡的遗孀有一段不幸的婚姻。尽管他对社会有许多实际的贡献,但他不是一个很受欢迎的人。布朗引用拉姆福德的同时代人对他的评论时说,他"难以置信的冷血,深入骨髓的自我和势利"。而对他的另一个评论则是:"他是自牛顿以来,科学史上最令人讨厌的名人。"

拉姆福德对物理的重大贡献是,他认识到摩擦力可以无限制地产生热。在 1798 年的实验中,他用钝钻头无休止地切削大炮(cannon)(图 9.1),生动地演示了摩擦生热这个现象。最著名的一次,他将重约 19 磅(约 9 kg)的水放在装有大炮炮筒的容器中,切削 2.5 h 后,水确实被煮沸了,非常生动。他用自己的独特语调说:

很难描述旁观者感到惊讶和震惊的表情——无任何火,却能加热这

图 9.1　拉姆福德炮镗实验的原型(1797～1798),慕尼黑兵工厂(Courtesy of the Deutsches Museum. Munich)

么多的水,确切地说是沸腾了……

在这个问题上进行推理,我们不应该忘记,最显著的特性是,在这些实验中,摩擦产生的热量似乎显然是取之不尽的。无需多说,任何绝热的物体或物体系统可以没有限制地连续提供的任何东西都不可能是物质实体。由那些实验形成的除了它是运动之外,它可以是被激发和传递的关于任何东西的任何不同想法,如果不是不可能的,对我来说都是非常困难的。

拉姆福德的最高成就是用马带动钻头转动时做功,从而第一个确定了热的机械当量(热功当量)。按现代单位,他在 1798 年得到的值是 5.60 $J\cdot cal^{-1}$(现今值是 4.186 8 $J\cdot cal^{-1}$)。这比迈尔(Mayer)、焦耳再次讨论这一问题早 40 多年。

1822 年出版的傅里叶的论文《热的分析理论》[3],对理解热的本质有至关重要的贡献。在这部著作中,傅里叶不需要关于热的物理本质的任何特定的模型,以微分方程的形式建立了传热的数学理论。傅里叶的方法牢牢地立足于法国传统的理论力学,并给出了热效应的数学表达式,但不探究其原因。

18 世纪的论著,特别是莱布尼茨的工作,已经讨论了力学系统能量守恒的思想。莱布尼茨认为,生命力(living force)或活力(vis viva)(我们现在所称的动能),在力学过程中是守恒的。早在 1820 年代前,就已澄清了体系的动能与对体系做的功的关系。

1840 年代,沿着拉姆福德开创的路线,一批科学家独立得到了热量和功有互换性的正确结论。首先是迈尔,1840 年,有一艘要航行到远东去的爪哇号三桅船,他被聘为船上的医生。他有足够的时间思考在活的生物体内产生热这种科学问题。在泗水,几个船员病倒了,当迈尔给他们放血时,他发现静脉血在热带地区比在气候较冷的地区更红。当地人说,这是由于和在寒冷气候地区相比,只需要较少的氧气来维持身体的正常温度。迈尔的想法是，吃的食物所产生的能量，部分转换成热量保持体温，部分给肌肉用于做功。1842 年，在返回欧洲的途中，在压缩气体做功及加热气体的实验的基础上，迈尔提出了功和热等价的看法。他把他的结果提升为能量守恒原理，从气体的绝热膨胀估计出来的热功当量为 3.58 J·cal^{-1}。迈尔的著作很难发表，他的开创性工作被焦耳随后的工作所淹没。焦耳认为，迈尔的结论是“一个未得到支持的假设，不是一个用实验确立的定量的定律”。焦耳用细致的实验不断检验这个假设。

焦耳出生在一个富裕的家庭，这得益于他的祖父开办了一个啤酒厂。他的父亲为他在啤酒厂旁边盖了一间实验室，焦耳的开创性实验就是在这间实验室里做的。焦耳具有一个细致实验工作者的天资，也许他工作能力的最重要方面是他具有精确测量很小温度变化的能力。他把热的科学建立在牢固的实验基础上，这是我们从 1840 年代的科学先贤中唯独挑出他的名字的理由。

焦耳为了取得热功当量的可靠值所做的工作是一个充满艰辛但又令人感到愉悦的过程[4]。为了保证历史的真实性，让我们暂且不用国际单位，我们用焦耳使用的单位引述焦耳的成果。这样，热量的单位是英制热量单位(BTU)，它是在污水处理厂中，把 1 lb(1 lb = 0.454 kg)水的温度提高 1 ℉需要的热量；机械能的单位是英尺·磅。现今，热功当量值是 4.186 8 J·cal^{-1}，相当于 778.2 ft·lb·BTU^{-1}。

1843 年：焦耳在发电机实验中，比较了驱动发电机所做的功与电流产生的热量，获得的结果发表在《伏特电产生热》一文中。焦耳在早期的实验中，就发现了电流产生的热量正比于 RI^2(式中，R 是电阻，I 是电流强度)。1843 年，他从电学实验得到的热功当量值为 838 ft·lb·BTU^{-1}。

1843 年：焦耳在他的论文的后记中写道，在另外一些实验中，他证明了“水通过窄管产生热”，得到的热功当量值是 770 ft·lb·BTU^{-1}。这些实验预示他最著名的叶轮实验。

1845 年：焦耳按自己的方式重做了迈尔的实验，测量了空气在绝热膨胀中的温度变化。首先压缩空气的体积，然后让它膨胀，通过气体在膨胀中降低的温度测得内能的变化，然后与做的功相比较。通过这种方式，他估计热的机械当量为 798 ft·lb·BTU^{-1}。

1847 年：在 1845 年，焦耳就已意识到：

> 如果我的看法是正确的，瀑布下落 817 ft 必然会产生使其温度升高 1 ℉的热量，尼亚加拉(Niagara)河下落 160 ft 会使其温度升高约 1/5 ℉。

在 1847 年的牛津英国科学促进协会的会议上，汤姆孙遇到了焦耳，焦耳的这个想法有了愉快的续集。汤姆孙说：

> 大约两个星期后，我从夏蒙尼(Chamounix)开始步行游览白朗峰(Mont Blanc)，我应该见到的人走了，碰上了手里拿着一根长长温度计的焦耳，在不远处是坐着他夫人的马车。我们在牛津分手之前，他告诉我他

已经结婚，他想去测量瀑布的温度升高多少。[1]

这里，应该警示未来物理学家的配偶们，物理学家在他们的蜜月期间做物理工作绝不是一个孤立的个案。

1845～1878 年：1845 年，焦耳进行了第一次叶轮实验，重力驱动叶轮做的功通过水和叶片之间的摩擦转化为热量。他得到的初步数值为 890 ft · lb · BTU^{-1}。1847 年，改进后得到的估计值为 781～788 ft · lb · BTU^{-1}。1850 年发表的实验装置如专题图 4.1 所示。1878 年，焦耳做了更为精确的叶轮实验，他得到的最终结果是 772.55 ft · lb · BTU^{-1}，相当于 4.13 J·cal^{-1}。这已与当今的热功当量值 4.186 8 J · cal^{-1}相当接近。

叶轮实验的结果极大地触动了汤姆孙，他当时只有 22 岁。到那时为止，他接受的是卡诺的观点：在热机的运作中热量(或热质)守恒。在上面提到的 1847 年那次牛津会议上，汤姆孙知道了焦耳用叶轮实验得到的热功当量的最新结果。焦耳的结果令他惊讶，正如他的哥哥詹姆斯所记述的："(焦耳的)意见让他的心灵感到不安。"在欧洲大陆，焦耳的结果广为流传。1850 年，亥姆霍兹(Helmholtz)(1821～1894)和克劳修斯提出了现在我们所称的能量守恒或热力学第一定律。特别是亥姆霍兹，他是第一个以数学形式表述能量守恒定律的人，他把力学和电学现象、热与功都纳入到了表达式中。1854 年，汤姆孙发明了热力学这个词，用以表述焦耳为之做出了重大贡献的新的热科学。

9.3 热力学第一定律

我希望在本节能尽可能清晰地讲述热力学第一定律的内容。皮帕德(Brian Pippard)的著作《经典热力学基础》[5]阐述清晰，很有深度，我的论述一直受到该书的强烈影响，我愿意向读者热忱推荐这本书。

9.3.1 热力学第零定律和经验温度的定义

首先，我们需要确定经验温度一词的含义和怎样从热力学第零定律得到它。其次，我们会遇到热力学陈述所具有的一个鲜明特点：常常以"经验事实是……"以及"由这些公理"为开场白的形式进行陈述，然后得到适当的数学结果。

流体意指液体或气体。因为在流体内的各处压强都是各向同性的，也因为我们可以改变容器的形状而不改变其体积，所以改变容器的形状时不对流体做功。开始阶段，我们没有定义温度。现在我们讲第一个公理：

对于一个摩尔数已给定的特定流体，实验事实是只要知道压强 p 和

体积 V 这两个物理量，就能完全确定流体的性质。

如果一个系统用两个宏观性质就能完全确定，则称其为两坐标系统。假定流体不受其他因素（如电场或磁场）的影响，那么它是两坐标系统。我们将讨论的系统大都是两坐标系统，但多坐标系统的理论框架可以相当直接地得到。

留意下述论断的含义。假定有两种相同的流体，一种经历一系列过程，最终具有压强 p_1 和体积 V_1；另一种经历一系列完全不同的过程，最终也具有压强 p_1 和体积 V_1。我们相信，在终态和初态一样的情况下，这两种流体的物理性质完全不可区分。

设想有两种流体各自构成一个孤立系统，其热力学坐标分别为 p_1, V_1 和 p_2, V_2。现在让它们热接触很长时间。一般来说，它们都会改变自己的性质，达到彼此热平衡的状态，在这个状态，彼此间没有净热量传递。任何一个系统的各个部分彼此都有热接触，经过长时间接触后，系统的宏观性质没有进一步变化，此时达到热平衡。热平衡是至关重要且具决定性的概念。实现这一状态的方法一般有热交换和做功。很明显，两个系统在达到热平衡时，它们的热力学坐标（比如说 p_1, V_1 和 p_2, V_2 这 4 个值）不能是任意的。这是一个经验事实。在热平衡状态，四者之间必定有某一数学关系，这一关系可以表示为

$$F(p_1, V_1, p_2, V_2) = 0$$

如果有其中 3 个量已给定，我们可以由这个方程得到第四个量的值。

到目前为止我们没有使用温度这个词。为温度找到一个合适的定义是确立热力学第零定律的核心任务。这个定律是另一个常见的实验事实，正式的表述是：

> 如果系统 1 和系统 2 分别与系统 3 处于热平衡，那么它们彼此也必定处于热平衡。

如果系统 1 和系统 3 处于热平衡，这意味着有数学关系式

$$F(p_1, V_1, p_3, V_3) = 0$$

或者，压强与另外 3 个变量间可以有一个数学关系：

$$p_3 = f(p_1, V_1, V_3)$$

同样，如果系统 2 与系统 3 处在热平衡，就意味着还有一个数学关系：

$$p_3 = g(p_2, V_2, V_3)$$

因此如果系统 1 和系统 2 分别与系统 3 处于热平衡，必定有

$$f(p_1, V_1, V_3) = g(p_2, V_2, V_3) \tag{9.1}$$

但是热力学第零定律告诉我们，系统 1 和系统 2 也必定处在热平衡，因而必定存在如下函数关系：

$$h(p_1, V_1, p_2, V_2) = 0 \tag{9.2}$$

方程(9.2)要求在式(9.1)的两边能消除 V_3，因此函数 f 和 g 必定具有如下形式：

$$f(p_1, V_1, V_3) = \phi_1(p_1, V_1)\zeta(V_3) + \eta(V_3)$$

$$g(p_2,V_2,V_3) = \phi_2(p_2,V_2)\zeta(V_3) + \eta(V_3)$$

代入式(9.1),我们得到 $\phi_1(p_1,V_1) = \phi_2(p_2,V_2)$。这样,3 个彼此处于热平衡的系统具有如下关系:

$$\phi_1(p_1,V_1) = \phi_2(p_2,V_2) = \phi_3(p_3,V_3) = \theta = 常量 \tag{9.3}$$

如果我们现在不是讨论 3 种不同的系统,而是处在 3 个不同状态的同样的系统,它们彼此处在热平衡,则不仅 $\phi_1 = \phi_2 = \phi_3$,而且 ϕ_1,ϕ_2 和 ϕ_3 是同一个函数 ϕ。这样,任意一个两坐标系统都有一个 p 与 V 的函数 ϕ,对于这些特定的平衡状态,它都取确定值。这个函数的值被定义为经验温度 θ。对特定平衡态取确定值的量叫态函数。在这个例子中,p,V 和 θ 都是态函数。在热力学平衡态,p,V 和经验温度 θ 之间的函数关系称为系统的状态方程*:

$$\phi(p,V) = \theta \tag{9.4}$$

现在对于经验温度 θ 的一个给定值,我们可以用实验得到 p 和 V 的所有可能值的组合。注意,我们有 3 个描述平衡态的量,即 p,V 和 θ,但它们中的任意两个都能完全确定一个状态。在系统的 p-V 图中,具有恒定 θ 值的曲线叫等温线。

在这个阶段,经验温度看起来并不像我们通常认为的温度。事实上,我们能用形如式(9.4)的表达式设计非常复杂的温标。为了确立一个坚实的实验基础,我们需要选择一个系统,其某一个坐标能提供一个测温尺度。一旦确定了这个尺度,与这个系统处在热平衡的所有其他系统都会有相同的经验温度值。

温标的内容十分复杂。我们只注意重要的定容气体温度计,如图 9.2 所示。定容气体温度计虽然笨重,但特别重要。因为实验发现,在低压下,所有气体的压强随体积都有相同的变化,即在足够低的压强下,对 1 mol 的所有气体,在一个固定的温度,乘积 pV 都彼此相同。这些量之间的关系是理想气体定律:

$$pV = RT \tag{9.5}$$

式中,$R = 8.314\,5\ \mathrm{J \cdot mol^{-1} \cdot K^{-1}}$,是 1 mol 气体的普适气体常量。

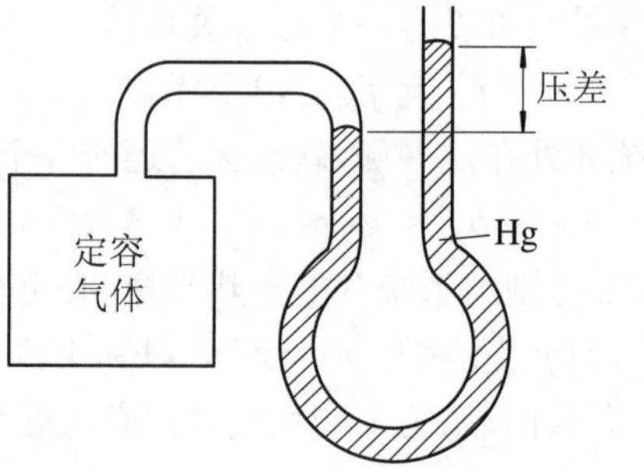

图 9.2　定容气体温度计原理图,温度计利用的事实是,在压力很低时,气体近于遵守理想气体定律 $pV = RT$,如果体积固定,压差直接度量温差

* 如果一个系统同时处在热学、力学和化学平衡,称为系统处在热力学平衡。

理想气体精确遵守式(9.5)。式(9.5)定义的温标称为理想气体温标。我们将在9.5.2小节中证明理想气体温标与热力学温标相同,这将为研究热学性质提供一个严格的理论基础。因此在低压极限下,气体温度计可直接用于测量热力学温度。我们可以象征性地写为

$$T = \frac{\lim\limits_{p\to 0}(pV)}{R} \tag{9.6}$$

注意,在一般情况下特别是在高压和接近相变时,p 和 V 都是 T 的更复杂的函数。

9.3.2 热力学第一定律的数学表达式

我们已经讲过热力学第一定律:

如果计及热量,能量是守恒的。

为了给热力学第一定律一个数学表达式,我们必须精确定义热量、能量和功等物理量。后两者是直接的。力 $\boldsymbol{f}$ 对系统做的功 W 是

$$W = \int_{r_1}^{r_2} \boldsymbol{f} \cdot \mathrm{d}\boldsymbol{r} \tag{9.7}$$

当对一个系统做功时,系统的能量增加。让我们注意对系统做功的七种方式:

(1) **压缩流体做功**:当流体在外部压强 p 的作用下被压缩时,外力做正功。这时,流体的体积增量 $\mathrm{d}V<0$,环境对系统做的功的表达式是

$$\mathrm{d}W = -p\mathrm{d}V \tag{9.8}$$

如果流体膨胀,即 $\mathrm{d}V>0$,环境对流体做的功是负功,流体对环境做的功是正功。因此体积增量 $\mathrm{d}V$ 之前的负号很重要。

(2) 拉力 $\boldsymbol{f}$ 做功:$\mathrm{d}W=\boldsymbol{f}\cdot\mathrm{d}\boldsymbol{l}$,$\mathrm{d}\boldsymbol{l}$ 为细丝的伸长量。

(3) 电场 $\boldsymbol{E}$ 对电荷 q 做功:$\mathrm{d}W=q\boldsymbol{E}\cdot\mathrm{d}\boldsymbol{r}$,$\mathrm{d}\boldsymbol{r}$ 是电荷 q 的位移量。

(4) 对抗表面张力做功:$\mathrm{d}W=\gamma\mathrm{d}A$,$\gamma$ 是表面张力系数,$\mathrm{d}A$ 是液体表面积的增加量。

(5) 力偶 $\boldsymbol{G}$ 做功:$\mathrm{d}W=\boldsymbol{G}\cdot\mathrm{d}\boldsymbol{\theta}$,$\mathrm{d}\boldsymbol{\theta}$ 是角位移量。

(6) 电场 $\boldsymbol{E}$ 对电介质做功:$\mathrm{d}W=\boldsymbol{E}\cdot\mathrm{d}\boldsymbol{P}$,$\boldsymbol{P}$ 是电介质的极化强度,即单位体积中的电偶极矩(见6.11和6.12节)。

(7) 磁场 $\boldsymbol{B}$ 对磁介质做功:$\mathrm{d}W=\boldsymbol{B}\cdot\mathrm{d}\boldsymbol{M}$,$\boldsymbol{M}$ 是磁介质的磁化强度,即单位体积中的磁偶极矩(见6.11和6.12节)。

这样,对一个系统所做的功是广义力 $\boldsymbol{X}$ 和广义位移 $\mathrm{d}\boldsymbol{x}$ 的标量积。还要注意,强度量是物质在一个特定点上的性质,广延量是物质在强度量作用下的"位移",所做的功总是强度量 $\boldsymbol{X}$ 和广延量 $\mathrm{d}\boldsymbol{x}$ 的乘积。

现在讨论一个与环境没有热交换(绝热)的系统。有一个经验事实是,为了让系统达到同一个新的平衡状态,无论用什么方式对系统做功,做功的量一定要相同,与做功的方式无关。例如,对于一种气体,我们可以通过压缩气体体积、让叶轮

搅拌气体或让电流通过气体等多种方式，让系统达到同一个新的平衡状态。焦耳通过精确的实验证明，情况确实如此。这是焦耳对热力学的重大贡献。结果是，这些非常不同的过程，同样都是增加了系统的能量。我们说这是对系统做一定量的功 W，使系统的内能有增加量 ΔU。因为 ΔU 与做功的方式无关，所以内能 U 是态函数。对于绝热系统：

$$W = U_2 - U_1 \quad 或 \quad W = \Delta U \tag{9.9}$$

现在假设系统不是绝热的，即系统和环境有热交换。这时，系统达到的一个新的内能状态，不仅取决于对系统做的功，还取决于给系统提供的热量。因此我们可定义给系统提供的热量 Q 是

$$Q = \Delta U - W \tag{9.10}$$

这似乎是一个相当迂回的方式，但它有逻辑一致性的巨大好处。它完全避开了热是什么的问题，这个问题是使许多概念存在困难的根源。大约直到 1850 年，在把热量加入能量守恒定律之前，这个困难都是存在的。

用微分形式写式(9.10)更方便：

$$\mathrm{d}Q = \mathrm{d}U - \mathrm{d}W \tag{9.11}$$

知道态函数与非态函数之间的差别很重要。正如 9.3.1 小节中所述，p，V 和 T 都是态函数，U 也是态函数。对于每一个处在特定状态下的特定系统，每一个态函数都有确定值。$\mathrm{d}p$，$\mathrm{d}V$ 和 $\mathrm{d}T$ 都是态函数的微分，$\mathrm{d}U$ 也是。但 $\mathrm{d}Q$ 和 $\mathrm{d}W$ 不是，因为我们可以给出不同的 Q 和 W 使 U_1 变为 U_2。因此我们把这些量的微分改写作 $đQ$，$đW$。这样，式(9.11)变成

$$đQ = \mathrm{d}U - đW \tag{9.12}$$

这是热力学第一定律的数学表达式。下面，我们可以把该式所表述的能量守恒定律应用于各种不同的问题。

9.3.3 热力学第一定律的几个应用

(1) 热容，比热容。我们说过，我们可以仅用两个坐标(即两个态函数)就能完全确定气体的性质。内能 U 是一个态函数，让我们用 T 和 V 表达 U，即 $U = U(V,T)$。U 的微分式为

$$\mathrm{d}U = \left(\frac{\partial U}{\partial T}\right)_V \mathrm{d}T + \left(\frac{\partial U}{\partial V}\right)_T \mathrm{d}V \tag{9.13}$$

代入式(9.12)并利用式(9.8)，得

$$đQ = \left(\frac{\partial U}{\partial T}\right)_V \mathrm{d}T + \left[\left(\frac{\partial U}{\partial V}\right)_T + p\right]\mathrm{d}V \tag{9.14}$$

现在，我们可以用数学式定义热容 C。1760 年代，布莱克首先在实验上陈述过它。在恒定体积下，我们定义定容热容为

$$C_V \equiv \left(\frac{đQ}{\mathrm{d}T}\right)_V = \left(\frac{\partial U}{\partial T}\right)_V$$

在恒定压强下，我们定义定压热容量 C_p 为

$$C_p \equiv \left(\frac{đQ}{\mathrm{d}T}\right)_p = \left(\frac{\partial U}{\partial T}\right)_V + \left[\left(\frac{\partial U}{\partial V}\right)_T + p\right]\left(\frac{\partial V}{\partial T}\right)_p \tag{9.15}$$

C_V 和 C_p 的这些表达式告诉我们，当输入热量时，温度上升。注意，这些热容的表达式不涉及任何特定的体积或质量。

使用比热容是方便的，“比”的通常含意是“每单位质量”。传统上，属于单位质量的量用小写字母表示，如

$$c_V = C_V/m, \quad c_p = C_p/m \tag{9.16}$$

由上面 C_p 和 C_V 的微分式，我们得到

$$C_p - C_V = \left[\left(\frac{\partial U}{\partial V}\right)_T + p\right]\left(\frac{\partial V}{\partial T}\right)_p \tag{9.17}$$

我们可以直观地解释这个方程。方括号中的第二项描述的是在恒定压强 p 下，气体膨胀做功随温度的变化率。第一项显然与气体的内部性质有关，因为它描述了内能如何随体积变化。它必定与反抗气体分子间的各种作用力所做的功有关。因此 $C_p - C_V$ 提供了 $(\partial U/\partial V)_T$ 的信息。

(2) 焦耳膨胀。焦耳膨胀是指气体自由膨胀到一个较大的体积。它是用于寻求 C_p 与 C_V 之间的关系的一种办法。在焦耳膨胀中，系统与环境绝热，没有热量流入或流出；器壁是固定的，系统在自由膨胀中对外不做功。

1845 年，焦耳用如图 9.3 所示的仪器进行了仔细的实验。容器 A 装有 22 个大气压的干燥空气，B 已被抽空，C 是精心构造的活塞。在焦耳的第一个实验中，整个实验装置放在一个封闭的水缸内[图 9.3(a)]。打开活塞时，空气从 A 流进 B。虽然可以测量到的温度变化小到 0.005 ℉，但实验没有测到水缸有温度变化。用他的话说就是：

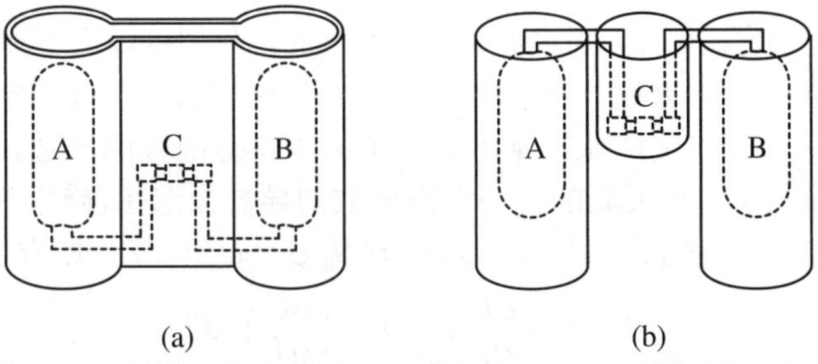

图 9.3 气体的焦耳膨胀实验：(a)容器 A，B 和活塞 C 都放在同一个水缸中；(b)容器和活塞都有单独的水缸(引自 Allen H S and Maxwell R S. 1952. A Textbook of Heat, Vol. II: 575. London: MacMillan.)

……当空气不受外力作用而膨胀时，(水缸内的)温度没有变化。[1]

在第二个实验中，A，B 和 C 各自被放在单独的水缸中[图 9.3(b)]。当打开开

关后，放有 B 及 C 的水缸的温度增加，放有 A 的水缸的温度下降。这是因为 A 中的气体推进 B 内时做了功。然而，在焦耳实验中，如果允许 A，B 及 C 中的气体在膨胀时有热接触，并达到一个新的平衡态，则不会测量到温度改变。

以上这种膨胀称为焦耳膨胀。在焦耳膨胀中，没有热量进入或流出，即 $Q=0$；气体没有对外做功，$W=0$。因此按照能量守恒定律 $\Delta U=Q+W=0$，内能 U 没有变化。

现在，我们可以按照经典热力学给理想气体一个定义：

① 对于 1 mol 气体，状态方程是理想气体定律，即 $pV=RT$。

② 在焦耳膨胀中，内能恒定，温度没有变化。

对于理想气体，C_p 与 C_V 之间有一个简单的关系。由②知

$$\left(\frac{\partial U}{\partial V}\right)_T = 0$$

由①知

$$\left(\frac{\partial V}{\partial T}\right)_p = \left[\frac{\partial}{\partial T}\left(\frac{RT}{p}\right)\right]_p = \frac{R}{p}$$

因此由式(9.17)，对于 1 mol 理想气体，有

$$C_p - C_V = R \tag{9.18}$$

应该强调，理想气体的内能只是温度的函数。气体的任何一个态函数都完全由另外的两个态函数决定。因此既然理想气体的内能与体积无关，它必定也与压强无关。

在焦耳膨胀中，非理想的真实气体的温度是随体积的变化而变化的。由于水缸的热容很大，温度变化微小，焦耳未能检测到这一变化。从物理上讲，导致这种变化的原因是要反抗分子间的范德瓦耳斯力做功。此外，分子间还有核的排斥力，这使气体在非常高的压力下很难被进一步压缩。焦耳系数 $(\partial T/\partial V)_U$ 度量在内能 U 恒定的条件下温度因体积增加而发生的改变。我们可以把它和气体的其他性质联系起来。

(3) 焓，焦耳-开尔文膨胀。定容热容 C_V 涉及态函数的导数，于是我们可以问：是否有一个与 C_p 相关联的另一个态函数的导数？记住，确定气体的状态，我们只需要两个坐标。我们用 $U=U(p,T)$ 代替 $U=U(V,T)$，则有

$$\mathrm{d}U = \left(\frac{\partial U}{\partial p}\right)_T \mathrm{d}p + \left(\frac{\partial U}{\partial T}\right)_p \mathrm{d}T$$

如前，有

$$\begin{aligned} đQ &= \mathrm{d}U + p\mathrm{d}V \\ &= \left(\frac{\partial U}{\partial p}\right)_T \mathrm{d}p + p\mathrm{d}V + \left(\frac{\partial U}{\partial T}\right)_p \mathrm{d}T \end{aligned}$$

这样，有

$$\left(\frac{đQ}{\mathrm{d}T}\right)_p = p\left(\frac{\partial V}{\partial T}\right)_p + \left(\frac{\partial U}{\partial T}\right)_p$$

$$= \left[\frac{\partial}{\partial T}(pV + U)\right]_p \tag{9.19}$$

量 $pV + U$ 完全由态函数构成，因此该新函数也必定是一个态函数，我们称它为焓 H。这样，有

$$H = U + pV$$

$$C_p \equiv \left(\frac{đQ}{\mathrm{d}T}\right)_p = \left(\frac{\partial H}{\partial T}\right)_p = \left[\frac{\partial}{\partial T}(U + pV)\right]_p \tag{9.20}$$

焓经常出现在有热流的过程中，特别是在被称为焦耳-开尔文膨胀的膨胀过程中。在这种情况下，气体从一个气缸进入另一个气缸，两个气缸的压力分别保持在恒定值 p_1 和 p_2（图 9.4）。"多孔塞"是一个或多个小孔或窄管。假设气体最初在左侧，具有内能 U_1，体积 V_1，压强 p_1。活塞 A 以恒定压力 p_1 推动气体通过多孔塞从左侧流到了右侧，做功为 p_1V_1。进入到右侧的气体压强为 p_2，体积为 V_2，温度为 T_2，气体对活塞 B 做功为 p_2V_2。系统与外界绝热，因此 $Q=0$。由式(9.10)知，气体内能的增加量等于对气体做的净功，即 $\Delta U = W$，因此

$$U_2 - U_1 = p_1V_1 - p_2V_2$$

这样，在这个过程中，焓守恒，即

$$p_1V_1 + U_1 = p_2V_2 + U_2 \quad 或 \quad H_1 = H_2 \tag{9.21}$$

对于 1 mol 理想气体，焓 $H = pV + U = RT + U(T)$ 仅仅是温度的函数。因为对于理想气体，在焦耳-开尔文膨胀中焓守恒，故在膨胀前后温度没有变化，温度 T 必定相同。但是对于实际气体，由于分子间有作用力，在膨胀前后温度会有变化。温度的变化可能是正的或负的，取决于压强和温度的大小：焦耳-开尔文系数的定义是 $(\partial T/\partial p)_H$。确定实际气体对理想气体定律的偏离，焦耳-开尔文实验比焦耳膨胀更灵敏。

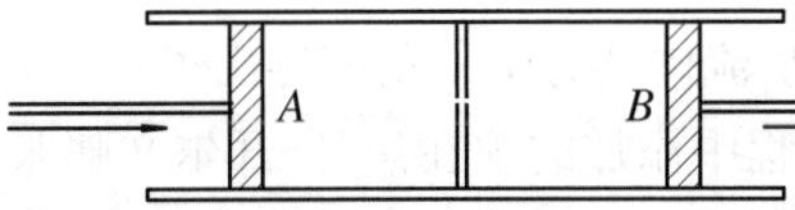

图 9.4 焦耳-开尔文气体膨胀实验。在这些实验中，流体被迫通过一个或多个小洞或狭窄的管，通常称为多孔塞。流体通过多孔塞时，速度非常小。工程师称这样的流动为节流膨胀(引自 Allen H S and Maxwell R S. 1952. A Textbook of Heat, Part Ⅱ. London: MacMillan and Co.:687)

现在，我们考虑另一些因素对总能量的贡献。例如，宏观运动的气体有动能 $mv^2/2$，如果气体处在引力场中，还有势能 $m\phi$。注意，焓守恒是能量守恒的一个简单实例，它同时考虑了过程中气体做的功和对气体做的功。让我们考虑没有热量损失但有能量增加的一种流过"黑盒子"的流体（图 9.5）。

我们讨论一种先进入、后离开黑盒子的稳定的气体或液体流，流体的质量为

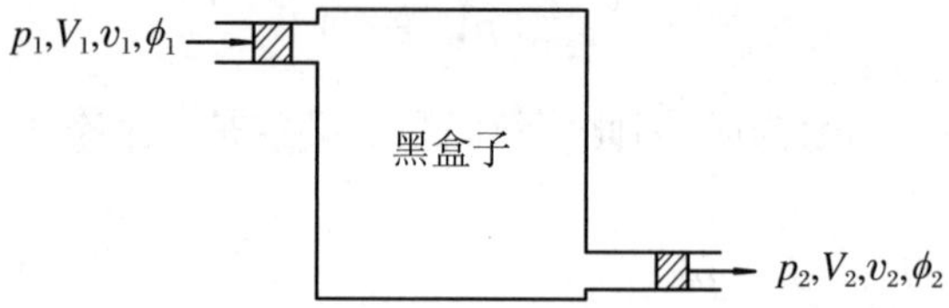

图 9.5　在重力场中流动的液体的能量守恒

m,在流过黑盒子时没有热量损失。由能量守恒定律,我们有

$$H_1 + \frac{1}{2}mv_1^2 + m\phi_1 = H_2 + \frac{1}{2}mv_2^2 + m\phi_2$$

或

$$p_1V_1 + U_1 + \frac{1}{2}mv_1^2 + m\phi_1 = p_2V_2 + U_2 + \frac{1}{2}mv_2^2 + m\phi_2 \tag{9.22}$$

即

$$\frac{p}{m/V} + \frac{U}{m} + \frac{1}{2}v^2 + \phi = 常量$$

或

$$\frac{p}{\rho} + u + \frac{1}{2}v^2 + \phi = 常量 \tag{9.23}$$

式中,$u = U/m$ 是流体的比内能,$\rho = m/V$ 是流体的质量密度。这是一个流体流动方程。特别是,因为过程绝热,对于无黏滞性不可压缩流体有 $u_1 = u_2$,我们由此得到伯努利方程:

$$\frac{p}{\rho} + \frac{1}{2}v^2 + \phi = 常量 \tag{9.24}$$

在附录的 A7.2 节中,我们从流体动力学的角度导出了这个方程。

注意,我们在伯努利方程中添加的项在焦耳-开尔文膨胀中没有。这是因为假定了焦耳-开尔文膨胀非常缓慢,动能项可以忽略不计;两个体积所在位置几乎一样,引力势能没有变化。

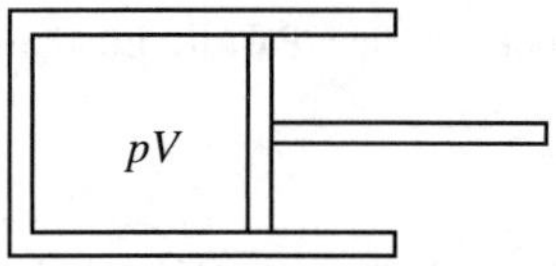

图 9.6　理想系统的绝热膨胀

(4) 绝热膨胀。在绝热膨胀中,气体的体积有变化,但体系和环境间没有热接触。一个经典的实验是气体在一个理想的绝热圆筒中膨胀或压缩,见图 9.6。可逆绝热膨胀进行得非常缓慢,因此系统是从初态经历了无限多个热力学平衡态后抵达终态的。在 9.5.1 小节讨论可逆过程时,我们将回到这个关键的概念。对于这样的过程,我们可以写为

$$đQ = \mathrm{d}U + p\mathrm{d}V = 0 \tag{9.25}$$

对于理想气体，因为$(\partial U/\partial V)_T=0$，所以有 $dU=nC_V dT$（n 是摩尔数，C_V 是摩尔定容热容）。在这个膨胀期间，气体经历了由无限个平衡态构成的系列，因而理想气体定律 $pV=nRT$ 在此适用。这样，由式(9.25)，我们有

$$nC_V dT+\frac{nRT}{V}dV=0$$

因此

$$\frac{C_V}{R}\frac{dT}{T}=-\frac{dV}{V} \tag{9.26}$$

积分，得

$$\frac{V_2}{V_1}=\left(\frac{T_2}{T_1}\right)^{-C_V/R} \quad 或 \quad VT^{C_V/R}=常量 \tag{9.27}$$

由于在膨胀的所有阶段，都有 $pV=nRT$，因而这一结果还可以写成

$$pV^{\gamma}=常量$$

式中，$\gamma=1+R/C_V$。

我们已经证明，对于 1 mol 理想气体，$C_V+R=C_p$，因此

$$1+\frac{R}{C_V}=\frac{C_p}{C_V}=\gamma \tag{9.28}$$

γ 是比热比，也叫绝热指数。对于单原子理想气体，$C_V=3R/2$，因而 $\gamma=5/3$。

(5) 等温膨胀。等温膨胀情况的装置也如图 9.6 所示，但此时体系与环境有热交换，它使气缸内的气体保持在同一温度，即 $T=$常量。对理想气体，这意味着内能不变。因此在膨胀中 $\Delta U=0$。由式(9.10)可得 $Q=-W$：推动活塞对外做功，必定有相应的热量流入。所做的功是

$$\int_{V_1}^{V_2}pdV=\int_{V_1}^{V_2}\frac{RT}{V}dV=RT\ln\frac{V_2}{V_1} \tag{9.29}$$

这也是为了保持等温膨胀必须从环境获得的热量。这一结果对理解热机很重要。

(6) 膨胀类型小结。本节讨论过四种不同类型的膨胀。

① **等温膨胀**，$\Delta T=0$：系统必须吸收或放出热量，以保持温度恒定。

② **绝热膨胀**，$Q=0$：与环境不发生热交换。

③ **焦耳膨胀**，$\Delta U=0$：气体自由膨胀到较大的体积，容器壁固定，绝热，内能不变。对于理想气体，温度也不变。

④ **焦耳-开尔文膨胀**，$\Delta H=0$：两个容器对外绝热，气体压强分别保持在 p_1 和 p_2，当气体从一个容器进入另一个容器时，焓恒定。对于理想气体，温度不变。

在这些显然不同的现象的背后，基本原理很简单，都为能量守恒，它们都是遵守热力学第一定律的简单例证。

9.4 热力学第二定律的起源

令人十分惊喜的是，在历史上得到热力学第二定律，不像得到热力学第一定律那样遇到过如此多的麻烦。1850年后，热力学第一定律让我们能够逻辑自洽地定义热量，能量守恒定律也有了一个坚实的概念基础。然而，人们意识到热力学过程还必须遵守其他定律，特别是，我们还没有任何关于热流方向的定律或关于热力学系统演变方向的定律。这些都要源于热力学第二定律，对于这个定律，克劳修斯的表述是：

不可能把热从低温物体传到高温物体而不引起其他变化。

值得注意的是，许多重要的结果都可以从这个简单的表述中得到。同样明显的是，热力学的基础是从研究蒸汽机的运作中得到的。亨德森(Henderson)说过：

直到1850年，蒸汽机对科学的贡献比科学对蒸汽机的贡献要更多。[6]

让我们举例说明，产生这种富有洞察力的表述背后的历史。

9.4.1 瓦特和蒸汽机

蒸汽机的发明也许是极其重要的进步，它奠定了工业革命的基础。在1750～1850年，工业革命席卷了所有发达国家[7]。此前，主要的动力来源是水流和风：前者位于靠近河流或溪流的地方，后者不太稳定。用马提供动力，则很昂贵。蒸汽机的重要优势是它可以随时在需要的地方提供廉价动力。

第一次成功运行并有商业价值的蒸汽机是纽可门(Thomas Newcomen)(1663～1729)于1712年制造的，用于煤矿抽水和提升水位以推动水轮机。纽可门蒸汽机(图9.7)在常压下运行。运行规则是：在气缸内装上活塞，用热蒸汽推动活塞，而后给气缸注入冷水，冷却气缸、凝结蒸汽，气缸内的压力下降，活塞返回。所得动力用机械装置传达给泵，如图9.7所示。在动力冲程结束时，蒸汽阀门被打开，泵杆的重量把活塞杆拉回到气缸顶部。在随后的半个多世纪中，在史密顿(John Smeaton)的共同努力下，纽可门以更好的设计和工程技术不断改进蒸汽机，使蒸汽机的效率提高近1倍(表9.1)。

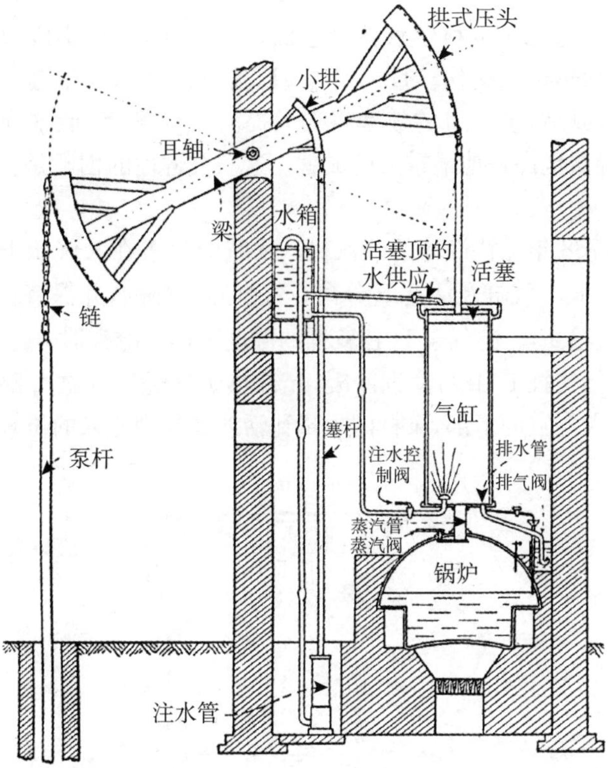

图 9.7　纽可门大气蒸汽机,1712 年(引自 Dickenson H W. 1939//A Short History of the Steam Engine. Cambridge:Cambridge University Press:Fig.7)

表 9.1　蒸汽机的效率[8]

年份	制造者	热效率	相对热效率
1718	Newcomen	4.3	0.5
1767	Smeaton	7.4	0.8
1774	Smeaton	12.5	1.4
1775	Watt	24.0	2.7
1792	Watt	39.0	4.5
1816	Woolf compound engine	68.0	7.5
1828	improved Cornish engine	104.0	12.0
1834	improved Cornish engine	149.0	17.0
1878	Corliss compound engine	150.0	17.2
1906	triple-expansion engine	203.0	23.0

这个故事中的伟大英雄之一是瓦特(James Watt)(1736～1819),他是在格拉斯哥(Glasgow)受过培训的科学仪器制造商。1764 年,在他维修纽可门原型蒸汽机时,被废蒸汽和热物质烫伤。1765 年 5 月,他意识到如果蒸汽不是在气缸内而是在另一个地方凝结,蒸汽机的效率将大大提高。1768 年,他拿到了这项发明的专利。发明冷凝器也许是他最重大的成就。这一关键性的创新是整个热力学的奠基石。

图 9.8 是 1788 年瓦特设计的蒸汽机。瓦特蒸汽机在大气压下运行。创新的关键是把冷凝器 F 与气缸及活塞 E 分离。气缸是绝热的,并保持在恒定高温 T_1,冷凝器保持在低温 T_2。空气泵 H 在较低的温度下排空冷凝器。打开冷凝器阀门,动力冲程开始时,气缸 E 中的蒸汽冷凝,允许热蒸汽进入气缸上部。一旦冲程终结,允许蒸汽进入气缸的下部,泵杆的重量让活塞回复到原来的位置。

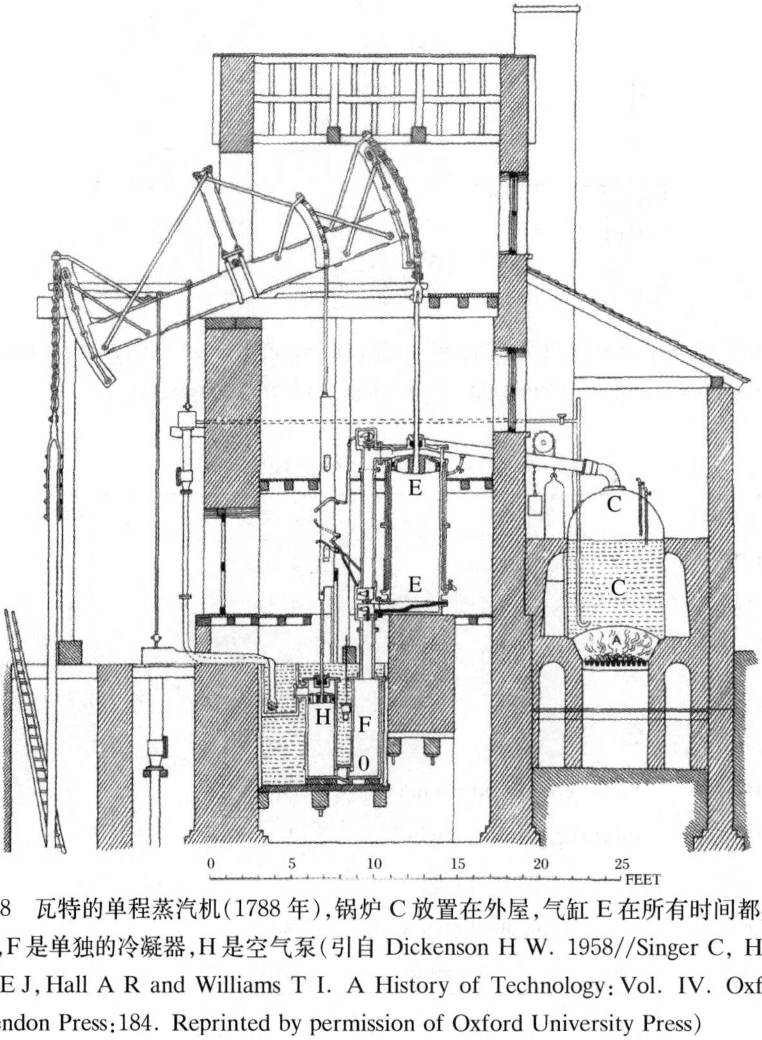

图 9.8　瓦特的单程蒸汽机(1788 年),锅炉 C 放置在外屋,气缸 E 在所有时间都处在高温,F 是单独的冷凝器,H 是空气泵(引自 Dickenson H W. 1958//Singer C, Holmyard E J, Hall A R and Williams T I. A History of Technology: Vol. IV. Oxford: Clarendon Press:184. Reprinted by permission of Oxford University Press)

煤矿业主对降低抽水成本不断高涨的兴趣，促使提高蒸汽机工作效率的激情得以持续。1782年，瓦特有了双动蒸汽机的专利，蒸汽动力用于驱动活塞和返回活塞的冲程，结果一个循环完成了两倍工作量。这需要有一种新设计的平行运动棒，它既能拉动也能推动活塞。瓦特说："我设计了几个最巧妙的简单的机械部件中的一个。"另外，还需要有一个调速器调节蒸汽的供应量。在图9.9所示的蒸汽机中，行星齿轮把活塞的往复运动转换成了旋转运动。

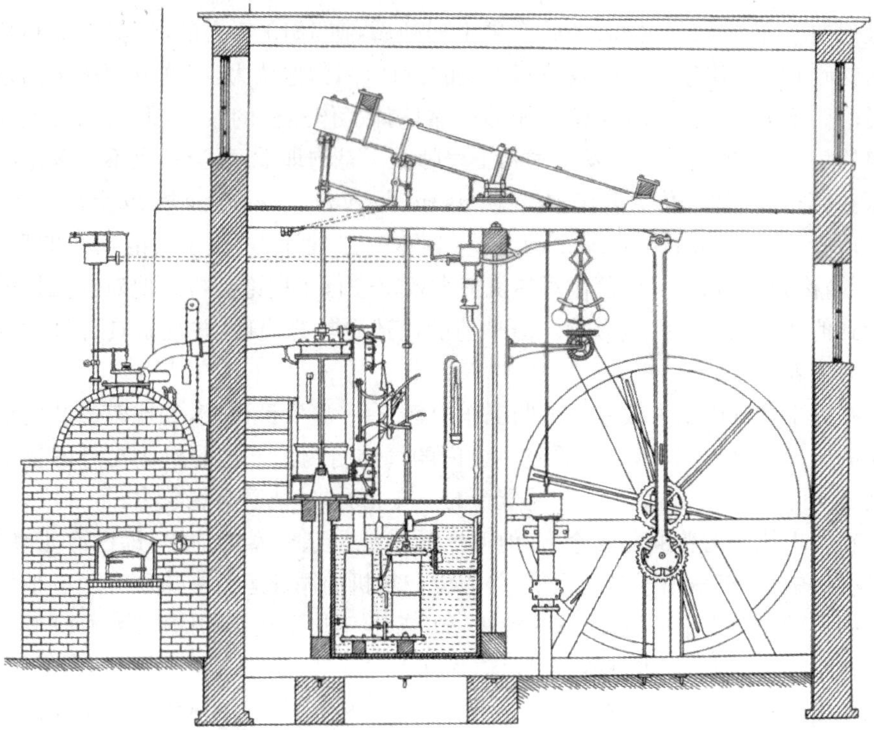

图9.9　瓦特的双程回转蒸汽机(1784年)，并联运动棒提升传动杆的末端，行星齿轮把蒸汽机的往复运动转换成旋转运动(引自 Dickenson H W. 1958//Singer C, Holmyard E J, Hall A R and Williams T I. A History of Technology: Vol. IV. Oxford: Clarendon Press: 187. Reprinted by permission of Oxford University Press)

下一个重大的进展发生在19世纪初，特里维西克(Richard Trevithick)(1771～1833)制造的蒸汽机不是在大气压下而是在高压蒸汽下运作。结果，一个更小的蒸汽机可以产生更强的动力，早期的蒸汽汽车和蒸汽机车就采用了这类新蒸汽机。表9.1列出了从纽可门到20世纪初蒸汽机效率的改进历程[2]。当时，制定了一个很搞笑的蒸汽机效率的单位，它是每蒲式耳煤炭产生多少英尺·磅能量，这里1蒲式耳是84磅。当然，它没有成为最后的法定计量单位。表9.1显示了制造商和企业家对推动工业革命的重要性。试图得到热机可能有的最大效率非常有趣,加上上述非常现实的情况,令卡诺潜心研究热机的效率。

9.4.2 萨迪·卡诺及其反思

萨迪·卡诺是拉扎尔·卡诺(Lazare Carnot)的长子。在法国大革命后,拉扎尔·卡诺成为公安委员会的成员,1815 年百日王朝期间,他是拿破仑的内务部长。1807 年后,拉扎尔·卡诺投入许多精力教育他的儿子。萨迪·卡诺上过高等综合理工学校,泊松、盖-吕萨克(Joseph Louis Gay-Lussac)(1778～1850)、安培等名家都是他的老师。当过一段时期的军事工程师后,在 1819 年之前,他就能专心从事自己的研究。卡诺很关注高效率蒸汽机的设计,因为他认为,在这方面法国的技术已经落后于英国。虽然当时已经能够可靠估计工作热机的效率,但给他留下深刻印象的是,制定规则的人是发明家和工程师而不是物理学家,当然也不是理论物理学家。1824 年,他的伟大著作 *Rifléxions sur la puissance motrice du feu et sur les machines propres à developper cette*[9] 出版,一般翻译为《关于火的动力的反思》(以下简称为《反思》)。该著作对热机最大效率进行了理论分析。他对蒸汽机的反思受到他父亲工作的强烈影响。但是他的论述更具普遍性,并且是具有极大创新的智力成就。

在关于蒸汽机最大效率的早期工作中,已有一些实证研究,如比较燃油的输入与功的输出,或根据具体模型研究热机内的气体行为。卡诺的想法在意图上毫无疑问是实际的,但他的基本观念是全新的。在我看来,他富有想象力,是一位天才。

在寻求热机的普遍性理论上,他遵循的是他父亲信奉的前提,即没有永动机。在《反思》中,卡诺采用了热质理论,并假设在热机的循环运行中热质守恒。他设想热质的流动类似于水的流动,认为热机做功起源于热质从热物体向冷物体的流动,就像在水轮机中那样,水有落差时可以做功。

卡诺对热机运作的基本想法有两点:第一点是,确认即使热传递发生在循环过程的一部分,热机也能最有效地工作;第二点是,确认决定热机做功多少的至关重要的因素,是流出和流入热质的两个热源之间的温差。这些基本思想与热流过程的特定模型无关。

另一个富有想象和洞察力的思想是,他设计了一个循环过程,我们现在称为卡诺循环,以之作为任意一热机的理想化过程。我们将在 9.5.2 小节进行更详细的讨论。理想卡诺循环的一个关键特征是所有的过程都是可逆的:反转操作序列,则对热机系统做功,并且热质从冷物体流到热物体。他把一个热机和一个逆向理想卡诺热机整合在一起,证明了没有一个热机能比理想卡诺热机做更多的功。如果不是这样,把这两个热机整合在一起,就可以把热从冷物体转移到热物体,而不需要做任何功,或者没有任何净传热而产生净功,这两种情况都违反共同的经验。拉扎尔·卡诺信奉不可能有永动机,这个前提产生了明显的影响。我们将在 9.5.2 小节正式证明。

可悲的是,在这一工作的深远意义得到肯定和赞赏之前,1832年8月,萨迪·卡诺就在36岁时死于霍乱。不过,在1834年,克拉珀龙(Benoît Paul émile Clapeyron)(1799～1864)以新的形式重新表述了卡诺的论证和卡诺理想热机与标准压强-体积图的关系。直到汤姆孙研究克拉珀龙的论文的某些方面,才回到卡诺《反思》的原始形态。在卡诺的工作中,热质守恒;而焦耳的实验证明,热量和功有互换性。如何使这两者一致?当时,对汤姆孙和其他人来说这都是一个大问题。克劳修斯解决了这个问题,他证明:关于热机最大效率的卡诺定理是正确的,但没有热损失的假设是错误的。事实上,在卡诺循环中,有热量转换为功。克劳修斯的公式化重述,构成了热力学第二定律的基本框架[10]。但是正如我们将看到的,这个定律远远超出了解决热机效率这一课题的范围:它不仅解决了确定热力学温标的问题,也解决了热力学系统如何演变的问题。现在让我们更正式地表述这些概念,根据基本假设,在数学上给出热力学第二定律。

9.5 热力学第二定律

首先让我们讨论可逆过程和不可逆过程的本质区别,迄今为止,它只隐含在一些论述中。

9.5.1 可逆过程和不可逆过程

可逆过程是无限缓慢的过程,系统从初态 A 到终态 B 经历了无限多个平衡状态。这样的过程也被称为准静态过程。既然这一过程无限缓慢,则无摩擦或紊流,系统没有获得动能,也没有产生声波,在任何阶段没有不平衡力。* 在每一步,我们只让系统有一个无穷小的变化。其含义是,精确反转这一进程,我们可以回到我们开始出发的那个点,无论系统还是周围环境都没有改变。显然,如果有摩擦损失,而没有从周围获得能量,则我们不能回到我们开始的地方。

为了强调这一点,让我们详细考查如何能够进行可逆等温膨胀。假设我们有一个大的热库,温度为 T,装有气体的气缸与它热接触,也具有温度 T(图9.10)。两者是在同一个温度,无热流。但是如果我们允许活塞向外有一个无穷小的移动,那么气缸内的气体会有一个无穷小的冷却,因而温度差会让一个无穷小的热量流入气体。这个微小的能量使气体返回温度 T。系统是可逆的,因为如果我们在温

* 译者注:可逆过程是无限缓慢的过程。可逆过程、无耗散的过程、系统始终处在平衡态的过程、无限缓慢的过程等彼此有什么关系值得注意。

度 T 微微压缩气体,它就变热,会有热从气体流进热库。因此只要我们只考虑无穷缓慢的变化,热流过程就会可逆地进行。

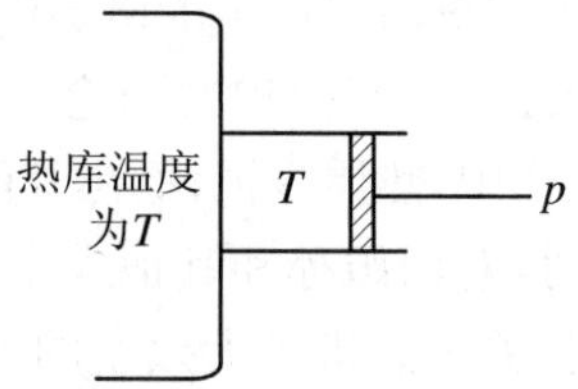

图 9.10　可逆等温膨胀

显然,如果热库和活塞处在不同温度,这是不可能的。在这种情况下,我们不可能使较冷物体的温度有一个无穷小的变化而逆转热流动的方向。最重要的一点是,在可逆过程中,系统必定能够经过无限个平衡态,而从初态演变到终态,这些平衡态都是通过功与能流的无穷小的增量连接在一起的。

为了再次强调这一点,让我们重复一个可逆绝热膨胀的论述。气缸完全与宇宙的其他部分绝热,膨胀的每一步都无限缓慢,系统没有流进或流出热,并且没有摩擦。因此由于每一个无穷小的一步都是可逆的,把它们连接在一起我们可以实现整个可逆绝热膨胀。

让我们把上述过程与我们描述过的另外两种膨胀对比一下。在焦耳膨胀中,气体是突然膨胀进入一个大体积的,如果没有各种非平衡过程的发生,这是不可能的。这与可逆等温膨胀及绝热膨胀不同,在既定条件下,我们无法设计一系列平衡状态,通过它们达到终态。焦耳-开尔文膨胀也是这样一种情况,在气体进入第二个气缸时,有一个不连续的变化。这一过程不可能以无限缓慢地通过一系列平衡状态的方式达到终态。

我们的这一长篇介绍是要强调,可逆过程是高度理想化的,但它提供了能与所有真实过程进行比较的规范或标准。确切地理解上面论述中的"无限缓慢"或"准静态"一词很重要。在实际中,这意味着在膨胀的每一步,系统发生一定变化的时间,都必须远远长于系统内的基本物理过程重建热力学平衡态所需的时间。这样的话,如果足够小心,系统的行为可以接近于理想。

9.5.2　卡诺循环

一个常见的经验是,很容易把功转换成热,如摩擦;但把热转换为功则很难给出有效的手段。作为说明,表 9.1 列出了蒸汽机的效率。卡诺对理想热机运作的睿智见解值得重复:

(1) 在任何有效的热机中,为减少热损失,要周期性地使用工作物质。

(2) 在所有真正的热机中,热在高温 T_1 进入工作物质,工作物质对外做功,然后把热返还到一个具有较低温度 T_2 的冷源(heat sink)。

(3) 我们所能得到的最好情况是,构建一个可逆热机,所有过程都是可逆的,即所有的变化都是无限缓慢进行的,因而没有耗散损失,如摩擦或湍流。

这些都是现实热机运作的理想化。1816 年,苏格兰基尔马诺克的斯特林(Robert Stirling)(1790～1878)博士发明的斯特林热机(图 9.11),为我们提供了一个简单的实例,说明这些原则在实践中是如何工作的。在图 9.11 中,工作物质空气充满了用深色标示的整个容器。循环开始时,热端的加热器把气体加热到高温,推动活塞向上,结果是图 9.11 所示的位形。斯特林的辉煌创新,是用浮筒让工作物质从热源移动到冷源,如图 9.11。使热气体和浮筒一起与容器的冷端接触。用散热片或通过冷却管流动的水把冷端保持在室温。热气体在冷端放热,压力下降,使活塞返冲(向下)。与浮筒相连的活塞向气缸的冷端运动,把浮筒和筒内的冷气体推向热端,再加热,开始下一个冲程。通过精心设计,这种热机的效率可以接近如下讨论所得到的最大理论值。

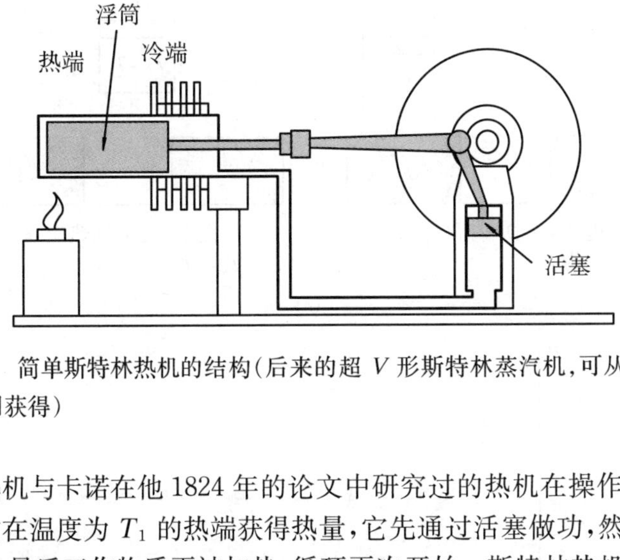

图 9.11　简单斯特林热机的结构(后来的超 V 形斯特林蒸汽机,可从 All Hot Air 公司获得)

斯特林热机与卡诺在他 1824 年的论文中研究过的热机在操作序列上几乎相同。工作物质在温度为 T_1 的热端获得热量,它先通过活塞做功,然后放热给温度为 T_2 的冷端,最后工作物质再被加热,循环再次开始。斯特林热机有许多不同类型,最大好处为它们都是生态友好的动力源。耐人寻味的是,卡诺在写《反思》时,不知道斯特林的发明。

著名的卡诺理想热机的循环如图 9.12(a)。我强烈推荐阅读费恩曼《物理讲义》[11]第 1 卷第 44 章对循环的细致描述。我的阐述多仿照此书。

两个非常大的热库 1 和 2,分别保持在温度 T_1 和 T_2。工作物质是装在气缸内的气体,活塞与气缸间无摩擦。我们现在实施下列可逆操作序列,模拟热机如何做功。记住,“可逆”是指过程无限缓慢进行,没有耗散产生的热量损失。

(1) 气缸与高温热库热接触,完成可逆等温膨胀,温度为 T_1。如上所述,在可逆等温膨胀中,有热从热库流向气缸中的气体。在膨胀结束时,气体吸收了热量 Q_1,对外做了一定数量的功。在 p-V 图上,我们用从 A 到 B 的等温线表示这一过程[图 9.12(b)]。

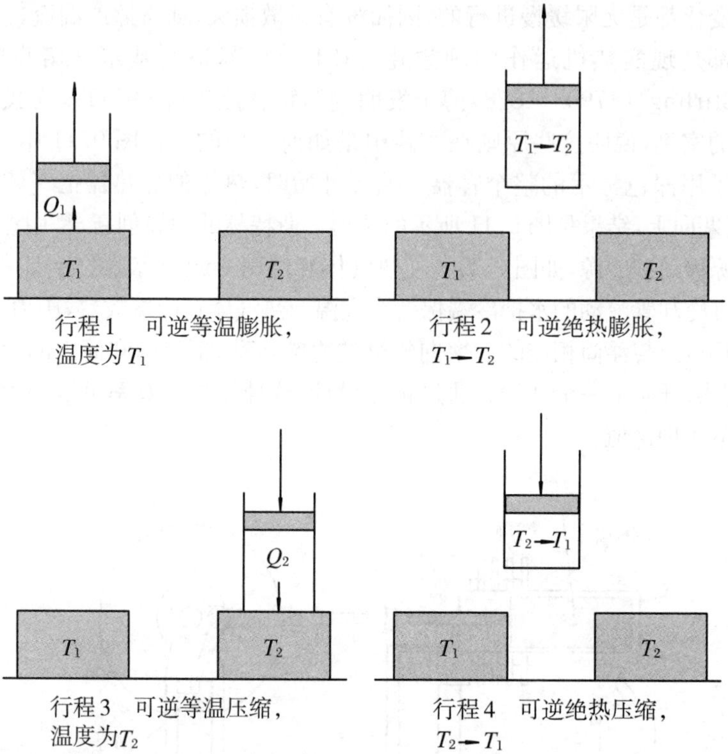

(a)

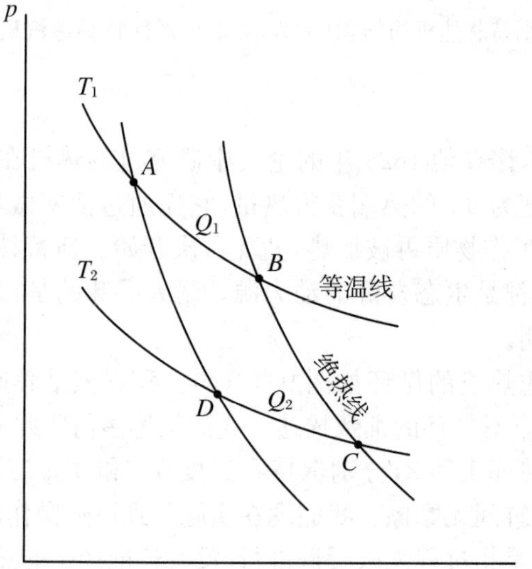

(b)

图 9.12 (a)理想热机的卡诺循环的 4 个阶段；(b) p-V 图上的理想热机运行的 4 个阶段

(2) 气缸与热库分离，进行可逆绝热膨胀，再次对外界做功。工作物质的温度在点 C 降到 T_2，T_2 是第二个热库的温度。

(3) 气缸与第二个热库热接触，温度为 T_2，气缸内的气体被压缩，在温度 T_2 处的等温过程也是可逆的。在这个过程中，等温压缩继续，外界对工作物质做功，气体的温度反复不停地无限小地高于或等于 T_2，直到等温线 T_2 与能让工作物质回到初始状态的绝热线相交于 D。在这个过程中，有热量 Q_2 流入第二个热库。

(4) 气缸再次与热库分离，进行可逆绝热压缩。在绝热条件下，外界再次对工作物质做功，使它的温度增加到 T_1，气体回到初始状态 A。

这是理想热机的一个循环过程。这个循环的净效应是：工作物质在温度 T_1 从热库 1 吸收热量 Q_1，在温度 T_2 放出热量 Q_2 给热库 2；在这个过程中，热机对外做了功。在 p-V 图上(图 9.13)，所做的功正好是围绕回路的积分，即 $W=\oint p\mathrm{d}V$。从图上能明显看出，环路积分等于 p-V 图上描述热机循环的封闭曲线内的面积。我们也知道，由热力学第一定律，工作物质对外做的功，必须等于供给工作物质的净热量 Q_1-Q_2，即

$$W=Q_1-Q_2 \tag{9.30}$$

顺便说一句，必须注意绝热线比等温线更陡；因为对于所有气体，前者的方程是 $pV^{\gamma}=$常量($\gamma>1$)，而后者的方程则是 $pV=$常量。图 9.14 是热机的示意图。这一论述的漂亮之处是，循环的所有阶段都是可逆的，所以我们可以让整个过程按相

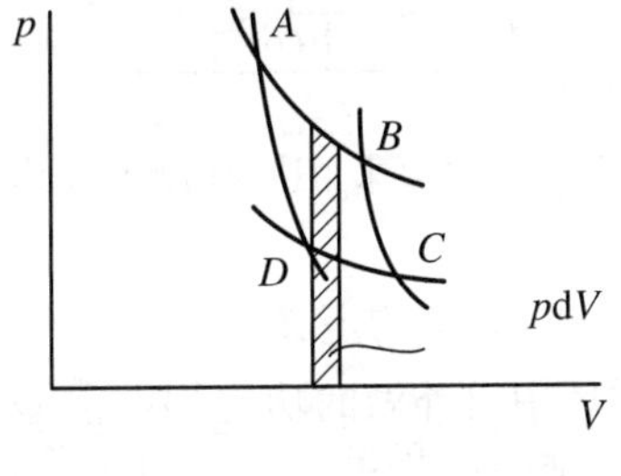

图 9.13　p-V 图：闭合回路 $ABCD$ 内的面积，代表所做的总功 $W=\oint p\mathrm{d}V$

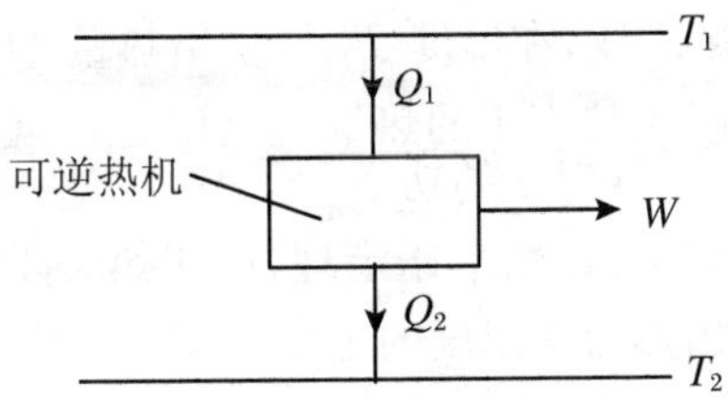

图 9.14　可逆卡诺热机

反的顺序进行(图 9.15)。因此逆卡诺循环是：

(1) 从 A 到 D 绝热膨胀，工作物质的温度从 T_1 降到 T_2。

(2) 在温度 T_2 处等温膨胀，从低温热库吸收热量 Q_2。

(3) 从 C 到 B 绝热压缩，工作物质回到温度 T_1。

(4) 在温度 T_1 处等温压缩，工作物质给高温热库热量 Q_1。

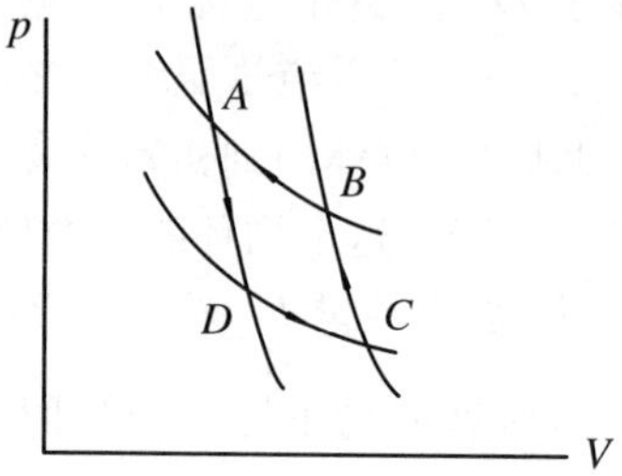

图 9.15　冰箱或热泵的逆卡诺循环路径

逆卡诺循环描述理想冰箱或热泵的运作，从温度较低的热库吸取热量，并传给温度较高的热库。图 9.16 是冰箱或热泵采用逆卡诺循环工作的示意图。注意，在逆循环中，为了从热库 2 吸热并传给热库 1，热泵做了功。

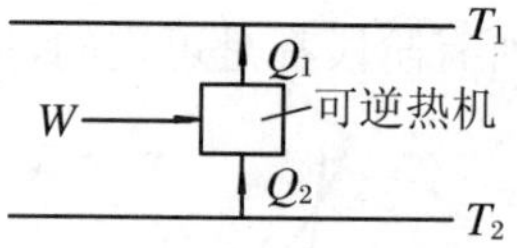

图 9.16　冰箱或热泵采用逆卡诺循环工作的示意图

对于正向运行的标准热机，效率的定义为

$$\eta = \frac{\text{循环中对外做的功}}{\text{输入的热量}} = \frac{W}{Q_1} = \frac{Q_1 - Q_2}{Q_1}$$

对于冰箱：

$$\eta = \frac{\text{从热库 2 吸取的热量}}{\text{外界做的功}} = \frac{Q_2}{W} = \frac{Q_2}{Q_1 - Q_2}$$

对于热泵，逆循环运行，做功 W，在温度 T_1 处供给热量 Q_1：

$$\eta = \frac{\text{供给热库 1 的热量}}{\text{外界做的功}} = \frac{Q_1}{W} = \frac{Q_1}{Q_1 - Q_2}$$

下面，我们可以做三件事：证明卡诺定理，证明热力学第二定律的克劳修斯表述和开尔文表述等价，导出热力学温度的定义。

9.5.3　卡诺定理

卡诺定理：

所有工作在两个给定温度之间的热机，不可能比可逆热机更有效。

假设相反的情况是真实的，即我们可以制造一个不可逆热机，其效率高于在两个给定温度下工作的可逆热机。那么，我们可以利用这个不可逆热机做功，驱动可逆热机逆向运行(图 9.17)。现在让我们把两个热机组合成为一个单一热机。不可逆热机做功驱动可逆热机逆向运行。以 Q_1' 代表不可逆热机从高温热源吸取的热量，以 Q_1 代表可逆热机释放给高温热源的热量。由假设知 $\eta_{不可逆} > \eta_{可逆}$，即 $W/Q_1' > W/Q_1$，这样，结果是 $Q_1 - Q_1' > 0$，即高温热源获得了热量。这个热量是低温热源提供的。因此总的来说，这个组合热机的唯一的净效应是，产生从低温到高温的能量转移而没有做任何功，这是热力学第二定律禁止的。因此没有一个不可逆热机能比运行在两个给定温度之间的可逆热机具有更大的效率。这个定理，卡诺发表在他 1824 年的《反思》一书中，比克劳修斯 1850 年正式表述热力学定律早 26 年。

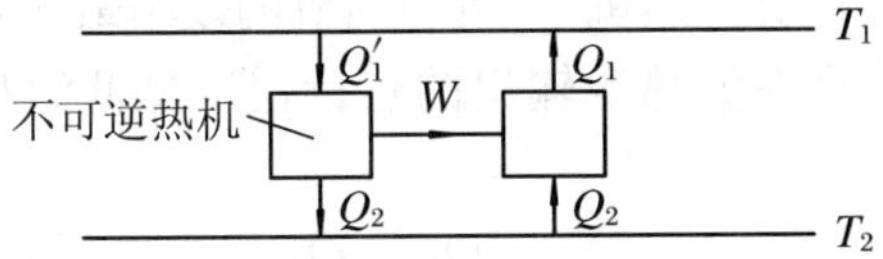

图 9.17　证明卡诺定理的示意图

9.5.4　热力学第二定律的克劳修斯表述和开尔文表述等价

热力学第二定律的克劳修斯表述是另一个“经验事实”，是没有论证的断言。这个表述是：

不可能把热从低温物体传到高温物体而不引起其他变化。

其含义是，热不能从冷物体传到热物体而与系统的环境没有一点相互作用。注意，该定律假定，我们可以区分“冷”和“热”——迄今我们可利用的只有经验温标，它是在理想气体性质的基础上定义的。我们将证明：理想气体温标与热力学温标相同。

热力学第二定律的开尔文表述是：

不可能只把热转换为功而不引起其他变化。

假设一个热机能把从热库 T_1 吸取的热量 Q_1^K 完全转换为功 W。我们可以使用这个功驱动可逆卡诺热机作为热泵逆向运行(图 9.18)。那么，视它们为一个单一的系统，结果是没有做净功，但有净热量传递到温度为 T_1 的热库。这个热量为

$$Q_1 - Q_1^K = Q_1 - W = Q_1 - (Q_1 - Q_2) = Q_2$$

式中,Q_1 是可逆热机提供给热库 T_1 的热量。这样,除了净转移热量 Q_2 给热库 T_1,宇宙间没有任何其他变化。克劳修斯表述禁止出现这种情况。即如果违背开尔文表述,必定违背克劳修斯表述;同样,如果违背克劳修斯表述,也必定违背开尔文表述。因此克劳修斯表述和开尔文表述等价。

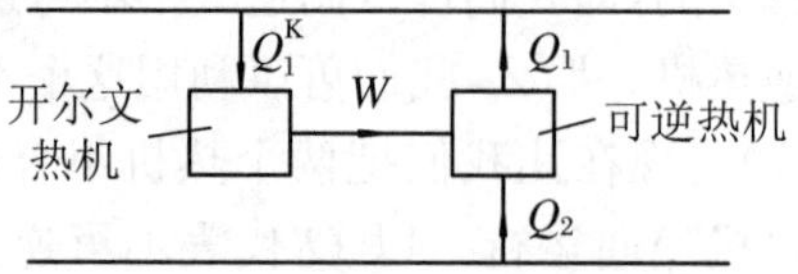

图 9.18 证明热力学第二定律的克劳修斯表述和开尔文表述等价的示意图,假设开尔文热机把从热库 T_1 吸取的热量 Q_1^K 完全转换为功

9.5.5 热力学温度

我们可以由卡诺定理引出热力学温度的定义。我们说一个热机在两个温度不同的热源之间工作,到目前为止,我们只是在名义上称呼这两个温度为 T_1 和 T_2,但没有具体定义温标。在所有热机中,可逆热机的效率最大,并且它只是这两个温度的唯一函数。设 Q_1 是高温热源输出的热量,Q_2 是低温热源得到的热量,则可逆热机的效率为

$$\eta = \frac{Q_1 - Q_2}{Q_1}$$

因而

$$\frac{Q_1}{Q_2} = \frac{1}{1-\eta} \tag{9.31}$$

现在,我们做进一步推理,引出热力学温度的定义。让比值 Q_1/Q_2 是经验温度 θ_1 和 θ_2 的函数 $f(\theta_1, \theta_2)$。把两个热机组合成一个热机系列,如图 9.19 所示。连接热机的方式为:第一个热机在温度 θ_1 处吸收热量 Q_1,做功 W_1,第一个热机在温度

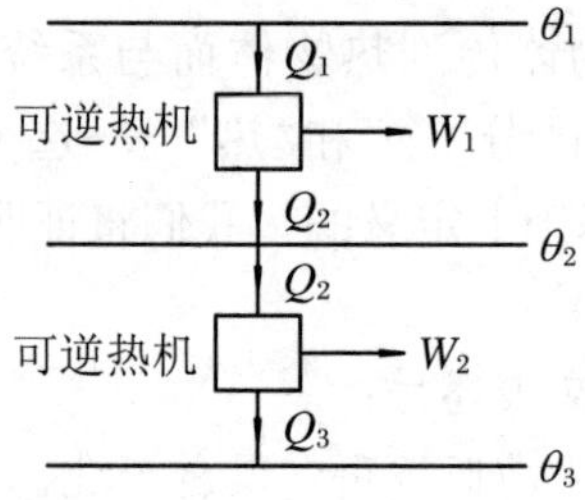

图 9.19 热力学温度的定义

θ_2 处输出的热量供给第二个热机;第二个热机做功 W_2,第二个热机在温度 θ_3 处输出热量 Q_3。这样,有

$$\frac{Q_1}{Q_2} = f(\theta_1, \theta_2), \quad \frac{Q_2}{Q_3} = f(\theta_2, \theta_3) \tag{9.32}$$

然而，我们可以把组合系统看作是一个在 θ_1 和 θ_3 之间工作的单一热机，在这种情况下：

$$\frac{Q_1}{Q_3} = f(\theta_1, \theta_3) \tag{9.33}$$

因为

$$\frac{Q_1}{Q_3} = \frac{Q_1}{Q_2} \cdot \frac{Q_2}{Q_3}$$

所以我们有

$$f(\theta_1, \theta_3) = f(\theta_1, \theta_2) f(\theta_2, \theta_3) \tag{9.34}$$

结果，函数 f 必须具有如下形式：

$$f(\theta_1, \theta_3) = \frac{g(\theta_1)}{g(\theta_3)} = \frac{g(\theta_1)}{g(\theta_2)} \cdot \frac{g(\theta_2)}{g(\theta_3)} \tag{9.35}$$

我们让热力学温度 T 的定义与以下要求一致：

$$\frac{g(\theta_1)}{g(\theta_3)} = \frac{T_1}{T_3}, \quad \text{即} \quad \frac{Q_1}{Q_3} = \frac{T_1}{T_3} \tag{9.36}$$

我们设理想气体温度为 T^{p}，因此 $pV = RT^{\mathrm{p}}$。对以理想气体为工作物质的卡诺循环，沿循环的等温线[图 9.12(b)]，由式(9.29)，有

$$\begin{aligned} Q_1 &= \int_A^B p\,\mathrm{d}V = RT_1^{\mathrm{p}} \ln \frac{V_B}{V_A} \\ Q_2 &= \int_D^C p\,\mathrm{d}V = RT_2^{\mathrm{p}} \ln \frac{V_C}{V_D} \end{aligned} \tag{9.37}$$

沿循环的绝热线，有

$$pV^{\gamma} = \text{常量}, \quad T^{\mathrm{p}} V^{\gamma-1} = \text{常量} \tag{9.38}$$

因此

$$\begin{cases} \left(\dfrac{V_A}{V_D}\right)^{\gamma-1} = \dfrac{T_2^{\mathrm{p}}}{T_1^{\mathrm{p}}} \\ \left(\dfrac{V_C}{V_B}\right)^{\gamma-1} = \dfrac{T_1^{\mathrm{p}}}{T_2^{\mathrm{p}}} \end{cases} \tag{9.39}$$

把式(9.39)中的两个方程相乘，我们得到

$$\frac{V_A V_C}{V_D V_B} = 1 \tag{9.40}$$

即

$$\frac{V_B}{V_A} = \frac{V_C}{V_D} \tag{9.41}$$

由关系式(9.36)、(9.37)和(9.41)，我们得到

$$\frac{Q_1}{Q_2} = \frac{T_1^{\mathrm{p}}}{T_2^{\mathrm{p}}} = \frac{T_1}{T_2} \tag{9.42}$$

这个式子给出了热力学温度的严格定义，也证明了热力学温度与理想气体温度有相同的值。这是由卡诺的思路，基于理想气体热机得到的。

我们可以按照热机所工作的两个热源的温度重写热机、制冷机和热泵的最大效率。

$$\begin{aligned}
&\text{热机}:\eta = \frac{Q_1 - Q_2}{Q_1} = \frac{T_1 - T_2}{T_1}\\
&\text{制冷机}:\eta = \frac{Q_2}{Q_1 - Q_2} = \frac{T_2}{T_1 - T_2}\\
&\text{热泵}:\eta = \frac{Q_1}{Q_1 - Q_2} = \frac{T_1}{T_1 - T_2}
\end{aligned} \tag{9.43}$$

9.6 熵

读者可能已经注意到，给我们提供热力学温度定义的关系式(9.36)有一个相当显著的性质，它可被改写为

$$\frac{Q_1}{T_1} - \frac{Q_2}{T_2} = 0 \tag{9.44}$$

还可被改写为

$$\int_A^B \frac{đQ}{T} - \int_C^D \frac{đQ}{T} = 0 \tag{9.45}$$

式中，$đQ$ 均为正量。但在第一个积分内的 $đQ$ 是工作物质吸收的热量，第二个积分内的 $đQ$ 是工作物质放出的热量。由于循环的所有部分都是可逆的，因此对于式(9.45)中的第二个积分，有 $\int_C^D đQ/T = \int_D^C đQ/T$。等式左边积分内的 $đQ$ 是工作物质放出的热量，右边积分内的 $đQ$ 是工作物质吸收的热量。又由于只沿卡诺循环的等温线吸收或放出热量，因此由式(9.45)可得

$$\underbrace{\int_A^C \frac{đQ}{T}}_{\text{经过}B} = \underbrace{\int_A^C \frac{đQ}{T}}_{\text{经过}D} \tag{9.46}$$

式(9.46)表明，我们发现了另一个态函数，因为积分式(9.46)意味着，不管我们如何从 A 到 C，积分值都与路径无关。这可以由以下论述证明。

对于任何二维坐标系统，如图 9.20 所示，在任何两点之间的一个过程，我们总是可以通过图中大量微可逆卡诺循环进行。无论我们走何种路径，我们总是得到相同的结果。现在约定，在数学上 $Q>0$ 或 $đQ>0$ 代表系统吸收热量；$Q<0$ 或 $đQ<0$ 代表系统放出热量，则式(9.46)可表示为：对任意两点 A 和 B，有

$$\sum_{A}^{B} \frac{đQ}{T} = \text{常量} \tag{9.47}$$

式中,$đQ$ 可以为正、为负或为零。写成积分,则为

$$\int_{A}^{B} \frac{đQ}{T} = \text{常量} = S_B - S_A \tag{9.48}$$

新的态函数称为系统的熵。注意,它是通过连接状态 A 和 B 的任意一个可逆过程定义的。温度 T 是给系统供应热量的热源的温度。在这种情况下,因为是可逆热交换过程,系统本身的温度与热源的温度相同。

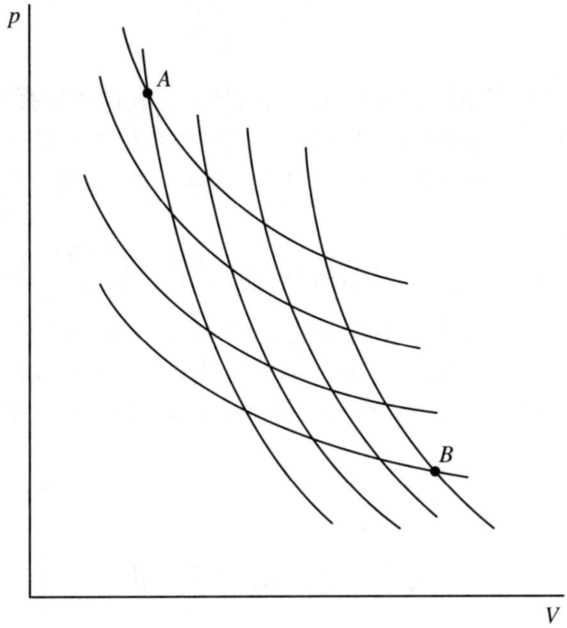

图 9.20　A 和 B 两点之间的不同的等温线和绝热线

关于热质和热的本质的争议,有一个有趣的注脚:在某种意义上,熵是卡诺的热质流,因为在卡诺循环中守恒量是熵,而不是热。

按卡诺定理,任何热机的效率,总是小于或等于在两个相同温度之间工作的理想卡诺热机的效率,即

$$\eta_{\text{热机}} \leqslant \eta_{\text{可逆}}$$

等号只适用可逆热机。上式可写为

$$\frac{Q_1 - Q_2}{Q_1} \leqslant \frac{Q_{1\text{可逆}} - Q_{2\text{可逆}}}{Q_{1\text{可逆}}}$$

因此

$$\frac{Q_2}{Q_1} \geqslant \frac{Q_{2\text{可逆}}}{Q_{1\text{可逆}}} = \frac{T_2}{T_1}$$

故

$$\frac{Q_2}{T_2} \geqslant \frac{Q_1}{T_1}$$

这样,对于任一个循环,有

$$\frac{Q_1}{T_1} - \frac{Q_2}{T_2} \leqslant 0$$

式中,Q_1 和 Q_2 均为正量,但 Q_2 是系统放出的热量。如果按上面的约定,Q_2 是负量,那么在上式中,应当用 $-Q_2$ 代替 Q_2。因此我们有 $Q_1/T_1 + Q_2/T_2 \leqslant 0$。这表明,一般来说,当我们把大量微卡诺循环迭加在一起时,有

$$\oint \frac{đQ}{T} \leqslant 0 \tag{9.49}$$

式中,$đQ$ 是系统在真实循环中吸入或放出的热量。我们再次强调,按 $đQ$ 符号的约定:在式(9.49)中,当系统吸热时,$đQ$ 为正量;当系统放热时,$đQ$ 为负量。温度 T 是给系统供应热量的热源的温度;对可逆热交换过程,系统本身的温度与热源的温度相同。

关系式 $\oint đQ/T \leqslant 0$ 是一个基本热力学关系,是著名的克劳修斯定理。就我们现在的目标来说,对克劳修斯定理的证明是足够的。受到的限制是,这只适用于二维坐标系统。一般来说,需要能够处理多坐标系统。这个问题在皮帕德的书[5]中有很好的论述,它证明,事实上同样的结果对多坐标系统也是正确的。

9.7 熵增原理

注意,熵的改变量[式(9.48)]是借用从状态 A 到状态 B 的一个可逆的改变量序列定义的。当我们让系统在一个真实且非常完美的世界中从状态 A 变到状态 B 时,我们绝不能精确地产生可逆变化,因而涉及的热量与初态和终态之间的熵差没有直接关系。让我们再次比较发生在两个状态之间的可逆改变和不可逆改变。假设从 A 到 B 有一个可逆或不可逆改变(图 9.21)。我们可以通过添加一条从 B 到 A 的任何可逆路径完成一个循环过程。这样,根据克劳修斯定理,有

$$\oint \frac{đQ}{T} \leqslant 0 \quad \text{或} \quad \underbrace{\int_A^B \frac{đQ}{T}}_{\text{可逆或不可逆}} + \underbrace{\int_B^A \frac{đQ}{T}}_{\text{可逆}} \leqslant 0$$

式中,等号只适用于可逆过程。此式可改写为

$$\underbrace{\int_A^B \frac{đQ}{T}}_{\text{可逆或不可逆}} \leqslant \underbrace{\int_A^B \frac{đQ}{T}}_{\text{可逆}}$$

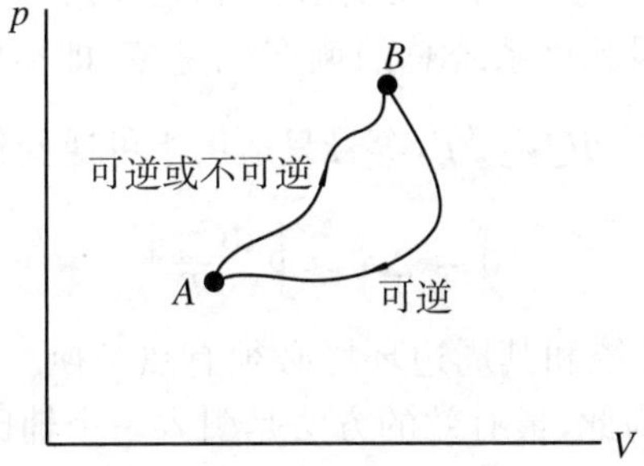

图9.21　端点 A 和 B 之间的可逆和不可逆路径

因为第二个改变是可逆的，按照熵的定义，有

$$\underbrace{\int_A^B \frac{đQ}{T}}_{\text{可逆}} = S_B - S_A$$

因此我们可得

$$\underbrace{\int_A^B \frac{đQ}{T}}_{\text{可逆或不可逆}} \leqslant S_B - S_A$$

或者，对于微分过程，有

$$\frac{đQ}{T} \leqslant dS \tag{9.50}$$

这样，我们获得的一般结果是：对于任何微分热量 $đQ$，有 $đQ/T \leqslant dS$。其中，等号只适用于可逆变化的情况。

这是一个关键的结果，因为我们终于看到，是什么量决定了物理过程演变的方向。注意，对于可逆过程，热源的温度就是系统本身的温度。对于不可逆过程，情况不一定如此。

一个孤立系统与环境没有热接触，这样，在上述不等式中，取 $đQ=0$，我们得到

$$dS \geqslant 0 \tag{9.51}$$

因此孤立系统的熵不可能减少，这叫熵增原理。一个推论是，在趋向平衡时，孤立系统的熵必定趋于最大值。在最终达到的平衡状态，熵具有最大值。例如，考虑温度分别为 T_1 和 $T_2(T_1>T_2)$ 的两个物体所构成的孤立系统，冷物体获得热量 $đQ_2 = đQ>0$，热物体丢失热量 $đQ_1 = -đQ<0$。热物体的熵减少：$dS_1 = đQ_1/T_1 = -đQ/T_1<0$；冷物体的熵增加：$dS_2 = đQ_2/T_2 = đQ/T_2>0$。因而总的熵改变是 $dS = dS_1 + dS_2 = đQ/T_2 - đQ/T_1>0$。总的熵改变量为正，就是说我们关于热流方向的推理是正确的。

系统和环境有热接触的情况：迄今为止，我们只涉及了孤立系统，现在讨论和环境有热接触的情况。

例如，讨论系统经历一个完整的循环过程，终态和初态完全一样。在实际系统

中，很可能涉及不可逆过程。由于系统结束时和它开始时处在完全相同的状态，所有的态函数完全相同，因此该系统总的熵变化是零，即 $\Delta S=0$。根据克劳修斯定理，ΔS 必须大于或等于 $\oint đQ_{系统}/T$，等号只适用于可逆变化的情况，即

$$0=\Delta S\geqslant\oint\frac{đQ_{系统}}{T}$$

为了返回到初始状态，系统和其周边环境必须有热交换。注意到积分式中的温度 T 是周边环境的温度，为此，最有效的方法是引入一个辅助性的可逆热交换过程，将热可逆地传给环境或从环境可逆地吸热。在循环的每一个阶段，$đQ_{系统}=-đQ_{环境}$，因此

$$0=\Delta S\geqslant\oint\frac{đQ_{系统}}{T}=-\int\frac{đQ_{环境}}{T}$$

因为我们引入的与环境的热交换过程是可逆的，最后的一个量 $\int đQ_{环境}/T=\Delta S_{环境}$。这样，我们得到

$$0\geqslant-\Delta S_{环境}\quad 或\quad \Delta S_{环境}\geqslant 0$$

虽然系统自己的熵没有改变，但环境的熵有可能增加。因此对于整个宇宙，熵可能增加。*

再如，考虑系统从状态 1 到状态 2 的一个可逆或不可逆改变。我们再次引入一个辅助性的与周围环境有可逆热交换的过程。如上所述：

$$\Delta S_{系统}\geqslant\int_1^2\frac{đQ_{系统}}{T}=-\int\frac{đQ_{环境}}{T}=-\Delta S_{环境}$$

$$\Delta S_{系统}+\Delta S_{环境}\geqslant 0$$

注意这些例子的含义：当在一个循环中有不可逆过程时，虽然该系统本身的熵可以不变甚至减少，但把宇宙作为一个整体来看，熵总是增加的。在讨论中，同时考虑到环境以及系统本身两个方面很重要。

上述例子说明了这种表述的起源。1865 年，克劳修斯第一次使用“熵”这个词。在希腊语中，“熵”的含义为转化。热力学的两个定律的流行表述是：

(1) 宇宙的能量是常量。

(2) 宇宙的熵趋向最大值。

宇宙的熵的改变不一定涉及热交换。熵是过程的不可逆性的测度；气体的焦耳膨胀是不可逆过程的一个很好的实例。在这个过程中，系统与环境没有热交换。

考虑从 $A=(V_0,T_0)$ 到 $B=(V,T)$ 的一个可逆过程，我们可以得到理想气体

* 译者注：如果系统涉及不可逆过程，当系统回到初始状态时，环境没有回到自己的初始状态，$\int đQ_{环境}/T$ 不是环路积分，$\Delta S_{环境}>0$；如果系统不涉及不可逆过程，当系统回到初始状态时，环境也回到自己的初始状态，$\int đQ_{环境}/T=\oint đQ_{环境}/T$ 是环路积分，$\Delta S_{环境}=0$。

的熵改变的一个普遍表达式。对于这样一个过程，$\int_A^B đQ/T = \Delta S$。现在

$$đQ = \mathrm{d}U + p\mathrm{d}V$$

因此对于1 mol理想气体，有

$$đQ = C_V \mathrm{d}T + \frac{RT}{V}\mathrm{d}V$$

这样，有

$$\int_A^B \frac{đQ}{T} = C_V \int_A^B \frac{\mathrm{d}T}{T} + R\int_A^B \frac{\mathrm{d}V}{V}$$

即

$$S - S_0 = C_V \ln\frac{T}{T_0} + R\ln\frac{V}{V_0} \tag{9.52}$$

由于系统的熵的改变仅取决于起点和终点，我们可以把式(9.52)应用到理想气体从 V_0 到 V 的焦耳膨胀。因为在理想气体的焦耳膨胀中，温度 T = 常量，式(9.52)变为

$$S - S_0 = R\ln\frac{V}{V_0} \tag{9.53}$$

因此虽然没有热流，但该系统经历了一个不可逆变化，结果，从旧平衡状态到达新平衡状态时，系统的熵增加。如果把环境包含在内，系统和环境构成一个孤立体系，对于同样两个端点之间的一个可逆过程，气体的熵的变化会被环境的熵的变化抵消，宇宙的熵不变。

方程(9.53)是一个关键性结果，在讨论量子的起源时，我们会再次见到它。还要注意，气体的熵增加量与系统可进入的真实空间的体积改变量有关。在第10章中，对于相空间的更一般情况，我们会得到一个相应的结果。

最后，让我们写下理想气体的熵变的一个有趣的公式。由方程(9.52)，得

$$\begin{aligned} S - S_0 &= C_V \ln\frac{pV}{p_0 V_0} + R\ln\frac{V}{V_0} \\ &= C_V \ln\frac{p}{p_0} + (C_V + R)\ln\frac{V}{V_0} \\ &= C_V \ln\frac{pV^\gamma}{p_0 V_0^\gamma} \end{aligned} \tag{9.54}$$

如果膨胀是可逆的和绝热的，pV^γ = 常量，熵没有变化。因此可逆绝热膨胀通常称为等熵膨胀。还要注意，这为我们提供了一个对熵函数的解释——等温线是恒温曲线，而绝热线则是恒熵曲线。

9.8 合并了热力学第一、第二定律的微分式

现在，给出一个合并了热力学第一、第二两个定律物理内容的方程。对于可逆过程，在温度 T，有热 $đQ$ 流入系统时，系统的熵变为

$$\mathrm{d}S = \frac{đQ}{T}$$

因此利用关系式 $đQ = \mathrm{d}U + p\mathrm{d}V$，得

$$T\mathrm{d}S = \mathrm{d}U + p\mathrm{d}V \tag{9.55}$$

更普遍的情况是，如果我们用广义力的集合 X_i，把系统做的功写作

$$\sum_i X_i \mathrm{d}x_i$$

则我们得到热力学的基本方程为

$$T\mathrm{d}S = \mathrm{d}U + \sum_i X_i \mathrm{d}x_i \tag{9.56}$$

关于式(9.56)，值得一提的是，它完全是利用态函数并结合热力学第一、第二定律得到的结果；因而如果系统的两个端点(状态)都是热力学平衡态，那么对连接了两个端点间的所有变化，关系式(9.56)必定成立。

我们不进一步讲这个故事，但我们要注意，关系式(9.55)和式(9.56)会给出一些非常有用的结果，我们在后面将用到这些结果。特别是，对于任何气体，我们有

$$\left(\frac{\partial S}{\partial U}\right)_V = \frac{1}{T} \tag{9.57}$$

即在恒定体积下，熵 S 关于内能 U 的偏导数确定了热力学温度 T。在统计力学中，这有特别重要的意义。因为在统计力学的发展中，很早就引入了熵 S 的概念，内能 U 则是在统计力学中确定的第一批物理量中的一个。这样，我们已经有了在统计力学中定义温度概念所需要的基本关系。

9.9 参考文献

[1] Allen H S, Maxwell R S. 1952. A Textbook of Heat: Parts Ⅰ and Ⅱ. London: MacMillan.

[2] Brown G I. 1999. Scientist, Soldier, Statesman, Spy-count Rumford. Stroud,

Gloucestershire, UK: Sutton Publishing.
[3] Fourier J B J. 1822. Analytical Theory of Heat. Translated by Freeman. (reprint in New York. 1955)
[4] Joule J P. 1843. The Scientific Papers of James Prescott Joule: Two Volumes. London: 1884 – 1887. (reprint in London. 1963)
[5] Pippard A B. 1966. The Elements of Classical Thermodynamics. Cambridge: Cambridge University Press.
[6] Forbes R J. 1958//Singer C, Holmyard E J, Hall A R, et al. A History of Technology: Vol. Ⅳ. Oxford: Clarendon Press: 165.
[7] Forbes R J, Dickenson H W //Singer C, Holmyard E J, Hall A R, et al. A History of Technology(1958): Vol. Ⅳ. Oxford: Clarendon Press.
[8] Forbes R J. 1958. Op. Cit.: 164.
[9] Carnot N L S. 1824. Réflexions sur la puissance motrice du feu et sur les machine propresà développer cette puissance. Paris: Bachelier.
[10] Harman P M. 1982. Energy, Force and Matter: the Conceptual Development of Nineteenth Century Physics. Cambridge: Cambridge University Press.
[11] Feynman R P. 1963//Feynman P P, Leighton R B, Sands M. Lectures on Physics: Vol. 1. Redwood City, California: Addison Wesley.

第 9 章附录　麦克斯韦关系和雅可比行列式

这个附录中的一些数学结果对处理经典热力学问题很有用。在下文中，并没有苛求它们的完整性或数学严密性。

A9.1　热力学中的全微分

在经典热力学中使用全微分是很自然的。因为我们考虑的大多数情况都是两坐标系统，两个态函数完全确定了热力学平衡态。当系统从一个平衡态变为另一个平衡态时，态函数的任何改变都仅取决于初始的和最终的坐标。因此如果 z 是一个态函数，它被另外两个态函数 x 和 y 完全确定，则微分 $\mathrm{d}z$ 能写成

$$\mathrm{d}z = \left(\frac{\partial z}{\partial x}\right)_y \mathrm{d}x + \left(\frac{\partial z}{\partial y}\right)_x \mathrm{d}y \tag{A9.1}$$

事实上，一个给定的变化 dz 不仅取决于增量 dx 和 dy，而且还受 z 与 x 和 y 的函数关系限定。有两种方式能最简单地表明这种关系，给出微分变化 dz，如图 A9.1 所示，沿路径 ABC 和 ADC，微分变化 dz 必定相同。我们可以从 A 经过 D 或 B 抵达 C。沿路径 ADC，我们首先在 x 方向移动距离 dx，然后从点 $x+$dx，在 y 方向移动距离 dy，所以

$$\begin{aligned} z(C) &= z(A) + \left(\frac{\partial z}{\partial x}\right)_y \mathrm{d}x + \left\{\frac{\partial}{\partial y}\left[z + \left(\frac{\partial z}{\partial x}\right)_y \mathrm{d}x\right]\right\}_x \mathrm{d}y \\ &= z(A) + \left(\frac{\partial z}{\partial x}\right)_y \mathrm{d}x + \left(\frac{\partial z}{\partial y}\right)_x \mathrm{d}y + \frac{\partial^2 z}{\partial y \partial x}\mathrm{d}x\mathrm{d}y \end{aligned} \tag{A9.2}$$

式中，$\partial^2 z/\partial y\partial x$ 意为

$$\left[\frac{\partial}{\partial y}\left(\frac{\partial z}{\partial x}\right)_y\right]_x$$

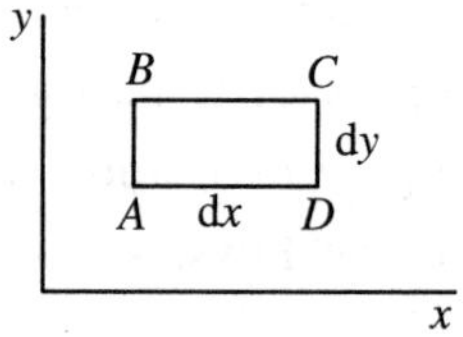

图 A9.1　从状态 A 到状态 C 的两种方式

沿路径 ABC，$z(C)$的值是

$$\begin{aligned} z(C) &= z(A) + \left(\frac{\partial z}{\partial y}\right)_x \mathrm{d}y + \left\{\frac{\partial}{\partial x}\left[z + \left(\frac{\partial z}{\partial y}\right)_x \mathrm{d}y\right]\right\}_y \mathrm{d}x \\ &= z(A) + \left(\frac{\partial z}{\partial y}\right)_x \mathrm{d}y + \left(\frac{\partial z}{\partial x}\right)_y \mathrm{d}x + \frac{\partial^2 z}{\partial x \partial y}\mathrm{d}x\mathrm{d}y \end{aligned} \tag{A9.3}$$

注意，在式(A9.2)和式(A9.3)中，取双重偏导数的次序是重要的。因为如果 z 是一个态函数，方程式(A9.2)和式(A9.3)必须相同，函数 z 必定有一个性质：

$$\frac{\partial^2 z}{\partial y \partial x} = \frac{\partial^2 z}{\partial x \partial y}, \quad 即 \quad \frac{\partial}{\partial y}\left(\frac{\partial z}{\partial x}\right) = \frac{\partial}{\partial x}\left(\frac{\partial z}{\partial y}\right) \tag{A9.4}$$

这是 dz 为 x 和 y 的全微分的数学条件。

A9.2　麦克斯韦关系

我们已经介绍了不少态函数：p, V, T, S, U, H。确实，我们还可以组合这些函数去定义无限多态函数。当系统的任意一个态函数有微分变化时，所有其他态函数都会有相应的变化。其中 4 个最重要的微分关系称为麦克斯韦关系。让我们导出其中的两个。

首先考虑方程(9.55)，关于 S，U 和 V 的微分变化式为

$$T\mathrm{d}S = \mathrm{d}U + p\mathrm{d}V, \quad 因而 \quad \mathrm{d}U = T\mathrm{d}S - p\mathrm{d}V \tag{A9.5}$$

因 $\mathrm{d}U$ 是态函数的微分，它必定是全微分（见 A9.1），因此

$$\mathrm{d}U = \left(\frac{\partial U}{\partial S}\right)_V \mathrm{d}S + \left(\frac{\partial U}{\partial V}\right)_S \mathrm{d}V \tag{A9.6}$$

和式（A9.5）比较，得

$$T = \left(\frac{\partial U}{\partial S}\right)_V, \quad p = -\left(\frac{\partial U}{\partial V}\right)_S \tag{A9.7}$$

因为 $\mathrm{d}U$ 是全微分，我们由式（A9.4）还知道

$$\frac{\partial}{\partial V}\left(\frac{\partial U}{\partial S}\right) = \frac{\partial}{\partial S}\left(\frac{\partial U}{\partial V}\right) \tag{A9.8}$$

把式（A9.7）代入式（A9.8），得

$$\left(\frac{\partial T}{\partial V}\right)_S = -\left(\frac{\partial p}{\partial S}\right)_V \tag{A9.9}$$

这是 T，S，p 和 V 之间的 4 个类似关系中的第一个。我们可以对焓做同样的运算：

$$H = U + pV$$

因而

$$\mathrm{d}H = \mathrm{d}U + p\mathrm{d}V + V\mathrm{d}p = T\mathrm{d}S + V\mathrm{d}p \tag{A9.10}$$

用完全相同的数学处理，我们得到

$$\left(\frac{\partial T}{\partial p}\right)_S = \left(\frac{\partial V}{\partial S}\right)_p \tag{A9.11}$$

对于另外两个重要的态函数，即亥姆霍兹自由能 $F = U - TS$ 和吉布斯自由能 $G = U - TS + pV$，我们可以得到另外两个麦克斯韦关系：

$$\left(\frac{\partial S}{\partial V}\right)_T = \left(\frac{\partial p}{\partial T}\right)_V \tag{A9.12}$$

$$\left(\frac{\partial V}{\partial T}\right)_p = -\left(\frac{\partial S}{\partial p}\right)_T \tag{A9.13}$$

函数 F 和 G 分别在恒温和恒压过程中特别有用。

这套麦克斯韦关系[式（A9.9）、式（A9.11）、式（A9.12）和式（A9.13）]在许多热力学问题中都是有用的，我们将在以后的章节中使用它们。记住它们会非常有帮助。雅可比行列式提供了一种记住它们的方法。

A9.3　热力学中的雅可比行列式

在不同的坐标系之间变换微分的乘积时，出现雅可比行列式。一个简单的例子是，假设把体积元 $\mathrm{d}V = \mathrm{d}x\mathrm{d}y\mathrm{d}z$ 转化到坐标微分是 $\mathrm{d}u$，$\mathrm{d}v$ 和 $\mathrm{d}w$ 的另一坐标系中，则体积元可以写为

$$\mathrm{d}V_{uvw} = \left|\frac{\partial(x, y, z)}{\partial(u, v, w)}\right| \mathrm{d}u\mathrm{d}v\mathrm{d}w \tag{A9.14}$$

式中，雅可比行列式的定义是

$$\frac{\partial(x,y,z)}{\partial(u,v,w)} = \begin{vmatrix} \frac{\partial x}{\partial u} & \frac{\partial y}{\partial u} & \frac{\partial z}{\partial u} \\ \frac{\partial x}{\partial v} & \frac{\partial y}{\partial v} & \frac{\partial z}{\partial v} \\ \frac{\partial x}{\partial w} & \frac{\partial y}{\partial w} & \frac{\partial z}{\partial w} \end{vmatrix} \tag{A9.15}$$

[见赖利(Riley)、霍布林(Hobson)和本斯(Bence),2002][A1]。

对于麦克斯韦关系来说,我们只需要使用这些关系的二坐标形式。如果变量 x,y 和 u,v 有关系

$$\begin{aligned} x &= x(u,v) \\ y &= y(u,v) \end{aligned} \tag{A9.16}$$

雅可比行列式定义为

$$\frac{\partial(x,y)}{\partial(u,v)} = \begin{vmatrix} \frac{\partial x}{\partial u} & \frac{\partial y}{\partial u} \\ \frac{\partial x}{\partial v} & \frac{\partial y}{\partial v} \end{vmatrix} \tag{A9.17}$$

由行列式的性质,可以直接证明

$$\begin{cases} \frac{\partial(x,y)}{\partial(x,y)} = -\frac{\partial(y,x)}{\partial(x,y)} = 1 \\ \frac{\partial(v,v)}{\partial(x,y)} = 0 = \frac{\partial(k,v)}{\partial(x,y)} \quad (k\text{ 是常量}) \\ \frac{\partial(u,v)}{\partial(x,y)} = -\frac{\partial(v,u)}{\partial(x,y)} = \frac{\partial(-v,u)}{\partial(x,y)} = \frac{\partial(v,-u)}{\partial(x,y)} \end{cases} \tag{A9.18}$$

对于分母的变化,有类似规则。注意,特别是

$$\frac{\partial(u,y)}{\partial(x,y)} = \left(\frac{\partial u}{\partial x}\right)_y \tag{A9.19}$$

$$\frac{\partial(u,v)}{\partial(x,y)} = \frac{\partial(u,v)}{\partial(r,s)} \cdot \frac{\partial(r,s)}{\partial(x,y)} = \frac{1}{\partial(x,y)/\partial(u,v)} \tag{A9.20}$$

及

$$\left(\frac{\partial y}{\partial x}\right)_z \left(\frac{\partial z}{\partial y}\right)_x \left(\frac{\partial x}{\partial z}\right)_y = -1 \tag{A9.21}$$

赖利、霍布林和本斯(2002)[A1]给出了与式(A9.17)~式(A9.21)等价的普遍的 n 坐标关系。

雅可比符号的价值是可以把 4 个麦克斯韦关系写成紧凑的形式:

$$\frac{\partial(T,S)}{\partial(x,y)} = \frac{\partial(p,V)}{\partial(x,y)} \tag{A9.22}$$

式中,x,y 代表 T,S,p,V 中的任意两个。让我们给出这种写法的一个例子。由式(A9.19),麦克斯韦关系

$$\left(\frac{\partial T}{\partial V}\right)_S = -\left(\frac{\partial p}{\partial S}\right)_V \tag{A9.23}$$

完全同于

$$\frac{\partial(T,S)}{\partial(V,S)} = -\frac{\partial(p,V)}{\partial(S,V)} = \frac{\partial(p,V)}{\partial(V,S)} \tag{A9.24}$$

在行列式(A9.22)中,引入 T,S,p 和 V 的 4 个适当的组合,我们可以将 4 个麦克斯韦关系全部生成出来。借助式(A9.20),式(A9.22)完全等同于

$$\frac{\partial(T,S)}{\partial(p,V)} = 1 \tag{A9.25}$$

雅可比行列式(A9.25)的分母中是记住这 4 个关系的关键。我们只需要记住:如果 T,S,p 和 V 都按上面的次序写,雅可比是 +1。记忆的一个方法是,当强度量 T 和 p 与广延量 S 和 V 以同样的顺序出现在分子和分母中时,符号是正的。

A9.4 附录参考文献

[A1] Riley K F, Hobson M P, Bence S J. 2002. Mathematical Methods for Physics and Engineering. Second edition. Cambridge: Cambridge University Press: 148 – 151.

第 10 章　气体动理论与统计力学的起源

10.1　气体动理论

关于热的气体动理论和热质论，有过激烈争论。在解决这场争论上，焦耳在1840年代做的实验，克劳修斯于1850年代早期建立的热力学第一、第二定律，都有利于热的分子动理论。在1850年之前，人们特别是赫帕斯(John Herapath)(1790～1868)和沃特斯顿(John James Waterston)(1811～1883)，已提出过好几种气体动理论，下面我们还会谈及这些。焦耳指出，按照气体动理论可以解释热量与功的等价，而且利用原始形态的热力学第一、第二定律，克劳修斯也描述了如何在气体动理论的框架内解释这种等价，虽然他强调，这些热力学定律完全独立于特定的微观理论。

1857年，克劳修斯发表了一篇经典论文，标题为“热的运动性质”[1]。在该论文中，第一次系统地讨论了气体动理论。他假定气体分子是弹性球，它们不停地运动着，因碰撞器壁而对器壁产生压力，并简单导出了理想气体定律。让我们在这里以一种简单的形式重复克劳修斯的推导。

10.1.1　气体动理论的假设

气体动理论把牛顿力学应用于具有大量原子或分子的集合。按照我们在本节采用的方法，许多关键结果的推出都与分子速度分布的具体形式无关。

气体动理论的克劳修斯模型的基本假设如下：

(1) 分子是构成气体的基本单元，它们在不停地运动。每一个分子都具有动能 $mv^2/2$，其速度矢量的取向具有随机性。

(2) 可以认为分子是非常小的实心球，球的直径为 a。

(3) 分子间的长程力很弱，在焦耳热膨胀实验中可以忽略，因而可取其为零。分子间能够碰撞，而且是弹性碰撞。在碰撞时，动能没有损失。

(4) 对器壁的压力源于大量分子对器壁的碰撞，并且假定这些碰撞也是完全弹性的——如果器壁静止不动，则没有动能损失。

(5) 温度取决于气体分子的平均动能。这意味着，如果对气体做功，则气体分子的动能增加，气体的内能增加，因而温度也增加。

克劳修斯模型的关键点是分子之间的碰撞作用。他在 1857 年的论文中给出了空气分子的典型速度——氧及氮分子的速度分别为 461 $m \cdot s^{-1}$和 492 $m \cdot s^{-1}$。荷兰气象学家贝罗(Buys Ballot)(1817～1890)对论文中的这一结果有所质疑；因为众所周知，辛辣气味要几分钟才能弥散到整个房间，而不是几秒钟。克劳修斯的回答是，空气分子相互碰撞，因此它们能从一个位置扩散到另一个位置，但它们不是直线飞行的。克劳修斯在 1858 年发表的文章中，首次引入了气体分子的平均自由程这一概念[2]。在气体动理论中，必须认为分子是在不断地相互碰撞着的。

这些碰撞的一个不可避免的重要结果是，气体分子运动的速率必定弥散。如果是正面碰撞，则全部动能都从飞行的分子转移到静止的分子。如果是擦边碰撞，则只有很少的能量转移。因此我们不能认为所有的气体分子都具有相同的速率——随机碰撞必然导致速率弥散。通过对分子运动的分析，麦克斯韦认为，碰撞产生的另一个重要作用是，分子速度的方向具有随机性，这导致气体的压力各向同性。

10.2　气体动理论(第一版本)

让我们从一个基本分析开始，这可以直达事物的本质，虽然存在风险。我们假定气体装在一个有光滑器壁的立方体中，这时讨论气体分子碰撞器壁所产生的作用力。按照牛顿第二定律，压强等于所有分子单位时间内在单位面积上做弹性碰撞时动量的改变率。

我们来求大量分子在与 yz 平面的单位面积上做弹性碰撞时所产生的动量改变率。作用在 yz 平面上的压强只与动量的 x 分量的改变量 $2mv_x$ 有关，m 是分子的质量，v_x 是分子速度的 x 分量。对任何正值速度分量 v_x，所有具有该速度分量的分子，若离器壁的距离在 v_x 之内，它们在 1 s 之内都会抵达这个器壁。因此这类分子产生的压强 $p(+v_x)$可以由对与器壁的距离在 v_x 之内，并且向着它运动的所有分子的压强求和得到；把 $p(+v_x)$对所有正值速度分量 v_x 求和，就可得到所有分子对器壁产生的压强 p。因此

$$
\begin{aligned}
p &= \sum_{+v_x} p(+v_x) = \sum_{+v_x} 2mv_x \cdot n(+v_x)\, v_x \\
&= \sum_i nmv_x \cdot v_x = mn\,\overline{v_x^2} \qquad (10.1)
\end{aligned}
$$

式中，对 $+v_x$ 的求和要遍及所有正值速度分量 v_x，对 i 的求和要遍及单位体积中的所有分子。$n(+v_x)$是具有正值速度分量 v_x 的分子数密度，n 是总的分子数密度。

因为速度的分布是各向同性的，即

$$\overline{v^2}=\overline{v_x^2}+\overline{v_y^2}+\overline{v_z^2},\quad \overline{v_x^2}=\overline{v_y^2}=\overline{v_z^2}$$

故$\overline{v_x^2}=\overline{v^2}/3$。这样，我们可得

$$p=\frac{1}{3}nm\,\overline{v^2}\tag{10.2}$$

我们知道，$nm\,\overline{v^2}/2$ 正好是单位体积内的气体分子的总动能。对于 1 mol 气体，理想气体定律是 $pV=RT$，或

$$p=\frac{RT}{V}=nkT\tag{10.3}$$

式中，$n=N_0/V$，$k=R/N_0$，$N_0=6.022\times10^{23}\ \mathrm{mol}^{-1}$，是阿伏伽德罗常量，即每摩尔物质的分子数。气体分子常量 k 叫玻尔兹曼常量，其值为 $1.38\times10^{-23}\ \mathrm{J\cdot K^{-1}}$。比较式(10.2)和式(10.3)，可得

$$\frac{3}{2}kT=\frac{1}{2}m\,\overline{v^2}\tag{10.4}$$

通过这个方程，气体温度和分子平均动能有了直接联系。这是一个关键性的结果。

10.3 气体动理论(第二版本)

现在，我们对从所有方向抵达立方体器壁的分子的压强求和，这种计算会让人更满意一些。确定抵达器壁的分子通量，可以分两步走。

10.3.1 分子从一个特定方向抵达的概率

第一步计算，求分子速度矢量出现在特定方向 θ 的概率 $P(\theta)$。在物理学的许多计算中，都会出现下面的计算。假定选择了一个特定的空间方向 θ，问：一个分子的速度矢量围绕特定空间选择方向，在角度从 θ 到 $\theta+\mathrm{d}\theta$ 的范围内取向的概率 $P(\theta)\mathrm{d}\theta$ 是多少？

因为碰撞，分子的速度矢量随机取向，所以速度矢量是等概率地指向任何一个方向的。因此速度矢量处在角 θ 和 $\theta+\mathrm{d}\theta$ 锥面之间的立体角元 $\mathrm{d}\Omega$ 内的概率 $P(\theta)\mathrm{d}\theta$ 可用半径为 r 的球的立体角元 $\mathrm{d}\Omega$ 所张的面积 $\mathrm{d}A$ 表示：

$$P(\theta)\mathrm{d}\theta=\frac{\mathrm{d}A}{4\pi r^2}\tag{10.5}$$

如图 10.1 所示，圆环的面积为 $\mathrm{d}A=2\pi r\sin\theta\cdot r\mathrm{d}\theta=2\pi r^2\sin\theta\mathrm{d}\theta$。代入式(10.5)，可得分子速度方向出现在从 θ 到 $\theta+\mathrm{d}\theta$ 范围内的概率为

$$P(\theta)\mathrm{d}\theta=\frac{\mathrm{d}A}{4\pi r^2}=\frac{1}{2}\sin\theta\mathrm{d}\theta\tag{10.6}$$

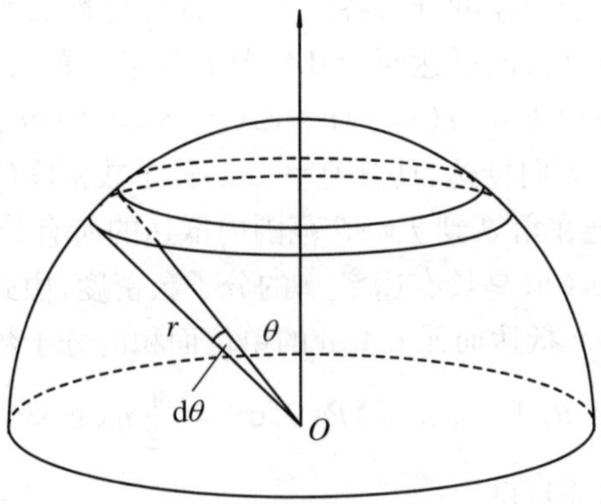

图 10.1　分子在 θ 到 $\theta+\mathrm{d}\theta$ 范围内接近原点的概率

10.3.2　从一个特定方向抵达的分子通量

第二步计算，求在角度 θ 以速度 $\boldsymbol{v}$ 抵达面元 $\mathrm{d}\boldsymbol{A}$ 的分子通量。面元矢量 $\mathrm{d}\boldsymbol{A}$ 的方向是面元平面的法线方向，角度 θ 是分子速度 $\boldsymbol{v}$ 与 $\mathrm{d}\boldsymbol{A}$ 的夹角，如图 10.2 所示。具有速度 $\boldsymbol{v}$ 的分子的数密度是 $n(\boldsymbol{v})$。平行于面元平面的分子速度分量是 $|\boldsymbol{v}|\sin\theta$，但这对抵达 $\mathrm{d}\boldsymbol{A}$ 的分子通量没有贡献。平行于 $\mathrm{d}\boldsymbol{A}$，即垂直于面元平面的分速度是 $|\boldsymbol{v}|\cos\theta$。因此以速度 $\boldsymbol{v}$ 抵达 $\mathrm{d}\boldsymbol{A}$ 的分子通量，即每秒抵达 $\mathrm{d}\boldsymbol{A}$ 的分子数是

$$J(\boldsymbol{v})\ |\mathrm{d}\boldsymbol{A}| = n(\boldsymbol{v})\ |\boldsymbol{v}|\ \cos\theta\ |\mathrm{d}\boldsymbol{A}| = n(\boldsymbol{v})\boldsymbol{v}\cdot\mathrm{d}\boldsymbol{A} \tag{10.7}$$

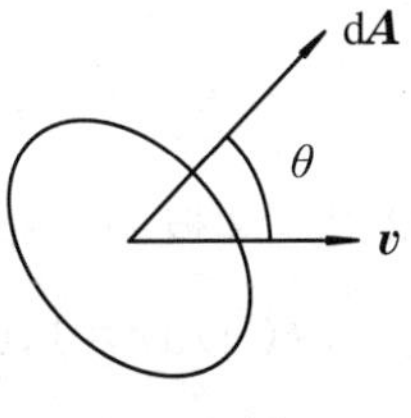

图 10.2　以速度 $\boldsymbol{v}$ 抵达面元的分子通量 $\mathrm{d}A$。使用与面元 $\mathrm{d}A$ 相关联的矢量 $\mathrm{d}\boldsymbol{A}$ 很方便；面元矢量 $\mathrm{d}\boldsymbol{A}$ 与面元 $\mathrm{d}A$ 所在的平面垂直，其大小 $|\mathrm{d}\boldsymbol{A}| = \mathrm{d}A$

式中，$J(\boldsymbol{v})$是以速度 $\boldsymbol{v}$ 抵达面元 $\mathrm{d}A$ 的分子通量密度，即单位时间以速度 $\boldsymbol{v}$ 抵达单位面积的分子数。

10.3.3　各向同性分布的分子抵达单位面积的通量

计算抵达单位面积的总的分子通量，这很重要。我们现在把 10.3.1 和 10.3.2 两小节的结果合并在一起。

首先,我们假设分子的速度分布各向同性,计算每秒抵达器壁面元 d$\boldsymbol{A}$ 的分子数。由式(10.7),在角 θ 方向抵达面元 d$\boldsymbol{A}$、具有速率 v 的分子通量(图 10.2)为

$$J(v,\theta)\mathrm{d}A = n(v,\theta)\boldsymbol{v}\cdot\mathrm{d}\boldsymbol{A} = n(v,\theta)v\cos\theta\mathrm{d}A \qquad (10.8)$$

式中,$n(v,\theta)$是在角 θ 方向抵达、具有速率 v 的分子数密度(图 10.1),$\mathrm{d}A = |\mathrm{d}\boldsymbol{A}|$。d$\theta$ 足够小,能让我们把在角 θ 到 $\theta+\mathrm{d}\theta$ 范围内抵达的所有分子都看作从方向 θ 抵达的分子。因此如果 $n(v)$是具有速率 v 的分子数密度,由式(10.6)知,在角 θ 到 $\theta+\mathrm{d}\theta$ 范围内,以速率 v 抵达面元 d$\boldsymbol{A}$ 处的单位面积的分子数是

$$n(v,\theta)\mathrm{d}\theta \equiv n(v)P(\theta)\mathrm{d}\theta = \frac{1}{2}n(v)\sin\theta\mathrm{d}\theta \qquad (10.9)$$

把式(10.9)代入式(10.8),得

$$J(v,\theta)\mathrm{d}\theta\mathrm{d}A = \frac{1}{2}n(v)\sin\theta\mathrm{d}\theta\cdot v\cos\theta\mathrm{d}A \qquad (10.10)$$

速度方向处在 $\pi/2$ 和 π 之间的那些分子都会远离器壁,因此对 $J(v,\theta)$从 $\theta=0$ 到 $\theta=\pi/2$ 积分,可得以速率 v 抵达面元 dA 的分子通量:

$$J(v)\mathrm{d}A = \int_0^{\pi/2}\frac{1}{2}n(v)v\mathrm{d}A\sin\theta\cos\theta\mathrm{d}\theta = \frac{1}{4}n(v)v\mathrm{d}A \qquad (10.11)$$

抵达单位面积的、具有速率 v 的分子通量是

$$J(v) = \frac{1}{4}n(v)v \qquad (10.12)$$

对所有速率的分子求和,得到抵达器壁单位面积的总通量:

$$J = \sum_v \frac{1}{4}n(v)v = \frac{1}{4}n\bar{v} \qquad (10.13)$$

式中,$\bar{v}$ 是分子的平均速率,且

$$\bar{v} = \frac{1}{n}\sum_v n(v)v \qquad (10.14)$$

式中,n 是总的分子数密度。如果用连续概率分布 $f(v)$,把速率处在 v 到 $v+\mathrm{d}v$ 范围内的概率记作$f(v)\mathrm{d}v$,并且$\int_0^\infty f(v)\mathrm{d}v=1$,则平均速率为

$$\bar{v} = \int_0^\infty vf(v)\mathrm{d}v \qquad (10.15)$$

10.3.4 理想气体的压强和内能

现在,直接重复 10.3.3 小节的计算,我们就可以得到作用在器壁上的压强。具有速率 v,在角 θ 方向抵达器壁的一个分子对压强贡献的动量改变量是 $2mv\cos\theta$。由式(10.10),在角 θ 到$\theta+\mathrm{d}\theta$ 范围内抵达面元 dA 的分子通量是

$$J(v,\theta)\mathrm{d}\theta\mathrm{d}A = \frac{1}{2}n(v)v\sin\theta\cos\theta\mathrm{d}\theta\mathrm{d}A \qquad (10.16)$$

这些分子对单位面积上的动量改变率的贡献,即它们对作用在器壁上的压强的贡献为 $\mathrm{d}p(v,\theta)$,即

$$\begin{aligned} \mathrm{d}p(v,\theta) &= 2mv\cos\theta\cdot J(v,\theta)\mathrm{d}\theta \\ &= 2mv\cos\theta\cdot\frac{1}{2}n(v)v\sin\theta\cos\theta\mathrm{d}\theta \\ &= n(v)mv^2\sin\theta\cos^2\theta\mathrm{d}\theta \end{aligned} \tag{10.17}$$

从 $\theta=0$ 到 $\theta=\pi/2$ 积分，可得具有速率 v 的所有分子产生的压强：

$$p(v) = n(v)mv^2\int_0^{\pi/2}\sin\theta\cos^2\theta\mathrm{d}\theta = \frac{1}{3}n(v)mv^2 \tag{10.18}$$

现在，对所有速率求和，得到气体分子产生的总压强为

$$p = \sum_v \frac{1}{3}n(v)mv^2 = \frac{1}{3}nm\,\overline{v^2} \tag{10.19}$$

式中，

$$\overline{v^2} = \frac{1}{n}\sum_v n(v)v^2 \tag{10.20}$$

是分子速率平方的平均值。式(10.19)与式(10.2)相同，这比得到式(10.2)的方式更令人满意。再者，如果分子速率的分布是连续的，并且概率分布为 $f(v)\mathrm{d}v$，则方均速率为

$$\overline{v^2} = \int_0^\infty v^2 f(v)\mathrm{d}v \tag{10.21}$$

如前，比较式(10.19)和理想气体定律 $p=nkT$，我们再次得到式(10.4)，即 $3kT/2=m\,\overline{v^2}/2$。

如果容器中装有不同气体的混合物，因为各种气体温度相同，每个分子都应当获得相同的动能。因此各气体产生的总压强应当是

$$p = \sum_i \frac{1}{3}n_i m_i\,\overline{v_i^2} = \sum_i p_i \tag{10.22}$$

式中，p_i 是第 i 种气体贡献的压强，或第 i 种气体的分压强。这是道尔顿分压定律。

克劳修斯假定，气体的内能就是各个气体分子的动能之和。对于 1 mol 气体，有

$$U = \frac{1}{2}N_0 m\,\overline{v^2} = \frac{3}{2}N_0 kT \tag{10.23}$$

式中，N_0 是阿伏伽德罗常量。因此 1 mol 理想气体的内能是

$$U = \frac{3}{2}RT \tag{10.24}$$

摩尔定容热容量是

$$C_V = \left(\frac{\partial U}{\partial T}\right)_V = \frac{3}{2}R \tag{10.25}$$

热容量比是

$$\gamma = \frac{C_V+R}{C_V} = \frac{5}{3} \tag{10.26}$$

这是一个非常美妙的结果，如今看来太过理所当然，以致人们忘记了在1857年它可是一个具有代表性的巨大成果。然而，当把它和实验数据进行对比时，发现对于双原子气体分子，它和已知的实验并不一致。对于双原子气体分子，已知的γ实验值大约为1.4，比5/3≈1.667小许多。因此在分子气体中，必定存在贮存能量的其他方式，这种方式可以增加分子的内能，从而增加C_V。克劳修斯在其论文[1]的最后一段，明确指出了这一点。

这件事有两个方面值得进一步注意。首先，克劳修斯知道气体分子的速率有一定弥散$f(v)$，但因不知道弥散的具体情况，只能使用平均值这一概念。其次，得出以上结论的15年前，沃特斯顿就已得知气体的压强应该与$nm\,\overline{v^2}$成正比。早在1843年，沃特斯顿在爱丁堡出版的一本书中就写道：

> 由速度相同、不断碰撞着的弹性球状分子构成的介质，对真空有弹性力作用。这个作用与速度的平方成正比，也与密度成正比。[3]

1845年12月，沃特斯顿对他的理论给出了一个更系统的说法，对不同种类的分子组成的混合气体，第一次表述了能量均分定理。他还得到了比热比，虽然他的计算有数值错误。1845年，沃特斯顿把自己得到的结果提交给皇家学会发表，但由于评审严苛，直到他死后8年，即1892年仍未能发表。后来，瑞利勋爵*在伦敦皇家学会的档案馆中发现了这篇文章，他亲自为该文写了前言，并发表了该文。瑞利写道：

> 沃特斯顿的经历和遭遇（从沃特斯顿后来的状况看出）及沃特斯顿观点的普适性、智慧与功力，都给我留下了深刻印象。我第一次有机会查阅档案时，立刻看到了回忆录为沃特斯顿文章的大胆举张所做的辩护，而且还认为这是在现今普遍接受的理论方向上的一个巨大进步。该文未能发表是一个不幸，它可能使在这方面的进展推迟了10～15年。[4]

瑞利稍后指出：

> 当意识到沃特斯顿是第一个把用“活力”（即动能）度量热和温度这两个概念引入理论中的人时，由该文签署的日期看，立刻明白该文在当时是大大超前了。在第二部分中，最大的亮点是表述了在混合介质中，平均平方速率与分子的比重成反比（Ⅷ）。沃特斯顿给出的证明无疑是不能令人满意的，但对麦克斯韦在15年后的推进工作[5]也同样可以这么说。

瑞利最后的话语特别令人难忘：

> 这一篇文章的历史表明，高度机智的研究，特别是对于一个非知名研

* 译者注：瑞利原名斯特拉特（John William Strutt），尊称瑞利男爵三世（Third Baron Rayleigh）（1842～1919），在众多学科中都有成果，其中尤以关于分子散射的瑞利散射定律、关于光学仪器分辨率的瑞利判据以及气体密度测量几方面影响最为深远。1900年，瑞利和金斯提出了热辐射的瑞利-金斯公式。1904年，瑞利和拉姆赛因发现氩，分别被授予诺贝尔物理学奖和化学奖。瑞利以严谨、广博、精深著称，并善于用简单的设备做实验而能获得十分精确的数据。他是在19世纪末达到经典物理学巅峰的少数学者之一。

> 究者的研究，最好是通过其他渠道而不是一个科学学会提交到科学界讨论，因为科学学会面对为价值不确定的东西留下记录自然会犹豫不决。也许可以进一步说，一个相信自己有能力做大事的年轻人，通常应当做涉及范围有限的、其价值在大的飞跃之前很容易判断的工作，以确保科学界对你能有个有利的识别。[6]

说点什么好呢？当很容易地就看到情况为何如此时，令人感到很悲哀。由于并不完全明白研究者的工作，我们有多少次抛弃了未知科学家或学生的正确思想？我希望、我相信我没有，但我不知道我是否真的没有。

10.4　麦克斯韦速度分布

1859 年，当麦克斯韦转向研究分子运动时，他知道克劳修斯的两篇论文。麦克斯韦 1860 年发表的论文[7]很有深意，并且是典型的小说体。该文是《气体动理论的图景》。一个相当惊人的成就是，他在这篇简短的论文中，得到了速度分布函数 $f(\boldsymbol{v})$ 的正确表达式，并在气体动理论和热力学中引入了统计概念。埃弗里特(Francis Everitt)(1962～)写道：他对我们现在称为麦克斯韦速度分布的推导开创了物理学的新纪元[8]。这直接涉及热力学定律的统计性质，对玻尔兹曼统计以及现代统计力学有关键性贡献。

麦克斯韦推导这个分布所用篇幅不超过 6 小段。这个问题表述为该文的命题Ⅳ：

> 对彼此经过多次碰撞后的、速度处在给定范围内的大量同种粒子，求平均粒子数。

除在符号上有微小变化外，我们直接重复麦克斯韦的论述。设总的分子数为 N，粒子速度 $\boldsymbol{v}$ 的 x,y,z 分量分别为 v_x,v_y,v_z。麦克斯韦认为，经过大量碰撞之后，在 3 个正交方向上的速度分布必定相同，即

$$f(v_x)\mathrm{d}v_x = f(v_y)\mathrm{d}v_y = f(v_z)\mathrm{d}v_z \tag{10.27}$$

式中，$f(v_x),f(v_y),f(v_z)$ 是具有不同变量的同一个函数。速度的 3 个正交分量彼此独立，因此在速度区间 $(v_x,v_x+\mathrm{d}v_x),(v_y,v_y+\mathrm{d}v_y),(v_z,v_z+\mathrm{d}v_z)$ 内的分子数是

$$Nf(v_x)f(v_y)f(v_z)\mathrm{d}v_x\mathrm{d}v_y\mathrm{d}v_z \tag{10.28}$$

对于一个分子的总速率 v，有 $v^2=v_x^2+v_y^2+v_z^2$。因为存在大量碰撞，粒子具有速度 $\boldsymbol{v}$ 的概率必定是各向同性的，只与速率 v 有关，即

$$f(v_x)f(v_y)f(v_z) = \Psi(v) = \Psi\left[(v_x^2+v_y^2+v_z^2)^{1/2}\right] \tag{10.29}$$

式中，$\Psi(v)$是归一化函数，即有

$$\int_{-\infty}^{\infty}\int_{-\infty}^{\infty}\int_{-\infty}^{\infty}\Psi(v)\,\mathrm{d}v_x\mathrm{d}v_y\mathrm{d}v_z = 1$$

方程(10.29)是一个泛函方程，我们需要找到满足方程(10.29)的函数 $f(v_x)$，$f(v_y)$，$f(v_z)$及 $\Psi(v)$。仔细观察方程(10.29)可知，一种合适的解(这也是唯一满足要求的解)是

$$f(v_x) = C\mathrm{e}^{Av_x^2},\quad f(v_y) = C\mathrm{e}^{Av_y^2},\quad f(v_z) = C\mathrm{e}^{Av_z^2}$$

式中，C 和 A 是待定常量。指数尝试解的可取之处是，与方程(10.29)一致，当这些函数相乘时，指数相加。由此

$$\begin{aligned}\Psi(v) &= f(v_x)f(v_y)f(v_z) = C^3\mathrm{e}^{A(v_x^2+v_y^2+v_z^2)}\\ &= C^3\mathrm{e}^{Av^2}\end{aligned}\tag{10.30}$$

当 $v\to\infty$时，该分布必然收敛。因此 A 必定为负值。麦克斯韦取 $A=-\alpha^{-2}$，因而有

$$\Psi(v) = C^3\mathrm{e}^{-v^2/\alpha^2}\tag{10.31}$$

式中，α 是待定常量。下面，我们求归一化常量。比如说，对于速度分量 v_x，分子具有各种 v_x 值的总概率为 1，即$\int_{-\infty}^{\infty}f(v_x)\mathrm{d}v_x=1$，因而

$$\int_{-\infty}^{\infty}C\mathrm{e}^{-v_x^2/\alpha^2}\mathrm{d}v_x = 1$$

利用标准积分

$$\int_{-\infty}^{\infty}\mathrm{e}^{-x^2}\mathrm{d}x = \pi^{1/2}$$

可得

$$C = \frac{1}{\alpha\pi^{1/2}}\tag{10.32}$$

引用麦克斯韦的语言(但使用我们的符号)，可直接引出下面的 4 个结论：

(1) 速度的 x 分量处在 v_x 和 $v_x+\mathrm{d}v_x$ 之间的粒子数是

$$N\frac{1}{\alpha\pi^{1/2}}\mathrm{e}^{-v_x^2/\alpha^2}\mathrm{d}v_x\tag{10.33}$$

我们已经证明了这一结果。

(2) 速率处在 v 和 $v+\mathrm{d}v$ 之间的粒子数是

$$N\frac{4}{\alpha^3\pi^{1/2}}v^2\mathrm{e}^{-v^2/\alpha^2}\mathrm{d}v\tag{10.34}$$

在速度空间中，将笛卡儿直角坐标转换到极坐标后就可以得到这一表达式。由式(10.30)和式(10.33)，速率为 v、速度为(v_x, v_y, v_z)、处在速度空间元 $\mathrm{d}v_x\mathrm{d}v_y\mathrm{d}v_z$ 中的粒子数为

$$\begin{aligned}N\Psi(v)\mathrm{d}v_x\mathrm{d}v_y\mathrm{d}v_z &= Nf(v_x)f(v_y)f(v_z)\mathrm{d}v_x\mathrm{d}v_y\mathrm{d}v_z\\ &= N\frac{1}{\alpha^3\pi^{3/2}}\mathrm{e}^{-v^2/\alpha^2}\mathrm{d}v_x\mathrm{d}v_y\mathrm{d}v_z\end{aligned}\tag{10.35}$$

现在,为了求得速率在 v 与 $v+\mathrm{d}v$ 之间的总粒子数,如麦克斯韦所述,我们在速度空间对离开原点的距离在 v 与 $v+\mathrm{d}v$ 之间的所有空间元求和(图 10.3),得

$$N4\pi v^2\Psi(v)\mathrm{d}v = N\frac{1}{\alpha^3\pi^{3/2}}\mathrm{e}^{-v^2/\alpha^2}4\pi v^2\mathrm{d}v$$
$$= N\frac{4}{\alpha^3\pi^{1/2}}v^2\mathrm{e}^{-v^2/\alpha^2}\mathrm{d}v$$

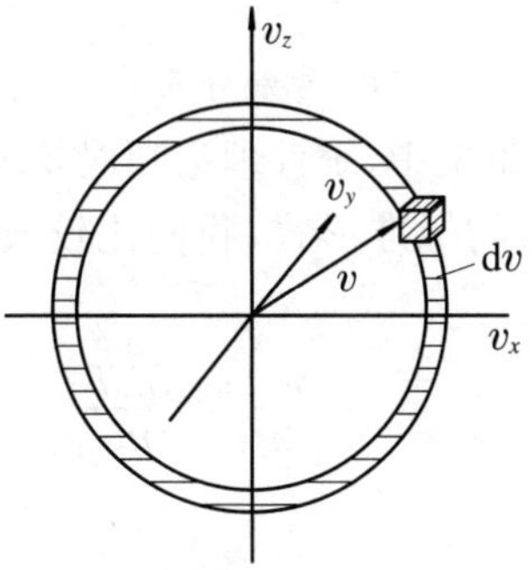

图 10.3　把对速度空间的体积元 $\mathrm{d}v_x\mathrm{d}v_y\mathrm{d}v_z$ 的体积分转换为对速率 v 的积分,在速度空间中,球壳的体积是 $4\pi v^2\mathrm{d}v$

(3) 速率 v 的平均值 $\overline{v}$。这是把所有粒子的速率相加,再除以粒子数而得到的结果:

$$\overline{v} = \frac{2\alpha}{\pi^{1/2}} \tag{10.36}$$

计算很简单。令 $\Phi(v)=4\pi v^2\Psi(v)$,式中,$\Psi(v)\mathrm{d}v_x\mathrm{d}v_y\mathrm{d}v_z$ 是分子在速度区间$(v_x, v_x+\mathrm{d}v_x; v_y, v_y+\mathrm{d}v_y; v_z, v_z+\mathrm{d}v_z)$内出现的概率;$\Phi(v)\mathrm{d}v$ 是分子在速率区间$(v, v+\mathrm{d}v)$内出现的概率。利用分布式(10.34),因 $\int_0^\infty \Phi(v)\mathrm{d}v = \int_0^\infty 4\pi v^2\Psi(v)\mathrm{d}v=1$,得

$$\overline{v} = \frac{\int_0^\infty v\Phi(v)\mathrm{d}v}{\int_0^\infty \Phi(v)\mathrm{d}v} = \int_0^\infty v\Phi(v)\mathrm{d}v = \int_0^\infty \frac{4}{\alpha^3\pi^{1/2}}v^3\mathrm{e}^{-v^2/\alpha^2}\mathrm{d}v$$

这里可用另一个标准积分 $\int_0^\infty x^3\mathrm{e}^{-x^2}\mathrm{d}x=1/2$。取变量 $x=v/\alpha$,由上式立刻可得

$$\overline{v} = \frac{4}{\alpha^3\pi^{1/2}}\frac{\alpha^4}{2} = \frac{2\alpha}{\pi^{1/2}}$$

(4) v^2 的平均值 $\overline{v^2}$。这是把 v^2 所有数值加在一起,除以 N 而得到的结果,即

$$\overline{v^2} = \frac{3}{2}\alpha^2$$

按通常的做法,求得这个结果的方法为

$$\overline{v^2} = \int_0^\infty v^2 \Phi(v)\mathrm{d}v = \int_0^\infty \frac{4}{\alpha^3 \pi^{1/2}} v^4 \mathrm{e}^{-v^2/\alpha^2}\mathrm{d}v \tag{10.37}$$

把变量改为 $x = v/\alpha$,用分部积分法,可以把式(10.37)中的积分变为前述的标准积分。由此可得

$$\overline{v^2} = \frac{3}{2}\alpha^2 \tag{10.38}$$

麦克斯韦立即注意到:

粒子的速度分布与观测值的误差分布一样,都遵守最小二乘法理论。

因此在这有开创性的第一篇论文中,统计理论和误差理论之间有了直接联系。

为了求得麦克斯韦分布的标准形式,我们比较式(10.38)与气体动理论的式(10.4),得到

$$\overline{v^2} = \frac{3\alpha^2}{2} = \frac{3kT}{m}$$

因而

$$\alpha = \sqrt{\frac{2kT}{m}} \tag{10.39}$$

这样,我们能把麦克斯韦速度分布式(10.34)最终写成

$$\Phi(v)\mathrm{d}v = 4\pi\left(\frac{m}{2\pi kT}\right)^{3/2} v^2 \exp\left(-\frac{mv^2}{2kT}\right)\mathrm{d}v \tag{10.40}$$

这是一项相当惊人的成就。推导非常简单,我们几乎完全不知道是在处理分子和气体。这与由玻尔兹曼分布出发进行的推导形成鲜明对比。图 10.4 所示的是无量纲形式的分布。

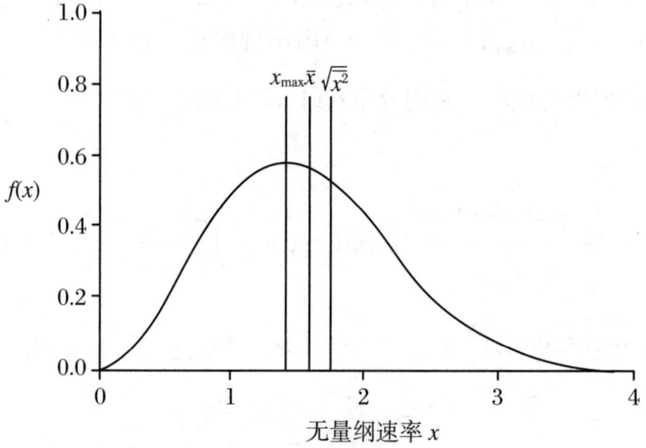

图 10.4　无量纲形式下的麦克斯韦分布,$f(x)\mathrm{d}x = \sqrt{2/\pi}x^2\mathrm{e}^{-x^2/2}\mathrm{d}x$;式中,$x = v/\sigma$ 是无量纲速率,$\sigma = \sqrt{kT/m}$ 是分布的标准偏差,分布的平均值、方均根值及最大值分别在 $x = \sqrt{8/\pi}$,$\sqrt{3}$ 和 $\sqrt{2}$ 处

麦克斯韦把这个定律应用于多种情况，特别是，他发现，如果不同类型的分子处在同一容器中，则它们的平均活力或动能必定彼此相同。

在该文的最后一节，麦克斯韦讨论了气体比热比 γ 的理论值 $5/3\approx1.667$ 明显不同于实验测量值的问题。对于许多气体分子，测量值是 1.4。克劳修斯曾经指出，需要有其他携带活力的方式。麦克斯韦建议，将分子看成粗颗粒，活力由分子的转动动能提供。他发现，在热力学平衡态，转动和平动可以提供同样多的能量，即 $I\omega^2/2=mv^2/2$。由此他推导出了比热比的一个值。由平动和转动提供相等的能量，他得到 $U=3RT$，并以此取代了 $U=3RT/2$。这样，按式(10.24)～式(10.26)，可得

$$\gamma=\frac{4}{3}\approx1.333$$

这个值几乎与 $5/3\approx1.667$ 一样糟糕，1.667 是只有平移运动时的结果。这极大地挫伤了麦克斯韦。他在这篇著名论文中的最后一句话是：

> 最后，通过在所有非球形粒子的平动和转动之间建立必要的关系，我们得到的结果是，这些粒子体系不可能满足所有气体的两种热容量之间的已知关系。

无法解释 $\gamma=1.4$ 使麦克斯韦非常失望。1860 年，他在给英国科学促进协会的报告中说，这种差异"颠覆了整个假说"[9]。

由他的论文直接得到的第二个关键思想是能量均分原理。这也是一个非常有争议的结果，直到爱因斯坦把量子概念应用到求振子的平均能量才被最终解决(见 14.4 节)。该原理认为，在平衡态，分子的能量能在所有独立运动模式间均等分配。发现气体光谱的谱线，使 $\gamma=1.4$ 的问题更加恶化。光谱线被解释为与分子的内部结构的共振有关。有这么多的谱线，如果每条谱线都对应有一份气体内能，气体比热比应当趋近于 1。这两个基本问题，导致人们开始怀疑能量均分原理的普适效力及气体动理论的整个理论大厦，损害了前人在理想气体方面所取得的成果。

麦克斯韦的许多后续工作的中心都是为了解决这些问题。1867 年，从分子碰撞的角度，他提出了速度分布的另一种推导。假定分子的质量都相同，速度处在 $\boldsymbol{v}_1$ 与 $\boldsymbol{v}_1+\mathrm{d}\boldsymbol{v}_1$ 范围内的分子，与速度处在 $\boldsymbol{v}_2$ 与 $\boldsymbol{v}_2+\mathrm{d}\boldsymbol{v}_2$ 范围内的分子互相碰撞。动量守恒要求

$$\boldsymbol{v}_1+\boldsymbol{v}_2=\boldsymbol{v}_1'+\boldsymbol{v}_2'$$

式中，$\boldsymbol{v}_1'$ 与 $\boldsymbol{v}_2'$ 是粒子在碰撞后的速度。能量守恒要求

$$\frac{1}{2}mv_1^2+\frac{1}{2}mv_2^2=\frac{1}{2}mv_1'^2+\frac{1}{2}mv_2'^2 \tag{10.41}$$

因为已假定分子集合达到平衡态，在碰撞前后，速度的联合概率分布必须满足如下关系：

$$\Psi(\boldsymbol{v}_1)\mathrm{d}\boldsymbol{v}_1\Psi(\boldsymbol{v}_2)\mathrm{d}\boldsymbol{v}_2=\Psi(\boldsymbol{v}_1')\mathrm{d}\boldsymbol{v}_1'\Psi(\boldsymbol{v}_2')\mathrm{d}\boldsymbol{v}_2' \tag{10.42}$$

式中，$\mathrm{d}\boldsymbol{v}_1\mathrm{d}\boldsymbol{v}_2=(\mathrm{d}v_x\mathrm{d}v_y\mathrm{d}v_z)_1\cdot(\mathrm{d}v_x\mathrm{d}v_y\mathrm{d}v_z)_2$，$\mathrm{d}\boldsymbol{v}_1'\mathrm{d}\boldsymbol{v}_2'=(\mathrm{d}v_x'\mathrm{d}v_y'\mathrm{d}v_z')_1\cdot$

$(dv_x'dv_y'dv_z')_2$。为了直接看到这个结论的合理性，我们注意笛卡儿形式下的麦克斯韦速度分布式(10.35)。动能守恒确保式(10.42)两边的指数项相同：

$$\exp\left[-\frac{m}{2kT}(v_1^2+v_2^2)\right]=\exp\left[-\frac{m}{2kT}(v_1'^2+v_2'^2)\right] \tag{10.43}$$

此外，麦克斯韦认为，在碰撞前后，相空间即联合速度空间的空间元有如下关系：

$$(dv_x dv_y dv_z)_1 \cdot (dv_x dv_y d_z)_2 = (dv'_x dv'_y dv'_z)_1 \cdot (dv'_x dv'_y dv'_z)_2$$

我们可以认为，这是刘维尔定理的一个特殊情况。按照刘维尔定理，如果一群分子占有相空间体积 $dv_x dv_y dv_z dx dy dz$，则按照经典力学定律，在它们的速度和位置有改变时，相空间体积不变。随着玻尔兹曼创建统计力学原理的努力，这个结论已众所周知。因此在上述意义上，对于气体分子之间的碰撞，要求分布是稳定的，据此可以得到麦克斯韦速度分布。

这个故事还有一个有趣的脚注。麦克斯韦速度分布中的指数函数正好是 $\mathrm{epx}[-E/(kT)]$，式中 $E=mv^2/2$ 是分子动能。由式(10.40)，在速率区间 v_i 到 v_i+dv_i 的分子数与 v_j 到 v_j+dv_j 的分子数之比是

$$\frac{N(E_i)}{N(E_j)}=\frac{\exp[-E_i/(kT)]4\pi v_i^2 dv_i}{\exp[-E_j/(kT)]4\pi v_j^2 dv_j} \tag{10.44}$$

我们可按照概率来理解这个表达式，它是分子在温度 T、具有能量 E、在速度空间具有元体积 $4\pi v^2 dv$ 时的概率之比。更一般的结果是

$$\frac{N(E_i)}{N(E_j)}=\frac{g_i}{g_j}\frac{\exp[-E_i/(kT)]}{\exp[-E_j/(kT)]} \tag{10.45}$$

式中，g_i 和 g_j 分别表示分子在具有能量 E_i 和 E_j 时可能具有的状态数。在统计物理的语言中，g_i 是能量(能级) i 的**简并度**，即具有相同能量 E_i 的不同状态的个数。在热力学平衡态，具有能量 E 的分子数，不仅取决于玻尔兹曼因子 $p(E)\propto\exp[-E/(kT)]$，而且取决于具有能量 E 时的可能的状态数。在专题 5 中，我们将回到这一关键性结果。

尽管气体动理论存在问题，但麦克斯韦从不怀疑其有效性，或者说，从不怀疑他导出的速度分布的有效性。其中最显著的原因是，他研究气体黏滞度时得到了和实验一致的结果。

10.5 气体的黏滞度

麦克斯韦随即用气体动理论讨论气体的输运性质——扩散、热传导和黏滞度。计算气体的黏滞系数特别重要，因此我们来重复一下麦克斯韦的研究。图 10.5 是显示输运黏滞应力的标准图。

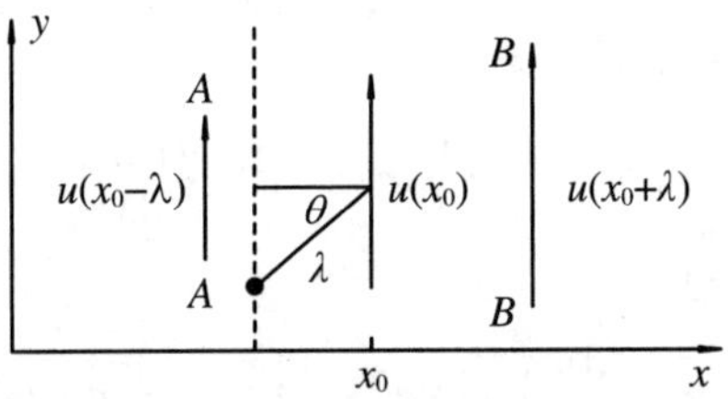

图 10.5　由气体动理论求黏滞系数，两相邻垂直箭头之间的水平距离为 λ，λ 是分子运动的平均自由程

假定气体是在正 y 方向以速率 $u(x)$ 流动，$u(x)$ 远小于分子的平均速率 $\overline{v}$；在 x 方向有速度梯度，图中已在 AA，x_0 和 BB 三处用不同长度的垂直向上的箭头标示；另外，在三个箭头处的 yz 平面，彼此相距一个平均自由程 λ。这个计算用于求剪切力 τ_{x_0}，即在 x_0 处的 yz 平面内的单位面积上作用于气体的净力。实验发现，这个应力与速度梯度的关系为

$$\tau_{x_0} = \eta\left(\frac{\mathrm{d}u}{\mathrm{d}x}\right)_{x_0} \tag{10.46}$$

式中，η 是气体的黏滞系数。从分子层面看，在 x_0 处，yz 平面两边的分子都在随机运动，应力就是它们每秒经过单位面积传递的净动量。

分子间有多次碰撞，平均自由程 λ 与碰撞截面 σ 的关系为 $\lambda = (n\sigma)^{-1}$。一个很好的近似是，在每一次碰撞中，分子被散射，散射角度随机取值。因此如图 10.5 所示，可以认为在 x_0 处经 yz 平面上的面元 $\mathrm{d}A$ 转移的动量起源于这样的分子：它与该面元的距离为 λ，偏离该平面法线的角度为 θ。由式(10.10)知，速率为 v 的分子在角度 θ 到 $\theta+\mathrm{d}\theta$ 范围内，抵达面元 $\mathrm{d}A$ 的通量是

$$J(v,\theta)\mathrm{d}\theta\mathrm{d}A = \frac{1}{2}n(v)v\sin\theta\cos\theta\mathrm{d}\theta\mathrm{d}A$$

离该平面的垂直距离为 $\lambda\cos\theta$ 的每个分子，在 y 方向具有的动量分量为 $mu(x_0-\lambda\cos\theta)$，因而这些分子通过单位面积转移动量的速率为

$$\begin{aligned} &mu(x_0-\lambda\cos\theta)\cdot\frac{1}{2}n(v)v\sin\theta\cos\theta\mathrm{d}\theta \\ &= m\left[u(x_0)-\lambda\cos\theta\left(\frac{\mathrm{d}u}{\mathrm{d}x}\right)_{x_0}\right]\cdot\frac{1}{2}n(v)v\sin\theta\cos\theta\mathrm{d}\theta \end{aligned} \tag{10.47}$$

在导出第二个等式时，我们使用了 $u(x_0-\lambda\cos\theta)$ 的泰勒展开式。这个计算的简单之处是，计及在 x_0 处从 yz 平面两边随机抵达的分子的贡献时，只需要从角度 $\theta=\pi$ 到 $\theta=0$ 对式(10.47)进行积分。以速率 v 随机运动的分子经过单位面积的动量转移速率为

$$\frac{1}{2}mvn(v)\left[u(x_0)\int_\pi^0\sin\theta\cos\theta\mathrm{d}\theta - \lambda\left(\frac{\mathrm{d}u}{\mathrm{d}x}\right)_{x_0}\int_\pi^0\sin\theta\cos^2\theta\mathrm{d}\theta\right] \tag{10.48}$$

方括号内的第一个积分值为零,第二个积分值为 $-2/3$。因此在 x_0 处,这些分子通过单位面积的动量转移速率为

$$\tau_{x_0}(v) = \frac{1}{3}mvn(v)\lambda\left(\frac{\mathrm{d}u}{\mathrm{d}x}\right)_{x_0} \tag{10.49}$$

对分子速率积分,最后得到

$$\tau_{x_0} = \frac{1}{3}m\lambda\left(\frac{\mathrm{d}u}{\mathrm{d}x}\right)_{x_0}\int vn(v)\mathrm{d}v = \frac{1}{3}nm\bar{v}\lambda\left(\frac{\mathrm{d}u}{\mathrm{d}x}\right)_{x_0} \tag{10.50}$$

式中,$\bar{v}$ 是随机运动的分子平均速率。

黏滞应力的经验公式(10.46)含有流体的速度梯度,比较式(10.50)与式(10.46),可得黏滞系数的表达式为

$$\eta = \frac{1}{3}\lambda\bar{v}nm = \frac{1}{3}\lambda\bar{v}\rho \tag{10.51}$$

式中,ρ 是气体密度。

值得注意的是,在流体动力学的文献中,有两个黏滞系数。我们在这里使用的系数 η 称为黏滞度或动力学黏滞度,或绝对黏滞度。流体力学也使用量 η/ρ,称为运动学黏滞度。读者在使用黏滞度的数值表时,应当小心。

我们现在可以讨论黏滞系数 η 如何随压强和温度变化。把 $\lambda=(n\sigma)^{-1}$ 代入式(10.51),我们得到

$$\eta = \frac{1}{3}\lambda\bar{v}nm = \frac{1}{3}m\bar{v}\sigma^{-1} \tag{10.52}$$

麦克斯韦惊讶地发现,黏滞系数与压强无关,因为在黏滞系数的最后一个表达式(10.52)中不含粒子数密度 n。原因是,虽然随着 n 减少,单位体积中的分子数变少,但平均自由程随 n^{-1} 增加,使每个分子能有更大概率把动量增量输运到在 x_0 处的平面。

同样值得注意的是,随着气体温度增加,$\bar{v}$ 随 $T^{1/2}$ 增加。因此气体的黏滞度应随温度的增加而增加,这与液体的行为不一样。这个有点和直觉相反的结论,是麦克斯韦在 1863～1865 年间完成的一系列出色实验所认证的主题(图 10.6)。他完全证实了气体动理论关于黏滞系数与压力无关的预言。他预期会有 $T^{1/2}$ 定律,但事实上,他发现的是一个更强的关系:$\eta\propto T$。

在 1867 年的论文[10]中,他对这一结果的解释是,在分子间必定有一个弱排斥力,它按 r^{-5} 变化,r 是分子间的距离。这是一个具有深刻意义的发现,因为由此可知,不再有任何理由认为分子是“有确定半径的弹性球”。排斥力正比于 r^{-5} 意味着分子相遇时,运动方向将偏转一定角度,角度大小与碰撞参数有关(见 A4.3 节)。麦克斯韦认为,引入一个“弛豫时间”更合适,粗略地说,这是一个分子与其他分子经随机碰撞使运动方向偏转 90°所需的时间。依照麦克斯韦的分析,可以用排斥中心(用他的话说就是“具有惯性的点或力心”)这一概念取代分子,而不再需要专门假设分子是硬、弹性球。

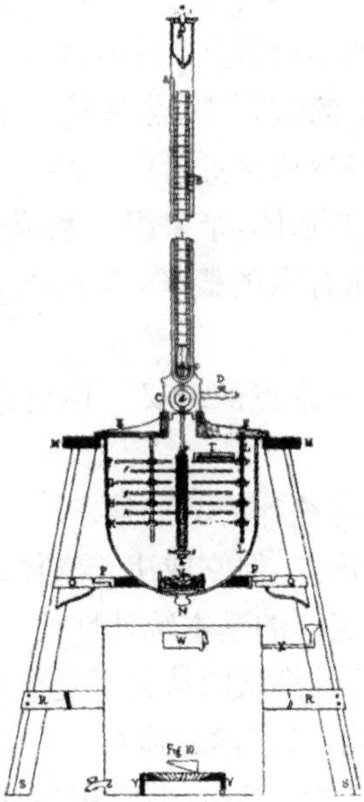

图 10.6　麦克斯韦测定气体黏滞度的装置:气体装在容器中,充气容器是完全密封的,气体的压强和温度可调;玻璃圆盘是一种可扭摆的扭力天平,用磁铁启动扭力天平的摆动;通过挂在悬丝上的反射镜的反射光测量扭力天平的摆动,确定摆动的衰变率,据此可求得气体的黏滞度

10.6　热力学第二定律的统计性质

1867 年,麦克斯韦第一次提出了他的著名论点:可以不做功而将热量从一个冷物体转移到一个热物体。这是气体动理论的结果。他的想法是:设想一个容器分成 A 和 B 两半,A 中的气体比 B 中的气体热。在分隔 A 与 B 的隔板上,钻有一个小孔,并且有一个快门可开关这个小孔。有一种"智能生物(finite being)",它既能控制快门,也能看到接近这个孔的分子。它只允许较快的分子从 B 到 A,较慢的分子从 A 到 B。这意味着,在 B 中冷气体内位于麦克斯韦分布尾部的快速分子加热 A 中的热气体。在 A 中热气体内位于麦克斯韦分布低能边上的慢速分子冷却 B 中的冷气体。这样,智能生物能使系统违反热力学第二定律。汤姆孙称这种智能生物为"麦克斯韦妖(Maxwell demon)"。麦克斯韦反对这个称呼,要求泰特:

不再叫它为"妖",而是叫它为"阀门"。[11]

麦克斯韦的上述设想，是阐明热力学第二定律的统计性质的关键。与智能生物或妖无关，麦克斯韦的设想偶尔会发生，只不过虽然概率很小，但确实具有有限的值。在快分子从 B 运动到 A 的过程中，热从较冷的物体转移到较热的物体，外部没有任何作用。现在，绝大多数情况更可能是热分子从 A 运动到 B，在这个过程中热量从较热的物体流向较冷的物体，结果组合系统的熵增加。但是毫无疑问，根据气体动理论，有一个非常小而有限的概率，自发产生反向过程，在这一自然过程中，熵减少。

麦克斯韦相当清楚他的这一论点的意义。他对泰特表明过，他的论点的深层含义是：

> 热力学第二定律只具有统计的必然性。[11]

这是一个辉煌的并令人信服的论点，但它取决于气体动理论的有效性。

麦克斯韦强调热力学第二定律的基本统计性质，还有另一个论据。在 1860 年代晚期，克劳修斯和玻尔兹曼两人都试图从力学定律出发导出热力学第二定律，这是一种称为用力学解释热力学第二定律的途径。在这种方法中，希望用单个分子的动力学最终阐释第二定律的起源。麦克斯韦用牛顿运动定律以及电磁场的麦克斯韦方程组都完全是时间可逆的这一简单而有力的论据，驳斥了这一途径的合理性。因此第二定律隐含的不可逆性无法用动力学理论解释，只能在对大量分子的统计分析的基础上理解第二定律。在普朗克讨论黑体辐射谱的问题的过程中，将再次出现关于第二定律性质的争议。

玻尔兹曼原本就属于运动学派，对麦克斯韦的工作能有充分理解。在这些年内，他最重要的贡献是改进麦克斯韦对气体内的平衡速度分布的分析，包括加入势能项 $\Phi(r)$。在这里，$\Phi(r)$是一个分子的势能。能量守恒要求

$$\frac{1}{2}mv_1^2 + \Phi(\boldsymbol{r}_1) = \frac{1}{2}mv_2^2 + \Phi(\boldsymbol{r}_2)$$

因而，相应的概率分布形式为

$$f(v) \propto \exp\left[-\frac{mv^2/2 + \Phi(\boldsymbol{r})}{kT}\right]$$

在这种分析中，我们认识到了玻尔兹曼因子 $\exp[-E/(kT)]$。

最终，玻尔兹曼接受了麦克斯韦关于热力学第二定律的统计性质的学说，并确定熵和概率之间有如下关系：

$$S = C\ln W \tag{10.53}$$

式(10.53)中，S 是平衡状态的熵，W 是系统处在该状态的概率。W 按下面以及第 13 章中给出的规则确定，比例常量 C 的数值待定。虽然玻尔兹曼所获得的结果具有深远意义，但数学分析相当复杂，这是让他那个时代的科学家难以理解他的原因之一。

10.7 熵与概率

熵与概率之间的关系式涉及一些棘手的问题，但它会让我们看到许多彼此相距甚远的微妙内容。沃尔瑟姆所著的《热力学理论》[12]是一本直白阐述统计热力学基础的说明书。对于确立统计热力学的基础，他给出的必要提醒很有益，很值得一读。在本章的剩余部分，我们的目的是让读者能直观地理解把熵和概率联系在一起的公式，并确定熵与信息理论之间有密切关系。

熵增原理告诉我们，系统变化的趋势是使得自己变得更均匀。换句话说，是使构成系统的分子变得更混沌——使系统变得更无组织性、更加无序。在第9章中，我们已经见到过若干例子：当不同温度的物体聚集在一起时，热交换的方式是把温度不相等的情况抹平，使它们具有相同的温度；在焦耳膨胀中，气体膨胀使自己充满更大的体积，因而在更大的空间体积内具有均匀性。在这两种情况下，熵都增加了。

麦克斯韦虽然没有尝试给出热力学第二定律和统计物理学之间的定量关系，但他的论点强烈表明，熵增加是一个统计现象。

玻尔兹曼的推进，是用系统状态随机出现的概率描述系统的无序度，并确立了这个概率与系统的熵的关系。

假定有两个不同的平衡态系统，p_1 和 p_2 分别是这两个系统的状态独立出现的概率。这两个状态同时出现的概率 p 是 p_1 和 p_2 两个概率的乘积，即 $p = p_1 p_2$。让我们以 S_1 和 S_2 分别代表系统1和系统2的熵。因为熵是广延量，具有可加性，故总熵 S 是

$$S = S_1 + S_2 \tag{10.54}$$

因此如果熵和概率有关系，两者之间的关系就必须是一个对数关系，即

$$S = C\ln p$$

C 是一个常量。

让我们把这个熵的统计定义应用于理想气体的焦耳膨胀。我们讨论1 mol气体体积从 V 膨胀到 $2V$ 的焦耳膨胀，注意该系统在膨胀开始和结束时都处在热力学平衡态。如果分子被允许在整个 $2V$ 体积中自由运动，它们都只占用体积 V 的概率是多少？对于每一个分子，占据体积 V 的概率都是1/2。因此如果有2个分子，概率是 $(1/2)^2$；如果有3个分子，概率是 $(1/2)^3$；如果有4个分子，概率是 $(1/2)^4$……对有 $N_0 \approx 6\times10^{23}$（$N_0$ 是阿伏伽德罗常量）个分子的1 mol气体，概率是 $(1/2)^{N_0}$——最后的这个概率确实非常小。注意，这个数字代表的是两个平衡状态的相对概率，因为假定了在开始和结束的时候，粒子分布都是均匀的。

让我们通过定义 $S = C\ln p$，求与 $p_2/p_1 = 2^{N_0}$ 相关的熵的变化。熵的变化是

$$S_2 - S_1 = \Delta S = C\ln(p_2/p_1) = C\ln 2^{N_0} = CN_0\ln 2 \tag{10.55}$$

按照经典热力学，体系的熵在焦耳膨胀中的变化式为式(9.53)。由 $V_2 = 2V_1$，我们得到

$$\Delta S = R\ln(V_2/V_1) = R\ln 2$$

把此式与式(10.55)相比较，立即有

$$R = CN_0 \quad 或 \quad C = R/N_0 = k$$

我们已确定了联系 S 和 $\ln p$ 的常量，它是玻尔兹曼常量 k。这样，熵和概率之间的玻尔兹曼关系为

$$\Delta S = S_2 - S_1 = k\ln(p_2/p_1) \tag{10.56}$$

符号是这样选择的：可能性更大的事件对应于有更大的熵。

下面，讨论三种具体情况：

1. 气体在抽掉隔板前后的熵

(1) 按热力学方法计算熵。为了说明如何应用统计方法，让我们做下面的计算。设一个装有气体的容器被隔板分隔成两部分：两边温度、体积相等，每边体积都是 $V/2$；两边的压强分别为 p_1 和 p_2；两边气体的质量分别为 r mol 和 $(1-r)$mol($r \leqslant 1$)。

现在让我们求熵在抽掉隔板后的改变量。为了便于讨论，假设 $1/2 > r > 0$。

因为在抽掉隔板前后，气体的温度没有改变，如果是理想气体，则由式(9.53)知，对于 r mol 气体，熵的改变量是

$$\Delta S_1 = rR\ln\frac{rV}{V/2} = rR\ln 2r \tag{10.57}$$ *

对于$(1-r)$ mol 气体，熵的改变量是

$$\Delta S_2 = (1-r)R\ln\frac{(1-r)V}{V/2} = (1-r)R\ln[2(1-r)] \tag{10.58}$$

因为如上面所述，熵具有可加性，所以在抽掉隔板前后熵的总变化是

$$\begin{aligned}\Delta S &= \Delta S_1 + \Delta S_2 = R\{r\ln 2r + (1-r)\ln[2(1-r)]\} \\ &= R[r\ln r + (1-r)\ln(1-r) + \ln 2]\end{aligned} \tag{10.59}$$

请注意，如果 $r = 1/2$，则 $\Delta S = 0$。这和预期一致：在抽掉隔板前后，气体中没有宏观变化。然而，如果 $r = 0$，我们回到上面讨论过的焦耳膨胀，则 $\Delta S = R\ln 2$。

(2) 按统计方法计算熵。现在让我们从统计角度来看看同样的问题。我们可以使用简单的统计方法，求得把 N 个物体分配在两个盒子中的不同分配方式数。必要的数学知识在13.2节给出。从 N 个物体中选取 m 个物体，即在一个盒子中有 m 个物体，在另一个盒子中有 $N-m$ 个物体时的分配方式数是

* 译者注：抽掉隔板后，平衡态系统的任意一部分气体具有的体积与其具有的质量成正比。r mol 和 $(1-r)$mol 的气体分别具有体积 rV 和 $(1-r)V$。

$$g(N,m)=\frac{N!}{(N-m)!m!}$$

两个盒子中的物体数相等时，每个盒子中的物体数都是 $N/2$。让我们令 $m=N/2+x$，x 是 m 对 $N/2$ 的偏离量。上式变为

$$g(N,x)=\frac{N!}{[(N/2)-x]![(N/2)+x]!}$$

在两个盒子中的物体数相同时，$x=0$。现在，$g(N,x)$ 不是一个概率，而是一个我们可以在一个盒子中有 $[(N/2)-x]$ 个物体，在另一个盒子中有 $[(N/2)+x]$ 个物体时确定的微观方式数。在两个盒子中分配物体的方式总数为 2^N。因此与 $g(N,x)$ 相应的概率是 $p=g(N,x)/2^N$。采用熵的玻尔兹曼表达式 $S=k\ln p$，我们得到与气体未分隔时相比较的气体在隔离后的熵

$$S=k\ln[g(N,x)/2^N]=k\{\ln N!-\ln[(N/2)-x]!-\ln[(N/2)+x]!-N\ln 2\} \tag{10.60*}$$

使用斯特林近似：

$$\ln M!\approx M\ln M-M \tag{10.61}$$

对式(10.60)做一点简单运算，可得

$$S=-Nk\left[\left(\frac{1}{2}-\frac{x}{N}\right)\ln\left(\frac{1}{2}-\frac{x}{N}\right)+\left(\frac{1}{2}+\frac{x}{N}\right)\ln\left(\frac{1}{2}+\frac{x}{N}\right)+\ln 2\right] \tag{10.62}$$

现在，回到原来的问题，N 是 1 mol 物质的分子数，即阿伏伽德罗数 N_0。因此

$$r=\frac{1}{2}-\frac{x}{N_0},\quad 1-r=\frac{1}{2}+\frac{x}{N_0} \tag{10.63}$$

利用式(10.63)，式(10.62)变为

$$S=-N_0k[r\ln r+(1-r)\ln(1-r)+\ln 2] \tag{10.64}$$

当系统处于平衡态时，$r=1/2$，因而 $S=0$。在对数前面有比例常量 $k=R/N_0$，式(10.64)与由经典热力学得到的同一个实验的结果[式(10.59)]完全相同。因此 $S=k\ln p$ 的定义可以用统计方法相当漂亮地得到经典结果。

2. 出现小偏离量 x 的概率(统计涨落)

现在让我们来求在每个体积中对同等分子数有小偏离量 x 的概率。为此，对于小量 x 展开函数 $g(N_0,x)$，由式(10.62)可得

$$\frac{S}{k}=\ln p(N_0,x)=-\frac{N_0}{2}\left[\left(1-\frac{2x}{N_0}\right)\ln\left(1-\frac{2x}{N_0}\right)+\left(1+\frac{2x}{N_0}\right)\ln\left(1+\frac{2x}{N_0}\right)\right]$$

展开对数，保留到 x^2 级，可得

$$\ln(1+x)\approx x-\frac{1}{2}x^2$$

---

* 译者注：比较式(10.53)、式(10.56)和式(10.86)，可以看出 p 与 g 对等(这是等概率原理——系统趋向于同等地出现在同一宏观条件的所有可能的量子态——的直接结果)，因为 $g_1=g(N,x)$，$g_2=2^N$，$p_1/p_2=g_1/g_2=g(N,x)/2^N=p$，故在式(10.60)中，有 $S=S_1-S_2=k\ln(p_1/p_2)=k\ln p$，$S_1$ 和 S_2 分别是系统在抽掉隔板之前与之后的熵。在式(10.59)中，$\Delta S=S_2-S_1$。

这样，$\ln p(N_0, x)$的表达式约化为

$$\begin{aligned}\ln p(N_0, x) &= -\frac{N_0}{2}\left[\left(1-\frac{2x}{N_0}\right)\left(-\frac{2x}{N_0}-\frac{1}{2}\frac{4x^2}{N_0^2}\right)\right.\\ &\quad \left.+\left(1+\frac{2x}{N_0}\right)\left(\frac{2x}{N_0}-\frac{1}{2}\frac{4x^2}{N_0^2}\right)\right]\\ &= -\frac{2x^2}{N_0}+\cdots \end{aligned} \tag{10.65}$$

因而概率分布为

$$p(N_0, x) = \exp\left(-\frac{2x^2}{N_0}\right) \tag{10.66}$$

这是一个总概率为1、平均值为零的高斯分布！我们注意，相对于数值 $x=0$，分布的标准偏差是$(N_0/2)^{1/2}$，即 ${N_0}^{1/2}$ 量级。$N_0 \sim 10^{24}$，$N_0^{1/2} \sim 10^{12}$，或者按照相对涨落，$N_0^{1/2}/N_0 \sim 10^{-12}$。这样，相对于数值 $x=0$ 的标准偏差，对应的确实是非常小的涨落：我们在 15.2.1 小节的分析显示，与围绕平均值的统计涨落相比，这确实不是很大。

这个例子说明了统计力学是如何运作的。我们处理的是巨大的分子系统，$N_0 \sim 10^{24}$，因此虽然真的对平均行为有统计偏离，但实际上这种偏离非常非常小。这样，虽然统计熵自发减少是可能的，但因为 N_0 是如此之大，这种情况发生的可能性真的是微乎其微。

让我们简要地阐述一下，不仅在现实的三维几何空间中，而且在速度空间或相空间中，熵如何取决于系统的体积。从状态参数 V_0, T_0 变到 V, T 时，理想气体的熵的变化量是

$$\Delta S(T, V) = C_V \ln(T/T_0) + R\ln(V/V_0) \tag{10.67}$$

现在，按分子的速度而不是温度来表示右边的第一项。按照气体动理论，$T \propto \overline{v^2}$，又 $C_V = 3R/2$，故

$$\begin{aligned}\Delta S(T, V) &= \frac{3}{2}R\ln(\overline{v^2}/\overline{v_0^2}) + R\ln(V/V_0)\\ &= R\left[\ln(\overline{v^2}/\overline{v_0^2})^{3/2} + \ln(V/V_0)\right]\end{aligned} \tag{10.68}$$

我们可以这样解释这个公式：它表明当我们改变 T 和 V 时，熵的变化有来自两个方面的贡献，一个是现实几何空间的体积按比值 V/V_0 做的贡献，另一个则是方括号中第一项表示的，在速度空间或相空间中，按因子$(\overline{v^2}/\overline{v_0^2})^{3/2}$占有更大体积做的贡献。因此我们可以按在现实几何空间及速度空间中的体积增加，解释熵增加的公式。

10.8 熵与态密度

让我们进一步讲述这个故事。你会发现，在导出式(10.60)的推理中，我们使用的概念是把 m 个物体分配到一个盒子中、把 $N-m$ 个物体分配到另一个盒子中的不同分配方式的总数，而不是概率。虽然是使用了不同的概念，但结果却同样好。这很自然地导出沃尔瑟姆构造并仔细介绍过的热力学理论[12]，它对本节所用的方法具有强烈影响。让我们从他的例子开始进行讨论。

1. 谐振子

和玻尔兹曼开创的路线一样，沃尔瑟姆的热力学框架以假设存在离散能级开始；在任何一个量子系统中，这都是确实的。为简单起见，可以认为系统是相同谐振子的集合。它们具有等间距的能级，并且它们在空间上是分开的，因而可以区分。在眼前，我们可以忽略振子的零点能量，$\hbar\omega/2$。假设系统有 100 个振子，每一个振子都处在基态，并且我们能给振子添加能量量子，每个量子的能量 ε 等于两个相邻能级间隔的能量。我们给振子系统添加 Q 个能量量子，问："在 $N=100$ 个振子中分配 Q 个能量量子，总共的不同分配方式数 W 是多少？"如果 $Q=0$，没有能量量子，只会有一种方式，$W=1$。如果 $Q=1$，我们可以将一个量子分配给 100 个基态中的任何一个，因而 $W=100$。如果 $Q=2$，我们可以将两个量子放入不同的基态，方式数为$(100\times99)/2=4\ 950$，另外，我们还可把两个量子给予同一个振子，方式数为 100，两者相加，$W=5\ 050$。注意，在相加时，我们必须避免重复——我们是在求共有多少种不同的分配方式。所列举的分配方式要彼此不同，W 是不同分配方式的总数(表 10.1)。

在 13.3 节，把这一方法推广到了给 N 个振子分配 Q 个量子，不同分配方式或配置的总数是

$$W=\frac{(Q+N-1)!}{Q!(N-1)!} \tag{10.69}$$

现在，对有 100 个振子的情况，可以做一个表(表 10.1)，我们能很直观地看到 W 随着 Q 增加而增加的情况。

注意，当 Q 变大时，$W\sim10^{Q}$。利用斯特林近似可得，如果 $Q=10^{23}$，则 $W\sim10^{10^{23}}$。作为一个练习，我们把这留给读者。这样，得到总能量 Q 的方式数确实随 Q 的增加而非常迅速地增加。我们看到，分配量子的方式数或配置数或态密度 W 随着能量增加而非常迅速地增加。这是一个关键概念。

现在，我们确实不能精确计及具有总能量 $E=Q\varepsilon$ 时的所有状态。实际上，我

们总是涉及在有限能量范围内的状态数，比如在能量从 E 到 $E+\mathrm{d}E$ 范围内的状态数 $g(E)\mathrm{d}E$，式中，态密度 $g(E)$ 是一个连续函数，量纲为[能量]$^{-1}$。

表 10.1　把 Q 个量子分配给 $N=100$ 个振子时的不同配置数 W

Q	W
0	1
1	100
2	5 050
3	171 700
4	4 421 275
5	92 846 775
10	$4.509\,333\,8\times10^{13}$
20	$2.807\,384\,8\times10^{22}$

2. 统计平衡

把这些思想转变为统计热力学的理论，我们要有一定的假设。假设的核心是均等概率原理，或等概率原理。这是说：

在统计平衡态，该系统可以同等地出现在所有可能的量子态中。

这样，如果我们在 100 个振子中分配 3 个量子，则有 171 700 种分配方式；在平衡态，系统可同等地处在这些配置中的任何一种配置。不用怀疑，这个假设确实有一些问题。例如，在宇宙的年龄上，系统是否真的历经一切可能的分布？另外，我们还必须认为在任何一个方向出现的、任何一对状态之间发生的跃迁都有相同的概率。沃尔瑟姆称之为跃迁概率对称原理。幸运的是，根据量子力学，任何两个量子态之间的跃迁概率相等。我要直接指出的是，等概率原理的效果令人难以置信得好，因此为自己的成立提供了正当的理由。

这是导致熵增原理的统计定义、理解统计物理中的温度旅程的开始。在这方面，沃尔瑟姆再次给出了非常漂亮的例子。与他对许多微妙之处绝妙的精心处理相比，我们在这里的做法比较“幼稚”。

3. 态密度

考虑两个大系统 A 和 B，它们分别具有 $N_A=5\,000$ 和 $N_B=10\,000$ 个振子。所有的振子都具有相同的能级，因而，和上面的例子一样，我们可精确得到每个系统的态密度。对于 A，有

$$g_A=\frac{(N_A+Q_A-1)!}{Q_A!(N_A-1)!}\approx\frac{(N_A+Q_A)!}{Q_A!N_A!} \tag{10.70}$$

在这里，出现后一个等式，是由于数字是如此之大，以致 1 在这种项中不重要，可以

忽略。斯特林公式有一个简单近似，即 $Q!\approx Q^Q$，我们现在利用它来简化这一结果。这样，有

$$g_A = \frac{(N_A + Q_A)^{N_A+Q_A}}{Q_A^{Q_A} N_A^{N_A}} \tag{10.71}$$

因此 A 及 B 的态密度分别为

$$g_A = \frac{(5\,000 + Q_A)^{5\,000+Q_A}}{Q_A^{Q_A} 5\,000^{5\,000}}, \quad g_B = \frac{(10\,000 + Q_B)^{10\,000+Q_B}}{Q_B^{Q_B} 10\,000^{10\,000}} \tag{10.72}$$

现在，我们让两个系统热接触，量子能自由进入组合系统 $A+B$。我们能把 A 的每一个状态和 B 的每一个状态相匹配，这意味着组合系统的态密度 g 是 $g_A g_B$：

$$g = g_A g_B = \frac{(5\,000 + Q_A)^{5\,000+Q_A}}{Q_A^{Q_A} 5\,000^{5\,000}} \cdot \frac{(10\,000 + Q_B)^{10\,000+Q_B}}{Q_B^{Q_B} 100\,000^{10\,000}} \tag{10.73}$$

总量子数 $Q=Q_A+Q_B$ 是固定的。留给读者做一个练习：求 g 在这个约束下的最大值。最简单的做法是两边取对数，扔掉常量，通过 $\mathrm{d}(\ln g)/\mathrm{d}Q_A=0$ 求极大值。答案应当是在

$$Q_A = \frac{Q}{3}, \quad Q_B = \frac{2Q}{3} \tag{10.74}$$

时，g 取极大值。换句话说，是精确地按 A 和 B 中的振子的个数分配能量的。这样，为求平衡分布，要在给定的约束条件下，对系统可以具有的状态数求极大值。

现在，假定系统没有处在它的最可几状态。例如，能量按

$$Q_A = \frac{2Q}{3}, \quad Q_B = \frac{Q}{3} \tag{10.75}$$

分配。把这些值代入式(10.73)，将得到

$$\frac{g}{g_{\max}} = 10^{-738} \tag{10.76}$$

4. 熵的统计定义

系统如何趋向平衡？在统计语言中，热的流动是让系统的态密度 $g=g_A g_B$ 增加，即使

$$\mathrm{d}(g_A g_B) > 0 \tag{10.77}$$

我们同样可以找 $g_A g_B$ 的对数的极大值：

$$\mathrm{d}[\ln(g_A g_B)] = \mathrm{d}(\ln g_A) + \mathrm{d}(\ln g_B) = 0 \tag{10.78}$$

g_A 与 g_B 分别是量子数 Q_A 与 Q_B 的函数，因而 $g_A=g_A(E_A)$ 和 $g_B=g_B(E_B)$ 都是能量的函数。因此利用

$$\mathrm{d}f = \frac{\partial f}{\partial x}\mathrm{d}x + \frac{\partial f}{\partial y}\mathrm{d}y$$

我们得到

$$\frac{\partial(\ln g_A)}{\partial E_A}\mathrm{d}E_A + \frac{\partial(\ln g_B)}{\partial E_B}\mathrm{d}E_B \geqslant 0 \tag{10.79}$$

当在 A 和 B 之间交换能量时，$dE_A = -dE_B$。因此

$$\left[\frac{\partial(\ln g_A)}{\partial E_A} - \frac{\partial(\ln g_B)}{\partial E_B}\right] dE_A \geqslant 0 \tag{10.80}$$

这是统计物理中的一个基本方程。符号很重要。如果 dE_A 为正，即 A 获得能量，为了满足式(10.80)，我们要求

$$\frac{\partial(\ln g_A)}{\partial E_A} > \frac{\partial(\ln g_B)}{\partial E_B} \tag{10.81}$$

相反；如果 dE_A 为负，则 B 得到能量，并且

$$\frac{\partial(\ln g_B)}{\partial E_B} > \frac{\partial(\ln g_A)}{\partial E_A} \tag{10.82}$$

这样，我们看到，在两个系统中，$\partial(\ln g)/\partial E$ 的大小与温度的高低正好相反：根据式(10.80)，热从 $\partial(\ln g)/\partial E$ 值较小的系统流向其值较大的系统。这导致统计温度的定义为

$$\frac{1}{kT_S} = \frac{\partial(\ln g)}{\partial E} \tag{10.83}$$

式中，g 取最大值。

当 A 和 B 达到热平衡时，$d\ln(g_A g_B) = 0$，因而

$$\frac{\partial(\ln g_A)}{\partial E_A} = \frac{\partial(\ln g_B)}{\partial E_B}, \quad 即 \quad T_S(A) = T_S(B) \tag{10.84}$$

在经典热力学中导出的方程(9.57)与方程(10.83)对应，它是

$$\left(\frac{\partial S}{\partial U}\right)_V = \frac{1}{T} \tag{10.85}$$

比较定义式(10.83)与式(10.85)，我们可得熵的统计定义为

$$S = k\ln g = k\ln[g(E)dE] \tag{10.86}$$

记住，g 是最大的态密度，它与平衡态对应。

10.9 吉布斯熵与信息

1. 香农定理

在 19 世纪的后 20 年，主要是玻尔兹曼和吉布斯的顽强工作，特别是吉布斯发现了应该用系统处在状态 i 的概率 p_i 确定系统的熵，熵的概念才逐渐清晰成型。吉布斯的发现，在概率论中原来只是一个非常普遍的定理的一种特殊情况。1948 年，香农(Claude Elwood Shannon)(1916～2001)发现了一个定理，此后才能在信息论的基础上，十分普遍地讲述统计方法。在概率论中，香农定理[13]是一个最基

本的定理，它能表述为：

如果一个系统的 n 个事件具有彼此独立的概率 $p_i(i=1,2,\cdots,n)$，那么存在一个独特的函数

$$f(p_1,p_2,p_3,\cdots,p_n)=-C\sum_1^n p_i\ln p_i \tag{10.87}$$

对于一组给定的约束，当函数 f 取最大值时，$p_i(i=1,2,\cdots,n)$ 是系统的最概然分布。

我们不证明这个定理，但请注意，函数形式 $-\sum p_i\ln p_i$ 完全不是任意的。为了给读者一个直观的感受，我们假设一个实验有 5 种可能的结果，它们出现的概率为 $p_i(i=1,2,3,4,5)$。在表 10.2 中，对 4 种情况，各列出了对 5 个概率的 3 种求和的结果。

表 10.2　对概率求和的实例

p_i					$-\sum p_i\ln p_i$	$-\sum\ln p_i$	$-\sum p_i^2\ln p_i$
0.2	0.2	0.2	0.2	0.2	1.609	0.322	0.322
0.1	0.3	0.2	0.3	0.1	1.504	8.622	0.327
0.49	0.01	0.01	0.01	0.48	0.840	15.263	0.340
0.001	0.001	0.996	0.001	0.001	0.032	27.635	0.004

2. 吉布斯熵的定义

按香农定理，在没有任何约束条件时，最有可能的概率分布是所有事件的概率都一样。上述简单的演示表明，$-\sum p_i\ln p_i$ 取最大值的情况，是所有的 p_i 彼此相等的情况。在第四种情况中，系统或多或少完全有序，$-\sum p_i\ln p_i$ 趋近于零。从表中可以看出，随着概率变得越来越均匀，$-\sum p_i\ln p_i$ 趋向一个最大值。这与熵增原理惊人地类似，并直接导致吉布斯熵的定义：

$$S=-k\sum_i p_i\ln p_i \tag{10.88}$$

因此这个函数的最大值与系统的最概然分布对应，与系统的平衡态对应。注意式(10.88)定义的熵十分宽泛，不仅可用于系统的平衡状态，甚至也能用于系统的非平衡状态。

3. 信息的定义

注意，这个定义给出了熵、无序度和信息之间的定量关系。在表 10.2 中，第四个例子或多或少是很有序的，具有非常低的熵，包含的系统状态的信息最多。在第一个例子中，分布是完全随机的，熵取最大值。对系统实际所处的状态，我们获得的信息最少。因此在信息论中，信息的定义是

$$信息 = k\sum_i p_i \ln p_i \tag{10.89}$$

有时,信息也叫**负熵**。

在热力学平衡态,统计熵与热力学熵等同。现在让我们完整地分析熵的吉布斯定义与在这最后一节所得结果之间的关系。根据等概率原理,在平衡态,系统在给定约束下能到达的所有状态,出现的概率都彼此相等。假定在平衡态,具有能量 E 的状态数是 g,或者更确切地说,是 $g(E)\mathrm{d}E$。在这 g 个状态中,每个状态出现的概率相等,因而

$$p_i = \frac{1}{g} = \frac{1}{g(E)\mathrm{d}E}$$

最后这个等式展示了如果状态密度由一个连续函数描述,我们如何进行同样的分析。因此按照熵的吉布斯定义,有

$$S = -k\sum_{i=1}^{i=g}\frac{1}{g}\ln\frac{1}{g}$$

由于求和遍及所有 g 个状态,所以

$$S = k\ln g = k\ln(态密度) \tag{10.90}$$

这与平衡态的熵的定义式(10.86)完全相同。

现在,为了让我们认可这些处理是等价的,我们再看看表 10.2 所示的例子。表中有 5 个振子,给 5 个振子分配 1 个量子。按我们在 10.8 节的讨论,这时 $N=5,Q=1$,态密度为

$$g = \frac{(Q+N-1)!}{Q!(N-1)!} = 5$$

正如预期。因此 $\ln g=\ln 5=1.609$,这与列在表 10.2 第一行的 $-\sum p_i\ln p_i$ 的值完全相同。

最后,让我们在这一理论下讨论 10.7 节的焦耳膨胀。在一开始,这些粒子占总体积的一半,对于所有 N_0 个粒子,粒子处在该体积中的概率 p_i 均为 1,因而 $\sum p_i\ln p_i = 0$。当气体膨胀至整个体积时,分子在一半体积中的概率为 0.5,在另一半体积中的概率也为 0.5。在平衡态,这些概率对所有分子都相同,因此新状态的吉布斯熵是

$$S = -k\sum_{N_0}\left(\frac{1}{2}\ln\frac{1}{2}+\frac{1}{2}\ln\frac{1}{2}\right) = kN_0\ln 2 \tag{10.91}$$

这样,我们再次看到,对焦耳膨胀过程,吉布斯熵与热力学的熵增加 $\Delta S = R\ln 2 = kN_0\ln 2$ 相同。

10.10 结　束　语

在本章中，我们很清楚地介绍了用统计力学解释经典热力学的发展过程。这一过程在基特尔（Kittel）的《热物理》[14]、曼德尔（Mandl）的《统计物理》[15]和沃尔瑟姆的《热力学理论》[12]等标准书籍中都有陈述。

玻尔兹曼的重大发现熵和概率之间的定量关系在他那个时代只得到少数物理学家赞同。阻碍人们赞同的绊脚石是气体动理论的状况，特别是能量均分定理还不确定，因为用它来讨论气体的比热比时失败了；另外，也不清楚怎么计及如光谱线展示的分子的内部振动。到了19世纪末，在欧洲大陆的某些地方，反对物质由原子、分子构成的观点有所抬头。按照这一观点，应该只用经典热力学处理系统的宏观性质，废除毫无必要的原子和分子概念。这些都严重阻碍了人们接受玻尔兹曼的发现，并很可能是促成他在1906年自杀的原因。这是一个悲剧。在那个非常时刻，他的基本见解的正确性获得了爱因斯坦的赞赏。1906年，爱因斯坦在其经典论文中解决了比热容问题，并且为观察基本过程的性质开拓了一个全新的视野。

当我们讨论导致普朗克和爱因斯坦发现量子化和量子的非凡成就时，我们将回到本章阐述过的玻尔兹曼的概念和做法。

10.11 参 考 文 献

[1] Clausius R. 1857. Annalen der Physik：100，497.（English translated by Brush S G. 1966. Kinetic Theory：Vol. 1：111. Oxford：Pergamon Press.）

[2] Clausius R. 1858. Annalen der Physik：105，239.（English translated by Brush S G. 1966. Kinetic Theory：Vol. 1：135. Oxford：Pergamon Press.）

[3] Waterston J J. 1843//Brush S G. DSB：Vol. 14：184. Also Haldane J G. 1928. The Collected Scientific Papers of John James Waterston. Edinburgh：Oliver and Boyd.

[4] Rayleigh Lord. 1892. Phil. Trans. Roy. Soc.，1：183.

[5] Rayleigh Lord. 1892. Op. Cit.：2.

[6] Rayleigh Lord. 1892. Op. Cit.：3.

[7] Maxwell J C. 1860. Phil. Mag. ,Series 4,19,19 and 20,21. Also Niven W D. 1890. The Scientific Papers of James Clerk Maxwell. Cambridge:Cambridge University Press:377.

[8] Everitt C W F. 1970. DSB:Vol. 9:218.

[9] Maxwell J C. 1860. Report of the British Association for the Advancement of Science:28;Part 2:16.

[10] Maxwell J C. 1867. Phil. Trans. Roy. Soc. ,157:49.

[11] Maxwell J C. 1867. Energy, Force and Matte: the Conceptual Development of Nineteenth Century Physics. Cambridge: Cambridge University Press:140.

[12] Waldram J R. 1985. The Theory of Thermodynamics. Cambridge: Cambridge University Press.

[13] Shannon C E. 1948. The Bell System Technical Journal,27:379,623. Also Sloane N J A, Wyner A D. 1993. The Collected Papers of Claude Elwood Shannon, Piscataway. New Jersey: IEEE Press.

[14] Kittel C. 1969. Thermal Physics. New York:John Wiley and Sons.

[15] Mandl F. 1971. Statistical Physics. Chichester:John Wiley and Sons.

专题5

量子概念起源

量子和相对性是远离我们日常生活的物理现象,它们也许是20世纪物理最伟大的发现。在第3章讨论的宇宙哥白尼模型和地心说支持者之间的争论中,有一项疑问是哥白尼图像的反对者们提出的“感觉欺骗”。所谓“感觉欺骗”是说,既然这些现象是如此重要,那为什么我们在日常生活中不知道?量子和相对性都是通过细致的实验发现的,其结果不可能在牛顿物理的框架内涉及。实际上,这些现象是“非直觉”的,然而它们是整个近代物理的基础。

在这个专题研究中,我们详细地研究了量子观念的起源。对我来讲,这是智力史上最富于戏剧性的故事之一。它也是激动人心的,可让人感受到这样一个时代的味道:在25年里,物理学家整个地改变了人类关于自然的看法,展现了一个全新的前景。这个故事演示了有关物理学家和理论物理学家们实际中如何工作的若干重点。我们看到大物理学家如何犯错误,个人如何与全体物理学家接受的观念进行争斗,更重要的,看到那令人目眩的璀璨灵感与科学创造的水平。几乎每一个人,不光是受过多年物理学和数学训练的人,都能欣赏到这个故事的智慧和魅力。

除了讲述这个美妙而动人的故事,我还想利用当时的物理与数学来证明一切事情都是必需的。这提供了一个很好的机会,来重温基础物理历史上若干重要的领域。我们会看到在那些可经典地解释的现象和必须考虑量子观念的现象之间的显著反差。故事覆盖的年份为1890～1920年,此后所有物理学家都接受了新的物理观点,即所有的基础物理对象都是量子化的。

故事涉及两个伟大的物理学家普朗克和爱因斯坦的工作。普朗克是被赋予发现量子化的荣誉的,我们将追溯其缘由。爱因斯坦远在别人之前很久就推测到,所有的自然现象本质上都是量子化的,在这个意义上,他的贡献甚至更大。正是他第一个把此论题建筑在坚实的理论基础之上的。

我的书原始版本基于克莱恩(Martin J. Klein)的一组讲演,题目是“量子理论的肇始”[1],发表于第五十七届瓦任那暑期学校的进展报告上。但一开始读到它的时候,我感到眼前一亮,并以为被骗了,因为我以前不知道这一故事。我衷心感激克莱恩教授,它促使我考虑把它作为本章的核心。在本书出版后,他又好心地寄来更多的资料。我发现,他的短文《爱因斯坦和波粒二象性》[2]特别有价值。

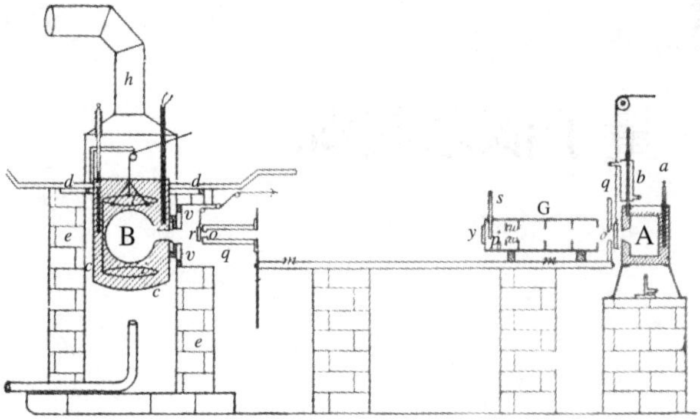

专题图 5.1　1897 年卢默(Lummer)和普林斯海姆(Pringsheim)以高精度实验确证斯特藩-玻尔兹曼定律的装置,来自容器 B 的辐射与来自参考黑体 A 的辐射之间的相对强度,可由移动的探测器 G 测得;探测器在两个容器间的台上移动,直到来自两个源的亮度相同(引自 Maxwell H S. 1952. A Textbook of Heat:Vol. Ⅱ. London:Macmillian and Co.:746)

1978～1980 年,关于这些专题我做过几次讲座,但很遗憾,当我把这本书送去出版时,并不知道库恩(Thomas Sammual Kuhn)(1922～1996)在 1978 年出版的重要的书《黑体理论和量子的不连续性 1894～1912》[3]。依我看,库恩的书是本杰作,它在此案例研究中深挖了许多材料。库恩的深刻洞察改变了我在本书第 1 版中的若干认识。对于那些希望更详细地追溯这些专题的读者,库恩的书是非读不可的。

专题 5　参考文献

［1］ Klein M J. 1977. History of Twentieth Century Physics, Proc.: International School of Physics "Enrico Fermi": Course 57. New York and London: Academic Press: 1.

［2］ Klein M J. 1964. Einstein and The Wave Particle Duality. The New Philosopher, 3: 1 - 49.

［3］ Kuhn T S. 1978. Black Body Theory and the Quantum Discontinuity (1894 - 1912). Oxford: Clarendon Press.

第 11 章　1895 年前的黑体辐射

11.1　1890 年物理的状态

在前面的专题的学习中，我们已建立了一个趋近 19 世纪末物理和理论物理状态的图景，成就巨大。在力学方面，第 7 章讲的拉格朗日力学和哈密顿力学已经被很好地理解。热力学里，主要是通过克劳修斯和开尔文勋爵的努力，第一定律和第二定律已经牢固确立，经典热力学里熵的概念的全部衍生也已经详尽弄清了。在第 5 章和第 6 章，我们描写了麦克斯韦如何导出电磁学方程。1887～1889 年赫兹(Heinrich Rudolf Hertz)(1857～1894)的实验拨开疑云，演示了光是电磁波的一员，正如麦克斯韦所预言的。这一发现，为能处理所有已知光学现象的光的波动理论提供了坚实的理论基础。

在印象中，1890 年代的大部分物理学家相信，热力学、电磁学和经典力学一起可以处理所有已知的物理现象，剩下要做的只是搞清这些来之不易的成就的结果。事实上，这是一个动荡的时期，还有许多基本的未解问题存在，这些问题激励着这一时期最伟大的头脑。

我们已经讨论过气体动理论以及由克劳修斯、麦克斯韦和玻尔兹曼提出的均分定理的模糊状态。用这些理论不能令人满意地处理所有已知气体性质这一事实，是它们未能被接受的主要障碍。物质结构的原子和分子理论正面临受攻击的状态，一方面是由于上述的技术原因，另一方面来自一个反对机械原子模型的运动，要求物理学只接受经验或唯像的理论。分子内的“共振”被预定为光谱线的起源，但这种“共振”的来源没被清楚解释，使动理论的支持者们很是难堪。玻尔兹曼发明了热力学的统计基础，但其理论只赢得很少的支持，特别是面临着一种运动，此运动否认动理论的任何价值，甚至作为假设也一无是处。迈克耳孙-莫雷(Michelson-Morley)实验的负结果是在 1887 年发表的，我们将在关于狭义相对论的专题 6 中谈及。林利(David Linley)的《玻尔兹曼的原子》一书给出了一个 19 世纪最后 10 年的物理状态的最佳描述。

这些未解决的问题中，有黑体辐射谱的起源，回答它不仅是发现量子化的关键，也是解决上述列出的许多其他问题的关键。量子化和量子的发现是关于物质和辐射的现代量子理论的先驱。

11.2 辐射发射和吸收的基尔霍夫定律

理解黑体辐射谱的第一步是谱线的发现。1802 年,太阳谱的谱学测量是沃拉斯顿(William Wollaston)做的,他观察到了 5 条强暗线。1814 年夫琅禾费(Joseph von Fraunhofer)(1787～1826)紧接着做了更为细致的观察,他是一个玻璃工的儿子,一个天才的实验家。在其事业的早期,夫琅禾费是巴伐利亚的 Benediktbreuern 玻璃厂的主任,其主要任务之一是为巡视和军事目的制造高质量的玻璃组件。他的目标是改进用于这些仪器上的玻璃和透镜的质量,为此他需要大大提高波长的标准。1814 年,随着他在太阳光谱中发现一堆暗吸收线(图 11.1),突破来临了。10 条突出的线被标为 A,a,B,C,D,E,b,F,G,H,另外,在 B 和 H 之间还有 574 条浅弱的线。他的巨大贡献之一是发明了一种仪器,用它可以精确地测量光线穿过棱镜时的折射。为此他在一边放了一台经纬仪,并通过安装在经纬仪的旋转环上的望远镜观察光谱——这种装置是最早的高精度的光谱仪。夫琅禾费也利用衍射光栅精确测量了太阳光谱线的波长,该光栅是 10 年前托马斯·杨发明的。

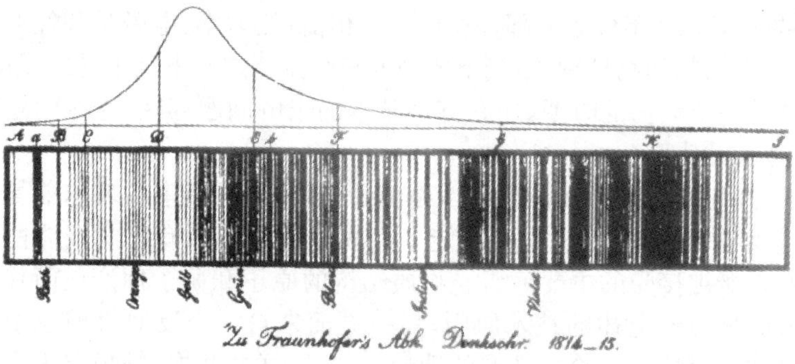

图 11.1 1814 年夫琅禾费的太阳光谱,它显示了巨量的吸收谱线;给出了光谱各区的颜色,也注明了各主要吸收谱线的标志

夫琅禾费注意到,被他标注为 D 线的强吸收线是由波长相同的两条线组成的,很像在灯光中观察到的强发射双线。傅科(Jean-Bernard-Léon Foucault)把碳弧的辐射通过一个放在光谱仪狭缝前面的食盐火焰,能在实验室里再现这条 D 线。人们认识到,吸收线是不同元素的特征信号,其最重要的实验是由本生(Robert William Bunsen)(1811～1899)和基尔霍夫完成的。所谓的本生灯有很大的优点,

可以通过燃烧没有污染的气体确定各种元素的光谱线。在基尔霍夫的《化学元素谱和太阳谱的研究》[2](1861～1863)的纪念文集里，将太阳谱与 30 种元素的谱进行了比较。他设计了一个四棱镜装置，能同时看到元素的谱和太阳的谱。他的结论是，在太阳的较冷的外大气层，包含有铁、钙、镁、钠、镍和铬，可能还有钴、钡、铜和锌等[3]。

在这些研究中，1859 年基尔霍夫发表了他的关于辐射的发射系数与吸收系数之间关系的定律，以及如何与热平衡辐射的谱相联系，后者就被称为黑体辐射。我们就从搞清楚本专题中一直要用的定义开始。

11.2.1　辐射强度和能量密度

考虑一个空间区域，其中一个小面积元 dA 曝光在一个辐射场中。在时间 dt 里，穿过 dA 的能量为 $dE = SdAdt$，其中 S 是辐射的总通量密度，单位为 $W \cdot m^{-2}$。我们关心辐射谱能量分布，所以用单位面积、单位频率间隔的功率 S_ν 来操作，于是 $S = \int S_\nu dV$。我们称 S_ν 为通量密度，其单位是 $W \cdot m^{-2} \cdot Hz^{-1}$。对一亮度为 L_ν 的各向同性点辐射源，在相距 r 之处放一个与源的辐射方向垂直的面积元，则由能量守恒，辐射的通量密度是

$$S_\nu = \frac{L_\nu}{4\pi r^2} \tag{11.1}$$

亮度的单位是 $W \cdot Hz^{-1}$。

通量密度依赖于面积元 dA 在辐射场中的取向。考虑辐射沿着某一特别的路径趋近面积元是毫无意义的。正如我们在第 10 章里关于分子流的内容所说的，我们应该考虑在单位矢量 $\boldsymbol{i}_\theta$ 方向上一个立体角元 $d\Omega$ 到达的辐射通量 dS_ν，该方向与矢量 $d\boldsymbol{A}$ 成夹角 θ[图 11.2(a)]。这导致我们研究中所需的一个关键量——辐射强度。如果面积元 $d\boldsymbol{A}$ 与入射线的方向 $\boldsymbol{i}_\theta$ 垂直[图 11.2(b)]，则辐射的强度或明度 I_ν 定义为通量密度 dS_ν 与立体角 $d\Omega$ 的比

$$I_\nu = \frac{dS_\nu}{d\Omega} \tag{11.2}$$

这样，辐射强度是单位立体角的通量密度，单位是 $W \cdot m^{-2} \cdot Hz^{-1} \cdot sr^{-1}$。

就像在流体的情况一样，我们可把从角度 θ 方向的立体角 $d\Omega$ 流经面积元 dA 的能量流写为 $\boldsymbol{i}_\theta \cdot d\boldsymbol{A}dS_\nu$。在时间 dt 内，流经 dA 的在频率 ν 附近单位频率间隔的能量为

$$dE_\nu = \int_\Omega I_\nu \boldsymbol{i}_\theta \cdot d\boldsymbol{A}dtd\Omega \tag{11.3}$$

在各向同性辐射场的情形，I_ν 与方向无关，所以 $I_\nu(\theta) = I_0 =$ 常量。于是

$$dE_\nu = I_0 dt\int_\Omega \boldsymbol{i}_\theta \cdot d\boldsymbol{A}d\Omega = I_0 dt\,|d\boldsymbol{A}|\int_0^\pi \cos\theta \times 2\pi\sin\theta d\theta = 0 \tag{11.4}$$

正如所预期的，没有净能量流过任何放在各向同性辐射场中的面积元。

现在我们将强度 I_ν 与一个体积元 dV 中的辐射谱能量密度 u_ν 建立联系。要考虑在微小立体角 dΩ 中垂直地到达面积元 d$\boldsymbol{A}$ 的功率[图 11.2(b)]。在此方向上时间 dt 内通过此面积的辐射包含在以 dA 为截面、以 cdt 为长度的圆柱形体积中[图 11.2(b)]。根据能量守恒,有多少能量以光速流入圆柱的一端,就有同样多的能量流出另一端。因此在任何时候包含在此体积中的能量 d$U_\nu(\theta)$为

$$\mathrm{d}U_\nu(\boldsymbol{\theta})\mathrm{d}\Omega = I_\nu \mathrm{d}A\mathrm{d}t\mathrm{d}\Omega \tag{11.5}$$

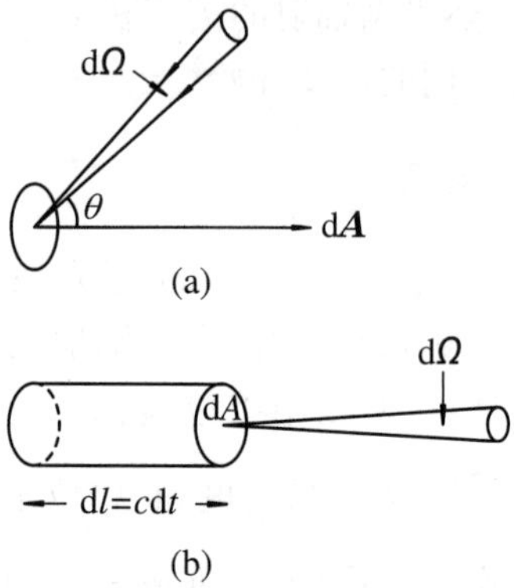

图 11.2 (a) 在 dΩ 中到达的辐射通量密度 dS_ν 对到达面积元 dA 的能量通量的贡献,注意,通量密度 dS_ν 定义为单位频率间隔内,在立体角 dΩ 内穿过单位面积的功率,而面积矢量 d$\boldsymbol{A}$ 是平行于传播方向的,这样,辐射强度就定义为 $I_\nu = \frac{\mathrm{d}S_\nu}{\mathrm{d}\Omega}$;(b) 强度 I_ν 与辐射能量密度 u_ν 相联系的说明

只要除以圆柱的体积元 dV = d$A c$dt,就可以得到辐射能量密度 $u_\nu(\theta)\mathrm{d}\Omega$,即

$$u_\nu(\boldsymbol{\theta})\mathrm{d}\Omega = \frac{\mathrm{d}U_\nu(\boldsymbol{\theta})}{\mathrm{d}V}\mathrm{d}\Omega = \frac{I_\nu \mathrm{d}\Omega}{c} \tag{11.6}$$

要得到 u_ν,即在频率 ν 处单位频率间隔的辐射能量密度,只需对立体角积分:

$$u_\nu = \int_\Omega u_\nu(\boldsymbol{\theta})\mathrm{d}\Omega = \frac{1}{c}\int I_\nu \mathrm{d}\Omega \tag{11.7}$$

这样

$$u_\nu = \frac{4\pi}{c}J_\nu \tag{11.8}$$

此处我们定义平均强度 J_ν 为

$$J_\nu = \frac{1}{4\pi}\int I_\nu \mathrm{d}\Omega \tag{11.9}$$

对所有频率积分就得到总能量密度

$$u = \int u_\nu \mathrm{d}\nu = \frac{4\pi}{c}\int J_\nu \mathrm{d}\nu \tag{11.10}$$

从一个辐射源来的总辐射强度有一个重要的特征。假定辐射源为亮度是 L_ν 的球

面，半径为 a，在距离 r 处。则距离 r 处的观察者测量到的辐射强度为

$$I_\nu = \frac{S_\nu}{\Omega} = \frac{L_\nu/(4\pi r^2)}{\pi a^2/r^2} = \frac{L_\nu/(4\pi)}{\pi a^2} \tag{11.11}$$

它与源的距离无关。对一球面源而言，此强度正是单位立体角弧度的亮度除以其投影的表面面积（πa^2）得到的。

11.2.2　发射和吸收的基尔霍夫定律

与环境处于热平衡时的辐射最早是基尔霍夫在 1859 年描述的，那时他正在做本章开头说的实验。他的论证是理解辐射的物理过程的基础[4]。

当辐射穿过一种介质时，其强度会因介质的吸收而衰减，也会因介质的辐射特性而增强。为简化导出基尔霍夫定律的论证，我们假定，来自图 11.2(b) 中的圆柱体内物质的辐射是各向同性的，且可以忽略其辐射的散射。我们可定义一个单色辐射系数 j_ν，它是从圆柱体辐射到立体角 $\mathrm{d}\Omega$ 中的功率

$$\mathrm{d}I_\nu \mathrm{d}A \mathrm{d}\Omega \equiv j_\nu \mathrm{d}V \mathrm{d}\Omega \tag{11.12}$$

此处 $\mathrm{d}I_\nu$ 是来自物质中路程 $\mathrm{d}l$ 处的辐射强度；j_ν 的单位为 $\mathrm{W \cdot m^{-3} \cdot Hz^{-1} \cdot sr^{-1}}$，是单位路程、单位立体角辐射的强度。由于假定辐射各向同性，介质的体辐射量为 $\varepsilon_\nu = 4\pi j_\nu$。圆柱的体积 $\mathrm{d}V$ 可写为 $\mathrm{d}A\mathrm{d}l$，于是

$$\mathrm{d}I_\nu = j_\nu \mathrm{d}l \tag{11.13}$$

现在我们通过下面的关系定义一个单色吸收系数 α_ν，它量度束流在材料中的强度损失，关系式

$$\mathrm{d}I_\nu \mathrm{d}A \mathrm{d}\Omega \equiv -\alpha_\nu I_\nu \mathrm{d}A \mathrm{d}\Omega \mathrm{d}l \tag{11.14}$$

可以看作基于实验的唯象关系。它也可以利用介质的原子或分子的吸收截面来解释，但对基尔霍夫的论证并非必要。方程(11.14)可以简化为

$$\mathrm{d}I_\nu = -\alpha_\nu I_\nu \mathrm{d}l \tag{11.15}$$

因此包含发射和吸收在内，辐射的迁移方程为

$$\frac{\mathrm{d}I_\nu}{\mathrm{d}l} = -\alpha_\nu I_\nu + j_\nu \tag{11.16}$$

此方程使得基尔霍夫能够理解在实验室和太阳光谱中观察到的谱线的发射特性与吸收特性之间的关系。如果没有吸收，$\alpha_\nu = 0$，则迁移方程的解为

$$I_\nu(l) = I_\nu(l_0) + \int_{l_0}^{l} j_\nu(l')\mathrm{d}l' \tag{11.17}$$

其第一项代表背景发射强度，而第二项是在 l_0 和 l 之间的介质的发射。如果有吸收而无发射，$j_\nu = 0$，则式(11.16)的解为

$$I_\nu(l) = I_\nu(l_0)\exp\left[-\int_{l_0}^{l} \alpha_\nu(l')\mathrm{d}l'\right] \tag{11.18}$$

其中，指数项代表了介质的辐射吸收。方括号中的项常写成介质的光学深度 τ_ν，这里

$$\tau_\nu = \int_{l_0}^{l} \alpha_\nu(l')\mathrm{d}l'$$

因此

$$I_\nu(l) = I_\nu(l_0)\mathrm{e}^{-\tau_\nu} \tag{11.19}$$

基尔霍夫走得更远。他考虑,当辐射的发射和吸收过程发生在一个达到热平衡的封闭系统中时,吸收系数与发射系数是什么关系。先考虑平衡谱的一般性质。这样的谱必定存在,这可以从热力学第二定律推出。假设我们有两个形状任意的封闭系统,都包含有热平衡在温度 T 的电磁辐射;两个系统间有一个滤波片,它只允许频率在 $\nu\sim\nu+\mathrm{d}\nu$ 之间的辐射穿过。那么,如果 $I_\nu(1)\mathrm{d}\nu\neq I_\nu(2)\mathrm{d}\nu$,能量会立即在系统之间流动,破坏了第二定律。类似的论证可用于证明辐射必定是各向同性的。因此平衡辐射强度谱必是温度和频率的唯一函数,它可写为

$$I_\nu = B_\nu(T) \tag{11.20}$$

式中,$I_\nu = B_\nu(T)$是 T 与 ν 的函数,是普适的。

现在,假定一块辐射介质保持在温度 T。发射系数和吸收系数以某种形式依赖于温度 T,何种形式我们不知道。假定我们把这块发射体放入热平衡于温度 T 的包含有电磁辐射的封闭系统中,则在很长时间后,发射过程和吸收过程必定会平衡,整个发射体的辐射强度不会改变。换句话说,迁移方程(11.16)中 $\mathrm{d}I_\nu/\mathrm{d}l=0$,所以 $\alpha_\nu I_\nu = j_\nu$,强度谱是普适的平衡谱 $B_\nu(T)$,则

$$\alpha_\nu B_\nu(T) = j_\nu \tag{11.21}$$

这就是发射和吸收的基尔霍夫定律,它表明任何物理过程的发射和吸收系数是通过一个还未知的平衡辐射谱联系起来的。这个表达式使得基尔霍夫理解了火焰、电弧、火花和太阳大气的发射和吸收性质。但在 1859 年,关于函数 $B_\nu(T)$的形式所知甚少。正如基尔霍夫指出的:“寻找这一函数是极为重要的任务。”[5]这是 19 世纪余下几十年的巨大实验挑战之一。

11.3 斯特藩-玻尔兹曼定律

1897 年,维也纳实验物理研究所所长斯特藩(Josef Stefan)推导出了以他的名字命名的定律。主要依据是大不列颠皇家研究所丁达尔(Tyndall)完成的关于加热到各种温度下铂条的辐射的实验,但也分析了由杜隆(Pierre Louis Dulong)和珀蒂(Alexis Therese Petit)在 19 世纪早些年做的冷却实验[6]。他发现,所有波长(频率)的能量发射率正比于绝对温度 T 的四次方,即

$$-\frac{\mathrm{d}E}{\mathrm{d}t} = \text{单位时间所有辐射能} \propto T^4 \tag{11.22}$$

在 1884 年，他以前的学生玻尔兹曼，已是格拉茨大学的教授，从经典热力学推导出了这个定律[7]。重要的是，他的推导完全是经典的。让我们不走任何捷径来演示这是如何做到的。

考虑一块充满着与容器壁平衡的电磁辐射的体积，并假定此体积因被一活塞封闭而能膨胀与压缩辐射“气体”。现在可逆地加进某些热量 $đQ$ 到“气体”。结果，总的内能增加 $\mathrm{d}U$ 并对活塞做功，体积增加 $\mathrm{d}V$。于是，按照热力学第一定律，有

$$đQ = \mathrm{d}U + p\mathrm{d}V \tag{11.23}$$

现在引入熵增加 $\mathrm{d}S = đQ/T$，则有

$$T\mathrm{d}S = \mathrm{d}U + p\mathrm{d}V \tag{11.24}$$

就如我们在 9.8 节所推导的。我们在恒定 T 时把式(11.24)除以 $\mathrm{d}V$ 而转换为偏微分方程

$$T\left(\frac{\partial S}{\partial V}\right)_T = \left(\frac{\partial U}{\partial V}\right)_T + p \tag{11.25}$$

现在利用由附录 A9.2 推出的麦克斯韦关系(A9.12)

$$\left(\frac{\partial p}{\partial T}\right)_V = \left(\frac{\partial S}{\partial V}\right)_T$$

来重写式(11.25)，于是有

$$T\left(\frac{\partial p}{\partial T}\right)_V = \left(\frac{\partial U}{\partial V}\right)_T + p \tag{11.26}$$

这就是我们要寻找的关系，因为如果知道了气体的状态方程，即 p，V 和 U 之间的关系，我们就可以求出 U 和 T 之间的关系。

该状态方程可以由麦克斯韦的电磁理论推出，并且已被麦克斯韦在其 1873 年发表的大作《论电与磁》中证明了[8]。让我们基本按麦克斯韦的路子来推导电磁辐射“气体”的辐射压。如果你已经知道答案 $p = u/3$(u 是辐射的能量密度)，并且你能经典地证明它，那你就可以直接进到 11.3.3 小节了。

11.3.1　电磁波被导体平面反射

辐射压的表达式可从下面的事实导出：当电磁波被导体反射时，会给分界面一个作用力。依据经典电动力学来理解这个力的性质和大小，我们要算出在入射电磁波的影响下流入导体的流。考虑这样一种情况，电磁波正入射到一块电导率大而有限的导体板上(图 11.3)。这就可以非常好地演示我们在研究电磁学时(第 5 章和第 6 章)发展的一些工具的应用。

图 11.3 中，左边是真空，右边是电导率为 σ 的导体。入射波、反射波以及透射波用箭头表明。从第 3 章和第 4 章的研究我们可以写出在真空和导体介质中传播的波的色散关系：

真空中：

$$k^2 = \omega^2/c^2 \tag{11.27}$$

导体中：

$$\nabla\times \boldsymbol{H} = \frac{\partial \boldsymbol{D}}{\partial t} + \boldsymbol{J}, \quad \nabla\times \boldsymbol{E} = -\frac{\partial \boldsymbol{B}}{\partial t}$$
$$\boldsymbol{J} = \sigma\boldsymbol{E}, \quad \boldsymbol{D} = \varepsilon\varepsilon_0\boldsymbol{E}, \quad \boldsymbol{B} = \mu\mu_0\boldsymbol{H} \tag{11.28}$$

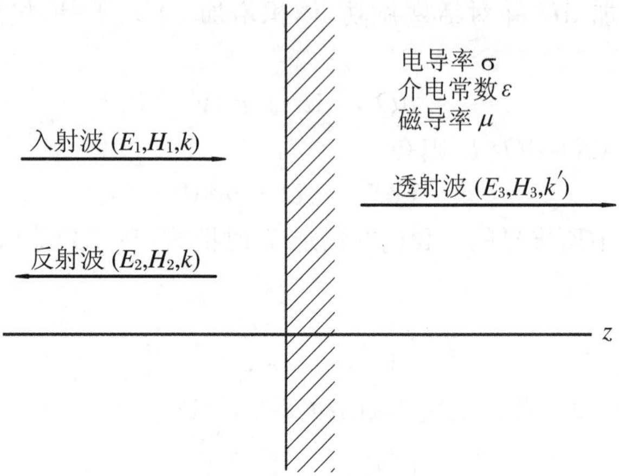

图 11.3　入射到真空与导电介质界面的电磁波

利用在附录 A5.6 中对形如 $\exp[\mathrm{i}(\boldsymbol{k}\cdot\boldsymbol{r}-\omega t)]$的行波得到的关系

$$\nabla\times \to \mathrm{i}\boldsymbol{k}\times, \quad \frac{\partial}{\partial t} \to -\mathrm{i}\omega$$

可得

$$\boldsymbol{k}\times\boldsymbol{H} = -(\omega\varepsilon\varepsilon_0 + \mathrm{i}\sigma)\boldsymbol{E}$$
$$\boldsymbol{k}\times\boldsymbol{E} = \omega\boldsymbol{B} \tag{11.29}$$

这样我们在导体中得到一个类似于式(11.27)的色散关系，但要用 $\omega\varepsilon\varepsilon_0+\mathrm{i}\sigma$ 代替 $\omega\varepsilon\varepsilon_0$，即

$$k^2 = \varepsilon\mu\frac{\omega^2}{c^2}\left(1+\frac{\mathrm{i}\sigma}{\omega\varepsilon\varepsilon_0}\right) \tag{11.30}$$

让我们考虑这样的情况：电导率非常高，$\sigma/(\omega\varepsilon\varepsilon_0)\gg 1$，此时

$$k^2 = \mathrm{i}\frac{\mu\omega\sigma}{\varepsilon_0 c^2}$$

由于 $\mathrm{i}^{1/2}=2^{-1/2}(1+\mathrm{i})$，$k$ 的解为

$$k = \pm\left(\frac{\mu\omega\sigma}{2\varepsilon_0 c^2}\right)^{1/2}(1+\mathrm{i}), \quad 即 \quad k = \pm\left(\frac{\mu\omega\sigma}{\varepsilon_0 c^2}\right)^{1/2}\mathrm{e}^{\mathrm{i}\pi/4} \tag{11.31}$$

波中 $\boldsymbol{E}$ 和 $\boldsymbol{B}$ 之间的相位关系就可以从关系式(11.29)的第二式 $\boldsymbol{k}\times\boldsymbol{E}=\omega\boldsymbol{B}$ 得到。

在真空中内，$\boldsymbol{k}$ 是实的，$\boldsymbol{E}$ 和 $\boldsymbol{B}$ 相位相同而振幅不变。但在导体中，式(11.31)表明，在 $\boldsymbol{E}$ 和 $\boldsymbol{B}$ 的相位之间有一个 $\pi/4$ 的差，且两个场指数衰减地进入导体，即

$$E \propto \exp[\mathrm{i}(kz-\omega t)]$$
$$=\exp\left(-\frac{z}{l}\right)\exp\left[\mathrm{i}\left(\frac{z}{l}-\omega t\right)\right] \tag{11.32}$$

这里 $l=[2\varepsilon_0 c^2/(\mu\omega\sigma)]^{1/2}$。在长度 l 处,波的振幅以因子 1/e 衰减,l 称为导体的趋肤深度。它是电磁波可以透入导体的典型深度。

由式(11.32)表示的解有一个值得指出的重要的普遍特征。如果我们回顾得到此解的步骤,假定电导率很高,相应的与 $\boldsymbol{J}$ 相比我们忽略了位移电流 $\partial \boldsymbol{D}/\partial t$。这样我们解的方程有扩散方程的形式,即

$$\nabla^2 \boldsymbol{H} = \sigma\varepsilon\varepsilon_0 \frac{\partial \boldsymbol{H}}{\partial t} \tag{11.33}$$

一般来讲,扩散方程的波动解有形如 $k=A(1+\mathrm{i})$ 的色散关系,即波矢的实部与虚部是相等的,它对应于这样的波,在每一个周期中振幅衰减一个因子 $\mathrm{e}^{-2\pi}$。它对于下述方程成立:

(1) 热传导方程:

$$\kappa \nabla^2 T - \frac{\partial T}{\partial t} = 0, \quad \kappa = \frac{K}{\rho C} \tag{11.34}$$

其中,K 是介质的热传导率,ρ 为密度,C 为比热容,而 T 是温度。

(2) 扩散方程:

$$D \nabla^2 N - \frac{\partial N}{\partial t} = 0 \tag{11.35}$$

其中,D 是扩散系数,而 N 是粒子的数密度。

(3) 黏滞波方程:

$$\frac{\mu}{\rho} \nabla^2 \boldsymbol{u} - \frac{\partial \boldsymbol{u}}{\partial t} = 0 \tag{11.36}$$

其中,μ 是黏滞系数,ρ 为流体的密度,$\boldsymbol{u}$ 为流体的速度。这一方程是从黏滞介质中的流体的纳维-斯托克斯方程导出的(见第 7 章附录)。

回到我们的故事(图 11.3),在两个介质的分界面上对矢量 $\boldsymbol{E}$ 和 $\boldsymbol{H}$ 衔接。设 z 为垂直于分界面的方向。我们引入下面的量:

对于入射波:

$$\begin{aligned} E_x &= E_1 \exp[\mathrm{i}(kz-\omega t)] \\ H_y &= \frac{E_1}{Z_0}\exp[\mathrm{i}(kz-\omega t)] \end{aligned} \tag{11.37}$$

其中,$Z_0=(\mu_0/\varepsilon_0)^{1/2}$ 为自由空间的阻抗。

对于反射波:

$$\begin{aligned} E_x &= E_2 \exp[-\mathrm{i}(kz+\omega t)] \\ H_y &= -\frac{E_2}{Z_0}\exp[-\mathrm{i}(kz+\omega t)] \end{aligned} \tag{11.38}$$

对于透射波:

$$E_x = E_3 \exp[\mathrm{i}(k'z-\omega t)]$$

$$H_y = E_3 \frac{(\mu\omega\sigma/2\varepsilon_0 c^2)^{1/2}}{\omega\mu\mu_0}(1+\mathrm{i})\exp[\mathrm{i}(k'z-\omega t)] \tag{11.39}$$

其中，k' 由 k 在关系式(11.31)中的值给出。H_y 的表达式是把 $\boldsymbol{E}$ 和 $\boldsymbol{B}$ 之间的关系式 $\boldsymbol{k}\times\boldsymbol{E}=\omega\boldsymbol{B}$ 中的 k 代入而得到的。

为简单起见，我们记 $q=[(\mu\omega\sigma/2\varepsilon_0 c^2)^{1/2}(\omega\mu\mu_0)^{-1}](1+\mathrm{i})$，则

$$H_y = qE_3\exp[\mathrm{i}(k'z-\omega t)] \tag{11.40}$$

边界条件要求 E_x 和 H_y 在界面连续(见 6.5 节)，即在 $z=0$ 处，有

$$\begin{aligned} E_1 + E_2 &= E_3 \\ \frac{E_1}{Z_0} - \frac{E_2}{Z_0} &= qE_3 \end{aligned} \tag{11.41}$$

因此

$$\frac{E_1}{1+qZ_0} = \frac{E_2}{1-qZ_0} = \frac{E_3}{2} \tag{11.42}$$

一般来说，q 是复数，在 E_1，E_2 和 E_3 之间有相位差。但我们只对电导率很大的情况感兴趣，$|q|Z_0\gg 1$，因此

$$\frac{E_1}{qZ_0} = -\frac{E_2}{qZ_0} = \frac{E_3}{2} \tag{11.43}$$

即

$$E_1 = -E_2,\quad E_3 = 0$$

于是在分界面，总的电场强度 $E_1+E_2=0$，而磁场强度 $H_1+H_2=2H_1$。

我们似乎偏离辐射的热力学绕得相当远了，但我们现在可以求出入射波加在表面上的辐射压了。

11.3.2 辐射压公式

假定辐射是限制在一个方盒子里的，并在处于 $z=\pm z_1$ 的壁之间来回反弹(图 11.3)。设盒子的壁是高度导电的，我们现在知道垂直入射时壁附近的电场和磁场强度的值。辐射压现象的部分起源可如下理解。在导体中的电场 E_x 引起一个向 x 正方向流动的电流密度

$$J_x = \sigma E_x \tag{11.44}$$

但在磁场存在时作用在电流上的单位体积力是

$$\boldsymbol{F} = N_q q(\boldsymbol{v}\times\boldsymbol{B}) = \boldsymbol{J}\times\boldsymbol{B} \tag{11.45}$$

其中，N_q 是单位体积中的传导电子数，q 是电子电荷。由于 $\boldsymbol{B}$ 是在 $+y$ 方向，磁力作用在 $\boldsymbol{i}_x\times\boldsymbol{i}_y$ 方向，这就是 $\boldsymbol{k}$ 方向，即入射波的方向。因此作用在导体中一厚为 $\mathrm{d}z$ 的薄层上的压强为

$$\mathrm{d}p = J_x B_y \mathrm{d}z \tag{11.46}$$

但是我们也知道，在导体中 $\nabla\times\boldsymbol{H}=\boldsymbol{J}$，因为导电率非常高。因此我们可用下式把 J_x 和 B_y 联系起来，即

$$\frac{\partial H_z}{\partial y} - \frac{\partial H_y}{\partial z} = J_x$$

由于 $H_z = 0, -\partial H_y/\partial z = J_x$。将其代入式(11.46)中,得

$$\mathrm{d}p = -B_y \frac{\partial H_y}{\partial z}\mathrm{d}z \tag{11.47}$$

于是

$$p = -\int_0^{\infty} B_y \frac{\partial H_y}{\partial z}\mathrm{d}z = \int_0^{H_0} B_y \mathrm{d}H_y$$

其中,H_0 是分界面上磁场强度的值,而按照 11.3.1 小节中的分析,当 $z\to\infty$ 时,$H\to 0$。对于线性介质,$B_0 = \mu\mu_0 H_0$,因此

$$p = \frac{1}{2}\mu\mu_0 H_0^2 \tag{11.48}$$

注意,这个压强是与导电介质中的感生电流有关的。

现在要问还有什么力作用在真空-导体界面。存在与电磁场本身应力有关的力,由麦克斯韦应力张量的适当分量提供。简单情况下,我们可以利用法拉第的力线概念导出这些应力的大小。假设一个均匀的纵向磁场被限制在一个长的方形理想导体管中(图 11.4)。若介质是线性的,则 $B_0 = \mu\mu_0 H$,所以单位长度管内的能量为

$$E = \frac{1}{2}BHzl$$

这里 z 是宽度,l 是管子的高度。现在把管子的宽度挤小 $\mathrm{d}z$ 而保持通过它的力线数不变,那么因为力线守恒,磁通密度增加到 $Bz/(z-\mathrm{d}z)$,且相应地,由于磁场是

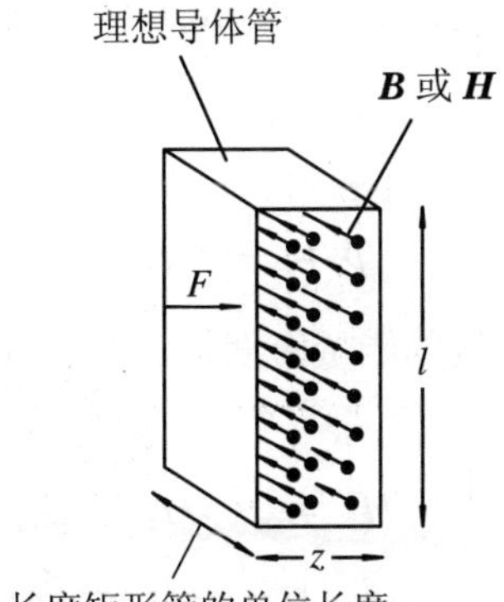

图 11.4 一个长的方形的理想导体管中封闭了一个纵向磁场,当管子被一个 z 方向的力 F 压缩时,管中的磁通是守恒的(关于磁通冻结的更多细节,见 Longair M. 1992. High Energy Astrophysics: Vol. 2. Cambridge: Cambridge University Press:307 - 312)

线性的，H 变为$Hz/(z-\mathrm{d}z)$。这样，体积中的能量变为

$$E+\mathrm{d}E=\frac{1}{2}BHlz^2\frac{1}{(z-\mathrm{d}z)}$$

$$\mathrm{d}E=\frac{1}{2}BHlz\left(1+\frac{\mathrm{d}z}{z}\right)-\frac{1}{2}BHlz$$

$$=\frac{1}{2}BHl\,\mathrm{d}z$$

但这一能量上的增加必定是外部对磁场做功的结果：

$$F\mathrm{d}z=\mathrm{d}E=\frac{1}{2}BHl\,\mathrm{d}z$$

这样，单位面积上的力 p_m 是 $F/l=BH/2$，它的作用方向与场方向垂直。我们可写为

$$p_m=\frac{1}{2}\mu\mu_0H^2 \tag{11.49}$$

同样的论证可以用到电场上，于是与电场和磁场有关的作用在单位面积上的总力是

$$p=\frac{1}{2}\varepsilon\varepsilon_0E^2+\frac{1}{2}\mu\mu_0H^2 \tag{11.50}$$

此处 E 指电场的振幅。此论证对电场与磁场均适用，但由于交界面两边 μ 的值不同，磁场存在时，穿过界面时就会有与磁场相关的压强差。

我们已经证明，在分界面上，$E_x=0$ 及 $H_y=H_0=2H_1$。因此在与界面接近的真空处，$p=\mu_0H_0^2/2$。导体内的压强是 $\mu\mu_0H_0^2/2$。因此由式(11.48)知，在导体上总的压强是

$$p=\underbrace{\frac{1}{2}\mu_0H_0^2}_{\text{真空中的压强}}-\underbrace{\frac{1}{2}\mu\mu_0H_0^2}_{\text{导体中的压强}}+\underbrace{\frac{1}{2}\mu\mu_0H_0^2}_{\text{感生电流上的力}}$$

结果是

$$p=\frac{1}{2}\mu_0H_0^2 \tag{11.51}$$

传播在真空中正 z 方向上的波的能量密度是$\varepsilon_1=(\varepsilon_0E_1^2+\mu_0H_1^2)/2=\mu_0H_1^2$。因此由于$H_0=2H_1$，故

$$p=\frac{1}{2}\mu_0H_0^2=2\mu_0H_1^2=2\varepsilon_1=\varepsilon_0 \tag{11.52}$$

此处 ε_0 是真空中辐射的总能量密度，是入射波和反射波的能量密度之和。

对限制在两个反射面之间的“一维”电磁辐射气体，方程(11.52)是它们的压强与能量密度之间的关系。在各向同性三维空间中，在三个正交方向上传播的辐射有着相同的能量密度，即

$$\varepsilon_x=\varepsilon_y=\varepsilon_z=\varepsilon_0$$

因此辐射压 p 为

$$p = \frac{1}{3}\varepsilon \tag{11.53}$$

此处，ε 是辐射总能量密度。

这么长的演示表明可以用完全经典的论证来推导电磁辐射气体的压强。我有意给出该简单的处理因为我喜欢用物理的论证，而不是用数学方法从麦克斯韦方程组出发并利用麦克斯韦应力张量。这也是麦克斯韦在其 1873 年的著作《论电与磁》[8]第二卷第 793 节中推导辐射压强的方法。在他的论证中，真空中的电磁辐射气体的压强是直接从式(11.50)导出的。把此表达式对电磁波的一个周期平均，对一维气体，关系 $p=\varepsilon_0$ 就直接得到了。

11.3.3　斯特藩-玻尔兹曼定律的推导

电磁辐射气体的 p 和 ε 的关系式(11.53)可导致斯特藩-玻尔兹曼定律。在式(11.26)中代入 $U=\varepsilon V$，则

$$\frac{T}{3}\left(\frac{\partial \varepsilon}{\partial T}\right)_V = \left[\frac{\partial(\varepsilon V)}{\partial V}\right]_T + \frac{\varepsilon}{3}$$

$$\frac{T}{3}\left(\frac{\partial \varepsilon}{\partial T}\right)_V = \varepsilon + \frac{\varepsilon}{3} = \frac{4\varepsilon}{3}$$

ε 和 T 之间的关系可马上被积分出来：

$$\frac{d\varepsilon}{\varepsilon} = 4\frac{dT}{T}, \quad \ln\varepsilon = 4\ln T + \ln a, \quad \varepsilon = aT^4 \tag{11.54}$$

这是玻尔兹曼在 1884 年做的计算，于是他的名字马上与斯特藩-玻尔兹曼定律挂上了钩。常量由下式给出：

$$a = \frac{8\pi^5 k^4}{15c^3h^3} = 7.566\times 10^{-16}\ \mathrm{J\cdot m^{-3}\cdot K^{-4}} \tag{11.55}$$

我们将在 13.3 节推导这一表达式。

关于辐射能量密度的表达式(11.54)，可与温度为 T 的黑体表面单位面积单位时间内辐射的能量相联系。假定黑体是放在处于热平衡的温度为 T 的封闭系统里的，$N(E)$是封闭系统中能量为 E 的辐射模式的数密度。如果一个模的能量为 E，那么在此模中单位时间内到达单位面积的能量流速率[由式(11.13)知，即为 $N(E)Ec/4=N\bar{E}c/4=\varepsilon c/4$]，相当于能量必定从此面积辐射出来的速率 I。因此

$$I = \frac{\varepsilon c}{4} = \frac{ac}{4}T^4 = \sigma T^4 = 5.67\times 10^{-8}\,T^4\ \mathrm{W\cdot m^{-2}} \tag{11.56}$$

此处 σ 是斯特藩-玻尔兹曼常量。在 1884 年，斯特藩-玻尔兹曼定律的实验证据还不是特别牢靠，直到 1897 年，卢默和普林斯海姆进行了非常细致的实验，证明此定律确实在很高的精度上是正确的(见本专题开头的专题图 5.1)。

11.4 维恩位移定律及黑体辐射谱

在 1895 年,黑体辐射谱还不是特别著名,但已经有维恩以辐射定律应该有的形式做的重要理论工作。维恩位移定律[9]组合了电磁学与热力学,加上量纲分析。让我们来如实地演示维恩在 1893 年发表的工作中做了什么,它在后面的故事中举足轻重。

首先,维恩导出了辐射"气体"在经受一种可逆绝热膨胀过程中的性质变化。分析从基本的热力学关系出发:

$$đQ = \mathrm{d}U + p\mathrm{d}V$$

在一绝热膨胀中 $đQ=0$,且对于辐射"气体",$U=\varepsilon V$,$p=\varepsilon/3$,于是

$$\mathrm{d}(\varepsilon V) + \frac{1}{3}\varepsilon\mathrm{d}V = 0$$

$$V\mathrm{d}\varepsilon + \varepsilon\mathrm{d}V + \frac{1}{3}\varepsilon\mathrm{d}V = 0$$

结果:

$$\frac{\mathrm{d}\varepsilon}{\varepsilon} = -\frac{4\mathrm{d}V}{3V}$$

积分之:

$$\varepsilon = 常量 \times V^{-4/3} \tag{11.57}$$

但是 $\varepsilon = aT^4$,因此

$$TV^{1/3} = 常量 \tag{11.58}$$

因为 V 正比于球体半径的立方,所以

$$T \propto r^{-1} \tag{11.59}$$

推导维恩位移定律的下一步是求出辐射波长与处在可逆绝热膨胀中的封闭系统体积的关系。让我们完成两个简单的计算,该问题就可以得到解答。首先,确定波从一缓慢移动的镜子上反射时其波长的改变(图 11.5)。镜子的初始位置在 X,假定此时入射波的一个极大值在 A 处,那么反射是沿着 AC 进行的。现在假定当下一个波峰到达镜子时,后者已移到 X'处,因此相比于第一个极大峰,此峰必须多走一段距离 ABN,也就是,两个极大之间的距离,即波长增加了一个量 $\mathrm{d}\lambda = AB + BN$。根据对称,有

$$AB + BN = A'N = AA'\cos\theta$$

但是

$$AA' = 2 \times 镜子移动距离 = 2XX' = 2uT$$

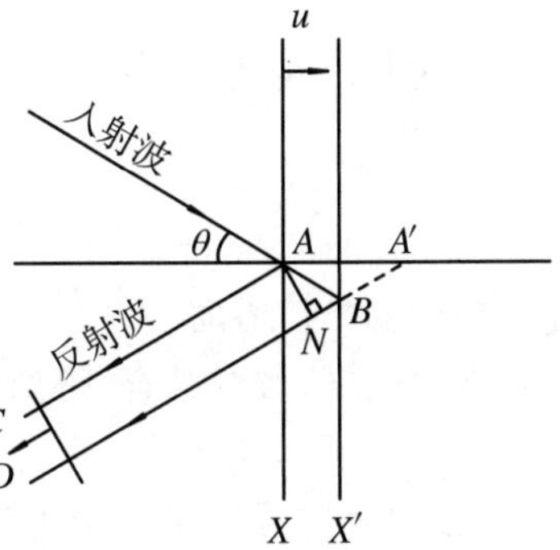

图 11.5　波从一缓慢移动的镜子上反射时其波长的改变

此处 u 是镜子的速度，T 为波的周期。因此

$$\begin{aligned} d\lambda &= 2uT\cos\theta \\ &= 2\lambda \frac{u}{c}\cos\theta \quad (因为\ d\lambda \ll \lambda) \end{aligned} \tag{11.60}$$

注意此结果仅在一阶小量上正确，但这完全够用了，因为我们只对微分变化感兴趣。

现在假定波被限制在一个缓慢膨胀的反射空腔内，其相对于球的法线的入射角为 θ。我们可以求出波在球内的反射次数，由此求出当空腔以速度 u(假定 $u \ll c$)从 r 膨胀到 $r + dr$ 时波长的总改变(图 11.6)。

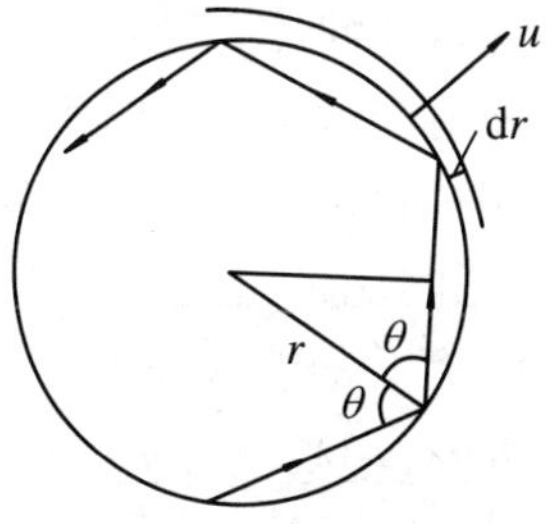

图 11.6　演示当一个电磁波在一个以速度 u 膨胀的球体内反射时其波长的微小变化

如果膨胀速度很小，当球膨胀一个无穷小距离 dr 时，反射角 θ 保持不变。球膨胀一段距离 dr 所需的时间间隔是 $dt = dr/u$，从几何图 11.6 可知，对以速度 c 传播的波来说，两个反射之间的时间间隔是 $2r\cos\theta/c$。在时间 dt 内的反射数为 $c\,dt/(2r\cos\theta)$，而波长的改变是

$$d\lambda = \left(\frac{2u\lambda}{c}\cos\theta\right)\left(\frac{c\,dt}{2r\cos\theta}\right)$$

即

$$\frac{d\lambda}{\lambda}=\frac{u\,dt}{r}=\frac{dr}{r}$$

积分后得到

$$\lambda\propto r \tag{11.61}$$

这样,辐射的波长增加正比于球体的半径增加。

我们可把此结果与式(11.59)的 $T\propto r^{-1}$结合,得到

$$T\propto\lambda^{-1} \tag{11.62}$$

这是维恩位移定律的一部分。如果辐射经历了一个可逆绝热膨过程,那么特定的一组波的波长的改变反比于温度。换句话说,当温度变化时,辐射的波长是有"位移"的。特别地,如果我们注意辐射谱的极大值,它应该遵循关系 $\lambda_{max}\propto T^{-1}$。结果发现这与实验符合得非常好。

维恩并未到此为止,他把斯特藩-玻尔兹曼定律和 $\lambda_{max}\propto T^{-1}$两个定律结合起来,以确定对平衡辐射谱的形式的限制。

他的第一步是,注意到当任何一组物体处在一个完全反射的封闭系统中,通过辐射的吸收和发射最后达到热平衡时,在此状态下,单位时间内有多少能量被物体吸收,物体就发射多少能量。这样,只要我们等足够长的时间,封闭系统中的辐射谱就是一定温度 T 的黑体辐射谱。按照 11.2.2 小节的论证,基尔霍夫第一个明确指出,辐射必须是均匀的,可用以标志辐射谱的仅有参数是温度 T。

第二步是,如果黑体辐射开始时在温度 T_1,然后系统经受了一次可逆绝热膨胀,按定义,膨胀是无限慢地进行的,使得在膨胀到一个稍低温度 T_2 的过程的每一步辐射都达到平衡谱。关键点是,在膨胀的开始和结尾,辐射谱都有黑体辐射谱的形式。因此未知的辐射定律必须适当地与温度匹配起来。

考虑在波长范围 λ_1 到 $\lambda_1+d\lambda_1$ 间的辐射并让它的能量密度为 $\varepsilon=u(\lambda_1)d\lambda_1$,即 $u(\lambda)$是单位波长间隔或单位带宽的能量密度。那么,按照 11.3.3 小节玻尔兹曼的分析,与任何特定波长间隔 $d\lambda$ 有关的能量如 T^4 一样变化,因此

$$\frac{u(\lambda_1)d\lambda_1}{u(\lambda_2)d\lambda_2}=\left(\frac{T_1}{T_2}\right)^4 \tag{11.63}$$

这里 λ_2 为膨胀后的波长。但由式(11.62)有 $\lambda_1T_1=\lambda_2T_2$,因此 $d\lambda_1=(T_2/T_1)d\lambda_2$。于是

$$\frac{u(\lambda_1)}{T_1^5}=\frac{u(\lambda_2)}{T_2^5},\quad 即\quad \frac{u(\lambda)}{T^5}=常量 \tag{11.64}$$

因为 $\lambda T=$常量,式(11.64)可写为

$$u(\lambda)\lambda^5=常量 \tag{11.65}$$

现在,在整个膨胀过程中保持为常量的、仅有的 λ 和 T 的组合是乘积λT,因此我们可得出结论:一般讲,在式(11.65)中的那个常量只能由 λT 的函数给出。因此辐射定律必定有下面的形式:

$$u(\lambda)\lambda^5 = f(\lambda T) \tag{11.66}$$

或者

$$u(\lambda)\mathrm{d}\lambda = \lambda^{-5} f(\lambda T)\mathrm{d}\lambda \tag{11.67}$$

这是维恩位移定律的完全形式，它给黑体辐射谱的形式以重要的限制。

我们发现，用频率而非波长，工作起来更方便，让我们把维恩位移定律转成频率形式*：

$$u(\lambda)\mathrm{d}\lambda = u(\nu)\mathrm{d}\nu$$

并用

$$\lambda = c/\nu, \quad \mathrm{d}\lambda = -\frac{c}{\nu^2}\mathrm{d}\nu$$

因此由式(11.67)，有

$$u(\nu)\mathrm{d}\nu = \left(\frac{c}{\nu}\right)^{-5} f\left(\frac{\nu}{T}\right)\left(-\frac{c}{\nu^2}\mathrm{d}\nu\right) \tag{11.68}$$

即

$$u(\nu)\mathrm{d}\nu = \nu^3 f\left(\frac{\nu}{T}\right)\mathrm{d}\nu \tag{11.69}$$

实际上这相当巧妙。注意，维恩所用的不过是非常一般的热力学论据。我们马上会看到，这个论证对建立正确的黑体辐射公式是多么关键。

当 1895 年普朗克开始对平衡辐射谱的问题感兴趣时，这些完全是新的东西。现在我们转到普朗克对理解黑体辐射谱的巨大贡献。

11.5　参考文献

[1] Lindley D. 2001. Boltzmann's Atom. New York: the Free Press.

[2] Kirchhoff G. 1861 – 1863. Abhandl. der Berliner Akad. Part 1: 1861: 62; 1862: 227; Part 2: 1863: 255.

[3] Hearnshaw J B. 1986. The Analysis of Starlight. Cambridge: Cambridge University Press.

[4] Rybicki G B, Lightman A P. 1979. Radiative Processes in Astophysics. New York: John Wiley and Sons.

[5] Kirchhoff G. 1859. Ber. der Berliner Akad.: 662. (Trans. Phil. 1860.

* 这里 $u(\lambda)$和 $u(\nu)$是不一样的函数，虽然它们紧密联系着。它们的形式在相应的论证中定义，$f(\lambda T)$和$f(\nu/T)$也类似。

Mag. ,19:193)

[6] Stefan J. 1879. Wiener Ber. Ⅱ,79:391-428.

[7] Boltzmann L. 1884. Ann. der Physic,22:291-294.

[8] Maxwell J C. 1873. A Treatise on Electricity and Magnetism. Oxford: Clarendon Press. (Reprint of the second edition of 1891 published by Oxford University Press. 1998. in two volumes)

[9] Wien W. 1893. Ber. der Berliner Akad. :55-62.

第 12 章　1895～1900：普朗克与黑体辐射谱

12.1　普朗克的早期生涯

关于他的早期生涯，普朗克非常直接而且诚实，正如可以在他的简短科学自传中读到的[1]。他在柏林跟亥姆霍兹和基尔霍夫学习，但有其自己的看法：

> 我要承认这些人的讲课没有带给我多少收获。亥姆霍兹显然没有好好备课……基尔霍夫完全相反……但他那些课听来像在背课文，枯燥且单调。

对于拼命想理解物理的学生而言不必失望，就是最好的物理学家有时也不适于当大学老师。我自己的经验是，虽然最好的物理学家常常是最能激发人的授课者，但这与在传递火炬给下一代的行动中的水平相差很大。我们要容忍那些授课者参差不齐的水平。* 不管怎样，最后总要自己去理解那些材料而不是靠喂养，因此似乎并不像乍一听那样可怕。实际上，有人会争辩说，一个不好的授课者会要求学生使劲动脑筋思考材料，这是一件好事，但我要加上一句，没有任何理由为差劲的授课者找借口。

普朗克的研究兴趣是读了克劳修斯的工作后被激起的，他打算研究怎样可以将热力学第二定律应用到更广泛的不同物理问题上去，并想尽可能清楚地列出这一主题的基本框架。他在 1879 年完成了论文，用他自己的话说：

> 我的论文对那时的物理学家的效果是零。我大学里的教授中没有一个人理解其内容，从我与他们的谈话中可以看出……亥姆霍兹甚至根本就没有读过我的文章。基尔霍夫明确地不赞成其内容，评论说……熵的概念……肯定不能用到不可逆过程。我没能找到克劳修斯。他对我的信不予回答，当我试图到波恩去他家做私人访问时也找不到他。[2]

关于这些说法有有趣的两点。首先，基尔霍夫说熵的概念不能用于不可逆过程，这是不对的。熵是态函数，因此对系统的任何给定态都可以确定，不管经由该态的过程是可逆的还是不可逆的。第二，普朗克只有小小的机会见到大人物，对此

* 见第 4 章关于牛顿的讲课的评论。

不必太奇怪。我们非常熟悉的事实是，人们很忙，甚至一个非常富于同情心的年长科学家也很难分出时间到他的直接兴趣之外。另外，我们要与实在的个人打交道，有的人会比别的人更易接近。重要的是，不要丧气或放弃——达到目标常常不只一条道。

普朗克继续他对熵和热力学的研究，并且在基尔霍夫 1889 年故去后继任了他在柏林大学的位置。这是个有利的进展，因为此大学是世界上最活跃的物理中心之一，而德国物理又处于研究的最前沿。

1894 年，他的注意力转向黑体辐射谱的问题，此课题成了他以后研究工作的主题并由此导出了量子化和量子的发现。他对此课题的兴趣似乎是由维恩在前一年发表的重要文章激起的，此文章我们在 11.4 节中详细分析过了。维恩的分析有强烈的热力学味道，它必然对普朗克很有吸引力。

1895 年，他发表了关于平面电磁波被振动偶极子共振散射的第一个结果。这是他离开过去的兴趣后的第一篇文章，是关于电磁波而非关于熵的。但在文章的最后，普朗克说得很清楚，这是他破解黑体辐射谱问题的第一步。他的目标是在空腔中设置一组振子系统，它会产生辐射并与产生的辐射相互作用，在很长时间后，系统达到平衡。然后他就可以把热力学用于黑体辐射以理解谱的起源。他解释了为什么这提供了一个洞察基本热力学过程的方法。当振子能量由于辐射而丢失时，可以将过程考虑为“保守的”，因为辐射被封闭在一个完全反射的盒子里，它必定会反作用于振子。进一步说，过程是与振子的性质无关的。用普朗克的话说：

> 研究保守的(而非耗散的)阻尼在我看来特别重要，因为它可能为用保守力给不可逆过程一个普遍的解释打开一个前景。这是理论物理研究前沿日益紧迫的问题。[3]

重要的是要记住，普朗克是热力学的大专家，是经典热力学的代表人物克劳修斯的追随者。他认为热力学第二定律有着绝对的适用性——他相信，熵减少的过程应该严格排除。这与玻尔兹曼在其 1877 年的研究报告中说的是完全不同的观点。玻尔兹曼说第二定律本质上是统计性的。正如在第 10 章所展示的，按照玻尔兹曼的观点，熵在所有的自然过程中增加实际上有非常大的可能，但还有非常小的有限的可能性是，系统会经历一个更低熵的状态。如在库恩[4]关于这些年的历史中清楚地指出的那样，对于玻尔兹曼的方法有很多技术方面的关注，普朗克和他的学生发表了文章，批评玻尔兹曼统计论证中的某些步骤。

经典地研究了振子与电磁辐射相互作用后，普朗克相信他能证明：在一个由物质与辐射组成的系统中熵增加是绝对的。该观点被 5 篇系列文章详细阐述。这一想法实现不了，正如玻尔兹曼曾指出的。关于系统趋于一个平衡态的方法，如果没有某些统计假定，是没法得到一个趋于平衡的单调路径的。这可以从麦克斯韦关于力学、动力学和电磁学定律的时间可逆性的简单而有说服力的论证中得到理解(10.6 节)。

最后，普朗克承认统计假定是必需的并引入了“自然辐射”的概念，它相当于玻尔兹曼的“分子混沌”假定。这必定使普朗克很痛苦。发现自己的研究所依据的假定竟然是20年前的古董，这对任何科学家来讲都是痛苦的经历。但是还有更糟糕的。

一旦做出假定说存在一个"自然辐射"态，普朗克就能够把他的工作推进许多。他做的第一件事，是能把封闭系统中辐射的能量密度与其中的振子的平均能量联系起来。这是非常重要的结果，可以完全经典地推导出来。我们来演示这如何做到——它是一小片漂亮的理论物理。

12.2　热平衡中的振子与它们的辐射

为什么探讨的是振子，而不是譬如说原子、分子、一块石头，等等？理由是，在达到热平衡时，每一个物体都与其他任何物体平衡，如石头与原子和振子平衡，因此处理复杂的对象没有任何优越性。考虑简单的简谐振子的优点是，发射和辐射定律能够精确地被计算出来。该重点的另一种表述就是，联系发射系数 j_ν 和吸收系数 α_ν 的基尔霍夫定律式(11.21)

$$\alpha_\nu B_\nu(T) = j_\nu$$

表明，如果我们能够对任何过程确定这些系数，我们就能找到普适的平衡谱 $B_\nu(T)$。

12.2.1　加速带电粒子的辐射速率

经典物理说，当一个带电粒子加速时，它会发射电磁辐射。在以后的分析中，我们需要关于一个加速的带电粒子发射辐射的速率的漂亮公式。此公式的正规推导要从麦克斯韦方程组出发，利用场分量在大距离处的推迟势来做。我们采用汤姆孙在其书《电和物质》[5]中的著名论证来给出关于此精确结果的一个远为简单的推导。这是汤姆孙1903年在哈佛作的西利曼纪念讲演的出版版本。他曾利用此公式在其下一本书《气体发电》[6]中推出了X光被原子中的电子散射的截面。这是电磁辐射为自由电子散射的汤姆孙截面的原型。汤姆孙的论证清楚地指出了为何一个加速的电荷产生电磁辐射并且搞清了极向图的来源和辐射的极化性质。

考虑一个电荷 q 在时刻 $t=0$ 稳定在某个参考系 S 的原点 O。假定在一个很短的时间间隔 Δt 内，电荷速度有小增加量 Δv。汤姆孙利用附在加速电荷上的电场线来使产生的电场分布直观化。在时间 t 以后，我们可以区分在以 S 的原点为中心 ct 为半径的球内部和外部的电场分布[图12.1(a)]，记住麦克斯韦曾证明：在自由空间，电磁扰动是以光速传播的。球外的场线则为径向的，中心在 O 点，因为它们不知道电荷已从原点移开，信息不能传播得比光还快。在球内，场线对于中心在移动电荷处的参考系原点是径向的。在此二区域之间有一个厚为 $c\Delta t$ 的球壳，其中我们要连接相应的电场线[图12.1(a)]。几何上很清楚，在此壳中电场在非径向,即 $\boldsymbol{i}_\theta$ 方向,一定有某个分量。这个电磁场"脉冲"是以光速由电荷传播开来的,它代表了加速带电粒子的能量损失。

我们来算出脉冲中电场的强度。假定 Δv 非常小,即 $\Delta v \ll c$,因此可以放心地假定,场线不仅在 $t=0$ 时刻是径向的,在 t 时刻在参考系 S 中也是。事实上,速度 Δv 有一个相关的小的像差效应,但相比于我们要讨论的大效应而言是二级小的。因此我们可考虑一个相对于 $t=0$ 时刻电荷的加速度矢量张角为 θ 的电场线锥,以及在以后 t 时刻当电荷以常速 Δv 移动时类似的一个锥[图 12.1(b)]。现在我们在两个锥之间厚为 $c\Delta t$ 的薄壳内连接电场线,如图 12.1(b)所示。场的 E_θ 分量大小由穿过 $\boldsymbol{i}_\theta$ 方向单位面积的场线数给出。从图 12.1(b)的几何图像(它夸大了场

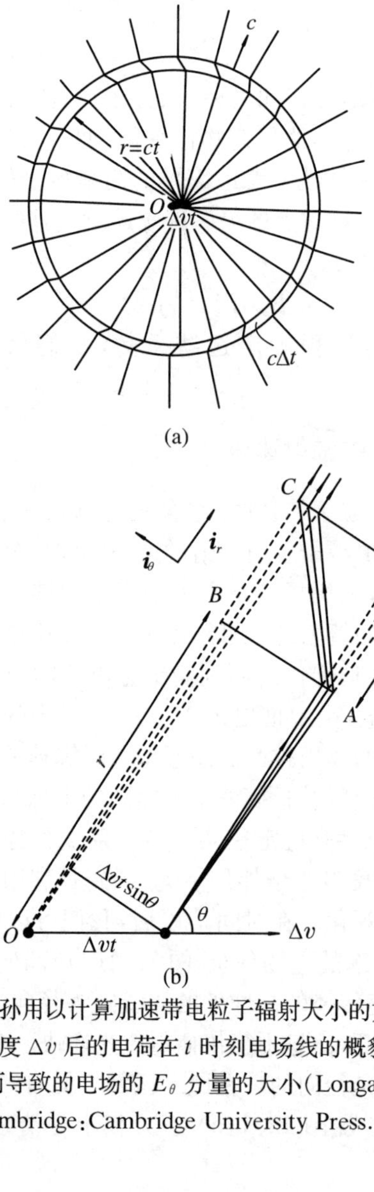

图 12.1　(a)演示汤姆孙用以计算加速带电粒子辐射大小的方法,此图显示了从 $t=0$ 时刻起经时间 Δt 加速到速度 Δv 后的电荷在 t 时刻电场线的概貌;(b)是放大的(a)的一部分,用以计算由电子加速而导致的电场的 E_θ 分量的大小(Longair M. 1997. High Energy Astrophysics: Vol. 1. Cambridge: Cambridge University Press. 1992 版的修订和更新版)

线的不连续性）可以看出，E_θ 分量由长方形 $ABCD$ 的边的相对大小给出，即

$$\frac{E_\theta}{E_r}=\frac{\Delta vt\sin\theta}{c\Delta t} \tag{12.1}$$

但是

$$E_r=\frac{q}{4\pi\varepsilon_0 r^2}$$

其中 $r=ct$。因此

$$E_\theta=\frac{q(\Delta v/\Delta t)\sin\theta}{4\pi\varepsilon_0 c^2 r}$$

$\Delta v/\Delta t$ 是电荷的加速度 $|\boldsymbol{a}|$，于是

$$E_\theta=\frac{q\ |\boldsymbol{a}|\ \sin\theta}{4\pi\varepsilon_0 c^2 r} \tag{12.2}$$

注意到按照库仑定律场的径向分量如 r^{-2} 那样递减，而切向分量递减如 r^{-1}，这是因为在壳内，当 t 增加时场线在 E_θ 方向拽得越来越紧，这从式(12.1)可以看出。换个说法，我们可以写下 $q\boldsymbol{a}=\ddot{\boldsymbol{p}}$，此处 $\boldsymbol{p}$ 是电荷的偶极矩，因此

$$E_\theta=\frac{|\ddot{\boldsymbol{p}}|\ \sin\theta}{4\pi\varepsilon_0 c^2 r} \tag{12.3}$$

这个电场分量代表了一个电磁辐射脉冲，因此在距离 r 处每秒流经单位面积的能量流速率由坡印廷(Poynting)矢量的大小 $S=|\boldsymbol{E}\times\boldsymbol{H}|=E_0^2/Z_0$ 给出，此处 $Z_0=(\mu_0/\varepsilon_0)^{1/2}$ 是自由空间的阻抗（见 6.12 节）。因此流经离电荷 r 处角为 θ 的立体角 $\mathrm{d}\Omega$ 所张面积 $r^2\mathrm{d}\Omega$ 的辐射速率为

$$Sr^2\mathrm{d}\Omega=\frac{|\ddot{\boldsymbol{p}}|^2\sin^2\theta}{16\pi^2 Z_0\varepsilon_0^2c^4r^2}r^2\mathrm{d}\Omega=\frac{|\ddot{\boldsymbol{p}}|^2\sin^2\theta}{16\pi^2\varepsilon_0 c^3}\mathrm{d}\Omega \tag{12.4}$$

为得到总的辐射速率 $-\mathrm{d}E/\mathrm{d}t$，我们对立体角积分。由于发射强度对于加速度矢量的对称性，我们可对在角度 θ 和 $\theta+\mathrm{d}\theta$ 之间的圆带对应的立体角积分，如图 10.1 所示。这样

$$-\frac{\mathrm{d}E}{\mathrm{d}t}=\int_0^\pi\frac{|\ddot{\boldsymbol{p}}|^2\sin^2\theta}{16\pi^2\varepsilon_0 c^3}2\pi\sin\theta\mathrm{d}\theta$$

我们得

$$-\frac{\mathrm{d}E}{\mathrm{d}t}=\frac{|\ddot{\boldsymbol{p}}|^2}{6\pi\varepsilon_0 c^3}=\frac{q^2\ |\boldsymbol{a}^2|}{6\pi\varepsilon_0 c^3} \tag{12.5}$$

这一结果有时被称为拉莫尔公式——与纯理论推出的一样。这些公式蕴含了一个加速带电粒子的辐射的 3 个本质的性质。

(1) 总的辐射速率由拉莫尔公式(12.5)给出。注意，在此公式中，加速度是在相对论意义上的带电粒子的固有加速度，因此辐射速率是在粒子的瞬时静止系里测量的。

(2) 辐射的极向图是偶极形式的，即电场强度按 $\sin\theta$ 变化，且辐射在单位立体

角的功率如 $\sin^2\theta$ 那样变化，此处 θ 是相对于加速度矢量的夹角(图 12.2)。注意，沿着加速度矢量方向没有辐射而场强在与其垂直方向最大。

(3) 辐射是极化的，在远处，观察者所测量的电场矢量总是沿着极角单位矢量方向 $\boldsymbol{i}_\theta$(图 12.2)。

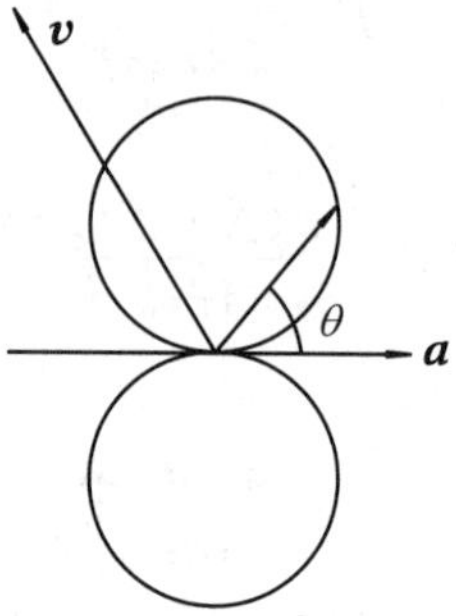

图 12.2　一个加速电子发射的辐射场 E_θ 的极向图，电场强度的大小是相对于瞬时加速度矢量 $\boldsymbol{a}$ 的极角 θ 的函数；注意，带电粒子在其瞬时静止系中的辐射性质是与其速度矢量 $\boldsymbol{v}$ 无关的，如图所示，此速度一般讲来不会与 $\boldsymbol{a}$ 平行；辐射场强度 $E_\theta \propto \sin\theta$ (12.3)；相对于加速度矢量成一圆波瓣(Longair M. 1997. High Energy Astrophysics: Vol. 1. Cambridge: Cambridge University Press. 1992 版的修订和更新版)

事实上大多数与加速带电粒子有关的辐射问题都可以利用这些简单的规则来理解。若干重要的例子，包括汤姆孙截面的推导，都在我的系列书《高能天体物理学》[7]中给出。虽然汤姆孙的推导是讨人喜欢的，但不能替代纯理论的运算，后者要严格应用麦克斯韦方程组。

12.2.2　振子的辐射阻尼

现在我们把结果式(12.5)应用到下述情形：简谐振动的振子，振幅为 x_0，角频率为 ω_0，$x = x_0\exp(\mathrm{i}\omega_0 t)$。因此 $\ddot{x} = -\omega_0^2 x_0 \exp(\mathrm{i}\omega_0 t)$，或者取其实部，$\ddot{x} = -\omega_0^2 x_0 \cos\omega_0 t$。由辐射引起的能量瞬时损失速率就是

$$-\frac{\mathrm{d}E}{\mathrm{d}t} = \frac{\omega_0^4 e^2 x_0^2}{6\pi\varepsilon_0 c^3}\cos^2\omega_0 t \tag{12.6}$$

$\cos^2\omega_0 t$ 的平均值是 1/2，因此电磁辐射形式的能量的平均损失速率为

$$-\left(\frac{\mathrm{d}E}{\mathrm{d}t}\right)_{平均} = \frac{\omega_0^4 e^2 x_0^2}{12\pi\varepsilon_0 c^3} \tag{12.7}$$

现在我们来研究阻尼简谐运动的方程，因为振子会因辐射电磁波而损失能量。它可以写成下面的形式：

$$m\ddot{x} + a\dot{x} + kx = 0$$

此处 m 是(约化)质量，k 是弹性系数，而 $a\dot{x}$ 是阻尼力。与每个项有关的能量可以通过乘上 $\dot{x}$ 然后对时间积分而得到，即

$$\int_0^t m\ddot{x}\dot{x}\mathrm{d}t+\int_0^t a\dot{x}^2\mathrm{d}t+\int_0^t kx\dot{x}\mathrm{d}t=0$$

于是

$$\frac{1}{2}m\int_0^t \mathrm{d}(\dot{x}^2)+\int_0^t a\dot{x}^2\mathrm{d}t+\frac{1}{2}k\int_0^t \mathrm{d}(x^2)=0 \tag{12.8}$$

我们把式(12.8)中的各项分别与振子的动能、阻尼损失和势能对应起来。现在对形如 $x=x_0\cos\omega_0 t$ 的简谐运动估计各项的大小。动能和势能的平均值如下

$$\text{平均动能}=\frac{1}{4}mx_0^2\omega_0^2$$

$$\text{平均势能}=\frac{1}{4}kx_0^2$$

如果阻尼非常小，振子振动的自然频率是 $\omega_0^2=k/m$。那么正如我们知道的，振子的动能与势能的平均值是相同的，总能量为两者的和，即

$$E=\frac{1}{2}mx_0^2\omega_0^2 \tag{12.9}$$

观察式(12.8)可见，振子由于辐射而导致能量的瞬时损失速率是 $a\dot{x}^2$，所以在对时间平均后，有

$$-\left(\frac{\mathrm{d}E}{\mathrm{d}T}\right)_{\text{平均}}=\frac{1}{2}ax_0^2\omega_0^2 \tag{12.10}$$

因此把式(12.9)与式(12.10)作比，得到

$$-\left(\frac{\mathrm{d}E}{\mathrm{d}t}\right)_{\text{平均}}=\frac{a}{m}E \tag{12.11}$$

现在我们可以把此关系与表达式(12.7)比较。把式(12.9)代到式(12.7)，我们有

$$-\left(\frac{\mathrm{d}E}{\mathrm{d}t}\right)_{\text{平均}}=\gamma E \tag{12.12}$$

此处 $\gamma=\omega_0^2e^2/(6\pi\varepsilon_0c^3m)$。如果我们引入经典电子半径 $r_\mathrm{e}=e^2/(4\pi\varepsilon_0m_\mathrm{e}c^2)$，这里 m_e 是电子质量，则此表达式可变得简单些。这时 $\gamma=2r_\mathrm{e}\omega_0^2/(3c)$。在式(12.11)中把 γ 等同于 a/m，我们就得到了振子的正确衰变常量的表达式。

现在我们认识到为何普朗克相信这是一个解决问题的有效方法。能量并不是像热那样通过耗散而损失的，而是变为电磁辐射；常量值 γ 只取决于基本常量，如果我们把该振子当作电子的振动的话。相反，在摩擦阻尼中，能量变为热，损失率公式中包含与物体有关的常量。还有，对电磁波而言，如果振子和波都被限制在一个有着完全反射壁的封闭系统中，能量不会从系统中丢失，波会返回到振子而把能量还给它。这就是为何普朗克称此阻尼为保守阻尼。今天此现象更常用的名称为辐射阻尼。

12.3 谐振子的平衡辐射谱

在前一节中我们讨论了受到辐射阻尼的谐振子的动力学

$$m\ddot{x} + a\dot{x} + kx = 0$$

或者

$$\ddot{x} + \gamma\dot{x} + \omega_0^2 x = 0 \tag{12.13}$$

如果现在角频率 ω 不同的电磁波入射到振子上,能量就会转移到它身上,我们就要在式(12.13)中加上一项:

$$\ddot{x} + \gamma\dot{x} + \omega_0^2 x = \frac{F}{m} \tag{12.14}$$

振子就会被入射波的电场加速,故我们可写出 $F = eE_0\exp(\mathrm{i}\omega_0 t)$。为求得振子的响应,我们取形如 $x = x_0\exp(\mathrm{i}\omega t)$的试探函数。于是

$$x_0 = \frac{eE_0}{m(\omega_0^2 - \omega^2 + \mathrm{i}\gamma\omega)} \tag{12.15}$$

注意,在分母有一个复数因子,它意味着振子并不与入射波同相振动。这对我们的计算没有影响。下面会看到,我们只对振幅的模感兴趣。

我们已经偏离寻找返回到振子的能量有多少相当远了,但我们还是不那样直接做。我们先来求出在入射辐射场的影响下振子的辐射速率。如果把它等同于振子的自然辐射,就满足了寻找平衡谱的必要条件。

这个做法为我们说的振子与辐射场平衡提供了一幅物理图像。换句话说,入射辐射场做的功正好填补振子单位时间内损失的能量。现在起,计算只要硬做就可以了——剩下的只有这一种办法了。

由式(12.6)知,振子的辐射速率为

$$-\frac{\mathrm{d}E}{\mathrm{d}t} = \frac{\omega^4 e^2 x_0^2}{6\pi\varepsilon_0 c^3}\cos^2\omega_0 t$$

其中,我们用了在式(12.15)中推出的 x_0 值。我们需要 x_0 的模的平方,这只要把 x_0 乘上它的复共轭,即

$$x_0^2 = \frac{e^2 E_0^2}{m^2[(\omega_0^2 - \omega^2)^2 + \gamma^2\omega^2]}$$

因此当受到一个角频率为 ω 的入射波作用时,振子的辐射速率为

$$-\frac{\mathrm{d}E}{\mathrm{d}t}(\omega) = \frac{\omega^4 \varphi e^4 E_0^2}{6\pi\varepsilon_0 c^3 m^2[(\omega_0^2 - \omega^2)^2 + \gamma^2\omega^2]}\cos^2\omega_0 t \tag{12.16}$$

它很容易对时间平均,即

$$\langle \cos^2 \omega t \rangle = \frac{1}{2}$$

注意，包括 E_0^2 在内的因子是紧密地与入射波的能量相联系的。单位时间单位面积的入射能量由坡印廷矢量 $\boldsymbol{E} \times \boldsymbol{H}$ 给出。对电磁波，$\boldsymbol{B} = \boldsymbol{k} \times \boldsymbol{E}/\omega$，$|\boldsymbol{H}| = \boldsymbol{E}/(\mu_0 c)$，以及 $|\boldsymbol{E} \times \boldsymbol{H}| = [\boldsymbol{E}_0^2/(\mu_0 c)]\cos^2 \omega t$，每秒单位面积的平均入射能量为

$$\frac{1}{2\mu_0 c} E_0^2 = \frac{\varepsilon_0 c E_0^2}{2}$$

还有，当我们处理有随机相位的入射波的叠加时，如平衡辐射的情形，求总的入射能量是把各单个入射波的能量加起来，即对所有 E^2 的项求和（见15.3节）。因此我们可以在公式中用所有射到振子的角频率 ω 相同的波的和来代替 E_0^2 的值，就得到在此角频率处的总平均辐射速率。由式(12.16)，得

$$-\frac{\mathrm{d}E}{\mathrm{d}t}(\omega) = \frac{\omega^4 e^4 \times \frac{1}{2}\sum_i E_{0i}^2}{6\pi\varepsilon_0 c^3 m^2[(\omega_0^2 - \omega^2)^2 + \gamma^2\omega^2]} \tag{12.17}$$

下一步注意到辐射速率式(12.17)实际上是个连续强度分布，我们可将式(12.17)中的求和改写成在波段 ω 到 $\omega + \mathrm{d}\omega$ 入射强度*：

$$I(\omega)\mathrm{d}\omega = \frac{1}{2}\varepsilon_0 c \sum_i E_{0i}^2 \tag{12.18}$$

因此在角频率 ω 处的辐射速率可写为

$$-\frac{\mathrm{d}E}{\mathrm{d}t}(\omega) = \frac{\omega^4 e^4}{6\pi\varepsilon_0^2 c^4 m^2}\frac{I(\omega)\mathrm{d}\omega}{(\omega_0^2 - \omega^2)^2 + \gamma^2\omega^2}$$

引入经典电子半径 $r_e = e^2/(4\pi\varepsilon_0 m_e c^2)$，我们得

$$-\frac{\mathrm{d}E}{\mathrm{d}t}(\omega) = \frac{8\pi r_e^2}{3}\frac{\omega^4 I(\omega)\mathrm{d}\omega}{(\omega_0^2 - \omega^2)^2 + \gamma^2\omega^2} \tag{12.19}$$

现在由因子 $\omega^4/[(\omega_0^2 - \omega^2)^2 + \gamma^2\omega^2]$ 描写的振子的响应曲线在值 ω_0 处有一尖峰（图12.3），因为辐射速率相对于振子的总能量是非常小的，即 $\gamma \ll 1$。因此我们可以做简化的近似。在凡是只出现 ω 的地方我们可让 $\omega \to \omega_0$；同样，可写

$$\omega^2 - \omega_0^2 = (\omega + \omega_0)(\omega - \omega_0) \approx 2\omega_0(\omega - \omega_0)$$

因此

$$-\frac{\mathrm{d}E}{\mathrm{d}t}(\omega) \approx \frac{2\pi r_e^2}{3}\frac{\omega_0^2 I(\omega)\mathrm{d}\omega}{(\omega - \omega_0)^2 + \frac{1}{4}\gamma^2} \tag{12.20}$$

最后，我们预期，相比于振子响应函数的尖锐性，$I(\omega)$ 是缓慢变化的函数，故可以在我们感兴趣的 ω 范围内把它当作常量。对 ω 积分，我们得到总的辐射损失速率为

$$-\frac{\mathrm{d}E}{\mathrm{d}t} = \frac{2\pi r_e^2}{3} I(\omega_0)\int_0^\infty \frac{\omega_0^2 \mathrm{d}\omega}{(\omega - \omega_0)^2 + \frac{1}{4}\gamma^2} \tag{12.21}$$

---

* 注意这一强度是单位面积的总功率，由 4π 立体角得来的。通常定义的单位为 $\mathrm{W \cdot m^{-2} \cdot Hz^{-1} \cdot Sr^{-1}}$。相应地，在式(12.23)中，$I(\omega)$ 和 $u(\omega)$ 的关系是 $I(\omega) = u(\omega)c$，而非通常的 $I(\omega) = u(\omega)c/(4\pi)$。

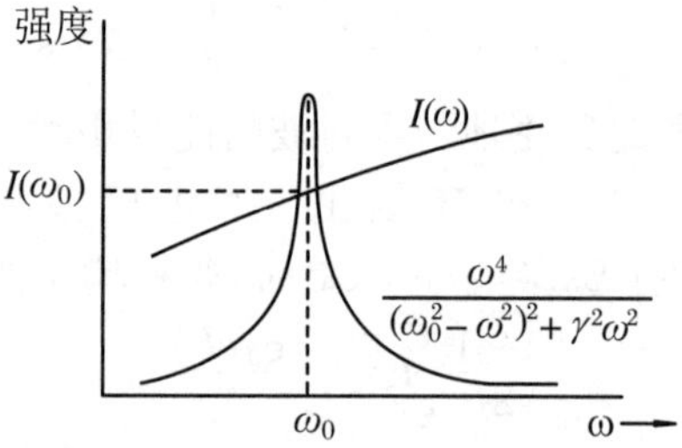

图 12.3　振子的响应曲线,连续谱远比振子的响应函数宽得多,故可取为常量

如果把下限设为负无穷,那么积分计算将会很容易。而这是允许的,因为在频率离开峰处时函数快速趋于零。利用

$$\int_{-\infty}^{\infty} \frac{dx}{x^2 + a^2} = \frac{\pi}{a}$$

积分式(12.21)变成 $2\pi/\gamma$,结果

$$-\frac{dE}{dt} = \frac{2\pi\omega_0^2 r_e^2}{3}\left(\frac{2\pi}{\gamma}\right)I(\omega_0) = \frac{4\pi^2\omega_0^2 r_e^2}{3\gamma}I(\omega_0) \tag{12.22}$$

按照我们在本节开头的设定,此辐射速率应该等于振子的瞬时辐射损失速率。这里只有一个麻烦。我们之前曾假定振子可对来自任何方向的入射辐射响应。但是对单个振子,譬如轴在 x 方向的,振子对有的方向来的入射辐射没有响应,比如当入射电场垂直于振子的偶极轴时。我们可利用费恩曼[8]在分析这一问题时所用的巧妙办法来绕过这一困难。假定 3 个振子彼此成直角,那么此系统可像完全自由的振子那样响应并随动任何入射电场。因此我们可把式(12.22)当作 3 个互相垂直且频率都为 ω_0 的振子的辐射。最后,我们得到要寻找的答案。修正为 3 个振子,令式(12.22)和式(12.12)中的辐射速率相等,我们得到普朗克的神奇结果:

$$I(\omega_0)\frac{4\pi^2\omega_0^2 r_e^2}{3\gamma} = 3\gamma E$$

其中 $\gamma = 2r_e\omega_0^2/(3c)$。因此

$$I(\omega_0) = \frac{\omega_0^2}{\pi^2 c^2}E \tag{12.23}$$

把式(12.23)用谱能量密度 $u(\omega_0)$*写出来是

$$u(\omega_0) = \frac{I(\omega_0)}{c} = \frac{\omega_0^2}{\pi^2 c^3}E \tag{12.24}$$

现在我们略去 ω_0 的下标 0,因为此结果可用于平衡的所有角频率。利用频率 ν,得

$$u(\omega)d\omega = u(\nu)d\nu = \frac{\omega^2}{\pi^2 c^3}Ed\omega$$

* 见前面关于强度与能量密度之间关系那一节的脚注。

即

$$u(\nu) = \frac{8\pi\nu^2}{c^3}E \tag{12.25}$$

这就是普朗克在 1899 年 6 月发表的文章[9]中导出的结果。它是很值得注意的公式。所有关于振子本质的信息在此问题中完全不见了。整个过程中完全没有提到其电荷或质量。最后剩下的只有平均能量。此关系背后的含义在热力学意义上显然是非常深刻和基本的。我发现，这是一个叫人称奇的计算：整个分析通过一个振子热力学的研究进行，而最后结果竟然没有借以获得答案的工具的任何踪迹。大家可以想象，当普朗克得到这一基本的结果时，会是何等的激动。

更重要的是，如果我们能够得出在温度为 T 的封闭系统中一个频率为 ν 的振子的平均能量，我们就马上能得到黑体辐射谱。因此下一步是寻找 E，T 和 ν 之间的关系。

12.4　通向黑体辐射谱

在以后的发展中，令人吃惊的一面是，普朗克并没有走下一步。按照经典统计力学，我们知道上节最后一句表述的问题的答案。经典里，在热平衡时，每个自由度均具有 $kT/2$ 的能量，于是谐振子的平均能量应为 kT，因为它有两个自由度，分别与能量表达式中的平方项 $\dot{x}^2$ 和 x^2 相关。在式(12.25)中，让 $E = kT$，则

$$u(\nu) = \frac{8\pi\nu^2}{c^3}kT \tag{12.26}$$

这就是黑体辐射定律在低频时的正确表达式——瑞利-金斯定律，马上会在适当的地方叙述它。为何普朗克没有对 E 做此替代？首先，麦克斯韦和玻尔兹曼的能量均分定理是统计热力学的结果，而这是他特别反对的。至少，他肯定对统计力学不像对经典热力学那样熟悉。另外，正如我们在第 9 章里说的那样，在 1899 年还远不清楚，能量均分定理是否那样可靠。麦克斯韦的动理论没法算出双原子气体的比热比，普朗克对玻尔兹曼的统计方法也有保留。

在推导黑体辐射的平衡态时没能注意到统计学假设的必要性，这已使普朗克很头痛了。因此他采用了别的路子。引他的话说：

> 我没有别的办法，只能重新处理此问题。这次从相反的方向走，即从热力学那边走，我看家的领域，我感到更安全的基地。事实上，我先前关于热力学第二定律的研究现在对我大有好处，一开始我就有振子的温度与能量关联的思想，而且把熵与能量关联起来……当一帮杰出物理学家从实验和理论两个方面研究谱能量分布时，他们中有人只是努力搞清辐

> 射强度对温度的依赖性。另一方面,我怀疑基本的关系在于熵对能量的依赖性……没有人提到我用的方法,我可以完全在有闲时进行自己的计算,绝对彻底地,不怕任何竞争或干扰。[10]

1900 年 3 月,普朗克[11]得到了一个接近于但不是平衡系统的熵的改变 ΔS 的关系,我们不准备来推导此结果,因为最后可发现它并不很重要,虽然对那时普朗克得到其正确答案是重要的:

$$\Delta S = \frac{3}{5}\frac{\partial^2 S}{\partial E^2}\Delta E \mathrm{d}E \tag{12.27}$$

这个方程可用于计算当单个振子开始从平衡能量 E 偏离一个值 ΔE 时,系统熵偏离的最大值。当振子的能量变化 ΔE 时,熵就改变 ΔS。这样,如果 ΔE 与 $\mathrm{d}E$ 有相反的符号,系统就趋向于回到平衡态,那么,由于熵变化必须是正的,函数 $\partial^2 S/\partial E^2$ 就必须取负值。我们一看就知道这种公式必定是对的。$\partial^2 S/\partial E^2$ 的负值意味着有熵极大,因此如果 ΔE 与 $\mathrm{d}E$ 有相反的符号,系统必定趋于平衡。

要了解普朗克下一步干什么,我们需要回顾一下那时确定黑体辐射谱的实验情况。维恩[2]接着他热辐射谱的研究试图从理论上导出辐射定律。我们不需要详细讨论他的思想,但他得到了一个辐射定律的表达式,是与其位移定律(11.69)一致的,并且与 1896 年的所有数据符合得非常好。位移定律为

$$u(\nu) = \nu^3 f(\nu/T)$$

维恩的理论建议是

$$u(\nu) = \frac{8\pi\alpha}{c^3}\nu^3 \mathrm{e}^{-\beta\nu/T} \tag{12.28}$$

这就是用我们的(不是维恩的)记号写下来的维恩位移定律。在此公式中有两个未知常量 α 和β;右边加进常量 $8\pi/c^3$ 的理由很快就会明白。瑞利勋爵关于维恩的文章的评论很简短:

> 从理论方面看,此结果对我而言几近于猜测。[13]

公式(12.28)的重要性在于,它给出了对当时可得到的所有实验数据的一个极佳的说明,从而可被用于理论研究。典型的黑体辐射谱如图 12.4 所示。要拟合它们,需要一个函数,它急速上升至峰顶,然后在短波处突然地被截断。正如可预期的,极大值的区域由实验数据能很好地确定,但在能量分布的两翼其不确定性很大。

普朗克文章的下一步是引入振子的熵 S 的定义:

$$S = -\frac{E}{\beta\nu}\ln\frac{E}{\alpha\nu\mathrm{e}} \tag{12.29}$$

E 是振子的能量,α 和 β 是常量,e 是自然对数的底数。事实上我们从普朗克的写法里知道,他是将维恩定律倒过来推出此公式的。我们来展示一下其过程。

维恩定律(12.28)可插入联系 $u(\omega)$和 E 的关系(12.25),即

$$u(\nu) = \frac{8\pi\nu^2}{c^3}E, \quad 从而 \quad E = \alpha\nu\mathrm{e}^{-\beta\nu/T} \tag{12.30}$$

现在假定振子（或一组振子）处于一固定体积 V 中。如果系统的能量是 E，热力学方程（9.55）可写为

$$T\mathrm{d}S = \mathrm{d}E + p\mathrm{d}V$$

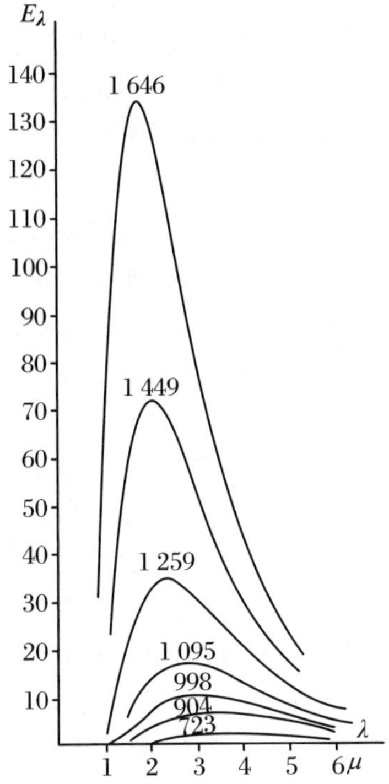

图 12.4　用强度和波长的线性标度画出的黑体辐射谱，它由卢默和普林斯海姆在 1899 年做出，温度在 700～1 600 ℃之间（Allen H S and Maxwell R S. 1952. A Textbook of Heat：Part Ⅱ. MacMillan：748）

因此

$$\left(\frac{\partial S}{\partial E}\right)_V = \frac{1}{T} \tag{12.31}$$

E 和 S 是态的相加函数，所以式（12.31）可被看作单个振子的性质，也可被看作它们系统的性质。对式（12.30）取对数，我们得到关于 T 的一个表达式，就可把 $(\partial S/\partial E)_\nu$ 与 E 联系起来，即

$$\frac{1}{T} = \left(\frac{\partial S}{\partial E}\right)_V = -\frac{1}{\beta\nu}\ln\left(\frac{E}{a\nu}\right) \tag{12.32}$$

现在我们引用普朗克关于振子的熵的定义式（12.29）并对 E 求导，可得

$$\frac{\mathrm{d}S}{\mathrm{d}E} = -\frac{1}{\beta\nu}\ln\left(\frac{E}{\alpha\nu\mathrm{e}}\right) - \frac{E}{\beta\nu}\frac{1}{E} = -\frac{1}{\beta\nu}\left[\ln\left(\frac{E}{\alpha\nu\mathrm{e}}\right) + 1\right] = -\frac{1}{\beta\nu}\left[\ln\left(\frac{E}{\alpha\nu}\right)\right] \tag{12.33}$$

令式（12.32）和式（12.33）相等就演示了维恩定律如何与式（12.25）结合导出普朗

克的熵的定义式(12.29)。

现在到了普朗克的关键一步。对式(12.33)中 E 求二次导数,得

$$\frac{\mathrm{d}^2 S}{\mathrm{d}E^2} = -\frac{1}{\beta\nu}\frac{1}{E} \tag{12.34}$$

因为 β,ν 和 E 是正的量,故 $\mathrm{d}^2 S/\mathrm{d}E$ 必定是负的。因此维恩定律(12.28)是完全符合热力学第二定律的。注意熵对能量的二次导数的表达式特别简洁——它就正比于能量的倒数。这给了普朗克深刻的印象。他写道:

> 我曾反复地试图改变或推广振子的电磁熵的方程,以使它能满足所有理论上可靠的电磁学与热力学定律,但我无法做到。[14]

在 1899 年 5 月提交到普鲁士科学院的一篇文章中他声称:

> 我相信,这使我不得不做出结论,此熵的定义以及由此得出的维恩能量分布定律必定是熵增原理用到电磁辐射理论上的结果,因此该定律的适用范围与热力学第二定律是一致的。[15]

这是相当戏剧化的结论,我们现在知道它并不正确,正如我们要在下面讨论的,但是普朗克朝着正确的理论公式方向取得了巨大的进步。

上面的断言的有趣的一个方面是,用“我想不到任何其他函数能做到这一点”这样形式的论证是非常危险的;事实上,只考虑热力学第二定律的话,任何能量的负函数都能满足普朗克的要求。现在剩下的问题是保证它与测量的黑体辐射谱的一致性。

12.5　普朗克辐射定律的最初形式

这是 1900 年 6 月提交给普鲁士科学院的计算。到 1900 年,鲁本斯(Heinrich Rubens)和库尔班(Ferdinand Kurlbaum)表明维恩定律解释不了在低频和高温时的黑体辐射谱。他们的实验是在很宽的温度范围内非常仔细地进行的。他们证明,在低频和高温时,辐射的强度与温度是成比例的。这已经非常清楚地表明它与维恩定律不一致,因为如果 $u(\nu)\propto\nu^3 \mathrm{e}^{-\beta\nu/T}$,那么对 $\beta\nu/T\ll 1$,有 $u(\nu)\propto\nu^3$,是与温度无关的。维恩定律要求谱的形式仅依赖于 ν/T,因此在 ν/T 取小值时,其函数依赖关系必定比式(12.28)更复杂。

在 1900 年 10 月提交到普鲁士科学院之前,鲁本斯和库尔班给普朗克看了他们的结果,要求他对其含义发表些评论。结果便是他的文章,题目为“维恩分布的一个改进”[16],这是最早出现普朗克公式的文献。下面就是普朗克做的推导。

至此他知道,他必须找到一个定律,在极限 $\nu/T\to 0$ 下导出关系 $u(\nu)\propto T$。让

我们通过他已经导出的关系往前走。普朗克从式(12.25)知道：

$$u(\nu) = \frac{8\pi\nu^2}{c^3}E$$

在低频处,鲁本斯和库尔班的实验表明,$u(\nu) \propto T$,因此频率为 ν 的振子的能量应该满足：

$$E \propto T, \quad 且 \quad \frac{dS}{dE} = \frac{1}{T}$$

由此得

$$\frac{dS}{dE} \propto \frac{1}{E}, \quad 以及 \quad \frac{d^2S}{dE^2} \propto -\frac{1}{E^2} \tag{12.35}$$

但是维恩定律对于大 ν/T 值是好的,这就导致

$$\frac{d^2S}{dE^2} \propto -\frac{1}{E} \tag{12.36}$$

于是在 ν/T 的大值和小值之间,d^2S/dE^2 必定改变它对 E 的函数依赖关系。

将式(12.35)和式(12.36)组合为函数的标准技巧是尝试一下如下形式的函数表达式：

$$\frac{d^2S}{dE^2} = -\frac{a}{E(b+E)} \tag{12.37}$$

该式对大值的 E 和小值的 E,即分别对 $E \gg b$ 和 $E \ll b$,都能符合。余下的分析就很明确了。积分：

$$\frac{dS}{dE} = -\int \frac{a}{E(b+E)}dE = -\frac{a}{b}[\ln E - \ln(b+E)] \tag{12.38}$$

但是 $dS/dE = 1/T$,因此

$$\begin{aligned} \frac{1}{T} &= -\frac{a}{b}\ln\left(\frac{E}{b+E}\right) \\ e^{b/(aT)} &= \frac{b+E}{E} \\ E &= \frac{b}{e^{b/(aT)}-1} \end{aligned} \tag{12.39}$$

现在从式(12.25)我们可得到辐射谱

$$u(\nu) = \frac{8\pi\nu^2}{c^3}E = \frac{8\pi\nu^2}{c^3}\frac{b}{e^{b/(aT)}-1} \tag{12.40}$$

在高频低温条件下,我们将这些常量与维恩定律(12.28)中的比较：

$$u(\nu) = \frac{8\pi\nu^2 b}{c^3 e^{b/(aT)}} = \frac{8\pi\alpha}{c^3}\frac{\nu^3}{e^{\beta\nu/T}}$$

那么 b 必定正比于频率 ν。我们因此可写出普朗克公式的最初形式：

$$u(\nu) = \frac{A\nu^3}{e^{\beta\nu/T}-1} \tag{12.41}$$

注意,该公式满足维恩位移定律(11.69)。

故事中对下一步内容同样重要的是，事实上，对 $\mathrm{d}S/\mathrm{d}E$ 积分，普朗克就能得到振子的熵的表达式，如前所述。由式(12.38)，得

$$\frac{\mathrm{d}S}{\mathrm{d}E}=-\frac{a}{b}[\ln E-\ln(b+E)]=-\frac{a}{b}\left[\ln\frac{E}{b}-\ln\left(1+\frac{E}{b}\right)\right]$$

再积分：

$$\begin{aligned}S&=-\frac{a}{b}\left\{\left(E\ln\frac{E}{b}-E\right)-\left[E\ln\left(1+\frac{E}{b}\right)-E+b\ln\left(1+\frac{E}{b}\right)\right]\right\}\\&=-a\left[\frac{E}{b}\ln\frac{E}{b}-\left(1+\frac{E}{b}\right)\ln\left(1+\frac{E}{b}\right)\right]\end{aligned}\tag{12.42}$$

其中 $b\propto\nu$。

普朗克的新公式(12.41)非常巧妙，可用来与实验证据比较。在此之前，让我们研究一下另一个辐射公式的来源，它是差不多同一时候提出的，即瑞利-金斯公式。

12.6 瑞利与黑体辐射谱

瑞利勋爵是著名的教科书《声学理论》[17]的作者，通常被认为是波动理论的领头羊。维恩定律对作为温度函数的黑体辐射的低频行为不适用，这激起了他对黑体辐射谱的兴趣。他原来的文章[13]很短，巧妙地把波动理论应用到黑体辐射，在本章附录有其全文。加进金斯的名字变为瑞利-金斯公式，理由是，在瑞利的分析中有一个数字错误，被金斯1906年发表在《自然》的文章做了纠正。让我们先看一下瑞利文章的结构。

第一小节是描述1900年关于黑体谱的知识的状态。在第二小节，他承认维恩公式在处理黑体谱的极大方面的成功，但是担心公式的长波行为。他把自己的建议放在第三和第四小节，在第五小节则描述了他钟爱的辐射谱的形式，最后他希望“在从事此课题研究的杰出实验家那里得到回答”。

让我们用今天的符号和正确的数值因子来修订第三、四和五小节的内容。我们从波在盒子中的问题开始。假定边长为 L 的一个盒子中，所有符合边界条件的可能的波处于温度为 T 的热平衡状态。在盒子中的一般波动方程为

$$\nabla^2\psi=\frac{\partial^2\psi}{\partial x^2}+\frac{\partial^2\psi}{\partial y^2}+\frac{\partial^2\psi}{\partial z^2}=\frac{1}{c_s^2}\frac{\partial^2\psi}{\partial t^2}\tag{12.43}$$

此处 c_s 是波速。盒壁是固定的，故在 $x,y,z=0$ 和 $x,y,z=L$ 处，波的振幅应为零，$\psi=0$。这一问题的解是众所周知的：

$$\psi=C\mathrm{e}^{-\mathrm{i}\omega t}\sin\frac{l\pi x}{L}\sin\frac{m\pi y}{L}\sin\frac{n\pi z}{L}\tag{12.44}$$

它对应三维盒子中的驻波，只要 l,m 和 n 是整数。每个组合 l,m 和 n 称为盒中波的简正振动模。此物理术语的含义是，在这一模中，盒子中介质（波在其中传播）以特定的频率振动。这些模是互相正交的，即它们代表介质的独立振动方式。另外，所有 $0 \leqslant l,m,n \leqslant \infty$ 的正交模的集合是完备的，所以介质中的任何压强分布可以用此正交函数完备集上的求和表示。

现在我们把式(12.44)代到波动方程(12.43)中，得到 l,m,n 以及波的角频率 ω 的关系：

$$\frac{\omega^2}{c^2} = \frac{\pi^2}{L^2}(l^2 + m^2 + n^2) \tag{12.45}$$

记 $p^2 = l^2 + m^2 + n^2$，则

$$\frac{\omega^2}{c^2} = \frac{\pi^2 p^2}{L^2} \tag{12.46}$$

这样我们得到用 $p^2 = l^2 + m^2 + n^2$ 参数化的模和它们的角频率之间的关系。按照麦克斯韦-玻尔兹曼能量均分定理，能量为各独立模平等分享，因此要得到盒子里的总能量，只要知道在 p 到 $p+\mathrm{d}p$ 范围有多少个模。我们可在三维 lmn 空间画一个三维格子并数出一个1/8球面象限上的模数，这在图12.5中用二维图演示。注意，在 lmn 空间，点数密度是每单位体积1个。因此如果 p 足够大，那么模数由半径为 p、厚为 $\mathrm{d}p$ 的1/8球壳中的点 (l,m,n) 的个数给出：

$$n(p)\mathrm{d}p = \frac{1}{8} \times 4\pi p^2 \mathrm{d}p \tag{12.47}$$

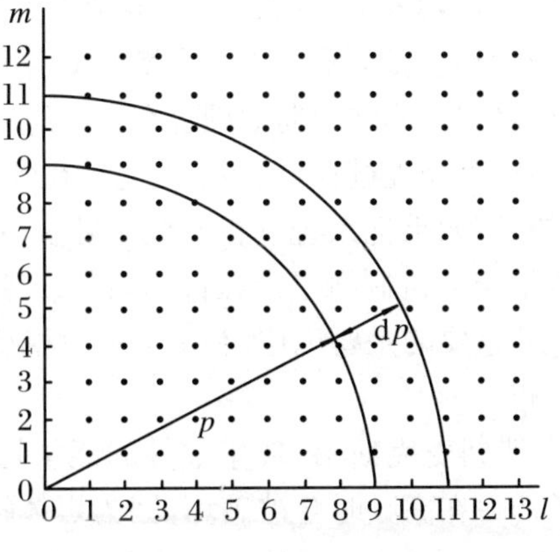

图12.5　在间隔 $\mathrm{d}l\mathrm{d}m\mathrm{d}n$ 中的模数可用相空间体积的增量 $\frac{1}{2}\pi p^2 \mathrm{d}p$ 替代，此处 $p^2 = l^2 + m^2 + n^2$。此图显示 l,m 和 n 三维体积的一个二维截面

用 ω 而非 p 表示此结果，则为

$$p = \frac{L\omega}{\pi c},\quad \mathrm{d}p = \frac{L}{\pi c}\mathrm{d}\omega \tag{12.48}$$

因此

$$n(p)\mathrm{d}p = \frac{L^3\omega^2}{2\pi^2 c^3}\mathrm{d}\omega \qquad (12.49)$$

在现在的情形下，波为电磁波，在任何模中有两个独立的线性极化。因此由式(12.49)给出的模数还要乘上两倍。

现在我们要做的是应用麦克斯韦-玻尔兹曼的能量均分定理，按照经典规定给每个振动模以能量 $E=kT$。那么盒中的电磁辐射的谱能量密度为

$$u(\nu)\mathrm{d}\nu L^3 = En(p)\mathrm{d}p = \frac{L^3\omega^2 E}{\pi^2 c^3}\mathrm{d}\omega \qquad (12.50)$$

即

$$u(\nu) = \frac{8\pi\nu^2}{c^3}E = \frac{8\pi\nu^2}{c^3}kT \qquad (12.51)$$

第一个等式与普朗克从电动力学导出的结果式(12.25)是完全一样的，但瑞利毫不犹豫地按照能量均分定理令 $E=kT$。真是奇怪，两个如此不同的方法会导出同样的结果。

瑞利分析的若干特点值得注意：

(1) 瑞利直接处理电磁波本身，而非振子，而后者是波的源且与波平衡。

(2) 得此结果的核心是能量均分定理。在我当学生时非常难以接受此定理。只有当人们认识到，它是在处理独立的或“正交的”振动模时，这个想法才在物理上变得清楚。我们可以把盒中气体的任何运动分解为振动简正模，这些模彼此独立。但是它们又没法完全独立，否则就无法彼此交换能量以致达到平分。一定有个过程，据此能量可以在所谓的独立振动模式之间交换。事实上，当我们研究气体中的高阶过程时，发现这些模之间是非常微弱地耦合在一起的。这样，如果一个模比另一个模多得了能量，就会有个物理过程，把多余的能量在各模之间重新分配。麦克斯韦-玻尔兹曼定理讲的是，如果把系统搁得时间足够长，那么能量在振动分布上的不规则性会被这些能量交换机制摊平。在许多自然现象里，平衡分布是很快就能达到的，所以不必担心，重要的是要记住，有一个关于相互作用过程的明确假定，它能导致能量的均匀分布。

(3) 瑞利是知道“牵涉到麦克斯韦-玻尔兹曼的能量均分定理的困难”的。其中有这样的事实，式(12.51)在高频时会被破坏，因为黑体辐射的实验谱并不像 ν^2 那样增加趋于无限(图 12.4)。(这一黑体辐射谱与经典统计物理的背离以“紫外灾难”而闻名，我们将在 14.2 节回到这一关键结果)但是瑞利建议分析“只应用于钝音模式”，即只用于长波或低频区。

(4) 然而，出乎意料，我们在 12.5 节读到“如果我们引入指数因子，那么完全的表达式(用我们的记号)为

$$u(\nu) = \frac{8\pi\nu^2}{c^3}kT\mathrm{e}^{-\beta\nu/T} \qquad (12.52)$$

瑞利凭经验加入此因子以使辐射谱能覆盖高频范围，原因是维恩位移定律里的指数与数据符合得很好。注意，式(12.52)与维恩位移定律(11.69)是一致的。

瑞利的分析是聪明的，但正如我们将看到的，在 1900 年他并没有得到应得的声誉。

12.7　黑体辐射定律与实验的比较

1900 年 10 月 25 日，鲁本斯和库尔班把他们新的精确黑体谱实验与 5 种不同的预言比较。这些预言是：(1) 普朗克公式(12.41)；(2) 维恩关系式(12.28)；(3) 瑞利的结果式(12.52)；两个经验关系(4)和(5)，分别是由 Thiesen 和由卢默与扬克提出的。鲁本斯和库尔班总结道，普朗克的公式优于其他所有人的，它与实验精确地符合。瑞利的建议与实验数据的符合程度很差。上面讨论的三个关系的函数形式示于图 12.6。瑞利自然对他们讨论其结果的腔调很恼火。他的科学文章在两年后重新发表，他强调了其中的重要结论，即在低频处辐射强度应该正比于温度(见本章附录的脚注)。他指出：

> 这是我要强调的。很快，上面表达的被鲁本斯和库尔班用极长波操作时的重要研究所证实。[18]

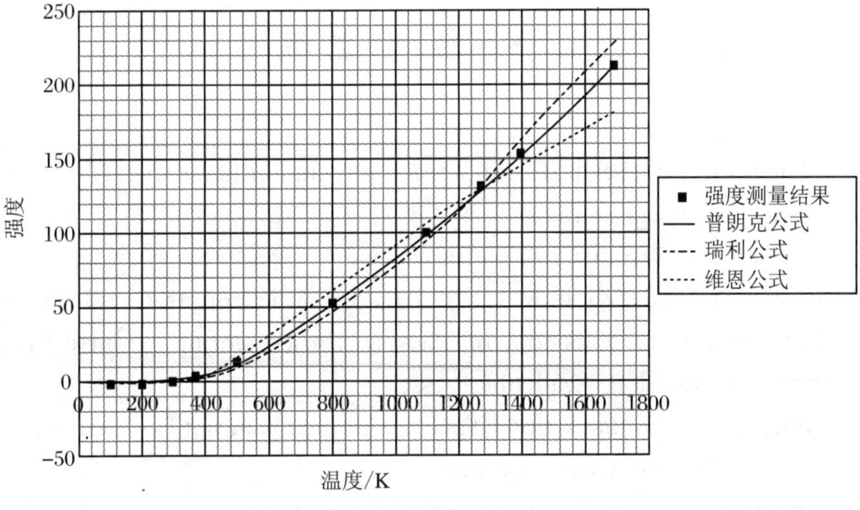

图 12.6　在 8.85 μm 处黑体辐射强度随温度变化，不同公式的比较(石英滤波)(据 Rubens H and Kurlbaum F. 1901. Annalen der Physik, 4:649)

瑞利文章的根本理论点即瑞利-金斯公式可精确地描写在其适用波长区域的

辐射谱,曾被实验家们所忽视,他们简单地把公式与他们的实验测量进行比较。这个故事中包含着对所有理论家和实验家的警示。实验家们引用理论结果时没有完全认清其适用范围。另外,实验家们喜欢有许多理论,以用实验区别它们,而不管它们可能多古怪。于是,在这个例子里,普朗克和瑞利的例子就大大优于其他三个。但是实验家在理论之间是力图保持不偏不倚姿态的。

说普朗克不知道瑞利的工作,看来是不能被接受的。鲁本斯曾告诉普朗克他的实验,普朗克一定见到了各种曲线与实验的比较。我们只能假定,是均分定理的统计基础加上瑞利定律不能很好地符合实验数据这一事实让普朗克离开。就算如此,瑞利轻易就得到低频高温时的正确关系,以及获得辐射能量密度和每个模平均能量之间等同于普朗克关系(12.25)的方法,一定会给普朗克深刻的印象。应该说,瑞利的文章并没有把这一点说清楚。

然而普朗克并没有做任何解释。他全部用公式而又没有理论基础。他立即着手此问题。公式(12.34)是在1900年10月19日提呈给德国物理学会的,到1900年12月14日,他提交了另一篇文章,题目为"关于正常谱中能量分布律的理论"[19]。在他的回忆里,他写道:

> 在我生命中最紧张的几个星期工作后,黑暗消散,出乎意料的美景开始出现。[20]

这一新的景色是对物理学基础结构的革命,是下一章的主题。

12.8 参考文献

[1] Planck M. 1950. Scientific Autobiography and Other Papers. London: Williams and Norgate: 15.

[2] Planck M. 1950. Op. Cit.: 18, 19.

[3] Planck M. 1896//Klein M J. 1977. History of Twentieth Century Physics, Proc: International School of Physics "Enrico Fermi": Course 57. New York and London: Academic Press: 3.

[4] Kuhn T S. 1978. Black-Body Theory and the Quantum Discontinuity (1894–1912). Oxford: Clarendon Press.

[5] Thomson J J. 1906. Electricity and Matter. London: Archibald Constable and Co.

[6] Thomson J J. 1907. Conduction of Electricity through Gases. Cambridge: Cambridge University Press.

[7] Longair M. 1997. High Energy Astrophysics: Vols. 1 and 2. Cambridge: Cambridge University Press. (a revised and updated version of the 1992 and 1994 editions)

[8] Feynman R P. 1963. Feynman Lectures on Physics: Vol. 1//Feynman R P, Leighton R B, Sands M. Redwood City, California: Addison Wesley: 41－45.

[9] Planck M. 1899. Berl. Ber.: 440－486.

[10] Planck M. 1950. Op. Cit.: 37, 38.

[11] Planck M. 1900. Ann. der Phys., 1: 719－737.

[12] Wien W. 1896. Ann. der Phys., 581: 662－669.

[13] Reyleigh Lord. 1900. Phil. Mag., 49: 539. Also Scientific Papers by John William Strutt, Baron Rayleigh: Vol. 4 (1891－1901). Cambridge: Cambridge University Press: 483.

[14] Planck M. 1958. Physikalische Abhandlungen und Vortrage (Collected Scientific Papers): Vol. 1. Braunschweig: Friedr. Vieweg und Sohn: 596. (English trans. see Hermann A. 1971. The Genesis of Quantum Theory (1899－1913). Cambridge, Massachusetts: MIT Press: 10)

[15] Planck M. 1958. Op. Cit., Vol. 1: 597. (English trans.: Hermann A. 1971. Op. Cit.: 10)

[16] Planck M. 1900. Verhandl. der Deutschen Physikal. Gesellsch., 2: 202. Also Collected Scientific Works (1958), Op. Cit.: Vol. 1: 687－689. (English trans.: Planck's Original Papers in Quantum Physics. 1972. Kangro H. London: Taylor and Francis: 35－37)

[17] Rayleigh Lord. 1894. The Theory of Sound: Two Volumes. London: Macmillan.

[18] Rayleigh Lord. 1902. Scientific Papers by John William Strutt, Baron Rayleigh, Vol. 4 (1892－1901). Cambridge: Cambridge University Press: 483.

[19] Planck M. 1900. Verhandl. der Deutschen Physikal. Gesellsch., 2: 237－245. Also Collected Scientific Works (1958), Op. Cit.: Vol. 1: 698－706. (English trans.: Planck's Original Papers in Quantum Physics. 1972. Op. Cit.: 38－45)

[20] Planck M. 1925. A Survey of Physics. London: Methuen and Co.: 166.

第 12 章附录　瑞利 1900 年带原始脚注的文章

关于完全辐射定律的评论[18]

（引自 *Philosophical Magazine*，1900，XLIX，pp. 539，540.）

所谓完全辐射，我是指来自理想黑体的辐射。根据斯图尔特（Stewart）* 和基尔霍夫，它是绝对温度 θ 和波长 λ 的函数。由玻尔兹曼和维恩作的有力论证（依我的看法**）导致结论说此函数有以下形式：

$$\theta^5 \varphi(\lambda\theta)\mathrm{d}\lambda \tag{1}$$

表示在 λ 到 $\lambda+\mathrm{d}\lambda$ 之间的那部分谱的能量。后来试图进一步确定函数 φ 的形式***。维恩的结论是，实际的定律为

$$c_1\lambda^{-5}\mathrm{e}^{-c_2/(\lambda\theta)}\mathrm{d}\lambda \tag{2}$$

其中，c_1 和 c_2 是常量。但从理论方面看，对我而言，此结果几近于猜测。但是根据普朗克****，它是有着普通热力学基础支持的。

实验方面，维恩定律得到重要的肯定。帕邢（Friedrich Paschen，1865～1947）发现，他的观测能被很好地表示出来，如果取

$$c_2 = 14\ 455$$

θ 用摄氏度表示，而波长用千分之一毫米即微米表示。虽然如此，此定律看来相当难被接受，特别是它意味着，当温度升高时，特定波长的辐射趋于一个极限。不错，对于可见光，此极限是出界了。但如果取 $\lambda=60\ \mu\mathrm{m}$，如（根据鲁本斯引人注目的研究）对于从钾盐石表面反射的射线而言，我们看到，当温度超过 1 000 K（绝对温度）时，就会有一个小的辐射增加。

问题应由实验来解决。但同时我要冒昧建议对(2)做一个修正，对我而言，它可能更重要。对此问题的思考为与玻尔兹曼-麦克斯韦能量均分定理有关的困难所困扰。按此定理，每一个振动模应该被同样对待；虽然由于某些还未说清的原因，此定理一般不成立，但看来它可以用到钝音模式。为形象起见，让我们考虑横向振动的张紧的弦。按照玻尔兹曼-麦克斯韦定律，能量应均匀分配到所有的模之间，这些模的频率如 1，2，3，…。因此如果 k 是 λ 的倒数，代表频率，在 k 和 $k+\mathrm{d}k$ 之间的能量（当 k 足够大时）可简单地由 $\mathrm{d}k$ 代表。

---

* 斯图尔特的工作似乎还未被欧洲大陆认识到（Phil. Mag. Ⅰ. p. 98，1901；p. 494 以下）。

** Phil. Mag. Vol. ⅩLⅤ，p. 522（1898）.

*** Wied. Ann. Vol. LⅧ，p. 662（1896）.

**** Wied. Ann. Vol. Ⅰ，p. 74（1900）.

当我们从一维转到三维时，如考虑 1 个体积质量的空气的振动，我们有(《声学理论》267 节)

$$k^2 = p^2 + q^2 + r^2$$

其中，p,q,r 是整数，代表 3 个方向的分化数。如果我们把 p,q,r 当作形成立方格的点的坐标，k 就是任意点离原点的距离。相应地，处于 k 和 $k+\mathrm{d}k$ 之间的点数正比于相应的球壳的体积，它可用 $k^2\mathrm{d}k$ 代表，按照玻尔兹曼-麦克斯韦定律，它表示了关于波长或频率的能量分布，至此是被当作波长或频率对待的。如果我们将此结果应用到辐射，因为每个模中的能量是正比于温度 θ 的，那么

$$\theta k^2 \mathrm{d}k \tag{3}$$

或者，我们喜欢用

$$\theta\lambda^{-4}\mathrm{d}\lambda \tag{4}$$

它有着前面式(1)的形式，这或许可以看作对式(4)的适用性的一个肯定。

建议是，当 $\lambda\theta$ 大*时，式(4)是正确的形式，而非[按照式(2)]

$$\lambda^{-5}\mathrm{d}\lambda \tag{5}$$

如果我们引入指数因子，那么完全的表达式为

$$c_1\theta\lambda^{-4}\mathrm{e}^{-c_2/(\lambda\theta)}\mathrm{d}\lambda \tag{6}$$

可能最好的是，如果我们把 k 当作独立变量，式(6)变为

$$c_1\theta k^2\mathrm{e}^{-c_2 k/\theta}\mathrm{d}k \tag{7}$$

是式(6)还是式(2)代表观测事实，我没法说。希望此问题能在从事此课题研究的杰出实验家那里很快得到回答。

* 1902. 这是我要强调的。很快，上面表达的被鲁本斯和库尔班用极长的波操作时的重要研究所证实(Drude Ann. Ⅳ:649,1901)。差不多同时给出的普朗克公式看来符合观测最好。按照这个修正的维恩公式，$\mathrm{e}^{-c_2/(\lambda\theta)}$ 用 $1/(\mathrm{e}^{c_2/(\lambda\theta)}-1)$ 代替。当 $\lambda\theta$ 大时，这就变为 $\lambda\theta/c_2$，完全的表达式变成式(4)。

第 13 章　黑体辐射的普朗克理论

13.1 引　　言

> 从我表述此定律的那一天，我就把厘清其真正的物理意义作为我的使命。这个要求自动地把我引到熵与概率的关系——换句话说，追随玻尔兹曼开创的思想路线。[1]

普朗克认识到，为了给他的关于黑体辐射谱的表达式(12.41)以物理意义，要采用他在过去所有的工作中实质都被排斥的一个观点。正如在第 12 章末引用的他的话中可以清楚地看到的，普朗克以白热化的强度工作，因为他不是统计物理方面的专家。我们将会看到，事实上他的分析没有遵循经典物理的操作方法。尽管他的论证中存在基础瑕疵，他还是发现了量子化在表达式(12.41)——回想普朗克 1900 年 10 月的推导基本上是个热力学论证——中起的本质作用。

在 10.7 节和 10.8 节我们已经讨论过玻尔兹曼关于熵与概率的关系表达式，$S\propto \ln W$。在那时还不知道比例常量，所以我们写为 $S=C\ln W$，此处 C 是某个未知的普适常量。首先让我们来描述一下，按照经典统计物理，普朗克如何往前走。

13.2 统计力学的玻尔兹曼方法

普朗克知道，他需要求热平衡在温度 T 的封闭系统中一个振子的平均能量 $\overline{E}$。假定在此系统中有 N 个振子，那么它们的总能量是 $E=N\overline{E}$。熵也是相加函数，所以如果一个振子的熵是 $\overline{S}$，则整个系统的熵是 $S=N\overline{S}$。

经典统计力学的一个技巧是，考虑分子的能量是离散的，即 $0,\varepsilon,2\varepsilon,3\varepsilon,\cdots$，采用此方法，精确的概率就可以用统计的方法确定下来。在论证中适当的步骤处，允许 ε 的值取无穷小，而系统的总能量保持为有限。那时，概率分布就从离散分布变为连续分布。

普朗克 1900 年 12 月的著名文章[2]就是这样开头的。假定存在这样的能量单位 ε，一个固定的能量 E 的值分布在 N 个振子间。将 $r=E/\varepsilon$ 个能量单元分布在 N 个振子间有各种不同的方法。普朗克在其文章中提供的例子见于表 13.1——他假定有 $N=10$ 个振子，有 $r=100$ 个能量单元要在它们之间分布。

表 13.1　普朗克的例子：在 10 个振子间 100 个能量单元的可能分布（总能量是 $E=\sum_k E_k=100\varepsilon$）

振子标记(k)	1	2	3	4	5	6	7	8	9	10
能量单元个数	7	38	11	0	9	2	20	4	4	5

除了这一种方法外，显然还有很多不同的方法将能量分布在振子间。如果普朗克采用玻尔兹曼的规定，下面就是他应该用的走法。

玻尔兹曼注意到，每个能量的分布可用一组数 $w_0,w_1,w_2,\cdots,w_r$ 代表，它描写了具有能量（在单位 ε 下）$0,1,2,3,\cdots,r$ 的分子或振子个数。在普朗克的例子中，集合 $\{w_j\}$ 为 $\{1,0,1,0,2,1,0,1,0,1,0,1\}$，这里包含了从 $j=0$ 到 $j=11$ 的 w_j，但还需继续，包含许多的零，直到 w_{100}。因此我们求出能量单元在振子间分布的方式种数，就得到能量分布 $w_0,w_1,w_2,\cdots,w_r$ 的同样结果。

我们来复习一下排列理论的基本内容。n 个不同的东西，排序的不同方式数是 $n!$。例如，3 个东西 a,b,c 可以排列如下：abc,acb,bac,bca,cab,cba，即有 $3!=6$ 种方法。如果有 m 个东西是相同的，那么不同排序法的数目要减少，因为我们交换它们时不引起分布的差别。因为 m 个不同的东西全排列时有 $m!$ 种方法，所以不同的排列方法减为 $n!/m!$ 个。这样，在上面的例子里，如果 $a\equiv b$，那么可能的排列为 aac,aca,caa，即 $3!/2!=3$ 种不同的排法。如果还有 l 个东西是相同的，不同的排法还要减少到 $n!/(m!\,l!)$ 个，诸如此类。

现在我们要问，从 n 个东西中选出 x 个有几种不同的选法？我们把 n 个东西分为两组，x 个被选的一组和 $n-x$ 个没有选上的一组。用与上段相同的推理，我们得到做此选择的不同方式数为 $n!/[(n-x)!\,x!]$。常写为 $\binom{n}{x}$ 或 C_x^n，它是二项式 $(1+t)^n$ 展开式中的系数，即

$$(1+t)^n=1+nt+\frac{n(n-1)}{2!}t^2+\cdots+\frac{n!}{(n-x)!x!}t^x+\cdots+t^n=\sum_{x=0}^{n}\binom{n}{x}t^x \tag{13.1}$$

回到我们的目标，求出在 N 个振子间有特别的能量分布 $w_0,w_1,w_2,\cdots,w_r$ 的不同方式数，记住 $N=\sum_{j=0}^{r}w_j$。首先，从 N 中选 w_0 个振子，这有 $\binom{N}{w_0}$ 种方式，留下 $N-w_0$ 个，从中选 w_1 个有 $\binom{N-w_0}{w_1}$ 种；其次，在余下的 $N-w_0-w_1$ 个中选 w_2

个有$\binom{N-w_0-w_1}{w_2}$种。如此做下去直到算完 N 个振子。因此达到特别的能量分布 $w_0, w_1, w_2, \cdots, w_r$ 的不同总方式数为所有这些数的乘积：

$$\begin{aligned} W_i(w_0, w_1, w_2, \cdots, w_r) &= \binom{N}{w_0}\binom{N-w_0}{w_1}\binom{N-w_0-w_1}{w_2}\cdots \\ &\quad \times \binom{N-w_0-w_1-\cdots-w_{r-1}}{w_r} \\ &= \frac{N!}{w_0!\,w_1!\,w_2!\cdots w_r!} \end{aligned} \tag{13.2}$$

我们已用了 $N=\sum_{j=0}^{r} w_j$ 和 $0!=1$。由前面两节的讨论我们已很清楚，$W_i(w_0, w_1, \cdots, w_r)$就是振子能量选择$\{w_0, w_1, w_2, \cdots, w_r\}$分布的不同方式数。依照等平衡概率原理，每个这样的分布出现的可能性是一样的，所以由式(13.2)，发现一个特定分布的概率是

$$p_i = \frac{W_i(w_0, w_1, w_2, \cdots, w_r)}{\sum_i W_i(w_0, w_1, w_2, \cdots, w_r)} \tag{13.3}$$

按照玻尔兹曼方法，平衡态具有最大的 p_i 值。这等效于熵取最大值，如果把它定义为

$$S = C\ln p \tag{13.4}$$

即最大 W_i 的态也相应于最大熵的态(见 10.8 节)。

我们可以选择继续用概率 p_i，也可以选择在 10.8 节引入态密度 W_i 进行讨论，差别只是一个不重要的(非常大)因子。为与现代用法一致，我们用态密度。因此利用 $S=C\ln W_i$，对式(13.2)取对数得

$$\ln W_i = \ln N! - \sum_{j=0}^{j=r} \ln w_j! \tag{13.5}$$

再用斯特林公式，如果 n 实际非常大，则

$$n! \approx (2\pi n)^{1/2}\left(\frac{n}{\mathrm{e}}\right)^n, \quad \ln n! \approx n\ln n - n \tag{13.6}$$

代到式(13.5)中，得

$$\begin{aligned} \ln W_i &\approx N\ln N - N - \sum_j w_j \ln w_j + \sum_j w_j \\ &= N\ln N - \sum_j w_j \ln w_j \end{aligned} \tag{13.7}$$

这里已用到 $N=\sum_j w_j$。

要求出最大熵态，只要在下面的限制下将 $\ln W_i$ 最大化：

$$\text{振子数 } N = \sum_j w_j = \text{常量}$$

$$振子总能量\ E = \sum_j \varepsilon_j w_j = 常量 \tag{13.8}$$

此处 ε_j 是第 j 个态的能量，$\varepsilon_j = j\varepsilon$。这是可用不定乘子技术解决的问题的典型例子。在式(13.7)我们只要保留含变量 w_j 的项，因为振子总数是固定的。因此我们需要求出函数

$$S(w_j) = -\sum_j w_j \ln w_j - A\sum_j w_j - B\sum_j \varepsilon_j w_j \tag{13.9}$$

的极值，此处 A 和 B 是常量，由边界条件决定。求 $S(w_j)$ 的极值，我们需

$$\begin{aligned}\delta[S(w_j)] &= -\delta\sum_j w_j \ln w_j - A\delta\sum_j w_j - B\delta\sum_j \varepsilon_j w_j \\ &= -\sum_j [(\ln w_j \delta w_j + \delta w_j) + A\delta w_j + B\varepsilon_j \delta w_j] \\ &= -\sum_j \delta w_j(\ln w_j + \alpha + \beta\varepsilon_j) = 0\end{aligned} \tag{13.10}$$

因为 δw_j 是独立的，在括号中的求和对所有的 j 都必须为零，因此

$$w_j = \mathrm{e}^{-\alpha-\beta\varepsilon_j} \tag{13.11}$$

这是玻尔兹曼分布的原初形式。$\mathrm{e}^{-\alpha}$项是指数前面的一个常量因子，所以我们可写为 $w_j \propto \mathrm{e}^{-\beta\varepsilon_j}$。至此，在我们的分析中，关于常量 β 是什么并未提及。实际上，到现在我们只简单做了统计分析。我们还要借助诸如能导出麦克斯韦速度分布的分析，以得到 β 的值(见 10.4 节)。从式(10.45)可以看到 $\beta \propto (kT)^{-1}$，因此

$$w_j \propto \mathrm{e}^{-\varepsilon_j/(kT)} \tag{13.12}$$

这里 k 是玻尔兹曼常量。最后，玻尔兹曼让能量单元 ε 趋于零而保持 $E = \varepsilon_j = j\varepsilon$ 为有限，最后得到连续的能量分布

$$w(E) \propto \mathrm{e}^{-E/(kT)} \tag{13.13}$$

13.3　普朗克的分析

普朗克的分析开始是按照玻尔兹曼的方法走的。固定的总能量 E 在 N 个振子中分配，引入能量单元 ε。因此和上面一样，有 $r = E/\varepsilon$ 个能量单元为振子共享。但是普朗克没有跟着上面讲的方法走，而是简单地计算出 r 个能量单元分布在 N 个振子间的方法总数。我们用上节说的排列理论算出此数。

此问题可用图 13.1 中的小图表示。普朗克有两个固定的量，总的能量单元数 r 以及他要把这些单元放进去的盒子数 N。在图 13.1(a)中演示了把 20 个能量单元放进 10 个盒子(注意有两个空盒子)的一种方式。可以看到，整个问题化为决定单元和盒子的壁放置在终端间的总方式数。第二个例子示于图 13.1(b)。这样问

题变为计算出排列 r 个单元和 $N-1$ 个壁的不同总方式数，记住，r 个单元是相同的，$N-1$ 个壁也是相同的。我们在上节推出的答案为

$$\frac{(N+r-1)!}{r!(N-1)!} \tag{13.14}$$

(a)　×|×××||×××|××|×××××|×|××××||×

(b)　××××|××||×|×××|××|×|×××|×××|×

图 13.1　20 个能量单元在 10 个盒子中的两种分布方法

这个巧妙的论证最早是埃伦费斯特(Paul Ehrenfest)在 1914 年给出的[3]。方程(13.14)代表了把能量 $E=r\varepsilon$ 分布在 N 个振子中的总方式数。现在普朗克做出了其论证中关键的一步。他定义式(13.14)就是他在关系

$$S = C\ln W$$

中要用的概率。让我们看看这会导致什么。r 和 N 是非常大的，可以用斯特林近似，得

$$n! = (2\pi n)^{1/2}\left(\frac{n}{\mathrm{e}}\right)^n\left(1+\frac{1}{12n}+\cdots\right) \tag{13.15}$$

我们要取式(13.14)的对数，因此可以取比式(13.6)中用的更简单的近似：因为 n 非常大，$n! \approx n^n$ 是很好的近似，所以

$$W = \frac{(N+r-1)!}{r!(N-1)!} \approx \frac{(N+r)!}{r!N!} \approx \frac{(N+r)^{N+r}}{r^r N^N} \tag{13.16}$$

因此

$$S = C[(N+r)\ln(N+r) - r\ln r - N\ln N]$$

$$r = \frac{E}{\varepsilon} = \frac{N\overline{E}}{\varepsilon} \tag{13.17}$$

此处 $\overline{E}$ 是振子的平均能量。这样

$$S = C\left\{N\left(1+\frac{\overline{E}}{\varepsilon}\right)\ln\left[N\left(1+\frac{\overline{E}}{\varepsilon}\right)\right] - \frac{N\overline{E}}{\varepsilon}\ln\frac{N\overline{E}}{\varepsilon} - N\ln N\right\} \tag{13.18}$$

振子的平均熵 $\overline{S}$ 是

$$\overline{S} = \frac{S}{N} = C\left[\left(1+\frac{\overline{E}}{\varepsilon}\right)\ln\left(1+\frac{\overline{E}}{\varepsilon}\right) - \frac{\overline{E}}{\varepsilon}\ln\frac{\overline{E}}{\varepsilon}\right] \tag{13.19}$$

这看起来很熟悉。方程(13.19)正是普朗克推导的用来处理黑体辐射谱的振子熵的表达式。由式(12.42)我们看到

$$S = a\left[\left(1+\frac{\overline{E}}{b}\right)\ln\left(1+\frac{\overline{E}}{b}\right) - \frac{\overline{E}}{b}\ln\frac{\overline{E}}{b}\right]$$

加上要求 $b \propto \nu$。这样，能量单位 ε 必须与频率成比例，普朗克用下面的形式(直到今天还是这样写)写下此结果：

$$\varepsilon = h\nu \tag{13.20}$$

这里 h 是名副其实的普朗克常量。这是量子化概念的起源。按照经典统计力学，

我们应让 $\varepsilon \to 0$,但这样显然就得不到振子的熵的表达式,除非能量单位非零,有一个有限的大小 $\varepsilon = h\nu$。还有,我们用普适常量 C 决定了 a 的值。于是就可以写出黑体辐射能量密度的完全表达式:

$$u(\nu) = \frac{8\pi h\nu^3}{c^3} \frac{1}{e^{h\nu/(CT)} - 1} \tag{13.21}$$

最后,C 呢? 普朗克指出,C 必定是一个联系熵与概率的普适常量,玻尔兹曼对于理想气体曾求出了它的值。如果 C 是普适常量,那么只需用凡是合适的定律(例如,理想气体定律)确定了它的值,那也就确定了任何过程中的 C。例如,我们可以用经典的统计处理的理想气体焦耳膨胀的结果,就如我们在 10.7 节演示的。在那节证明中,比 $C = k = R/N_A$,这里 R 是气体常量,而 N_A 是阿伏伽德罗常量,表示 1 mol 的分子数。我们可再一次写下普朗克分布的最终形式:

$$u(\nu) = \frac{8\pi h\nu^3}{c^3} \frac{1}{e^{h\nu/(kT)} - 1} \tag{13.22}$$

直接积分此式就可得到黑体谱中辐射能量密度 u 的表达式:

$$u = \int_0^\infty u(\nu)\mathrm{d}\nu = \frac{8\pi h}{c^3}\int_0^\infty \frac{\nu^3 \mathrm{d}\nu}{e^{h\nu/(kT)} - 1} \tag{13.23}$$

这是个标准积分,其值可从

$$\int_0^\infty \frac{x^3 \mathrm{d}x}{e^x - 1} = \frac{\pi^4}{15}$$

得到。因此

$$u = \left(\frac{8\pi^5 k^4}{15c^3 h^3}\right) T^4 = aT^4 \tag{13.24}$$

我们复现了总辐射能量密度的斯特藩-玻尔兹曼定律。把常量

$$a = 7.566 \times 10^{-16}\ \mathrm{J \cdot m^{-3} \cdot K^{-4}}$$

的值代入,我们可把能量密度与从温度为 T 的黑体表面每秒射出的能量 I 联系起来,只要用在 11.3.3 小节中讲的方法。就像在那一小节证明的,u,I 和 T 之间的关系为

$$I = \frac{1}{4}uc = \frac{1}{4}acT^4 = \sigma T^4 = 5.67 \times 10^{-8} T^4\ \mathrm{W \cdot m^{-2}}$$

这个计算确定了可用基础常量来表示斯特藩-玻尔兹曼常量:

$$\sigma = \frac{ac}{4} = \frac{2\pi^5 k^4}{15c^2 h^3} = 5.67 \times 10^{-8}\ \mathrm{W \cdot m^{-2} \cdot K^{-4}} \tag{13.25}$$

怎样解释普朗克的论证? 有两条基本的批评:

(1) 在寻求平衡分布时普朗克并没有按照玻尔兹曼方法走。他定义的概率是简单地把 r 个能量单元放入 N 个不同盒子中的总方式数。他的分析中没有将概率最大化以求出最可能的状态。对此普朗克没有否认。他说:

> 我认为,这一规定基本上牵涉到概率 W 的定义,因为在辐射的电磁理论的背后假设方面,我们没有任何出发点来谈论这样一个有确定意义

的概率。[4]

爱因斯坦反复地指出普朗克论证中的这个弱点。例如，在1912年他写道：

普朗克先生应用玻尔兹曼方程的做法对我而言是非常奇怪的，一个态的概率 W 被引入时竟没有关于此量的物理定义。如果接受这一点，那么玻尔兹曼方程根本就没有物理意义。[5]

(2) 第二个问题涉及普朗克分析中的逻辑不自洽性。一方面，振子只能取能量 E 为 ε 的倍数，但另一方面，算振子的辐射速率时用的又是一个经典的结果(9.2.1小节)。在那个分析中隐含着假定振子的能量可连续地变化而不是只取离散值。

以上是主要的障碍。公正地说，没有人能真正理解普朗克所做工作的意义。此理论在任何意义上都没有被直接接受。虽然如此，不管是喜欢还是不喜欢，量子化概念由能量单元引入，没有它就不可能再现普朗克函数。普朗克本人也花了一段时间才完全认识其分析的深刻含义。在1906年，爱因斯坦证明：如果普朗克严格按照玻尔兹曼的方法走，他也会得到同样的答案，只要他保留能量量子化的根本概念。下一章我们会重复爱因斯坦的分析。

第二条涉及在黑体辐射谱普朗克公式的推导中，量子部分和经典部分的对比。爱因斯坦倒不像其他物理学家那样担心混合宏观物理概念和微观物理概念。他把方程，像电磁场的麦克斯韦方程组，只看作测量的平均值的表述。进一步，$u(\nu)$和 E 的表达式可以是这样一种关系：它有着独立于电磁理论的含义，虽然二者可以利用电磁理论导出。更重要的是，当此关系在微观尺度上不是精确成立的时候，它依然可以是系统在实验室实验中测量时平均行为的一个很好的表达。这是非常先进的观点，是在20世纪初始10年的关键岁月里爱因斯坦思维的特征。我们马上会看到，这一推理如何引向爱因斯坦光量子的壮丽发现。

13.4 普朗克和自然单位

为何普朗克把他的黑体辐射公式的推导看得如此严肃？正如克莱恩(Martin Klein)注意到的，普朗克有一个很深的信念，即

寻求绝对(真理)是所有科学活动的最高目标。[6]

普朗克认识到，在他的黑体辐射理论中有两个基本常量，即 k 和 h。k 的基本性质从它出现在气体动理论就很清楚，是单个分子的气体常量，玻尔兹曼常量。普朗克曾证明：在玻尔兹曼关系 $S = C\ln W$ 中出现的常量 C 实际上与玻尔兹曼常量 k 是同一个常量。这两个常量，可以从黑体辐射谱的形式(13.22)的实验测量，且可

与斯特藩-玻尔兹曼定律式(13.24)或式(13.25)中的常量值,以同样的精度确定下来。组合已知气体常量 R 的值和他新确定的k,普朗克得到了阿伏伽德罗常量 N_A 的值,每摩尔 6.175×10^{23}个分子,在那时是最好的估计。现在采用的值是每摩尔 6.022×10^{23}个分子。

1 mol 单价离子所带的电量是从电解理论得到的,称之为法拉第常量。精确知道阿伏伽德罗常量,普朗克就能导出电荷的基本单位,得到 $e=4.69\times10^{-10}$ esu,相应于 1.56×10^{-19} C。又一次,普朗克的值在那时是最好的,同时代的实验值范围在 $1.3\times10^{-10}\sim6.5\times10^{-10}$ esu 之间。现在的标准值为 1.602×10^{-19} C。

同样令普朗克动心的是,利用 h 与引力常量 G 和光速 c 的组合,可以得到用基本常量定义的一组自然单位。很值得引一下克莱恩关于此问题的雄辩的话:

> 普朗克曾写道:"以前用的所有单位系统,都源于地球上人类生活的偶然性。"通常的长度单位和时间单位是从地球的大小和轨道周期导出的,质量和温度的单位来自水——地球的最具特征的要素——的特殊性质。甚至利用某些谱线作的长度标准也相当主观拟人化,因为特别的线,如钠 D 线,要选得符合物理学家们的习惯。他建议的新单位是"真正独立于特别的个体或对象,对任何时间或任何文化都保有其意义,包括外太空的或非人类的",因此不愧为术语自然单位。[7]

从 h,G 和c 的量纲,我们可导出如表 13.2 所示的时间、长度和质量-能量的"自然单位"。

表 13.2　自然单位

单位	定义式	S.I.值
时间	$t_{PL}=(Gh/c^5)^{1/2}$	10^{-43} s
长度	$l_{PL}=(Gh/c^3)^{1/2}$	10×10^{-35} m
质量-能量	$m_{PL}=(hc/G)^{1/2}$	5.4×10^{-8} kg$\equiv3\times10^{19}$ GeV

普朗克单位常用 $\hbar=h/2\pi$ 表达,此时上表列出的值为它们的值的 2.5 倍。显然,自然单位的时间和长度单位实际上是非常小的,而质量单位远远大于我们已知的基本粒子的质量。虽然如此,普朗克是绝对正确的,他注意到这是包含有经典常量 c 和G 与他所称的基本作用量子h 组合的基本量纲。

令人吃惊的是,1 个世纪后,这些量在关于很早期的宇宙的物理中起了核心的作用。它们确定了需要认真考虑引力量子化[8]的时间、尺度和质量。目前还没有量子引力的理论,但现在的观点是,我们宇宙的许多大尺度特征,是发生在普朗克时期巨高温度时的物理过程导致的,该温度只要使质量-能量的自然单位 3×10^{19} GeV 等于 kT 就可得到。我们将在第 19 章回到此类思想的若干方面。

13.5 普朗克和 h 的物理意义

在1900年关键的最后1个月，普朗克所实现的真正的革命本质，是过了好几年才被人们认识的。人们猜测，对他文章的物理内容兴趣很小的原因是没有人很理解他做了什么。似乎很奇怪，在以后的5年里，普朗克再也没有写有关量子化的文章。下一个能显示其理解的出版物是1906年的《热辐射理论讲演》[9]。库恩在其论文的第5章[10]中根据普朗克在1900～1906年的讲演详细地分析了普朗克的关于量子化的思想。

库恩的分析是聪明的，但它是一个被曲解了的未解决的故事。库恩的分析清楚的是，普朗克毫无疑问地相信，经典电磁定律可被应用于辐射的发射和吸收过程，不管在其理论中是否引入有限的能量单元。在讲演中，普朗克描述了统计物理中玻尔兹曼方法的两个版本。一个版本是在13.2节中叙述的，其中假定振子的能量取值为 $0,\varepsilon,2\varepsilon,3\varepsilon$ 等。但还有第二个版本，其中能量处于范围 $0\sim\varepsilon,\varepsilon\sim2\varepsilon,2\varepsilon\sim3\varepsilon$ 等之间。这一方法也能精确导出第一个版本的同样的统计概率。在下面的过程里，追踪振子在相空间里的运动，他又归之于相应于一定能量在 $U\sim U+\Delta U$ 范围内的轨道的能量，这里 ΔU 显然等同于 $h\nu$。这样，在某种意义上，普朗克把量子化归为振子的平均性质。

在其讲演中，普朗克关于作用量子 h 的本性说得很少，但他很清楚它的根本重要性。用他的话说：

> 只要常量 h 的完全、普适的意义没有被理解，辐射热力学永远不会达到完全令人满意的状态。[10]

他建议，解答可能存在于对辐射过程的微观物理更细致的理解之中，这可以从1905年7月给埃伦费斯特的信中证实：

> 在我看来，这不是不可能的：这个假定（存在一个基本的电荷量子 e）提供了通往基本的能量量子 h 的存在性的桥梁，特别是 h 与 e^2/c 有着同样的量纲。[11]

普朗克花了很多年时间试图把他的理论与经典物理调和，但除了在辐射公式中出现以外，他找不到 h 的任何物理意义。他说：

> 我那把作用量子纳入经典理论的徒劳企图持续了相当多的年头，它耗费了我大量的精力。我的许多同事视此为某种悲剧。但我感觉不同。我由此得到的启迪是更有价值的。我现在明白一个事实，基本作用量子在物理中起着远比我当初引入时猜想的更为重要的一个作用，此认识使

我清楚地看到,在处理原子问题时需要引进全新的分析和推理方法。[12]

事实上,直到1908年之后普朗克才完全接受量子化的非常基本的本性,它在经典物理中没有对应。他原来的观点是,引入能量单元:

这纯粹是个形式的假定,尽管不管花多少代价,我都要得到肯定的结果,我并没有对它花费多少思考。[13]

这个引文取自普朗克1931年给伍德的信,已是本章描述的故事的30年之后。我发现这是相当动人的一封信,值得全文录下:

1931年10月7日

我亲爱的同事:

在三一食堂共享美食后,你表达了这样的愿望,希望我从心理学的角度,描述一下导致我提出能量子假说的考虑。我试着在此回应你的心愿。

简言之,我做的可以说是一个简单的冒险行动。本性上我倾向平和,排斥一切可疑的冒险。但那时我已经卷入辐射与物质平衡的问题长达6年(从1894年起),且毫无起色。我了解这一问题对物理有着基础的重要性,我也知道那些表示正常谱中能量分布的公式。因此必须要找到某个理论解释,不管代价多大。我很清楚的是,经典物理对此问题没有解答,似乎最后所有能量都要从物质传给辐射。为防止这一点,需要一个新的常量,以保证能量不会解体。这如何能做到?唯一办法是从一个确定的观点出发。我面前的路子是保留热力学的两个定律。在我看来,在任何环境下这两个定律都必须遵循。至于其他,我准备放弃我先前关于物理定律的任何一个信念。玻尔兹曼曾解释过热力学平衡是如何由统计平衡建立的,如果将这一方法用到物质与辐射的平衡上来,会发现能量连续流失到辐射可以这样防止:只要假定能量一开始就以一定量被强迫保持在一起。这纯粹是个形式的假定,尽管不管花多少代价,我都要得到肯定的结果,我并没有对它花费多少思考。

我希望,这一讨论对你的探究是满意的回答。另外,我寄给你一份我的诺贝尔讲演的英文印稿,与此是同一专题的。我珍视在剑桥美好日子的记忆和与同事的友谊。

亲切问候!

普朗克

好生奇怪,除了"两个热力学定律",普朗克[13]准备放弃整个物理学,以理解黑体辐射谱。

毫无疑问有着关于普朗克的划时代成就的不完满的感觉。实际上他是很伟大的,智力搏击的激烈感觉扑面而来。这个曲折的斗争与爱因斯坦走的下一大步呈鲜明的对照。在进到新的发展阶段之前,我们对普朗克统计力学的故事做个总结。

13.6 为什么普朗克找到了正确的答案

尽管普朗克用的统计方法多少有点可疑，为什么他得到了辐射谱的正确表达式？有两种回答：一是方法论的，一是物理的。

第一个答案是，普朗克非常像是在倒过来做。这个看法由罗森菲尔德(Rosenfeld)提出，克莱恩基于普朗克1943年的文章对他的看法表示支持，认为普朗克从振子熵的表达式(12.42)出发倒算回去，从$\exp(S/k)$找到W。其结果就是式(13.16)右边的排列公式，对于大的N和r值或多或少与式(13.14)是一样的。式(13.14)是著名的排列论公式，它出现在玻尔兹曼在其统计物理基础的详尽展开的工作中。普朗克那时按统计物理把它当作熵的定义。如果真是这样，依我看，那也不会缩小普朗克的成就。面临这样一个危机，物理学家需要讲实用性。

第二个答案是，普朗克偶然碰到了一个正确的方法，即按照量子力学来计算不可区分粒子的统计，这个理念在那时还没有听说过。这个看法是印度数学物理学家玻色(Satyendra Nath Bose)在其1924年寄给爱因斯坦的题为"普朗克定律与光量子假说"[14]短文中首先提出的。爱因斯坦马上认识到它的深刻意义，他亲自把它翻译为德文并安排发表在*Zeitschrift für Physik*杂志上。玻色的文章和他与爱因斯坦的合作，导致量子力学里计数不可区分粒子的方法的建立，称为**玻色-爱因斯坦统计**，它与经典的玻尔兹曼统计根本不同。同样值得注意的是，新统计方法也是在量子力学发现之前就建立的。爱因斯坦接着把这个新方法用到理想气体的统计力学上[15]。

玻色并不真正知道他对普朗克谱推导的深刻含义。按派斯(Pais)解释的玻色文章的原创性，玻色在其统计物理中引入了3个特征：

(1) 光子数不守恒。

(2) 玻色把相空间分为粗粒相格，用每个格中的粒子数计算。因为光子被当作是全同的，计数显然就要求态的每个可能的分布只该被计1次数。这样，玻尔兹曼的粒子可区分性的公设就没有了。

(3) 由于用这种计数方法，粒子的统计独立性消失了。

这些与经典玻尔兹曼方法非常深刻的差别在量子力学里得到了解释，这是与不同自旋粒子波函数的对称性相联系的。只有随着狄拉克相对论量子力学的发现，这些深刻对称的意义才能得以完全理解。正如派斯说的：

> 令人惊奇的是，玻色在这3条上都是对的(在他的文章里，他1条都没有提到)。我相信自从普朗克1900年引入量子以来，还没有过这样成

功的歪打正着。[16]

完全展开这些内容会让我们远离本章的主要进展，先让我们来证明按照玻色-爱因斯坦式(13.22)是如何导出的，以及为什么普朗克关于概率以及熵的表达式在这个情况下是正确的。黄克逊在其书《统计物理引论》[17]中给出此问题的一个漂亮的简明处理。方法与前面讨论的不同之处在于，把相空间分为基本相格。我们考虑其中一个相格，标记为 k，里面有能量 ε_k，简并度为 g_k。简并度指在此相格中具有同样能量 ε_k 的状态数。现在假定有 n_k 个粒子要分布到这 g_k 个态中，而这些粒子是全同的。那么，n_k 个粒子分布到这些态中的不同方式数为

$$\frac{(n_k+g_k-1)!}{n_k!(g_k-1)!} \tag{13.26}$$

用的是与推导式(13.14)完全一样的逻辑。这是论证中关键的一步，与相应玻尔兹曼的结果式(13.2)显著不同。关键点在于，在式(13.2)中，粒子分布在能量态中的所有可能的方法全包含在统计中，而在式(13.26)中，同种分布的重复是去掉了的。在量子水平上，黄克逊给出了这个区别的解释。他说：

> 经典计数法接受所有的波函数，不管在交换坐标下的对称性质。这组波函数远多于两种量子情况的总和(费米-狄拉克情形和玻色-爱因斯坦情形)。[17]

式(13.26)只适于相空间中单个相格，我们要把它推到组成相空间的所有相格。把粒子分布到所有相格中方法的总数是形如式(13.26)的数目的积，即

$$W=\prod_k \frac{(n_k+g_k-1)!}{n_k!(g_k-1)!} \tag{13.27}$$

要找到 $N=\sum\limits_k n_k$ 个粒子在相格中的平衡分布，我们和以前一样问："什么分布能使 W 取最大值?"在这里，我们回到玻尔兹曼方法。首先，用斯特林定理来简化 $\ln W$：

$$\ln W=\ln\prod_k \frac{(n_k+g_k-1)!}{n_k!(g_k-1)!}\approx\sum_k \ln\frac{(n_k+g_k)^{n_k+g_k}}{(n_k)^{n_k}(g_k)^{g_k}} \tag{13.28}$$

现在我们在限制 $\sum\limits_k n_k=N$ 和 $\sum\limits_k n_k\varepsilon_k=E$ 下来极大化 W。利用前面那种不定乘子法，有

$$\delta(\ln W)=0=\sum_k \delta n_k\{[\ln(g_k+n_k)-\ln n_k]-\alpha-\beta\varepsilon_k\}$$

从而

$$[\ln(g_k+n_k)-\ln n_k]-\alpha-\beta\varepsilon_k=0$$

最后

$$n_k=\frac{g_k}{e^{\alpha+\beta\varepsilon_k}-1} \tag{13.29}$$

这就是所谓的**玻色-爱因斯坦分布**，是计数那些称为玻色子的不可区分粒子的正确统计。按照量子力学，玻色子是具整数自旋的粒子。例如，光子是自旋 1 的粒子，

引力子是自旋 2 的粒子等。

在黑体辐射情形下,我们不需要确定现有光子的数目。这可以从下面的事实看出:对黑体辐射而言其分布只由一个参数——系统的总能量或温度——决定。因此在不定乘子法中,我们可去掉对总粒子数的限制。分布会自动调整到现有的总能量值,所以 $\alpha=0$。于是

$$n_k = \frac{g_k}{e^{\beta\varepsilon_k} - 1} \tag{13.30}$$

对比普朗克谱的低频高温行为,我们可确证 $\beta=1/(kT)$,就像经典的情形一样。

最后,对频率在 $\nu\sim\nu+d\nu$ 范围的辐射,相空间中相格里的简并度 g_k 已在讨论黑体谱起源的瑞利方法中算了出来(12.6 节)。爱因斯坦对玻色文章热情的理由之一是,玻色推出此因子,不是借助于普朗克或瑞利的办法(它们依赖于经典电磁学的结果),而完全是考虑光子可及的相空间。在普朗克的分析里,他的表达式(12.25)完全是电磁性质的,而瑞利的论证,是让电磁波限制在有着完全导体壁的盒子里来进行的。玻色考虑光子具有动量 $p=h\nu/c$,因而能量在 $h\nu\sim h(\nu+d\nu)$ 的光子的动量(相)空间的体积为(利用标准的办法)

$$dV_p = V dp_x dp_y dp_z \rightarrow V \times 4\pi p^2 dp = \frac{4\pi h^3 \nu^2 d\nu}{c^3} V \tag{13.31}$$

此处 V 是实际空间的体积。现在玻色仿照普朗克在 1906 年的讲演中首先说出的思想,考虑把此相空间体积划分为体积等于 h^3 的相格,能量在 $h\nu\sim h(\nu+d\nu)$范围的相空间的相格数是

$$dN_\nu = \frac{4\pi\nu^2 d\nu}{c^3} V \tag{13.32}$$

他只需考虑到光子的两个极化态,就重现了瑞利的结果:

$$dN_\nu = \frac{8\pi\nu^2}{c^3} d\nu \quad 且 \quad \varepsilon_k = h\nu \tag{13.33}$$

我们马上得到辐射的谱密度 $u(\nu)$为

$$u(\nu)d\nu = \frac{8\pi h\nu^3}{c^3} \frac{1}{e^{h\nu/(kT)} - 1} d\nu \tag{13.34}$$

这就是黑体辐射的普朗克表达式,这里是用不可区分粒子的玻色-爱因斯坦统计推出来的。此统计方法不光可用于光子,还可用于任何类型的整数自旋的粒子。

我们已经远远领先于我们的故事。在 1900 年,无人知道这些,这已经是在爱因斯坦做出他对现代物理革命性贡献以后的年代的事了。

13.7 参考文献

[1] Planck M. 1950. Scientific Autobiography and Other Papers. London: Williams and Norgate:41.

[2] Planck M. 1900. Verhandl. der Deutschen Physikal. Gesellsch., 2: 237 - 245. Also Collected Scientific Works(1958): Physikalische Abhandlungenund Vorträge(Collected Scientific Papers): Vol. 1. Braunschweig: Friedr. Vieweg und Sohn: 698. (English trans.: Planck's Original Papers in Quantum Physics. 1972. annotated by Kangro H. London: Taylor and Francis:38 - 45)

[3] Ehrenfest P, Kammerlingh O H. 1914. Proc. Acaa. Amsterdam, 17:870.

[4] Planck M. 1900. Quoted by Klein M J. 1914. History of Twentieth Century Physics, Proc: International School of Physics "Enrico Fermi": Course 57. New York and London: Academic Press:17.

[5] Einstein A. 1912//Langevin P, de Broglie M. The Theory of Radiation and Quanta. First Solvay Conference, Gautier-Villars, Paris: 115. (Translation of quotation see Hermann A. 1971. The Genesis of Quantum Theory(1899 - 1913). Cambridge, Massachusetts: MIT Press:20)

[6] Planck M. 1950. Scientific Autobiography and Other Papers. London: Williams and Norgate:35.

[7] Klein M J. 1977. History of Twentieth Century Physics, Proc: International School of Physics "Enrico Fermi": Course 57. New York and London: Academic Press:13,14.

[8] Frolov V I, Novikov I D. 1998. Black Hole Physics. Dordrecht: Kluwer Academic Publishers.

[9] Planck M. 1906. Vorlesungen über die Theorie der Wrmstrahlung. Leipzing: Barth.

[10] Kuhn T S. 1978. Black Body Theory and the Quantum Discontinuity (1894 - 1912). Oxford: Clarendon Press.

[11] Planck M. 1905. Quoted by Kuhn. 1978. Op. Cit.:132.

[12] Planck M. 1950. Op. Cit.:44,45.

[13] Planck M. 1931. Letter from M. Planck to R. W. Wood//Hermann A.

1971. Op. Cit. Cambridge, Massachusetts: MIT Press: 23, 24.
[14] Bose S N. 1924. Zeitschrift für Physik, 26: 178.
[15] Einstein A. 1924. Sitz. Preuss. Akad. Wissenschaften: 261. 1925. ibid: 3.
[16] Pais A. 1982. Subtle is The Lord ... The Science and Life of Albert Einstein. Oxford: Clarendon Press.
[17] Huang K. 2001. Introduction to Statistical Physics. London: Taylor and Francis.

第 14 章　爱因斯坦和光的量子化

14.1　爱因斯坦的奇迹年

直到 1905 年，普朗克的工作影响力很小，他也没有在理解自己的成果的深刻含义方面向前迈步。如在第 13 章里讨论过的，他曾花了许多不成功的努力试图去找到一个对作用量子 h 的经典解释，他正确地认识到此作用量子对理解黑体辐射谱有着基础性的意义。下一个伟大的进步是爱因斯坦做出的，可以毫不夸张地说，他是认识到量子化的全部意义和量子存在的第一人。他证明了这是所有物理现象的一个基本方面，而不只是为顾及普朗克分布而采用的一个"形式的假定"。1905 年往后，他对量子存在的信仰从来没有动摇过——要过相当长的时间才能让那时的大人物承认爱因斯坦实际上是正确的。他是在一系列杰出的、闪耀着科学妙招的文章中得到这一结论的。

爱因斯坦在 1900 年完成了现在我们称之为研究生的学习。在 1902～1904 年之间，他写了 3 篇关于玻尔兹曼统计力学的基础文章。我们再次看到对热力学和统计物理学的深刻理解是怎样为探究理论物理基本问题提供出发点的。正如在专题 4 中解释过的，热力学和统计物理学并不直接处理具体的物理过程，这种过程可能还没有被特别好地理解；它们处理的是物理系统的整体性质，对其预期的行为提供一般的规则。

14.1.1　1905 年爱因斯坦 3 篇巨作

1905 年爱因斯坦 26 岁，作为三级技术员受雇于在伯尔尼的瑞士专利局。在那一年里他完成了博士论文《分子尺度的新确定》，于 1905 年 7 月 20 日提交给苏黎世大学。同一年，他发表了 3 篇文章，可算是物理文献中的伟大经典，其中任何一篇都可以保证让他的英名流芳百世。这些文章是：

(1)《关于满足热的动理论的悬浮在稳定流体中的小粒子运动》。[1]

(2)《关于动体的电动力学》。[2]

(3)《关于光的产生和转化的一个启发性观点》。[3]

在施塔赫尔(John Stechel)编辑并导读的书《爱因斯坦奇迹年》[4] 的英文译本

中可以很方便地找到这些文章,原文来自《1908～1909·爱因斯坦选集(第二卷):瑞士岁月》[5]。我们也强烈地推荐那本选集。

第一篇文章以他后续文章的题目而更被大家熟知,这篇后续文章是在1906年发表的,题目是"关于布朗运动的理论"[6],重新做了他博士论文里的某些结果。布朗运动是在流体中的微观粒子的不规则运动,在1828年就曾被植物学家布朗仔细研究过,他注意到此现象的普遍性。此运动源自流体分子和微观粒子之间非常多次碰撞的统计效应。虽然每次撞击是非常小的,但大量粒子这样无规对撞的净结果是"醉汉行走"。爱因斯坦把粒子的扩散与碰撞有关的分子的性质联系起来,从而定量化。在漂亮的分析后他得出 t 时刻粒子移动的方均距离的公式:

$$\langle r^2 \rangle = \frac{kTt}{3\pi\eta a} \tag{14.1}$$

其中,a 是粒子的半径,T 是温度,η 是流体的黏滞系数,而 k 是玻尔兹曼常量。关键是,爱因斯坦发现了流体的分子性质与观察到的宏观粒子的扩散之间的关系。在他关于直径1 μm的粒子的效应大小估计中,需要阿伏伽德罗常量 N_A 的值,他就用普朗克和他在研究黑体辐射谱时得到的数值(见14.2节以下)。他预测,这样的粒子在1 min内会扩散6 μm。在其文章的最后一节,爱因斯坦表示:

> 我们希望,研究者们会很快成功解决这里提出的问题,它对热的理论是如此重要!

值得注意,爱因斯坦写此文章时"并不知道有关布朗运动的观测已经早为人知",正如他在其《自传小记》[7]中述及的。这可用以解释为何在他关于此问题的第一篇文章的题目中没有"布朗运动"的字眼。

爱因斯坦对这个计算对于热理论的重要性的关心是很有依据的。建立动理论和玻尔兹曼统计方法反对由奥斯特瓦尔德(Wilhelm Ostwald)和赫尔姆(Georg Helm)领导的唯能论者的战斗还没有取胜。唯能论者否认原子和分子的存在。为维护他们的立场,要认识到,在那个时代还没有证据表明,热实际上与原子和分子的无规运动相联系。马赫(Ernst Mach)对原子和分子概念怀有敌意,因为它不直接为我们的感觉所及,虽然他承认原子主义是个有用的概念工具。对于原子和分子概念,许多科学家简单地把它当作有效的假说。爱因斯坦认识到,在布朗运动中观察到的粒子的激烈颤动是热——宏观粒子对微观尺度上分子运动的反映。

那时对布朗运动的精确观测是很难的,但在1908年,佩兰(Jean Perrin)[8]完成了一系列细致入微的漂亮实验,证实了爱因斯坦预言的所有细节。这一工作说服了所有的人,甚至怀疑论者,相信分子的实在性。用赫尔姆的话说:

> 我想这是不可能的,一个脱离了先入之见的心智会怀疑这极端多样的现象,这些现象导致同样的结果而不留下强烈的印象。故我以为,再也很难通过有力的论证来固守对分子假说的敌意态度了。[9]

爱因斯坦1905年第二篇巨作是他关于相对论的著名文章,其内容将是第16

章的主题。当列出爱因斯坦 1905 年的文章时，值得指出，还有另一篇关于相对论的短文，题目为"物体的惯性依赖于它含有的能量吗？"[10] 这篇文章是个清晰的陈述，其中质量和能量是一码事，一个有力的提醒是，表达式 $E=mc^2$ 可以正着读，也可反着读。

1905 年的第三篇文章常被当作爱因斯坦关于光电效应的文章。这是对这篇文章的深刻性的重大误解。正如爱因斯坦在 1905 年 5 月写给他朋友哈比希特 (Conrad Habicht)说的：

> 我答应你 4 篇文章……其中第一篇我很快送给你，因为我不久就会收到免费的复印本。此文处理辐射和光的能量性质，是非常革命性的……[4]

爱因斯坦指的是文章的理论内涵。它真是革命性的，我们将在下一节更详细地研究它。

14.1.2　爱因斯坦在 1905

1905 年现在被称为爱因斯坦的奇迹年——列在 14.1.1 小节的 3 篇文章改变了物理的面貌。名词"奇迹年"最早在物理中的出现与牛顿在 1665～1667 年的非凡成就有关——在 4.4 节讨论过。爱因斯坦的成就肯定可与牛顿相比拟，虽然个性非常不同，物理和数学的景观很不同。施塔赫尔[4] 给出了这些物理天才的个性的鲜明对比。

牛顿的天赋不仅表现在物理上，而且表现在数学上，而他的伟大成就的种子在他只有 22 岁时就播下了，远在他的思想结晶为我们今天通用的形式之前许多年。爱因斯坦承认他不是数学家，要理解他 1905 年文章中的数学内容不超过本科物理教程头一两年教的。他的天赋在于非凡的物理直觉，他对物理问题能比同代人看得更深。3 篇巨作是创造力的突然爆发，在对 3 个物理基本领域深刻思考差不多 10 年后，几乎同时在 1905 年突然成熟结果。虽然有着明显差异，3 篇文章有着惊人的方法上的共同点。每种情况下，爱因斯坦都从手头的特殊问题后退，仔细研究其背后的物理原理。然后，他以令人目眩的妙招给背后的物理投以新的光芒。没有其他地方比他在 1905 年和 1906 年关于量子和量子化的惊人文章更能明白地展示这一天赋了。

14.2　关于光的产生和转化的一个启发性观点

让我们重述爱因斯坦 1905 年第三篇巨作的开头几节——它们是革命性的，令

人吃惊的。它们要求集中注意力,就像伟大的交响乐的开幕:

> 物理学家关于气体和其他有关物体表述的理论思想与所谓真空中的电磁过程的麦克斯韦理论之间有着深刻的形式差异。这样,当我们考虑一个物体的状态时,它要由非常大而有限数目的原子、电子的位置及速度来完全决定,但我们用三维连续函数来确定存在于某个区域的电磁状态,结果有限的维数不足以完全决定区域的电磁状态……
>
> 用三维连续函数操作的光的波动理论,解释纯光学现象是极好的,也许将永远不会被任何其他理论所替代。但是要记住,光学观察只涉及时间的平均值而非瞬时值。尽管实验上完全证实了衍射、反射、折射、色散等理论,但在用到光的产生和转变时,以三维连续函数操作的光理论还是可能会导致其理论与经验的冲突。[3]

换句话说,非常可能有这样的情况,麦克斯韦的电磁场理论不能解释所有的电磁现象,爱因斯坦特别指出了黑体辐射谱、光致发光和光电效应。他的建议是,为了某些目的,可以更适当地把光考虑为如下情况:

> 离散地分布在空间中。按照这里考虑的假定,从一个点源射出的光线在传播中,能量并不是连续地分布于不停扩大的体积中的,而是组成有限数量的能量子,定域在空间点上,运动而不分散,只能作为整体单位而被吸收和产生。

临末他希望:

> 这里提出的方法的有用性将被某些研究者在工作实践中证明。

爱因斯坦真是自找麻烦。麦克斯韦理论的全部含义还在发掘中,而他竟提议用光微粒来代替这些来之不易的成就。对那时的物理学家来说,这像是惠更斯的波动图像与牛顿的粒子或微粒图像之间争论的再现,每个人都知道哪个理论会赢。建议看来似乎特别不合时宜,麦克斯韦光的电磁本性的发现,距被赫兹完全确认才15年(见5.4节)。

仔细体会爱因斯坦的建议与普朗克的方法有何不同。普朗克发现,组成振子的能量的能量单元 $\varepsilon = h\nu$ 是不能等于零的。这些振子是黑体谱的电磁辐射源,但普朗克关于它们的辐射绝对什么都没说。他坚决相信,振子射出的波就是麦克斯韦的经典电磁波。相反,爱因斯坦建议说,辐射场本身是量子化的。

和爱因斯坦的其他文章一样,此文写得非常清楚漂亮。它看起来如此简单和显然,以致会忘记它的内容具有如何的革命性意义。为了显示得更清楚,我们将采用一直使用的现代记号而非爱因斯坦记号。

在引论后,爱因斯坦叙述,我们见过许多次的普朗克公式(12.25),它把振子的平均能量与热平衡时的黑体辐射能量密度联系起来。爱因斯坦毫不迟疑地按照动理论,将振子的平均能量等于 kT,因此

$$u(\nu) = \frac{8\pi\nu^2}{c^3}kT \tag{14.2}$$

然后用下面有争议的形式写下黑体谱中的总能量：

$$总能量 = \int_0^\infty u(\nu)\mathrm{d}\nu = \frac{8\pi kT}{c^3}\int_0^\infty \nu^2 \mathrm{d}\nu = \infty \tag{14.3}$$

这正是瑞利在 1900 年指出的问题，导致他随意地引入指数因子以防止谱在高频处发散（见 12.6 节）。这个现象后来被埃伦费斯特称为紫外灾难。

接着爱因斯坦同意，尽管表达式(14.2)会发散，它依然是低频和高温时黑体谱很好的描述，因此玻尔兹曼常量 k 的值可以由这一部分谱导出。爱因斯坦的 k 值与普朗克估计的完全一样，爱因斯坦解释说，实际上，普朗克的估计与他为处理黑体谱发展的理论的细节无关。

现在我们到了文章的核心。我们已经强调了熵在辐射热力学中的核心作用。爱因斯坦重新推导了黑体辐射熵的一个适当的形式，只用了热力学和观测到的辐射谱形式。熵是相加的，在热平衡时，我们考虑不同波长的辐射是独立的，故可将封闭在体积 V 中辐射的熵写为

$$S = V\int_0^\infty \phi[u(\nu),\nu]\mathrm{d}\nu \tag{14.4}$$

函数 ϕ 是单位体积单位频率间隔中辐射的熵。计算的目标是利用谱能量密度 $u(\nu)$和频率求得 ϕ 的表达式。对平衡谱而言，除了温度 T 外不再有其他量进入表达式，这是由基尔霍夫证明的（见 11.2.2 小节的论述）。问题已由维恩解决，但是为圆满，爱因斯坦给结果一个如下的漂亮证明：

在热平衡中，函数 ϕ 这样取，使得对固定的总能量值熵取最大，因此问题可写为一个变分计算：

$$\delta S = \delta\int_0^\infty \phi[u(\nu),\nu]\mathrm{d}\nu = 0 \tag{14.5}$$

还要受到条件限制：

$$\delta E = \delta\int_0^\infty u(\nu)\mathrm{d}\nu = 0 \tag{14.6}$$

这里 E 是总能量。利用不定乘子法，函数的 $\phi(u)$方程为

$$\int_0^\infty \left(\frac{\partial\phi}{\partial u}\delta u\mathrm{d}\nu - \lambda\delta u\mathrm{d}\nu\right) = 0$$

此处不定乘子 λ 与频率无关。被积函数应为零以保证积分为零，于是

$$\frac{\partial\phi}{\partial u} = \lambda$$

现在假定，单位体积黑体辐射的温度增加一个无穷小量 $\mathrm{d}T$，保持系统体积不变。这里我们用微分以强调，我们是在考虑两个平衡态之间的无穷小变化。熵增加是

$$\mathrm{d}S = \int_{\nu=0}^{\nu=\infty} \frac{\partial\phi}{\partial u}\mathrm{d}u\mathrm{d}\nu$$

但是刚才我们证明了，$\partial\phi/\partial u = \lambda$ 与频率无关，因此

$$\mathrm{d}S = \frac{\partial\phi}{\partial u}\mathrm{d}E$$

这里

$$dE = \int_{\nu=0}^{\nu=\infty} du d\nu \tag{14.7}$$

但是 dE 是加进去以使温度有个无穷小增加的能量,我们可用热力学关系式(9.57)写出

$$\left(\frac{\partial S}{\partial E}\right)_V = \frac{1}{T} \tag{14.8}$$

因此

$$\frac{\partial \phi}{\partial u} = \frac{1}{T} \tag{14.9}$$

这是我们要找的方程。注意下面关系的优美对称:

$$\begin{aligned} &S = \int_0^\infty \phi d\nu, \quad E = \int_0^\infty u(\nu) d\nu \\ &\left(\frac{\partial S}{\partial E}\right)_V = \frac{1}{T}, \quad \frac{\partial \phi}{\partial u} = \frac{1}{T} \end{aligned} \tag{14.10}$$

爱因斯坦利用式(14.9)来找出黑体辐射的熵。不用普朗克的公式,而是用维恩公式,因为虽然它对低频和高温不对,但是在经典理论失效的区域是正确的。因此对与谱高频部分相关的熵的分析有可能可弄明白经典计算何处出错。

首先,爱因斯坦写下从实验导出的维恩定律的形式。用式(12.28)的记号有

$$u(\nu) = \frac{8\pi\alpha}{c^3} \frac{\nu^3}{e^{\beta\nu/T}} \tag{14.11}$$

从式(14.11)并利用式(14.9)我们马上得到 $1/T$ 的表达式,给出

$$\frac{1}{T} = \frac{1}{\beta\nu} \ln \frac{8\pi\alpha\nu^3}{c^3 u(\nu)} = \frac{\partial \phi}{\partial u} \tag{14.12}$$

得到的表达式为

$$\frac{\partial \phi}{\partial u} = -\frac{1}{\beta\nu}\left(\ln u + \ln \frac{c^3}{8\pi\alpha\nu^3}\right)$$

所以

$$\begin{aligned} \phi &= -\frac{u}{\beta\nu}\left(\ln u - 1 + \ln \frac{c^3}{8\pi\alpha\nu^3}\right) \\ &= -\frac{u}{\beta\nu}\left(\ln \frac{uc^3}{8\pi\alpha\nu^3} - 1\right) \end{aligned} \tag{14.13}$$

现在爱因斯坦对此 ϕ 的公式做了灵活的应用。考虑在频率范围 $\nu \sim \nu + d\nu$ 间辐射的能量密度,假定它有能量 $E = Vu d\nu$,这里 V 是体积。那么,与此辐射有关的熵是

$$S = V\phi \Delta\nu = -\frac{E}{\beta\nu}\left(\ln \frac{Ec^3}{8\pi\alpha\nu^3 V d\nu} - 1\right) \tag{14.14}$$

假设体积从 V_0 变为 V,而总能量保持不变。那熵的变化为

$$S - S_0 = \frac{E}{\beta\nu} \ln \frac{V}{V_0} \tag{14.15}$$

但此公式看起来很熟悉。爱因斯坦发现这个熵变化与按照初等统计力学处理理想气体的焦耳膨胀得到的熵变化是一模一样的。让我们重复 10.7 节中导出式(10.55)的分析。玻尔兹曼关系可用来求出初态和末态之间的熵差 $S - S_0 = k\ln(W/W_0)$，这里 W 和 W_0 是这些态的概率。在初态，系统有体积 V_0，粒子在此体积中做无规则运动。在任何时候，单个粒子占据小体积 V 的概率为 V/V_0，因此 N 个粒子全部都在 V 中的概率为 $(V/V_0)^N$。因此 N 个粒子气体的熵差为

$$S - S_0 = kN\ln(V/V_0) \tag{14.16}$$

爱因斯坦注意到，式(14.15)与式(14.16)形式上一样。他马上得出结论，辐射在热力学上表现得如同它是由离散粒子组成的，它们的数目 N 等于 $E/(k\beta\nu)$。用爱因斯坦自己的话说：

> 低密度单色辐射(在维恩辐射公式有效的极限之内)的热力学行为如同它是由许多大小为 $k\beta\nu$ 的独立能量子组成的。

用普朗克的记号重写此结果，因为 $\beta = h/k$，所以每个量子的能量为 $h\nu$。

然后爱因斯坦根据黑体谱的维恩公式计算量子的平均能量。在频率 $\nu \sim \nu + d\nu$ 间的能量是 E 且量子数目为 $E/(k\beta\nu)$。因此平均能量是

$$\overline{E} = \frac{\int_0^\infty (8\pi\alpha/c^3)\nu^3 e^{-\beta\nu/T} d\nu}{\int_0^\infty (8\pi\alpha/c^3)[\nu^3/(k\beta\nu)]e^{-\beta\nu/T} d\nu} = k\beta \frac{\int_0^\infty \nu^3 e^{-\beta\nu/T} d\nu}{\int_0^\infty \nu^2 e^{-\beta\nu/T} d\nu}$$

对分母分部积分：

$$\int_0^\infty \nu^2 e^{-\beta\nu/T} d\nu = \left[\frac{\nu^3}{3} e^{-\beta\nu/T}\right]_0^\infty + \frac{\beta}{3T}\int_0^\infty \nu^3 e^{-\beta\nu/T} d\nu \tag{14.17}$$

因此

$$\overline{E} = k\beta \times \frac{3T}{\beta} = 3kT \tag{14.18}$$

量子的平均能量与黑体系统的单粒子平均动能 $3kT/2$ 紧密相关。这也是极富于启发性的结果。

至此，爱因斯坦说，辐射“就好像”是由一些独立粒子组成的。这是否需要被认真对待，或者它只是另一个“形式工具”？他的文章第 6 节的最后一句话不给读者留下任何疑惑：

> 下一步是探究光的发射和转化定律是否也有这样的特性，即它们可用光是由这样的能量子组成的来解释或说明。

换句话说就是：“是的，让我们假定，它们是实在的粒子，然后看看我们能否以此来理解其他现象。”

爱因斯坦考虑三种现象，它们是不能用经典电磁理论说明的：光致发光的斯托克斯规则，光电效应和气体的紫外光电离。

斯托克斯规则　在实验中观察到，光致发光中发射的光的频率低于入射光的频率。现在被解释为能量守恒的结果。如果入射的量子能量为 $h\nu_1$，那么重新发

射的量子最多只能具有这么大的能量。如果量子的某些能量在重新发射前被介质吸收,那么再发射的量子的能量 $h\nu_2 \leqslant h\nu_1$。

光电效应 这也许是文章最著名的结果,因为爱因斯坦在前面所讲理论基础上做了确定的定量预言。具有讽刺意味的是,光电效应是1887年赫兹在完全确证麦克斯韦方程组有效的同一实验里发现的。也许光电效应最大的特征是勒纳德的发现:从金属表面发射的电子的能量与入射辐射的强度无关。

爱因斯坦的建议立即对此问题提供了一个解答。给定频率的辐射由有同样能量 $h\nu$ 的量子组成。如果其中一个被材料吸收,电子获得足够的能量而对抗把它束缚在材料中的力而从表面逃出。若光的强度增加,那就有更多的电子逃出,但它们的能量保持不变。爱因斯坦把它的结果写成如下的形式(设辐射电子的最大动能 E_k):

$$E_k = h\nu - W \tag{14.19}$$

这里 W 是使电子从材料表面逸出必需的功,它也称为材料的功函数。估计功函数大小的实验是把光阴极放在一个反向电势中,当此势达到某个值 V 时,射出的电子再也到不了阳极,光电流完全降为零,这时 $E_k = eV$。于是

$$V = \frac{h}{e}\nu - \frac{W}{e} \tag{14.20}$$

用爱因斯坦的话说:

> 如果所导公式是正确的,那么 V 必定是入射光频率的一个直线函数,在笛卡儿坐标系里画出时,其斜率与所用材料的性质无关。

这样,量 h/e,即普朗克常量与电子电荷的比,可以直接由这个关系的斜率得到。这是重大的预言,因为那时对光电效应对入射辐射频率的依赖性一无所知。在10年艰难的实验后,爱因斯坦方程的所有方面都得到了实验的完全验证。1916年,密立根总结其广泛的实验结果说:

> 爱因斯坦的光电方程经受了非常仔细的检验,它在每一种情况下都精确地预言了观察的结果。[12]

气体的光电离 爱因斯坦文章中讨论的第三块实验证据是这样的事实,如果发生光电离,则每个光子的能量必须大于气体的电离势。他证明:使空气电离的最小能量子差不多等于斯塔克独立确定的电离势。量子假说再一次与实验一致。

文章在此结束。它是物理中的巨作,是爱因斯坦获诺贝尔奖授奖词中描述的工作。

14.3　固体的量子理论

1905年，普朗克和爱因斯坦在关于量子化和量子的作用方面观点有某些不同。普朗克把振子量子化了，爱因斯坦的文章则没有提这个方法。看来，实际上爱因斯坦并不完全清楚他们是在描述同一个现象。但在1906年，他证明，这两种方法实际上是一样的[13]。在1906年11月寄给 *Annalen der Physik* 并于1907年发表的一篇文章里[14]，他用不同的论证得到同样的结论，并把量子化的思想推广到固体。

在这文章的开始爱因斯坦断言，他和普朗克确实是描述了同一个量子化现象：

> 在那个时候(1905)，在我看来似乎普朗克的辐射理论与我的工作在一定方面形成矛盾。但在本文第一节里给出的新考虑使我明白，普朗克辐射理论的基础与麦克斯韦理论和电子论方面的基础不同，实际上其差别恰恰在于，普朗克的理论蕴含着对上面提到的光量子假说的应用。[13]

这些论证在1907年的文章[14]中得到进一步发展。爱因斯坦演示了，如果普朗克按着正规的玻尔兹曼方法走，他还是会得到黑体辐射的正确公式，只要坚持假定振子只能取确定的能量 $0, \varepsilon, 2\varepsilon, 3\varepsilon, \cdots$。让我们重复爱因斯坦的论证(现在的标准教科书中都有)。

如果普朗克采用玻尔兹曼的方法，那他就会得到能量为 $r\varepsilon$ 的态被占据概率的玻尔兹曼表达式，哪怕不取极限 $\varepsilon \to 0$。如我们在13.2节中演示的：

$$p(E) \propto \mathrm{e}^{-E/(kT)}$$

爱因斯坦假定，振子的能量是以单位 ε 量子化的。这样，如果基态中有 N_0 个振子，则在 $r=1$ 的态中的数目是 $N_0\mathrm{e}^{-\varepsilon/(kT)}$，在 $r=2$ 的态中的数目是 $N_0\mathrm{e}^{-2\varepsilon/(kT)}$ 等。因此振子的平均能量是

$$\begin{aligned}\overline{E} &= \frac{N_0 \times 0 + \varepsilon N_0 \mathrm{e}^{-\varepsilon/(kT)} + 2\varepsilon N_0 \mathrm{e}^{-2\varepsilon/(kT)} + \cdots}{N_0 + N_0 \mathrm{e}^{-\varepsilon/(kT)} + N_0 \mathrm{e}^{-2\varepsilon/(kT)} + \cdots} \\ &= \frac{N_0 \varepsilon \mathrm{e}^{-\varepsilon/(kT)}\left[1 + 2\mathrm{e}^{-\varepsilon/(kT)} + 3(\mathrm{e}^{-\varepsilon/(kT)})^2 + \cdots\right]}{N_0\left[1 + \mathrm{e}^{-\varepsilon/(kT)} + (\mathrm{e}^{-\varepsilon/(kT)})^2 + \cdots\right]}\end{aligned} \tag{14.21}$$

我们回顾一下下面的级数：

$$\begin{aligned}\frac{1}{1-x} &= 1 + x + x^2 + x^3 + \cdots \\ \frac{1}{(1-x)^2} &= 1 + 2x + 3x^2 + \cdots\end{aligned} \tag{14.22}$$

因此我们可以看到振子的平均能量是

$$\overline{E} = \frac{\varepsilon e^{-\varepsilon/(kT)}}{1 - e^{-\varepsilon/(kT)}} = \frac{\varepsilon}{e^{\varepsilon/(kT)} - 1} \tag{14.23}$$

所以利用正规的玻尔兹曼方法，能重现振子平均能量的普朗克关系，条件是能量单元不等于零。由式(14.23)，在经典极限 $\varepsilon \to 0$ 下恢复了平均能量 $\overline{E} = kT$。注意，在允许 $\varepsilon \to 0$ 时，是对振子能量可以取值的一个能量连续区求平均。换个说法，此时假定了等体积相空间在平均过程中被赋予相等的权重，这就是经典均分定理的起源。爱因斯坦证明：普朗克的公式要求此假定是错的。与此相对的是，只有能量为 $0, \varepsilon, 2\varepsilon, 3\varepsilon, \cdots$ * 的相空间体积才应有非零的权重且这些权重相等。

爱因斯坦然后直接把此结果与其先前关于光量子的文章结合起来：

> 我们应该假定，对于能在一定频率振动并可能在辐射和物质之间进行能量交换的离子，可能状态的位形空间大小要比我们直接经验中的物体的要窄。实际上我们假定，能量转移机制是这样的：使得能量只有假设取值 $0, \varepsilon, 2\varepsilon, 3\varepsilon, \cdots$[15]。

但是这还只是文章的开头。更多内容还在后面，爱因斯坦漂亮地说：

> 我现在相信，我们不能满足于此结果。因为后面的问题迫使我们面对。如果在辐射和物质之间能量交换的理论中使用的基本振子不能在现有的分子动理论意义上被解释，那么我们还不要对在热的分子理论中使用的其他振子的理论进行修改吗？在我看来，答案是毫无疑问的。如果普朗克的辐射理论冲击了事情的核心，那么我们也可预见在热理论其他领域现有分子动理论与实验之间发现矛盾，这种矛盾能用前面提到的路线来解决。在我看来，实际上就是如此，就如我后面要证明的那样。[16]

这篇文章常被引述为爱因斯坦量子理论对固体的应用，但是就像他的关于光电效应的文章一样，该文章远比其题目看起来深刻得多，正中物质和辐射的量子本质的核心。

爱因斯坦讨论的问题涉及固体的热容。按照杜隆-珀蒂定律，固体的单摩尔热容是 $3R$。这一结果可简单地从均分定理导出。固体模型是每摩尔有 N_A 个原子，假定它们可在 x, y, z 方向独立振动。按均分定理，固体的内能应为 $3N_AkT$，因为每个独立振动模有总能量 kT。单摩尔热容可直接通过微商获得，即 $C = \partial U/\partial T = 3N_Ak = 3R$。

当时已经知道，有些物质不遵从杜隆-珀蒂定律，它们有远比 $3R$ 小的热容，对于轻的元素，如碳、硼和硅更是如此。另外，在 1900 年，已知道某些元素的热容随温度变化非常快，只在高温时趋于值 $3R$。

如果爱因斯坦的量子假说被接受的话，问题就可以解决了。对于振子，平均能量 kT 的经典公式应该用量子公式

* 按量子力学，振子的能量每个都增加一个量 $\varepsilon/2 = h\nu/2$，即零点能，这不影响论证。

$$\overline{E} = \frac{h\nu}{e^{h\nu/(kT)} - 1}$$

代替。现在原子是个复杂的系统,但为简单起见,让我们假定,对特定的材料而言,它们都以同样的频率(爱因斯坦频率 ν_E)振动,这些振动是独立的,那么内能是

$$U = 3N_A \frac{h\nu_E}{e^{h\nu_E/(kT)} - 1} \tag{14.24}$$

热容为

$$\begin{aligned}\frac{dU}{dT} &= 3N_A h\nu_E \frac{1}{(e^{h\nu_E/(kT)} - 1)^2} e^{h\nu_E/(kT)} \frac{h\nu_E}{kT^2} \\ &= 3R\left(\frac{h\nu_E}{kT}\right)^2 \frac{e^{h\nu_E/(kT)}}{(e^{h\nu_E/(kT)} - 1)^2}\end{aligned} \tag{14.25}$$

这个表达式与测量的热容随温度的变化符合得出奇好。在他的文章中,爱因斯坦把实验测得的金刚石的热容变化与式(14.25)做了比较,结果示于图14.1。在低温时,热容的减小是明显的,虽然低温下的实验数据略低于理论值。

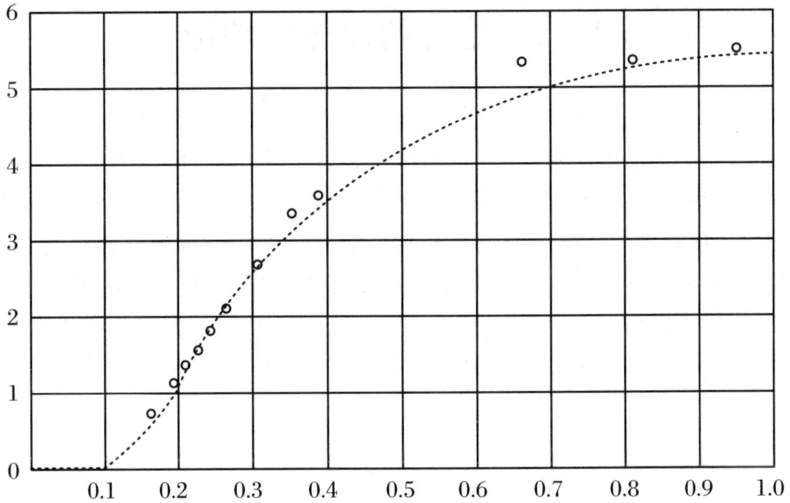

图14.1　金刚石热容随温度的变化与爱因斯坦量子理论的预言相比较;横坐标是 T/θ_E,这里 $k\theta_E = h\nu_E$,纵坐标是摩尔热容,单位是卡/摩尔。此图出现于爱因斯坦1907年的文章中[14],用了韦伯的结果,它们列于《物理和技术资料手册》的表中

我们现在理解,为何轻元素比重元素有较小的热容。较轻的原子比重原子有更高的振动频率,因此在给定温度,ν_E/T 更大,热容更小。考虑到如图14.1所示的金刚石的实验数据,频率 ν_E 处于红外波段。作为结果之一,高频振动对热容的贡献趋于零。正如预期的,金刚石在相应于频率 $\nu \approx \nu_E$ 的红外波长处有很强的吸收。爱因斯坦把他对 ν_E 的估计与在一些材料中观察到的很强的吸收特征进行比较,发现二者极为符合,确认了此模型的简单性。

也许该理论的最重要的预言是,所有固体的热容在低温时递减到零,如图

14.1所示。这对进一步接受爱因斯坦的思想有着关键的重要性，因为差不多在这个时候，能斯特(Walther Nernst)开始用一系列实验来测量固体在低温时的热容。能斯特做这些实验的动机是检验他的热理论(或热力学第三定律)，这是他为了理论上理解化学平衡的本质而提出的。热理论可使化学平衡的计算非常精确，并引发了所有材料的低温热容趋于零这样的预言。正如布拉特(Frank Blatt)说的：

> ……简言之，在爱因斯坦获得了苏黎世大学青年教职之后(1909年)，能斯特访问了这位青年理论家，讨论了共同感兴趣的问题。化学家George Hevsey回忆道，能斯特的访问提高了爱因斯坦在他同事中的声誉。他默默无闻来到苏黎世。能斯特来了，苏黎世人说："如果伟大的能斯特要从如此远的柏林来苏黎世与他交流的话，这个爱因斯坦一定是个聪明的家伙。"[17]

14.4　德拜的比热容理论

虽然爱因斯坦在1907年以后，对固体的热容不感兴趣，但他的量子化的思想在德拜(Peter Debye)1912年的重要文章[18]中得到意义重大的发展。爱因斯坦很清楚，固体中的原子独立地振动这一假定是非常粗糙的近似。德拜采取相反的方法，回到连续图像，差不多等同于瑞利在其处理黑体辐射谱时使用的图像(12.6节)。德拜认识到，固体的集体振动模可以用简正模完备集来代表，该简正模可从盒子里的驻波得到，就像瑞利做的那样。按照爱因斯坦的设定，固体的每个独立的振动模整体有个平均能量：

$$\overline{E}=\frac{\hbar\omega}{\exp[\hbar\omega/(kT)]-1}\tag{14.26}$$

ω 是模的振动频率，$\hbar=h/2\pi$。在角频率范围 $d\omega$ 内的模数 $d\mathcal{N}$，瑞利已经根据图12.5描述的办法计算过了，是

$$d\mathcal{N}=\frac{L^3\omega^2}{2\pi^2c_s^3}d\omega\tag{14.27}$$

此处 c_s 是波在材料中的传播速度。正如电磁辐射的情形，我们需要决定对于此波有多少种独立的极化态。在这里，有两个横模，一个纵模，相应于材料可被波压缩的三个独立的方向，于是在间隔 $d\omega$ 中有 $3d\mathcal{N}$ 个模，每个模有式(14.26)的能量。因此材料的总内能是

$$\begin{aligned}U&=\int_0^{\omega_{\max}}\frac{\hbar\omega}{\exp[\hbar\omega/(kT)]-1}3d\mathcal{N}\\&=\frac{3}{2\pi}\left(\frac{kTL}{\hbar c_s}\right)^3\int_0^{x_{\max}}\frac{x^3}{e^x-1}dx\end{aligned}\tag{14.28}$$

此处 $x = \hbar\omega/(kT)$。

问题变为决定 $x_{\max}$ 的值。德拜引入了一种思想，即一定有一个贮存能量的极限总模数。在高温极限下，他提出总能量不会超过经典均分定理给出的值，即材料的每个模有能量 $3N_A kT$，N_A 为阿伏伽德罗常量。由于在此极限下每个振动模有能量 kT，贮存能量的最大模数是 $3N_A$。

因此回想起在角频率范围 $d\omega$ 中有 $3d\mathcal{N}$ 个模，积分式(14.27)就得到德拜的条件：

$$3N_A = 3\int_0^{\omega_{\max}} d\mathcal{N} = 3\int_0^{\omega_{\max}} \frac{L^3\omega^3}{2\pi^2 c_s^3} d\omega$$

结果为

$$\omega_{\max}^3 = \frac{6\pi^2 N_A}{L^3} c_s^3 \tag{14.29}$$

惯常写 $x_{\max} = \hbar\omega_{\max}/(kT) = \theta_D/T$，而 θ_D 称为德拜温度。因此对 1 mol 言，材料的总内能表达式(14.28)可被重新写为

$$U = 9RT\left(\frac{T}{\theta_D}\right)^3 \int_0^{\theta_D/T} \frac{x^3}{e^x - 1} dx \tag{14.30}$$

这就是德拜推导出的著名的固体单摩尔内能表达式。

要找到热容，最简单的是考虑与单个频率相关的无限小增量 dU，然后像以前一样对 x 积分：

$$C = \frac{dU}{dT} = 9R\left(\frac{T}{\theta_D}\right)^3 \int_0^{\theta_D/T} \frac{x^4}{(e^x - 1)^2} dx \tag{14.31}$$

这一积分没法完全被积出，但相比爱因斯坦的表达式，它与固体热容数据符合得更好，如图 14.2 所示。

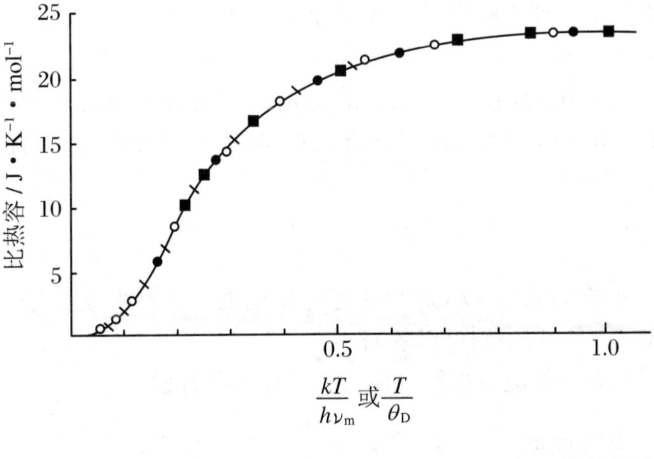

图 14.2　与德拜理论比较的各种固体摩尔热容，$kT/(\hbar\omega_D)$为函数自变量，此处 ω_D 是德拜角频率。图中 θ_D 是德拜温度。材料有铜(空心圈，$\theta_D = 315$ K)、银(实圈，$\theta_D = 215$ K)、铅(实方块，$\theta_D = 88$ K)和碳(交线，$\theta_D = 1\ 860$ K)(Tabor．1991．Gases, Liquids and Solids and Other States of Matter．Cambridge：Cambridge University Press：236)

正如泰伯(Tabor)指出的[19]，德拜理论有两大优点：首先，德拜温度的值能利用式(14.29)由材料的宏观性质导出，而爱因斯坦温度是个任意参数，可以由数据拟合得到。第二，热容的表达式(14.31)在低温时对数据给出了一个大为改善的拟合。如果 $T \ll \theta_D$，可设积分式(14.31)的上限为无限，那么积分有值 $4\pi^4/15$。于是在低温 $T \ll \theta_D$ 处，热容是

$$C = \frac{dU}{dT} = \frac{12\pi^4}{5} R \left(\frac{T}{\theta_D}\right)^3 \tag{14.32}$$

在低温处热容按 T^3 那样变化，而不是呈指数衰减。

另外两点也是有趣的：第一点，对许多固体，有 $\theta_E \approx 0.75\theta_D$，$\nu_E \approx 0.75\nu_D$；第二点，利用波在固体中的传播，对 ω_{max} 有一个简单的解释。由式(14.29)，对 1 mol 固体，最大频率是

$$\nu_{max} = \left(\frac{3}{4\pi}\right)^{1/3} \left(\frac{N_A}{L^3}\right)^{1/3} c_s \tag{14.33}$$

这里 N_A 是阿伏伽德罗常量。但 $L/N_A^{1/3}$ 正是典型的原子间隔 a。因此式(14.33)表明 $\nu_{max} \approx c_s/a$，即波的最小波长为 $\lambda_{min} = c_s/\nu_{max} \approx a$。这在物理上非常合理。在小于原子间隔的尺度，材料的原子集体振动模式的概念就没有任何意义。

14.5 再论气体比热容

爱因斯坦的量子理论解决了有关双原子气体的比热容的问题，这些问题曾让麦克斯韦感到非常焦虑(见 10.4 节)。按照爱因斯坦来说，所有与原子和分子有关的能量应该是量子化的，在量子化了的能量态中的分布依赖于气体的温度。在 14.2 节和 14.3 节给出的爱因斯坦分析表明，温度为 T、频率为 ν 的振子的平均能量是

$$\overline{E} = \frac{h\nu}{e^{h\nu/(kT)} - 1} \tag{14.34}$$

如果 $kT \gg h\nu$，平均动能是 kT，这与动理论预期的一样。但是如果 $kT \ll h\nu$，平均动能趋于 $h\nu e^{-h\nu/(kT)}$，它小到可以忽略。

让我们再来看一下能量可被气体分子贮存的各种模。

14.5.1 直线运动

对于拥有一定体积(如 1 m³)的气体，能级是量子化的，但它们的间隔是绝对小的。根据德布罗意 1923 年的天才般的洞察，波长 λ 可与粒子的动量 p 相联系，即 $p = h/\lambda$，这里 λ 称为德布罗意波长，h 是普朗克常量。因此在米级尺度，只有

在能量 $\varepsilon = p^2/(2m) \sim h^2/(2\lambda^2) = 3\times10^{-41}$ J 时，量子效应才显著。让 $\varepsilon = kT$，我们得 $T = 10^{-18}$ K。这样，对所有的可及的温度，都有 $kT \gg \varepsilon$，从而我们不需要考虑分子的直线运动的量子化效应。于是对于气体的原子或分子，总有与它们的直线运动相关的 3 个经典自由度。

14.5.2　分子转动

能量也可贮存于分子的转动中。可被贮存的能量的大小可由量子力学的基本结果得到，轨道角动量 J 是量子化的，只能取离散值

$$J = [j(j+1)]^{1/2}\hbar$$

此处 $j = 0,1,2,\cdots$，而 $\hbar = h/(2\pi)$。我们记得，如果粒子有内禀角动量或自旋，那么 j 也可取半整数的值，但我们限制这里的论证只考虑体转动。类比于能量与角动量之间的经典关系，分子的转动能量是

$$E = \frac{J^2}{2I}$$

这里 I 是分子关于其转动轴的惯量矩。因此

$$E = \frac{j(j+1)}{2I}\hbar^2 \tag{14.35}$$

如果我们把分子的转动能量写成 $E = I\omega^2/2$，那么转动角频率 ω 为

$$\omega = \frac{[j(j+1)]^{1/2}\hbar}{I}$$

分子的第一个转动态对应于 $j = 1$，所以第一个激发态有能量 $E = \hbar^2/I$。因此在温度 T 时，转动对能量贮存有贡献的条件是

$$kT \geqslant E = \frac{\hbar^2}{I}$$

它等效于 $kT \geqslant \hbar\omega$。

我们来考虑氢分子和氯分子的情形并求出其第一激发态的能量 $E_1 = kT$ 时的温度。表 14.1 给出了这些计算的结果。

表 14.1　氢分子和氯分子的转动性质，包括了第一激发能 E_1

性质	氢	氯
原子质量(amu)	1	35
键长(nm)	0.074 6	0.198 8
转动惯量 $I = md^2/2$(kg·m^2)	4.650×10^{-48}	1.156×10^{-45}
能量 E_1(J)	2.30×10^{-21}	9.62×10^{-24}
$T = E_1/k$(K)	173.000	0.697

对于氢，在室温时，能量就可被存贮于它的转动自由度中，但在低温，即 $T \ll 173$ K，转动自由度被“冻除”或“淬灭”，对气体的热容不再做贡献。对于氯的情形，$E_1 = kT$ 时的温度是如此之低，以致只要是气态，在任何温度下转动自由度对热容都有贡献。进一步还有一个关键问题：对于转动的双原子分子，三个转动自由度中的哪一个被实际激发？图 14.3 显示了关于三个垂直轴的转动，角频率分别为 ω_x，ω_y，ω_z。上面做的计算涉及对 y 轴和 z 轴的转动惯量。但对于 x 轴的转动惯量，该计算是不对的。原子的所有质量集中在原子核上，相比于关于 y 轴和 z 轴的转动惯量，关于 x 轴的转动惯量绝对会很小。事实上，后者只为前两者的$\frac{1}{10^{10}}$。因此激发关于 x 轴的转动所需的温度要比激发其他的大 10^{10} 倍，所以这个模在分子存在的温度下不会被激发。

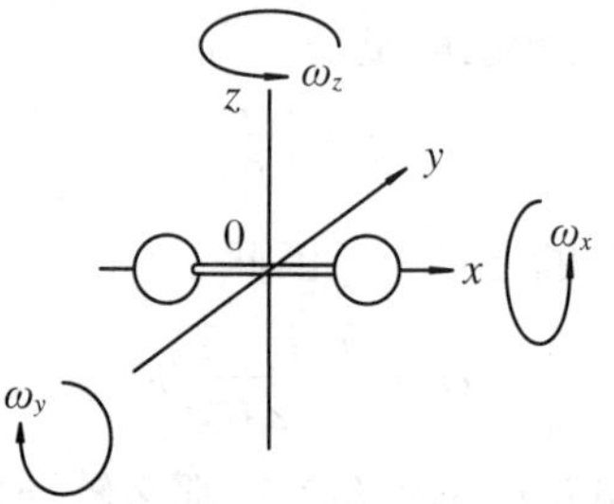

图 14.3　线形双原子分子中能贮存角动量的模式示意

这样，对像氢和氯那样的双原子分子，在室温下有两个转动自由度被激发。因此总的有五个自由度 f 被激发：三个平动，两个转动。比热容的预期值是 $\gamma = (f+2)/f = 1.4$，且 $C_V = 2.5R$。这就解决了麦克斯韦的问题。

这一论证可推广到关于所有三个轴都有有限转动惯量的分子，那里有三个转动自由度，$\gamma = 1.33$，就如麦克斯韦得到的。

14.5.3　分子振动

为完成我们的分析，考虑分子振动模的量子化。一个双原子分子的行为如同一个线性振子，有两个自由度，一个与它的动能有关，一个与转动有关。但是像转动的情形，在给定温度分子的振动态被激发了，能量只能贮存在这样的自由度中。这样，我们需要知道分子在它们基态的振动频率。我们再来考虑氢分子和氯分子的情形。

对于氢分子的情况，它的振动频率约为 2.6×10^{14} Hz，所以 $\varepsilon = h\nu = 1.72 \times 10^{-19}$ J。设 $h\nu = kT$，我们看到 $T = 12\,500$ K，所以对于氢分子，在室温时振动模对热容无贡献。事实上，振动模极少起作用，因为氢分子在 2 000 K 左右就分解了。

对于氯分子的情况，原子重许多，基态的振动频率要小一个量级。这样，温度

在 600 K 以上时振动模起作用。在高温,起作用的氯分子的自由度如下:

三个平动 + 两个转动 + 两个振动 = 七个自由度

于是,在很高温度时氯的热容趋于 7R/2。

14.5.4　氢分子和氯分子的情形

现在我们可以来理解展示氢分子和氯分子的热容随温度变化的图 14.4 了。对于低温的氢分子,只有平动自由度能贮存能量,热容是 $3R/2$。高于 170 K,转动模可以贮存能量,有五个自由度起作用。高于 2 000 K,开始有振动模参与,但分子在差不多 2 000 K 时就分解了,这些模完全起不到作用。

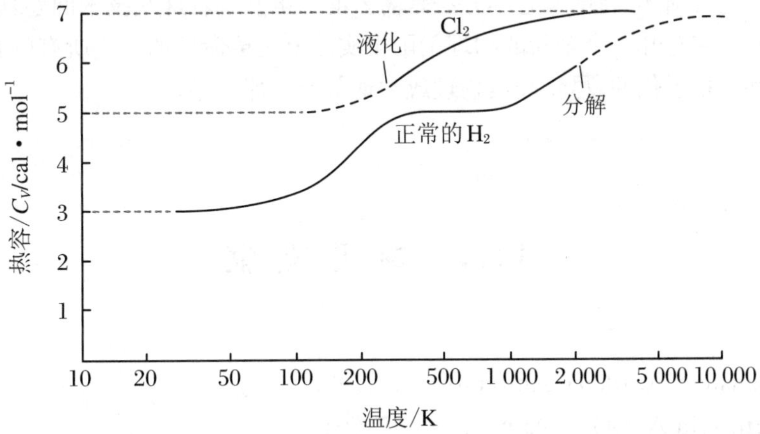

图 14.4　氢分子和氯分子的摩尔热容随温度的变化,纵坐标单位是 cal・mol^{-1}(1 cal = 4.184 J),因此 $3R_0/2 = 8.31 \times 3/2$ J・mol^{-1} = 12.465 J・mol^{-1} = 3.0 cal・mol^{-1}(Tabor. Gases, Liquids and Solids and Other States of Matter. Cambridge: Cambridge University Press: 110)

对于氯分子,即使在低温,平动模和转动模都被激发了,所以热容是 $5R_0/2$,虽然从图上可注意到,氯分子在 200～300 K 之间就液化了。高于 600 K,振动模开始起作用,在最高的温度,热容变为 $7R_0/2$。相应的比热容可从规则 $\gamma = (C_V + R)/C_V$ 得到。

这样,爱因斯坦的量子理论可以细致地处理理想气体的性质,完全解决了曾使麦克斯韦和玻尔兹曼难堪的问题。

14.6 结 束 语

爱因斯坦的关于量子和量子化的革命思想比薛定谔和海森堡在 1920 年代发现的波动和量子力学早了差不多 20 年。对今天的物理学家来说,爱因斯坦的论证显得粗糙些,形式不像从量子过程的成熟理论推导出的那样精确。要提供量子力学系统的完备描述,新的概念和方法是需要的。虽然有着这些技术问题,爱因斯坦的基本洞察在打开一个全新的物理王国中实际上是革命性的——所有的物理过程本质上都是量子化的,尽管经典物理成功地解释了那么多。

14.7 参 考 文 献

[1] Einstein A. 1905a. Ann,Phys.,17:547.

[2] Einstein A. 1905b. Ann. Phys.,17:891.

[3] Einstein A. 1905c. Ann. Phys.,17:132.

[4] Stachel J. 1998. Einstein's Miraculous Year: Five Papers That Changed the Face of Physics. Princeton: Princeton University Press.

[5] Einstein A. 1900 - 1909. The Collected Papers of Albert Einstein: Vol. 2: the Swiss Years: Writings(1900 - 1909). Stachel J, Cassidy D C(English trans. supplement). Princeton: Princeton University Press.

[6] Einstein A. 1906. Ann. Phys.,19:371.

[7] Einstein A. 1979. Autobiographical Notes. Translated and Edited by Phillps P A. La Salle, Illinois: Open Court: 44,45.

[8] Perrin J. 1909. Ann. Chem. Phys.,18:1.

[9] Perrin J. 1910. Brownian Movement and Molecular Reality. Translated by Soddy F. London: Taylor and Francis.

[10] Einstein A. 1905d. Annalen der Physik,17:639.

[11] Einstein A. 1995. The Collected Papers of Albert Einstein: Vol. 5: 20(English trans. supplement). Princeton: Princeton University Press.

[12] Millikan R A. 1916. Phys. Rev.,7:18.

[13]　Einstein A. 1906. Ann. Phys. ,20:199.

[14]　Einstein A. 1907. Ann. Phys. ,22:180.

[15]　Einstein A. 1907. Op. Cit. :183,184.

[16]　Einstein A. 1907. Op. Cit. :184.

[17]　Blatt F J. 1992. Modern Physics. New York:McGraw Hill.

[18]　Debye P. 1912. Annalen der Physik,39:789.

[19]　Tabor D. 1991. Gases, Liquids and Solids and Other States of Matter. Cambridge:Cambridge University Press.

第 15 章　量子假说的胜利

15.1　1909 年的情况

没有迹象表明，爱因斯坦关于量子（光量子）的惊人想法会马上被科学界接受。大多数物理学界的大人物拒绝接受光可以被考虑为由离散的量子组成。1907 年，普朗克在给爱因斯坦的信中说：

> 我寻找基本作用量子（光量子）的意义，不是在真空中，而是从吸收和发射的方面，并且假定真空中的过程可用麦克斯韦方程组精确描写。至少，我还没有发现令人信服的理由去放弃这个假定，目前为止，它还是最简单的。[1]

直到 1913 年，普朗克一直抗拒光量子假说。1909 年洛伦兹（一般被认为是欧洲领头理论物理学家，爱因斯坦对其极为尊敬）写道：

> 当我不再怀疑正确的辐射公式只有利用普朗克能量单元假说才能得到时，我想下述情形几乎是不可能的：这些能量单元应被考虑为光量子，它们在传播过程中保持其完整性。[2]

爱因斯坦关于量子本质的信仰从来没有动摇过，继续寻求其他路子，其中黑体辐射的实验特征导致不可逆转的结论——光由量子组成。在他写于 1909 年最漂亮的文章之一[3]中，他证明了黑体辐射谱强度的涨落如何提供了光的量子本质的证据。我以为这是一篇很富有启发性的文章。涨落的话题常造成学生的麻烦，所以在研究爱因斯坦的文章前，我们先复习一下关于粒子和波的统计涨落的若干基本思想。

15.2　盒中粒子的涨落

让我们首先处理一个盒子里粒子的问题。这盒子分为 N 个格子，大量（n 个）粒子随机地分布于这些胞格中。然后计算出每个格子中的粒子数。如果 n 非常大,在每个格中的粒子数大致相同,但因为有统计涨落,所以存在关于平均值附近的真实的离散。

我们回忆一下,这些变化的精确表达式是如何导出的。在最简单的扔硬币情形中,我们问:"在 n 次抛掷中得到 x 次正面朝上(或赢)的概率多大?"在每次抛掷中,成功的概率是 $p=1/2$,失败的概率是 $q=1/2$,而 $p+q=1$。如果我们抛两次硬币,可能的实验结果是

HH,　HT,　TH,　TT

因为次序是不重要的,出现不同组合的概率是

HH	H T	TT
1	2	1

对两个硬币给出概率 1/4,1/2,1/4。类似地,对三个硬币,可能的实验结果是

HHH,　HHT,　HTH,　THH,　HTT,　THT,　TTH,　TTT

给出

HHH	HH T	H TT	TTTT
1	3	3	1

这样,概率是 1/8,3/8,3/8,1/8。众所周知,这些概率相应于$(p+qt)^2$ 和$(p+qt)^3$ 二项展开式中当 $p=q=1/2$ 时 t 的系数。

还有一种考虑这些概率的办法。假设问:"先抛掷正面朝上且再抛掷 2 次反面朝上(失败)和再扔到的概率是多少?"对此特定的序列,回答是 $pq^2=1/8$。但是如果不管排序,则还要知道得到一次成功两次失败的方法的数目。这与我们在前面推导玻尔兹曼分布时讨论的是同一个问题(13.2 节)。排列 n 个东西,其中 x 个彼此相同,另外 y 个也彼此相同,不同的排列方法数为 $n!/(x!\ y!)$。在现在的情形下,$y=n-x$,因此答案是 $n!/[x!\ (n-x)!]$。于是在上面的第二个例子中,方法数为 $3!/(1!\ 2!)=3$,即总概率为 3/8,在前面写出的概率就是如此。

马上就可推出,一般 n 个事例中 x 个成功的概率是 $n!/[x!\ (n-x)!]\ p^xq^{n-s}$,它正好是在$(q+pt)^n$ 的展开式中 t^x 项的系数。如果我们把概率写为 $P_n(x)$,则

$$P_n(x)=\frac{n!}{(n-x)!x!}p^xq^{n-x} \tag{15.1}$$

那我们就可令

$$(q+pt)^n=P_n(0)+P_n(1)t+P_n(2)t^2+\cdots+P_n(x)t^x+\cdots+P_n(n)t^n \tag{15.2}$$

设 $t=1$,我们得

$$1=P_n(0)+P_n(1)+P_n(2)+\cdots+P_n(x)+\cdots+P_n(n) \tag{15.3}$$

表明总概率是 1,当然如此。

现在我们求式(15.2)对 t 的导数：

$$np(q+pt)^{n-1} = P_n(1) + 2P_n(2)t + \cdots + xP_n(x)t^{x-1} + \cdots + nP_n(n)t^{n-1} \tag{15.4}$$

设 $t=1$，则

$$pn = \sum_{x=0}^{n} xP_n(x) \tag{15.5}$$

右边的值就是 x 的平均值，即 $\overline{x}=pn$，它与我们的直觉一致。

我们重复上述步骤以求得分布的方差。对式(15.4)取 t 的导数，得

$$p^2n(n-1)(q+pt)^{n-2} = 2P_n(2) + \cdots + x(x-1)P_n(x)t^{x-2} + \cdots + n(n-1)P_n(n)t^{n-2} \tag{15.6}$$

再让 $t=1$，我们有

$$p^2n(n-1) = \sum_{x=0}^{n} x(x-1)P_n(x) = \sum_{x=0}^{n} x^2P_n(x) - \sum_{x=0}^{n} xP_n(x)$$

$$= \sum_{x=0}^{n} x^2P_n(x) - np \tag{15.7}$$

即

$$\sum_{x=0}^{n} x^2P_n(x) = np + p^2n(n-1) \tag{15.8}$$

现在，$\sum_{x=0}^{n} x^2P_n(x)$ 度量 x 的分布的方差，但它是相对于原点的，不是相对于平均值的。好在有个规则告诉我们如何求相对于平均值的方差：

$$\sigma^2 = \sum_{x=0}^{n} x^2P_n(x) - \overline{x}^2 \tag{15.9}$$

因此

$$\sigma^2 = \sum_{x=0}^{n} x^2P_n(x) - (pn)^2 = np + p^2n(n-1) - (pn)^2$$

$$= np(1-p) = npq \tag{15.10}$$

最后，我们把式(15.1)从离散转到连续，方法在所有标准的统计教科书中都有。结果是正则分布或高斯分布 $p(x)\mathrm{d}x$：

$$p(x)\mathrm{d}x = \frac{1}{(2\pi\sigma^2)^{1/2}}\exp\left(-\frac{x^2}{2\sigma^2}\right)\mathrm{d}x \tag{15.11}$$

对此分布，σ^2 是方差，有值 npq；x 是相对于平均值 np 测量的。我们在麦克斯韦－玻尔兹曼速度分布的内容中遇到过这个分布。

方程(15.10)给出我们前面寻找的答案。如果将盒子分为 N 个不同的格子，在一次实验中一个粒子被放于一个特定格子中的概率是 $p=1/N$，得出 $q=1-1/N$。总粒子数是 n。那么，每个小盒子中的平均粒子数是 n/N，平均值的方差，即平均值的方均统计涨落为

$$\sigma^2 = \frac{n}{N}\left(1 - \frac{1}{N}\right) \tag{15.12}$$

如果 N 大,则 $\sigma^2 = n/N$,正是每个格中粒子的平均数,于是 $\sigma = (n/N)^{1/2}$。注意这个熟知的结果,对于大值的 N,平均值等于方差。

这就是那个有用的规则的来源:平均值附近的零碎涨落是 $1/M^{1/2}$,这里 M 是涉及的离散事件的数目。这就是我们对盒子里的粒子预期的统计行为。

15.3　随机叠加的波的涨落

波的随机叠加在一些重要的方面是不同的。假设在空间中某个点的电场 E 是 N 个源的电场的随机叠加,这里 N 是非常大的。为简单起见,我们只考虑在 z 方向传播且在 x 方向极化的电场。我们也假定,所有的波的频率 ν 和振幅 ζ 是一样的,仅有的差别在于它们的随机相位。那么量 $E_x^* E_x = |\boldsymbol{E}|^2$ 与 z 方向的坡印廷矢量流密度成比例,也就与辐射的能量密度 u 成比例。其中 E_x^* 是 E_x 的复共轭。把所有的波加起来并假定它们有随机相位,$E_x^* E_x$ 可写为

$$E_x^* E_x = \left(\zeta \sum_k e^{i\varphi_k}\right)^* \left(\zeta \sum_j e^{i\varphi_j}\right) = \zeta^2 \left(\sum_k e^{-i\varphi_k}\right)\left(\sum_j e^{i\varphi_j}\right) \tag{15.13}$$

$$= \zeta^2 \left(N + \sum_{j \neq k} e^{i(\varphi_j - \varphi_k)}\right)$$

$$= \zeta^2 \left[N + 2\sum_{j > k} \cos(\varphi_j - \varphi_k)\right] \tag{15.14}$$

$\cos(\varphi_j - \varphi_k)$项的平均值是零,因为波的相位是随机的,于是

$$\langle E_x^* E_x \rangle = N\zeta^2 \propto u \tag{15.15}$$

这是一个熟悉的结果:对非相干辐射,即对有随机相位的波,总能量密度等于所有波的能量的相加。

现在我们来算出波平均能量密度的涨落。我们需要求出量$\langle (E_x^* E_x)^2 \rangle$和式(15.15)平均值平方的差。我们记得$\langle \Delta n^2 \rangle = \langle n^2 \rangle - \langle \overline{n} \rangle^2$,因此

$$\Delta u^2 \propto \langle (E_x^* E_x)^2 \rangle - \langle E_x^* E_x \rangle^2 \tag{15.16}$$

现在有

$$(E_x^* E_x)^2 = \zeta^4 \left(N + \sum_{j \neq k} e^{i(\varphi_j - \varphi_k)}\right)^2$$

$$= \zeta^4 \left[N^2 + 2N \sum_{j \neq k} e^{i(\varphi_j - \varphi_k)} + \sum_{l \neq m} e^{i(\varphi_l - \varphi_m)} \sum_{j \neq k} e^{i(\varphi_j - \varphi_k)}\right] \tag{15.17}$$

因为相位随机,右边第二项的平均值依然为零。在双重求和中,因为相位随机,里面各项的大多数平均值都为零,但不是所有的都是这样的:对于 $l = k$ 和 $m = j$ 的

项并不为零。记得 $l=m$ 是不包括在求和中的，给出非零的贡献 $\langle E_x^* E_x\rangle$ 的 l,m 矩阵是

	$l\rightarrow$					
m	–	2,1	3,1	4,1	$\cdots$	N,1
$\downarrow$	1,2	–	3,2	4,2	$\cdots$	N,2
	1,3	2,3	–	4,3	$\cdots$	N,3
	1,4	2,4	3,4	–	$\cdots$	N,4
	$\vdots$	$\vdots$	$\vdots$	$\vdots$		$\vdots$
	1,N	2,N	3,N	4,N	$\cdots$	–

显然有 N^2-N 项，因此我们得

$$\langle (E_x^* E_x)^2\rangle = \zeta^4[N^2+N(N-1)]\approx 2N^2\zeta^4 \tag{15.18}$$

这是因为 N 非常大。于是由式(15.15)和式(15.16)有

$$\Delta u^2 \propto \langle (E_x^* E_x)^2\rangle - \langle E_x^* E_x\rangle^2 = 2N^2\zeta^4 - N^2\zeta^4 = N^2\zeta^4$$

我们得到重要的结果：

$$\Delta u^2 = u^2 \tag{15.19}$$

即能量密度的涨落与辐射场本身的能量密度一样大。这是电磁辐射的重要性质，是非相干辐射为何也会发生如干涉和衍射等现象的原因。尽管一个探测器测量的辐射是大量有随机相位的波的叠加，但场的涨落还是与总强度一样大。

这个计算的物理意义是清楚的。对 $(E_x^* E_x)^2$ 有非零贡献的项数不过就是所有单独相加的波的对数之和。频率为 ν 的每一对波相干产生辐射强度的涨落 $\Delta u\approx u$，即将式(15.13)中的任意一对 $j\neq k$ 的项乘出来：

$$\zeta^2\sin(kz-\omega t)\sin(kx-\omega t+\varphi) = \frac{\zeta^2}{2}\{\cos\varphi - \cos[2(kz-\omega t)+\varphi]\}$$

注意，这一分析针对有随机相 φ 和特定的角频率 ω 的波，即我们处理的是相应于单模的波。

现在我们来研究爱因斯坦关于黑体辐射中涨落的分析。

15.4　黑体辐射中的涨落

爱因斯坦 1909 年的文章以反转玻尔兹曼关于熵和概率之间的关系开头：

$$W = \exp\left(\frac{S}{k}\right) \tag{15.20}$$

只考虑在频率 $\nu \sim \nu + \mathrm{d}\nu$ 之间的辐射能量 E。和前面一样，我们记 $E = Vu(\nu)\mathrm{d}\nu$。现在把体积 V 划分为大量的格子并假定第 i 个格子里的涨落是 ΔE_i。那么，这个格子里的熵是

$$S_i = S_i(0) + \left(\frac{\partial S}{\partial E}\right)\Delta E_i + \frac{1}{2}\left(\frac{\partial^2 S}{\partial E^2}\right)(\Delta E_i)^2 + \cdots \tag{15.21}$$

但是对所有的格子平均，我们知道没有净涨落，即 $\sum\limits_i \Delta E_i = 0$，因此到二阶：

$$S = \sum_i S_i = S(0) + \frac{1}{2}\left(\frac{\partial^2 S}{\partial E^2}\right)\sum_i (\Delta E_i)^2 \tag{15.22}$$

利用式(15.20)，涨落的概率分布是

$$W \propto \exp\left[\frac{1}{2}\left(\frac{\partial^2 S}{\partial E^2}\right)\frac{\sum (\Delta E_i)^2}{k}\right] \tag{15.23}$$

这正是一组正态分布的和，对任何单个格子，它可写为

$$W_i \propto \exp\left[-\frac{(\Delta E_i)^2}{2\sigma^2}\right] \tag{15.24}$$

此分布的方差是

$$\sigma^2 = -\frac{k}{\partial^2 S/\partial E^2} \tag{15.25}$$

注意，我们已得到一个熵对能量二阶导数的物理解释，它在普朗克的原初分析中起到了突出的作用。

现在我们对下列黑体谱推导 σ^2：

$$u(\nu) = \frac{8\pi h\nu^3}{c^3}\frac{1}{\mathrm{e}^{h\nu/(kT)} - 1} \tag{15.26}$$

将式(15.26)反解：

$$\frac{1}{T} = \frac{k}{h\nu}\ln\left(\frac{8\pi h\nu^3}{c^3 u} + 1\right) \tag{15.27}$$

现在我们将此结果用空腔中频率在 $\nu \sim \nu + \mathrm{d}\nu$ 间的总能量 $E = Vu\mathrm{d}\nu$ 表达出来。和以前一样，$\partial S/\partial E = 1/T$。因此

$$\begin{aligned}
\frac{\partial S}{\partial E} &= \frac{k}{h\nu}\ln\left(\frac{8\pi h\nu^3}{c^3 u} + 1\right) = \frac{k}{h\nu}\ln\left(\frac{8\pi h\nu^3 V\mathrm{d}\nu}{c^3 E} + 1\right) \\
\frac{\partial^2 S}{\partial E^2} &= -\frac{k}{h\nu}\frac{1}{\left(\dfrac{8\pi h\nu^3 V\mathrm{d}\nu}{c^3 E} + 1\right)} \times \frac{8\pi h\nu^3 V\mathrm{d}\nu}{c^3 E^2}
\end{aligned} \tag{15.28}$$

$$\frac{k}{\partial^2 S/\partial E^2} = -\left(h\nu E + \frac{c^3}{8\pi\nu^2 V\mathrm{d}\nu}E^2\right) = -\sigma^2$$

用涨落的平方写为

$$\frac{\sigma^2}{E^2} = \frac{h\nu}{E} + \frac{c^3}{8\pi\nu^2 V\mathrm{d}\nu} \tag{15.29}$$

爱因斯坦注意到，右边两项有着非常特别的含义。第一个源自高频谱的维恩部分。如果我们假定辐射由每个能量为 $h\nu$ 的光子组成，我们看到，它相当于这样的表述：这个强度的涨落为 $1/N^{1/2}$（N 是光子数），即

$$\Delta N/N = 1/N^{1/2} \tag{15.30}$$

如我们在 15.2 小节中已证明的，如果光是由离散粒子组成的话，这就是预期的结果。

让我们更仔细地看看式(15.29)中的第二项。它来源于谱的瑞利-金斯部分。我们问："盒中频率在 $\nu \sim \nu + \mathrm{d}\nu$ 之间有多少个独立的模？"我们已在 12.6 小节里证明，共有 $N_{模} = 8\pi\nu^2 V\mathrm{d}\nu/c^3$ 个模[见式(12.50)]。在 15.3 节我们也证明了，与每个波的模相联系的能量密度涨落大小 $\Delta u^2 = u^2$。当我们随机地把频率在 $\nu \sim \nu + \mathrm{d}\nu$之间的$N_{模}$个独立的模加在一起时，总能量为 $E = N_{模} u$，随机叠加模中的涨落为 $\Delta E = \sqrt{N_{模}}u$。于是

$$\frac{\Delta E^2}{E^2} = \frac{1}{N_{模}} = \frac{c^3}{8\pi\nu^2 V\mathrm{d}\nu}$$

它正好就是式(15.29)右边的第二项。

这样，涨落谱的两部分对应于粒子和波的统计，前者对应于谱的维恩部分，后者对应于瑞利-金斯部分。该涨落公式的有趣方面是，当我们将独立起因的方差加在一起时，方程

$$\frac{\sigma^2}{E^2} = \frac{h\nu}{E} + \frac{c^3}{8\pi\nu^2 V\mathrm{d}\nu} \tag{15.31}$$

表明，我们应该把辐射场的"波"和"粒子"两方面独立地加起来以求得总的涨落大小。我们认为这是理论物理学中的一个奇迹。

15.5 第一届索尔维会议

爱因斯坦在 1909 年发表了这些出色的结果，但仍几乎没有获得人们对光量子概念的支持。在被量子重要性打动的学者中包括能斯特，那时他正在测量各种材料的低温热容。如在 14.3 节里说的，能斯特在 1910 年 3 月到苏黎世访问了爱因斯坦，他们把爱因斯坦理论与能斯特的最近实验做了比较。这些实验表明，在低温时比热容随温度变化的爱因斯坦预言式(14.25)给了实验结果一个很好的描述。正如爱因斯坦在这次访问后给其朋友劳布(Jakob Laub)的信中写的：

我认为量子理论肯定对。看来我关于比热容的预言惊人地被证实了。能斯特刚刚在这里，鲁本斯急着要做实验检验，人们很快就会得到关于此事的消息。[4]

到 1911 年，能斯特肯定了爱因斯坦结果的重要性，包括其背后的理论。与爱因斯坦会见的结果是戏剧性的。当能斯特的固体量子理论的结果广为传布后，关于量子的文章数量开始迅速增加。

能斯特是富有的比利时工业家索尔维(Ernest Solvay)的朋友，他说服索尔维赞助一个会议，选择一些物理学家来讨论量子和辐射问题。第一次想在 1910 年开会，但普朗克劝说会议应推迟一年。正如他写道：

我的经验告诉我，你拟想的参加者中，感受到迫切需要改革而具有足够切身信念的想参加会议的不到一半……你列出的全部名单中，我相信，除了我们自己，(只有)爱因斯坦、洛伦兹、维恩和拉莫尔对议题有浓厚兴趣。[5]

到下一年，情况变得很不同。它是索尔维会议系列的第一个，也许这是最有意义的一个。18 位正式参加者于 1911 年 10 月 29 日在布鲁塞尔的大都会酒店开会，会议于 10 月 29 日到 11 月 3 日举行(图 15.1)。到这时，参加者大多数是量子假说的支持者。站队情况如下：两个坚决反对量子的——金斯和庞加莱；瑞利是被邀请的，但没有参加——他的看法本质上如同金斯；5 位原先是中立的——卢瑟福、布里渊、玛丽·居里、佩兰、克努森；其余 11 位基本是量子赞成者——洛伦兹(主席)、

图 15.1　第一届索尔维物理会议的参加者，布鲁塞尔，1911(引自 La theorie du rayonnement et les quanta. 1912. Laugevin P and De Broglie M. Gautier-Villars, Paris)

能斯特、普朗克、索末菲、沃伯格、朗之万、鲁本斯、维恩、爱因斯坦、哈泽内尔和昂纳斯。秘书是高德斯米德、德·布罗意、林德曼；索尔维会议举办人，他也在，还有他的同事赫尔岑和霍斯特莱特。瑞利和范德瓦耳斯没有能参加。

作为会议的结果，庞加莱转向量子观念；原来持中立立场的也都如此，因为他们只是对论证不熟悉。会议有一个骄人的效应，它提供了一个论坛，所有的论争都能发表。另外，所有的参加者都要把他们的演讲稿事先写好供发表，然后由论坛仔细讨论。这些讨论被记录下来，全部纪要一年内发表在重要的一卷 *La théorie du rayonnement et les quanta：rapports et siscussions de la réunion twnue à Bruxelles，du* 30 *octobre au* 3 *novembre 1911*[6]中。这样，所有的物理议题都在一卷书中提供给了科学界。结果下一代大学生就完全熟悉这些论争，他们中好些人立即投入工作去冲击量子问题。进一步，这些问题开始走出中欧讲德语的科学界而被广泛认识。

但是以为每个人都突然信服量子的存在，这是不对的。密立根做了大量实验以验证光电效应对频率的依赖性(图 15.2)。他在 1916 年的巨作中声称：

> 但是我们遇到了滑稽的局面，这些事实是正确且精确地被 9 年前的一个量子理论形式所预言的，而此理论现在已普遍地被抛弃了。[7]

密立根指的是爱因斯坦“胆大的(不说是不顾一切的)能量为 $h\nu$ 的电磁光粒子的假说，它大胆反抗坚实确定的干涉事实。”[7]

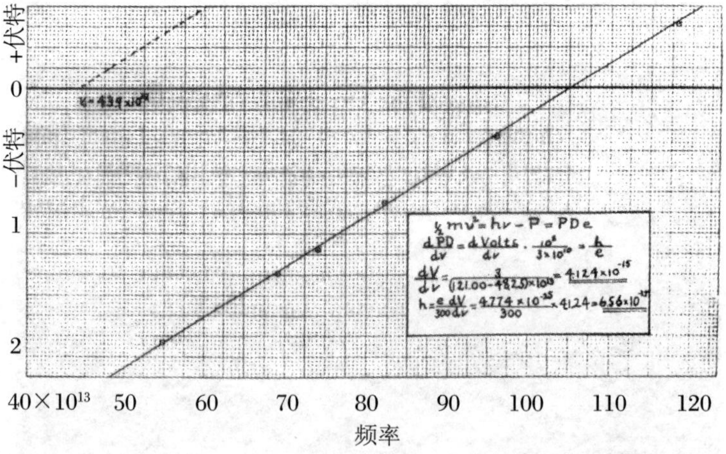

图 15.2　密立根关于光电效应的结果与爱因斯坦的量子理论的比较(Millikan. 1916. Phys. Rev. ,7:355)

15.6　玻尔的氢原子理论

与这些主要的量子理论发展相平行，在理解原子的本性方面取得了巨大进步，主要是与汤姆孙和卢瑟福的名字有关的天才般的实验结果。

15.6.1　汤姆孙和卢瑟福

1897 年电子的发现传统上归功于汤姆孙，他做了一系列著名的实验，其中包括阴极射线的荷质比 e/m_e 的确定，该比差不多是氢离子的 2 000 倍。与此同时，若干大陆的物理学家也紧跟不舍。

(1) 1896 年，塞曼(Pieter Zeeman)发现，当钠焰被置于强电磁铁的两极之间时，谱线变宽。洛伦兹解释此结果为：由于原子中的“离子”绕磁场方向运动而导致谱线分裂——他得到 e/m_e 值的下限为 1 000。

(2) 1897 年 1 月，维歇特(Emil Wiechert)利用磁偏转技术对阴极射线测量 e/m_e，结论是，假定它们的电荷大小与氢离子相同，这些粒子的质量是氢原子 1/4 000～1/2 000。对粒子的速度他只得到上限，因为假定阴极射线的动能是 $E_{kin}=eV$，这里 V 是放电管的加速电压。

(3) 考夫曼(Walter Kaufmann)的实验类似于汤姆孙的。不管哪一种气体注入放电管，他都得到同一个 e/m_e 值，这使他很迷惑；数值大于氢离子的 1 000 倍。他的结论是：“阴极射线作为射出的粒子的假说，并不能对我观察到的规律给出满意的解释。”

汤姆孙是这些先锋者中利用亚原子粒子来解释其实验的第一人。用他在 1897 年的话说：

> 阴极射线构成……一种新的状态，其中的物质比在通常的气态中可进行进一步分割。[8]

在 1899 年，汤姆孙用一个早期的威尔逊云室测量电子的电荷。他统计了总液滴数和它们的总电荷。由此他估计，$e=2.2\times10^{-19}$ C，可与现在的标准值 1.602×10^{-19} C 相比拟。这一实验是著名的密立根油滴实验的先驱，后者用更重的小油滴代替了水蒸气滴，在实验期间不会蒸发。汤姆孙也完成了一系列重要的实验，演示了在放射性衰变中发射的 β 粒子和光电效应中射出的粒子有着与阴极射线相同的荷质比。

在确立后来所称的电子的普适性方面，汤姆孙比其他物理学家追求一个更为坚实和细致的工作。电子的名字是 1891 年由斯托尼(Johnstone Stoney)为阴极射线起的。看来,将汤姆孙作为第一个亚原子粒子的发现者是公平的。

可以推想电子在原子里面,但不清楚有多少。如果电子组成氢原子的质量,那它要有 2 000 个之多。这一问题由汤姆孙和他的同事完成的一系列天才般的实验提供了答案,他们研究了薄膜的 X 射线散射。X 射线被原子中的电子散射,称为汤姆孙散射[9],它是汤姆孙利用加速电子辐射的经典表达式得到的理论(见 12.2.1 小节)。直接可证明[10]:一束入射辐射被电子散射的截面是

$$\sigma_{\mathrm{T}} = \frac{e^4}{6\pi\varepsilon_0^2 m_{\mathrm{e}}^2 c^4} = \frac{8\pi r_{\mathrm{e}}^2}{3} = 6.653 \times 10^{-29}\ \mathrm{m}^2 \tag{15.32}$$

即汤姆孙截面,其中 $r_{\mathrm{e}} = e^2/(4\pi\varepsilon_0 m_{\mathrm{e}} c^2)$是经典电子半径。

汤姆孙发现,从薄膜上散射的 X 射线的强度表明,每个原子中并没有上千个电子,数目远远要少。在与巴克拉(Charles Barkla)的合作中,他证明除氢以外,电子数目约为原子重量的一半。出现的图像是这样的,电子的数目并因此原子中正电荷的数目以电子电荷为单位增加。还有,原子的大部分质量应与正电荷有关。关键问题是:“在原子内部,电子和正电荷是如何分布的?”在汤姆孙喜欢的一个图像中,正电荷遍布于整个原子,在此球内,带负电的电子布于精确选择的轨道上,这个相当机灵的模型被冠以某种粗俗的名字——原子的“葡萄干布丁模型”。我们将在下一节回到汤姆孙试图解决的这个讨厌的问题。

原子核结构的发现是卢瑟福和他的同事盖革(Hans Geiger)以及马斯登(Ernest Marsden)在 1909～1912 年间完成的一系列杰出实验的结果。卢瑟福在 1907 年接任了曼彻斯特大学的物理教席,次年他令人信服地证明了 α 粒子实为氦核[11]。α 粒子非常容易穿过薄膜这一事实也给他深刻的印象。这表明,原子中很多空间是空的,虽然有着小角度散射的明显证据。卢瑟福说服当时还是研究生的马斯登去探究,在射向薄金膜时,α 粒子是否被大角度弯折。令卢瑟福吃惊的是,一些粒子被偏折超过 90°,很少数目的粒子几乎沿入射方向返回。用卢瑟福的话说:

> 这是在我一生中从未发生过的最令人难以置信的事件。就好像如果你向一薄纸片发射一发 15 in(1 in = 25.4 mm)的炮弹,结果它反回来并打中了你一样。[12]

卢瑟福认识到,需要非常大的力才能把 α 粒子沿着其轨迹送回来。只是到了 1911 年,他才冒出一个想法:如果正电荷集中在一个紧密的核中,入射 α 粒子和正电荷的核之间有排斥力,散射才会发生。卢瑟福不是理论家,但他利用关于平方反比律力场中有心轨道的知识得出了所谓的卢瑟福散射的性质[13]。就如我们在第 4 章的附录中显示的那样,α 粒子的轨道是双曲线,偏转角 φ 由下式给出:

$$\cot\frac{\varphi}{2} = \left(\frac{4\pi\varepsilon_0 m_\alpha}{2Ze^2}\right) p_0 v_0^2 \tag{15.33}$$

这里 p_0 是碰撞参数,v_0 是 α 粒子的初始速度,Z 是核电荷数。可直接算出 α 粒子散射到角度 φ 的概率:

$$p(\varphi) \propto \frac{1}{v_0^4} \operatorname{cosec}^4 \frac{\varphi}{2} \tag{15.34}$$

此系卢瑟福推出的 $\operatorname{cosec}^4(\varphi/2)$ 律，它可精确地解释观察到的 α 粒子散射角分布[14]。

不管怎样，卢瑟福收获了更多。散射定律如此精确（哪怕对于大散射角）的事实，意味着在很短距离上也能很好地遵循静电排斥的平方反比律。卢瑟福和他的同事发现，核的尺寸小于 10^{-14} m，远远小于原子的大小，典型的原子大小是 10^{-10} m。

这是伟大的物理实验之一。卢瑟福、盖革和马斯登 1909～1913 年的文章是 20 世纪物理的经典。卢瑟福在 1911 年参加了第一届索尔维会议，但没有提到他那极不平常的直接导致其原子有核模型的实验。同样极不平常的是，这一理解原子本质的关键结果对那时的物理学界只引起小小的冲击，直到 1914 年，卢瑟福才彻底相信采用原子有核模型的必要性。但在此之前，确有别的人——玻尔——用了它，玻尔是第一个成功地把量子概念用于原子结构的理论家。

15.6.2　原子结构和玻尔氢原子模型

构造原子模型是 20 世纪早期的主要研究方向，特别在英国——极力推荐看海尔布隆的《极妙概览》[15]。模型建造者（其中汤姆孙是领头的实践者）面临着两个主要问题。第一个是电子在原子内部分布的动力学稳定性问题；第二个更重大，事情是这样的：电子在正电荷的场中加速时会发射电磁辐射，结果会快速盘旋地转到原子的中心。

但是根据恩绍定理（Earnshaw's theorem），电子分布在原子中，不能稳定。定理说，任何电荷的静态分布在力学上都是不稳定的，在静电力的作用下，它们或者崩塌或者散向无穷。另一个做法是把电子放在一个轨道上，它常被称作原子的行星模型或土星模型。最著名的早期模型源于日本物理学家长冈半太郎（Nagaoka），他试图把原子谱线与电子在其平衡轨道上的小振动扰动联系起来。这一模型的问题是，在电子轨道上的扰动是不稳定的，结果导致整个原子的不稳定性。

电子的辐射不稳定性可以从下面的计算理解。假定电子是在一个半径为 a 的圆轨道上。向心力等于电子与电荷量为 Ze 的核之间的静电吸引力，即

$$\frac{Ze^2}{4\pi\varepsilon_0 a^2} = \frac{m_e v^2}{a} m_e \ddot{r} \tag{15.35}$$

这里，$\ddot{r}$ 是向心加速度。电子由于辐射而损失能量的速率由式(12.5)给出。电子动能是 $E = m_e v^2/2 = m_e a\ddot{r}/2$。因此使电子损失其全部动能的时间是

$$T = \frac{E}{|dE/dt|} = \frac{2\pi a^3}{\sigma_T c} \tag{15.36}$$

此处 σ_T 是汤姆孙截面。取原子的半径为 $a = 10^{-10}$ m，电子损失其全部能量的时间大致为 3×10^{-10} s。某些东西根本错了。还有，当电子丢失能量时，它的运动轨道

半径就更小,丢失能量更快,最后就旋进中心去了。

原子模型的先锋建造者们都知道这个问题。他们的解答是,把电子这样放在轨道上:当把原子中所有电子的加速度矢量加在一起时,没有净加速度。但这要求电子在绕核轨道上排列得非常好。例如,在氢的情形,分析会导出式(15.36)。如果在原子中有两个电子,它们可放在同一圆轨道上,相对分布在核的两边,这样,到第一阶,在无限远处看时就没有净偶极矩,因此就没有偶极辐射。但是这里有非零的电四极矩,因此相对于电偶辐射的强度,有一个$(\lambda/a)^2$ 量级的辐射。因为$\lambda/a\sim10^{-3}$,辐射问题大为减轻了。在轨道上加进更多的电子,多极矩也可以消掉。因此在每个轨道上加进足够多的电子,辐射问题就可以减小到任意小。但是要达到此目的,代价是要求每个轨道密布着非常好地排列着的电子系统。这就是汤姆孙的"布丁模型"的基础。其中"葡萄干"或电子,确定不是随机地放在正电荷球中的,而是精确地放好的,以保证辐射不稳定性不出现。但是辐射问题还是有,特别是对于氢原子,它只有一个电子。

玻尔在 1911 年完成了他关于金属电子理论的博士论文。在那时,他就相信,这个理论是严重不完备的,需要在微观水平上对电子的运动做进一步的力学限制。第二年,他在英国剑桥的卡文迪许实验室跟汤姆孙工作了 7 个月,在曼彻斯特与卢瑟福工作了 4 个月。玻尔马上被原子有核结构的卢瑟福模型的意义所打动,开始拼全力在此基础上理解原子的结构。他很快察觉到,与轨道电子有关的原子化学性质和与核的活动有关的放射性是不同的。在此基础上,他理解了特定的化学元素同位素的本质。玻尔一开始就认识到,原子的结构不能在经典物理的基础上被理解。显然,前进道路是将普朗克和爱因斯坦的量子观念与原子模型结合。在14.3 节引的爱因斯坦的陈述:

> ……对以一定频率振动的离子……可能状态的种类必定要少于我们直接经验中的物体的。[16]

就是玻尔寻求的那种类型的限制。这样的力学限制对理解原子如何在按照经典物理不可抗拒的不稳定性中存活下来是必不可少的。这些思想如何能被组合到原子模型中去?

玻尔并不是把量子观念引入原子模型构建的第一人。1910 年,一个维也纳的博士生哈斯认识到,如果汤姆孙的正电球是均匀的,那么电子就会做穿过球心的简谐振动,因为在离中心半径为 r 处的回复力,根据静电学的高斯定理,应为

$$f = m_e\ddot{r} = -\frac{eQ(\leqslant r)}{4\pi\varepsilon_0 r^2} = -\left(\frac{eQ}{4\pi\varepsilon_0 a^3}\right)r \tag{15.37}$$

这里 a 是原子的半径,Q 是总的正电荷。对于氢原子,有 $Q=e$,电子的振动频率是

$$\nu = \frac{1}{2\pi}\left(\frac{e^2}{4\pi\varepsilon_0 m_e a^3}\right)^{1/2} \tag{15.38}$$

哈斯论证说,电子的振动能量 $E=e^2/(4\pi\varepsilon_0 a)$应是量子化的,设它等于 $h\nu$。接着

就有

$$h^2 = \frac{\pi m_e e^2 a}{\varepsilon_0} \tag{15.39}$$

哈斯利用式(15.39)展示了如何将普朗克常量与原子的性质联系起来,只要取巴尔末系列的短波极限,即在巴尔末公式(15.44)中让 $n\to\infty$。哈斯的一些成果[17]被洛伦兹在 1911 年索尔维会议上做了讨论,但没有引起更多注意。按照哈斯的方法,普朗克常量是由式(15.39)定义的原子的一个简单性质,而那些信奉量子的人愿意相信 h 有着远为深刻的意义。

在 1912 年夏天,玻尔为卢瑟福写了个未发表的备忘录[18],其中包括他做的把原子中的电子的能级量子化的第一次尝试。他建议把电子的动能 T 与它绕核轨道的频率 $\nu' = v/(2\pi a)$ 通过下式联系起来:

$$T = \frac{1}{2} m_e v^2 = K\nu' \tag{15.40}$$

这里 K 是常量,他预计它与普朗克常量 h 有相同量级。玻尔相信一定有某个非经典的常量以保证原子的稳定性。实际上,他的判据式(15.40)绝对地固定了电子绕核的动能。对于束缚圆轨道有

$$\frac{m_e v^2}{a} = \frac{Ze^2}{4\pi\varepsilon_0 a^2} \tag{15.41}$$

这里 Z 是以电子电荷 e 为单位的核的正电荷数。大家知道,电子的结合能是

$$E = T + U = \frac{m_e v^2}{2} - \frac{Ze^2}{4\pi\varepsilon_0 a} = -T = \frac{U}{2} \tag{15.42}$$

此处 U 是静电势能。量子化条件式(15.40)使 v 和 a 在电子动能的表达式中消去。直接计算证明:

$$T = \frac{m_e Z^2 e^4}{32\varepsilon_0^2 K^2} \tag{15.43}$$

它被证明对玻尔有着巨大的意义。玻尔包含有这些思想的备忘录原则上是关于诸如原子中的电子个数、原子体积、放射性、双原子分子的结构和键等问题。玻尔没有提到光谱,他和汤姆孙认为这太复杂,不能提供有用的信息。

下一个线索是由剑桥物理学家尼科尔森(John William Nicholson)的工作提供的[19],他通过一个很独特的方法获得了角动量量子化的概念。尼科尔森证明了,虽然原子的土星模型对于轨道内的扰动是不稳定的,但对于垂直于直到包含 5 个电子的轨道平面的扰动却是稳定的——他假设轨道平面内的不稳定模被某种未确定的机制压制了。稳定振动的频率是轨道频率的倍数,他把它们与在明亮的星云谱中看到的线的频率比较,特别与“氙”线和“氪”线比较。对少一个轨道电子的电离原子进行同样的操作,与他们获得的天文谱更加匹配。轨道电子的频率是个自由参数,但当他做出了与电子相联系的角动量后,尼科尔森发现,它是 $h/2\pi$ 的倍数。当后来玻尔在 1912 年回到哥本哈根,他对尼科尔森模型的成功感到困惑,

这个模型看起来对原子结构提供了一个成功的定量的模型，且可计及天文中观察到的谱线。

突破的取得发生在1913年早期，汉森(H. M. Hansen)告诉玻尔该氢原子谱中谱线波长或频率的巴尔末公式为

$$\frac{1}{\lambda} = \frac{\nu}{c} = R\left(\frac{1}{2^2} - \frac{1}{n^2}\right) \tag{15.44}$$

此处 $R = 1.097 \times 10^7\ \text{m}^{-1}$，称为里德堡常量；而 $n = 3,4,5,\cdots$。玻尔过了很久回忆到：

> 当我一看到巴尔末公式，整个事情就明白了。[20]

他马上认识到，这个公式包含着构建氢原子模型的关键线索，他把氢原子建构为单个负电荷的电子绕一个正电荷的核做轨道运动。他回到他关于原子量子理论的备忘录，特别是，回到电子总能量和动能的表达式(15.42)和式(15.43)。他认识到，能由巴尔末系的表达式决定他的常量 K 的值。变动的 $1/n^2$ 项可与式(15.43)联系起来，如果对 $Z = 1$ 的氢写下

$$E_n = -T_n = -\frac{m_e e^4}{32\varepsilon_0 n^2 K^2} \tag{15.45}$$

那么，当电子从量子数为 n 的轨道变到 $n = 2$ 的轨道时，发射的辐射能量应该是两个态的总能量的差 $E_n - E_2$。应用爱因斯坦的量子假说，该能量应该等于 $h\nu$。把常量的数值代入式(15.45)，玻尔得到常量 K 的精确值 $h/2$。于是，量子数为 n 的态能量为

$$E_n = -\frac{m_e e^4}{8\varepsilon_0 n^2 h^2} \tag{15.46}$$

态的角动量 J 立即可得到，只要令式(15.40) $T = I\omega'^2/2 = nh\nu'/2$，马上有

$$J = I\omega' = \frac{nh}{2\pi} \tag{15.47}$$

这就是按照“旧”量子论，玻尔如何得到了角动量的量子化。在他1913年著名的三部曲[21]的第一篇文章中，玻尔感谢尼科尔森在其1912年的文章中发现了角动量的量子化。这些结果是对后来称之为玻尔原子模型的启发。

在1913年三部曲的第一篇文章中，玻尔注意到类似于式(15.44)的公式能够算出皮克林系。它是皮克林(Edward Pickering)于1896年在恒星光谱中发现的。1912年，福勒(Alfred Fowler)在实验室实验中发现了同样的系。玻尔论证说，一阶电离的氦原子有着与氢原子相同的谱，但其相应谱线的波长要短为1/4，就如在皮克林系中观察到的那样。但福勒反对，说电离的氦的里德堡常量与氢原子的相比不是4，而是4.001 63。玻尔认识到，问题出在计算氢原子和氦离子的惯量矩时忽略了原子核质量的贡献。如果电子与核绕它们质心旋转的角速度是 ω，角动量量子化的条件是

$$\frac{nh}{2\pi} = \mu\omega R^2 \tag{15.48}$$

这里 $\mu = m_e m_N/(m_e + m_N)$ 是原子或离子的约化质量，这就考虑了电子和核两者对角动量的贡献；R 是它们分开的距离。因此氦离子与氢原子的里德堡常量之比应为

$$\frac{R_{\mathrm{He}^+}}{R_{\mathrm{H}}} = 4\left[\frac{1 + m_e/M}{1 + m_e/(4M)}\right] = 4.001\,60 \tag{15.49}$$

这里 M 是氢原子的质量。于是发现，氢原子与氦离子的里德堡常量的比，理论的与实验的估计精确符合。

氢原子的玻尔理论是非常大的成就，是原子量子理论的第一个令人信服的应用。玻尔的戏剧性结果对许多科学家来说，为发生在原子尺度的过程中，爱因斯坦的量子论必须认真对待提供了有力的证据。但是"旧"量子论基础上是不完备的，是经典和量子思想的混杂，没有任何自洽的理论支撑。

按照爱因斯坦的观点，这些结果对其基本过程的量子理论提供了进一步的有力支持。在玻尔的传记中，派斯[22]讲述了1913年9月赫维西与爱因斯坦偶遇的故事。当爱因斯坦听到玻尔对氢的巴尔末系的分析后，小心地评论道：玻尔的工作如果是正确的话，它就是非常有趣的，也是重要的。当赫维西告诉他关于氦的结果时，爱因斯坦回答说：

> 这是一个巨大的成就。玻尔理论一定是正确的。

15.7　爱因斯坦(1916)"关于辐射的量子理论"

在1911～1916年，爱因斯坦忙于表述广义相对论，将在第17章中讨论它。到1916年，科学意见的摆动开始倾向有利于量子理论的方面，特别是氢原子玻尔理论的成功之后。这些思想反馈回爱因斯坦，他思考辐射的吸收和发射问题，通过引入现在称之为爱因斯坦 A 系数和 B 系数，得到他著名的普朗克谱的推导。

爱因斯坦1916年巨作[23]的开头注意到了气体中分子速度的麦克斯韦-玻尔兹曼分布与黑体谱的普朗克公式形式上的相似性。爱因斯坦证明：这些分布如何可以通过普朗克公式的推导协调，它提供了被他称为"尚不很清楚的物质对辐射的吸收和发射过程"的洞察。文章开始描述了一个量子系统，由大量分子组成，它们占据一组离散的分子态 $Z_1, Z_2, Z_3, \cdots$，相应的能量为 $\varepsilon_1, \varepsilon_2, \varepsilon_3, \cdots$。按照经典统计力学，温度为 T 的热平衡中，这些态被占据的概率 W_n 由玻尔兹曼关系

$$W_n = g_n \exp\left(-\frac{\varepsilon_n}{kT}\right) \tag{15.50}$$

给出。此处 g_n 是态 Z_n 的统计权重或简并度。如爱因斯坦在其文章中有力的评述：

［式(15.50)］表示了麦克斯韦速度分布律的最大限度推广。

考虑气体分子的两个量子态 Z_m 和 Z_n，能量分别为 ε_m 和 ε_n 且 $\varepsilon_m > \varepsilon_n$。借用玻尔模型的方法，假定分子从状态 Z_m 变到 Z_n 将发射一辐射量子，量子的能量为 $h\nu = \varepsilon_m - \varepsilon_n$。类似地，能量为 $h\nu$ 的光子被吸收，分子就从状态 Z_n 变到 Z_m。

这些过程的量子描述模仿发射和吸收的经典过程。

自发发射 爱因斯坦注意到，经典振子在没有外电场的激发时会发射辐射。在量子水平上的类似过程称为**自发发射**，在时间间隔 $\mathrm{d}t$ 中发生的概率为

$$\mathrm{d}W = A_m^n \mathrm{d}t \tag{15.51}$$

类似于放射性衰变定律。

诱导发射和吸收 与经典类似，如果振子被同样频率的波激发，那它或者得到能量，或者失去能量，这取决于波相对于振子的相位，即对振子做的功可以是正的或负的。这些正的或负的功的大小正比于入射波的能量密度。这些过程的量子力学等价是诱导吸收（分子从状态 Z_n 被激发到 Z_m）或诱导发射（分子在入射辐射场的影响下发射一个光子）。这些过程的概率是

对诱导吸收：

$$\mathrm{d}W = B_n^m \rho \mathrm{d}t$$

对诱导发射：

$$\mathrm{d}W = B_m^n \rho \mathrm{d}t$$

下标相应初态，上标相应末态；ρ 是频率为 ν 的辐射能量密度；B_n^m 和 B_m^n 是特定物理过程的系数，称为"由吸收和发射诱导的态的变化系数"。

现在我们求在热平衡时的辐射能量密度谱 $\rho(\nu)$。热平衡中能量为 ε_m 和 ε_n 的分子相对数目由玻尔兹曼关系式(15.50)给出，所以在辐射的自发发射过程、诱导发射过程和诱导吸收过程中为了保持平衡分布不变，概率必须平衡，即

$$\underbrace{g_n \mathrm{e}^{-\varepsilon_n/(kT)} B_n^m \rho}_{\text{吸收}} = \underbrace{g_m \mathrm{e}^{-\varepsilon_m/(kT)} (B_m^n \rho + A_m^n)}_{\text{发射}} \tag{15.52}$$

现在，在极限 $T \to \infty$ 下，辐射能量密度 $\rho \to \infty$，在平衡中以诱导过程为主。因此让 $T \to \infty$ 和 $A_m^n = 0$，式(15.52)变为

$$g_n B_n^m = g_m B_m^n \tag{15.53}$$

将式(15.52)重写一下，平衡辐射谱可写为

$$\rho = \frac{A_m^n}{B_m^n} \frac{1}{\exp\left(\dfrac{\varepsilon_m - \varepsilon_n}{kT}\right) - 1} \tag{15.54}$$

它是普朗克辐射律。假定我们只考虑维恩定律，我们知道在光被考虑为由光子组成的频率范围内它是正确的表达式。那么，在极限 $(\varepsilon_m - \varepsilon_n)/(kT) \gg 1$ 时，有

$$\rho = \frac{A_m^n}{B_m^n} \exp\left(-\frac{\varepsilon_m - \varepsilon_n}{kT}\right) \propto \nu^3 \exp\left(-\frac{h\nu}{kT}\right) \tag{15.55}$$

比较式(15.55)中的因子，我们得到关键的关系

$$\frac{A_m^n}{B_m^n} \propto \nu^3 \tag{15.56}$$

$$\varepsilon_m - \varepsilon_n = h\nu \tag{15.57}$$

式(15.56)中的比例常量可由黑体谱的瑞利-金斯极限$(\varepsilon_m - \varepsilon_n)/(kT) \ll 1$得到。由式(12.51)得

$$\rho(\nu) = \frac{8\pi\nu^2}{c^3}kT = \frac{A_m^n}{B_m^n}\frac{kT}{h\nu}$$

这样

$$\frac{A_m^n}{B_m^n} = \frac{8\pi h\nu^3}{c^3} \tag{15.58}$$

这些A系数和B系数之间的关系的重要性在于它们与微观水平上的过程联系在一起。一旦A_m^n或B_n^m或B_m^n已知，别的系数马上可由式(15.53)和式(15.58)得到。

有意思的是，重要的分析只占据了爱因斯坦文章的前三节。对爱因斯坦而言，文章的主旨在于，他能利用这些结果，来决定分子的运动如何因量子吸收和发射而受影响。分析类似于他早先对布朗运动的研究，但现在用到了与分子作用的量子的情形。发射和吸收过程的量子本质是他论证的要点。我们不再详细讨论他出色计算的细节，只引以下他的关键结果：当一个分子发射或吸收一个量子$h\nu$时，必定有一个分子动量大小为$|h\nu/c|$的或正或负的改变，甚至在自发发射的情形也是。用爱因斯坦的话就是：

> 没有球面波的辐射。在自发发射过程，分子受到一个大小为$h\nu/c$的反冲，在理论的现阶段状态，反冲方向只能由“偶然”决定。[23]

证明爱因斯坦的结论正确的实验来自康普顿(Arthur Holly Compton)在1923年做的漂亮的X射线散射实验[24]。实验证明，光子能与几近自由的电子进行碰撞，称为康普顿效应或康普顿散射，此时它们行为像粒子。这是基本的狭义相对论的标准结果，在与静止电子的碰撞中光子波长的增加为

$$\lambda' - \lambda = \frac{hc}{m_e c^2}(1 - \cos\theta) \tag{15.59}$$

这里θ是光子散射的角度[25]。在此计算中隐含着相对论的三维动量的守恒，其中光子的动量为$h\nu/c$。1929年，海森堡在题为“量子理论的发展1918～1928”的评论文章中写道：

> 此时(1923)实验以其发现来帮助理论，这些发现对量子理论的发展意义巨大。康普顿发现，用X射线与自由电子散射，测得散射后射线的波长长于入射光的波长。根据康普顿和德拜的说法，这一效应很容易用爱因斯坦的光量子假说来解释；相反，光的波动理论不能解释此实验。有了该结果，在爱因斯坦1906年，1909年和1917年的工作以后很难前进的辐射理论问题真容显露了。[26]

康普顿在其逝世前一年的回忆录中透露了他的评论：

> 这些实验是给予量子理论基础有效性的第一个判定，至少对于在美国的物理学家来说是这样。[27]

回到爱因斯坦的 A 系数和 B 系数，将它们与在 11.2.2 小节中引入的基尔霍夫定律中的发射和吸收系数联系起来是有意思的。爱因斯坦的深刻洞察再一次开辟了理解物质与辐射之间相互作用的全新道路。辐射式(11.16)的迁移方程是

$$\frac{\mathrm{d}I_\nu}{\mathrm{d}l} = -\alpha_\nu I_\nu + j_\nu$$

此处 l 为穿过介质的路径长度。假定上边和下边的状态分别用 2 和 1 标志。很自然，可把发射系数与单位立体角量子自发发射速率联系起来，即

$$j_\nu = \frac{h\nu}{4\pi} n_2 A_{21} \tag{15.60}$$

这里 n_2 是分子在上边态的数密度。同样，在诱导吸收中分子吸收的能量是

$$\frac{h\nu}{4\pi} n_1 B_{12} I_\nu \tag{15.61}$$

结果吸收系数是

$$\alpha_\nu = \frac{h\nu}{4\pi} n_1 B_{12} \tag{15.62}$$

我们还要考虑到诱导发射或受激发射。虽然看起来似乎这一项包含在发射系数中，但最好把它考虑为代表负吸收，因为它取决于沿着射线方向的辐射强度，就像诱导吸收项一样。因此我们把对受激发射作了修正的吸收系数写为

$$\alpha_\nu = \frac{h\nu}{4\pi}(n_1 B_{12} - n_2 B_{21}) = \frac{h\nu}{4\pi} n_1 B_{12}\left(1 - \frac{g_1 n_2}{g_2 n_1}\right) \tag{15.63}$$

辐射迁移方程变为

$$\frac{\mathrm{d}I_\nu}{\mathrm{d}l} = -\frac{h\nu}{4\pi} n_1 B_{12}\left(1 - \frac{g_1 n_2}{g_2 n_1}\right) I_\nu + \frac{h\nu}{4\pi} n_2 A_{21} \tag{15.64}$$

在状态的布居由玻尔兹曼分布给出且系统达到热平衡，即 $\mathrm{d}I_\nu/\mathrm{d}l = 0$ 的情况下，又得到了普朗克分布。方程(15.64)是非常强大的表达式。在许多物理情形下，分子间的能量处通过粒子的碰撞维持在热平衡状态，但辐射并不与物质处于热平衡，物质被说成是处于**局域热平衡**状态。在此境况下，有

$$\frac{n_2}{n_1} = \frac{g_2}{g_1}\exp\left(-\frac{h\nu}{kT}\right), \quad \frac{n_2 g_1}{n_1 g_2} = \exp\left(-\frac{h\nu}{kT}\right) < 1 \tag{15.65}$$

当式(15.65)中的不等号成立时，哪怕粒子能量的分布不是麦克斯韦的，状态的布居还是正常的。但是如果上边态占据过多，还是可能破坏这个条件，此时吸收系数式(15.63)变为负的，而辐射强度沿着射线路径放大。在这种情形下，分子的态的布居称为反转。这是微波激射器或激光的工作原理。

引入爱因斯坦 A 系数和 B 系数的一个方面，对理解物质和辐射之间的平衡是关键的。在 1909 年的分析中，爱因斯坦考虑了振子与辐射场之间的热平衡，但洛

伦兹[28]争辩说，如果电子（而非振子）和辐射在温度为 T 的封闭系统内保持热接触，那也会得到同样的平衡谱。光子和电子间的能量交换过程是前面讨论过的康普顿散射机制。能量为 $h\nu$ 的光子与动量为 $\boldsymbol{p}$ 的电子碰撞，结果电子动量增加（减少）量为 $\boldsymbol{p}'$，而光子以减小（增加）后的能量 $h\nu'$ 离开。在 1923 年，泡利[29]（Wolfgang Pauli）证明了：电子的平均能量是 $m\overline{v^2}/2=3kT/2$，并且只要在决定散射到 $h\nu'$ 方向的概率时考虑到诱导过程，就会重新得到普朗克分布。问题的完整分析不那么简单，但其要点是，如果频率为 ν 的辐射能量密度为 ρ，频率为 ν' 的辐射能量密度为 ρ'，那么从 ν 散射到 ν' 的概率就给定了，用泡利的记号，表达式为 $(A\rho+B\rho\rho')\mathrm{d}t$，此处含 A 的项是自发散射，而含 B 的项是诱导散射。这个表达式引人注意的部分是有 B 的项，它包含有散射后的辐射能量密度，因此相应于诱导康普顿散射。事实上，分析这两项的起源，含 A 项相应于正常的康普顿散射过程，其中辐射可被看作是由光子组成的，而含 B 的项相应于辐射的波性质。如果两项都包含进来，那电子的平均能量为 $3kT/2$。

在泡利的文章发表几个月后，它与爱因斯坦 1916 年的文章的关系由爱因斯坦和埃伦费斯特给出了解释[30]，他们争辩说，康普顿散射过程可被考虑为是吸收一个频率为 ν 的光子和发射一个频率为 ν' 的光子。那么，诱导吸收、自发发射和诱导发射的概念可用到此过程中。散射到特定频率 ν' 的状态的概率正比于吸收和发射概率的积，就得到形如 $B\rho(A'+B'\rho')$ 的表达式，其中含 A' 和 B' 的项分别代表自发发射和诱导发射项。

15.8　故事结语

对所有物理学家来说，问题在于发现一个理论，能调和光的波和粒子性质的明显矛盾。1905～1925 年，物理学的基础在暗中掘进。随着普朗克、爱因斯坦和玻尔对经典物理在微观水平上失效的深刻洞察，采用量子观念的必要性变得日益紧迫。作为前 5 章内容的“旧”量子论思绪杂乱，且在像索末菲那样的理论家手中发展的理论那样，修补越来越多，难以令人满意。随着 1925～1926 年薛定谔和海森堡波动与矩阵力学，以及 1928 年狄拉克的相对论性电子波动方程的发明，突破来临。这些理论确立了一套新的物理原理和新的数学框架，以理解波粒二象性。该二象性给 20 世纪头 20 年的物理学家们造成了如此大的痛苦。霍金对此问题的解决给出了一个非常好的总结：

> 量子力学理论基于完全新型的数学，它不再利用粒子和波来描写实在世界；只是对世界的观察可以用这些术语来描述。[31]

上面 5 章展开的故事是在理论物理学中,实际上也是在整个科学中最激动人心和戏剧性的智力进步之一。在达到这一新的理解水平的过程中,许多伟大物理学家的贡献是至关重要的。在重新复习这些内容的过程中,我重读了爱因斯坦的许多文章,被他的思维的想象力和丰富性彻底惊住了。文章覆盖整个物理学,不仅是它的质量,而且纯粹从数量上来说都叫人惊诧莫名。在迎头冲击的 1905~1925 年间物理学家面临的最富挑战性的问题中,思想的清澈和对直觉的自信贯穿整个过程。如果相对论和量子力学是 20 世纪物理学最伟大的发现,那么站在这些发展中心的人必是爱因斯坦无疑。

曾有非科学人士问我,爱因斯坦是否值得享有作为现代科学杰出偶像的荣誉,如同在大众媒体中树立的那样(图 15.3)。前面 5 个专题和即将论及的狭义相对论和广义相对论毫无疑问地告诉读者,爱因斯坦的贡献超过几乎所有其他物理学家,仅有的可以用同样的口吻认真提到的物理学家是牛顿和麦克斯韦。我记得 1970 年在莫斯科有机会与金斯伯格院士一起吃饭。他提到,20 世纪俄国最伟大的理论物理学家朗道如何把物理学家放于一个联合会,某些属于第一支部,别的属于第二支部等。第一支部有诸如牛顿和麦克斯韦的名字;他估价自己的贡献相当谦虚。但是还有单独的一个支部,即第零支部,其中只有一个物理学家——爱因斯坦。

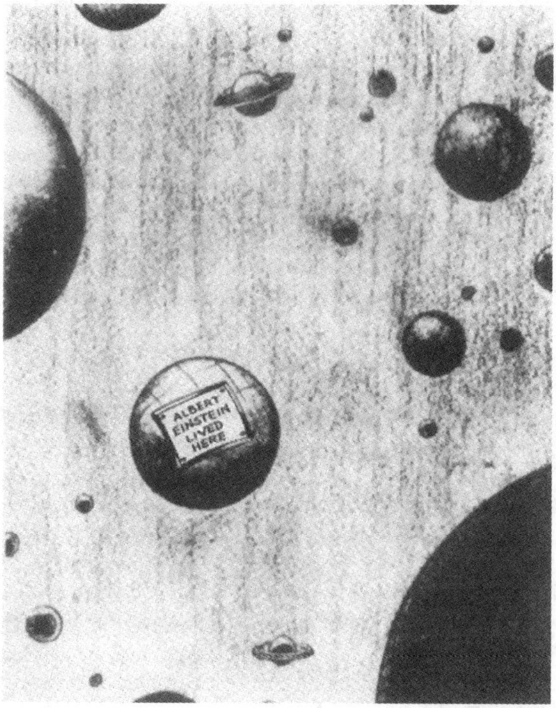

图 15.3　赫尔布洛克为纪念 1955 年 4 月 15 日逝世的爱因斯坦而画的卡通画(引自 Herbert L. Block. 1955. Here and Now. Simon and Schuster)

15.9 参考文献

[1] Planck M. 1907. Letter to Einstein of 6 July 1907, Einstein Archives, Princeton, New Jersey//Hermann A. 1971. The Genesis of Quantum Theory (1899 – 1913). Cambridge, Massachusetts: MIT Press: 56.

[2] Lorentz H A. 1909. Letter to W. Wein of 12 April 1909//Hermann A. 1971. The Genesis of Quantun Theory (1899 – 1913). Cambridge, Massachusetts: MIT Press: 56.

[3] Einstein A. 1909. Phys. Zeitschrift, 10: 185.

[4] Einstein A. 1910. Letter to Laub, 16 March 1910//Einstein Archives, Op. Cit. and Kuhn T S. 1978. Black-body Theory and the Quantum Discontinuity (1894 – 1912). Oxford: Clarendon Press: 214.

[5] Planck M. 1910. Letter to W. Nernst of 11 June 1910//Kuhn. 1978. Black-body Theory and the Quantum Discontinuity (1894 – 1912): 230.

[6] Langevin P, de Broglie M. 1912. La Théorie du rayonnement et les quanta: rapports et discussions de la réunion tenue à Bruxelles, du 30 October au 3 November 1911. Paris: Gautier Villars.

[7] Millikan R A. 1916. Phys. Rev., 7: 355.

[8] Thomson J J. 1897. Phil. Mag., 44: 311.

[9] Thomson J J. 1907. Conduction of Electricity through Gases. Cambridge: Cambridge University Press.

[10] Longair M. 1997. High Energy Astrophysics: Vol. 1. Cambridge: Cambridge University Press.

[11] Rutherford E, Royds T. 1909. Phil. Mag., 17: 281.

[12] Andrade E N. da C. 1964. Rutherford and the Nature of the Atom. New York: Doubleday: 111.

[13] Rutherford E. 1911. Phil. Mag., 21: 669.

[14] Geiger H, Marsden E. 1913. Phil. Mag., 25: 604.

[15] Heilbron J. 1978. History of Twentieth Century Physics, Proc.: International School of Physics "Enrico Fermi": Course 57. New York and London: Academic Press: 40.

[16] Einstein A. 1907. Ann. Phys., 22: 184.

[17] Haas A E. 1910. Wiener Berichte Ⅱ a, 119: 119. Jahrb. der Radioakt. und Elektr., 7: 261. Phys. Zeitschr., 11: 537.

[18] Bohr N. 1912. On the Constitution of Atoms and Molecules//Rosenfeld L. 1963. Copenhagen.

[19] Nicholson J W. 1911. Phil, Mag., 22: 864. 1912. Mon. Not. Roy. Astron. Soc., 72: 677. Also McCormach R. 1966. The Atomic Theory of John William Nicholson. Arch. Hist. Exact Sci., 2: 160.

[20] Heilbron J. 1978. Op. Cit., 70.

[21] Bohr N. 1913. Phil. Mag., 26: 1, 476, 857.

[22] Pais A. 1991. Niels Bohr's Times//Physics, Philosophy and Polity. Oxford: Clarendon Press: 154.

[23] Einstein A. 1916. Phys. Gesell. Zürich. Mitteil., 16: 47. Also Deutsche Phys. Gesell. Verhandl., 18: 318. Zeit. Phys., 18: 121.

[24] Compton A H. 1923. Phys. Rev., 21: 483.

[25] Longair M. 1997. Op. Cit.: 96.

[26] Heisenberg W. 1929. The Development of The Quantum Theory (1918-1928). Naturwiss., 17: 491. (See translation of the quotation in Steuwer R H. 1975. The Compton Effect. New York: Science History Publications: 287)

[27] Compton A H. 1961. Am. J. Phys., 29: 817.

[28] Lorentz H A. 1912//Langevin P, de Broglie M. 1912. Op. Cit.: 35-39.

[29] Pauli W. 1923. Zeit. Phys.: 18: 272.

[30] Einstein A, Ehrenfest P. 1923. Zeit. Phys., 19: 301.

[31] Hawking S W. 1988. A Brief History of Time: From the Big Bang to Black Holes. London: Bantam Books: 56.

第15章附录　存在噪声时对信号的探测

我们可利用在上两章中开发的工具来研究噪声存在时信号的探测问题。在许多情况中，需要探测非常弱的信号，而有一些信号源产生噪声，如信号本身大小有限，因此只能确定到一定统计精度，但又必须在探测器的热噪声中探测；还可能有想不到的背景辐射发射到探测器。在我们考虑一般问题前，一个非常有用的结果是，由于热涨落引起的电阻中的电噪声的表达式。

A15.1　尼奎斯特定理和约翰逊噪声

尼奎斯特定理是爱因斯坦关于单模平均能量的表达式(14.23)对温度为 T 时电阻中存在的能量自发涨落情况的应用。这对与低噪声接收器有关的电子放大器和电路的设计是非常重要的结果。

让我们推导在一根传输线中产生的噪声的功率表达式，它的每一端匹配有一个电阻 R，即传播电磁波的传输线的阻抗 Z_0 等于 R(图 A15.1)。假设线路处于温度为 T 的热平衡封闭系统中。能量在系统中存在的所有的模间按照爱因斯坦规定式(14.23)平均分布，即对于每个模，平均能量为

$$\overline{E} = \frac{h\nu}{e^{h\nu/(kT)} - 1} \tag{A15.1}$$

此处 ν 是模的频率。因此我们需要知道与传输线有关的模有多少，然后按照爱因斯坦版的麦克斯韦-玻尔兹曼均分学说给每个模以能量 $\overline{E}$。

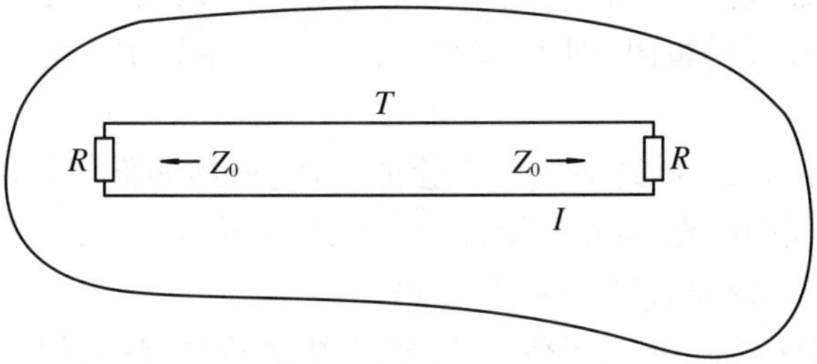

图 A15.1　波阻抗为 Z_0 的一根传输线，每端有匹配的电阻，在一温度为 T 的封闭系统中处于热平衡

实际上我们做的计算与瑞利对盒子里波的简正模式所做的是一样的，但现在处理的是一维的而不是三维的问题。对于长为 L 的线的一维情形，由关系式(12.45)容易得到

$$\frac{\omega}{c} = \frac{n\pi}{L} \tag{A15.2}$$

此处 n 只取整数值，即 $n = 1,2,3,\cdots$，而 c 是光速。从麦克斯韦方程组出发的对这些模的性质的标准分析表明，与每个 n 值相联系的极化只有一个。在热平衡中，每个模附有能量 $\overline{E}$。因此要求出单位频率范围的能量，我们需要知道在频率范围 $d\nu$ 的模数。对式(A15.2)微分就得到

$$dn = \frac{L}{\pi c}d\omega = \frac{2L}{c}d\nu \tag{A15.3}$$

因此单位频率范围的能量是 $2L\,\overline{E}/c$。像式(A15.2)代表的驻波的基本性质之一是，它们精确地相应于沿着线以速度 c 在相反方向传播的等振幅波的叠加。对于 n 的每个值，这些行波对应于沿线传播的麦克斯韦方程组仅有的两个允许解。因

此一定量的功率被线末端匹配的电阻 R 吸收和发射，因为它们是匹配的。所以入射波的能量被吸收后又被它们再发射。于是，由式(A15.3)知，单位频率间隔等量的能量 $L\overline{E}/c$ 向各方向传播并在时间 $t=L/c$ 内沿着线向电阻行进。单位频率间隔输入电阻的功率是

$$P = \frac{L\overline{E}/c}{L/c} = \overline{E}$$

单位为 $\mathrm{W\cdot Hz^{-1}}$。但是在热平衡中，同样的功率必定返回传输线，否则电阻将被加热而使其温度超过平衡温度 T。这就证明了基本结果，温度为 T 的电阻携带的噪声功率是

$$P = \frac{h\nu}{\mathrm{e}^{h\nu/(kT)} - 1} \tag{A15.4}$$

在低频 $h\nu \ll kT$ 下，这通常是无线电和微波接收器的情况，式(A15.4)约化为

$$P = kT \tag{A15.5}$$

这是应用到低频处电阻热噪声的尼奎斯特定理。在频率 $\nu \sim \nu + \mathrm{d}\nu$ 间的功率为 $P\mathrm{d}\nu = kT\mathrm{d}\nu$。在相反的极限，即 $h\nu \gg kT$ 时，噪声功率按 $P = h\nu\exp[-h\nu/(kT)]$ 指数减小。

式(A15.5)在 1928 年约翰逊用实验证实，它描述的低频噪声称为约翰逊噪声。对于各种不同的电阻，他正确地得到了由式(A15.5)预言的关系，并估计了 k 值，与今天的标准数值间的误差在 8%之内。

式(A15.5)对产生一定噪声功率 P_{n} 的无线电接收器的行为提供了一种方便的描述方法。我们为接收器在频率 ν 的行为定义一个等效噪声温度 T_{n}：

$$T_{\mathrm{n}} = P_{\mathrm{n}}/k \tag{A15.6}$$

对于低频，我们注意结果式(A15.5)的另一个关键特征。每秒每单位频率范围的电噪声功率 kT 正好对应于热平衡中单个模的能量。因为该能量是电信号或波的形式，所以在此模中的相应涨落为

$$\Delta E/E = 1 \tag{A15.7}$$

正如在 15.3 节里证明过的。因此我们预期单位频率间隔的噪声涨落的大小为 kT。在 A15.3 节中会用到此结果。

A15.2 存在背景噪声时对光子的探测

让我们先考虑 $h\nu \gg kT$ 的情况。15.4 节和 A15.1 节的结果表明，在此情形下，光被看作是由独立粒子即光子组成的。统计性质由 15.2 节中给出的关系描写。如果没有背景辐射，测量的信号精度为

$$\frac{\Delta I}{I} = \frac{1}{N^{1/2}}$$

这里 N 是探测到的来自信号源的光子数。

弱的辐射源常在有很强的背景信号下观测。如果背景光子数 $N_{\mathrm{b}} \gg N$，测量中

的不确定度很大程度上由背景的不确定度决定：

$$\frac{\Delta I}{I}=\frac{1}{(N+N_b)^{1/2}}\approx\frac{1}{N_b^{1/2}}$$

在此情形下，要测量信号源的强度，我们首先要测量信号源加上背景的强度：

$$(N+N_b)\pm(N+N_b)^{1/2}\approx(N+N_b)\pm N_b^{1/2}$$

下一步测量背景本身，得

$$N_b\pm N_b^{1/2}$$

然后，两式相减而得到 N 的估计值，但在相减时我们必须加上误差估计的范围，结果最好的估计是

$$N\pm(N+2N_b)^{1/2}\approx N\pm(2N_b)^{1/2}$$

A15.3　存在噪声时对电磁波的探测

在 $h\nu\ll kT$ 的情形下，黑体辐射行为类似经典电磁辐射。信号在探测器中感应电流或电势，它可用 A15.1 节中涉及的电阻来模拟。假定信号是在波段 $\nu\sim\nu+d\nu$ 内被接收的。探测到的信号是波的所有电场的矢量和，如在一个阿尔冈图(Argand diagram)上表明的(图 A15.2)，它显示了每个场对总信号贡献的振幅和相位。此图以波的频率 ν 转动。如果所有的波都有相同的频率，那么图样将永远以这样的位形持续转动。但是因为频率有弥散，矢量改变其相位关系，结果经历时间 $T\sim1/\Delta\nu$ 后，波的矢量和就不同了。时间 T 称为波的**相干时间**，它大致是这样的时间：给出合振幅的一个特定估计值所经过的时间。

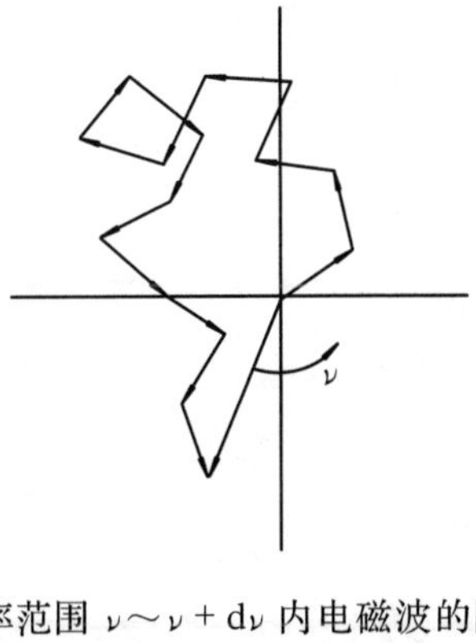

图 A15.2　演示在频率范围 $\nu\sim\nu+d\nu$ 内电磁波的随机叠加的阿尔冈图，该大矢量是在此频率范围内振动的所有电场的和

对于光子情形，每有一个光子到达时我们就获得一份独立的信息；对于波的情形，在每个相干时段 $T=1/\Delta\nu$ 我们得到一个新的估计。这样，如果一个信号源被观测了 t 时长，那么我们对信号源的强度得到 $t/T=t\Delta\nu$ 个独立的估计。这些结果告诉我们，对信号取样需要有多频繁。

通常,我们的兴趣是在接收器中存在噪声时测量非常弱的信号。按照我们在A15.1节中的分析,噪声信号本身涨落的幅度为每模每秒 $\Delta E/E=1$。因此我们可以在一个长时段内积分,或者增加接收器的带宽来降低涨落的大小。在这两种情形下,信号强度的独立估计数目是 $\Delta \nu t$,因此在经历时长 t 后功率涨落的大小将降为

$$\Delta P = \frac{kT}{(\Delta \nu t)^{1/2}}$$

这样,如果我们准备在一个足够长的时间间隔内积分和(或)利用足够大的带宽,非常弱的信号就可被探测到。

专题 6

狭义相对论

对于狭义相对论这门学科，直觉是一个危险的工具。一些论述，如“运动的时钟走得慢”或者“运动的尺子长度缩短了”流传很广，但是在我看来，它们会阻碍而非帮助我们去理解狭义相对论。在这些非直觉的领域，手上有可靠的、基于它可以得到正确答案的形式是非常重要的。经过多年这门学科的教学，我认为尽快介绍洛伦兹变换(Lorentz transformations)和四矢量(Four-vectors)是理解狭义相对论的最好途径。它们提供了一系列简单的规则，利用它们可以令人充满信心地去解决狭义相对论中大部分相当直接的问题。该方法包括构建一个运算规则与三维矢量运算完全一致的四矢量代数与微积分。

在研究狭义相对论的历史中，很明显，我感兴趣的许多方法已经被先驱者们所熟知，所以本专题以一个适当的历史介绍作为开始。我将强调的是，不能将它作为狭义相对论中的课程，作为课程，每一个细节都要详解。相反，我们的重点在于数学结构的引入，它能够使相对论计算操作起来尽可能简化。

纵观全书，对于那些被我称作天才般的实验，我不做详细的讨论，但第 18 章例外，在那里我将充满激情地介绍宇宙学的实验和观测基础。尽管如此，我必须提及著名的迈克耳孙-莫雷(Michelson-Morley)实验。迈克耳孙是实验物理学天才，他的小册子《光学研究》(*Studies in Optics*)[1]值得收藏在每一个物理学家的书架上。他是第一个获得诺贝尔科学奖的美国人。他的天赋体现在他意识到利用光学干涉方法能够测量光线间极其微小的路径偏差。该实验的目标就是利用这种极其灵敏的技术去测量地球相对于假想的静止以太(aether)的运动。以太被认为是电磁波传播的介质，甚至在真空中也无处不在。专题图 6.1 显示的是 1887 年著名的迈克耳孙-莫雷实验。迈克耳孙自己是这样描述的：

> ……干涉仪被安装在一块底为 1.5 m 见方，厚为 0.25 m 的石头上，石头被固定在一个木环上，它将整个装置浮在水银上。

专题图 6.1 下面的分图显示了用于增加干涉臂的光路长度的多次反射。

实验过程是这样的：在仪器相当均匀且连续地转动 360°的过程中，观测干涉仪的中央条纹的移动，每隔 1/16 圈测量一次。专题图 6.2 显示的是，在转动 360°的过程中，假设地球以 30 km · s^{-1}的速度相对于静止的以太运动，中央条纹的移动

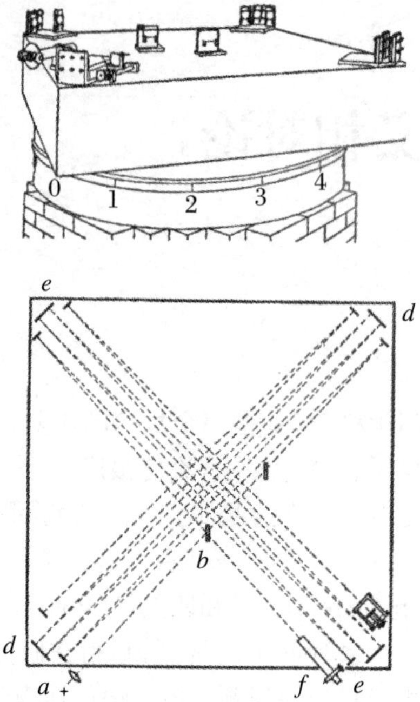

专题图 6.1　1887 年的迈克耳孙-莫雷实验(引自 Michelson A A. 1927. Stuclies in Optics. Chicago: University of Chicago Press)

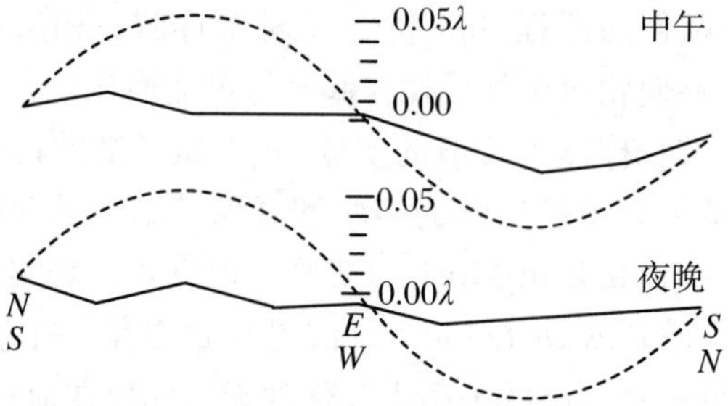

专题图 6.2　迈克耳孙-莫雷实验的零结果:实线表示当仪器转动 360°的过程中中央条纹的平均移动;虚线表示的是,如果地球以 30 km · s^{-1}的速度相对于静止的以太运动,预期的1/8 正弦函数变化(引自 Michelson A A. 1927. Stuclies in Optics. Chicago: University of Chicago Press)

(实线)与预期的 1/8 正弦函数变化可比较。同样,用迈克耳孙的话说:

> 必须得到这样的结论:实验显示不存在大于 0.01 条纹的位移……如果 $V/c = 1/10\ 000$,预期的位移应为 0.4 条纹。毫无疑问,实际值为预期值的 1/20,可能为 1/40。

当年,该实验在不同时期被莫雷(Morley)和米勒(Miller)重复,在地球相对太阳的运动被以太的漂移抵消的情形下,仍然发现同样的零结果。

在1962迈克耳孙的书的重印本中，莱蒙(Harvey B. Lemon)在序言中写道：

> 对于完全惊愕和困惑的科学界，该精美的实验也同样可产生绝对负面的结果。同样，我们必须注意到，由于人们普遍的信心，迈克耳孙宣布的任何实验结果都被立刻接受了。在20年之内，没有任何人鲁莽地去挑战他的结论。

这也许是在爱因斯坦1905年的巨作中没有明显参考迈克耳孙-莫雷实验的部分原因，迈克耳孙的零结果即刻成为了理解以太本质的棘手问题的不争的事实。

专题6　参考文献

[1] Michekson A A. 1927. Studies in Optics. Chicago：University of Chicago Press.

第 16 章　狭义相对论——不变量的研究

16.1 引　言

关于通向洛伦兹变换和相对论动力学的标准之路，这里有一个引人入胜的逻辑，可以概括如下：

(1) 布拉德利(Bradley)在 1727～1728 年关于恒星光行差的观测暗示着地球相对于静止以太的运动。

(2) 1887 年的迈克耳孙-莫雷实验的零结果显示没有探测到地球相对于以太的运动。

(3) 爱因斯坦的狭义相对论的第二公设说，对在任何惯性参考系中的观测者来说，光速都是一样的。

(4) 随后导出洛伦兹变换和相对论运动学。

(5) 根据爱因斯坦相对论的第一公设，可以得到所有物理定律在洛伦兹变换下是不变的。

(6) 相对论动力学现在可以被推导出来了。

(7) 后期的一个结果是 $E = mc^2$。

(8) 麦克斯韦方程组的不变性在洛伦兹变换下自动满足。

这是一个绝妙的故事，但是从历史的角度来说，理论不总是这样发生的。就物理发展史中的许多戏剧化的转折点而言，通向最终理论的道路往往很曲折，甚至会将你引向绝望的小道。狭义相对论的起源已经成为科技史学家们大量研究的课题，值得庆幸的是，施塔赫尔[1,2]对于重点事件给出了两项杰出的、易被理解的考察。更多详细的关于导致狭义相对论创立的物理讨论，包含在派斯(Pais)的重要研究《上帝是微妙的：阿尔伯特·爱因斯坦的科学与生活》(*Subtle is the Lord: the Science and Life of Albert Einstein*)[3]的第 6～8 章中。在本节，我将大量引用该书中的材料。

本专题的重点放在不变量的概念，而不是关于相对论的历史，但是一些产生爱因斯坦 1905 年巨著的事件，由于涉及术语，将会被包括在内。

16.1.1　麦克斯韦方程组和沃伊特的论文(1887)

正如 5.5 节中所讨论的,在 1865 年之后,电磁场定律的麦克斯韦形式提出之前,被概括在一组紧凑的包含 4 个方程的方程组(5.45)中的电磁定律被完全接受了。麦克斯韦的理论要比这些方程更加繁琐,通过海维赛德、亥姆霍兹、赫兹的努力,使得这些方程被表达成了它们最终的形式。赫兹关于电磁现象以光速传播且电磁波具有光波所有特性的论证强有力地证明了麦克斯韦方程组真正以简洁的形式涵盖了已知的电磁现象并统一了光学和电磁学物理。

然而这种巨大成功是付出了一定的代价换来的。在当时,已知的波是由于物质的扰动而产生的,因此电磁波传播所需的介质以太的性质,成了 19 世纪晚期物理学家们主要关心的问题。布拉德利对恒星光行差的观测似乎表明地球必须相对于静止以太运动。为了解释这些观测结果,人们采用了速度合成的伽利略表述,该表述来自保持牛顿运动定律形式不变的伽利略变换。一个困扰 19 世纪物理学家的问题是,不同于牛顿运动定律,麦克斯韦方程组在伽利略变换下不是形式不变的。

为了证明这一点,利用伽利略变换,我们可以得到惯性系参考系 S 和S'之间的偏微分变换关系。因此如果我们有

$$\begin{aligned} t' &= t \\ x' &= x - Vt \\ y' &= y \\ z' &= z \end{aligned} \tag{16.1}$$

则例如,利用链式法我们发现

$$\frac{\partial}{\partial t} = \frac{\partial t'}{\partial t}\frac{\partial}{\partial t'} + \frac{\partial x'}{\partial t}\frac{\partial}{\partial x'} + \frac{\partial y'}{\partial t}\frac{\partial}{\partial y'} + \frac{\partial z'}{\partial t}\frac{\partial}{\partial z'} = \frac{\partial}{\partial t'} - V\frac{\partial}{\partial x'} \tag{16.2}$$

由式(16.1)得,偏微分变换关系为

$$\begin{aligned} &\frac{\partial}{\partial t} \to \frac{\partial}{\partial t'} - V\frac{\partial}{\partial x'} \\ &\frac{\partial}{\partial x} \to \frac{\partial}{\partial x'} \\ &\frac{\partial}{\partial y} \to \frac{\partial}{\partial y'} \\ &\frac{\partial}{\partial z} \to \frac{\partial}{\partial z'} \end{aligned} \tag{16.3}$$

通过将麦克斯韦方程组从实验室参考系变换到以速度 V 沿着 x 轴正方向运动的参考系,我们可以发现麦克斯韦方程组的问题所在。在笛卡儿坐标系中,自由空间中的麦克斯韦方程组如下:

$$\frac{\partial E_z}{\partial y}-\frac{\partial E_y}{\partial z}=-\frac{\partial B_x}{\partial t}$$

$$\frac{\partial E_x}{\partial z}-\frac{\partial E_z}{\partial x}=-\frac{\partial B_y}{\partial t} \tag{16.4}$$

$$\frac{\partial E_y}{\partial x}-\frac{\partial E_x}{\partial y}=-\frac{\partial B_z}{\partial t}$$

$$\frac{\partial B_z}{\partial y}-\frac{\partial B_y}{\partial z}=\frac{1}{c^2}\frac{\partial E_x}{\partial t}$$

$$\frac{\partial B_x}{\partial z}-\frac{\partial B_z}{\partial x}=\frac{1}{c^2}\frac{\partial E_y}{\partial t} \tag{16.5}$$

$$\frac{\partial B_y}{\partial x}-\frac{\partial B_x}{\partial y}=\frac{1}{c^2}\frac{\partial E_z}{\partial t}$$

$$\frac{\partial E_x}{\partial x}+\frac{\partial E_y}{\partial y}+\frac{\partial E_z}{\partial z}=0 \tag{16.6}$$

$$\frac{\partial B_x}{\partial x}+\frac{\partial B_y}{\partial y}+\frac{\partial B_z}{\partial z}=0 \tag{16.7}$$

在变换到 S' 参考系的过程中，替换式(16.4)和式(16.5)中的偏微分，并利用式(16.6)和式(16.7)，式(16.4)和式(16.5)变为

$$\frac{\partial(E_z+VB_y)}{\partial y'}-\frac{\partial(E_y-VB_z)}{\partial z'}=-\frac{\partial B_x}{\partial t'} \tag{16.8}$$

$$\frac{\partial E_x}{\partial z'}-\frac{\partial(E_z+VB_y)}{\partial x'}=-\frac{\partial B_y}{\partial t'} \tag{16.9}$$

$$\frac{\partial(E_y-VB_z)}{\partial x'}-\frac{\partial E_x}{\partial y'}=-\frac{\partial B_z}{\partial t'} \tag{16.10}$$

和

$$\frac{\partial(B_z-VE_y)}{\partial y'}-\frac{\partial(B_y+VE_z)}{\partial z'}=\frac{1}{c^2}\frac{\partial E_x}{\partial t'} \tag{16.11}$$

$$\frac{\partial B_x}{\partial z'}-\frac{\partial(B_z-VE_y)}{\partial x'}=\frac{1}{c^2}\frac{\partial E_y}{\partial t'} \tag{16.12}$$

$$\frac{\partial(B_y+VE_z)}{\partial x'}-\frac{\partial B_x}{\partial y'}=\frac{1}{c^2}\frac{\partial E_z}{\partial t'} \tag{16.13}$$

我们现在可以在运动参考系 S' 中寻找 $\boldsymbol{E}$ 和 $\boldsymbol{B}$ 的定义。例如，对于式(16.8)中的第一项和式(16.9)中的第二项中，我们也许可以写成 $E_z'=E_z+VB_y$，但之后我们在式(16.13)中含 E_z 的那项中遇到了困难。相似地，虽然我们可以尝试着将式(16.11)第二项和式(16.13)第一项中的 B_y+VE_z 表示为 B_y'，但这样在遇到式(16.9)最后一项后又陷入了严重的困境。

我们可以看到，使得伽利略变换导出一系列自洽方程的参考系是那些 $V=0$ 的参考系。由于这些原因，我们可以看出麦克斯韦方程组仅仅在静止以太参考系中成立——它们被认为是伽利略变换下的非相对论形式。

值得注意的是，在 1887 年，沃伊特注意到了电磁波的麦克斯韦波动方程

$$\nabla^2 \boldsymbol{H} - \frac{1}{c^2}\frac{\partial^2 \boldsymbol{H}}{\partial^2 t} = \boldsymbol{0} \tag{16.14}$$

在下列变换下保持形式不变：

$$\begin{aligned} t' &= t - \frac{Vx}{c^2} \\ x' &= x - Vt \\ y' &= y/\gamma \\ z' &= z/\gamma \end{aligned} \tag{16.15}$$

这里 $\gamma = (1 - V^2/c^2)^{-1/2}$。除了上述变换的右边被洛伦兹因子 γ 除外，这组方程是洛伦兹变换。沃伊特利用传播中电磁波的相位不变性推导出了上述表示式，与我们将在16.2节中采用的方法完全一致。在洛伦兹推导出我们现在称之为的洛伦兹变换的时候，他还不知道这项工作。

16.1.2　菲茨杰拉德的文章(1889)

爱尔兰物理学家菲茨杰拉德(George Francis Fitzgerald)以卓越的洞察力被高度赞誉，他指出迈克耳孙-莫雷实验的零结果可以通过假设运动的物体在其运动方向上长度收缩了来加以解释。他在 1889 年发表在《科学》上的题目为“以太和地球大气”的简短的论文中写道：

> 我怀着极大的兴趣阅读了迈克耳孙和莫雷的极其精巧的实验，该实验试图解决的重要问题是以太被地球带走了多远的距离。他们的结果似乎和其他的那些认为以太在空气中能够……被带走到仅仅一个微不足道的程度的实验相悖。我提出的能够调和这种矛盾的几乎是唯一的假说是，那些穿过或者跨过以太的物体的长度发生变化，其变化量取决于它们的速度和光速之比值的平方。我们知道电力会受到带电物体相对于以太的运动的影响，并且以下猜测并不是不可能：分子力受到了运动的影响，最终物体的尺寸改变了……[6]

以上引文占了他的短文的 60%以上。值得注意的是，这一篇使得菲茨杰拉德被人们缅怀的文章并没有被收录在 1902 年由拉莫尔编辑出版的他的论文全集中。洛伦兹在 1894 年知道了这篇文章，但当洛伦兹写信给他的时候，菲茨杰拉德还尚不确定它是否被出版了。原因是，在 1889 年，《科学》破产了，直到 1895 年才被重新建立起来。请注意，菲茨杰拉德的建议仅仅是定性的，而且他当时提出的是，由于物体与以太的相互作用，物体在运动方向上发生了真实的、物理的收缩。

16.1.3　洛伦兹变换

洛伦兹一直为迈克耳孙-莫雷实验的零结果而苦恼，在 1892 年，他终于提出了一个和菲茨杰拉德相同的方案，但是对长度收缩用了一个量化的表述。用他自己

的话说：

> 这个实验已经困扰我很长时间了，最终我能想到的唯一能解决它的方法是利用菲涅耳的理论。该理论包含这样一个猜想：刚体上两个点的连线，如果开始的时候平行于地球的运动方向，那么当渐渐转过 90°的时候它将不再保持相同的长度。[7]

洛伦兹推算出长度收缩必须达到

$$l = l_0\left(1 - \frac{V^2}{2c^2}\right) \tag{16.16}$$

而这仅仅是下面表述的一种低速极限情形：

$$l = \frac{l_0}{\gamma}$$

其中，$\gamma = (1 - V^2/c^2)^{-1/2}$。随后这个现象被称为菲茨杰拉德-洛伦兹收缩。

1895 年，洛伦兹开始着手寻找使得麦克斯韦方程组保持形式不变的变换，得到了如下的关系（这里已经采用了 SI 单位制）：

$$\begin{aligned} &x' = x - Vt, \quad y' = y, \quad z' = z \\ &t' = t - \frac{Vx}{c^2} \\ &\boldsymbol{E}' = \boldsymbol{E} + \boldsymbol{V} \times \boldsymbol{B} \\ &\boldsymbol{B}' = \boldsymbol{B} - \frac{\boldsymbol{V} \times \boldsymbol{E}}{c^2} \\ &\boldsymbol{P}' = \boldsymbol{P} \end{aligned} \tag{16.17}$$

$\boldsymbol{P}$ 是极化强度（Polarisation）。在这组变换下，麦克斯韦方程组在精确到 V/c 的一阶项时形式不变。注意，时间不再是绝对的了。为了保证在 V/c 的一阶近似下的形式不变性，洛伦兹显然仅仅把上面的变换简单地当作了一个方便的数学工具。他称 t 是通常的时间，t'是当地时间。为了说明迈克耳孙-莫雷实验的零结果，他必须将一个二阶的修正因子——菲茨杰拉德-洛伦兹收缩$(1 - V^2/c^2)^{-1/2}$——包含在理论中。该论文中一个重要的创新是假设作用在电子上的力应当是一阶形式的表述：

$$\boldsymbol{f} = e(\boldsymbol{E} + \boldsymbol{V} \times \boldsymbol{B}) \tag{16.18}$$

这是关于电场和磁场对带电粒子联合作用的洛伦兹力（Lorentz force）最初的表达形式。

爱因斯坦知道洛伦兹的 1895 年的论文，却不知道他的后续工作。1899 年，通过如下一组新的变换，洛伦兹建立了关于 V/c 所有阶的电磁方程的不变性：

$$\begin{aligned} &x' = \varepsilon\gamma(x - Vt), \quad y' = \varepsilon y, \quad z' = \varepsilon z \\ &t' = \varepsilon\gamma\left(t - \frac{Vx}{c^2}\right) \end{aligned} \tag{16.19}$$

这些是包括尺度因子 ε 的洛伦兹变换。用这种方式，他能把长度收缩包含在变换中。几乎同时，1898 年，拉莫尔写了他的得奖论文《以太和物质》(*Aether and Matter*)[10]，文章中他得到了洛伦兹变换的标准形式，并且指出了该变换包括菲茨杰拉德-洛伦兹收缩。

在他 1904 年题为"在一个以任何小于光速的速度运动的系统中的电磁现象"(electromagnetic phenomena in a system moving with any velocity smaller than light)[11]的主要论文中，洛伦兹提出了在式(16.19)中 $\varepsilon = 1$ 的变换。然而，正如霍尔顿(Gerald Holten)所指出的那样，为了得到这个结果，他的工作中包含了很多的"基础假设"。用霍尔顿的话来说：

> (洛伦兹的理论)事实上包括了 11 个之多的特设性假设：限制速度 V 与光速 c 之比很小，假设先验的变换方程……假设一个静态以太，假设静止电子是圆的，且它的电荷均匀分布，所有的质量是电磁的，运动电子在某个维度上的大小按照比例 $(1 - V^2/c^2)^{-1/2}$ 精确地改变……[12]

因此依照洛伦兹的方法，这些变换被看作是电子理论的一部分，并且被先验地作为关于电磁学的以太理论的一部分。爱因斯坦在 1905 年并没有注意到这篇论文。

16.1.4　庞加莱的贡献

庞加莱(Henri Poincaré)对狭义相对论的发展做出了许多至关重要的贡献。在他 1898 年题为"时间测量"[13](La mesure du temps)的杰出论文中，他澄清了同时性以及时间间隔测量的问题。在文章的结论部分，他这样写道：

> 两个事件的同时性或者它们的先后顺序，以及两个时间间隔的相等性，必须用这样的方式定义，即对自然定律的表述必须尽可能地简单。换句话说，所有的规则和定义仅仅是无意识的机会主义的结果。

1904 年，庞加莱总览了当时物理学中的问题，他说道：

> ……根据相对论原理，物理现象的规律无论对于固定的观察者还是均匀运动的观察者抑或是做平移变换的观察者，都应是相同的。[14]

注意，此处仍然是伽利略相对论原理的重新表述。然而他总结时说：

> 或许，我们应当建立新的力学……在那里，惯性随着速度而增加，而光速则会成为不可感知的极限。

16.1.5　1905 年以前的爱因斯坦

自 1898 年以后，爱因斯坦就热衷于这类问题。他当然熟知庞加莱的著作，并且这些是他在伯尔尼(Bern)的同事们激烈讨论的话题。爱因斯坦在于 1912 年 4 月 25 日给埃伦费斯特的一封信中写道：

> 我知道光速不变的原理在某种程度上来说是独立于相对论假设的，并且我在斟酌哪一个是更可能的，是如麦克斯韦所描述的 c 是常量的原

理呢，还是 c 仅仅对于在光源那里的观测者才是这样的。我决定支持前者。[15]

1924 年，他说道：

经过 7 年(1898～1905)徒劳的思考，一个解决办法突然出现在了我的脑海里，关于时间和空间的概念我们要求仅仅与我们经验有清晰关系才是有效的，并且这些经验能够很好地导致那些概念和规律的改变。通过将同时性的概念修改成更加可塑的形式，我得到了狭义相对论。[15]

在他发现相对论的同时性概念后，他仅仅花了 5 周的时间就完成了他的伟大论文《论运动物体的电动力学》(*On the Electrodynamics of Moving Bodies*)[16]。正如我们下面将要讨论的，爱因斯坦的这篇文章包括了 2 个狭义相对论的基本公设和他的 4 个假设，一个涉及空间的均匀性和各向同性，其他的涉及 3 个包含在时钟同时性里的逻辑属性。因此爱因斯坦的方法不仅大大简化了当时的思想潮流，而且完全变革了我们对时间和空间本质的理解。

爱因斯坦本人并不认为他所做的特别具有革命性。用他自己的话说：

关于相对论，它根本就不是一个革命性行为的问题，而仅仅是一个跨越多个世纪经过许多人的努力而得到的自然发展。[17]

值得注意的是，在爱因斯坦 1905 年发表的 3 篇伟大文章中，关于量子化的文章被爱因斯坦认为是 3 篇中最具革命性的。

16.1.6 思考

相对论是一门从我们的日常经验来看，其中的结论在直觉上很不明显的学科。这方面的文章数目巨大，但是处于首要地位的还是要数爱因斯坦 1905 年的原始文章[16]。在阐明理论基础这方面，它和其他后来的文章一样清楚。这是一个理论物理的奇迹，仅在一篇文章中，爱因斯坦给出了如此完整而又优美的表述，对我们理解时间和空间的本质具有深刻的影响。

正如我所提到的，在本专题中，我想从不变量的观点来看狭义相对论。这个非常符合爱因斯坦的思想。关于这门学科，我不想太拘泥于形式，而仅仅集中于用最少的假设来推导狭义相对论的公式，并在不得不需要实验指导的地方阐述清楚。方法将和仑德勒(Rindler)在他的杰出的教科书《相对论：狭义、广义和宇宙学》(*Relativity*：*Special*，*General and Cosmological*)[18]中的相似。我发现仑德勒的解释是所有关于相对论的书籍中最令人满意的之一。

16.2　几何和洛伦兹变换

从爱因斯坦的相对论假设出发，我们来直接推导洛伦兹变换。正如在伽利略相对性中讨论的一样，我们有两个惯性参考系，它们间的相对速度为 V。称 S 为实验室参考系或者局部参考系，S'是运动的参考系，取其运动速度相对于 S 沿着 x 方向。在 S 和 S' 中我们采用直角笛卡儿坐标系，它们的坐标轴是相互平行的，参考系 S 和 S' 的这种方位称作标准位形（图 16.1）。我们不再拘泥于展示如何建立这样的标准位形，仑德勒（Rindler）已经做了这些，但是我们假设可以这么做。

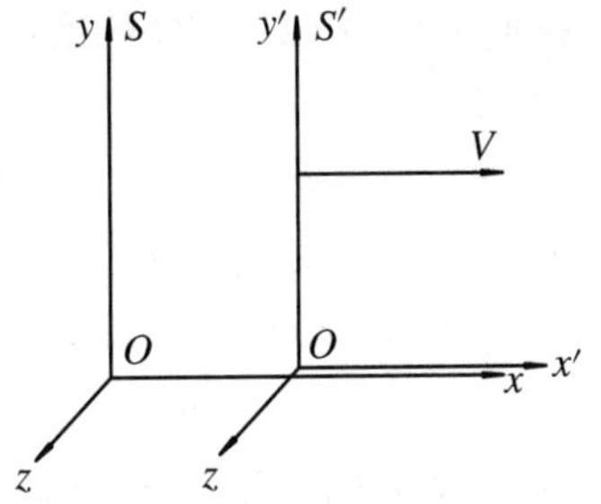

图 16.1　标准位形中的惯性参考系 S 和 S'

如爱因斯坦在他的 1905 年的伟大文章中所描述的那样，狭义相对论包含了两个基本的公设。让我们来引用爱因斯坦本人的话：

> 对于那些力学方程成立的参考系，电动力学和光学具有相同规律。我们将要把这个猜想（它的要旨后来被称作相对性原理）上升到公设的高度，并且引进另外一个公设，即光总是在真空中以确定速度 c 传播，和光源的运动状态无关。显然这一个公设和前者是无法协调的。

重新表述爱因斯坦的公设：第一公设是，物理规律在所有惯性系中都是一样的；第二公设是，相对于每个惯性参考系，光速具有相同的值 c。第二公设对狭义相对论的创立起到了至关重要的作用。

假定惯性参考系 S 和 S' 中的坐要示原点在 S 系中的 $t=0$ 和 S' 系中的 $t'=0$ 时重合。通过重新设定在 S 和 S' 中的时钟，这一点在空间中的任何点处总是可以做到的。现在我们从起点 $t=0, t'=0$ 处发射一束电磁波。根据爱因斯坦的第二公设，我们可以立即写出波前中一点在两个参考系中的运动方程：

$$
\begin{aligned}
S\ 中：& c^2t^2 - x^2 - y^2 - z^2 = 0 \\
S'\ 中：& c^2t'^2 - x'^2 - y'^2 - z'^2 = 0
\end{aligned}
\qquad (16.20)
$$

保证了在两个参考系中光速都是 c。本质上来说我们需要采用和沃伊特在 1887 年推导变换式(16.15)相同的讨论。四维矢量 $[ct, x, y, z]$ 和 $[ct', x', y', z']$ 分别表示 S 和 S' 中的一个事件。我们要找出一系列坐标 (x, y, z, ct) 和 (z', y', z', ct') 满足式(16.20)的变换。一个重要的改述就是寻找在惯性参考系之间使得 $c^2t^2 - x^2 - y^2 - z^2$ 形式不变的变换。

我们立刻可以看出式(16.20)和三维矢量转动下分量的性质具有形式上的相似性:如果两个笛卡儿坐标系共用一个原点,其中一个相对另外一个转动了 θ 角,则这个三维矢量的模(或者是量值的平方)在两个坐标系中是一样的,即

$$R^2 = x^2 + y^2 + z^2 = x'^2 + y'^2 + z'^2 \tag{16.21}$$

让我们考虑用相同的方式变换式(16.20)这个问题。为了简化,假设波是沿着 x 轴传播的,这样我们所寻找的变换一定会导致

$$c^2t^2 - x^2 = c^2t'^2 - x'^2 = 0 \tag{16.22}$$

通过令 $c\tau = \mathrm{i}ct$, $c\tau' = \mathrm{i}ct'$,我们先将式(16.22)转换成和式(16.21)相似的形式。因此我们引入了虚时间 τ,然后有

$$c^2\tau^2 + x^2 = c^2\tau'^2 + x'^2 = 0 \tag{16.23}$$

通过和式(16.21)比较,我们可以看到必要的变换仅仅是二维矢量的旋转公式:

$$\begin{aligned} c\tau' &= -x\sin\theta + c\tau\cos\theta \\ x' &= x\cos\theta + c\tau\sin\theta \end{aligned} \tag{16.24}$$

注意这里假设了时间坐标对应于 y 方向。现在 τ 是虚数,并且角 θ 也应该是虚数。为了转换成实数,取 $\theta = \mathrm{i}\varphi$,这里 φ 是实数。因为

$$\cos\mathrm{i}\varphi = \cosh\varphi$$
$$\sin\mathrm{i}\varphi = \mathrm{i}\sinh\varphi$$

我们发现

$$\begin{aligned} ct' &= -x\sinh\varphi + ct\cosh\varphi \\ x' &= x\cosh\varphi - ct\sinh\varphi \end{aligned} \tag{16.25}$$

如果提前知道这对方程可以使得 $x^2 - c^2t^2$ 形式不变的话,我们就可以避免引入虚时间了。

现在我们需要确定常量 φ。注意到在 S 系中时间为 t 时,S' 的原点 $x' = 0$ 在 S 中已经移到了 $x = Vt$ 处。将其代入式(16.25)的第二个方程,我们发现

$$0 = x\cosh\varphi - ct\sinh\varphi, \quad \tanh\varphi = x/(ct) = V/c$$

然后,因为

$$\cosh\varphi = (1 - V^2/c^2)^{-1/2} \quad 和 \quad \sinh\varphi = (V/c)(1 - V^2/c^2)^{-1/2}$$

由式(16.25)可知

$$\begin{aligned} ct' &= \gamma(ct - Vx/c) \\ x' &= \gamma(x - ct) \end{aligned} \tag{16.26}$$

此处 $\gamma = (1 - V^2/c^2)^{-1/2}$ 通常被称为洛伦兹因子(Lorentz factor)——它几乎出现

在狭义相对论的所有计算中。从 S 和 S' 之间变换的对称性可以得出 $y' = y, z' = z$。

因此利用形式不变的思想和爱因斯坦的第二公设，我们推导出了完整的洛伦兹变换，这里的第二公设是说对于每一个惯性系，光速都是不变的。让我们写出洛伦兹变换的标准形式：

$$\begin{aligned} ct' &= \gamma(ct - Vx/c) \\ x' &= \gamma(x - Vt) \\ y' &= y \\ z' &= z \\ \gamma &= (1 - V^2/c^2)^{-1/2} \end{aligned} \tag{16.27}$$

应当强调的是 x, y, z, t 和 x', y', z', t' 是同一个事件分别在两个参考系 S 和 S' 中的坐标。式(16.20)所表示的事件是 $t = 0$ 发射的光的波前到达(x, y, z)处。

现在，在狭义相对论的标准表述中，继续去探讨由变换式(16.27)所得的一些值得注意的结果和可能出现的佯谬。首先声明的是没有佯谬，仅仅是一些由于洛伦兹变换所导致的关于时空相当不直观的特性。这些现象的起源被爱因斯坦当作狭义相对论的主要特征——同时的相对性。这个概念阐明了一些学生在理解相对论时会遇到困难的原因。正如我已经说明的那样，在空间中的任何一点，我们能够重设 S 和 S' 中的时钟，使得它们在那一瞬时具有相同的读数。在以上例子中，我们已经使得 $x' = 0, x = 0, t' = 0, t = 0$。图 16.1 中两个坐标系重合的这个事件，在两个参考系中是同时的。对于一个在任意 x 处的事件，S 和 S' 系中的观测者所观测的时间不一致，这是由于

$$ct' = \gamma(ct - Vx/c) \tag{16.28}$$

因此如果 $x \neq 0, t' \neq t$。换句话说，虽然 S 和 S' 系中的观测者在空间中的某一点就同时性达成一致，它们在其他所有点上将会不一致。这就是时间延迟、长度收缩和时钟佯谬等现象的根源。这是狭义相对论和伽利略相对性最根本的不同之处。在伽利略相对性中，两个参考系中的观测者总是会就同时性达成一致，这显然来自于式(16.28)的牛顿极限情况。如果 $V/c \to 0$，则 $\gamma \to 1, t = t'$ 处处成立。

16.3　三维矢量和四维矢量

为了将物理规律写成独立于坐标系选择的形式，三维矢量提供了一种紧凑的表示法。无论我们如何旋转或变换参考系，或者换一个坐标系，矢量关系始终保持不变。例如：

(1) 矢量的加法是不变的：如果 $\boldsymbol{a}+\boldsymbol{b}=\boldsymbol{c}$，则 $\boldsymbol{a}'+\boldsymbol{b}'=\boldsymbol{c}'$。

(2) 同样：如果 $\boldsymbol{a}\cdot(\boldsymbol{b}+\boldsymbol{c})$，则 $\boldsymbol{a}'\cdot(\boldsymbol{b}'+\boldsymbol{c}')$。

(3) 三维矢量的大小或者模在旋转或平行移动下保持不变：

$$\boldsymbol{a}^2=|\boldsymbol{a}|^2=a_1^2+a_2^2+a_3^2=a_1'^2+a_2'^2+a_3'^2$$

(4) 标积不变：

$$\boldsymbol{a}\cdot\boldsymbol{b}=a_1b_1+a_2b_2+a_3b_3=a_1'b_1'+a_2'b_2'+a_3'b_3'$$

换言之，这些矢量关系反映了一个事实，即它们独立于我们所进行计算的参考系。

我们的目标是找到一个类似于三维矢量的量，它在洛伦兹变换下保持形式不变。四维矢量就是这么一个能够使我们将物理规律表示成相对论形式的量。这些四维矢量的分量应当按照先前的四维矢量$[ct,x,y,z]$那样变换，我们需要找到一些能够使得这些分量和实验室中的可观测物理量产生联系的表示方式。

关于符号表示仍然存在一些棘手的问题。我将利用式(16.27)中的洛伦兹变换并规定这些四维矢量的分量按照 ct，x，y 和 z 一样变换。四维矢量的分量写在了中括号里，并且用黑斜体大写字母来表示四维矢量。于是

$$\boldsymbol{R}\equiv[ct,x,y,z] \tag{16.29}$$

为了算出 $\boldsymbol{R}$ 的模，我们写

$$\boldsymbol{R}^2=|\boldsymbol{R}|^2=c^2t^2-x^2-y^2-z^2 \tag{16.30}$$

就是说，c^2t^2 前是正号，而 x^2，y^2 和 z^2 前是负号；在相对论的语言中，其矩阵的特征是$[1,-1,-1,-1]$。由于时间分量不同于空间分量，我们将利用时间分量下标为零的规则。

因此如果四维矢量被写成 $\boldsymbol{A}=[A_0,A_1,A_2,A_3]$，则它的模为

$$|\boldsymbol{A}|^2=A_0^2-A_1^2-A_2^2-A_3^2 \tag{16.31}$$

完全等价于三维矢量情况下的 $R^2=x^2+y^2+z^2$。根据下列关系，$\boldsymbol{A}$ 的各个分量的转换可以从式(16.27)中得到：

$$\begin{aligned}
ct' &\to A_0', & ct &\to A_0\\
x' &\to A_1', & x &\to A_1\\
y' &\to A_2', & y &\to A_2\\
z' &\to A_3', & z &\to A_3
\end{aligned}$$

在本节余下的部分中，我们将要关注寻找关于动力学的四维矢量，即那些描述运动的量。先前已经介绍了简单的四维矢量 $\boldsymbol{R}\equiv[ct,x,y,z]$，让我们继续构造平行移动的四维矢量。

16.3.1 位移的四维矢量

惯性系间四维矢量$[ct,x,y,z]$的变换服从洛伦兹变换，所以四维矢量$[ct+c\Delta t,x+\Delta x,y+\Delta y,z+\Delta z]$也服从同样的规律。从洛伦兹变换的线性性质来看，$[c\Delta t,\Delta x,\Delta y,\Delta z]$就像$[ct,x,y,z]$一样变换。我们因此定义量

$$\Delta \boldsymbol{R} = [c\Delta t, \Delta x, \Delta y, \Delta z] \tag{16.32}$$

为位移四维矢量。为了用另外一种方式表示它,这个四维矢量必须等于其他两个四维矢量的差。

显然,两个事件的时间间隔依赖于惯性系中观测者的位置。一个特别重要的情形是两个事件发生在 S' 系中相同空间位置处,这时有 $\Delta x' = \Delta y' = \Delta z' = 0$,固有时 Δt_0 就是关于这样的两个事件的时间间隔。很显然,固有时在任何参考系中都是最短的时间间隔,论证如下:

在参考系 S 和 S' 中取位移四维矢量的模:

$$c^2\Delta t^2 - \Delta x^2 - \Delta y^2 - \Delta z^2 = c^2\Delta t'^2 - \Delta x'^2 - \Delta y'^2 - \Delta z'^2$$

在 S' 中,$\Delta x' = \Delta y' = \Delta z' = 0$,$\Delta t' = \Delta t_0$,于是

$$c^2\Delta t^2 - \Delta x^2 - \Delta y^2 - \Delta z^2 = c^2\Delta {t_0}^2 \tag{16.33}$$

由于 Δx^2,Δy^2,Δz^2 必须是正的,所以 Δt_0 在任何参考系中测量都必须是最小的。

关于固有时 Δt_0 的一个重要的方面是对于由 $c\Delta t$,Δx,Δy,Δz 分隔的两个事件,所有的观测者都一致认为它是唯一的时间不变量。在不同惯性系中的观测者关于 $c\Delta t$,Δx,Δy,Δz 有不同的测量值。虽然对于相同的两个事件,他们会有不同的时间间隔 Δt,但当测量了 Δx,Δy,Δz,并代入式(16.33)中后,他们会有一致的 Δt_0。正如以上所表示的,固有时是唯一的他们都同意的不变时间间隔。

对于相同的两个事件,让我们来找 S' 系中的固有时和实验室参考系 S 中的时间间隔之间的关系。含有固有时 Δt_0 的四维矢量和实验室参考系中的四维矢量分别是

$$[c\Delta t_0, 0, 0, 0], \quad [c\Delta t, \Delta x, \Delta y, \Delta z] \tag{16.34}$$

让这些四维矢量的模相等,即

$$c^2\Delta {t_0}^2 = c^2\Delta t^2 - \Delta x^2 - \Delta y^2 - \Delta z^2 = c^2\Delta t^2 - \Delta \boldsymbol{r}^2 \tag{16.35}$$

$\Delta \boldsymbol{r}$ 仅仅是 S' 的原点在 Δt 时间段内的位移。换言之,S' 的原点速度 $\boldsymbol{V}$ 是 $\Delta \boldsymbol{r}/\Delta t$,因此由式(16.35)可得

$$\Delta t_0^2 = \Delta t^2\left(1 - \frac{V^2}{c^2}\right) \tag{16.36}$$

即

$$\Delta t_0 = \frac{\Delta t}{\gamma} \tag{16.37}$$

由于 γ 总是大于1,所以该计算说明了固有时间间隔 Δt_0 是两个事件中较小的。在下文中将会反复利用到式(16.37)。

关系式(16.37)可以解释在海平面上对 μ 介子的观测。宇宙射线由一些能量非常高的质子和原子核组成,它们产生于剧烈的恒星爆炸,并通过星际介质到达太阳系。μ 介子是在大气外层由宇宙射线与大气中的质子和原子核相碰撞而产生的。一个典型的相互作用是

$$\mathrm{p} + \mathrm{p} \rightarrow n\pi^+ + n\pi^- + n\pi^0 + \mathrm{p} + \mathrm{p} + \cdots$$

即由一批正的、负的、中性的 π 介子在碰撞中产生。在这些碰撞中，大约有相等数量的三种类型 π 介子产生。正、负 π 介子的寿命非常短暂，$\tau = 2.551\times10^{-8}$ s，会衰变为 μ 介子：

$$\pi^+ \to \mu^+ + \nu_\mu, \quad \pi^- \to \mu^- + \bar{\nu}_\mu$$

ν_μ 和 $\bar{\nu}_\mu$ 分别是 μ 子中微子和反 μ 子中微子。μ 介子经过一个短暂的时间 $\Delta t_0 = 2.2\times10^{-6}$ s 衰变为电子、正电子、中微子、μ 子中微子等。由于它们在距离海平面 10 km的大气中产生，根据伽利略相对性原理，在其衰变之前只能穿越 $c\Delta t_0 = 3\times10^5\times2.2\times10^{-6}$ km = 660 m 这么长的距离。因此我们可以想到它们几乎到达不了地球表面。然而，实际上强烈的 μ 介子流已经在地球上被观测到了，这些高能 μ 介子的洛伦兹因子 $\gamma > 20$。因为时间延迟效应式(16.37)，地球上的观测者能够测量到半衰期 $\Delta t = \gamma\Delta t_0$，这个效应常被误解为"运动的时钟走得慢"，意味着 Δt_0 是 μ 介子从产生到衰变的最短的可能时间间隔。μ 介子本身就像一个运动时钟。根据地球上的观测者，μ 介子有一个半衰期 $\gamma\Delta t_0$，在这段时间中，μ 介子能传播 13 km。因此它们能很容易到达地球表面。

16.3.2 速度四维矢量

为了找到速度四维矢量，我们需要找到一个像式(16.32)中 $\Delta\boldsymbol{R}$ 一样变换的量，同时具有速度的形式。唯一一个洛伦兹不变的时间是固有时 Δt_0。正如上面所讨论的，对于某两个事件，一个观测者可以在任何一个惯性系中测得 $c\Delta t, \Delta x, \Delta y, \Delta z$，并利用公式 $c^2\Delta t_0^2 = c^2\Delta t^2 - \Delta x^2 - \Delta y^2 - \Delta z^2$ 计算。在任何惯性系的观测者将会发现完全相同的 $c^2\Delta t_0^2$ 值。所以让我们用洛伦兹不变量 Δt_0 来定义速度四维矢量：

$$\boldsymbol{U} = \frac{\Delta\boldsymbol{R}}{\Delta t_0} \tag{16.38}$$

但是从式(16.37)的分析中可以看出，固有时和在实验室参考系 S 中的时间间隔 Δt 通过 $\Delta t_0 = \Delta t/\gamma$ 相联系。我们因此能够将 $\boldsymbol{U}$ 写为

$$\begin{aligned}\boldsymbol{U} = \frac{\Delta\boldsymbol{R}}{\Delta t_0} &= \gamma\left[c\,\frac{\Delta t}{\Delta t}, \frac{\Delta x}{\Delta t}, \frac{\Delta y}{\Delta t}, \frac{\Delta z}{\Delta t}\right] \\ &= [\gamma c, \gamma u_x, \gamma u_y, \gamma u_z] \\ &= [\gamma c, \gamma \boldsymbol{u}]\end{aligned} \tag{16.39}$$

在该关系中，$\boldsymbol{u}$ 是粒子在S 系中的三维速度；γ 是相应的洛伦兹因子；u_x, u_y, u_z 是速度 $\boldsymbol{u}$ 的分量。注意用以得到速度矢量的各个分量所采取的程序。在 S 系中，我们测量三维速度 $\boldsymbol{u}$ 和 γ，然后可以构成量 $\gamma c, \gamma u_x, \gamma u_y, \gamma u_z$，并且可以知道它们将会按照 ct, x, y, z 那样准确地变换。

让我们利用这个程序叠加两个相对论性速度。如果在标准位形中两个参考系的速度为 V，$\boldsymbol{u}$ 是粒子在S 系中的速度，那么它在 S'中的速度是多少？回忆下，参考系 S 和S'做相对运动的洛伦兹因子 γ_V。首先，我们分别写下粒子在 S 系和S'系

中的速度四维矢量：

在 S 系中：$[\gamma c, \gamma \boldsymbol{u}] \equiv [\gamma c, \gamma u_x, \gamma u_y, \gamma u_z]$，$\gamma = (1 - u^2/c^2)^{-1/2}$

在 S' 系中：$[\gamma' c, \gamma' \boldsymbol{u}'] \equiv [\gamma' c, \gamma' u'_x, \gamma' u'_y, \gamma' u'_z]$，$\gamma' = (1 - u'^2/c^2)^{-1/2}$

我们通过下列恒等式联系四维矢量的各个分量：

$$
\begin{aligned}
ct' &\to \gamma' c, \quad ct \to \gamma c \\
x' &\to \gamma' u'_x, \quad x \to \gamma u_x \\
y' &\to \gamma' u'_y, \quad y \to \gamma u_y \\
z' &\to \gamma' u'_z, \quad z \to \gamma u_z
\end{aligned}
$$

因此运用洛伦兹变换式(16.27)，我们发现

$$
\begin{aligned}
\gamma' c &= \gamma_V(\gamma c - V\gamma u_x/c) \\
\gamma' u'_x &= \gamma_V(\gamma u_x - V\gamma) \\
\gamma' u'_y &= \gamma u_y \\
\gamma' u'_z &= \gamma u_z
\end{aligned}
\tag{16.40}
$$

由第一个关系得到

$$
\frac{\gamma\gamma_V}{\gamma'} = \frac{1}{1 - Vu_x/c^2}
$$

因此从式(16.40)的空间项得到

$$
\begin{aligned}
u'_x &= \frac{u_x - V}{(1 - Vu_x/c^2)} \\
u'_y &= \frac{u_y}{\gamma_V(1 - Vu_x/c^2)} \\
u'_z &= \frac{u_z}{\gamma_V(1 - Vu_x/c^2)}
\end{aligned}
\tag{16.41}
$$

这些是狭义相对论中速度加法的标准表示。它们有很多有趣的特征。例如，如果 u_x，u_y 或者 u_z 中任何一个等于 c，其余的必然为零，于是有 S' 中的总速度 u' 也等于 c，正如爱因斯坦的第二公设所描述的。

注意式(16.39)中四维矢量的模是

$$
\begin{aligned}
|\boldsymbol{U}|^2 &= c^2\gamma^2 - \gamma^2 u_x^2 - \gamma^2 u_y^2 - \gamma^2 u_z^2 \\
&= \gamma^2 c^2(1 - u^2/c^2) = c^2
\end{aligned}
\tag{16.42}
$$

正如所期望的那样，它是个不变量。

16.3.3　加速度四维矢量

我们现在重复 16.3.2 小节中的步骤来寻找加速度四维矢量。首先，构造出速度四维增量 $\Delta\boldsymbol{U} \equiv [c\Delta\gamma, \Delta(\gamma\boldsymbol{u})]$，这必然是一个四维矢量。然后我们定义唯一一个类似于加速度的不变量，用固有时 Δt_0 去除 $\Delta\boldsymbol{U}$：

$$
\boldsymbol{A} = \frac{\Delta\boldsymbol{U}}{\Delta t_0} = \left[\gamma c\frac{\Delta\gamma}{\Delta t}, \gamma\frac{\Delta}{\Delta t}(\gamma\boldsymbol{u})\right] = \left[\gamma c\frac{d\gamma}{dt}, \gamma\frac{d}{dt}(\gamma\boldsymbol{u})\right]
\tag{16.43}
$$

式中，$\Delta t \to 0$。这就是加速度四维矢量。让我们将其转换成实在际运用中更有用的形式。首先，注意怎样对 $\gamma = (1 - u^2/c^2)^{-1/2}$ 求微分：

$$\frac{\mathrm{d}\gamma}{\mathrm{d}t} = \frac{\mathrm{d}}{\mathrm{d}t}\left(1 - \frac{u^2}{c^2}\right)^{-1/2} = \frac{\mathrm{d}}{\mathrm{d}t}\left(1 - \frac{\boldsymbol{u}\cdot\boldsymbol{u}}{c^2}\right)^{-1/2}$$

$$= \frac{\boldsymbol{u}\cdot\boldsymbol{a}}{c^2}\left(1 - \frac{u^2}{c^2}\right)^{-3/2} = \gamma^3\left(\frac{\boldsymbol{u}\cdot\boldsymbol{a}}{c^2}\right) \tag{16.44}$$

然后

$$\frac{\mathrm{d}}{\mathrm{d}t}(\gamma\boldsymbol{u}) = \gamma^3\left(\frac{\boldsymbol{u}\cdot\boldsymbol{a}}{c^2}\right)\boldsymbol{u} + \gamma\boldsymbol{a}$$

所以

$$\boldsymbol{A} = \frac{\mathrm{d}\boldsymbol{U}}{\mathrm{d}t_0} = \left[\gamma^4\left(\frac{\boldsymbol{u}\cdot\boldsymbol{a}}{c}\right), \gamma^4\left(\frac{\boldsymbol{u}\cdot\boldsymbol{a}}{c^2}\right)\boldsymbol{u} + \gamma^2\boldsymbol{a}\right] \tag{16.45}$$

注意它的意义。在一些参考系（如 S 系）中，我们在一个特定的瞬间测量粒子的三维速度 $\boldsymbol{u}$ 和三维加速度 $\boldsymbol{a}$。从这些量我们可以构造一个标量 $\gamma^4(\boldsymbol{u}\cdot\boldsymbol{a})/c$ 和三维矢量 $\gamma^4(\boldsymbol{u}\cdot\boldsymbol{a}/c^2)\boldsymbol{u} + \gamma^2\boldsymbol{a}$。因为 $\boldsymbol{A}$ 是一个四维矢量，于是从式(16.29)可以知道这些量在惯性系间准确地按照 ct 和 $\boldsymbol{r}$ 那样变换。

在实际的相对论性计算中，将这些量转换到粒子瞬时静止的参考系中会使计算变得很方便。粒子可以被加速，但这些并不会带来什么麻烦，因为洛伦兹变换并不依赖加速度。在瞬时静止参考系中，$\boldsymbol{u} = 0$ 且 $\gamma = 1$，因此在这个参考系中的四维加速度是

$$\boldsymbol{A} = [0, \boldsymbol{a}] \equiv [0, \boldsymbol{a}_0] \tag{16.46}$$

这里 $\boldsymbol{a}_0$ 是粒子的固有加速度。在同一参考系中，粒子的四维速度是

$$\boldsymbol{U} = [\gamma c, \gamma\boldsymbol{u}] = [c, 0]$$

所以利用类似于三维矢量标量积的定义，有 $\boldsymbol{A}\cdot\boldsymbol{U} = 0$。由于四维矢量的关系在任何参考系中都是正确的，这意味着，我们无论对哪个参考系感兴趣，在那里速度和加速度四维矢量的标积总是零，即速度和加速度四维矢量总是垂直的。如果你有所怀疑，验证式(16.39)和式(16.45)中的四维矢量 $\boldsymbol{A}$ 和 $\boldsymbol{U}$ 的标积（正好是零）是有益处的。

16.4 相对论动力学——动量和力的四维矢量

迄今为止，我们一直处理的是运动学量，也就是说，我们描述的是运动，但是如今我们必须处理一些动力学的问题。这就意味着需介绍动量和力以及它们的关系。

16.4.1　动量四维矢量

首先，让我们做一些纯粹形式上的练习来定义适当的动量和力的四维矢量，并找出它们的物理意义。引入一个四维矢量 $\boldsymbol{P}$，它具有动量的量纲：

$$\boldsymbol{P} = m_0\boldsymbol{U} = [\gamma m_0 c, \gamma m_0 \boldsymbol{u}] \tag{16.47}$$

式中，$\boldsymbol{U}$ 是速度四维矢量；m_0 是粒子的质量，是一个标量不变量，被看作粒子的静止质量。我们注意到下列的直接结果：

(1) 由于 m_0 是一个不变量，所以 $m_0\boldsymbol{U}$ 理所当然是一个四维矢量。

(2) 如果 $u \ll c$，即由 $u \to 0$ 有 $m_0\gamma\boldsymbol{u} \to m_0\boldsymbol{u}$，$\boldsymbol{P}$ 的空间分量退化为牛顿动量公式。

因此如果这些和实验情况相符合，我们就已经找到了动量四维矢量的一个适当的形式。

注意根据四维矢量的空间分量，我们也能定义一个相对论情况下的三维动量 $\boldsymbol{p} = \gamma m_0\boldsymbol{u}$。$m = \gamma m_0$ 被定义为相对论惯性质量。正如下面将要讨论的，我不喜欢这一术语，但是它普遍出现在文献中。需要指出的是这些定义导致了一个自洽的动力学。

让我们寻找粒子的相对论动量和相对论质量的关系。令在实验参考系中的动量四维矢量 $\boldsymbol{P} \equiv [\gamma m_0 c, \gamma m_0 \boldsymbol{u}]$，粒子静止参考系中的动量 $\boldsymbol{P} \equiv [m_0 c, 0]$，让两者相等，得到

$$m_0{}^2 c^2 = \gamma^2 m_0^2 c^2 - \gamma^2 m_0^2 u^2 = m^2 c^2 - p^2$$

或者

$$p^2 = m^2 c^2 - m_0^2 c^2 \tag{16.48}$$

在16.5节中，我们将以能量形式重新改写这个表示式。

16.4.2　力四维矢量

遵循前面几节的逻辑，牛顿第二运动定律的自然的四维矢量的推广是

$$\boldsymbol{F} = \frac{\mathrm{d}\boldsymbol{P}}{\mathrm{d}t_0} \tag{16.49}$$

这里，$\boldsymbol{F}$ 是一个四维的力，$\mathrm{d}t_0$ 是固有时的微分。我们现在将实验中测得的力和这个四维力联系起来。最好的方法是利用我们称作的相对论三维动量。为什么我们采用上面的定义呢？考虑初始具有四维动量 $\boldsymbol{P}_1$ 和 $\boldsymbol{P}_2$ 的两个粒子间的碰撞，碰撞之后，动量变为 $\boldsymbol{P}_1'$ 和 $\boldsymbol{P}_2'$。四维动量的守恒可以被写成

$$\boldsymbol{P}_1 + \boldsymbol{P}_2 = \boldsymbol{P}_1' + \boldsymbol{P}_2' \tag{16.50}$$

考虑到四维矢量的各个分量，由这个方程可得到

$$\begin{aligned} m_1 + m_2 &= m_1' + m_2' \\ \boldsymbol{p}_1 + \boldsymbol{p}_2 &= \boldsymbol{p}_1' + \boldsymbol{p}_2' \end{aligned} \tag{16.51}$$

这里，m 是相对论质量。因此这种形式暗示着相对论三维动量是守恒的。所以对于相对论粒子，$\gamma m_0 \boldsymbol{u}$ 扮演着动量的角色。由牛顿第二定律可以得到相应的力的方程：

$$\boldsymbol{f} = \frac{\mathrm{d}\boldsymbol{p}}{\mathrm{d}t} = \frac{\mathrm{d}}{\mathrm{d}t}(\gamma m_0 \boldsymbol{u}) \tag{16.52}$$

$\boldsymbol{f}$ 是正常情况下牛顿动力学中的三维力。

那么这些定义自洽吗？我们必须小心。一方面我们仅仅能够提出"让我们在实验中检验它们，看它们是否有效"，在多个方面，这或多或少是所有辩论的最终途径。我们可以做得更好一点。对于粒子的点碰撞，牛顿第三定律的相对论推广应当成立，即 $\boldsymbol{f} = -\boldsymbol{f}$。我们现在仅可考虑点碰撞，否则在相对论中，我们将陷入超距作用的麻烦之中——回忆在不同参考系下的同时的相对性。对于点碰撞，如果我们采用上面关于 $\boldsymbol{f}$ 的定义，$\boldsymbol{f} = -\boldsymbol{f}$ 是正确的，因为我们已经讨论了相对论三维动量是守恒的，即

$$\Delta \boldsymbol{p}_1 = -\Delta \boldsymbol{p}_2, \quad \frac{\Delta \boldsymbol{p}_1}{\Delta t} = -\frac{\Delta \boldsymbol{p}_2}{\Delta t}, \quad \boldsymbol{f}_1 = -\boldsymbol{f}_2$$

然而，在没有被运用到实验中时，我们不能肯定已经做出了正确的选择。与试图去理解牛顿运动定律(7.1 节)的意义一样，我们遇到了相同的逻辑问题。它们最终以一系列的满足实验的定义而告终。相似，相对论动力学不能从纯粹的思想中蹦出来，而应被注入一个自洽的数学结构，这个结构应和实验保持一致。

我们因此采用式(16.52)中 $\boldsymbol{f}$ 作为三维力的定义，正如牛顿动力学中的意义，但现在粒子可能做相对论运动，并且相对论三维动量应当被用于 $\boldsymbol{p}$。在这种框架下，我们能够得到一系列令人满意的结果。

16.4.3 $\boldsymbol{F} = m_0 \boldsymbol{A}$

直接根据 $\boldsymbol{F}$ 的定义：

$$\boldsymbol{F} = \frac{\mathrm{d}\boldsymbol{P}}{\mathrm{d}t_0} = m_0 \frac{\mathrm{d}\boldsymbol{U}}{\mathrm{d}t_0} = m_0 \boldsymbol{A} \tag{16.53}$$

另外，因为 $\boldsymbol{A} \cdot \boldsymbol{U} = 0$，可见

$$\boldsymbol{F} \cdot \boldsymbol{U} = 0$$

即力和速度四维矢量是正交的。

16.4.4 $\boldsymbol{f} = \mathrm{d}\boldsymbol{p}/\mathrm{d}t$ 的相对论性推广

就各个分量而言，让我们写出四维矢量形式的牛顿第二定律：

$$\boldsymbol{F} = [f_0, f_1, f_2, f_3] = \frac{\mathrm{d}\boldsymbol{P}}{\mathrm{d}t_0} = \left[\gamma \frac{\mathrm{d}(\gamma m_0 c)}{\mathrm{d}t}, \gamma \frac{\mathrm{d}\boldsymbol{p}}{\mathrm{d}t}\right] \tag{16.54}$$

这里 $\boldsymbol{p} = \gamma m_0 \boldsymbol{u}$。由于我们已经讨论了三维情况下相对论性的牛顿第二定律 $\boldsymbol{f} = \mathrm{d}\boldsymbol{p}/\mathrm{d}t$，因而我们必须写出如下形式的四维力：

$$\boldsymbol{F} = [f_0, \gamma \boldsymbol{f}] = \left[\gamma \frac{\mathrm{d}(\gamma m_0 c)}{\mathrm{d}t}, \gamma \frac{\mathrm{d}\boldsymbol{p}}{\mathrm{d}t}\right] = m_0 \boldsymbol{A} \tag{16.55}$$

让式$[f_0, \gamma \boldsymbol{f}] = m_0 \boldsymbol{A}$ 的空间分量相等，同时利用式(16.45)，可得

$$\boldsymbol{f} = m_0 \gamma^3 \left(\frac{\boldsymbol{u} \cdot \boldsymbol{a}}{c^2}\right) \boldsymbol{u} + \gamma m_0 \boldsymbol{a} \tag{16.56}$$

这就是牛顿表述 $\boldsymbol{f} = m_0 \boldsymbol{a}$ 的相对论推广。

现在我们来分析四维力的时间分量。如果

$$\boldsymbol{F} = \frac{\mathrm{d}\boldsymbol{P}}{\mathrm{d}t_0} = \left[\gamma \frac{\mathrm{d}(\gamma m_0 c)}{\mathrm{d}t}, \gamma \frac{\mathrm{d}}{\mathrm{d}t}(\gamma m_0 \boldsymbol{u})\right]$$

由式(16.44)，有

$$\gamma \frac{\mathrm{d}(\gamma m_0 c)}{\mathrm{d}t} = m_0 \gamma^4 \left(\frac{\boldsymbol{u} \cdot \boldsymbol{a}}{c}\right)$$

或者，考虑到相对论质量 m，有

$$\frac{\mathrm{d}m}{\mathrm{d}t} = \gamma^3 m_0 \left(\frac{\boldsymbol{u} \cdot \boldsymbol{a}}{c^2}\right) \tag{16.57}$$

现在检查量$(\boldsymbol{f} \cdot \boldsymbol{u})/c^2$，依据式(16.56)代入 $\boldsymbol{f}$ 得

$$\begin{aligned}
\frac{\boldsymbol{f} \cdot \boldsymbol{u}}{c^2} &= m_0 \gamma^3 \left(\frac{\boldsymbol{u} \cdot \boldsymbol{a}}{c^2}\right) \frac{u^2}{c^2} + m_0 \gamma \left(\frac{\boldsymbol{u} \cdot \boldsymbol{a}}{c^2}\right) \\
&= m_0 \gamma^3 \left(\frac{\boldsymbol{u} \cdot \boldsymbol{a}}{c^2}\right) \left(\frac{u^2}{c^2} + \frac{1}{\gamma^2}\right) \\
&= m_0 \gamma^3 \left(\frac{\boldsymbol{u} \cdot \boldsymbol{a}}{c^2}\right)
\end{aligned} \tag{16.58}$$

因此式(16.57)变为

$$\frac{\mathrm{d}m}{\mathrm{d}t} = \frac{\boldsymbol{f} \cdot \boldsymbol{u}}{c^2} \tag{16.59}$$

或者

$$\frac{\mathrm{d}(mc^2)}{\mathrm{d}t} = \frac{\mathrm{d}(\gamma m_0 c^2)}{\mathrm{d}t} = \boldsymbol{f} \cdot \boldsymbol{u} \tag{16.60}$$

这是爱因斯坦在 1905 年的文章中最有意思的一个结果。量 $\boldsymbol{f} \cdot \boldsymbol{u}$ 仅仅是作用在粒子上的功率，即能量增加的速率。因此 mc^2 被认为是粒子的总能量。这是以下这个或许是物理学中最有名公式的形式证明：

$$E = mc^2 \tag{16.61}$$

应注意到式(16.61)的深刻含义：当做功的时候，有大量能量转换成惯性质量。至于能量是静电学的、磁学的、运动学的、弹性的等都没有关系。所有的能量都和惯性质量一样。同样，从相反方向理解方程，惯性质量就是能量。核电站和核爆炸就是惯性质量和能量同一性的鲜明证据。

16.4.5　温和的辩论

有时候在一些教科书中会出现横向和纵向质量的注释。这些起因于对相对论

形式的牛顿第二运动定律的不愉快的使用。如果 $\boldsymbol{u} /\!/ \boldsymbol{a}$,式(16.56)中的力可简化为

$$f = m_0\gamma^3\left(\frac{u^2}{c^2}+\frac{1}{\gamma^2}\right)\boldsymbol{a} = m_0\gamma^3\boldsymbol{a}$$

量 $\gamma^3 m_0$ 被称为纵向质量。然而,如果 $\boldsymbol{u}\perp\boldsymbol{a}$,我们可以发现

$$\boldsymbol{f} = m_0\gamma\boldsymbol{a}$$

γm_0 被称作横向质量。在牛顿第二运动定律的相对论形式中,我不喜欢用 $\boldsymbol{f}=$"m"$\boldsymbol{a}$ 引入不同类型的质量。更可取的是坚持牛顿第二运动定律的正确推广,$\boldsymbol{f}=\mathrm{d}\boldsymbol{p}/\mathrm{d}t$,$\boldsymbol{p}=\gamma m_0\boldsymbol{u}$,并且废止除了静止质量 m_0 以外的所有质量,理由将在下一节中讨论。

16.5 描述运动的相对论方程

考虑一个静止质量为 m_0 的粒子以速度 $\boldsymbol{u}$ 在惯性系 S 中运动。该粒子的洛伦兹因子 $\gamma=(1-u^2/c^2)^{-1/2}$。然后有:

(1) 粒子的相对论三维动量是 $\gamma m_0\boldsymbol{u}$。

(2) 总能量是 $E=mc^2=\gamma m_0 c^2$。

(3) 静止能量是 $E_0=m_0c^2$。

(4) 动能是总能量和静止能量的差:

$$E_{\text{kin}} = E - E_0 = \gamma m_0 c^2 - m_0 c^2 = (\gamma-1)m_0c^2 \qquad (16.62)$$

式中,最后一项的定义来自式(16.60)的计算过程。我们已经指出过,当我们对粒子做功时,我们增加了量 $\gamma m_0 c^2$。对于 $u\ll c$,式(16.62)简化为动能的牛顿非相对论表述:

$$E_{\text{kin}} = (\gamma-1)m_0c^2 = \left[\left(1-\frac{u^2}{c^2}\right)^{-1/2}-1\right]m_0c^2 \approx \frac{1}{2}m_0u^2 \qquad (16.63)$$

(5) 相对论形式的牛顿第二运动定律是

$$\boldsymbol{f} = \frac{\mathrm{d}\boldsymbol{p}}{\mathrm{d}t} \qquad (16.64)$$

(6) 能量和动量的守恒定律被包含在单独的四维动量守恒律中:

$$\boldsymbol{P}_1 + \boldsymbol{P}_2 = \boldsymbol{P}_1' + \boldsymbol{P}_2' \qquad (16.65)$$

这里,四维矢量的各个分量由下式给出:

$$\boldsymbol{P} \equiv [p_0, p_x, p_y, p_z] = [\gamma m_0 c, \gamma m_0 u_x, \gamma m_0 u_y, \gamma m_0 u_z] \qquad (16.66)$$

(7) 由四维动量守恒方程的空间部分相等,我们发现相对论三维动量守恒定律:

$$\boldsymbol{p}_1 + \boldsymbol{p}_2 = \boldsymbol{p}_1' + \boldsymbol{p}_2' \qquad (16.67)$$

(8) 从四维动量守恒方程的时间分量，我们可以得到相对论能量守恒定律。可以用三种方式来表示它：

$$\begin{aligned} p_{01} + p_{02} &= p'_{01} + p'_{02} \\ E_1 + E_2 &= E'_1 + E'_2 \\ \gamma_1 m_{01} + \gamma_2 m_{02} &= \gamma'_1 m_{01} + \gamma'_2 m_{02} \end{aligned} \tag{16.68}$$

这里，E 是粒子的总能量。

16.5.1　零质量粒子

根据前面定义的各种能量，重新写出我们已经得到的关系式有很多实实在在的优势。让我们根据能量将它们重新写出来：

(1) 总能量 $E = \gamma m_0 c^2$。

(2) 静止能量 $E_0 = m_0 c^2$。

(3) 相对论动量 $\boldsymbol{p} = \gamma m_0 \boldsymbol{u} = (E/c^2)\boldsymbol{u}$。

(4) 动能 $E_{\text{kin}} = E - E_0$。

因此我们可以写出粒子的四维动量：

$$\boldsymbol{P} = m_0 \boldsymbol{U} = m_0[\gamma c, \gamma u_x, \gamma u_y, \gamma u_z] = [E/c, E\boldsymbol{u}/c^2] \tag{16.69}$$

在专题 5 中，我们详细证明了光由零质量粒子光子构成，它们以光速传播。它们的能量通过关系 $E = h\nu$ 与频率 ν 相联系，其中 h 是普朗克常量。对于这些粒子，静止能量 $E_0 = 0$ 且 $\boldsymbol{u} = \boldsymbol{c}$。因此对于零质量粒子(如光子)，我们直接得到

$$\boldsymbol{p} = \frac{E}{c^2}\boldsymbol{c} \quad 和 \quad E_{\text{kin}} = E \tag{16.70}$$

并且这类粒子的四维动量是

$$P = \left[\frac{E}{c}, \frac{E}{c^2}\boldsymbol{c}\right] \tag{16.71}$$

注意我们已经直接得到了另一个对光子动量的表示：

$$\boldsymbol{p} = \frac{E}{c^2}\boldsymbol{c} = \frac{h\nu}{c^2}\boldsymbol{c} \tag{16.72}$$

根据能量来写出四维动量，然后我们就可以在同一基础下处理粒子和光子了，这样好处很大。也要注意一下，所有的质量已经从表达式中被消除了。

为了完成重写表达式的这项任务，让我们对与质量及动量有关的运动及静止参考系中的关系式(16.48)的变量使用相同的变化。让四维动量在实验室参考系和静止参考系中的模相等：

$$\left(\frac{E}{c}\right)^2 - \left(\frac{E}{c^2}\boldsymbol{u}\right)^2 = \left(\frac{E_0}{c}\right)^2$$

或者

$$E^2 - \boldsymbol{p}^2 c^2 = E_0^2 = 常量 \tag{16.73}$$

这个方程对解决相对论中的问题有很大帮助。我们可以算出在一些参考系中的总

能量 $E=\sum_i E_i$ 和总动量 $\boldsymbol{p}=\sum_i \boldsymbol{p}_i$，然后我们可以知道 $E^2-\boldsymbol{p}^2c^2=E_0{}^2$ 在所有惯性系中都是一个不变量。这些对计算高能物理中粒子产生的阈能尤其有用。最后一点需要提醒的是，在高能极限情况下，$E\gg E_0$，式(16.73)变为

$$E=|\boldsymbol{p}|c \tag{16.74}$$

因此在极端相对论情况下，粒子就像光子一样。

16.5.2 磁场中相对论性粒子动力学

下面考虑相对论性粒子在磁场中的动力学。洛伦兹力的表达式是

$$\boldsymbol{f}=e(\boldsymbol{E}+\boldsymbol{u}\times\boldsymbol{B})$$

如果 $\boldsymbol{E}=\boldsymbol{0}$，则

$$\boldsymbol{f}=e(\boldsymbol{u}\times\boldsymbol{B})$$

因此根据式(16.56)，有

$$e(\boldsymbol{u}\times\boldsymbol{B})=m_0\gamma^3\left(\frac{\boldsymbol{u}\cdot\boldsymbol{a}}{c^2}\right)\boldsymbol{u}+\gamma m_0\boldsymbol{a} \tag{16.75}$$

等式左边和右边第一项是垂直矢量，因为 $\boldsymbol{u}\perp(\boldsymbol{u}\times\boldsymbol{B})$，因此我们同时要求

$$e(\boldsymbol{u}\times\boldsymbol{B})=\gamma m_0\boldsymbol{a} \quad 和 \quad \boldsymbol{u}\cdot\boldsymbol{a}=0 \tag{16.76}$$

即由磁场引起的加速度垂直于 $\boldsymbol{B}$ 和速度 $\boldsymbol{u}$。这是带电粒子在磁场中的圆周运动或螺旋运动的起源。

16.6 频率四维矢量

最后，让我们利用标积规则推导频率四维矢量。也就是，如果 $\boldsymbol{A}$ 是一个四维矢动量，并且 $\boldsymbol{A}\cdot\boldsymbol{B}$ 是一个不变量，则 $\boldsymbol{B}$ 一定是一个四维矢量。最简单的途径是考虑一个波的位相。如果我们将波的表达式写成 $\exp[\mathrm{i}(\boldsymbol{k}\cdot\boldsymbol{r}-\omega t)]$ 的形式，那么量 $\boldsymbol{k}\cdot\boldsymbol{r}-\omega t$ 就是波的位相，换句话说，它定义了当波的坐标为 $[ct,\boldsymbol{r}]$ 时，从 0°～360°的循环中，它走了多远。无论在什么样的参考系中，这都是一个不变标量。因此在任何惯性参考系里，有

$$\boldsymbol{k}\cdot\boldsymbol{r}-\omega t=不变量$$

但是 $[ct,\boldsymbol{r}]$ 是一个四维矢量，因此

$$K=[\omega/c,\boldsymbol{k}] \tag{16.77}$$

必须是一个四维矢量，它被称为频率四维矢量。

通过推导合适的动量四维矢量，我们也可以推导出光子的频率四维矢量。因此从式(16.71)可知

$$\boldsymbol{P} \equiv \left[\frac{E}{c}, \frac{E}{c^2}\boldsymbol{c}\right] \equiv \left[\frac{h\nu}{c}, \frac{h\nu}{c}\boldsymbol{i}_k\right]$$

这里,$h\nu/c$ 是一个光子的动量,且 $h\nu$ 是其能量;$\boldsymbol{i}_k$ 是波传播方向上的单位矢量。写出

$$\frac{h\nu}{c^2} = \frac{\hbar\omega}{c^2}, \quad \frac{h\nu}{c} = \frac{\hbar\omega}{c} = \hbar\,|\boldsymbol{k}|$$

光子的动量四维矢量变为

$$\boldsymbol{P} \equiv \hbar\left[\frac{\omega}{c}, \boldsymbol{k}\right] \tag{16.78}$$

即

$$\boldsymbol{P} = \hbar\boldsymbol{K}$$

16.7　洛伦兹收缩和磁场起源

我们已经说过狭义相对论现象在我们正常的经验之外,但是存在一个值得注意的例子,其中 V/c 的二阶项在日常生活中处处存在——它们是磁场的起源,和电流有联系。我们在 16.1.1 小节中注意到,电场和磁场间的可相互交换性依赖于测量所在的惯性参考系。我们需要重复 16.1.1 小节中的分析,根据狭义相对论得到 $\boldsymbol{E}$ 和 $\boldsymbol{B}$ 的变换规律。这包括了用偏微分的洛伦兹变换来代替式(16.3),它们是

$$\begin{aligned}
\frac{\partial}{\partial t} &\rightarrow \gamma\left(\frac{\partial}{\partial t'} - V\frac{\partial}{\partial x'}\right) \\
\frac{\partial}{\partial x} &\rightarrow \gamma\left(\frac{\partial}{\partial x'} - \frac{V}{c^2}\frac{\partial}{\partial t'}\right) \\
\frac{\partial}{\partial y} &\rightarrow \frac{\partial}{\partial y'} \\
\frac{\partial}{\partial z} &\rightarrow \frac{\partial}{\partial z'}
\end{aligned} \tag{16.79}$$

请读者证明麦克斯韦方程组在这些变换下是形式不变的,同时证明 $\boldsymbol{E}$ 和 $\boldsymbol{B}$ 的分量变换是

$$\begin{aligned}
E_x' &= E_x \\
E_y' &= \gamma(E_y - VB_z) \\
E_z' &= \gamma(E_z - VB_y)
\end{aligned} \tag{16.80}$$

$$\begin{aligned} B'_x &= B_x \\ B'_y &= \gamma\left(B_y - \frac{V}{c^2}E_z\right) \\ B'_z &= \gamma\left(B_z - \frac{V}{c^2}E_y\right) \end{aligned} \tag{16.81}$$

例如，如果在某一参考系中有均匀的磁场，然后在某一其他参考系中它可以被变换成零，在那里，它的效应将会归因于电场 $\boldsymbol{E}'$。让我们考虑载流导线的磁场。

假设在实验参考系 S 中，导线中有电流 I，电子以速度 v 漂移，而离子保持静止。电流 $I = en_e v$，这里 n_e 是单位长度的电子数，等于单位长度的离子数 n_i，这样在 S 中保持电中性；e 是电子的电荷数。应用安培环路定理，在径向距离导线 r 处的磁通密度是

$$\oint \boldsymbol{B} \cdot \mathrm{d}\boldsymbol{s} = \mu_0 I, \quad B = \frac{\mu_0 e n_e v}{2\pi r} \tag{16.82}$$

如果电荷 q 以速度 $\boldsymbol{u}$ 平行于电线，朝着 x 轴的正方向移动，如图 16.2 所示，洛伦兹力是

$$f = q(\boldsymbol{u} \times \boldsymbol{B}) = q\frac{\mu_0 e n_e u v}{2\pi r} \tag{16.83}$$

朝着线的方向（如果 $q>0$）。注意力的方向也可以由电流相互吸引的规律给出。

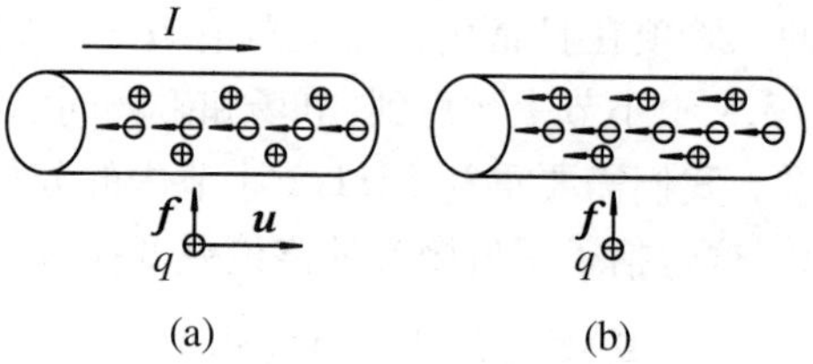

图 16.2 图中所描述的是在一根载流线附近，作用在以速度 $\boldsymbol{u}$ 运动的电荷上力的起源；(a)在实验参考系 S 中，导线上没有净电荷；(b)在同电荷 q 一道运动的参考系 S' 中，导线上有净负电荷

我们现在在参考系 S' 中重复对运动电荷 q 的计算。离子现在以速度 u 沿 x' 坐标轴负方向运动，电子有速度 v'，它是速度 u 和 v 的相对论之和，并且方向也是朝着 x' 负方向。相应的洛伦兹因子是

$$\gamma'_i = \frac{1}{(1 - u^2/c^2)^{1/2}}$$

$$\gamma'_e = \frac{1 + uv/c^2}{(1 - u^2/c^2)^{1/2}(1 - v^2/c^2)^{1/2}}$$

式(16.40)的第一个关系已经被用于计算电子的洛伦兹因子。请注意，虽然离子的速度和电子的速度非常小，即 $u \ll c$，$v \ll c$，但这里我们将速度的相对论性叠加在了一起。在 S' 中单位长度的电荷密度由长度收缩过的电子和离子的值给出。对于

离子，它在 S 中是静止的，单位长度的数值增加到

$$n_i' = n_i \gamma_i'$$

对于电子，相对于它们在静止参考系中的数密度，在 S 中单位长度的数目增加一个 γ_e 因子。因此当电子以速度 v' 运动，相对于它自己在 S 中的值，其单位长度的数目是

$$n_e' = n_e \frac{\gamma_e'}{\gamma_e}$$

所以在 S' 系中，导线上单位长度的净电荷是

$$en' = e(n_i' - n_e') \tag{16.84}$$

保留该量到 v/c 的二阶项，我们发现

$$en' = -\frac{en_e uv}{c^2} \tag{16.85}$$

因此在 S' 中，在导线上有净的负电荷，它将导致在 S' 中的静止电荷上有一个静电吸引的力。由单位长度上的线电荷 ρ_e 所产生的电场可由静电场的高斯定理得到，为 $E_r = \rho_e/(2\pi\varepsilon_0 r)$，因此在 S' 中，作用在电荷 q 上的力为

$$f_E = q\frac{en_e uv}{2\pi\varepsilon_0 c^2 r} = q\frac{\mu_0 en_e uv}{2\pi r} \tag{16.86}$$

该结果和式(16.83)一样。因此我们可以理解磁场的起源为，在导线中流动的电荷，因长度收缩所引起的二阶效应。

令人惊奇的是，这个效应是如此之小。利用弗伦奇(French)[20]采用过的图像：假定 10 A 的电流流过一根横截面积 $\sigma = 1\ \text{mm}^2$ 的实铜线。在实铜线中，每立方毫米中有 $n_e \sim 10^{20}$ 个导电电子。因此由于电流 $I = n_e ev\sigma$，我们发现 $v \approx 0.6\ \text{mm} \cdot \text{s}^{-1}$。这对应于 $v/c \sim 2 \times 10^{-12}$——电子简直根本没有动！

这个效应如此微小的理由是，如果不是离子电荷几乎完全抵消电荷，静电力将会非常大。为了看出这一点，我们可以比较由离子单独引起的静电力，它是 $f_i = qn_i e/(2\pi\varepsilon_0 r)$，联合表达式(16.86)：

$$\frac{f_E}{f_i} = \frac{q\mu_0 en_e uv/(2\pi r)}{qn_i e/(2\pi\varepsilon_0 r)} = \mu_0\varepsilon_0 uv = \frac{uv}{c^2} \tag{16.87}$$

注意 $\mu_0\varepsilon_0$ 对于单位磁荷和电荷，仅仅是静磁场力和静电场力的比值。

16.8　反　　思

我将结束这部分的专题学习。这是一个关于如何用恰当的数学结构澄清理论的基本对称性的优美专题。我将它们作为数学的一部分进行了完整的练习，以及

在那些点上,我们不得不去考查几乎不可能明显呈现的真实世界。事实上,正如我们揭示的那样,这里存在与牛顿理论一样的假设。碰巧的是,在本专题中,数学结构非常优美——它原本不一定非要如此。

从实际的观点看,四维矢量的使用大大简化了相对论中所有的计算。我们仅需要记住一组简单的变换,以及理解如何去推导相应的四维矢量。有一个这样可放心用于相对论计算的方案具有巨大的优势。我对那些试图用直觉的方式去处理相对论问题的讨论深表质疑。诸如长度收缩和时间膨胀这样的现象应该谨慎对待,避免导致困惑的最简单的方式是写下与事件相关的四维矢量,接着利用洛伦兹变换将坐标系之间联系起来。

16.9 参考文献

[1] Stachel J. 1995. The History of Relativity//Brown L M, Pais A, Pippard A B. Twentieth Century Physics: Vol. 1. Bristol: Institute of Physics Publishing and New York: American Institute of Physics Press: 249 - 356.

[2] Stachel J. 1998. Einstein's Miraculous Year: Five Papers that Changed the Face of Physics. Princeton: Princeton University Press.

[3] Pais A. 1982. Subtle is the Lord... the Science and Life of Albert Einstein. Oxford: Clarendon Press.

[4] Whittaker E T. 1910. History of the Theories of the Aether and Electricity: Vol. 1. London: Longmans, Green and Co. (revised and enlarged in New York: Nelson and Sons. 1951): Vol. 2. 1953. New York: Nelson and Sons.

[5] Voigt W. 1887. Goett. Nachr.: 41 - 51.

[6] Fitzgerald G F. 1889. Science, 13: 390.

[7] Lorentz H A. 1892. Versl. K. Ak. Amsterdam, 1: 74. (See Pais A. 1982. Op. Cit.: 123, 124)

[8] Lorentz H A. 1895. Versuch einer Theorie der Elektrischen and Optischen Erschweinungen in bewegten Korpern. Leiden: Brill. (See Pais A. 1982. Op. Cit.: 124, 125)

[9] Lorentz H A. 1899. Versl. K. Ak. Amsterdam, 10: 793. (See Pais A. 1982. Op. Cit.: 125, 126)

[10] Larmor J. 1900. Aether and Matter. Cambridge: Cambridge University

Press.
[11] Lorentz H A. 1904. Proc. K. Ak. Amsterdam, 6: 809. (See Pais A. 1982, Op. Cit.: 126)
[12] Holten G. 1988. The Thematic Origins of Scientific Thought: Kepler to Einstein. Cambridge, Massachusetts: Harvard University Press: 169, 170.
[13] Poincaré H. 1898. Rev. Métaphys. Morale, 6: 1.
[14] Poincaré H. 1904. L'Etat actuel et l'avenir de la physique mathématique. Bulletin des Sciences Mathématiques.
[15] Stachel J. 1998. Op. Cit.: 112.
[16] Einstein A. 1905. Annalen der physik, 17: 891. (See transl. in Stachel J. 1998. Op. Cit.)
[17] Holten G. 1988. Op. Cit.: 176.
[18] Rindler W. 2001. Relativity: Special, General and Cosmological. Oxford: Oxford University Press.
[19] Hawking S W. 1988. A Brief History of Time. London: Bantam Press.
[20] French A P. 1968. Special Relativity. London: Chapman and Hall.

专题7

广义相对论与宇宙学

关于广义相对论和宇宙学是否应该出现在大学的教学大纲中存在着争论。常见的批评观点是：它们被简单加入教学中以增加物理这门学科的魅力，以及作为吸引学生进入“真正硬核”物理的诱饵。但我对它们是物理学的主要部分这种观点持非常积极的看法。

广义相对论是狭义相对论的自然产物，它对我们的时空观念所产生的改变甚至比狭义相对论还要深刻。物质分布影响时空几何，以及物质沿着弯曲时空路径运动是现代物理中一个根本的观点。事实上，时空弯曲通过深度曝光的天文学图像中的引力透镜效应被观测到（专题图7.1）。不幸的是，广义相对论在技术上是复杂的，所需的数学超出了大学生的正常水平，并且低估这些技术的难度也是不对的。尽管如此，在没有利用高级技术的情况下，也能取得很多有意思的结论。这里假设读者已经准备好了去接受一些简单得到的可能结果，随后精确结论可以直接被引用。这样就可以投入较小的代价去深入理解时空几何和引力间的本质，可以理解一些期待在强引力场中观测到的深刻现象。例如，那些可以在黑洞边缘被看到的现象。

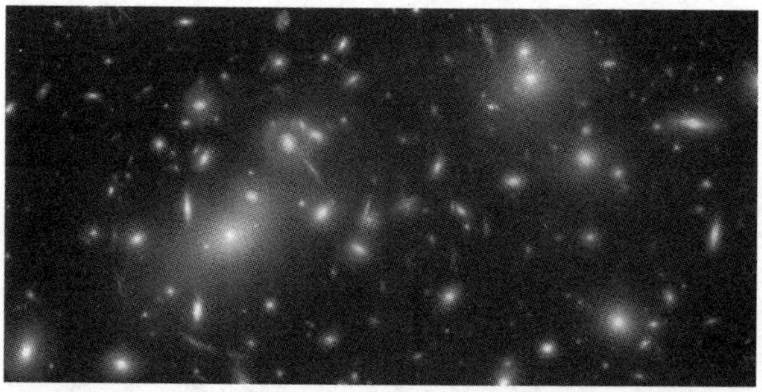

专题图7.1　富星系团Abell 2218中显著的光弧，它们与星系团的中心重合。这些光弧是由非常远的背景星系的引力透镜产生的（感谢美国宇航局和空间望远镜研究所）

在本专题中介绍宇宙学似乎被认为更加不合理。我的个人观点是，那些关于宇宙的大尺度结构和几何学的物理，如同宇宙的宏观尺度的结构，原子、原子核和基本粒子等尺度的结构一样，是物理学的一个有机部分。因此我认为天体物理和宇宙学是物理学的一部分，如同凝聚态物理、统计物理等一样。

另一个要包含这个专题的理由是观测宇宙学和天体物理宇宙学在过去40年中已经经历了革命性的变化，自宇宙诞生一直到现在，我们对其演化过程有了清晰的物理图像。这个故事里面有很多极其精彩的物理事件，它描述了如何将实验室中确立的定律成功运用到非常大的尺度上去，就和非常小的尺度上一样。这种新的认识已经给物理学家、宇宙学家们提出了大量的基础性问题，并且无疑将会构成21世纪新的物理学的一部分。值得庆幸的是，利用大学物理中的工具加上来自基本的广义相对论的思想，理解这些问题所需的物理知识可以被相当精确地发展出来，这些将会在第17章中讨论。

在第19章中以宇宙学作为结尾，我们结束了自专题1开始的内容，在那里描述了运动和引力的牛顿定律的发现之路。为了平衡第17章和第19章中非常理论化的内容，我自己在第18章加入一段关于宇宙学技术的插曲。强硬派的理论学家们可能希望内容直接从第17章跳到第19章，但是那将成为一个遗憾；第18章描述的是物理学家们、技术专家们以及观测者们的努力，为了提供观测上的证据，这些是我们目前对宇宙的起源和演化的理解基础。正如在所有的物理学分支学科中一样，对于理论的实验和观测上的验证，在未来依然有巨大的技术挑战，同时它是理论可以被限制的唯一方式。

第 17 章　广义相对论初步

17.1 引　　言

爱因斯坦在 1905 年的关于狭义相对论的伟大论文上似乎没有耗费太多力气，正如第 16 章所说的，他并不把这个理论的建立当作是一个特别的革命性行为。通往广义相对论的发现之路则非常不同。在其他人已经接近阐明狭义相对论的本质时，在广义相对论的发现过程中，爱因斯坦凭借自己的力量，超越了同时期的所有人。他是如何得到他的理论的仍然是理论物理学中一个很棒的故事，这里面包括了极深远的物理洞察力、想象力、直觉和顽强的精神。由它所导出的观念——黑洞的现象，以及在强引力场下用对相对论星体的观测去验证引力理论的可能性——几乎连像爱因斯坦这样的天才都无法想象。广义相对论第一次提供了一个相对性的引力理论，通过它可以构造一个关于宇宙整体的完全自洽的模型。

关于发现广义相对论的历史，派斯在他的关于爱因斯坦的科学传记《上帝主是微妙的：爱因斯坦的科学和生活》(*Subtle is the Lord*: *the Science and Life of Albert Einstein*)[1]中做了精彩的介绍，里面讨论了他在 1907～1915 年间发表的文章中诸多的技术细节。同样值得推荐的是施塔赫尔的关于两个相对论发现历史的综合评述[2]。本专题的要旨更多地倾向于相对论的内容而非其历史，但是在这片智力的处女地上一个简要的发现年表是值得复述的。

17.1.1　1907

简单地引述爱因斯坦在 1922 年东京演说中的原话：

> 1907 年，虽然当时我正在写关于狭义相对论影响的一篇综述……我意识到，除了引力定律以外，其他所有的自然现象都可以在狭义相对论框架下被讨论。我感觉到理解事件背后原因的一股强烈渴望……令我非常不满意的是，虽然惯性和能量的关系(在狭义相对论中)可以很漂亮地得到，但那里似乎没有惯性和重力的联系。我怀疑这种关系通过狭义相对论是无法被说明的。[3]

在同一演讲中，他评论道：

当我正坐在柏林专利局的椅子上的时候，一个突然的想法出现在我的脑海中："如果一个人做自由下落，他将感觉不到自己的重力。"我大吃一惊。这个简单的想法给我留下了深刻的印象。它促使我朝着引力理论出发。

在他发表于1907年的相对论综述[4]中，爱因斯坦将其最后一部分第五部分完全贡献给了《相对论和引力的原理》。在最后一段中，他提出了问题：

相对论原理也适用于那些相对其他系统做加速运动的系统吗？

他对问题的答案毫不怀疑，并第一次清晰地阐明了等效原理：

……在下面的讨论中，我因此假设引力场和做加速运动的参考系在物理上是完全等效的。

根据这个公设，他得到了在引力场中的时间膨胀公式：

$$\mathrm{d}t = \mathrm{d}\tau\left(1 + \frac{\Phi}{c^2}\right) \tag{17.1}$$

这里，Φ 是引力势，τ 是固有时，t 是假设势能为零时的时间。然后，将麦克斯韦方程组运用于在引力场传播的光上，他发现了如果光速在径向上按照下式变化，方程是形式不变的：

$$c(r) = c\left[1 + \frac{\Phi(r)}{c^2}\right] \tag{17.2}$$

式中，Φ 总是负的。爱因斯坦意识到，作为惠更斯原理或等价的费马最小时间原理的结果，在非均匀引力场中，光是弯曲的。他很失望地发现这个效应太小了，在地球上根本无法观测到。

17.1.2 1911

1911年以前，爱因斯坦没有发表任何关于引力和相对论的结果，虽然在此期间他一直在同这些问题搏斗着。在他那一年的文章[5]中，他回顾了早年的思想，但特别提到依赖于引力的光速因为太阳会导致背景恒星的光发生偏折。将惠更斯原理应用到可变速度的光线传播上，他发现了标准的牛顿结果，即由于质量 M 而引起的偏折角：

$$\Delta\theta = \frac{2GM}{pc^2} \tag{17.3}$$

这里，p 为碰撞参数(图 A4.5)。对太阳而言，这种偏折等于 $0.87''$，虽然爱因斯坦估计的是 $0.83''$。他劝说天文学家们去尝试着测量偏折。有趣的是，式(17.3)已经由索德纳(Johann Soldner)[6]根据牛顿的光微粒说发表于1804年。

17.1.3 1912～1915

在1911年索尔维会议之后，爱因斯坦回到了将引力加入到相对论中去的问题上，1912～1915年，他的主要努力方向是将引力纳入相对论中。这项工作被证明是一场殊死搏斗。

1912 年,他意识到他需要一个比狭义相对论更加一般的时空变换。两处引用将会描述他思想的演化:

> 简单的、物理上关于时空坐标的说明将不得不被舍弃,它已经不再具有一般时空变换可能有的形式了。[7]

> 如果所有的加速系统是等效的,那么欧几里得几何在它们中不能全部成立。[8]

到了 1912 年底,他意识到所需要的是非欧几里得几何。他从学生时代起,就模糊记得高斯关于曲面的理论,这些是盖泽尔(Carl Friedrich Geiser)教给他的。对于度规具有下面形式的两个参考系间最一般的变换

$$ds^2 = g_{\mu\nu}\,dx^{\mu}\,dx^{\nu} * \tag{17.4}$$

爱因斯坦咨询了他的老同学数学家格罗斯曼(Marcel Grossmann),虽然这已经超出了格罗斯曼的专业知识,但他很快找到了答案:最一般的变换规则是黎曼几何,但是它们有一个"坏的性质",即它们是非线性的。正好相反,爱因斯坦立刻意识到,由于任何令人满意的引力的相对论理论必须是非线性的,因此这是一个巨大的优势,在 17.2.4 小节中将会讨论这些。

在揭示对理论发展起本质作用的黎曼几何特性上,爱因斯坦和格罗斯曼之间的合作是至关重要的。爱因斯坦完全承认格罗斯曼所起到的中心作用。在他第一本关于广义相对论专著介绍的结尾,他写道:

> 我在这里感谢我的朋友数学家格罗斯曼给予的帮助,他不但挽救了我对相关数学文献的研究,而且支持我去寻找引力的场方程。[9]

爱因斯坦和格罗斯曼于 1913 年发表的论文第一次展示了黎曼几何在寻找引力的相对论理论方面的作用[10]。爱因斯坦在接下来的 3 年中所付出的努力在派斯的著作中有详细的叙述。这是一项浩大而繁重的智力劳动,最终在 1915 年 11 月以该理论的发表而告终。就在当月,作为他的广义相对论的一个自然结果,爱因斯坦发现他可以精确地解决水星近日点的进动,这是由勒威耶(Le Verrier)于 1859 年发现的。他当时知道了这个理论一定是对的。

在下一节中,我们将要详细地阐述各种各样的证据,它们使得爱因斯坦得出结论,引力的相对论必须具有黎曼几何的复杂性,并详细描述那些将物质和辐射的属性与结构相联系所必需的工具。

17.1.4 内容安排

本章的目标是使得时间、空间以及引力的基本概念包含在广义相对论中。然后我们将要研究该理论的一个特殊解——施瓦西解,为的是说明爱因斯坦的相对

---

* 在这一章我们突然需要用上标来标注四矢量或张量。

论引力不同于牛顿引力。

我推荐的方法是从贝里(Berry)的《宇宙学和引力原理》(*Principles of Cosmology and Gravitation*)[11]和仑德勒的《相对论:狭义的、广义的和宇宙学的》(*Relativity:Special,General and Cosmological*)[12]开始,它们是出色的入门教材。为了加深对理论的鉴赏力,温伯格的《引力论和宇宙论》(*Gravitation and Cosmology*)[13]清晰地介绍了为什么广义相对论变得这么复杂。关于他的方法,让我特别感兴趣的是,理论的物理内容在它发展的每个时期都得到了清楚的描述。另一个要强烈推荐是 d'Inverno 的《介绍爱因斯坦的相对论》(*Introducing Einstein's Relativity*)[14],这本书对理论的几何方面讲得尤为清楚,并且在研究爱因斯坦场方程的黑洞解时,要比温伯格的更加深入。最后,怀揣着巨大的热情,我们不应当错过米斯纳(Misner)、索恩(Thorne)和惠勒(Wheeler)所写的那本经典巨著《引力论》(*Gravitation*)[15]。

17.2　相对论引力的本质特征

17.2.1　等效原理

爱因斯坦的直觉即"一个自由下落的人感受不到他自己的重力"被包含在等效原理(principle of equivalence)中。出发点是,对于质点,将牛顿的引力定律

$$\boldsymbol{f} = -\frac{Gm_1 m_2}{r^2}\boldsymbol{i}_r \tag{17.5}$$

和牛顿第二运动定律

$$\boldsymbol{f} = \frac{\mathrm{d}}{\mathrm{d}t}(m\boldsymbol{v}) = m\ddot{\boldsymbol{r}} \tag{17.6}$$

相比较。三种不同的质量出现在了这两个公式中。出现在式(17.6)中的是物体的惯性质量 m_{i},在力和加速度的关系中是常量。它描述了一种关于物体改变自己的运动状态的反抗能力或者惯性,完全独立于所施加的力 $\boldsymbol{f}$。出现在式(17.5)中的质量是引力质量,但是我们仍然需要注意。假定我要问:"由于 m_1 的出现,作用在 m_2 中的引力是什么呢?"答案有两部分:第一,质量 m_1 是质量 m_2 所在位置处引力场 $\boldsymbol{g}_2$ 的源,即

$$\boldsymbol{g}_2 = -\frac{Gm_1}{r^2}\boldsymbol{i}_r$$

质量 m_1(场的源)被称作主动引力质量。当质量为 m_2 的物体被放在该引力场中时,它会感受到一个力 $m_2\boldsymbol{g}_2$,用以描述对已存在引力场的响应,因此 m_2 被称作被

动引力质量。主动和被动引力质量的比可以直接从牛顿第三定律 $f_1=-f_2$ 中得到,即

$$Gm_{1a}m_{2p}=Gm_{2a}m_{1p}, \quad 于是 \quad \frac{m_{1a}}{m_{2a}}=\frac{m_{1p}}{m_{2p}}$$

这里,下标 a 和 p 分别指“主动”和“被动”。鉴于两个物体的质量比相同,如适当选择单位制的话,主动和被动引力质量可以被看作是相同的。

引力和惯性质量的关系需要从实验中得出。在牛顿引力定律中出现的引力质量和静电学中的电荷是类似的,它们描述的都是物体的特定物理性质的力。在静电学的情况下,物体的电荷和质量是有明确区分的。事实上,将引力质量看成是“引力荷”是很有益处的。

为了得到引力定律,牛顿完全意识到他假设了引力质量和惯性质量是相同的,这点含蓄地体现在了他在证明行星绕太阳做椭圆运动时的分析上。牛顿通过比较具有相同尺寸不同质量的振子的周期来检验这个假设。保持引力质量和惯性质量的区别,一个长度为 l 的单摆的简谐运动方程为

$$\frac{d^2\theta}{dt^2}=-\left(\frac{m_g}{m_i}\right)\left(\frac{g}{l}\right)\theta \tag{17.7}$$

牛顿指出了引力质量和惯性质量相互成比例,其精度高于 10^{-1}。

在离心力的表示中也包括了惯性质量,因此相同的检验可以用在其离心力由引力提供的物体上。这种方法被厄缶(Eötvös)于 1880 年代,迪克(Dicke)于 1964 年和布洛金斯基(Braginski)于 1971 年等用于精度不断提高的实验中。由布洛金斯基和帕诺夫(Panov)完成的迪克版本的实验中,引力和惯性质量的线性关系在精度为 10^{-12}时成立。在威尔(Clifford Will)那本卓越的书《引力物理的理论和实验》(*Theory and Experiment in Gravitation Physics*)[16]中仔细审视了这些以及其他的引力物理的实验。两种质量间精确的线性关系使得那些相当精细的检验得以实施。例如,在原子中以相对论速度运动的电子,与总能量 $E=\gamma m_0c^2=mc^2$ 相联系的惯性质量 $m=E/c^2$,表现得就像相同量级下的引力质量一样。有必要继续提高这种线性关系成立的精度。这是被称为 STEP 的 NASA/ESA 空间任务的目标,即等效原理的卫星检测[17]——这个项目在精度为 10^{-18}的水平上能够检测到任何的非线性。任何相对精确比例的偏离都会对基础物理产生深远的影响。

这些实验的零结果是爱因斯坦等效原理的实验基础,虽然他对因他的许多伟大洞察力引发的精确实验证据了解得很模糊。仑德勒引用爱因斯坦关于等效原理的论述如下:

> 所有局部、自由下落、非旋转的实验室对于全部物理实验现象都是完全等价的。[18]

在一份写于 1920 年关于广义相对论的未发表的回忆《在发问》[现存于纽约市

皮尔庞特·摩根(Pierpoint Morgan) 图书馆里]中,爱因斯坦更加完整地表达了这种思想:

> ……对于一个从房顶自由下落的观测者,存在——至少在他周围的瞬间——没有引力的场(爱因斯坦的斜体字)。实际上,如果观测者丢下了一些物体,这些物体将相对于他保持静止或者保持一致的运动,与这些物体的化学成分或物理本质无关……观测者因此有权利把他的状态当成"静止的"。[19]

另一个关于这个原理的叙述如下:

> 在引力场中任何一点,在经过该点的自由下落参考系中,所有的物理定律都有它们通常的狭义相对论形式,引力局部消失了。[20]

自由下落参考系是一个在空间某点处以引力加速度 $\boldsymbol{g}$ 做加速运动的参考系,即 $\boldsymbol{a}=\boldsymbol{g}$。

由于引力场中作用在粒子上的力依赖于粒子的引力质量,而它的加速度依赖于自己的惯性质量,这些叙述在形式上将引力和惯性质量看成一回事。

被仑德勒引用的爱因斯坦关于这个原理的第一条叙述,是狭义相对论公设的一个自然推广。特别地,任何两个相对运动的惯性系都是"自由下落的"零重力参考系。因此事件间隔必须由狭义相对论度规即闵可夫斯基度规给出:

$$\mathrm{d}s^2 = \mathrm{d}t^2 - \frac{1}{c^2}\mathrm{d}l^2 \tag{17.8}$$

但是等效原理所取得的成就远远不只这些。在一个"自由下落的实验室中"没有引力场。通过变换得到这个参考系,在空间某点,引力被一个加速参考系所替代。等效原理主张在所有这样的加速参考系中,物理规律都是相同的。因此爱因斯坦的伟大洞察力是"消除"引力,并通过加速参考系间的适当变换来代替它。

为了加深引力和加速度局部等效的思想,考虑自由下落、在引力场中以及加速运动,以便模拟引力效应的实验室是有用的。在图 17.1(a)和(b)中,静态引力场和加速实验室的等效性可由一个弹簧秤来证明。为了对比,图 17.1(c)和(d)中分别描述了一个在"零引力场区域"的实验室和"在引力场中自由下落"的实验室。

虽然在空间的特定点上,引力加速度可以被消除,但是相同的变换不能完全消除该点附近区域的引力效应。通过考虑一个质量为 M 的粒子附近区域距离 r 处的引力场(图 17.2),这就很容易看出来了。为了消除每一个地方的引力,显然在空间不同点上需要不同的自由下落实验室。因此如果在质量为 M 的粒子附近进行精确测量,邻近的粒子被观测到在引力分量的作用下运动,该引力是不能通过转换到单个参考系下而被精确消除的。例如,在做轨道运行的空间站中,有一个标准的欧几里得 xyz 坐标系,z 坐标方向取为径向。如果两个粒子从静止开始释放,它们的初始间隔为 $\boldsymbol{\xi}$,间隔矢量随着时间的变化为

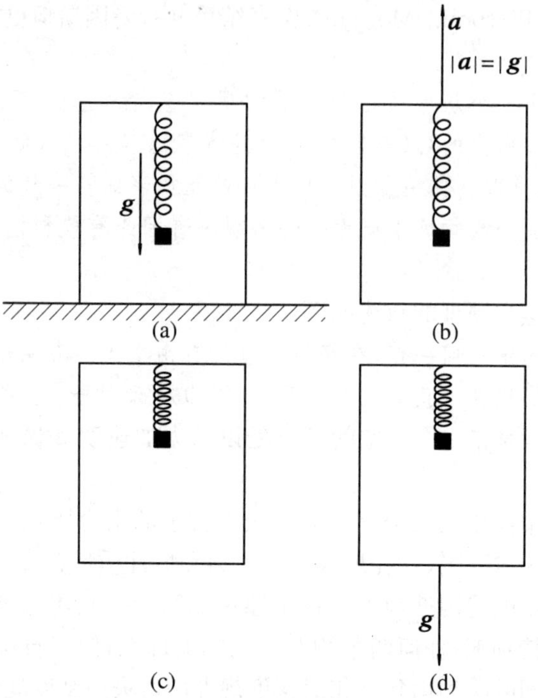

图 17.1　描述了引力场和加速参考系间的等效性。在每一幅图中，每个实验室有一个悬挂于天花板的弹簧，弹簧下附着一个重物。(a)为一个静态引力场 g。(b)为等效的加速参考系。在(a)和(b)中，弹簧被拉长到相同的长度。(c)为没有引力和加速度的实验室。(d)为在引力场 g 中自由下落的实验室。在(c)和(d)中，弹簧没有伸长

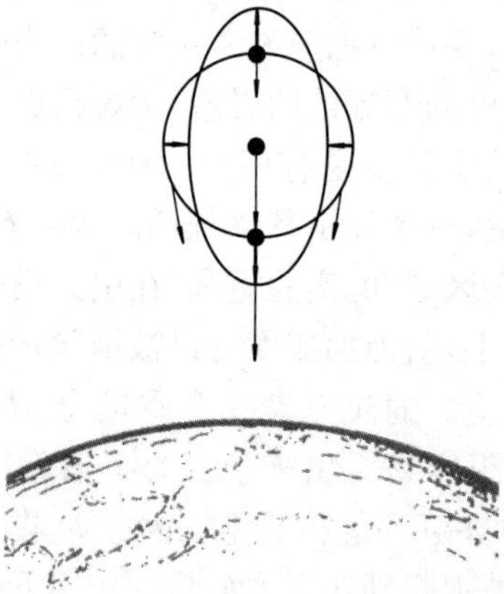

图 17.2　描述了在空间任意一点上，由引力 g 引起的加速度被一个加速参考系所代替，"潮汐力"不能被消除。在这个例子里，球体中心的观测者，在一个质量为 M 的粒子的引力场中处于离心平衡状态。开始时，测试粒子位于观测者周围的球体上，过了一段时间后，由于"潮汐力"使得球体变成了椭球体，这个力来自于观测者附近不能被消除的引力场(引自 Penrose R, 1997. The Large, the Small and the Human Mind. Cambridge: Cambridge University Press)

$$\frac{\mathrm{d}^2}{\mathrm{d}t^2}\begin{bmatrix}\xi^x\\ \xi^y\\ \xi^z\end{bmatrix}=\begin{bmatrix}-\frac{GM}{r^3} & 0 & 0\\ 0 & -\frac{GM}{r^3} & 0\\ 0 & 0 & +\frac{2GM}{r^3}\end{bmatrix}\begin{bmatrix}\xi^x\\ \xi^y\\ \xi^z\end{bmatrix} \tag{17.9}$$

上述分析一个令人高兴的结果是未得到补偿的力按照 r^{-3} 的方式变化。这个和引起地球-月球和地球-太阳潮汐效应的“潮汐力”具有完全相同的依赖关系。

我们因此需要一个理论，它能在自由下落参考系中局部地简化为爱因斯坦的狭义相对论，同时当我们需要移动到空间不同点时，它又可以正确地转换到另一个自由下落的参考系中。在一个非均匀引力场中，没有全局的洛伦兹变换。

17.2.2　在引力场中的引力红移和时间膨胀

让我们重复爱因斯坦 1907 年关于引力场中电磁波引力红移的讨论。考虑一束频率为 ν 的光线，在引力场 $\boldsymbol{g}$ 中从电梯的天花板传播到地板上。引力可以用加速向上的电梯加速度来模拟，这样 $\boldsymbol{g}=-\boldsymbol{a}$（图 17.3）。设电梯的高度是 h，光线从顶部传到底部所需的时间为 $t=h/c$。此时，相对于外部观测者，电梯被加速到 $v=at=|\boldsymbol{g}|t$，于是

$$v=\frac{|\boldsymbol{g}|\,h}{c} \tag{17.10}$$

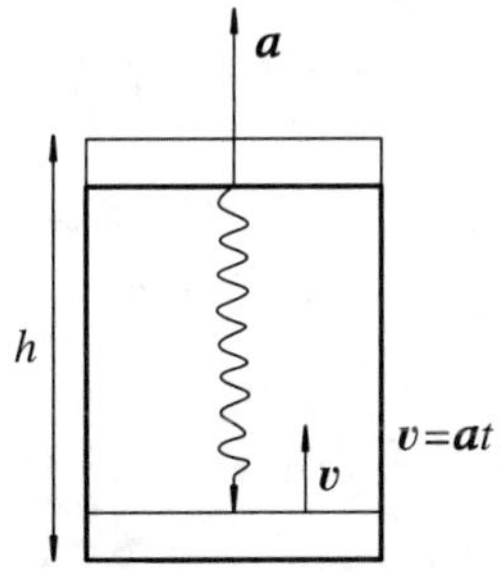

图 17.3　描述了引力红移。实验室经过时间 t 后被加速到速度 $\boldsymbol{a}t$

因此当光线到达电梯底部时，由于多普勒效应，它将要被观测到具有更高的频率。如果速度 v 和 c 相比很小时，保留道 v/c 的一阶项，观测到的频率 ν' 是

$$\nu'=\nu\left(1+\frac{v}{c}\right)=\nu\left(1+\frac{|\boldsymbol{g}|h}{c^2}\right) \tag{17.11}$$

现在让我们用电梯顶部和底部的引力势 ϕ 的改变来表示这个结果。由于 $\boldsymbol{g}=-\mathrm{grad}\,\phi$，我们可以写出

$$|\boldsymbol{g}|=-\frac{\Delta\phi}{h} \tag{17.12}$$

注意到，因为引力的吸引本质，ϕ 在 $h=0$ 处比顶部更加得负，所以 $\Delta\phi$ 是负数。于是方程(17.11)变为

$$\nu' = \nu\left(1 - \frac{\Delta\phi}{c^2}\right) \tag{17.13}$$

这将导致牛顿极限下的引力红移 z_g。红移被定义为

$$z = \frac{\lambda_{obs} - \lambda_{em}}{\lambda_{em}} = \frac{\nu - \nu'}{\nu} \tag{17.14}$$

因此

$$z_g = \frac{\Delta\phi}{c^2} \tag{17.15}$$

对于改变如此小的 ϕ，以致 $|\Delta\phi|/c^2 \ll 1$。因此波的频率依赖于光波在其中传播的引力势。

第一个证明引力红移正确性的观测是由爱丁顿(Arthur Eddington)于1924年做出的，它涉及测量白矮星天狼星B的谱线红移。由亚当斯(Walter Adams)做的成功观测会在18.5节中讨论到。在实验室中测量红移的实验由庞德(Pound)和雷布卡(Rebka)于1960年以及庞德和斯奈德于1965年完成。他们在哈佛大学的22.5 m的塔上让γ光子自上而下运动，利用穆斯堡尔效应测量红移的差。在这个效应里，因为动量总体上被原子晶格所吸收，γ光子的吸收和发射的反冲效应实际上为零。由于γ射线的共振很尖锐，很小的多普勒红移就可以使其偏离共振吸收。在哈佛的实验中，上下移动的γ光子红移的理论差是

$$z_{up} - z_{down} = \frac{2gh}{c^2} = 4.905 \times 10^{-15}$$

测量到的值是$(4.900 \pm 0.037) \times 10^{-15}$，在1%的误差内符合得很好。

值得注意的是引力红移和狭义相对论不相容。根据狭义相对论，在塔顶和塔底的观测者被认为静止在同一个惯性系中。

假如我们现在用波的周期 T 去表示式(17.13)，则

$$T' = T\left(1 + \frac{\Delta\phi}{c^2}\right) \tag{17.16}$$

这个关系式和在狭义相对论中两个惯性系间的时间膨胀公式完全一样，只不过该式涉及引力场中的不同地点。该时间延迟的表达式对于任何时间间隔都是精确计算的，所以我们可以用一般化的形式写为

$$dt' = dt\left(1 + \frac{\Delta\phi}{c^2}\right) \tag{17.17}$$

取无穷远处的引力势为零，然后在场中任何一点处测量它相对于无穷远处的值。仍然假设一个弱场极限即引力势的改变很小，在引力场中的任何一点处，我们可以写出

$$dt'^2 = dt^2\left[1 + \frac{\phi(r)}{c^2}\right]^2 \tag{17.18}$$

这里，$\mathrm{d}t$ 是 $\phi=0$ 即 $r=\infty$ 处的时间间隔。由于 $\phi(r)/c^2$ 很小，式(17.18)可以被写成

$$\mathrm{d}t'^2 = \mathrm{d}t^2\left[1+\frac{2\phi(r)}{c^2}\right] \tag{17.19}$$

对于质量为 M 的质点的引力势，采用牛顿的表述，为 $\phi(r)=-GM/r$，我们发现

$$\mathrm{d}t'^2 = \mathrm{d}t^2\left(1-\frac{2GM}{rc^2}\right) \tag{17.20}$$

现将式(17.20)代入狭义相对论的闵可夫斯基度规[式(17.8)]，式子的右边是指在场中 r 位置处：

$$\mathrm{d}s^2 = \mathrm{d}t'^2 - \frac{1}{c^2}\mathrm{d}l^2 \tag{17.21}$$

这里，$\mathrm{d}l$ 是固有距离的微分元。在质点附近的时空度规可被写成

$$\mathrm{d}s^2 = \mathrm{d}t^2\left(1-\frac{2GM}{rc^2}\right)-\frac{1}{c^2}\mathrm{d}l^2 \tag{17.22}$$

当我们尝试着去构建引力的相对论时，这个计算显示了度规系数如何变得比闵可夫斯基空间的度规系数更复杂。在以上分析中，时间 $\mathrm{d}t'$ 和 $\mathrm{d}t$ 是固有时间，体会到这一点是重要的。因此如果我们考察固定在零势能 $r=\infty$ 处的观测者，$\mathrm{d}t$ 就是在空间的固定点处用时钟测到的固有时间，就是说，$\mathrm{d}s$ 是一个纯粹的时间间隔。几乎同样，可测得观测者静止在引力势 $\Delta\phi$ 中时的固有时间 $\mathrm{d}t'$。由于 $\mathrm{d}t\neq\mathrm{d}t'$，出现了一个同时性问题——固有时间运行的速率依赖于引力势。

我们已经邂逅了一个"广义相对论版本"的双生子佯谬。如果一个双生子比在家里的另一个双生子穿过更深的引力势做宇宙航行，航行中的双生子的时钟所走过的固有时间比没有航行的双生子的慢。这只不过是引力场中的时间膨胀。

如果我们决定将所有的时间间隔指代为坐标时间，那么时间的同时性问题就可以得到解决。可用的自然坐标时间间隔是 $\mathrm{d}t$，它是在无穷远处的固有时间，在引力势 $\phi(r)$ 中通过式(17.19)去测量。

正如式(17.17)表达的那样，$\mathrm{d}t$ 和 $\mathrm{d}t'$ 的差别能够使我们去理解爱因斯坦于1905年得出的结果，光速可以被认为依赖于引力势 $\phi(r)$。在场中的任何一点处，光都以光速传播，即 $\mathrm{d}l/\mathrm{d}t'=c$。当测量在无穷远处观测到的光速时，观测者测到的是 $\mathrm{d}t$，而非 $\mathrm{d}t'$。因此观测者在无穷远处测得的径向光速 $c(r)$ 要比 c 小一个在式(17.17)中的因子，即

$$c(r) = c\left(1+\frac{\Delta\phi}{c^2}\right)$$

应记住的是 $\Delta\phi$ 是负数。注意这不是故事的结局，因为我们还没有着手处理度规式(17.22)的空间分量。正如爱因斯坦所意识到的那样，当一束电磁波通过一个变化的引力势时，利用 $c(r)$ 这种表述可以很方便地去估计时间膨胀效应和计算波的偏折。

最后,讨论引力红移式(17.13)是很值得的。注意它仅仅是在引力场中能量守恒的一种表述。在度规的最终形式式(17.58)中,这种性质将会被纳入到度规系数中。由此我们开始看到许多真实的物理是如何被构建到时空度规中去的。

17.2.3 空间弯曲

让我们说明一下式(17.22)中度规的空间成分的表示形式 dl 是如何做改变的。再次考虑光线在电梯中传播,但是现在垂直于引力加速度方向传播。同样我们再次利用等效原理,用自由空间中的加速电梯去代替静态实验室中的引力场(图17.4)。

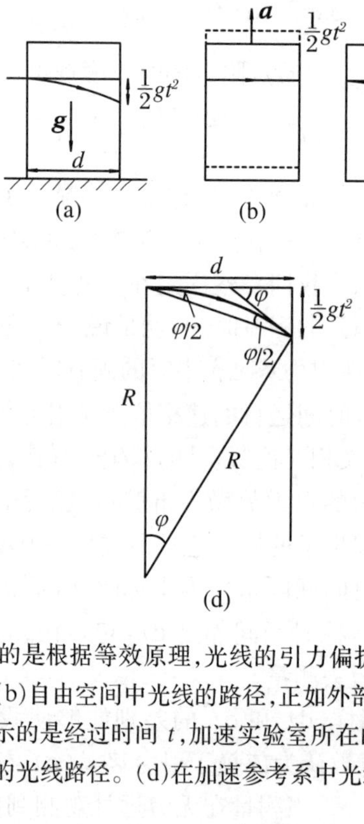

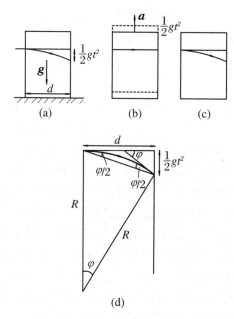

图 17.4 描述的是根据等效原理,光线的引力偏折。(a)在引力场 $\boldsymbol{g}$ 中光线的路径。(b)自由空间中光线的路径,正如外部静止观测者看到的那样。虚线所表示的是经过时间 t,加速实验室所在的位置。(c)在加速参考系中所看到的光线路径。(d)在加速参考系中光线偏折的几何路径

在时间 t 内,光线在电梯中通过的距离为 d,电梯向上移动了一段距离 $\frac{1}{2}|\boldsymbol{g}|t^2$。因此在一个自由空间中的加速度为 $\boldsymbol{a}=-\boldsymbol{g}$ 的参考系和引力场中的静止参考系中,光线沿着抛物线路径传播。让我们用一个半径为 R 的圆弧来近似这个光线的路径。横跨圆环的弦 l 由下式可得到:

$$l^2=\frac{1}{4}|\boldsymbol{g}|^2t^4+d^2 \tag{17.23}$$

从几何图中可知,$\varphi\approx|\boldsymbol{g}|t^2/d$。因为 $R\varphi\approx l$,所以

$$R^2 = \frac{l^2}{\varphi^2} = \frac{d^2}{4} + \frac{d^4}{|\boldsymbol{g}|^2 t^4} \tag{17.24}$$

现在，$\frac{1}{2}|\boldsymbol{g}|t^2 \ll d, d = ct$，所以

$$R = \frac{d^2}{|\boldsymbol{g}|t^2} = \frac{c^2}{|\boldsymbol{g}|} \tag{17.25}$$

因此光线路径的曲率 R 仅仅依赖于引力加速度$|\boldsymbol{g}|$。由于 $\boldsymbol{g}$ 是由引力势梯度决定的，可以看出光线路径的曲率和质量分布有关。

这个简单的讨论表明，根据等效原理，在一个加速参考系中，我们回忆一下这个局部引力效应被消除了的参考系，光线传播的几何空间不是平直而是弯曲的，空间曲率依赖于局部引力加速度 $\boldsymbol{g}$ 的值。正是对这个性质的讨论，使得爱因斯坦坚信，为了得到引力的相对论，他必须认真考虑非欧几里得几何。所以对于度规式(17.22)中的 $\mathrm{d}l^2$，一般，合适的几何必须涉及弯曲空间。但是我们刚刚在 17.2.2 小节中已经展示了，度规的时间分量也依赖于引力势，所以在完整的理论中，度规必须针对于四维弯曲时空。

17.2.4　相对论引力的非线性

对于更加复杂的物质，任何引力的相对论理论必须是非线性的。这是从爱因斯坦的质能关系 $E = mc^2$ 被应用于引力场时得出来的。一些质量分布的引力场中的每一点有一定的局部能量密度。由于 $E = mc^2$，这样在引力场中存在一定的惯性质量密度，它本身是引力场的源。这种性质，如与一个具有大量的电磁能的静电场情形相比较，它拥有一定的惯性质量，而后者不产生额外的静电荷。所以相对论引力本质上来说是非线性的，这一点在很大程度上决定了它的复杂性。

这是黎曼几何的一个方面，当在 1912 年被格罗斯曼告知这个"坏特性"时，爱因斯坦对它产生了兴趣。

17.3　各向同性的弯曲空间

在概括广义相对论如何被公式化前，考虑各向同性弯曲时空的特性是有帮助的。因为它们给出了施瓦西(Schwarzschild)度规的一些方面的解释，在 17.5 节中将会详细地研究这个问题；同时也因为这些方面对第 19 章的标准宇宙模型的发展具有中心地位。

在平直空间中，被 $\mathrm{d}x,\mathrm{d}y,\mathrm{d}z$ 分开的两点间距为

$$\mathrm{d}l^2 = \mathrm{d}x^2 + \mathrm{d}y^2 + \mathrm{d}z^2$$

让我们用一个黎曼度规的形式将它写成如式(17.4)一样的形式：

$$ds^2 = g_{\mu\nu}dx^{\mu}dx^{\nu}$$

然后

$$g_{\mu\nu} = \begin{bmatrix} 1 & 0 & 0 \\ 0 & 1 & 0 \\ 0 & 0 & 1 \end{bmatrix}$$

现在考虑最简单的二维各向同性弯曲空间——球体的表面。这种二维空间是各向同性的，因为在球表面所有点的半径都是 R。在球体表面的每一点处都可以建立起一个正交坐标系。让我们用球对称极坐标去描述二维球面上点的位置(图17.5)。在这种情况下，自然的正交坐标 x^1 和 x^2(上标 1 和 2 是坐标编号，如同上面的度规一样)是角坐标 θ 和 φ，因此

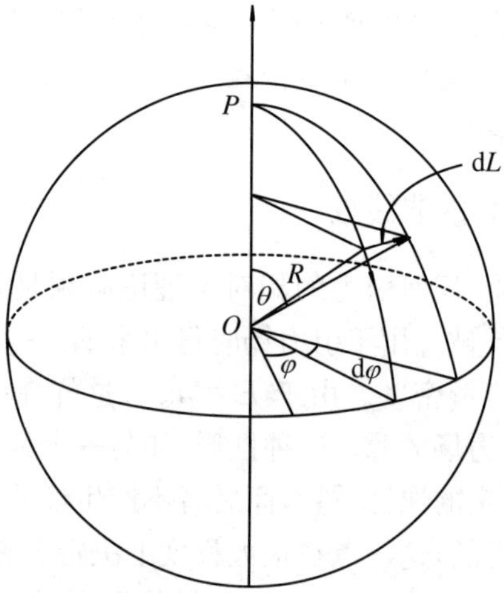

图 17.5 球体的表面作为一个二维各向同性弯曲时空的例子。$\boldsymbol{i}_\theta$ 和 $\boldsymbol{i}_\varphi$ 方向上的小位移长度分别为 $R\mathrm{d}\theta$ 和 $\mathrm{d}L = R\sin\theta\mathrm{d}\varphi$

$$dx^1 = d\theta, \quad dx^2 = d\varphi$$

从球面几何可知，线元的长度 dl 满足

$$dl^2 = R^2d\theta^2 + R^2\sin^2\theta d\varphi^2 \tag{17.26}$$

因此在这种情况下的度规张量为

$$g_{\mu\nu} = \begin{bmatrix} R^2 & 0 \\ 0 & R^2\sin^2\theta \end{bmatrix} \tag{17.27}$$

重点是 $g_{\mu\nu}$ 包含了二维空间内禀几何的信息。现在需要一种可以让我们从度规张量的分量中找出曲面的内禀几何的方法。在球面情况下，这几乎没有必要，但是在前面的讨论中，我们可以很容易地选择一些奇怪的坐标，它们在内禀几何中被模糊化了。

这里是对曲面的高斯理论的回忆，它曾在 1912 年对爱因斯坦的思考起到了很重要的作用。对于二维度规张量的情况，度规可以简化为对角形式，即 $g_{12}=g_{21}=0$。高斯指出曲面的曲率由下面的公式给出：

$$\kappa = \frac{1}{2g_{11}g_{22}}\left\{-\frac{\partial^2 g_{11}}{\partial(x^2)^2}-\frac{\partial^2 g_{22}}{\partial(x^1)^2}+\frac{1}{2g_{11}}\left[\frac{\partial g_{11}}{\partial x^1}\frac{\partial g_{22}}{\partial x^1}+\left(\frac{\partial g_{11}}{\partial x^2}\right)^2\right]+\frac{1}{2g_{22}}\left[\frac{\partial g_{11}}{\partial x^2}\frac{\partial g_{22}}{\partial x^2}+\left(\frac{\partial g_{22}}{\partial x^1}\right)^2\right]\right\} \tag{17.28}$$

关于这个定理的一种证明被概括在贝里的书[11]中，并且二维空间的一般情况被温伯格（Weinberg）[13]引用。因 $g_{11}=R^2$，$g_{22}=R^2\sin^2\theta$ 及 $x^1=\theta$，$x^2=\varphi$，直接可以看出 $\kappa=1/R^2$，这就是说，空间是常曲率的，意味着它独立于 θ 和 φ。在这一章的附录中，我将要证明唯一的各向同性二维空间曲率为常量，曲率可以为正、负或者为零。$\kappa=0$ 对应于平直的欧几里得空间，如果 κ 是负数，则对应的是双曲面，曲率半径在二维空间的所有点上具有相反的意义，正如图 17.6 所描述的那样。对于这些空间如 $\sin\theta$ 和 $\cos\theta$ 这样的三角函数被与它们对应的双曲函数即 $\sinh\theta$ 和 $\cosh\theta$ 所代替。

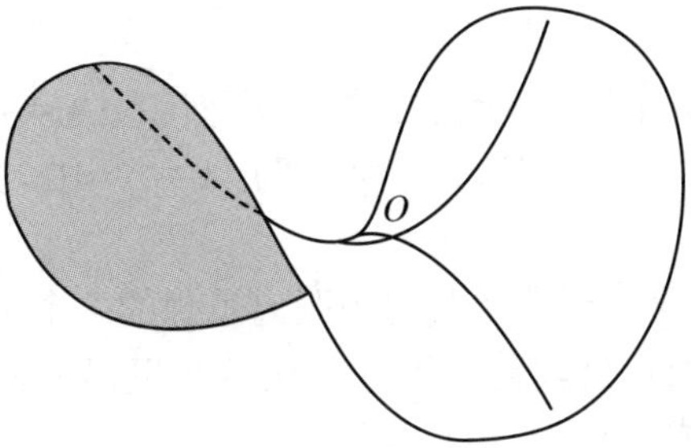

图 17.6　描述的是各向同性二维双曲面几何。曲面的主曲率半径大小相等，但是在正交的方向上有相反的符号

在各向同性的弯曲空间中，κ 处处是常量，但是在一般的二维空间中，曲率是空间坐标的函数。

拓展到各向同性三维空间是很直接的，但是不再可能去形象化三维空间几何，这是由于它必须嵌入在四维空间中。然而，当意识到三维各向同性空间中的二维部分必须是各向同性的时，我们可以以一种直接的方式继续前进，对于那些二维部分，我们已经算出了度规张量。

假定我们想去算出角 $d\varphi$，即过 P 点在极角 θ 处 dL 两端点的两大圆之间的夹角，如图 17.5 所示。用图中的记号，一个球对称几何的简单应用是

$$dL = R\sin\theta d\varphi \tag{17.29}$$

如果 x 为从 P 点到 dL 的大圆长度，即在球面上的一个测地线距离，$\theta=x/R$，则

$$dL = R\sin(x/R)d\varphi \tag{17.30}$$

测地线距离的意思是指在二维空间中两点间最短的距离，在各向同性的情况下，它沿着大圆连接着 P 和 $\mathrm{d}L$。

为了将讨论延伸到三维各向同性空间中去，假设我们想要计算出在三维各向同性空间过 P 点且垂直于圆形区域的视线在 P 点张成的立体角。这个面积元由它的直径 $\mathrm{d}L$ 和另外一个垂直于 $\mathrm{d}L$ 的直径所确定。为了找到第二个直径，我们在弯曲空间中取一个二维球截面，垂直于上面的视线方向，如图 17.7 所示。因为空间各向同性，$\mathrm{d}L$ 和 $\mathrm{d}\varphi$ 的关系在垂直方向上是一样的，所以直径为 $\mathrm{d}L$ 的小圆圈的面积为

$$\mathrm{d}A = \frac{\pi \mathrm{d}L^2}{4} = \frac{\pi R^2}{4}\sin^2\frac{x}{R}\mathrm{d}\varphi^2 = R^2\sin^2\frac{x}{R}\mathrm{d}\Omega \tag{17.31}$$

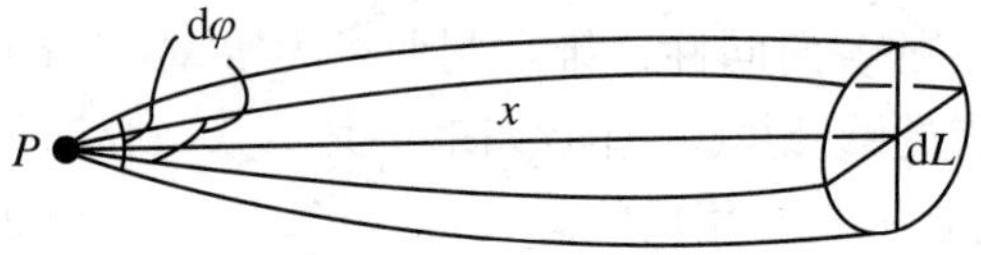

图 17.7　描述的是如何测量得到在一个各向同性三维空间中正交截面（各向同性二维空间）面积为 $\mathrm{d}A = \pi \mathrm{d}l^2/4$

这里，$\mathrm{d}\Omega = (\pi/4)\mathrm{d}\varphi^2$ 是在各向同性三维空间中面积 $\mathrm{d}A = r^2\mathrm{d}\Omega$ 在 P 点所张的立体角。注意到如果 $R \gg x$，式(17.31)简化为 $A = x^2\mathrm{d}\Omega$，这是欧几里得空间的结果。

这个例子描述了一个关于非欧几何中距离思想的一个重要特征。如果 x 被当作测地线距离，于是表面积公式包含了一些比欧几里得公式更加复杂的东西。然而，通过将面积公式写成 $\mathrm{d}A = r^2\mathrm{d}\Omega$，我们可以使得它看起来像欧几里得的关系。定义一个新的距离 r，在这个例子里，我们写成

$$r = R\sin(x/R) \tag{17.32}$$

现在将二维球形空间里的空间间隔通过式(17.26)概括为

$$\mathrm{d}l^2 = \mathrm{d}x^2 + R^2\sin^2(x/R)\mathrm{d}\varphi^2 \tag{17.33}$$

让我们根据 r 而非 x 重写式(17.33)。对式(17.32)取微分，我们发现

$$\mathrm{d}r = \cos(x/R)\mathrm{d}x \tag{17.34}$$

所以

$$\begin{aligned}\mathrm{d}r^2 &= \cos^2(x/R)\mathrm{d}x^2 \\ &= [1 - \sin^2(x/R)]\mathrm{d}x^2 = (1 - r^2/R^2)\mathrm{d}x^2\end{aligned}$$

即

$$\mathrm{d}x^2 = \frac{\mathrm{d}r^2}{1 - \kappa r^2} \tag{17.35}$$

这里，$\kappa = 1/R^2$ 是二维空间的曲率。于是度规式可以被写成

$$\mathrm{d}l^2 = \frac{\mathrm{d}r^2}{1 - \kappa r^2} + r^2\mathrm{d}\varphi^2 \tag{17.36}$$

度规式(17.33)和式(17.36)是完全等价的,只不过应注意一下 x 和 r 的不同意义:x 是三维空间中的测地线距离,而 r 是一个距离坐标。根据关系 $\mathrm{d}L = r\mathrm{d}\varphi$,角直径距离给出了垂直于测地线距离的正确答案。注意到用度规式(17.36)去考查球对称、平直和双曲空间(依赖于 κ 的符号)是如此方便。

17.4　通往广义相对论之路

17.2 节和 17.3 节的讨论清楚地说明了广义相对论为何是一个技术相当复杂的理论。时空必须用一般的弯曲度规张量 $g_{\mu\nu}$ 来定义,它是时空坐标的函数。从前面几节的计算很明显可看出 $g_{\mu\nu}$ 类似于引力势,它们从空间中一点到另一点的变化决定了空间的局部弯曲。从纯粹的几何观点来看,我们必须赋予等效原理一个数学实体,即在黎曼空间中设计出能够联系空间中不同点处度规的变换。从动力学的观点来说,我们必须能够建立起 $g_{\mu\nu}$ 和宇宙中的物质分布的联系。

我们被带到了四维弯曲空间中,它的局部可以简化为式(17.8)形式的度规。正如我们已经看到,一般,度规的适当选择是黎曼度规:

$$\mathrm{d}s^2 = g_{\mu\nu}\mathrm{d}x^\mu\mathrm{d}x^\nu \tag{17.37}$$

这里,x^μ 和 x^ν 是定义在四维空间中点的坐标。因此根据式(17.37),$\mathrm{d}s^2$ 由这些坐标的二阶齐次形式给出。将 μ 和 ν 写成 $\mathrm{d}x$ 的上标是由于技术的原因,在一个完全的四维空间理论里,我们需要区分协变量(携带着下标)和逆变量(携带着上标)。在我们的方法里不需要担心这些区分。

正如上面所提到的,这些空间的局部退化为闵可夫斯基度规式(17.8):

$$g_{\mu\nu} = \begin{bmatrix} 1 & 0 & 0 & 0 \\ 0 & -\dfrac{1}{c^2} & 0 & 0 \\ 0 & 0 & -\dfrac{1}{c^2} & 0 \\ 0 & 0 & 0 & -\dfrac{1}{c^2} \end{bmatrix} \tag{17.38}$$

这里,$[x^0, x^1, x^2, x^3] = [t, x, y, z]$,度规符号是$[+,-,-,-]$,并且这个性质在一般的黎曼变换下保持不变。

一个重要的概念是,对于空间中的点,坐标应当被看作是“标签”,而不是如同欧几里得空间中那样被看作“距离”。恰巧在欧几里得空间中,x,y,z 是实实在在的距离。然而,坐标通常不具有这么明白直观的意义。

17.4.1 狭义相对论中的四维张量

除了引力定律以外，其他所有的物理定律都能够写成洛伦兹不变的形式，也就是说，它们在洛伦兹变换下形式是不变的。在第16章中介绍过四维矢量，是为满足洛伦兹变换下形式不变的要求而设计的。仅仅对于本节，我们将要采用那些专业的相对论专家用过的概念，这里的速度是以光速为单位测量的，于是我们令 $c=1$。然后，时间坐标 $x^0=t$ 且空间分量 $x=x^1, y=x^2, z=x^3$。可用标准形式将四维张量 V^α 在两个惯性系间的变换写为

$$V^\alpha \to V'^\alpha = \Lambda^\alpha_\beta V^\beta \tag{17.39}$$

这里矩阵 Λ^α_β 是洛伦兹变换，即

$$\Lambda^\alpha_\beta = \begin{bmatrix} \gamma & -\gamma v & 0 & 0 \\ -\gamma v & \gamma & 0 & 0 \\ 0 & 0 & 1 & 0 \\ 0 & 0 & 0 & 1 \end{bmatrix} \tag{17.40}$$

其中，$\gamma=(1-v^2/c^2)^{-1/2}$。式(17.39)中采用了相同指标求和的约定。

许多物理量很自然地用张量而非矢量来表示。因此在相对论中，四维矢量思想的自然推广是四维张量，它们是按照下列规则变换的：

$$T^{\alpha\gamma} \to T'^{\alpha\gamma} = \Lambda^\alpha_\beta \Lambda^\gamma_\delta T^{\beta\delta} \tag{17.41}$$

作为一个介绍它如何工作的例子，考虑一个相对论专家称之为尘埃的情形，他们意指没有任何内部压力的物质。尘埃的能量-动量张量是 $T^{\alpha\beta}=\rho_0 u^\alpha u^\beta$，这里 ρ_0 是尘埃的固有质量密度，即随着流体一起运动的观测者所测量的密度，该观测者被称为共动观测者；u^α 是四维矢量。于是 $T^{\alpha\beta}$ 被写为

$$T^{\alpha\beta} = \rho_0 \begin{bmatrix} 1 & u^{x_1} & u^{x_2} & u^{x_3} \\ u^{x_1} & (u^{x_1})^2 & u^{x_1}u^{x_2} & u^{x_1}u^{x_3} \\ u^{x_2} & u^{x_1}u^{x_2} & (u^{x_2})^2 & u^{x_2}u^{x_3} \\ u^{x_3} & u^{x_1}u^{x_3} & u^{x_2}u^{x_3} & (u^{x_3})^2 \end{bmatrix} \tag{17.42}$$

最简单的情形是该四维张量 T^{00} 部分的转换 $T'^{00}=\Lambda^0_\beta\Lambda^0_\delta T^{\beta\delta}$。对它进行两次求和，结果是 $\rho'=\gamma^2\rho_0$，它在狭义相对论中有一个自然的解释：尘埃的观测密度 ρ' 是固有质量密度 ρ_0 乘以 γ 的二次幂。其中一个 γ 是和尘埃的相对论动量公式 $p=\gamma mv$ 相联系的，另外一个和流体运动方向上的长度收缩 $l=l_0/\gamma$ 有关。

理想流体和尘埃相反，压力 p 不能被忽略，能量-动量张量变为 $T^{\alpha\beta}=(\rho_0+p)u^\alpha u^\beta-pg^{\alpha\beta}$，这里 $g^{\alpha\beta}$ 是度规张量。去解释方程

$$\frac{\partial T^{\alpha\beta}}{\partial x^\beta} \equiv \partial_\beta T^{\alpha\beta} = 0 \tag{17.43}$$

同时包含了相对论中的动量守恒定律和能量守恒定律是一次令人愉快的练习*。因此算子 ∂_β 采用如下形式：

$$[\partial/\partial x^0, \partial/\partial x^1, \partial/\partial x^2, \partial/\partial x^3] \tag{17.44}$$

能量-动量张量 $T^{\mu\nu}$ 的这些方面由仑德勒[12]做了精彩的描述。

真空中的麦克斯韦方程组，根据反对称电磁场张量 $F^{\alpha\beta}$，可以被重新写成紧凑的形式：

$$F^{\alpha\beta} = \begin{bmatrix} 0 & E_x & E_y & E_z \\ -E_x & 0 & B_z & -B_y \\ -E_y & -B_z & 0 & -B_x \\ -E_z & B_y & -B_x & 0 \end{bmatrix} \tag{17.45}$$

和流密度四维矢量 $j^\alpha = [\rho_e, \boldsymbol{j}]$。我要就背离通常严格使用 SI 单位制的惯例道歉；以上关于麦克斯韦方程组的形式采用的是亥维赛-洛伦兹单位制，那里 $c = 1$。连续性方程变为

$$\partial_\alpha j^\alpha = 0 \tag{17.46}$$

麦克斯韦方程组中，电场和磁场以及它们的源之间的关系变为

$$\partial_\beta F^{\alpha\beta} = j^\alpha \tag{17.47}$$

因此四维张量为以严格保证按照洛伦兹变换的形式表达物理规律提供了自然的语言。

17.4.2　爱因斯坦做了什么

爱因斯坦的目标是找到 $g_{\mu\nu}$ 和质量-能量分布之间的关系，也就是类似于牛顿引力下的泊松方程，里面包含了二阶偏微分方程。例如，对于度规式(17.22)，由式(17.19)我们使其合理化，g_{00} 分量应当具有形式

$$g_{00} = 1 + \frac{2\phi}{c^2} \tag{17.48}$$

引力的泊松方程是

$$\nabla^2 \phi = 4\pi G\rho \tag{17.49}$$

因此利用式(17.48)且在静止参考系下 $T_{00} = \rho$，我们发现

$$\nabla^2 g_{00} = \frac{8\pi G}{c^2} T_{00}{}^{**} \tag{17.50}$$

这个简单的、有点粗略的计算表明了为什么期望 $g_{\mu\nu}$ 的导数和能量-动量张量 $T_{\mu\nu}$ 间有种密切的关系是合理的。事实上，原来在 T_{00} 前面的常量在完整理论中也是一样的。

张量形式的泊松方程包含了张量的微分，这正是问题的复杂所在；张量的偏微

---

* 这里将度规张量写成了逆变分量的形式。

** 对于这种简单情形 $T_{00} = T^{00}$。

分通常情况下不产生其他的张量。结果,相应的梯度、散度以及旋度对于张量要比对于矢量复杂得多。

我们所需要的是一个张量形式的方程,里面包括度规张量 $g_{\mu\nu}$ 和它的一阶、二阶微分,并且对于二阶微分是线性的。事实证明:对于这个问题存在一个独一无二的答案——一个四阶的被称为黎曼-克里斯托夫张量 $R^{\gamma}_{\mu\nu\kappa}$ 的张量。其他的张量可以通过对这个张量的缩并而得到,其中最重要的一个是里奇(Ricci)张量:

$$R_{\mu\kappa} = R^{\lambda}_{\mu\lambda\kappa} \tag{17.51}$$

曲率标量为

$$R = g^{\mu\kappa}R_{\mu\kappa} \tag{17.52}$$

爱因斯坦的天才之举是将这些张量和能量-动量张量按如下方式联系起来:

$$R_{\mu\nu} - \frac{g_{\mu\nu}R}{2} = -\frac{8\pi G}{c^2}T_{\mu\nu} \tag{17.53}$$

这个重要的关系显示了度规张量 $g_{\mu\nu}$ 的分量是如何与宇宙中的质量-能量分布相联系的。

在这条途径上我们不再继续,除非注意到爱因斯坦意识到他可以在式(17.53)的左边加上一个额外的项。这是著名的宇宙学常量 Λ 的起源,引入它是为了构建一个静态封闭的宇宙(19.6 节)。这样方程(17.53)变为

$$R_{\mu\nu} - \frac{g_{\mu\nu}R}{2} + \Lambda g_{\mu\nu} = -\frac{8\pi G}{c^2}T_{\mu\nu} \tag{17.54}$$

宇宙学常量将在 19 章中再次出现。

我们仍然需要一种规则来告诉我们怎样从度规式(17.37)中寻找一个粒子或者光线在时空中的路径。在欧几里得三维空间中,答案是寻找一个路径,使得点 A 和点 B 间的距离 $\mathrm{d}s$ 最小。对于时空,我们需要寻找相应的结果。如果我们在时空中用大量的线路去连接点 A 和点 B,从 A 到 B 自由下落的路径必定是最小的。考虑广义相对论中的时间佯谬,A 和 B 间自由下落路径一定对应于 A,B 间最大的固有时间,即我们要求 $\int_A^B \mathrm{d}s$ 对最短路径取最大值。用变分法表示,它可以被写为

$$\delta\int_A^B \mathrm{d}s = 0 \tag{17.55}$$

有趣的是,对于我们的"牛顿式的"度规式(17.22),这个条件完全等价于力学和动力学中的哈密顿原理,正如我们现在所指出的那样。由式(17.22)所得的"作用量积分"是

$$\int_A^B \mathrm{d}s = \int_{t_1}^{t_2} \frac{\mathrm{d}s}{\mathrm{d}t}\mathrm{d}t = \int_{t_1}^{t_2}\left[\left(1 + \frac{2\phi}{c^2}\right) - \frac{v^2}{c^2}\right]^{1/2}\mathrm{d}t \tag{17.56}$$

这是因为 $\mathrm{d}l/\mathrm{d}t = v$。对于弱场,$2\phi/c^2 - v^2/c^2 \ll 1$,不考虑式(17.56)中的常量项,上式简化为

$$\int_A^B \mathrm{d}s = \int_{t_1}^{t_2} (U - T)\mathrm{d}t \tag{17.57}$$

这里，$U = m\phi$ 是粒子的势能，$T = mv^2/2$ 是它的动能。因此在动力学的哈密顿原理中，$\mathrm{d}s$ 必须是一个最大值(参见 7.3 节)。

17.5　施瓦西度规

1916 年，仅仅在爱因斯坦的理论正式发表两个月之后，施瓦西[22]就发现了点质量的爱因斯坦引力场方程的解。施瓦西是一个卓越的天文学家并且是波茨坦天文台的领导者。在第一次世界大战开始时，他于 1914 年自愿参军。1916 年，正服役于俄国前线的他，写了两篇他的关于静止质点的爱因斯坦场方程精确解的文章。很不幸的是，他在前线感染了很罕见的皮肤病，并死于 1916 年 5 月。点质量 M 的施瓦西度规的形式如下：

$$\mathrm{d}s^2 = \left(1 - \frac{2GM}{rc^2}\right)\mathrm{d}t^2 - \frac{1}{c^2}\left[\frac{\mathrm{d}r^2}{1 - \dfrac{2GM}{rc^2}} + r^2(\mathrm{d}\theta^2 + \sin^2\theta\mathrm{d}\varphi^2)\right] \tag{17.58}$$

根据 17.2 节和 17.3 节的分析，我们可以理解度规中各个坐标和不同项的意义。提醒一下，对于空间中的任何点，式(17.58)可简化为局域闵可夫斯基度规。

(1) 用式(17.58)中的时间坐标的形式是为了同步所有地方的时钟，也就是说，在径向距离 r 处的静止观察者所测到的固有时间为

$$\mathrm{d}\tau^* = \left(1 - \frac{2GM}{rc^2}\right)^{1/2}\mathrm{d}t \tag{17.59}$$

相应地，在无穷远处所得的坐标时间间隔是 $\mathrm{d}t$。因此 $\mathrm{d}t$ 表示无穷远处的时间，在场中任何一点处的固有时间由式(17.59)可得到。注意，尽管度规式(17.22)中的因子$[1 - 2GM/(rc^2)]^{1/2}$仅仅是近似的，式(17.59)在广义相对论中对于所有的参数 $2GM/(rc^2)$都是精确成立的。

(2) 在式(17.58)中，角坐标已经被写成了以质点为中心的球对称极坐标的形式。通过检验，可以看出径向坐标 r 是这样的坐标，即垂直于它的固有距离由下式给出：

$$\mathrm{d}l_\perp^2 = r^2(\mathrm{d}\theta^2 + \sin^2\theta\mathrm{d}\varphi^2) \tag{17.60}$$

因此距离量度 r 可以被当作角直径距离(angular-diameter distance)，并且明显不同于测地线距离 x——从质点到 r 处的距离。固有的或者径向测地线距离 $\mathrm{d}x$ 的

* 注意，此处如同 17.2 节中一样，用 τ 而不是 t'。

平方是度规式(17.58)空间项的第一部分：

$$x = \int_0^r \mathrm{d}x = \int_0^r \frac{\mathrm{d}r}{\left(1 - \frac{2GM}{rc^2}\right)^{1/2}} \tag{17.61}$$

式(17.59)和式(17.61)使得我们能够得到对爱因斯坦所讨论的概念的正确理解。这些讨论涉及,在点质量引力势中,对于无穷远处的观测者,径向上光速的"视"变化。局域光速是 $c = \mathrm{d}x/\mathrm{d}\tau$,因此对于一个远处的观测者而言,用坐标时间 t 和距离 r 表示的光速是

$$c(r) = \frac{\mathrm{d}x}{\mathrm{d}t} = c\left(1 - \frac{2GM}{rc^2}\right) \tag{17.62}$$

这是用于算出在点质量引力场中由于时间膨胀而引起的时间变慢量的一个方便的表达式。

(3) 度规式(17.58)描写的是一个质点的引力场是如何使得空间弯曲的。时间膨胀效应已经在(1)中做了描述,但是此外,这里的空间部分是弯曲的。对于一个各向同性的二维弯曲空间来说,我们指出了度规的空间部分可以被写成式(17.36),因为

$$\frac{\mathrm{d}r^2}{1 - \kappa r^2} + r^2 \mathrm{d}\varphi^2$$

在一个各向同性的弯曲三维空间中,在垂直于视线方向平面上的距离微元满足

$$\mathrm{d}l_\perp^2 = r^2(\mathrm{d}\theta^2 + \sin^2\theta \mathrm{d}\varphi^2)$$

因此度规的空间项是

$$\frac{\mathrm{d}r^2}{1 - \kappa r^2} + r^2(\mathrm{d}\theta^2 + \sin^2\theta \mathrm{d}\varphi^2) \tag{17.63}$$

比较式(17.58)和式(17.63),可以看出局部空间曲率可以由令 κr^2 和 $2GM/(rc^2)$ 相等而得到,即

$$\kappa = \frac{2GM}{r^3 c^2} \tag{17.64}$$

它提供了一种测量由质点 M 在 r 处引起的空间曲率的方法。注意到空间在所有点上是各向同性的,但是曲率按 r^{-3} 变化。方程(17.64)有一个吸引人的特征,即当 r 趋向于无穷时,κ 趋向于零,且 κ 正比于 M。将 κ 写成 $1/R^2$,我们发现

$$\frac{r^2}{R^2} = \frac{2GM}{rc^2} \tag{17.65}$$

这提供了一种测量相对质点较远的空间曲率的方法。注意出现在时间和径向成分中的 $2GM/(rc^2)$ 是"相对论因子"。这个因子的一些典型值如下：

(1) 在地球表面：$2GM_\mathrm{E}/(rc^2) = 1.4 \times 10^{-8}$。

(2) 在太阳表面：$2GM_\odot/(rc^2) = 4 \times 10^{-6}$。

(3) 在中子星表面：$2GM_\mathrm{ns}/(rc^2) \approx 0.3$。

因此在太阳系中,空间弯曲效应是非常小的,需要进行极其精确的测量才能探测

到。第一个例子显示了在地球表面测量由光束围起来的三角形内角和与 180°偏离的量级。据说在 1820 年代，高斯在哈茨山上做过这个实验。利用经纬仪，据说他发现由 3 座高山形成的三角形的角度加起来等于 180°，按我们现在的理解，这是由于预期的空间弯曲效应太小了。值得强调的是，他已经有了第五公设在足够大的距离上不一定正确的洞察力（第五公设断言平行线仅仅在无穷远处相遇，或者三角形内角和为 180°）。例如，在中子星的表面，引力场非常强，广义相对论效应变得很明显，对星体的稳定性起了很重要的作用。

(4) 最后，注意在 $2GM/(rc^2)=1$ 处，必定会有一些有趣的事情发生。通过这个关系式定义的半径 $r_g=2GM/r^2$ 被称为施瓦西半径，它在黑洞的研究中起了非常重要的作用，这些将会在本章的后面讲述。

17.6　围绕点质量的粒子轨迹

现在让我们分析在施瓦西度规下，一个检验粒子在点质量（点质量没有角动量，也不带电荷）附近的运动。这是爱因斯坦场方程最简单的解。为了简化分析，我们考虑在赤道平面 $\theta=\pi/2$ 里的轨道。做这种假设并不失一般性，因为我们总是能够选择坐标系使得 $d\theta=0$。施瓦西度规因此可以被写为

$$ds^2 = \alpha dt^2 - \frac{1}{c^2}(\alpha^{-1}dr^2 + r^2 d\varphi^2) \tag{17.66}$$

在这种表示中，φ 是赤道平面上的角度，$\alpha=1-2GM/(rc^2)$。我们现在构造“作用量积分”

$$s_{AB} = \int_A^B ds = \int_A^B G(x^\mu, \dot{x}^\mu) ds \tag{17.67}$$

这里函数 $G(x^\mu,\dot{x}^\mu)$ 由式(17.66)除以 ds^2 而得到，即

$$G(x^\mu, \dot{x}^\mu) = \left(\alpha \dot{t}^2 - \frac{1}{c^2}\alpha^{-1}\dot{r}^2 - \frac{r^2}{c^2}\dot{\varphi}^2\right)^{1/2} \tag{17.68}$$

这个函数将会被代入独立坐标为 $x^\mu=t,r,\varphi$ 的欧拉-拉格朗日方程(7.26)中。

注意紧接着这个步骤我们要做什么。这些点是指对于 ds 的微分，即在粒子运动的情况下，关于固有时间的微分。同时注意到 $G(x^\mu,\dot{x}^\mu)=1$。重要的是，当我们将 $G(x^\mu,\dot{x}^\mu)$ 代入欧拉-拉格朗日方程时，只有 G 对 x^μ 和 $\dot{x}^\mu$ 的函数依赖关系才是重要的。确切地说，相同的步骤在哈密顿力学中也存在，那里哈密顿量是一个常量，但是它又依赖于那些决定动力学的坐标。为了加深对这一点的认识，需考虑平直空间的情形。在平直空间中 $G(x^\mu,\dot{x}^\mu)$ 具有形式

$$G(x^\mu, \dot{x}^\mu) = \left[\dot{t}^2 - \frac{1}{c^2}(\dot{x}^2 + \dot{y}^2 + \dot{z}^2)\right]^{1/2} \tag{17.69}$$

同样,这里点的意思是指对于固有时间的微分。很明显,式(17.69)是四维速度矢量

$$\boldsymbol{U}=\left[\dot{t},\frac{\dot{x}}{c},\frac{\dot{y}}{c},\frac{\dot{z}}{c}\right]=\left[\gamma,\gamma\frac{\boldsymbol{u}}{c}\right] \tag{17.70}$$

的大小。这里 $\boldsymbol{u}$ 是三维速度矢量,因此$|G|=1$。

我们注意到 G 的表达式(17.68)既不依赖于 t 也不依赖于 φ,所以欧拉-拉格朗日方程

$$\frac{\mathrm{d}}{\mathrm{d}\tau}\left(\frac{\partial G}{\partial\dot{x}^{\mu}}\right)-\frac{\partial G}{\partial x^{\mu}}=0 \tag{17.71}$$

对这些坐标大大简化了。首先考虑 t 坐标:

$$\frac{\mathrm{d}}{\mathrm{d}\tau}\left(\frac{\partial G}{\partial\dot{t}}\right)=0,\quad \frac{\partial G}{\partial\dot{t}}=\text{常量} \tag{17.72}$$

对式(17.68)取 $\dot{t}$ 的偏微分,且 $G=1$,得

$$\alpha\dot{t}=k \tag{17.73}$$

这里 k 是一个常量。这是一个非常重要的结果:我们已经得到了一个运动积分,并且我们猜测在引力场中它和能量守恒等价。我们已经采取的方法是寻找相对固有时间静止的运动特性——在经典力学中,它就是保守力场中的总能量。后面我们将要回到对式(17.73)的解释上来。

对 φ 坐标采取相同的分析,于是

$$\frac{\mathrm{d}}{\mathrm{d}\tau}\left(\frac{\partial G}{\partial\dot{\varphi}}\right)=0,\quad \frac{\partial G}{\partial\dot{\varphi}}=\text{常量} \tag{17.74}$$

对式(17.68)取 $\dot{\varphi}$ 的偏微分,且利用 $G=1$,得

$$r^2\dot{\varphi}=h \tag{17.75}$$

这里 h 是常量,是比角动量,即单位质量的角动量。这是另一个重要的结果。这次我们发现了在 φ 方向上变化的运动积分。这个结果类似于牛顿力学中的角动量守恒。

对于 r 坐标的方程有点儿复杂。最简单的方法是分两步将 $\dot{t}$ 和 $\dot{\varphi}$ 代到式(17.68)中去。首先,将式(17.73)中的 $\dot{t}$ 代入式(17.68)中,有

$$\begin{aligned}G^2&=\alpha\dot{t}^2-\frac{1}{c^2}\alpha^{-1}\dot{r}^2-\frac{r^2}{c^2}\dot{\varphi}^2\\&=\frac{k^2}{\alpha}-\frac{1}{c^2\alpha}\dot{r}^2-\frac{r^2}{c^2}\dot{\varphi}^2\\&=1\end{aligned} \tag{17.76}$$

重新整理方程(17.76),得

$$\dot{r}^2+\alpha(r\dot{\varphi})^2-\frac{2GM}{r}=c^2(k^2-1) \tag{17.77}$$

最后,两边同乘以检验粒子质量的一半,我们可得

$$\frac{1}{2}m\dot{r}^2 + \frac{1}{2}\alpha m(r\dot{\varphi})^2 - \frac{mGM}{r} = \frac{1}{2}mc^2(k^2 - 1) \tag{17.78}$$

这个计算显示常量 k 确实和能量守恒有关。左边的所有项从表面上看像那些在牛顿力学中处在束缚轨道上的能量的守恒表达式，但是存在一些重要的差别：

(1) 左边的三项除了在 $m(r\dot{\varphi})^2/2$ 中包含因子 α 外，在形式上和牛顿的能量守恒表达式完全一致，该项对应于切向的运动。

(2) 点是指对固有时间 $\mathrm{d}\tau$ 的微分，不是对于坐标时间的微分。

(3) r 坐标是一个角直径距离，而不是测地线距离，但是我们现在知道了在弯曲时空中，用距离测量的概念时要特别小心。

17.6.1　广义相对论中的能量

夏皮罗(Shapiro)和图科尔斯基(Teukolsky)[23]讨论了广义相对论中能量的定义。最简单的方法是采用力学中的拉格朗日的形式，将总能量定义为下式与时间共轭的动量：

$$E \equiv p_t \equiv \frac{\partial \mathcal{L}}{\partial \dot{t}} \tag{17.79}$$

(见 7.5.1 小节)。夏皮罗和图科尔斯基指出$\mathcal{L} \propto G^2$，因此 E 的定义可以从式(17.68)中找到：

$$E \propto \alpha \dot{t} = k \tag{17.80}$$

事实上，导出式(17.73)的计算恰好运用了相同的操作。为了发现联系 E 和 k 的常量，最简单的是考虑在 $r = \infty$ 处的静止粒子，此时，由式(17.78)表明 $k = 1$。在这种情况下，总能量是静止能量 mc^2，因此在一般情况下，总能量必须满足以下形式：

$$E = kmc^2 \quad 或者 \quad k = \frac{E}{mc^2} \tag{17.81}$$

注意，在式(17.79)中对 $\dot{t}$ 取偏微分，我们在寻找根据坐标时间 t 得到的能量，即在无穷远处而不是在场中一般点处测量的能量。

让我们换一种方式来描述它。通过与平直空间情形式(17.70)类比，质点 m 的速度四维矢量可由式(17.68)写出。对于在 $r\varphi$ 平面运动的情形，四维动量为

$$P = [mc\alpha^{1/2}\dot{t}, m\alpha^{-1/2}\dot{r}, 0, mr\dot{\varphi}] \tag{17.82}$$

第二和第四项对应粒子动量的径向和切向分量，第一项对应于在场中的一点处的粒子总能量。因此我们可以写出场中粒子的局部能量

$$E_{\mathrm{local}} = mc^2\alpha^{1/2}\dot{t} = k\alpha^{-1/2}mc^2 \tag{17.83}$$

能量像在无穷处测得的那样，受到相同的时间减慢因子支配着，如同度规的时间分量一样，这是由于它们都是四维矢量的“时间”分量。如果我们向前跳跃一下，利用完全的相对论时间减慢的公式(17.126)，在无穷远处观测者所测得的能量是

$$E = \alpha^{1/2}E_{\mathrm{local}} = \alpha^{1/2}k\alpha^{-1/2}mc^2 = kmc^2 \tag{17.84}$$

(也可以参看夏皮罗和图科尔斯基的书[23])。这个结果在计算从形成黑洞周围吸

积盘的物质中提取最大能量方面是非常重要的。

17.6.2 在牛顿引力和广义相对论中粒子的轨道

根据牛顿引力和广义相对论，让我们现在来比较围绕点质量 M 的粒子轨道。利用式(17.75)，将 φ 代入式(17.78)中，得

$$m\dot{r}^2 + \frac{\alpha mh^2}{r^2} - \frac{2GMm}{r} = mc^2(k^2 - 1) \tag{17.85}$$

像式(17.66)一样，利用 α 的定义，上式变为

$$m\,\dot{r}^2 + \frac{mh^2}{r^2} - \frac{2GMm}{r} - \frac{2GMmh^2}{r^3c^2} = mc^2(k^2 - 1) \tag{17.86}$$

在推导式(17.85)的过程中，主要操作是将广义相对论中的角动量守恒定律代入能量守恒定律中。对于牛顿引力，相应的表达式是

$$m\,\dot{r}^2 + \frac{mh^2}{r^2} - \frac{2GMm}{r} = m\,\dot{r}_\infty^2 \tag{17.87}$$

这里，$\dot{r}_\infty$ 是粒子在无穷远处的检验速度。如果粒子没有到达无穷远处，那么 $\dot{r}_\infty$ 就是虚数。

虽然式(17.86)和式(17.87)看起来相似，坐标的意义则是很不相同的，如上一节提到的 3 个要点一样。最重要的不同是式(17.86)左侧出现了 $-2GMmh^2/(r^3c^2)$ 项。该项的起源可追溯到表示围绕点质量做转动运动那项前面的 α 因子，该项对于中心点质量周围粒子的动力学具有深远的影响。

在牛顿理论中，依据式(17.87)中不同项的变化，检验粒子速度的径向速度分量可以用半径来表示。根据施瓦西半径 $r_g = 2GM/c^2$ 和一个无量纲的比角动量 $\eta = h^2/(r_g^2c^2)$，对于单位质量，重写式(17.87)，对于牛顿情形我们有

$$\dot{r}^2 = -c^2\left[\frac{\eta}{(r/r_g)^2} - \frac{1}{r/r_g}\right] + \dot{r}_\infty^2 \tag{17.88}$$

方括号里的项起到一个势 Φ 的作用，且

$$\Phi = \frac{\eta}{(r/r_g)^2} - \frac{1}{r/r_g} \tag{17.89}$$

这里第一项是一个“离心的”势，第二项是牛顿引力势。$-\Phi$ 随 r/r_g 变化，如图 17.8 所示，里面两项的贡献被分开来表示。我们现在来讨论不同的情况：

(1) 如果粒子在无穷远处径向速度为零，即从 A' 点开始，在不同半径处的径向速度可以从粗线中找到。当粒子到达 A 点的径向坐标处时，它的速度径向分量为零，该点是粒子所能达到的最靠近 $r=0$ 的地方了，这是由于 $\dot{r}$ 在 r 比较小的位置成了虚数。在 A 点，粒子的动能是沿着切线运动方向的。

(2) 如果 $\dot{r}_\infty^2$ 是负数，则轨道是束缚态轨道。粒子将在 B 和 B' 间做椭圆运动。

(3) 非束缚态粒子的双曲线轨道对应于 $\dot{r}_\infty^2$ 大于零的情况，其在图中的位置为 CC'。C 是最接近于点的距离，可以在式(17.86)中令 $\dot{r}=0$ 解得。注意，只有在

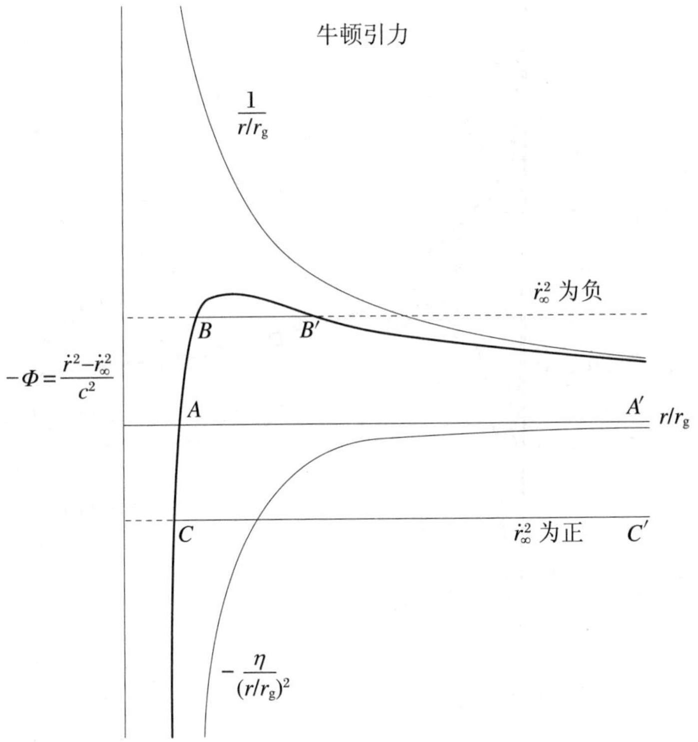

图 17.8　粗线表示的是在牛顿引力中的势$-\Phi$,其中有两部分贡献,分别作为 r/r_g 的函数图

$\eta=0$ 时,粒子才能到达 $r=0$ 处。这是一个重要的结果,因为根据经典力学,即使 η 很小也足以阻止检验粒子到达原点处。

在广义相对论(GR)的相应分析中,$\dot{r}^2$ 的表达式变为

$$\dot{r}^2-c^2(k^2-1)=-c^2\left[\frac{\eta}{(r/r_g)^2}-\frac{1}{r/r_g}-\frac{\eta}{(r/r_g)^3}\right] \tag{17.90}$$

因此

$$-\Phi=\frac{\eta}{(r/r_g)^2}-\frac{1}{r/r_g}-\frac{\eta}{(r/r_g)^3} \tag{17.91}$$

很多分析和牛顿情形类似,但是现在我们必须包括特定的广义相对论项 $\eta(r/r_g)^{-3}$,它起到一个负势能的作用。重点是它的值随着 r 减小而增加的速度要比离心力项还要快很多。相应的广义相对论情形中的能量如图 17.9 所示。

$(r/r_g)^{-3}$项的出现引入了一个强的吸引势,如果粒子能够到达足够小的 r/r_g 处,这一项将会占主导。粒子的行为依赖于 η 的值。如果 η 很大,则粒子表现得或多或少如同牛顿情形一样,并且在 A 点获得零速度。然而对于足够小的 η,粒子就会出现由 DA'所描述的行为。在点 D 处,负广义相对论势能项变得足够大,足以平衡离心势能,并且粒子能够掉进 $r=0$ 处。如果 k^2-1 是负的,像 BB'这样的

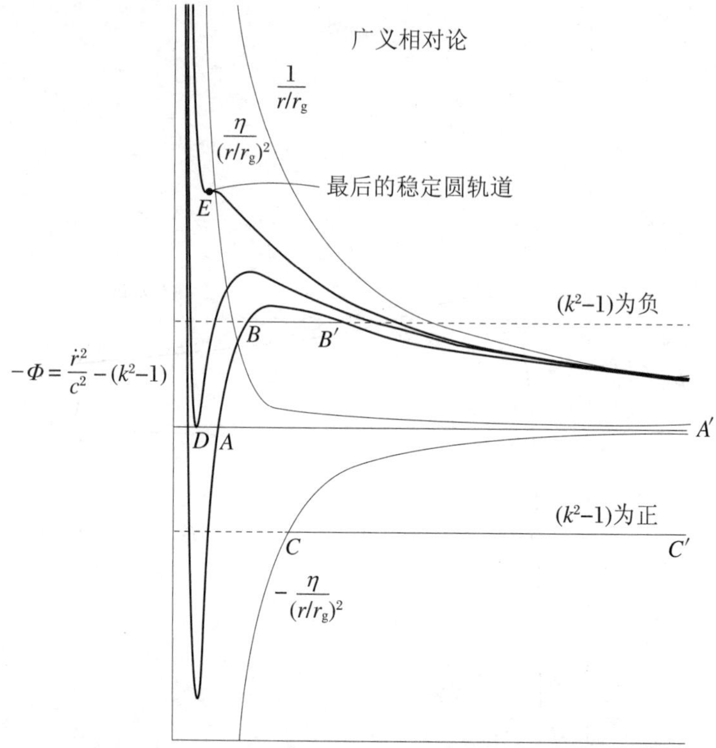

图 17.9　广义相对论中势 $-\Phi$ 的变化。除了与牛顿引力中相对应的两项外，还有一个和 $\eta(r/r_g)^{-3}$ 相关的吸引势。该项在靠近中心处占主导

束缚态轨道是可能存在，但是最终甚至像这样的束缚态轨道也不可能存在了。只要弦 BB' 的长度是有限的，那么一定范围的椭圆和圆形轨道是可能存在的，但是最终 η 减小到这样一个值，使得 B 和 B' 在点 E 重合，该处对应于围绕点质量 M 的最后稳定圆轨道(last stable circular orbit)。

从式(17.91)中可以很直接地算出不同类型的轨道对应的 η 的取值范围。极限点 D 对应于这样的粒子轨道：它从无穷远处以有限角动量下落，但尽管如此，它能够到达 $r=0$ 处。这一点出现在 $\Phi=0$ 的根即下式的根都相等的地方：

$$\frac{1}{(r/r_g)^3}\left[\eta\left(\frac{r}{r_g}\right)-\left(\frac{r}{r_g}\right)^2-\eta\right]=0$$

解这个方程，极限值出现在 $\eta=4, r/r_g=2$ 处。

最后稳定轨道出现在势能函数的转折点重合且 $d^2\Phi/dr^2=0$ 时。当 $\eta=3$ 时，转折点重合，相应的 $r/r_g=3$。对于粒子在黑洞附近运动，这是一个尤为重要的结果，特别是对于理解黑洞吸积盘的结构。在 $r<3r_g$ 处的圆轨道不稳定，且粒子朝着 $r=0$ 快速旋进。

这些结果描绘了在广义相对论中黑洞的起源。在牛顿理论中由离心势提供的

势垒在相对论中得到修正，这样即使粒子具有有限的角动量，它们也能够落入 $r=0$ 处。

17.7　行星轨道近日点进动

可以从施瓦西度规式(17.58)出发，通过能量方程(17.86)详细分析质量为 m 的检验粒子的轨道：

$$m\dot{r}^2+\frac{mh^2}{r^2}-\frac{2GMm}{r}-\frac{2GMmh^2}{r^3c^2}=mc^2(k^2-1) \tag{17.92}$$

这里，$\dot{r}$ 意指 $\mathrm{d}r/\mathrm{d}\tau$，并且对 τ 的依赖性可以通过用对 φ 的依赖性替代而被消除，为了得到用极坐标 r 和 φ 表示的轨道表达式

$$\dot{r}=\frac{\mathrm{d}r}{\mathrm{d}\tau}=\frac{\mathrm{d}r}{\mathrm{d}\varphi}\frac{\mathrm{d}\varphi}{\mathrm{d}\tau}=\frac{\mathrm{d}r}{\mathrm{d}\varphi}\dot{\varphi}=\frac{h}{r^2}\frac{\mathrm{d}r}{\mathrm{d}\varphi} \tag{17.93}$$

利用了式(17.75)。因此式(17.92)变为

$$\left(\frac{h}{r^2}\frac{\mathrm{d}r}{\mathrm{d}\varphi}\right)^2+\frac{h^2}{r^2}-\frac{2GM}{r}-\frac{2GMh^2}{r^3c^2}=c^2(k^2-1) \tag{17.94}$$

存在一个可以简化分析的标准替换 $u=1/r$。于是 $\mathrm{d}r=-(1/u^2)\mathrm{d}u$，并用 h^2 去除上式，得到

$$\left(\frac{\mathrm{d}u}{\mathrm{d}\varphi}\right)^2+u^2-\frac{2GM}{h^2}u-\frac{2GM}{c^2}u^3=\frac{c^2}{h^2}(k^2-1) \tag{17.95}$$

现在对 φ 微分：

$$\frac{\mathrm{d}^2u}{\mathrm{d}\varphi^2}+u=\frac{GM}{h^2}+\frac{3GM}{c^2}u^2 \tag{17.96}$$

这就是我们一直寻找的方程。将它和牛顿力学的结果相比较是有启发性的。能量守恒的牛顿定律是

$$\frac{1}{2}mv^2-\frac{GMm}{r}=\frac{1}{2}m(\dot{r}^2+r^2\dot{\varphi}^2)-\frac{GMm}{r}=\text{常量} \tag{17.97}$$

由于角动量守恒，$v_\varphi r=\dot{\varphi}r^2=h=$ 常量，这里 h 是比角动量，所以有

$$m\dot{r}^2+\frac{mh^2}{r^2}-\frac{2GMm}{r}=\text{常量} \tag{17.98}$$

采用推导式(17.96)时所用的代换，即除以 m，且令 $u=1/r$，然后将对时间的偏微分转换为对 φ 的偏微分，即

$$\frac{\mathrm{d}r}{\mathrm{d}t}=\frac{\mathrm{d}r}{\mathrm{d}\varphi}\frac{\mathrm{d}\varphi}{\mathrm{d}t}=\frac{h}{r^2}\frac{\mathrm{d}r}{\mathrm{d}\varphi} \tag{17.99}$$

我们得到

$$\left(\frac{\mathrm{d}u}{\mathrm{d}\varphi}\right)^2+u^2-\frac{2GM}{h^2}u=\text{常量}\tag{17.100}$$

对 φ 微分,我们得到牛顿表达式

$$\frac{\mathrm{d}^2u}{\mathrm{d}\varphi^2}+u=\frac{GM}{h^2}\tag{17.101}$$

表达式(17.96)和式(17.101)是相似的,重要的差别在于式(17.96)中$(3GM/c^2)u^2$ 的出现。我们已经知道式(17.101)的解,对于束缚轨道,这些是椭圆。注意,在极限 $c\to\infty$,$(3GM/c^2)u^2$ 项消失了,使得我们得以恢复到牛顿表达式(17.101)。在太阳系中,这一项是对牛顿解的非常小的修正。为了看到这一点,对于一个圆轨道 $u=$常量,我们可以比较式(17.96)右边两个"引力的"项,得

$$\frac{(3GM/c^2)u^2}{GM/h^2}=\frac{3u^2h^2}{c^2}=\frac{3v^2}{c^2}\tag{17.102}$$

因此对于轨道的修正是 v/c 的二次项。由于地球绕太阳运行的速度是 30 km·s^{-1},该修正项的大小大约仅有 3×10^{-8}。

虽然该项效应很小,它会导致行星轨道可以测量到的改变。在太阳系中最大的效应发现于水星绕太阳的轨道,它有点像椭圆,具有 $e=0.2$ 的椭率。行星距离太阳最近的位置被称为近日点,小的广义相对论修正会引起水星轨道近日点每经过一个轨道运动会发生一个小小的进动。让我们来计算圆轨道进动的大小。

对于一个圆轨道,$u=$常量,$\mathrm{d}^2u/\mathrm{d}\varphi^2=0$,在牛顿近似下,有

$$u=\frac{GM}{h^2}\tag{17.103}$$

将该解代入方程(17.96),并求解对轨道的一个小的扰动 $g(\varphi)$,则

$$u=\frac{GM}{h^2}+g(\varphi)\tag{17.104}$$

保留 $g(\varphi)$的一次项,有

$$\frac{\mathrm{d}^2g}{\mathrm{d}\varphi^2}+g\left[1-\left(\frac{3GM}{c^2}\right)\left(\frac{2GM}{h^2}\right)\right]=\frac{3GM}{c^2}\left(\frac{GM}{h^2}\right)^2\tag{17.105}$$

这是一个关于 g 的谐振方程,在非相对论极限下,$3GM/c^2\to0$,方程变为

$$\frac{\mathrm{d}^2g}{\mathrm{d}\varphi^2}+g=0\tag{17.106}$$

谐振动解的周期为 2π,换句话说,对应于一个完美的圆轨道。

由于存在相对论扰动项,行星轨道位相每转一圈都会稍稍偏离 2π。由表达式(17.105),我们发现

$$\omega^2=\left[1-\left(\frac{3GM}{c^2}\right)\left(\frac{2GM}{h^2}\right)\right]\tag{17.107}$$

轨道的周期

$$T=\frac{2\pi}{\left[1-\left(\frac{3GM}{c^2}\right)\left(\frac{2GM}{h^2}\right)\right]^{1/2}}\approx2\pi\left(1+\frac{3G^2M^2}{c^2h^2}\right)\tag{17.108}$$

因此每次轨道闭合都会稍微延迟。每个轨道相位的分数改变量是 $\mathrm{d}T/T = \mathrm{d}\varphi/(2\pi)$，由于 $h = rv$，所以

$$\frac{\mathrm{d}\varphi}{2\pi} \approx \frac{3G^2M^2}{c^2h^2} = \frac{3}{4}\left(\frac{2GM}{hc}\right)^2 = \frac{3}{4}\left(\frac{c}{v}\right)^2\left(\frac{r_g}{r}\right)^2 \tag{17.109}$$

对于椭圆轨道，精确解是

$$\frac{\mathrm{d}\varphi}{2\pi} = \frac{3}{4}\left(\frac{c}{v}\right)^2\left(\frac{r_g}{r}\right)^2\frac{1}{1-e^2} \tag{17.110}$$

这里的 e 是椭率。对于水星，$r = 5.8\times10^{10}$ m，$T = 88$ 天，$e = 0.2$，对于太阳 $r_g = 3$ km。因此理论上可预言水星近日点进动可以达到每百年 43″。这是对 19 世纪天体力学中未能解决的问题的非凡解答。即使其他行星对水星绕太阳运行的轨道产生的扰动被考虑进去，勒威耶在 1859 年发现对于水星仍然存在一个无法解释的每百年 43″的近日点的进动。爱因斯坦在 1915 年 11 月发表的广义相对论的伟大论文中，得意地指出这个问题精确地被广义相对论解释了。

这个效应在太阳系中非常小，但是在致密的密近双星系统中，它是非常大的。最著名的例子是双脉冲星 PSR 1913+16，其中的两个中子星绕着它们共同质心旋转。轨道周期仅为 7.75 小时，并且中子星轨道椭率 $e = 0.617$。在这种情况下，它们为椭圆轨道近心点进动速率提供了关于中子星质量的重要信息，同时也提供了非常灵敏的对广义相对论自身的检测[24]。

17.8　施瓦西时空中的光线

爱因斯坦早在 1905 年就意识到，由于物质的影响，光线必然发生偏折，并且在 1911 年，那广义相对论正式发表的 4 年前，他就劝说天文学家们去尝试测量太阳周围的光线偏折。预言中的偏折可以通过点质量的施瓦西度规来确定。光线沿着时空中 $\mathrm{d}s = \mathrm{d}\tau = 0$ 的路径传播；它们被称为零测地线（null geodesic）。这对能量和角动量守恒定律有重要的影响，式（17.73）和式（17.75）可分别被写成

$$\alpha\dot{t} = \left(1-\frac{2GM}{rc^2}\right)\frac{\mathrm{d}t}{\mathrm{d}s} = k,\quad r^2\dot{\varphi} = r^2\frac{\mathrm{d}\varphi}{\mathrm{d}s} = h \tag{17.111}$$

由于 $\mathrm{d}s = \mathrm{d}\tau = 0$，所以 k 和 h 都是无穷大的，虽然它们的比值是有限的。光线的传播方程可以通过将 $h = \infty$ 代入式（17.96）而得到，所以

$$\frac{\mathrm{d}^2u}{\mathrm{d}\varphi^2} + u = \frac{3GM}{c^2}u^2 \tag{17.112}$$

方程右边的项代表弯曲时空对光线传播的影响。注意到这里有一个有趣的极限情形，即光线绕黑洞做圆周运动。在这种情况下，式（17.112）左边第一项为零，且由

于 $u=1/r$,所以光子轨道的半径是

$$r = \frac{3GM}{c^2} = \frac{3r_g}{2} \tag{17.113}$$

回到不是非常极端的经过太阳附近的光线偏折的情况,让我们首先计算忽略 $(3GM/c^2)u^2$ 项时的光线路径。传播方程为

$$\frac{d^2 u}{d\varphi^2} + u = 0 \tag{17.114}$$

对于该方程,一个适当的解是 $u_0=\sin\varphi/R$,如图 17.10 所示,这里 R 是光线最接近中心质点的距离。这个解对应于一条直线,该直线与半径为 R 的(空)球相切。

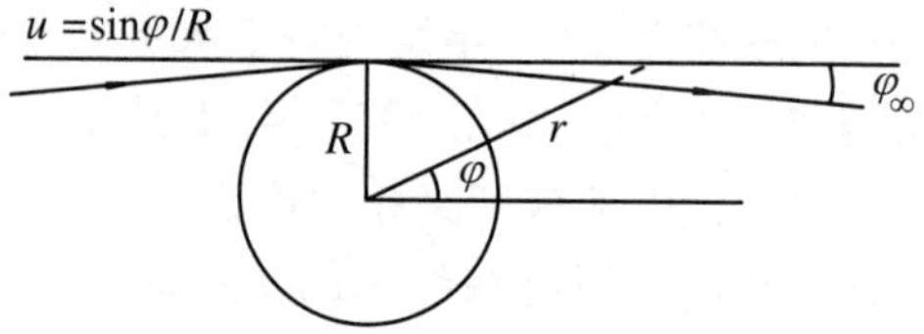

图 17.10　用于计算经过太阳附近光线偏折的坐标系统;$r=1/u$

为了寻找在下一阶近似下光线的路径,我们试图用 $u=u_0+u_1$ 去解方程(17.112)。于是,我们发现

$$\frac{d^2 u_1}{d\varphi^2} + u_1 = \frac{3GM}{c^2R^2}\sin^2\varphi \tag{17.115}$$

通过观察,一个合适的尝试解是 $u_1=A+B\cos2\varphi$。求导并令系数相等,导出下面 u 的解:

$$u = u_0 + u_1 = \frac{\sin\varphi}{R} + \frac{3GM}{2c^2R^2}\left(1+\frac{\cos2\varphi}{3}\right) \tag{17.116}$$

角 φ 应该非常小,于是我们可以采用近似:$\sin\varphi\approx\varphi$,$\cos2\varphi\approx1$。在极限 $r\to\infty$,$u\to0$ 下,我们得到

$$u = \frac{\varphi_\infty}{R} + \frac{3GM}{2c^2R^2}\left(1+\frac{1}{3}\right) = 0$$

所以

$$\varphi_\infty = -\frac{2GM}{c^2R} \tag{17.117}$$

从图 17.10 中可知,总的偏折角是 φ_∞ 的两倍,所以

$$\Delta\varphi = \frac{4GM}{c^2R} \tag{17.118}$$

对于正好掠过太阳边缘的光线,偏折角为 1.75″。

历史上,这是一个非常重要的结果。光线有一动量 $p=\hbar k$,因此可以利用卢瑟福散射公式来计算光线的偏折角。根据附录 A4.3 的分析得到

$$\Delta\varphi_{\text{Newton}} = \frac{2GM}{Rc^2} = 0.87''$$

这个结果在 1801 年被索德纳发现。这些预言导致了著名的 1919 年由爱丁顿和克罗姆林(Crommelin)领导的日食观测队的成立,他们是为了精确测量在日全食时太阳附近的恒星位置的偏折角。一个观测队去了巴西北部的索布拉尔(Sobral),另一个去了远离西非海岸的普林西比(Principe)岛。在索布拉尔取得的结果是 $1.98''\pm0.12''$,在普林西比岛取得的结果是 $1.61''\pm0.3''$。这些是对技术要求很苛刻的观测,并存在关于结果精确度的分歧。然而,后者明显和爱因斯坦的预言一致。从那时开始,在人们的心目中,爱因斯坦的名字成了科学天才的代名词。直到 1970 年代通过射电观测法找到了精确结果,这个问题才得以完全解决。

由于中间质量引起的背景恒星和星系图像的偏折在此前的 15 年里获得了巨大的发展,引力透镜这门学科已经成为了一个主要的和非常激动人心的天文学科。本专题前言中的专题图 7.1 展示了观测到的富星系团中心显著的光弧,星系团的质量作为一个引力透镜,它能放大和扭曲遥远背景星系的图像。这些图像能够非常详细地确定星系团中的质量分布,并且提供了星系晕和星系团中存在暗物质的使人信服的证据。

17.9　黑洞附近的粒子和光线

现在我们考虑粒子从无穷远处径向下落到 $r=0$ 的情况。我们从 $h=0$ 时的能量方程(17.86)开始:

$$m\dot{r}^2 - \frac{2GMm}{r} = mc^2(k^2-1) \tag{17.119}$$

如果粒子在无穷处静止,粒子的总能量是其静止能量 $E=mc^2$。因此根据式(17.81),$k=1$,这样

$$\dot{r}^2 = \left(\frac{\mathrm{d}r}{\mathrm{d}\tau}\right)^2 = \frac{2GM}{r} \tag{17.120}$$

这个方程描述了用在所在位置处测得的固有时间表示的粒子动力学。采用积分

$$\int_{\tau_1}^{\tau_2}\mathrm{d}\tau = -\int_{r_1}^{0}\frac{r^{1/2}}{(2GM)^{1/2}}\mathrm{d}r$$

我们得到

$$\tau_2 - \tau_1 = \left(\frac{2}{9GM}\right)^{1/2} r_1^{3/2} \tag{17.121}$$

因此粒子以有限固有时间从 r_1 下落到 $r=0$,并且在施瓦西半径 r_g 处没有任何奇

怪的事情发生。然而，在无穷远处的观测者却对时间有不同的观点。观测者测到的是 $\mathrm{d}t$，而不是 $\mathrm{d}\tau$。由 $\mathrm{d}\varphi=0$ 和度规式(17.66)，得

$$\mathrm{d}s^2 = \mathrm{d}\tau^2 = \alpha\mathrm{d}t^2 - \frac{1}{c^2}\alpha^{-1}\mathrm{d}r^2 \tag{17.122}$$

上式可被写为

$$\mathrm{d}t^2 = \alpha^{-1}\mathrm{d}\tau^2 + \frac{1}{(c\alpha)^2}\mathrm{d}r^2 \tag{17.123}$$

利用式(17.120)，我们可以通过将 $\mathrm{d}\tau^2$ 代入上式去找 $\mathrm{d}t$ 和 $\mathrm{d}\tau$ 的关系。经过一些变换，我们发现

$$\mathrm{d}t = -\frac{\mathrm{d}r}{c\left(\dfrac{2GM}{rc^2}\right)^{1/2}\left(1-\dfrac{2GM}{rc^2}\right)} = -\frac{\mathrm{d}r}{c\left(\dfrac{r_{\mathrm{g}}}{r}\right)^{1/2}\left(1-\dfrac{r_{\mathrm{g}}}{r}\right)} \tag{17.124}$$

我们现在可以积分得到从 r_1 下落到 $r=0$ 的坐标时间 t：

$$t = \int_{t_1}^{t_2}\mathrm{d}t = -\frac{1}{cr_{\mathrm{g}}^{1/2}}\int_{r_1}^{0}\frac{r^{3/2}}{r-r_{\mathrm{g}}}\mathrm{d}r \tag{17.125}$$

因此当 r 趋近于 r_{g} 时，如同远处观测者所看到的一样，坐标时间 t 发散：虽然粒子用了有限的时间下落到 $r=0$，根据外部观测者，它却花费了无穷的时间去到达施瓦西半径 r_{g}。这些不同的行为如图 17.11 所述。

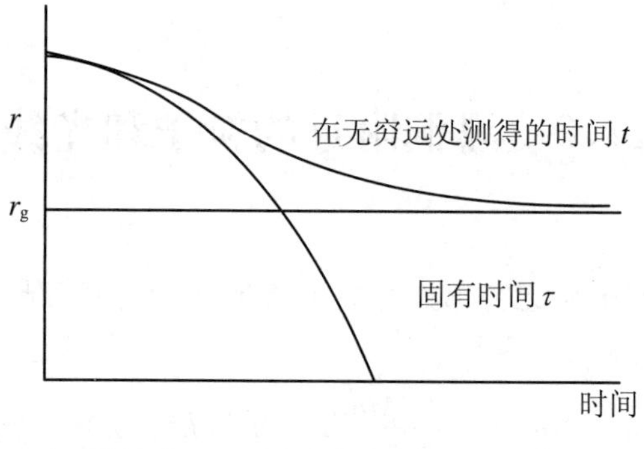

图 17.11　对于检验粒子从无穷远处静止径向下落到 $r=0$ 处，固有时间 τ 和无穷远处测得的时间 t 的比较

相应地，当 $r\to r_{\mathrm{g}}$ 时，远处观测者所测得的光信号渐渐被红化。根据度规式(17.58)，从场中某点发射信号，其固有时间间隔为

$$\mathrm{d}s = \mathrm{d}\tau = \left(1-\frac{2GM}{rc^2}\right)^{1/2}\mathrm{d}t \tag{17.126}$$

因此相应的频率为

$$\nu_{\mathrm{obs}} = \left(1-\frac{2GM}{rc^2}\right)^{1/2}\nu_{\mathrm{em}} = \left(1-\frac{r}{r_{\mathrm{g}}}\right)^{1/2}\nu_{\mathrm{em}} \tag{17.127}$$

这里 ν_{em}和 ν_{obs}分别是发射频率和观测频率。根据广义相对论，由该式可导出关于引力红移 z_{g} 的正确表达式：

$$z_g = \frac{\Delta\lambda}{\lambda} = \left(1 - \frac{r_g}{r}\right)^{-1/2} - 1 \tag{17.128}$$

因此当 $r \to r_g$ 时，引力红移趋向于无穷大。换句话说，当光子从离 r_g 越来越近的地方发射时，其观测到的频率将趋向于零。结果，我们不能观测到从 $r < r_g$ 处发出的光信号。光信号当然可以向内到达 $r = 0$，但是在 r_g 以内则不能向外从 r_g 传出去。

我们已经揭示了一些黑洞的性质。它们黑是由于没有辐射可以通过 r_g 向外传播；它们是洞，因为如果物质太接近施瓦西半径 r_g 的话，它将不可避免地掉入 $r = 0$ 处的奇点。类似的性质在旋转的或者说克尔黑洞这样更一般的情况下也被发现了。

各式各样的奇点出现在施瓦西度规的标准形式中。在 $r = r_g$ 处的奇点现在被理解成非真实的物理奇点，是和坐标系的选择相联系的。在其他的坐标系统中，如克鲁斯卡尔（Kruskal）或者芬克尔斯坦（Finkelstein）坐标系中，这种奇点就消失了。仑德勒在他的书《相对论：狭义的、广义的和宇宙学的》（*Relativity: Special General and Cosmological*）[12]中讨论了广义相对论中关于这些坐标系统特性的更多细节。相反，在 $r = 0$ 处的奇点看来像一个真实的物理奇点。因此理论里似乎缺了一些东西。一个明显的猜测是，我们需要用一个引力的量子理论去消除该奇点，但是这样的理论目前还不存在。

17.10　施瓦西黑洞周围的圆轨道

为了完成这个广义相对论的简单介绍，让我们用施瓦西度规去计算绕黑洞做圆轨道运动的粒子的一些性质。这些研究对高能天体物理极其重要，特别是在研究黑洞周围的吸积盘时。朝黑洞下落的物质不太可能具有零角动量，结果，沿着下落物质的旋转轴方向发生了塌缩，导致了垂直于轴的吸积盘的形成。我在《高能天体物理》（*High Energy Astrophysics*）卷二[24]中，已经讨论过了薄吸积盘的一些基本特征。本质上来说，吸积盘中的物质沿开普勒轨道绕黑洞运动。为了使物质能够到达最内稳定轨道 $r = 3r_g$ 处，它必须损失角动量，这些是通过在较差转动盘中的黏滞力来实现的。黏滞力导致角动量向外传输，使得物质朝着最内稳定轨道 $r = 3r_g$ 缓慢旋进，同时，将盘加热到一个极高的温度。让我们用我们已经发展了的工具去理解，当物质移向最内稳定轨道时，有多少能量被释放出来。

我们在 17.6.1 小节中指出过，在无穷远处观测到的检验粒子绕黑洞运动的总能量是 $E = kmc^2$。由式(17.86)得

$$m\,\dot{r}^2 + \alpha m\,(r\dot{\varphi})^2 - \frac{2GMm}{r} = mc^2(k^2 - 1) \tag{17.129}$$

对于圆轨道，$\dot{r}=0$ 并且 $r^2\dot{\varphi}=h$ 是运动不变量。因此

$$\frac{\alpha mh^2}{r^2}-\frac{2GMm}{r}=mc^2(k^2-1) \tag{17.130}$$

h 的值可以由式(17.96)得到。对于一个圆轨道，$\mathrm{d}^2u/\mathrm{d}\varphi^2=0$，所以

$$u=\frac{GM}{h^2}+\frac{3GM}{c^2}u^2$$

因此

$$h^2=\frac{GMr}{1-\dfrac{3GM}{rc^2}} \tag{17.131}$$

在非相对论情形中，式(17.131)化简为对于比角动量的牛顿结果，即 $h^2=GMr$。在 $r=3r_g$ 处绕黑洞运动的最内稳定轨道情形下，$h=\sqrt{12}GM/c$。如同可以从式(17.82)中看到一样，速度四维矢量的切向分量是

$$\gamma v=r\frac{\mathrm{d}\varphi}{\mathrm{d}\tau}=r\dot{\varphi}=\frac{h}{r} \tag{17.132}$$

因此对于最内稳定轨道，$\gamma v=1/\sqrt{3}$(译注：原文中有误)且 $v=0.5c$：粒子在最内稳定轨道上以一半的光速运动。

将式(17.131)代入式(17.130)，我们得到重要的结果

$$k=\frac{1-\dfrac{2GM}{rc^2}}{\left(1-\dfrac{3GM}{rc^2}\right)^{1/2}} \tag{17.133}$$

在牛顿极限中，这个结果被简化为

$$E=kmc^2=mc^2-\frac{GM}{2r} \tag{17.134}$$

该式表示了粒子静止能量 mc^2 和它绕点质量圆轨道的束缚能之和。我们回忆到，对于束缚圆轨道，动能 T 等于引力势能大小 $|U|$ 的一半，即

$$T=\frac{1}{2}|U| \tag{17.135}$$

此式为恒星动力学的位力定理。引力势能是负值，所以粒子的总能量是

$$E_{\text{orbit}}=T+U=\frac{GM}{2r}-\frac{GM}{r}=-\frac{GM}{2r} \tag{17.136}$$

根据牛顿引力，如果粒子从无穷远处静止释放，则它朝着点质量下落，即 $T=|U|$。因此如果它不丢失动能，它将要返回无穷远处。然而，为了获得一个束缚态轨道，粒子必须损失一半的动能，损耗成为热量或者其他的物理过程。因此总能量的表达式告诉我们，必须释放多少的能量，才能使得粒子在那个半径上可以获得一个束缚轨道。这就是为什么它经常被指代为粒子轨道的束缚能——必须给粒子提供这么多能量才能使得它能返回到 $r=\infty$ 处。

在广义相对论中结果可以直接由式(17.133)得到。束缚能的表达式变为

$$E_{\text{orbit}} = E - mc^2 = (k-1)mc^2 = \left[\frac{1-\dfrac{2GM}{rc^2}}{\left(1-\dfrac{3GM}{rc^2}\right)^{1/2}} - 1\right]mc^2 \tag{17.137}$$

它描述的是物质从无穷远处下落到绕黑洞半径为 r 的圆轨道时，有多少能量被释放。根据这个讨论的牛顿版本式(17.136)，可知可利用的能量不受限制，当 $r\to\infty$ 时，束缚能趋向于无穷。这些在广义相对论中是不会发生的，正如式(17.137)所描述的那样。图 17.12 中束缚能作为半径的函数说明只有部分束缚能可被用于给双 X 射线源、活动星系核和类星体提供能量。

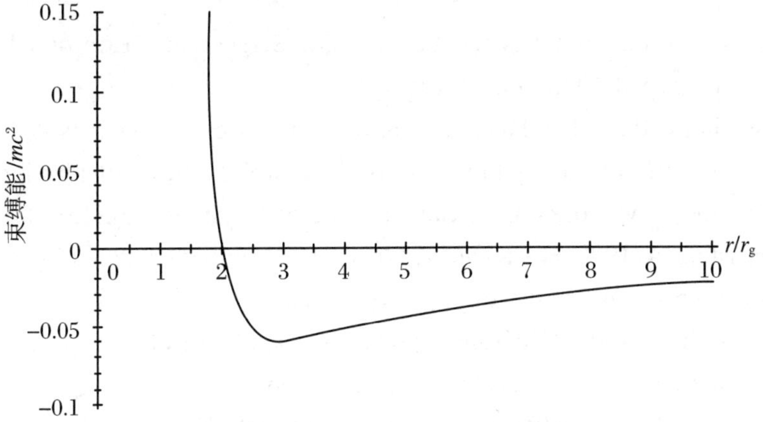

图 17.12　在施瓦西度规中圆轨道的束缚能(单位为 mc^2)随着距离坐标为 r(单位为 r_g)的变化。最后稳定轨道出现在 $r/r_g=3$ 处，施瓦西半径出现在 $r/r_g=1$ 处

最大束缚能出现在 $r=3r_g$ 的最内稳定轨道处，它是

$$E_{\text{orbit}} = -\left[1-\left(\frac{8}{9}\right)^{1/2}\right]mc^2 = -0.057\,2mc^2 \tag{17.138}$$

这是一个非常重要的结果，理由如下：

(1) 为了到达最内稳定轨道，5.72%的粒子静止能量必须被释放。这几乎比核反应所释放的能量大一个量级。例如，如果 4 个氢原子核结合形成一个氦核，仅仅有 0.7%的氢原子静止能量被释放。

(2) 最内稳定轨道的半径表征了质量为 M 的天体释放引力束缚能最密集的尺度。如果观测到来自任何源的时标为 τ 的时间变化，因果律要求源的半径 r 不超过 $c\tau$。最内稳定轨道半径是质量为 M 的天体辐射能量的最小尺度。

(3) 通过旋转黑洞的吸积，可以获得更高的能量释放效率。克尔(Roy Kerr)在 1962 年发现了旋转黑洞的爱因斯坦场方程的解。对于一个旋转很快的黑洞，接近 42%下落物体的静止能量可以被释放，它提供了一种巨大的能源，可以为极端天体(如类星体、射电星系等)提供能量。

注意式(17.137)有一个有趣的特征。对于 $r=2r_g$ 的轨道，束缚能为零，虽然这样的轨道是不稳定的。由图 17.9 可知束缚能是半径 r 的函数。在该图中,它准确地对应通过点 D 的轨迹。一个从点 A 沿着轨迹到达点 D 的粒子能从无穷远处下落到 $r=0$ 处,尽管它具有有限角动量。这个轨道具有零束缚能。

17.11 参考文献

[1] Pais A. 1982. Subtle is the Lord... The Science and Life of Albert Einstein. Oxford: Clarendon Press.

[2] Stachel J. 1995. The History of Relativity//Brown L M, Pais A, Pippard A B. Twentieth Century Physics: Vol. 1. Bristol: Institute of Physics Publishing and New York: American Institute of Physic Press: 249 - 356.

[3] Einstein A. 1922. His Kyoto Address of December, 1922. Ishiwara J. 1977. Einstein Koen-Roku. Tokyo: Tokyo-Tosho.

[4] Einstein A. 1907. Jahrbuch Radioaktiv. Elektronik, 4: 411 - 462.

[5] Einstein A. 1911. Ann. Phys., 35: 898 - 908.

[6] Soldbe J G von. 1804. Berliner Astr. Jahrbuch: 161.

[7] Einstein A. 1912. Ann. Phys., 38: 1059.

[8] Einstein A. 1922. In Ishiwara (1977), Op. Cit.

[9] Einstein A. 1916. Die Grundlage der Allgemeinen Relativitätstheorie. Leipzig: J. A. Barth: 6.

[10] Einstein A, Grossmann M. 1913. Z. Math. Physik, 62: 225.

[11] Berry M. 1955. Principles of Cosmology and Gravitation. Cambridge: Cambridge University Press.

[12] Rindler W. 2001. Relativity: Special, General and Cosmological. Oxford: Oxford University Press.

[13] Weinberg S. 1972. Gravitation and Cosmology. New York: John Wiley and Sons.

[14] d'Inverno R. 1922. Introducing Einstein's Relativity. Oxford: Clarendon Press.

[15] Misner C W, Thorne K S, Wheeler J A. 1973. Gravitation. San Francisco: Freeman and Co.

[16] Will C M. 1993. Theory and Experiment in Gravitational Physics. Cambridge: Cambridge University Press.

[17] The Satellite Test of the Equivalence Principle(STEP) is Described at http://www.sstd.rl.ac.uk/fundphys/step/.
[18] Rindler W. 2001. Op. Cit.:19.
[19] Einstein A. 1920. Unpublished manuscript, now in the Pierpoint Morgan Library, New York//Pais. 1982. Op. Cit.:178.
[20] This Statement is due to Prof. Anthony Lasenbt in His Lectures on Gravitation and Cosmology.
[21] Eddington A S. 1927. Stars and Atoms. Oxford: Clarendon Press: 52.
[22] Schwarzschild K. 1916. Sitz. Preuss. Akad. Wissenschaften: 189.
[23] Shapiro S L, Teukolsky S A. 1983. Black Holes, White Dwarfs and Neutron Stars: the Physics of Compact Objects. New York: John Wiley and Sons.
[24] Longair M. 1997. High Energy Astrophysics: Vol. 2. Cambridge: Cambridge University Press.

第 17 章附录　各向同性弯曲空间

A17.1　非欧几里得几何简史

在 18 世纪的后期，非欧几里得几何（非欧几何）空间开始被数学家们认真对待，他们意识到欧几里得第五公设即平行线仅在无穷远处相交，对于构建自洽的几何学来说，或许不是本质的。兰伯特（Lambert）和萨凯里（Saccheri）讨论了第一个提议：关于空间的全局几何可能不是欧几里得几何。在 1786 年，兰伯特注意到，如果空间是双曲而非平直的，空间的曲率半径可以被用作独立的距离的测量。在 1816 年，高斯在给格宁（Gerling）的信中重复了这个提议，并且据说通过测量在哈茨山脉三个峰之间的三角形内角和，他已经检验了空间是否是局部欧几里得空间。

非欧几何之父是俄国的罗巴切夫斯基（Nicolai Ivanovich Lobachevski）和匈牙利的亚诺什（Janos Bolyai）。罗巴切夫斯基在他的《论几何原理》（*On the Principles of Geometry*）（出版于 1829 年）中最终解决了非欧几何的存在性问题，并且指出了欧几里得第五公设不能从其他的公设推演而来。经过黎曼（Bernhard Riemann）的研究，非欧几何被建立在了坚实的理论基础之上，经过克里福德（Clifford）和凯里（Cayley）的工作，这些思想才得以被介绍到了母语为英语的国家中。

爱因斯坦的不朽成就是利用黎曼几何和张量计算，将狭义相对论和引力理论结合了起来，创立了广义相对论。在对理论系统化的多年里，爱因斯坦意识到，他有了可以建立一个完全自洽的作为一个整体的宇宙模型的工具。在爱因斯坦的模型里(将要在第 19 章中讨论)宇宙是静态的、封闭的,且具有各向同性的球对称几何。弗里德曼(Friedman)发表于 1922 年和 1924 年的解也是各向同性模型,但是它们是膨胀解,并且包括了球对称、平直和双曲几何。

事实证明,为了欣赏各向同性弯曲空间的几何特性,没有必要陷入黎曼几何的细节上。我们能够简单证明,为什么只有在各向同性弯曲空间里,空间任何区域的二维曲率 k 在该空间中才都是常量,并且仅仅能取正数、零或者负数。下面讨论的精髓是由朔伊尔博士最早告诉我的。

A17.2 平行移动和各向同性弯曲空间

首先考虑最简单的二维弯曲几何——球的表面(图 A17.1)。在图中,从北极一直到赤道画两条线,再沿着赤道画一条线,三角形就完成了。为简化问题,我们首先考虑这样的情形:线 AB 和线 AC 之间在北极的角度是 90°。三角形的三条边都是球面上大圆的一部分,因此是三角形三个顶点间的最短距离。这三条线是弯曲几何中的测地线。

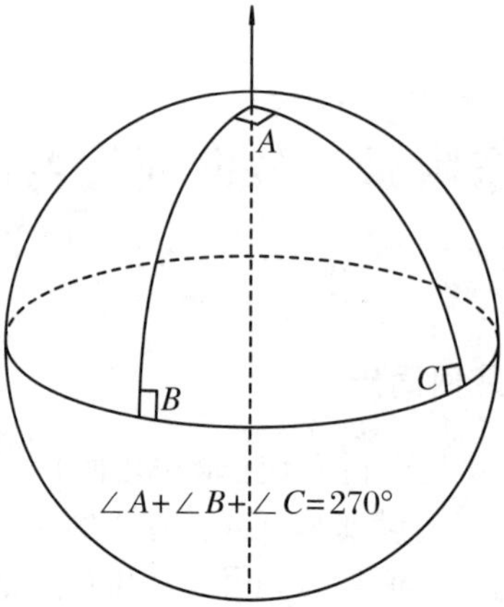

图 A17.1 球面三角形的内角和

我们需要一种程序去解决非欧几里得的弯曲几何是怎样的。通常的方法是借助于被称为矢量的平行位移或平行移动的程序,即沿着一个封闭图形(如图 A17.1 中的三角形)画一个完整的圈。假设我们以一个在极点 A 处的小矢量开始,该矢量垂直于 AC,且在所示的球面中。保持其垂直于 AC,让矢量从 A 点到 C 点平行移动。在 C 点,我们将矢量旋转 90°,这样它现在垂直于 CB 了。然后平移矢量,保持其垂直于 BC,到顶点 B。我们再次旋转矢量 90°,使其垂直于 BA,然后平行移动回到 A 点。在那一点,我们最后旋转 90°使得矢量回到它原始的方向。因此矢量总的旋转角度是 270°。显然,球的表面是一个非欧几何空间。这个程序描述了我们如何完全在二维空间里得到任何二维空间的几何特性。

另一个简单的估计显示了球表面平行移动的重要特征。假设在 A 点的角不是 90°，而是任意的角度 θ。然后，如果球的半径是 R_c，则弯曲三角形 ABC 的面积是 θR_c^2。因此如果 $\theta = 90°$，则三角形的面积是 $\pi R_c^2/2$，且其角度总和是 270°；如果 $\theta = 0°$，则三角形的面积是零，且其角度总和是 180°。这些说明了三角形的内角之和与 180°的差正比于三角形的面积，即

$$\text{三角形内角和} - 180° \propto \text{三角形的面积} \tag{A17.1}$$

这个结果是各向同性弯曲空间的一个一般特性。

让我们再次让矢量沿着回路转一圈，但是现在是在一般的二维空间中。用光线定义一个小的面积 $ABCD$，光线在二维空间中沿着零测地线传播。考虑两条光线（OAD 和 OBC），光线 AB 和光线 DC 相交于 O 点，如图 A17.2(a)所示。选择这样的光线 AB 和光线 DC，使得它们相交并垂直于光线 OAD。我们在 A 点，以绕着回路且平行于 AD 移动的矢量开始。然后通过平行移动，沿着 AB 移动矢量，直到其到达 B 点。在这一点，它必须顺时针旋转 $90° - \beta$ 度，使得它在 B 点垂直于 BC。然后沿着 BC 移动到 C 点，在那里顺时针旋转角度为 $90° + (\beta + \mathrm{d}\beta)$ [图 A17.2(a)]，目的是为了让其在 C 点垂直于 CD。然后可以看出，在 B 点附加的旋转和 C 点的具有相反的符号，由于 CD 和 AB 都垂直于光线 AD，过 C 点，矢量平移的后续旋转是 180°。因此绕着回路总的旋转是 $360° + \mathrm{d}\beta$，$\mathrm{d}\beta$ 是关于二维空间偏离欧几里得几何的一种量度，对于欧几里得几何，$\mathrm{d}\beta = 0$。

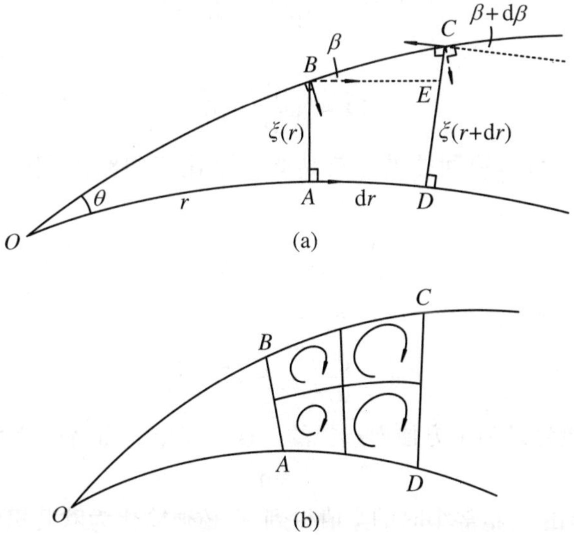

图 A17.2　(a)描述某矢量沿着小线圈 $ABCD$ 平行移动，小线圈是由光线 OBC，OAD，AB 和 DC 组成的；(b)描述的是沿着子回路的旋转线性地加起来是如何等于总的旋转 $\mathrm{d}\beta$ 的

现在，矢量的旋转角度 $\mathrm{d}\beta$ 必须依赖于这样一个回路的面积。在一个各向同性空间中，无论我们将回路放在一个二维空间中的何处，我们会得到相同的旋转。进

一步,如果我们将回路分成许多的子回路,那么这些子回路的旋转线性地加起来等于总的旋转角度 $d\beta$[图 A17.2(b)]。因此在一个各向同性二维空间中,旋转角度 $d\beta$ 正比于回路 $ABCD$ 围成的面积。我们得出结论:$d\beta$ 和回路围成的面积必须在弯曲二维空间中处处是常量,正如在图 A17.1 中球对称面的特定情况一样。

复杂性在于,由于空间是非欧几里得空间,我们不知道如何将 AB 的长度和沿着光线的测地线距离 $OA = r$ 以及 AB 在起点处的角度联系起来。因此我们必须将距离 AB 写为一个关于 r 的未知函数 $\xi(r)$[图 A17.2(a)],于是有

$$\theta = \frac{\xi(r)}{r} \tag{A17.2}$$

测地线 OBC 和垂直于 AB 的线之间的角度 β,可以通过沿着测地线 OBC 移动距离 dr,ξ 的变化来表示[图 A17.2(a)]:

$$\xi(r + dr) = \xi(r) + \frac{d\xi}{dr}dr \tag{A17.3}$$

由小三角形 BCE 的几何性质,我们可以写出

$$\beta = \frac{d\xi}{dr} \tag{A17.4}$$

沿着测地线 OBC 走过一段距离 Δr,角度变为

$$\beta + d\beta = \frac{d\xi}{dr} + \left(\frac{d^2\xi}{dr^2}\right)\Delta r \tag{A17.5}$$

因此净旋转

$$d\beta = \left(\frac{d^2\xi}{dr^2}\right)\Delta r \tag{A17.6}$$

但是我们已经讨论过,绕回路的净旋转必须正比于回路围成的面积 $dA = \xi\Delta r$。因此

$$\left(\frac{d^2\xi}{dr^2}\right)\Delta r = -\kappa\xi\Delta r$$

从而

$$\frac{d^2\xi}{dr^2} = -\kappa\xi \tag{A17.7}$$

这里 κ 是常量,负号是为了方便而选择的。这是简单的简谐运动方程,它的解为

$$\xi = \xi_0 \sin\kappa^{1/2} r \tag{A17.8}$$

ξ_0 的表达式可以由 r 非常小时的 ξ 值得到,ξ 必须简化为欧几里得表述 $r\theta$。因此 $\xi_0 = \theta/\kappa^{1/2}$,且

$$\xi = \frac{\theta}{\kappa^{1/2}}\sin\kappa^{1/2} r \tag{A17.9}$$

常量 κ 被定义为二维空间的曲率,可以取正值、负值或者零。如果它为负值,我们可以写成 $\kappa = -\kappa'$,这里 κ'是正值,于是回路的函数变为双曲函数:

$$\xi = \frac{\theta}{\kappa'^{1/2}}\sinh\kappa'^{1/2} r \tag{A17.10}$$

在 $\kappa=0$ 的情况下，我们发现了欧几里得结果：

$$\xi = r\theta \tag{A17.11}$$

这些结果包括了所有可能的各向同性二维弯曲空间。常量 κ 可以是正值、负值或者零，分别对应于球对称、双曲线或者平直空间。在几何术语中，$R_c=\kappa^{-1/2}$是各向同性弯曲空间(图 17.5)中的一个二维截面的曲率半径，并且在所有点和平面中各种取向都有相同的值。将 ξ 写成如下形式往往是很方便的：

$$\xi = \theta R_c \sin\frac{r}{R_c} \tag{A17.12}$$

这里，对于封闭球对称几何，R_c 是实数；虚数对应于开放的双曲几何；无穷大对应于欧几里得几何。

如图 A17.1 所示，此类空间最简单的例子是球对称几何，这里 R_c 仅仅是球的半径。双曲空间想象起来则更加复杂。R_c 是虚数，这个事实可以用曲面的曲率主半径具有相反的符号来解释。二维双曲空间的几何可以被表示成马鞍形(图 17.6)，正如一个二维球提供了一种对球对称二维空间的可视化。

第 18 章　宇宙学技术

18.1　引　　言

这一章与本书的其他部分有很大差异。我坚信，天体物理宇宙学如非实验学科，至少也是一门可观测的科学。天体物理的研究水平仅仅依赖于对宇宙学和天体物理学理论进行验证的观测数据的质量。本章的目的是探索那些使天体物理宇宙学能够严格基于坚实的观测基础的技术。在讲述这些技术的过程中，我们会遇到很多英雄人物，在我看来，他们应得到比那些在宇宙学发展过程中扮演开拓者角色的更为出名的理论物理学家更多的荣誉。

我之所以将这一章写进书里，是为了让强硬派的理论学家了解那些实验天才们在发展理论中所起的重要作用。本章在很多方面试图重复彼特·盖里森在其粒子物理杰作《图像与逻辑》中所取得的成功，但是在一个更为适度的水平上介绍宇宙学。若没有富有想象力的新技术的发展来面对理论带来的挑战，理论物理就会缺乏实验验证。

为简单起见，20 世纪天体物理宇宙学的革命可以追溯到 19 世纪传承下来的三个伟大技术发展：① 天体光谱学；② 视差的测量，因此可以得到恒星的距离；③ 摄影术的发明。写该部分综述是因为我把对恒星的了解作为宇宙学不可或缺的一部分，没有对恒星物理的很好理解，就不可能对天体物理宇宙学有更好的理解。这些故事更为详细的内容可以参考 18.10 节的文献[2]～[10]。

18.2　约瑟夫·夫琅禾费

我们已经在 11.2 节中叙述了夫琅禾费(Joseph Fraunhofer)在制作极高品质光学器件方面所做出的主要技术贡献。这使他发现了太阳光谱中的大量吸收线。反过来，这也直接促成了基尔霍夫、本生和其他人在认证这些吸收线作为太阳大气中不同元素的识别标志方面的出色工作。从光学技术的观点来说，夫琅禾费可以将这些光谱线作为定量精确描述望远镜和透镜色散性质的波长标准。这使望远镜得到了改善，也使抛光和测试方法得到了改良。这些技术的改善使得随后出现了当时最好的天文望远镜。夫琅禾费的代表作是为斯特鲁韦(Wilhelm Struve)建造的位于多帕特的 24 cm 多帕特望远镜，现在被放置在爱沙尼亚的塔尔图天文台。

同样重要的还有夫琅禾费为贝塞尔(Friedrich Bessel)建造的位于哥尼斯堡的 16 cm 的太阳仪。经唐纳德(John Dolland)设计后，这个太阳仪包含一个被切成两半形成两个 D 形的透镜。分离恒星的图像可以汇集到一起，它们的距离可以从螺旋测微仪上的度数精确测量出来。这个望远镜被贝塞尔用来测量附近的恒星天鹅座 61 的运动。1838 年，他发表了这颗恒星的视差，即由于地球相对太阳的运动而使它在天空发生的位置变化。有了视差，这颗恒星的距离就可以被计算出来。测量到的视差约等于一弧秒的三分之一，这是第一次直接测量到非日恒星的距离。这是一个关键性的观测，直接证实了当时普遍持有的一个观点：恒星是类似于太阳的天体。但是视差测量是一件相当困难的事情，直到 1900 年，仅仅测量到 100 个视差。

18.3　摄影术的发明

第三个对天文学和天体物理学的发展有重要贡献的是达盖尔(Louis Daguerre)和塔尔伯特(Fox Talbot)，他们发明了摄影术。达盖尔是位杰出的人物，早年他是税务局的一名官员，后来成为歌剧院的一名风景画家。探索记录图像的方法渐渐发展为摄影术，这是从发现一些天然化合物暴露在有光的环境中时会变成不溶物开始的。在他的实验过程中，达盖尔发现用碘处理过的银纸也对光敏感。到 1835 年，他为潜影的发现做出了重要的贡献，潜影被记录在对光敏感的纸上，即使是光线不够亮也足以使纸变暗。潜影可以通过在汞蒸气中曝光得到改良，并且可以通过很浓的盐溶液固定。潜影的使用意味着曝光时间被缩短到 20～30 min。令人兴奋的是，1839 年 1 月 9 日，巴黎天文台的台长、天文学家阿拉果宣布了所谓的银版照相过程的发现。

几乎在同一时间，英格兰的塔尔伯特也宣布了相同的发现。在随后的一年里得到了第一个天文学图像，但是摄影过程很缓慢。最早的几张之一(对我来说也是最感人的一张照片)是 1839 年 2 月在斯劳，赫歇尔(John Herschel)透过他们家窗户拍摄的他父亲的 40 ft 望远镜。在两小时的曝光中，可以清楚地看到望远镜巨大管子的支架，这个望远镜在第二年被拆掉了(图 18.1)。赫歇尔对摄影术的兴趣非常浓厚,他发明了很多专业术语,包括摄影术、正片、负片等。

图 18.1 赫歇尔 1839 年的照片,透过他们在斯劳的房子的窗户可以看到他父亲 40 ft 望远镜的支架部分(引自 Learner R. 1981. Astronomy through the Telescope. London: Evans Brothers. 感谢科学博物馆的科学与社会学图片库)

接下来的重要发展是 1851 年由阿切尔(Frederick Scott Archer)发明的湿板火棉胶摄影术。这个过程中产生了精细的底片,且天文图像的曝光时间减少到 10～15 min。湿板火棉胶摄影术的过程如下:

(1) 把火棉胶(火药棉或者硝酸纤维素)和溶于乙醚的碘化钾混合物覆盖在干净的玻璃板上。

(2) 让乙醚蒸发,当还发黏的时候,将其浸泡在硝酸银溶液中,稍后与溴化银混合,其质量得到改善。

(3) 让硝酸银溶液与碘化钾发生反应产生不溶性沉淀——碘化银。

(4) 让玻璃板曝光,但不要使它干掉。一旦曝光、显影、干燥,一个永久性的负片就产生了。

(5) 最后,慢慢地在蛋白涂层纸上打印出正片。

湿板法能很快得到有细密纹理的玻璃板,因此它很快就取代了银版。这些发明在 1850 年代引发了巨大的摄影狂潮,许多商业摄影工作室陆续建立。卡梅伦(Julia Margaret Cameron)在她众多的 19 世纪人物肖像中使用了湿火胶棉方法,这些肖像中包括晚年赫歇尔的著名肖像图。

对改良摄影材料的探索一直持续到 19 世纪末。摄影术的繁荣意味着它在天文学中不会无用武之地。同时,望远镜的设计还是需要改良的,因为望远镜是用来记录摄影图像的，所以其设计相比于目视观测，必须能够精度更高地跟踪和引导，目视观测的曝光时长由眼睛的反应时间决定，一般只有 0.1 s。接下来，我们还是先讲完摄影术的发展历程。

第一个使用湿火棉胶法得到的光谱是 1872 年由德雷柏（Henry Draper）对明亮的织女星拍摄得到的。这个光谱包括氢的 α 和 β 线，以及随后被检测出的氢系列的其他 7 条线。1886 年，这些氢线被巴尔末用到了他的一篇非常著名的论文中。在这篇文章中，他提出了氢原子光谱的巴尔末公式，这是人类发现的第一个量子公式。

19 世纪 70 年代中期发明了干火棉胶方法，这使得摄影变得更加简便。对摄影材料的探索仍在继续，并在马多克斯（R. L. Maddox）和班尼特（Charles Bennett）发现一种乳液材料时达到高潮。这种乳液是由银盐悬浮在凝胶中形成的。几年以后，对星团和星云有了极好的天文图像，显示出摄影术在天文学中的非凡力量。进一步的改进工作是让玻璃板暴露在高温中或者在其中加入氨水——这是使用超敏感摄影感光板暗黑技艺的开始——提高它们的量子效率，实际上可以达到 1%～2%。

令人吃惊的是摄影术开拓者们在小型望远镜上发展了他们的技术，而天文学家使用的较大的望远镜仍然是用来做一些传统的工作的，如精确确定时间和恒星的位置。正如勒纳（Richard Learner）所说的：

> 虽然最高级别的天文学研究是由观测者们使用适当的望远镜进行的，但摄影学与光谱学学科并不是由天文学家建立的。对他们来说，乌拉妮娅——天文学的灵感女神——冰冷而遥远，只关心恒星安静而平稳地运动，而不是穿着脏兮兮的实验服，站在实验室水槽边做着清洗工作。

18.4　新一代望远镜

天文学上需要长时间的曝光，因此要求望远镜具有精确的追踪和引导功能，所以望远镜的设计必须得到很大的改进。这个故事的主角是拉瑟弗德（Lewis Rutherfurd）和亨利·德雷柏的父亲约翰·德雷柏，拉瑟弗德以对亮星光谱做出的开创性的观测而闻名于世。1850～1860 年代，拉瑟弗德为他的照相望远镜发明了一个发动驱条，并且拍到了很多优秀的天文照片。约翰·德雷柏为望远镜的拍摄功能倾注了很多心血，持续改进了透镜和反射镜的质量，并且他在三年中设计了一系列（共七种）研磨和抛光的机器。这些努力都在小型望远镜上面得到了实践，为 19 世纪末和 20 世纪初望远镜建造的蓬勃发展铺平了道路。

折射式望远镜,是与伽利略望远镜原理相同的望远镜,是天文学研究的很好选择,但是它的发展在耶基斯天文台的 1 m 口径反射镜建成后遇到了瓶颈。反射镜在光学视差测量和双星检测方面显示出强大的功能。在双星的检测上,观测者只需要等待一个好的天文"视宁度"的时间段,然后直接观测辨别恒星图像为单星还是双星。其中存在的问题是,为了得到高质量的图像,这些望远镜设计有较大的 f 值并且很长,结果它们在自身重力作用下会有产生形变的倾向,因此需要很大的望远镜圆顶和建筑。还有对如此大的透镜来说,得到高光学质量的图像是很困难的。

20 世纪早期,建造了许多基于牛顿设计的大型反射式望远镜。其中最大的一个庞然大物是罗斯勋爵建造在爱尔兰他自己的家比尔城堡中的 1.8 m(约 72 in)的反射式望远镜(图 18.2)。对用制镜合金制造的大主反射镜来说,存在一个相当大的问题:它的材料是锡铜与少量砷的合金,形成 50% 反光率的抛光面,问题是这种制镜合金是一种易碎材料,很难处理。当镜子脏了以后就必须再抛光,这是有可能损坏镜子的冒险过程。罗斯得到了两块这种镜子,一块被安装在望远镜上,另一块被用于再抛光。

图 18.2　罗斯勋爵位于比尔城堡的 72 in 望远镜,1990 年代被修整过(比尔科学遗产基金会,感谢罗斯勋爵)

尽管存在这些无法克服的问题,包括爱尔兰恶劣的天气,罗斯勋爵还是能够对弥散星云做出很好的目视观测,也许他最伟大的成就是发现了星云(如 M51)的旋臂(图 18.3)。

建造大型反射式望远镜主镜所存在的问题,在 1851 年伦敦水晶宫举办的大型展览会上找到了解决方法。玻璃制品被当作装饰品展览,银被用化学方法沉淀在

(a)

(b)

图18.3　(a)罗斯勋爵用比尔城堡的72 in反射式望远镜观测到的M51图像(比尔科学遗产基金会,感谢罗斯勋爵);(b)星系M51的照片,在克罗斯利91 cm反射器运行期间由基勒和他的同事拍摄(感谢加州大学圣克鲁斯分校的利克天文台)

玻璃表面,这使得高质量的镜子开始投入生产。望远镜的建造者们很快意识到这正是解决望远镜主镜问题的方法。银膜可以制造得薄而均匀,因此当银层损坏时,可以用化学方法除去玻璃上的银膜再重新镀上一层新膜,而不用像以前一样对镜子进行再抛光。镀银的化学方法在几年后被李比希(Justus Leibig)改进。第一个反射式镀银望远镜是1856年由施泰因海尔建造的,口径为10 cm。1857年,傅科建造了一个口径为33 cm的反射式望远镜。

建造大型望远镜仍然存在很大的问题,至少反射式望远镜的设计很容易受到弯曲、振动和温度的影响。这个挑战被康芒(Andrew Common望远镜设计者和天文学家)以及卡尔弗(George Calver)反射镜制造者征服了。1870年代,他们做了相当大的努力来克服反射式望远镜设计中存在的固有问题,生产了大量的新设备,这些都被用在了下一代望远镜上。使用在91 cm反射器上的主要创新是减轻了望远镜轴承上的重量,这个过程是通过将空心钢柱浮在水银上并且引入一种可调节的板架实现的。这种改进的结果是望远镜的跟踪和引导更加平稳。可调节的板架有很大的优点,在感光板视野之外可以选择引导星,并且持续监测,以确保在可见圆面的限制下,相同视场同时曝光。对猎户座星云长达90 min的曝光,使康芒和卡尔弗获得了皇家天文协会的金质奖章。

接下来关键的一步是由经验丰富的英国天文学家克罗斯利(Edward Crossley)完成的。1895年,他展示了建造在利克天文台由卡尔弗、康芒共同设计的91 cm反射式望远镜(图18.4)。一项重要的创新是观测站被建造在一个条件很好的高地加利福尼亚的汉密尔顿山上，这里大气的透明度和稳定性都非常好，适宜观测的晴朗夜晚也非常多。镜子的抛光工作由格拉布(Howard Grubb)进行，然后由基勒(James Edward Keeler)安装，观测结果非常好。1900 年，基勒拍到的第一版照片是非常美丽的旋涡状星云，包括大量很暗的星云。不难推断，如果某天体与仙女座大星云类似，它们一定位于很远处。

图 18.4　利克天文台的克罗斯利 91 cm 反射式望远镜(感谢加州大学圣克鲁斯分校的利克天文台的玛丽·莉·谢恩档案室)

黑尔(George Ellery Hale)在担任加利福尼亚威尔逊山天文台台长期间，对望远镜口径进行了改进。黑尔说服他父亲为 60 in 的反射式望远镜购买了 1.5 m 的空地。这个望远镜的设计是利克天文台卡尔弗、康芒设计的 91 cm 望远镜的放大版本。在 60 in 望远镜建成之前，黑尔又说服胡克投资了一个更大的望远镜，这个建造在威尔逊山上的望远镜口径有 100 in。技术上的挑战与望远镜的尺寸成比例增加，这个望远镜有 100 t，但是还是保留着基本的卡尔弗-康芒设计。望远镜的追踪功能是由一种类似于古老时钟的机制提供的，有 2 t 的驱动力，在夜间进行观测之前，必须上好发条。光学部分则是由光学设计天才里奇(George Ritchey)设计的，他发明了以里奇-克雷蒂安设计闻名的光学结构，这种设计可以在很宽的视场内得到质量极高的图像。100 in 的望远在观测宇宙学发展的关键年份 1918～1950 年里起着核心作用，直到 200 in 的望远镜投入使用。除了是一名成功的企业家外，黑尔还是一名出色的伯乐，任命了沙普利(Harlow Shapley)和哈勃(Edwin Hubble)为威尔逊山天文台的天文研究员。

黑尔意识到先进设备的重要性，其中一种设备是从迈克耳孙(Albert Michelson)处得到的干涉仪，被他用在了100 in望远镜(图18.5)的顶环上。装干涉仪的主要目的是检测在100 in望远镜视宁度极限之下的双星。还有个故事是迈克耳孙对干涉仪臂长的选择的不确定。爱丁顿(Arthur Eddington)意识到正在建造的设备的用途，他用当时刚完成的关于红巨星的壳层结构理论预测参宿四的角径应为0.05″。使用6 m长的基线，迈克耳孙测量到参宿四的角径为0.047″，这是爱丁顿在关于恒星结构的理论方面获得的首项成就。由于爱丁顿假设恒星的核是一个液体球，只有延展的红巨星的外壳才是气态的，所以这是一个巨大的成功。这一成功致使他应用相同的天体物理学去研究主序星的内部结构(包括主序星的核)和主序星的质光关系。这是进一步了解恒星天文物理学的关键一步。

图18.5　迈克耳孙的恒星干涉仪安装在胡克的位于威尔逊山的100 in望远镜的顶环上。这个装置是1919年用来测量参宿四角径的(引自Michelson A A and Pease F G. 1921. Astrophys.J.,53:249)

100 in望远镜是研究弥散星云最为重要的设备，哈勃和沙普利对旋涡状星云类型和星系结构的研究也众所周知。斯里弗(Vesto Melvin Slipher)对该研究所做出的主要贡献也应该强调一下。他意识到，对低表面光度物体(例如漩涡状星云)的光谱来说，关键因子不是望远镜的大小，而是摄谱仪照相机的速度，或者小的f。他对旋涡状星云杰出的观测采用的是长焦距25 in折射仪，通常曝光时间长达20 h(40 h)，甚至达到80 h。到1925年，44个旋涡状星云的径向速度已被测出，其中的39个是由斯里弗得到的。正如哈勃在他的论文《星云的王国》中所说的，他在1929年发表的著名论文中使用了很多星云的径向速度，这都归功于斯里弗。这篇论文还第一次揭示了星系的速度-距离关系。哈勃的发现数据很少，但这些数据被作为宇宙膨胀的重要证据。他只使用了24个邻近星系的径向速度，采用了三种不同的距离估计方法。实际上，即便是这样，他用他所掌握的数据外推出了更大距离与更大退行速度的精确关系。

我对哈勃的工作有深刻印象的是他1926年的一篇文章，该文章是他在宣布仙女座大星云的确切距离后立即发表的，文章表明旋涡状星云是遥远的河外星系。这篇文章详细给出了河外星系的性质和不同类型星系的统计情况，第一次整体推导了宇宙中星系的平均质量密度。随后哈勃比较了他推导的星系平均质量密度与爱因斯坦宇宙的平均密度，得出结论：观测已经延伸到封闭宇宙模型半径的1/600处。在他论文的最后一段，他总结说：

> 随着望远镜的增大和底片曝光速度的增加，观测到爱因斯坦宇宙的大部分将成为可能。

我们对1928年黑尔开始为200 in望远镜筹集资金毫不奇怪。到该年年底，他得到洛克菲勒基金会投资600万美元的承诺。200 in望远镜的设计代表经典的传统大型望远镜设计的顶峰，包括一批重大的进展，这些将被应用在下一代望远镜上。

(1) 科宁公司用耐热玻璃铸造了200 in反射镜，因为耐热玻璃的热膨胀率很小。

(2) 用耐热玻璃制作六角蜂窝状结构，主镜的质量大大减小。

(3) 望远镜的焦距减小到$f/3.3$，这样降低了远望镜管子的长度，相应地减小了建造大型建筑和圆顶的花费。这些建筑和圆顶是用来保护望远镜不受自然侵袭的。

(4) 望远镜的重量由油垫支撑而不是漂浮在水银上。

(5) 赛璐珞桁架被用来使主镜和次镜保持分离。在这个设计中，主镜和次镜保持平行并且精确地对齐，即使望远镜镜筒在重力的作用下弯曲了。

(6) 镜子表面镀了一层铝而不是银，这样使镜子换镀膜的频率大大降低。

从技术上说，这个200 in的望远镜是工程上的杰作，它使反射镜片和望远镜技术达到了极限。任何使用它的人都会特别注意设计中的一个细节——这是第一个对房间中的观测者有足够大主焦笼的望远镜。这个200 in的望远镜在它的使用期1940～1980年代中，为经典观测宇宙学的发展做出了巨大的贡献，直到在更好的地方建造了4 m级的望远镜，这为天文学家们提供了更先进的观测设备。

18.5 天文学基金

洛克菲勒基金会对200 in望远镜的巨大投资仅仅是当时的一项私人基金对天

文学的支持，这奠定了美国在观测宇宙学中毋庸置疑的领导地位。在1880年代以前，天文学是由国家天文台支持的，主要工作是精确测量时间和纬度。另外，天文学被天文学爱好者研究或是作为有钱人的业余爱好。

美国内战以后，很多人变得非常富裕，成为天文学研究的慷慨赞助者。皮克林(Edward Pickering)利用哈佛天文台研究了大量的恒星的视星等和光谱，这个天文台的组织和管理是私人赞助天文学的例证。多年来，在这项研究进行的过程中，皮克林从亨利・德雷柏基金得到了10万美元的赞助，1886年又从佩恩基金得到了40万美元的资助，1887年从博易德基金获得了23万美元赞助，布鲁斯基金也给予了5万美元的赞助。按照今天的价值计算，哈佛巡天需要数千万美元的花费。

我们如何看待这一数据呢？它们代表获取数据的花费，这些数据是将有关恒星结构和演化的天体物理学基于坚实的观测基础而得到的。让我们从技术和工程结构的角度简单地看一下观测天文学中这项投资的成果。最重要的一项成果，也是这些艰苦努力最直接的回报，是赫罗图的发现。赫罗图揭示了恒星光度和它们光谱类型的关系，现在我们已经知道光谱类型是表面温度的反映。

皮克林和为他做计算工作的优秀女士团队为恒星光谱的分类做出了巨大的贡献，这个分类基于光谱中存在或缺失不同的光谱线。这些数据是由优化过的为宽视场摄影天文学服务的望远镜得到的，光谱类型是由色散棱镜影像上的特征推断出来的，这种色散棱镜影像的优点是可以在单次观测中同时得到大量的恒星光谱。到1912年，全天大约5 000颗恒星以哈佛光谱序列OBAFGKM得到了分类……这个光谱序列是由坎农(Annie Cannon)制订的，包括了绝大多数恒星。1911年，她开始对225 300颗恒星进行光谱分类，经过艰苦辛勤地工作，4年后终于完成了这项任务。巡天的结果作为亨利・德雷柏目录发表在《哈佛学院天文学观测年鉴》的第九卷上。

罗素(Henry Norris Russell)研究了大约300颗恒星，根据研究结果，1914年，他发表了第一张赫罗图。1902～1905年，他在剑桥天文台对这些恒星进行研究。这一项目成功的关键是掌握摄影视差测量技术。他与辛克斯(Arthur Hinks)的合作，使用12 in希普尚克斯反射式望远镜对星场进行了摄影。在1905～1906年的论文中，他们详细地描述了得到精确摄影视差的必要过程和注意事项。

罗素回到普林斯顿以后，皮克林给他提供了在视差项目中得到的视星等(或者流量密度)和300颗恒星的分类。这是罗素1914年发表在《自然》杂志上著名插图(图18.6)的来源。关键性的发现是他意识到不是所有的光度和光谱组合都能在恒星中发现，相反的，这些恒星沿着光度-光谱图上的序列或者分支，大多数位于主序带，即图18.6中从右下角到左上角。这些发现使爱丁顿开始了大量的理论研究，为了解恒星天体物理学打下了基础。

恒星光谱的哈佛巡天的另一个关键发现是证实了白矮星的存在。1954年，罗素将这一迷人的发现发布在普林斯顿的一个学术讨论会上。1910年，罗素告诉皮

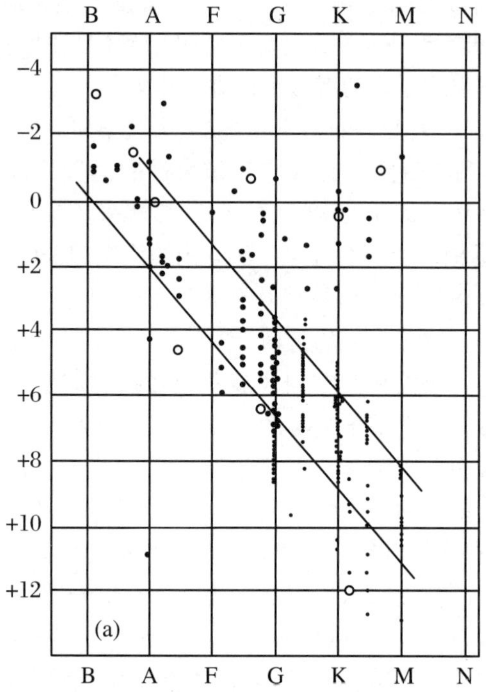

图 18.6 罗素的第一张光度-光谱类型图。纵坐标上的光度是天文学上的绝对星等，与光度 L 的关系为：$M = -2.5\lg L + 常量$。光谱分类 OBAFGKMN 是恒星表面温度的量度，其中 O(图中未标出)代表最热的，N 代表最冷的

克林，获得已测量到视差的星体的光谱非常有用。罗素回忆道：

> 皮克林说："那么，给其中的一颗星星命名。"我说："例如像波江座 O（第十五个希腊字母，非英文字母 O）的暗伴星。"因此皮克林说："那么我们需发展一种能回答这个问题的专业学问。"因此我们打电话到弗莱明夫人的办公室，弗莱明夫人说："是的，我将去看一下。"半小时回电说："我已经知道了，毫无疑问属于光谱型 A。"我已经了解得足够多了，知道那意味着什么。我对此相当吃惊，我感到很困惑，试图弄清楚它的意思。嗯，在那个时候，皮克利、弗莱明夫人和我是世界上知道白矮星存在的仅有的 3 个人。

波江座 O 暗伴星被认为是一个低光度星体，它的光谱类型与主序上方的热星有关。罗素在他第一张罗素图中包含了这一发现，但未做任何评论。在这张图中，单星 A 大概位于典型的主序 A 星下 10 个天文量级。亚当斯（Walter Adams）在 1914 年注意到这一显著特点，并在第二年发现了另一个同类型星体，即天狼星 A 的暗伴星天狼星 B。

爱丁顿意识到这些观测暗示着这些白矮星是相当致密的天体。由于发现的白矮星都是双星系统中的成员，所以它们的质量可以被确定下来；而半径可以由普朗

克辐射公式和星体的光度估计出来。它们的平均密度达到了 10^8 kg・m^{-3}。爱丁顿认为如此巨大的密度实在让人难以置信。天体内部的物质在高温下会完全电离，因此物质被压缩到比地球上物质密度高出很多也不是没有可能。在 1924 年的论文中，爱丁顿根据广义相对论，由致密星估算出了引力红移，发现引力红移相当于由速度约为 20 km・s^{-1}的运动导致的谱线的多普勒效应，将谱线移动到更长的波长处。1925 年，亚当斯用 100 in 望远镜对天狼星 B 进行了非常仔细的光谱观测，一旦考虑双星的轨道运动，则测量到 19 km・s^{-1}的移动。爱丁顿高兴地说：

> 亚当斯教授的工作一石二鸟。他不仅为爱因斯坦的广义相对论找到了一种新的验证方法，而且还证明了密度比铂高 2 000 倍的物质不仅有存在的可能，而且实实在在地存在于恒星宇宙中。

白矮星理论是统计力学中新的量子理论第一次在天体物理中的成功应用。

最后一个例子是莱维特(Henrietta Leavitt)的工作。她是皮克林小组的另一个助手，最为人所知的成就是她在离我们星系最近的矮星系麦哲伦星云中发现了 1 777 个变星。变星目录中包括 25 颗造父变星，她从中推断出造父变星著名的光度-周期关系，这是建立旋涡状星系性质的关键。为了找到这些变星，她制作了正片，并与第一组观测得到的负片做比较。通过叠加负片和正片，她可以较容易地分辨出这些变星并且估计出它们的光变(周期性变化的光度)。

莱维特很多年的主要工作是建立天体的北极序列，精确确定在北半球容易观测到的天体的视星等大小。直到她 1921 年去世的时候，莱维特将北极序列天体的视星等等级从 2.7 星等发展到 21 星等，误差低于 0.1 星等。为了得到这些结果，她使用了 13 个望远镜，直径 0.5～60 in 不等，并且用五种不同的照相测光技术比较了她的星等。1920～1930 年代，这项工作由(F. H. Seares)西尔斯在威尔逊山继续下去。尽管这项工作没有发现赫罗图或者白矮星或者造父变星周光关系那样有魅力，但是这项工作很辛苦且花费了大量的时间，是定量观测天体物理学的基础，对推动学科前进有着独特的重要性。

这些成就来自巨大的努力，也是由美国赞助者们对天文学慷慨赞助而产生的成果的一些例证。我们从这些例证中可以知道，早在 19 世纪晚期和 20 世纪早期，天文学就已经是一门“大科学”，它依赖于大量的资源输入来保持发展。另外一个例子是利克(James Lick)——一个成功的钢琴制造和零售商——对天文学的热爱和慷慨。1876 年他去世的时候，将 70 万美元遗产捐出，用以“建造一个功能强大的望远镜，比以前任何望远镜都先进和强大，并修建一个与之相关的观测站”。这个观测站建在哈密顿山上，在建成了 39 in 望远镜后于 1888 年对外开放。根据利克的遗嘱，他被葬在望远镜下面。另一位赞助过天文学的是慈善家卡内基(Andrew Carnegie)，他靠石油和钢铁产业发了财，并且在华盛顿建立了卡内基研究所。1907 年，在参观了黑尔在威尔逊山的公司之后，他承诺为卡内基研究所增加 1 000 万美元的捐款，特别要求这些捐赠必须被用来使威尔逊山天文台的工作尽快进行。

18.6 电子革命

尽管赫兹在1885年7月就发现了光电效应，但是直到1920年代，随着电子阀的发展，光电测光法才开始在天文学中产生了较大的影响。第一个对天文学产生主要影响的光电倍增管由佐金（Vladimir Zworykin）建造于RCA（美国射电公司）实验室。事实上，光电倍增管的首次使用是在电影业中，即电影的声道解码上。这个设备被惠特福德和克朗作为自动导向仪第一次用到威尔逊山的60 in望远镜上。这个设备的原理是，入射的光子通过一系列的增倍管电极使二次电子级联发生，因此每个被检测到的光子会使阳极产生非常短的电子脉冲。检测光子的效率由光子检测第一阶段的量子效率决定。这些设备的优点之一是在很宽的动态范围内具有线性响应，因此能够使恒星和星系的大小校准更加有效。该器件成为校准视星等大小的首选方法。

接下来，随着图像增强器的发展，其他先进的电子技术也被应用到光学天文学中。这些是电视产业的衍生产业，特别是在1960～1970年代，将微光探测器应用在了军事上。这些器件的原理是，每个被光电阴极探测到的光子会产生一个电子级联，像在光电倍增管中一样，但是这里电子束集中于一个光发射屏幕，这个屏幕会被电视摄像机扫描。这些到达的被检测光子会被指示出来，图像会通过光子计数系统重建。这些系统，包括视像管和图像光子计数系统，在1970年代，可以完全转换较暗天体的光谱。由于在电视系统记录光子到达时间的过程中，计数率被限制到每像素一个光子，所以这些仪器对较暗的天体来说堪称完美。哈勃空间望远镜的暗天体相机在对光谱的紫外区域进行深度成像时使用了该项技术。

1969年，博伊尔（Willard Boyle）和史密斯（George Smith）在位于新泽西莫里山的贝尔电话实验室发明了电荷耦合装置（CCD）（图18.7）。他们的目的是开发可视电话技术，可以使通话者看到对方。作为检测光子的半导体材料，必须有很高的量子效率。量子效率是入射辐射（由探测器记录）的一部分。出射电子被存储在半导体材料的势阱中。问题是如何在尽量小的损失下提取这个信号。这就是电子耦合概念起重要作用的地方。一旦信号在芯片上积累，电子会沿着探测器阵列的势阱行慢慢移动，并且在行的末端被一个单极放大器读出。这项装置于1974年获得专利。1977年，这些装置成为哈勃空间望远镜的宽场摄像机优选的探测器，结果为天文学研制的这些装置大大地促进了它的发展。从那时开始，CCD为光学天文学做出了很大的贡献，因为它能直接提供高量子效率的数字图像。与感光板1%～2%的量子效率相比，CCD的量子效率达到了80%。

图 18.7　博伊尔(左)和史密斯,1974 年电荷耦合装置(CCD)的发明者(引自 McLean I S. 1997. Electronic Imaging in Astronomy:Detectors and Instrumentation. Chichester:John Wiley and Sons. 感谢实践出版社)

红外天文学也有相同的故事。同样,这些技术发展很多来源于军事资源,尤其是可以在黑暗中工作的相机的发展。对天文学家来说,主要的问题是天文上光子流量比由夜视照相机拍摄到的相对明亮的物体发射的小很多个量级。1980 年代中晚期,随着带有直接电子读数器的锑化铟阵列在天文界中使用,我们迎来了 1～5 μm 波段光谱成像的突破。这些阵列最初的建立动机是作为巡航导弹的导航设备,一旦弱暗电流的检测装置成为可能,它们对天文学来说就非常完美了。这些阵列和与它们相近的探测波长更长的红外线的设备,现在是红外天文学的标准探测器。

18.7　第二次世界大战的影响

商业和军事技术在天文学发展中的重要性已经在前面的章节中提到了。到目前为止,第二次世界大战对天文学不同分支的影响最为重要,尤其是对战后开始繁荣的新型天文学的成长起到了关键的作用。

射电天文学的发展得益于 1933 年央斯基(Carl Jansky)偶然发现的无线电信

号。他在新泽西霍姆德尔的贝尔电话公司工作，被分配到了检测干涉通信信号的射电噪声源的岗位。他使用天线阵列第一次检测到了来自我们的星系的射电发射。1930年代晚期，雷伯(Grote Reber)，一位射电工程师和敏锐的业余天文爱好者，在他家后花园建造了第一个完全可控的射电望远镜，并且绘出了银河系的第一张射电分布图，这项工作发表在1944年的《天体物理学杂志》上。但这些发现并没有使天文界对这个方向特别关注。

受到发展强大的雷达系统来检测敌军的轰炸机和建造低噪声射电接收器的迫切需要的刺激，射电技术在二战期间取得了巨大的进步。战后，那些深入参与这些项目的人们的注意力转移到了解更多的天文信号方面，这些信号在发展雷达的过程中逐步被检测到。剑桥的赖尔(Martin Ryle)、曼彻斯特的拉弗尔(Bernard Lovell)和悉尼的波西(J. L. Pawsey)是低频射电天文学的先锋，他们都有参与战争中的雷达和电子技术研究的背景。射电干涉仪渗透到了他们的血液中，他们相当了解在低频射电中如何使用相对简单的天线系统得到精确的位置。在低频观测中保存相位的能力是发展孔径合成技术的关键，该技术可以使来自分离的望远镜的信号带位相整合到一起，从而构建高精度的射电图。射电天文学中这种成像方法成功的关键是高速运算电脑的出现。剑桥第一代可用的电脑EDSAC，是1950～1960年代早期赖尔和他的同事们重建综合孔径射电图的关键。

在美国的经历有所不同，美国的天文学家们开始在更高的频段探索射电信号。这些努力中最重要的一个成果是1964年由彭齐亚斯(Arno Penzias)和威尔逊(Robert Wilson)发现的宇宙微波背景辐射。威尔逊在他的文章中自豪地讲述了这个故事，并且发表在《现代宇宙学回顾》中。在新泽西霍姆德尔的贝尔实验室中，有一个20 in的喇叭状天线被用来通过厘米波进行卫星通信。彭齐亚斯和威尔逊负责在这些频段校正天线，为了实现这一工作，他们还拥有一台7.3 cm制冷微波接收机。约定这个望远镜可以用于进行一定时间的天文观测。不论他们用这个望远镜观测天区的哪个部分，他们发现总有一个大约3 K的天线温度存在，它并不是由望远镜或接收系统中的噪声源造成的。检测到的信号组成见表18.1。接下来讲讲历史。宇宙微波背景辐射是宇宙早期热大爆炸后，不断膨胀冷却残留下来的，这是哈勃发现星系速度-距离关系后天体物理宇宙学中最为重要的发现。我们将在第19章中详细讨论这一发现结果。注意，一件很有趣的事情是这个实验的很明确的最初动机是用于商业而不是天文学。

另外，经过二战之后，从事物理学相关工作的科学家们的态度也发生了相当大的转变。引用洛弗尔(Bernard Lovell)爵士的话，他们采用的研究方法是：

> ……与源于战前的方法大不相同。频繁地进行大规模的操作使他们的思考方式和行为发生了很大的改变，足以震撼战前的大学管理者们。所有的这些事实对天文学的大规模发展起着关键性的作用。

表 18.1　对彭齐亚斯和威尔逊在 4.08 GHz 频段实验中测量到的射电信号起作用的部分 (Penzias A, Wilson R. 1965. Astrophys. J., 142:419)

信号	噪声信号 T/K
总的天顶噪声温度	6.7 ± 0.3
大气辐射	2.3 ± 0.3
欧姆损耗	0.8 ± 0.4
后瓣响应	$\leqslant 0.1$
宇宙背景辐射	3.5 ± 1.0

一战时化学占主导地位，然而与二战最为相关的是物理学。物理学发展的重要性并没有止步于权威，尤其是在美国。对所有科学的基金支持大大增加，美国军方是支持基础科学的先锋。在英国，这使威尔逊政府促进“技术革命白热化”。天文学家们随着这股投资基础学科的潮流前进，但是这些举措都是全国或者国际范围内的，而不像在早期的美国，由私人机构赞助。

18.8　紫外线、X 射线、γ 射线天文学

二战刚刚落下帷幕，那些渴望从事紫外线、X 射线及 γ 射线天文学研究的科学家们向空间天文学迈出了试探性的第一步。由于波长小于 330 nm 的射线不易穿透地球的大气层，所以对天文学中的紫外线、X 射线及 γ 射线的研究只能在大气层外进行。在二战中，德国的 V-2 火箭项目极大地推动了火箭科技的发展。而在冯·布劳恩(Werner von Braun)的领导下，参与研制 V-2 火箭的德国科学家们带了满满 300 车 V-2 部件来到了美国。而这些科学家和部件构成了美国陆军火箭项目的核心部分。同时，这些火箭也对科学研究开放。当时在科技上所面临的挑战是要尽可能地把科学设备做得既坚实又轻巧。对高能波段的研究来说尤为重要，因为这类研究所用到的探测器是基于地面的粒子加速器的缩小版。

随着太空向天文学研究逐渐开放，紫外线天文学家成为了第一批受益者。下面这个故事的主人公是斯皮策(Lyman Spitzer)，他曾经在 1946 年写过一篇报告，其主题是关于通过空间利用以达到美国空军 RAND 计划的天文学目的。早期火箭实验的主要目标之一是研究太阳所发出的紫外线和 X 射线。据猜测，太阳所发出的紫外线和 X 射线是导致地球大气层离子化的原因。1946 年的秋天，由弗里德曼(Herbert Friedman)领导的小组在海军研究实验室成功地发射了第一颗搭载太阳紫外线观测器的火箭。第二年，他们还成功地对太阳的 X 射线进行了观测，确

认了当时太阳日冕温度极高的猜想。

1957 年的后期，苏联发射人造地球卫星 1 号和人造地球卫星 2 号。随后，在 1961 年，加加林(Yuri Gagarin)成功完成了太空行走。美国政府发现自己已经在空间科技上远远落后于苏联，这令他们感到十分震惊。因而美国随后以民间组织的形式在 1958 年创立了美国宇航局(NASA)，开始追赶苏联的进度。此外，美国还创立了美国科学与工程公司(AS & E)，并与马萨诸塞州科技机构联合，一同接受军用和民用的合同。美国科学与工程公司还在 1962 年 6 月成功地发射了第一颗用于观测地外 X 射线的卫星(图 18.8)。搭载着探测器的卫星在地球大气层外飞行了 5 min，在这 5 min 内，贾科尼(Giacconi)和他的同事们发现天蝎座断断续续地发射出强烈的辐射 X 射线，即随后为世人所认知的天蝎座 X-1 射线。此外，他们还发现了强烈的 X 射线背景辐射，异常均匀地分布在天空中。

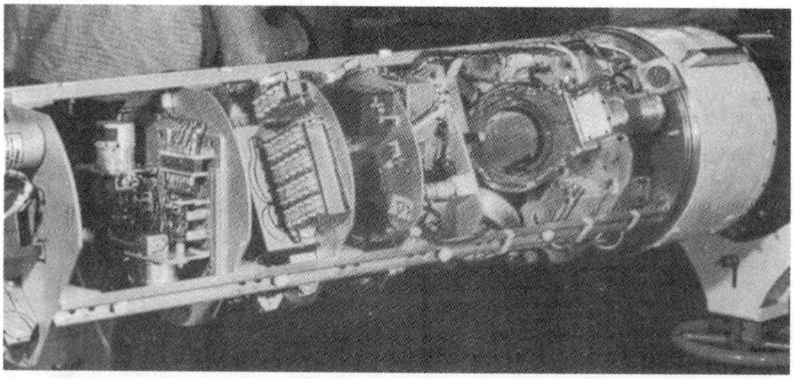

图 18.8　火箭载有的 X 射线探测器装置，它在 1962 年对离散 X 射线源和 X 射线背景辐射做出了第一次观测。这个设备是由 AS & E 团队(美国科学与工程)建造的(引自 Tucker W, Giacconi R. 1985. The X-ray Universe. Cambridge, Massachusetts: Harvard University Press)

斯皮策和他的同事们还设计了对 3 个空间的观测计划，即著名的轨道天体观测计划。这一计划旨在观测波段在 90～330 nm 之间的紫外线的光谱。不像其他新的天文学波段，紫外线天文学所研究的对象非常明确。所有常见元素的共振跃迁谱线都落于紫外线波段，而不在可见光波段。氘在宇宙学中非常重要，其共振跃迁谱线位于莱曼-阿尔法区，因而对比莱曼-阿尔法区波段更短的波段进行研究有着非常重要的意义。1972 年，轨道天体观测计划还发射了哥白尼卫星，这一卫星进行了星体间氘等常见元素丰度的第一次测量，并取得了巨大的成功，轨道天体观测计划的天文台还促成了国际紫外线探测器(IUE)在 1978 年的发射。国际紫外线探测器是由英国、欧洲空间局与美国宇航局的联合项目，是哈勃天文望远镜的前身。

1970 年之前，所有 X 射线天文学的研究都是通过火箭来进行的。这种方式只能让我们大致地了解到地外都有些什么。此外，我们所能看到的图片也让人感到非常困惑。这些问题最终随着 1970 年 12 月发射的第一颗用于 X 射线天文学研究的卫星 UHURU X 射线探测器的出现而解决。这个探测器对太空中的 X 射线进行了第一次测量，并揭示了 X 射线家族的真正本质：X 射线双星、超新星爆炸残骸、年轻的脉冲星、活动星系核及星团内星系间的高温气体都被探测到。

早在 1960 年代的早期，在太空中就有 γ 射线探测器了。但建造这些探测器的目的是监督美国和苏联签订的禁止大气核实验的条约。在 60 年代发射的船帆座系列卫星就以此为目的，并且没有人计划让这些卫星在天文学上产生任何作用。1965 年，探险家 2 号卫星第一次探测到了宇宙间的 γ 射线，但这个实验除了显示来自地球大气层外的 γ 射线的确存在之外，没有任何作用。而首个重要的天文学观测是由 1967 年发射的第三个太阳轨道天文台（OSO-Ⅲ）发现的。该探测器的首要发现是探测到了星系中心产生的能量高于 100 MeV 的 γ 射线。这些 γ 射线被确定为相对论质子与冷的星际气体碰撞时产生的中性介子衰变的产物。

1972 年 11 月，小型天文学卫星（SAS-2）升空，其带有一个电火花室阵列。当 γ 射线穿过电火花室时，便被转变为一个正-负电子对，而电火花室将能探测到这个电子对。虽然这个设备只运行了 8 个月，且只探测到约 8 000 个来自宇宙深处的 γ 射线源，但它证实了银道面产生大量 γ 射线，此外巨蟹座和船帆座超新星残骸也同样产生大量的 γ 射线。同时，它还证实了弥漫的河外星系 γ 射线背景辐射的存在。紧随 SAS-2 飞行任务，欧洲联盟在 1975 年发射了 COS-B 卫星，同样取得了成功。它也带有一个电火花阵列，该阵列被用于探测能量高于 70 MeV 的 γ 射线。COS-B 绘制出了一幅银道面的详细地图，并且发现了 24 个离散的 γ 射线源。

让很多人都感到惊讶的是，天文学上的 γ 射线暴是由船帆座卫星发现的。每个暴持续时间一般短于 1 min，那时，每个暴都是天上最亮的源。这类暴在 1967 年第一次由船帆座卫星观测到，但直到 1973 年才被报道出来。1991 年 4 月发射的康普顿 γ 射线探测器观测到的结果显示，这些暴平均一天产生一次，并且在天空中呈随机分布。直到 1999 年，科学家才确信这些具极高能量的事件是在离我们极为遥远的宇宙深空处发生的。

18.9　反　　思

我有意不去详细阐述现在最新的宇宙科技，因为这些最近发展起来的技术广为世人熟知，且其背后所蕴含的主题与以前的科技是一致的。新科技的发展经常独立于天体物理学的目标，这些新发展使天文学和宇宙学的理论能够被实验数据所检验。这些科技经常授权于财团或军方的项目。这些项目通常能获得比单纯的科学项目多得多的研究和开发资源。

我学到的另外一点是，新科技是如何改变我们解决天体物理和宇宙学问题的方式的。通常，当一项科技发展到顶端时，解决同一难题的全新方法通过科技创新而被开发出来。一个极好的例子是现在 8～10 m 大的可见光与红外线望远镜。其关键的科技因素是实现将钱花在电脑上要比花在建造用的钢材上有效得多，并且建造用于实时修正大型望远镜设备和镜子的温度与机械误差的控制系统。

激励下一代的天文学家和宇宙学家对这些问题产生兴趣非常重要。因为只有这样，他们才能不仅在理论上和口头上进行领导，并且在技术上和设备上进行领导。这将最终带来对 21 世纪天体物理学和宇宙学的新的洞察。

一开始我就强调了本章与其他所有章节非常不同，本章集中在那些影响理论发展的技术问题上。我们也可以讲述物理学其他任何领域中同类的故事。没有比三卷本的著作《20 世纪物理》[15] 中各个章节能更好地对这些非常吸引人的故事进行介绍了。

18.10 参考文献

本章的内容来源于大量的参考文献。为这些主题中大部分内容提供较好简介和更加详细参考文献的主要文献是文献[2]～[10]。本章最早发表在会议文集《现代宇宙学的发展历史》上，这篇会议文集包含很多优秀的文章。

以下为 1～16 篇参考文献。

[1] Galison P. 1997. Image and Logic：a Material Culture of Microphysics. Chicago：Chicago University Press.

[2] Bertotti B，Balbinot R，Bergia S A，et al. 1990. Modern Cosmology in Retrospect. Cambridge：Cambridge University Press.

[3] Gingerich O J. 1984. The General History：Vol. 4：Astrophysics and Twentieth Century Astronomy to 1950. Cambridge：Cambridge Univerisity Press.

[4] Hearnshaw J B. 1986. The Analysis of Starlight One Hundred and Fifty Years of Astronomical Spectroscopy. Cambridge：Cambridge University Press.

[5] Hearnshaw J B. 1996. The Measurement of Starlight Two Centuries of

Astronomical Photometry. Cambridge:Cambridge University Press.
[6] Lang K R, Gingerich O. 1979. A Source Book in Astronomy and Astrophysics(1900－1975). Cambridge, Massachusetts: Harvard University Press.
[7] Learner R. 1981. Astronomy through the Telescope. London: Evans Brithers.
[8] Leverington D. 1996. A History of Astronomy: from 1890 to the Present. Berlin: Springer-Verlag.
[9] Longair M. 1995. Astrophysics and Cosmology//Brown L M, Pais A, Pippard A B. 20th Century Physics. Bristol: Institute of Publications; New York: American Institute of Physics.
[10] Longair M. The Cosmic Century. Cambridge: Cambridge University Press.
[11] Hubble E P. 1926. Astrophys. J., 64:321.
[12] Davis Philip A G, DeVorkin D H. 1977. In Memory of Henry Norris Russell. Dudley Observatory Report No. 13:90, 107.
[13] Eddington A S. 1927. Stars and Atoms. Oxford: Clarendon Press. Also Douglas A V. 1956. The Life of Arthur Stanley Eddington. London: Nelson:758.
[14] Lovell A C B. 1987. Q. J. Roy. Astr. Soc., 28:8.
[15] Brown L M, Pais A, Pippard A B. 1995. 20th Century Physics. Bristol: Institute of Physics; New York: American Institute of Physics.
[16] Martinez V J, Trimble V, Bordieria M J. 2001. Historical Development of Modern Cosmology: Vol. CS252. San Francisco: ASP Conference Proceedings.

第19章 宇 宙 学

19.1 宇宙学和物理学

宇宙学意味着将物理定律应用到整个宇宙中。结果是，理论的验证依赖于观测而不是实验，相比于实验物理学，使我们处于一个远离实验设备的阶段。纵观历史，天文观测在建立新的物理分支学科中扮演着重要的角色，这些新的物理学很快地融入了主流科学中。在第2章中，讨论了第谷对行星运动的观测，这一观测直接促成了牛顿万有引力定律的发现。罗默(Ole Romer)从对木星卫星的掩食观测中得出结论——光速是有限的，并在1676年由光穿过地球绕太阳的轨道所需的时间估计出了光速。

为了建立自洽的宇宙学模型，需要引力的相对论，广义相对论的很多验证用到了天体。脉冲双星PSR 1913+16的发现在物理学中尤其重要。脉冲星是带有磁场的、旋转的中子星，质量大概为太阳质量的1.4倍，半径约为10 km，广义相对论参数为$2GM/(rc^2)\approx 0.3$。它的伴星是质量相近的另一颗中子星，它们绕共同质心轨道转动的周期为7.75 h。中子星每转一圈，脉冲星就发出一个射电尖脉冲。例如，PSR 1913+16每隔0.059 s发出一个脉冲。该系统是赐予广义相对论的完美礼物，因为脉冲星是转动参考系中一个相当完美的"钟"，使得可以通过对射电脉冲到达时间的精确测量，开展对广义相对论效应极端精密的检验。广义相对论出色地通过了所有的验证。在这些观测中，最重要的是，由于双星系统引力波的发射，双星的轨道速度逐渐加快。这使我们深信广义相对论是相对论引力的一个非常出色的表述。

因此天文学在基础物理中扮演，并将继续扮演主要的角色。令人吃惊的是实验物理如何更好地、令我们信服地了解天体的特性。相反，天文观测使我们能够在实验室中不能达到的物理环境中验证和推广物理定律。

然而，有一个重要的问题，即如何将物理定律应用到整个宇宙中。我们只有一个可观测的宇宙，物理学家们必须谨慎接受任何实验的一次性结果。然而，在宇宙学中，不要期望做得更好。尽管有这个限制，把物理定律应用到宇宙学问题中被证明是极其成功的，由此得到了标准大爆炸模型。这个图像也引出了更多的基本问题，在后面会展开讨论这些问题。基本共识是这些问题只能够被适用于超高温和超高密度早期宇宙状态的新物理所解决。这些状态远远超过了在地面实验室中检验自然规律的状态。大爆炸图像获得了无数成功，使得理论学家们将大爆炸早期阶段作为这些极端能段的物理实验室。

19.2　基本宇宙学数据

由于篇幅所限，这里不打算讲述为标准大爆炸模型提供的许多基础的观测细节。我在我的著作《星系的形成》(*Galaxy Formation*)中总结了相关资料，供读者参考相关细节。我将简化宇宙学的观测基础。描述宇宙大尺度结构的模型基于以下两个关键的观测：① 宇宙在大尺度上是均匀和各向同性的；② 哈勃定理。这些观测本身使得我们能够建立宇宙学研究所需的理论框架。接着我们综合需要的物理过程开展更详细的研究。

19.2.1　宇宙的均匀和各向同性

宇宙在小尺度上是高度各向异性和不均匀的，但是随着我们观测宇宙的尺度越来越大时，则变得越来越各向同性和均匀。星系像积木一样，定义了宇宙中可见物质的大尺度分布。在小尺度上，它们形成星系群和星系团，但是当放眼于足够大的尺度时，这些不规则就变得很平滑。图 19.1 显示的是覆盖了 1/10 天球面的天区中超过 200 万个星系的分布，该图像来自剑桥自动底片测量机(APM)巡天。

从图 19.1 中可明显看出，当着眼于足够大的尺度时，宇宙中的区域和区域间看起来很像，这是在最简单近似下，宇宙在足够大尺度范围内是各向同性的一个初步证据。尽管这些都是各向同性的证据，然而从图 19.1 中可明显看出星系的分布具有非随机性质。

似乎存在星系的“墙”和密度较低的区域。现在已经知道大尺度上星系分布的真正特征。主要的星系巡天正在进行，目的是测量图 19.1 中大量星系样本的红移和距离，巡天发现星系的分布呈现出“细胞”结构。星系分布最简单的类比是一个海绵结构。

星系分布的位置与海绵材料的位置相符，海绵孔则与星系分布中的孔和隙相似。实际上孔的尺寸很大，一些孔是典型星系团尺寸的 50 倍。在分析图 19.1 的时候，一旦包含了距离信息，我们将发现同样的海绵结构从本地宇宙一直延伸到 APM 巡天极限。这不仅是宇宙各向同性的证据，也是宇宙均匀性的证据——尽管星系的分布是不规则的，当观测延伸到更大的距离时，有相同的不规则度。

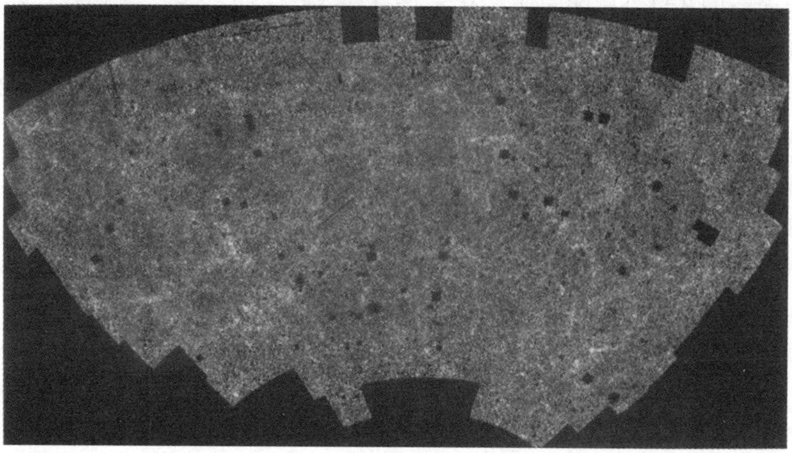

图 19.1　视星等 b_j 满足 $17\leqslant b_j\leqslant 20.5$ 时的星系分布，显示出集中于南银河极的等面积投影。这张图由剑桥 APM 测量机器的 185 UK 斯密特板的机械扫描得到。这张图上有超过 200 万个的星系。小的空斑是明亮恒星、附近矮星系、球状星团和阶梯楔周围之外的区域(引自 Maddox S J, Efstathiou G, Sutherl W G and Loveday J. 1990. MNRAS:242:43)

这些星系分布的证据是令人信服的，但是更为壮观的是 18.7 节提到的宇宙背景辐射的发现。在 1965 年发现它以后，人们很快就发现它的辐射谱是黑体谱，并且在整个天区是完全各向同性的。宇宙微波背景辐射的这些特征由宇宙背景探测器 NASA 于 1989 年 9 月发射的 COBE 对此进行了详细的研究。辐射谱是一个辐射温度 $T=2.728$ K 的完美黑体辐射，在波长间隔 λ 满足 $2.5\ \text{mm}>\lambda>0.5\ \text{mm}$ 时偏离这个谱最大的部分小于 0.03%。远离我们星系盘的辐射分布高度各向同性，在角距大于 10° 的范围内，对各向同性的偏离小于 1/100 000(图 19.2)。我们知道：宇宙微波背景辐射是宇宙早期大爆炸后，不断膨胀冷却残留下的；当宇宙仅仅 300 000 岁的时候，光子被最后散射。

这句话引发了一些重要的问题，接下来会详细讨论。此时，在我们的故事中，宇宙背景辐射的相关方面显示，某些东西在我们的宇宙中是高度各向同性的。我们可以确定各向同性指的是，宇宙作为一个整体，因为含有高温气体的遥远的星系团的“阴影”在背景辐射中被观测到了，这被认为是由苏尼亚耶夫-泽尔多维奇效应导致的。因此我们可以确定，在大尺度上，宇宙的各向同性性非常好，偏差小于 1/100 000，这是一个令人吃惊的宇宙学结果，它将会简化大量的理论分析。

19.2.2　哈勃定律

在 18.4 中简要介绍了哈勃于 1924 年发现星系速度-距离关系的历史。哈勃用到了 24 个星系的径向速度，其中大部分已被斯莱弗不辞辛苦地测出来了。所有

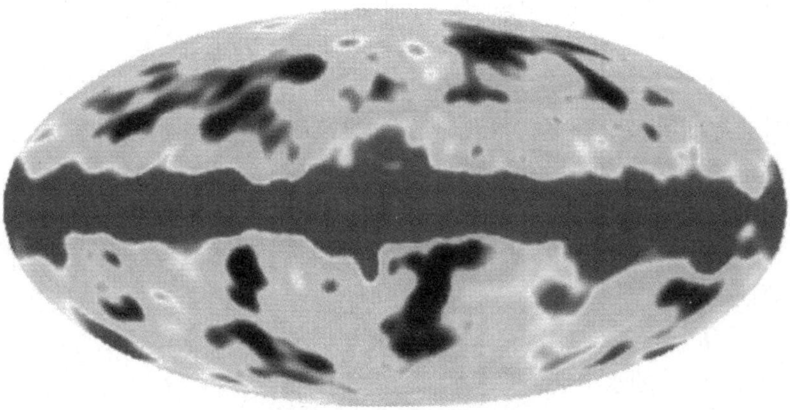

图19.2 银道坐标系中由COBE卫星在5.7 mm(53 GHz)波长处观测到的全天图。我们星系的中心在这张图的中心处,星系盘是横跨这张图中央的宽带。远离星系盘的强度扰动是背景辐射强度的实际扰动,用温度来表示的话,相对于总的2.728 K的亮温度,温度扰动仅仅为(35 ±2) μK(引自Bennett C L,et.al.1996. Astrophys J.,464:L1)

的这些星系都在距离我们星系2 Mpc的范围内。让人吃惊的是哈勃仅仅靠一些与距离有关的零星证据就发现了这个关系,尽管我们现在知道,在这个尺度上,星系的分布是高度不均匀的。哈勃发现星系远离我们星系的退行速度 v 正比于它到我们星系的距离 r,也就是 $v = H_0 r$,其中 H_0 被称为哈勃常量,这个关系叫作哈勃定律。

在现在对速度-距离关系的研究中,星系的精确速度可以从它们的红移中推导出来。红移的定义是谱线向波长更长处移动,在宇宙学中,红移是因为星系具有退行速度。如果 λ_e 是发射谱线的波长,λ_o 是观测到的波长,那么红移

$$z = \frac{\lambda_o - \lambda_e}{\lambda_e} \tag{19.1}$$

根据狭义相对论,假设星系对观察者的退行速度为 v,则由红移推出的径向速度由以下关系给出:

$$1 + z = \left(\frac{1 + v/c}{1 - v/c}\right)^{1/2} \tag{19.2}$$

在红移很小的情况下,即 $v/c \ll 1$ 时

$$v = cz \tag{19.3}$$

这就是哈勃定律中用到的速度类型。实际上,不幸的是用到了退行速度。红移是一个很好的无量纲参数,在宇宙学关系的推导中很自然地出现了,我们将在下面讨论。

估计星系与其他河外天体的距离是一件很困难的事。标准的程序是找到一些天体,它们具有相同的固有光度 L,那么观测到的天体流量 S 由平方反比律给出,即 $S = L/(4\pi r^2)$。天文学家们用流量密度的对数值来表示视星等,即 $m =$

$-2.5\lg S+$常量。因此如果距离指示器的固有光度与距离无关,则可得

$$m=-2.5\lg S+\text{常量}=5\lg r+\text{常量} \tag{19.4}$$

图 19.3 是富星系团中亮星系的速度-距离关系。从图中可以看到,视星等和红移的对数之间有一个近乎完美的关系,如果退行速精确地正比于距离,那么可以精确地确定图中的斜率。所有类别的河外星系都有相同的关系。

观测宇宙的一个主要任务是精确确定哈勃常量 H_0 的值。感谢众多天文学家的努力,也多亏了哈勃空间望远镜大规模的观测,才使我们现在对 H_0 的值有了一个广泛的认同,即

$$H_0=(72\pm 8)\text{km}\cdot\text{s}^{-1}\cdot\text{Mpc}^{-1}=(2.3\pm 0.3)\times 10^{-18}\ \text{s} \tag{19.5}$$

这里,误差在 $\pm 1\sigma$ 的水平上。

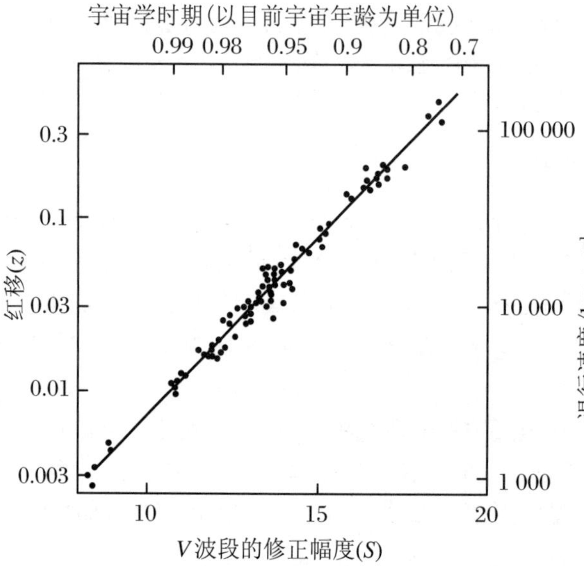

图 19.3 富星系团中亮星系速度-距离关系的现代版本。这个相关关系说明这些亮星系有着高度标准的性质,并且它们相对我们星系的退行速度正比于它到我们星系的距离(引自 Sandage A R. 1968. Observatory,88:91)

19.2.3 星系分布的局域膨胀

把宇宙各向同性和哈勃定律结合起来,我们可以知道,现在整个宇宙是在均匀膨胀的。在均匀膨胀中,任意两点距离的比例在给定的时间内是以相同的因子增长的,在时间间隔 t_2-t_1 内为

$$\frac{r_1(t_2)}{r_1(t_1)}=\frac{r_2(t_2)}{r_2(t_1)}=\cdots=\frac{r_n(t_2)}{r_n(t_1)}=\cdots=\alpha=\text{常量} \tag{19.6}$$

我们选择星系 1 为原点,星系 2 到星系 1 的退行速度为

$$v_2 = \frac{r_2(t_2) - r_2(t_1)}{t_2 - t_1} = \frac{r_2(t_1)}{t_2 - t_1}\left[\frac{r_2(t_2)}{r_2(t_1)} - 1\right]$$

$$= \frac{\alpha - 1}{t_2 - t_1} r_2(t_1) = H_0 r_2(t_1) \tag{19.7}$$

同样,对于星系 n,有

$$v_n = \frac{\alpha - 1}{t_2 - t_1} r_n(t_1) = H_0 r_n(t_1) \tag{19.8}$$

因此星系分布的均匀膨胀自动产生 $v = H_0 r$ 形式的速度-距离关系。注意,选择哪个星系作为原点没什么影响。所有的观测者都高度相信他们处于膨胀宇宙的中心,如果在相同的宇宙时观测,那么有着相同的哈勃关系。

19.3 罗伯逊-沃克度规

19.2 章中讨论的观测证据表明,宇宙学模型建立的自然起点是假设宇宙是各向同性的、均匀的并且在当前时期是均匀膨胀的。相对论宇宙学先驱们面临的一个问题是怎样解释计算中用到的时空坐标。这个问题在 1935 年由罗伯逊(H. P. Robertson)和沃克(A. D. Walker)各自独立地解决了,他们推导出对各向同性的、均匀的且均匀膨胀的宇宙学模型适用的时空度规。度规的形式不依赖于宇宙大尺度动力学由广义相对论描述这一假设;基于各向同性和均匀的假设,不论膨胀的行为是怎样的,时空度规都必须是罗伯逊-沃克度规形式的。

这些模型发展的关键一步是韦尔(Hermann Weyl)1923 年在众所周知的《韦尔假设》(*Wey's Postulate*)中所介绍的内容。为了消除坐标选择的任意性,韦尔引入了这样的思想,用邦迪(Hermann Bondi)的话来说是这样的:

> 底层(代表星云)粒子位于一系列测地线时空中,这些测地线由过去(有限或无限)的同一点开始,向各方向发散。

这段话最重要的一个方面是这些测地线(代表星系的世界线),除非在有限或者无限过去的一个奇点上,否则是不会交叉的。让人惊奇的是韦尔是在哈勃发现星云的退行速度之前提出的这个假设。对于"底层"这个词,邦迪的意思是这是一种假想的介质,这种介质可以被想象为一种定义星系系统的所有运动学行为的流体。韦尔假设的结果是:除了原点,仅有一条测地线通过时空中的任意一个点。一旦采用这个假设,就可以为每条测地线分配一个假想的观测者,称为基本观测者。每个基本观测者携带一个标准时钟,用以测量时间,并将原点的时间定为零点,称为宇宙时。

如果我们要推出标准模型还需要进行进一步的假设。这一假设被称为宇宙学原理：

我们不处于宇宙中任何特殊的位置。

这句话的推论是我们处于宇宙中一个典型的位置，任何位于宇宙其他位置的基本观测者，在相同的宇宙时会观测到与我们观测到的相同的大尺度特征。因此我们断定，在相同宇宙时的每一个基本观测者会观测到相同的星系分布哈勃膨胀、相同的各向同性宇宙微波背景辐射，相同的星系分布大尺度海绵结构和相同的孔隙结构等。

罗伯逊-沃克度规在狭义相对论的概念中是所有各向同性的膨胀宇宙的度规。由于我们观测到的宇宙在大尺度上是各向同性的，明显的出发点是我们平滑掉所有的结构，使模型成为一个均匀膨胀、各向同性的均匀宇宙。因为空间的曲率是时空的固有性质，所以断定时空曲率必须是各向同性的，其几何空间必定是我们在17.3中详细讨论的各向同性弯曲空间的一个。

19.3.1 各向同性弯曲空间续

17.3节中的一个关键性结果是所有可能的各向同性三维弯曲空间由如下空间间隔的形式描述：

$$dl^2 = dx^2 + R_c^2\sin^2\frac{x}{R_c}(d\theta^2 + \sin^2\theta d\varphi^2) \tag{19.9}$$

x,θ,φ 是基本观测者的球极坐标，R_c是三维各向同性空间的几何曲率半径，在开放几何和双曲几何中，曲率半径为虚数。如果我们用 ρ,θ,φ 代替球极坐标来改写上式，我们得到式(17.63)变为

$$dl^2 = \frac{d\rho^2}{1-\kappa\rho^2} + \rho^2(d\theta^2 + \sin^2 d\varphi^2) \tag{19.10}$$

其中，$\kappa = R_c^2$ 是三维空间的曲率。我们改变符号，用 ρ 而不是 r 来表示“角径距离”是因为在某一确定时刻，式子意义变得很明确——ρ 仅在本章中是这个意思。注意距离坐标 x 描述的是径向度规距离，而 ρ 坐标确保垂直于径向的距离由 $dl = \rho d\theta$ 给出。任意三维各向同性空间的闵可夫斯基度规为

$$ds^2 = dt^2 - \frac{1}{c^2}dl^2 \tag{19.11}$$

其中 dl 可以以式19.9或式19.10中的任意形式给出。

19.3.2 罗伯逊-沃克度规

为了发展罗伯逊-沃克度规，我们需要将宇宙学原理放入各向同性宇宙模型的框架中。像上面所讨论的一样，我们引用了基本观测者的概念，他们以宇宙始终相对于他们是各向同性的方式移动——他们都在等速哈勃流中。另一个重要的概念是宇宙时，这是基本观测者用标准时钟测量的固有时。根据韦尔的假设，所有基本观测者的世界线是由遥远过去发散的一些点组成的，那么所有的时钟可以是同步

的，我们设定 $t=0$ 为原点。

使用度规式(19.9)或者式(19.10)都存在一个问题，我们用一个简单的时空图表示(图 19.4)。由于光速是有限的，所有观测到的天体都是沿着基本观测者的过去光锥的，对我们来说就是在现在的时期 t_0 集中到地球上。因此当宇宙是均匀各向同性时，观测到的远处天体是过去的影像而不是现在的，但是基本观测者之间的距离更小，时空曲率也不一样。这个问题就是我们只能够将度规式(19.9)应用到一个单一时期的各向同性弯曲空间中。

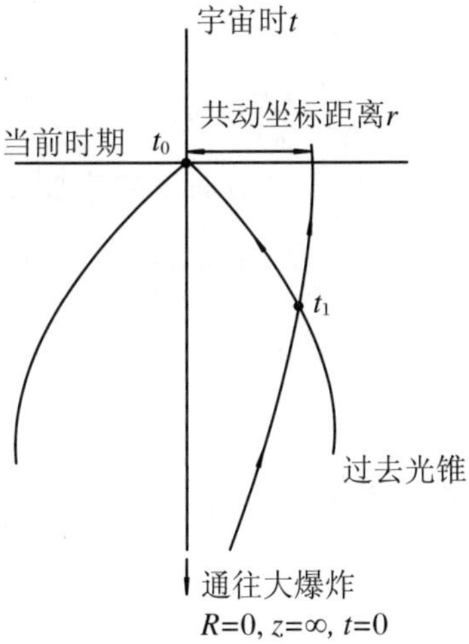

图 19.4 时空图，表示过去光锥沿着基本观测者观测宇宙中所有天体的方向。t_1 时刻与光锥相交的曲线是在 t_1 时刻观测的红移为 z 的星系的世界线

为了从度规中导出一个测量距离，我们来做一个假想的实验：我们让大量的基本观测者在地球和一个遥远星系之间排队。命令这些观测者在一个固定的宇宙时 t，用他们自己的钟测量到下一个观测者的测地线距离 $\mathrm{d}x$。把所有的这些 $\mathrm{d}x$ 加起来，就测量到了单一时期的测地线距离 x，这个距离可以用在度规式(19.9)中。注意，x 是一个虚构距离：对于遥远的星系，只能观测到它们早期的情形，而无法看到现在的情形，没有宇宙膨胀的运动学知识，我们无法知道如何表示它们现在相对于我们的位置。换句话说，测地线距离 x 依赖于宇宙模型，而我们并不知道这个模型是怎样的。

均匀膨胀的定义是：在两个宇宙时期 t_1 和 t_2，任何两个基本观测者 i 和 j 之间的距离，从任意的基本观测者来看，是按以下这种方式改变的：

$$\frac{x_i(t_1)}{x_j(t_1)}=\frac{x_i(t_2)}{x_j(t_2)}=\text{常量} \tag{19.12}$$

也就是

$$\frac{x_i(t_1)}{x_i(t_2)} = \frac{x_j(t_1)}{x_j(t_2)} = \cdots = 常量 = \frac{R(t_1)}{R(t_2)} \tag{19.13}$$

$R(t)$是标度因子，表示任意两个观测者之间的相对距离在宇宙时 t 处的改变。我们在现在 t_0时刻令 $R(t)=1$，t_0时刻的 x 为 r。因此

$$x(t) = R(t)r \tag{19.14}$$

r 成为星系在任何时刻的距离标签，由标度因子 $R(t)$可以研究膨胀宇宙中固有距离的改变；r 称为共动径向距离坐标——这个坐标非常重要。

垂直于视线方向的固有距离在 $t \sim t_0$ 期间也随着因子 R 变化，这是由于世界模型是各向同性的：

$$\frac{\Delta l(t)}{\Delta l(t_0)} = R(t) \tag{19.15}$$

并且由度规式(19.9)于 $t \sim t_0$ 时期在 θ 方向上的分量可得

$$R(t) = \frac{R_c(t)\sin\dfrac{x}{R_c(t)}\mathrm{d}\theta}{R_c(t_0)\sin\dfrac{r}{R_c(t_0)}\mathrm{d}\theta}$$

改写一下，我们得到

$$\frac{R_c(t)}{R(t)}\sin\frac{R(t)r}{R_c(t)} = R_c(t_0)\sin\frac{r}{R_c(t_0)}$$

这仅当满足

$$R_c(t) = R_c(t_0)R(t) \tag{19.16}$$

时成立，也就是说，空间部分的曲率半径正比于 $R(t)$。为了保持各向同性和均匀，宇宙膨胀时，空间的曲率必须按 $\kappa = R_c^{-2} \propto R^{-2}$改变。

设当前时期曲率半径为 $\mathscr{R}$。那么

$$R_c(t) = \mathscr{R}R(t) \tag{19.17}$$

将式(19.14)和式(19.17)代入度规式(19.11)中，由式(19.9)我们可以得到我们寻找的结果：

$$\mathrm{d}s^2 = \mathrm{d}t^2 - \frac{R^2(t)}{c^2}\left[\mathrm{d}r^2 + \mathscr{R}^2\sin^2\left(\frac{r}{\mathscr{R}}\right)(\mathrm{d}\theta^2 + \sin^2\theta\mathrm{d}\varphi^2)\right] \tag{19.18}$$

这就是我们用来在宇宙学中做观测分析的罗伯逊-沃克度规的形式。包含一个不知道的函数 $R(t)$（即标度因子）和一个未知常量（即当前宇宙的空间曲率 $\kappa = \mathscr{R}^{-2}$）。

这个度规可以写成不同的形式。若我们用到共动角径距离 $r_1 = \mathscr{R}\sin(r/\mathscr{R})$，那么度规的形式变为

$$\mathrm{d}s^2 = \mathrm{d}t^2 - \frac{R^2(t)}{c^2}\left[\frac{\mathrm{d}r_1^2}{1-\kappa r_1^2} + r_1^2(\mathrm{d}\theta^2 + \sin^2\theta\mathrm{d}\varphi^2)\right] \tag{19.19}$$

其中，$\kappa = \mathscr{R}^{-2}$。通过 r_1 坐标的适当比例，即 $\kappa r_1^2 = r_2^2$，度规可以等价地写为

$$\mathrm{d}s^2 = \mathrm{d}t^2 - \frac{R_1^2(t)}{c^2}\left[\frac{\mathrm{d}r_2^2}{1-kr_2^2} + r_2^2(\mathrm{d}\theta^2 + \sin^2\theta\mathrm{d}\varphi^2)\right] \tag{19.20}$$

其中 $k=+1,0,-1$,分别代表宇宙是球状的、平直的和双曲状的。在这个重新标定中,$R_1(t_0)$当前的值为 $\mathscr{R}$ 而不是单位 1。

罗伯逊-沃克度规使我们可以在膨胀宇宙中的任何时期、任何位置定义事件间的不变间隔 ds^2。注意:

(1) t 是宇宙时。

(2) $R(t)dr=dx$ 是径向的固有距离(或测地线距离)线元。

(3) $R(t)[\mathscr{R}sin(r/\mathscr{R})]d\theta=R(t)r_1d\theta$ 是垂直于径向的固有距离线元。

(4) 同样,$R(t)[\mathscr{R}sin(r/\mathscr{R})]\sin\theta d\varphi=R(t)r_1\sin\theta d\varphi$ 是 φ 方向上的固有距离线元。

对于上面的讨论,注意以下特征:

(1) 罗伯逊-沃克度规式(19.18)是仅仅由狭义相对论和均匀各向同性的假设推导出的,没有包含任何明确的广义相对论作用。

(2) 我们没有特别指出决定宇宙膨胀动力学的物理实质,因为这些都被包含在函数 $R(t)$中了。

19.4 宇 宙 观 测

许多将遥远天体的固有性质与其观测性质联系起来的有用结果与特定的宇宙学模型无关。在本节中,我们将介绍一系列的重要结果,这些结果可以被应用到宇宙学中。

19.4.1 红移

考虑在宇宙时 $t_1\sim t_1+\Delta t_1$间隔内,远处星系发出频率为 ν_1的一个波包。这个波包被一个观测者在当前的宇宙时间间隔 $t_0\sim t_0+\Delta t_0$内接收到。信号沿着零测地线传播,即 $ds^2=0$。因此考虑从发射源到观测者的径向传播,$d\theta=0$,$d\varphi=0$,度规式(19.18)简化为

$$dt=-\frac{R(t)}{c}dr,\quad \frac{cdt}{R(t)}=-dr \tag{19.21}$$

之所以会有负号出现是因为 r 坐标的原点是观测者。首先考虑波包的前缘,我们把式(19.21)从发射源积分到观测者:

$$\int_{t_1}^{t_0}\frac{cdt}{R(t)}=-\int_r^0 dr \tag{19.22}$$

由于 r 坐标在任何时间内对星系来说都是固定的,所以波包的末端经过相同的共动坐标距离。因此有

$$\int_{t_1+\Delta t_1}^{t_0+\Delta t_0} \frac{c\mathrm{d}t}{R(t)} = -\int_r^0 \mathrm{d}r$$

又

$$\int_{t_1}^{t_0} \frac{c\mathrm{d}t}{R(t)} + \frac{c\Delta t_0}{R(t_0)} - \frac{c\Delta t_1}{R(t_1)} = -\int_{t_1}^{t_0} \frac{c\mathrm{d}t}{R(t)} \tag{19.23}$$

由于 $R(t_0)=1$,所以

$$\Delta t_0 = \frac{\Delta t_1}{R(t_1)} \tag{19.24}$$

这就是时间膨胀现象的宇宙学表达式。当远处的星系被观测到时,$R(t_1)<1$,并且在观测者所在参考系中观测到这些现象的时间比在它们的固有参考系中的时间更长。

这些结果也提供了红移的表达式。如果 $\Delta t_1 = \nu_1^{-1}$是发射波的周期,$\Delta t_0 = \nu_0^{-1}$是观测者接收到的波的周期,那么

$$\nu_0 = \nu_1 R(t_1) \tag{19.25}$$

将式(19.25)写为红移 z 的形式:

$$z = \frac{\lambda_o - \lambda_e}{\lambda_e} = \frac{\lambda_o}{\lambda_e} - 1 = \frac{\nu_1}{\nu_0} - 1$$

化简为

$$1 + z = \frac{1}{R(t_1)} \tag{19.26}$$

因此红移是宇宙在发射源发出辐射的时期的标度因子的量度。例如,如果在红移 $z=1$ 观测到一个星系,那么当光发射时的宇宙标度因子为 $R(t)=0.5$ 时,基本观测者与星系的距离是当前值的一半。除了光是何时发射的之外,我们没有得到其他任何信息。注意到在宇宙学中,宇宙红移实际上与星系的退行速度没有任何关系。

现在我们可以为共动径向距离坐标 r 找出一个表达式:

$$r = \int_{t_1}^{t_0} \frac{c\mathrm{d}t}{R(t)} = \int_{t_1}^{t_0} (1+z)c\mathrm{d}t \tag{19.27}$$

因此一旦我们知道 $R(t)$是如何随着宇宙时 t 变化的,我们可以通过积分得到 r。注意,这里需要强调的是 r 多少有些人为的特性——我们必须知道在光发出到接收的时间间隔内由 $R(t)$所描述的宇宙的运动学。

19.4.2 哈勃定律

用固有距离表示,哈勃定律可以写为 $v=H_0 x$,所以

$$\frac{\mathrm{d}x}{\mathrm{d}t} = H_0 x \tag{19.28}$$

将式(19.14)代入得

$$r\frac{\mathrm{d}R(t)}{\mathrm{d}t} = H_0 R(t) r \tag{19.29}$$

即

$$H_0 = \frac{\dot{R}}{R} \tag{19.30}$$

由于我们是在当然阶段测量哈勃常量，$t = t_0$，$R = 1$，所以

$$H_0 = (\dot{R})_{t_0} \tag{19.31}$$

哈勃常量 H_0描述的是宇宙当然阶段的膨胀率。它的值随着宇宙时不断变化，可以由更一般的关系

$$H(t) = \frac{\dot{R}}{R} \tag{19.32}$$

来定义任何宇宙时刻的值。

19.4.3 角径

度规在 $\mathrm{d}\theta$ 方向的空间线元是固有长度 d。由式(19.18)，固有长度与角径 $\Delta\theta$ 的关系为

$$d = R(t)D\Delta\theta = \frac{D\Delta\theta}{1+z}$$

即

$$\Delta\theta = \frac{d(1+z)}{D} \tag{19.33}$$

我们引入了测量距离 $D = \mathscr{R}\sin(r/\mathscr{R})$。红移较小的时候，即 $z \ll 1$，$r \ll \mathscr{R}$，式(19.33)可化简为欧几里得关系：$d = r\Delta\theta$。方程(19.33)也可写为

$$\Delta\theta = \frac{d}{D_A} \tag{19.34}$$

因此 d 与 $\Delta\theta$ 之间的关系看起来像标准的欧几里得关系。为了达到这个目标，我们引入了另一个测量距离 $D_A = D/(1+z)$，称作角径距离，文献中通常使用这个距离。

19.4.4 视亮度

假设红移 z 处的一个源的光度为 $L(\nu_1)$，单位为 $\mathrm{W \cdot Hz^{-1}}$；$L(\nu_1)$是整个 4π 立体角内单位时间单位频率间隔的总能量。再观测频率处的流量密度 $S(\nu_0)$是多少，我的意思是单位时间单位面积单位带宽($\mathrm{W \cdot m^{-2} \cdot Hz^{-1}}$)所接收到的能量，其中 $\nu_0 = R(t_1)\nu_1 = \nu_1/(1+z)$。

假设在固有时间隔 Δt_1 内源发出 $N(\nu_1)$个带宽为 $\Delta\nu_1$ 能量为 $h\nu_1$ 的光子，那么，源的光度为

$$L(\nu_1) = \frac{N(\nu_1)h\nu_1}{\Delta\nu_1\Delta t_1} \tag{19.35}$$

这些光子在 t_1 时刻以源为中心形成一个球面，当光子“壳层”在 t_0 时刻传播到观测者处时，一部分光子被望远镜俘获。在 t_0 时刻观测，光子在固有时间间隔 $\Delta t_0 =$

$\Delta t_1/R(t_1)$和带宽 $\Delta\nu_0=R(t_1)\Delta\nu_1$ 中的频率为 $\nu_0=R(t_1)\nu_1$。

最后,我们需要找到望远镜直径 Δl 和角径的关系,角径在 t_1 时刻包含在源内。度规式(19.18)为我们提供了答案。这个固有长度 Δl 适用于$R(t_0)=1$ 的当前时期,因此

$$\Delta l = D\Delta\theta \tag{19.36}$$

其中,$\Delta\theta$ 是位于源处的基本观测者测到的角度。注意结果式(19.33)和式(19.36)的不同。它们是沿光锥相反方向测到的角径。它们之间因子 $1+z$ 的不同是一个更一般的关系的一部分,这个关系考虑到了沿光锥的角径测量,即互易定理。

望远镜的表面积为 $\pi\Delta l^2/4$,源在这个面积中包围的立体角为 $\Delta\Omega=\pi\Delta\theta^2/4$。在时间 Δt_0 内入射到望远镜中的光子数目为 $N(\nu_1)\Delta\Omega/(4\pi)$,但是观测频率是 ν_0。因此源的流量密度即单位时间单位面积单位带宽内的能量为

$$S(\nu_0) = \frac{N(\nu_1)h\nu_0\Delta\Omega}{4\pi\Delta t_0\Delta\nu_0(\pi/4)\Delta l^2} \tag{19.37}$$

我们可以用上面的关系和式(19.24)、式(19.25)和式(19.35)将式(19.37)中的量和源的性质联系起来:

$$S(\nu_0) = \frac{L(\nu_1)R(t_1)}{4\pi D^2} = \frac{L(\nu_1)}{4\pi D^2(1+z)} \tag{19.38}$$

其中,$D=\mathscr{R}\sin(r/\mathscr{R})$。如果源的光谱是幂律形式,即 $L(\nu)\propto\nu^{-\alpha}$,这个关系变为

$$S(\nu_0) = \frac{L(\nu_0)}{4\pi D^2(1+z)^{1+\alpha}} \tag{19.39}$$

我们可以对热光度和流量密度重复这种分析。在这种情况下我们考虑有限发射带宽 $\Delta\nu_1$ 和接收带宽 $\Delta\nu_0$ 内的总能量,即

$$L_{\text{bol}} = L(\nu_1)\Delta\nu_1 = 4\pi D^2(1+z)^2 S_{\text{bol}} \tag{19.40}$$

其中,热流量密度为 $S_{\text{bol}}=S(\nu_0)\Delta\nu_0$。因此有

$$S_{\text{bol}} = \frac{L_{\text{bol}}}{4\pi D^2(1+z)^2} = \frac{L_{\text{bol}}}{4\pi D_{\text{L}}^2} \tag{19.41}$$

其中,D_{L}将在下面定义。热光度 L_{bol}可以在任何合适的带宽中计算出,只要在当前时期用相应的红移带宽来测量热流量密度,也就是

$$\sum_{\nu_0} S(\nu_0)\Delta\nu_0 = \frac{\sum_{\nu_1} L(\nu_1)\Delta\nu_1}{4\pi D^2(1+z)^2} = \frac{\sum_{\nu_1} L(\nu_1)\Delta\nu_1}{4\pi D_{\text{L}}^2} \tag{19.42}$$

$D_{\text{L}}=D/(1+z)$叫作光度距离,因为这个定义使 S_{bol}和 L_{bol}之间的关系看起来像平方反比律。

我们可以在观测频率 ν_0处用源 $S(\nu_0)$的流量密度重新改写这个表达式:

$$S(\nu_0) = \frac{L(\nu_0)}{4\pi D_{\text{L}}^2}\left[\frac{L(\nu_1)}{L(\nu_0)}(1+z)\right] \tag{19.43}$$

中括号中的最后一项叫作 K 修正。它是由光学宇宙学家在 1930 年引入的,目的是,当在固定频率 ν_0 和固定带宽 $\Delta\nu_0$ 处观测的时候,能够考虑光谱的红移效应而

修正远处星系的视星等。取对数然后乘以 -2.5,中括号中的项可以转换成星系视星等的修正项,即

$$K(z) = -2.5\lg\left[\frac{L(\nu_1)}{L(\nu_0)}(1+z)\right] \tag{19.44}$$

注意这个 K 修正的形式对单色流量密度和光度都是正确的。在光学波段观测时,视星等是通过宽标准滤光片测到的。因此必须在发射和观测波段合适的光谱窗口对天体光谱能量分布求平均值。

19.4.5 数密度

用 r 可以很容易找到红移 $z \sim z+\mathrm{d}z$ 范围内源的数目,因为 r 是当前时刻定义的径向固有距离,所以我们需要的数目仅仅是当前共动坐标距离 $r \sim r+\mathrm{d}r$ 间隔内的天体数目。共动径向距离坐标 r 中厚度为 $\mathrm{d}r$ 的球壳的体积,由三维弯曲空间 $4\pi\mathscr{R}\sin^2(r/\mathscr{R})$中球的表面积乘以共动坐标距离线元 $\mathrm{d}r$ 得到,可以由度规式(19.18)中的 θ 分量看出,这些物理量都是在当前时期 $R(t)=1$ 时测量的:

$$\mathrm{d}V = 4\pi\mathscr{R}^2\sin^2(r/\mathscr{R})\mathrm{d}r \equiv 4\pi D^2\mathrm{d}r \tag{19.45}$$

因此如果 N_0是当前的天体空间密度,随着宇宙膨胀,它们的数目是守恒的,则

$$\mathrm{d}N = 4\pi N_0 D^2\mathrm{d}r \tag{19.46}$$

注意,由于共动径向距离坐标被定义的方式,星系系统的膨胀被自动考虑进去了。

19.4.6 宇宙的年龄

研究宇宙的年龄所需要的微分关系是式(19.21):

$$\frac{c\mathrm{d}t}{R(t)} = -\mathrm{d}r \tag{19.47}$$

因此有

$$T_0 = \int_0^{t_0}\mathrm{d}t = \int_0^{r_{\max}}\frac{R(t)\mathrm{d}r}{c} \tag{19.48}$$

其中 $r_{\max}$是 $R=0$, $z=\infty$ 时的共动距离坐标。

19.4.7 总结

以上的结果可以用来研究任何均匀各向同性世界模型下遥远天体固有性质与观测值之间的关系。这个过程总结如下:

(1) 首先从理论中得到函数 $R(t)$和当前时期空间的曲率 $\kappa=\mathscr{R}^{-2}$。

(2) 接下来,由积分

$$r = \int_{t_1}^{t_0}\frac{c\mathrm{d}t}{R(t)} \tag{19.49}$$

得到作为红移函数的共动径向距离坐标 r。注意膨胀的含义——时刻 t 处固有距离间隔$c\mathrm{d}t$ 是通过除以标度因子$R(t)$投影到当前时期的。

(3) 现在得出作为红移 z 的函数的测量距离 D：

$$D = \mathscr{R} \sin \frac{r}{\mathscr{R}} \tag{19.50}$$

(4) 如果需要，可以引入光度距离 $D_L = D/(1+z)$ 和角径距离 $D_A = D/(1+z)$。

(5) 红移间隔 dz 内的天体数目 dN 和立体角可以在关系

$$dN = \Omega N_0 D^2 dr \tag{19.51}$$

中找到。其中 N_0 是当前时期的天体数密度，这些天体参与了宇宙的均匀膨胀。

19.5 历史插曲——稳态理论

为了建立宇宙学模型，我们需要确定函数 $R(t)$，标准过程用广义相对论作为出发点。当然，通过观测，也可以尝试直接用宇宙的性质确定函数 $R(t)$。在 20 世纪 40～50 年代尝试从更为普遍的思路来推导函数 $R(t)$，这个思路包含当时对宇宙的了解，这促成了邦迪(Hermann Bondi)、戈尔德(Thomas Gold)和霍伊尔(Fred Hoyle)的稳态理论的产生。尽管这个理论的拥护者很少，但它在历史上十分有趣，并且在上一节中发展的那些工具方面显示了威力。

这个理论最初的动因是，在 20 世纪 20～40 年代和 50 年代早期，估算的哈勃常量 H_0 的值比现在得到的值大很多。哈勃认为它的值为 $H_0 \approx 500\ \text{km} \cdot \text{s}^{-1} \cdot \text{Mpc}^{-1}$，这里产生了一个重要的时间尺度问题。我们在下面将看到，所有认为宇宙常量为零的世界模型，其算出的宇宙年龄 T 小于 H_0^{-1}。对 $H_0 \approx 500\ \text{km} \cdot \text{s}^{-1} \cdot \text{Mpc}^{-1}$ 来说，年龄 T 为 2×10^9 年。而用放射性同位素测定的地球年龄为 4.6×10^9 年，这比地球的年龄还小。

邦迪、霍伊尔和戈尔德为时间尺度问题提出了一个巧妙的解决方法，即将宇宙学原理(19.3 节)用被他们称为的完美宇宙学原理代替。这表明今天观测到的宇宙大尺度性质对所有时期的所有基本观测者都一样。换句话说，宇宙在所有的时期对所有的基本观测者表现出的样子都完全一样。由于哈勃常量是一个基本的自然常量，用这个原理可以立即确定宇宙运动学，所以由式(19.32)，有

$$\dot{R}/R = H_0, \quad 因此 \quad R \propto \exp(H_0 t) \tag{19.52}$$

设当前时刻为 t_0，$R(t_0) = 1$，那么当宇宙时为 t 时，有

$$R(t) = \exp[H_0(t - t_0)] \tag{19.53}$$

因为根据这个模型，物质在不断地分散，物质必须持续地无中生有，才能使宇宙在各个时期保持相同的样子。这个理论有时候被称为连续创造理论。其拥护者认为，为了代替分散掉的物质而产生物质的产生率相当小，很难观测到，在任何陆

地上的实验中,每 300 000 年每立方米仅有一个粒子。

这个模型的其他特征具有我们已推导出的形式。方程(19.17)表明 $R_c(t)=\mathscr{R}R(t)$,因此曲率 $\kappa=\mathscr{R}^{-2}$必须为零,这是唯一不随时间变化的值。共动径向距离坐标 r 与红移 z 有同样简单的关系。$R(t)=(1+z)^{-1}$,r 的表达式变为

$$r=\int_t^{t_0}\frac{c\mathrm{d}t}{R(t)}=\int_t^{t_0}\frac{c\mathrm{d}t}{\exp[H_0(t-t_0)]}$$

$$=\frac{c}{H_0}\left[\frac{1}{R(t)}-1\right]=\frac{cz}{H_0} \tag{19.54}$$

这是相当精确的哈勃定律,但是现在它对所有的红移都符合得很好。因此稳态宇宙的度规是

$$\mathrm{d}s^2=\mathrm{d}t^2-\frac{R^2(t)}{c^2}[\mathrm{d}r^2+r^2(\mathrm{d}\theta^2+\sin^2\theta\mathrm{d}\varphi^2)] \tag{19.55}$$

其中,$R(t)=\exp[H_0(t-t_0)]$,$r=cz/H_0$。最后,宇宙的年龄是无限的,解决了时间尺度问题,没有起始奇点,不像标准大爆炸情形那样。

1950 年代中期,巴德(Walter Baade)指出,哈勃常量被过高估计了,霍马森(Humason)、梅奥尔(Mayall)和桑德奇(Sandage)推导出 H_0 的一个修订值——180 km・s^{-1}・Mpc^{-1},给出 $T=H_0^{-1}=5.6\times10^9$ 年,这个值比地球的同位素年龄大很多。随后的研究又将 H_0 的值进一步减小了很多,我们将在 19.2.2 小节中讨论。尽管稳态理论最强烈的动机之一已经被破坏,它的简洁和优雅仍然吸引着一大批理论学家,这些理论学家将它视为唯一的宇宙模型,反对标准模型。我们知道,标准模型依赖于宇宙的质量密度和宇宙常量,并在 $t=0$ 处具奇性。

这个理论的唯一性使它很容易验证。第一个反对它的证据是暗射电源的数目,这个证据显示:在过去,每单位共动体积比现在有更多的射电源。这个结果违反了稳态理论的基本前提,即宇宙所有的性质不会随时间改变。然而,对这个理论的致命打击是宇宙微波背景辐射。在稳态图像中,这个辐射没有自然的起源——不存在任何的源可以模仿黑体谱和解释如此高的能量。然而,在大爆炸图像中找到了这些性质的合理解释。

从宇宙学方法的观点来看稳态理论的故事非常有趣。这个模型的优雅在于引入了连续创造物质的全新物理学。对一些科学家来说,立即把理论排除是非常令人讨厌的。甚至在时间尺度问题解决了以后,尽管已经引入了新的物理学,其他一些人仍准备去研究这个理论是否能通过观测验证而存活下来。

当均匀各向同性的宇宙模型与观测发生冲突时,人们有了一个新的选择,即连续创造物质的宇宙可以模仿一个演化的宇宙。换句话说,完美宇宙学原理被抛弃了,但是创造物质的概念被留了下来,并且随着宇宙时间和空间的变化,物质的产生率可能发生变化。在我看来,这把这个理论带入了一个更加让人揣摩不定的境地。从逻辑上讲,修改后的图像是可行的,但是它失去了原来图像的很多吸引力,原来的图像是如此的优雅和独特。这带来了一个问题,即使是很开放的物理学家,

也必须做出价值判断,看这个理论是否偏离了传统物理学保持可靠性的思想。这个问题在宇宙学中尤其尖锐,因为我们只有一个可观测的宇宙。

霍伊尔研究稳态理论的方法与邦迪和戈尔德有所不同,他相信物质被连续创造的概念是这个理论的基础部分,他试图给出一个恰当的理论基础。他最终有一个令人高兴的结果。在1995年他80岁生日的宴会上,我邀请霍伊尔给卡文迪许物理协会做一个报告。尽管霍伊尔和赖尔(Martin Ryle)——卡文迪许实验室射电天文组的领导者——在射电源计数证据上有过激烈的争论,但他还是愉快地接受了邀请,因为1948年他在卡文迪许实验室对该理论做了第一次报告。为了描述物质的产生,霍伊尔引入了被他叫作 C 场的物质,C 场有类似于负能量状态方程的性质。我们在19.7节中会提到,它导致了宇宙的指数增长。霍伊尔苦笑地评论到,他的唯一错误就是把它叫作 C 场而不是 ψ 场。在流行的早期宇宙暴胀模型中,在真空标量场 ψ 的影响下,标度因子 $R(t)$ 有一个指数增长阶段,ψ 场与霍伊尔的 C 场几乎有相同的动力学功能。

19.6 标准世界模型

1917年,爱因斯坦意识到,他在广义相对论中发现了一个理论,它第一次使得建立一个完全自洽的、将宇宙作为一个整体的模型成为可能。最简单的模型是假设宇宙是均匀各向同性的,并且是均匀膨胀的。这个假设产生了一个异常简单的爱因斯坦场方程。标准课本中,它们被简化为

$$\ddot{R} = -\frac{4\pi GR}{3}\left(\rho + \frac{3p}{c^2}\right) + \frac{1}{3}\Lambda R \tag{19.56}$$

$$\dot{R}^2 = \frac{8\pi G\rho}{3}R^2 - \frac{c^2}{\mathscr{R}^2} + \frac{1}{3}\Lambda R^2 \tag{19.57}$$

其中 $R \equiv R(t)$ 是标度因子,ρ 是宇宙中物质和辐射成分的惯性质量密度,p 是压强。注意到式(19.56)中的压强项是惯性质量密度的相对论修正。不同于普通的压力依赖于压强梯度,这一项与压强呈线性关系。$\mathscr{R}$ 是当前时期世界模型的几何曲率半径,因此式(19.57)中的 $-c^2/\mathscr{R}$ 项是一个简单的积分常量。

式(19.56)和式(19.57)中包含了宇宙学常量 Λ。该项有曲折的历史。它是爱因斯坦在1917年为了给场方程找一个静态解而引入的,比哈勃证明宇宙实际上是均匀膨胀的早了10年以上。我们将在19.7节中讨论它在当前宇宙学中的角色。在我们讨论这个模型前先设 $\Lambda = 0$。

19.6.1 标准尘埃模型——$\Lambda=0$ 的弗里德曼世界模型

宇宙学上的尘埃指的是没有压强即 $p=0$ 的流体。很容易推算出当前时期的物质密度 ρ_0。由于质量守恒($\rho=\rho_0 R^{-3}$),所以当 $\Lambda=0$ 时,式(19.56)和式(19.57)变为

$$\ddot{R}=-\frac{4\pi G\rho_0}{3R^2} \tag{19.58}$$

$$\dot{R}^2=\frac{8\pi G\rho_0}{3R}-\frac{c^2}{\mathscr{R}^2} \tag{19.59}$$

1934 年,米尔恩(Milne)和麦克雷(McCrea)给出了如何用牛顿动力学推导出这个关系。考虑一个距离地球 x 的星系(图 19.5)。由于受以地球为中心的半径为 x 的均匀球体状的内密度为 ρ 的物质的引力作用,星系是减速的。根据引力的高斯定理,我们可以用球体中心的一个点质量代替总质量 $M=(4\pi/3)\rho x^3$。因此星系减速的加速度为

$$m\ddot{x}=-\frac{GMm}{x^2}=-\frac{4\pi x\rho m}{3} \tag{19.60}$$

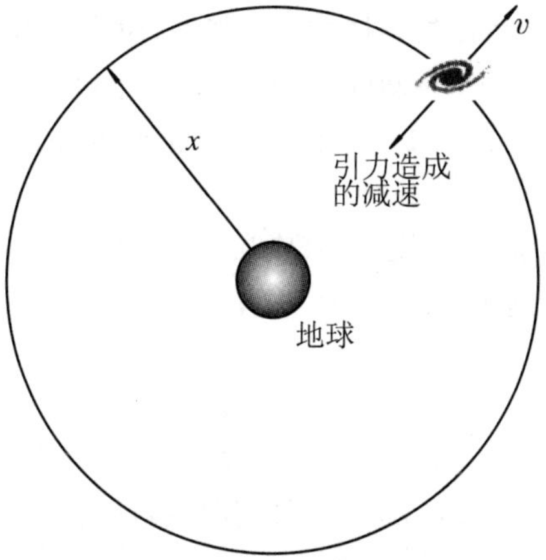

图 19.5 各向同性世界模型动力学示意图。距离我们的星系为 x 的星系在距离 x 内的物质的引力作用下做减速运动。由于假设宇宙各向同性,在任何参与宇宙均匀膨胀的星系中,基本观测者都会得出相同的计算值

星系的质量 m 可以从方程两边同时消掉,说明这个减速度指的是整个宇宙的而不是任何一个特殊星系的。现在,用共动径向距离坐标 r 代替 x($x=Rr$)[方程(19.14)],然后用它的值表示当前时期的密度 $\rho=\rho_0 R^{-3}$。因此

$$\ddot{R}=-\frac{4\pi G\rho_0}{3R^2} \tag{19.61}$$

等价于方程(19.58)。将方程(19.61)乘以 $\dot{R}$ 并且积分,有

$$\dot{R}^2 == \frac{8\pi G\rho_0}{3R} + 常量 \tag{19.62}$$

如果我们将常量定义为 $-c^2/\mathscr{R}^2$，那么这个结果等价于式(19.59)。

这个分析显示了广义相对论世界模型的大量重要特征：

首先，注意到由于各向同性，所以局域物理也满足全局物理，这就是为什么简单的牛顿力学可以说明米尔恩和麦克雷的工作。定义物质局部行为的物理学也可以定义最大尺度上物质的行为。例如，1 m^3 空间的曲率与宇宙整体的曲率几乎是一样的。

其次，尽管我们可能把地球放置到一个特殊的位置上，但位于任意星系的观测者会进行几乎相同的计算。

第三，我们在争论中并没有弄清楚计算在超过什么样的物理尺度时会失效。事实上，正确描述宇宙动力学的计算结果尺度比视界尺度要大，我们将视界尺度设为 $r=ct$，两点之间最大的距离在时间 t 有因果联系，理由同上，局域物理学也是全局物理学。因此如果宇宙按具有远远超过视界尺度的均匀密度这样的方式开始的话，超大尺度的动力学与局域动力学就会几乎一样。

弗里德曼在 1922 和 1924 年发表的两篇文章中给出了爱因斯坦场方程的解。他在俄国内战中于 1925 年在列宁格勒死于伤寒，没有活着看到标准宇宙模型以他的名字命名。勒梅特(George Lemaître)在 1927 年重新发现了弗里德曼解，并在 20 世纪 30 年代使它引起了天文学家和宇宙学家们的注意。场方程的解恰当地被称为宇宙的弗里德曼模型。

很容易把世界模型的密度表示成临界密度 ρ_c 形式。定义临界密度为 $3H_0{}^2/(8\pi G)$，然后引用密度参数 $\Omega_0=\rho_0/\rho_c$ 的值来表示任何指定模型在当前时期的密度 ρ_0。由此得

$$\Omega_0 = \frac{8\pi G\rho_0}{3H_0^2} \tag{19.63}$$

对 Ω 附下标是因为临界密度 ρ_c 随宇宙时期改变，就像 ρ 一样。因此方程(19.59)变为

$$\dot{R}^2 = \frac{\Omega_0 H_0^2}{R} - \frac{c^2}{\mathscr{R}^2} \tag{19.64}$$

由式(19.64)可以推出一些重要的结果。在当前时刻，$t=t_0$，$R=1$，则

$$\mathscr{R} = \frac{c/H_0}{(\Omega_0-1)^{1/2}}, \quad 因此 \quad \kappa = \frac{\Omega_0-1}{(c/H_0)^2} \tag{19.65}$$

方程(19.65)表明宇宙的密度和它的空间曲率有一个一一对应的关系，这是 $\Lambda=0$ 标准世界模型的最漂亮成果之一。式(19.64)的解如图 19.6 所示，这个关系是弗里德曼世界模型几何和动力学最为有名的关系：

(1) $\Omega_0>1$ 的模型是闭合的球面几何，它会在有限的时间内塌缩成密度无穷大的一点，这一事件有时候被称为“大塌缩”。

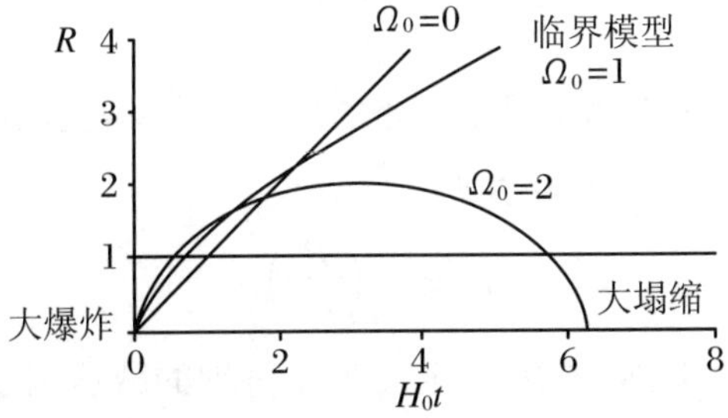

图 19.6 $\Lambda=0$ 的各种弗里德曼模型动力学的比较,由密度参数 $\Omega_0=\rho_0/\rho_c$ 表征;t 是宇宙时,H_0是哈勃常量。当前时期的标度因子 $R=1$。在这种情形下,当前时期的所有模型有相同的哈勃常量

(2) $\Omega_0<1$ 的模型则是张开的双曲几何,它会永远膨胀下去。膨胀的速度非零,因此星系之间的间隔将会趋于无穷大。

(3) $\Omega_0=1$ 的模型介于开、闭宇宙之间,也就是介子塌缩模型和永远膨胀模型之间。这个模型一般被称为爱因斯坦-德西塔模型或者临界模型。当 R 趋于无穷的时候,膨胀的速度会趋于零。这个模型中,$R(t)$随着宇宙时期的改变有一个特别简单的变化关系:

$$R(t)=\left(\frac{3H_0t}{2}\right)^{2/3},\quad \kappa=0 \tag{19.66}$$

另一个有用的结果是空世界模型 $\Omega_0=0$ 的函数 $R(t)$:$R(t)=H_0t$,$\kappa=-(H_0/c)^2$。这个模型有时候被称为麦尔恩模型。在空世界模型中,理解"整个宇宙几何为什么会是双曲线的"这个问题是相当有趣的。原因是在这个模型中,随着宇宙一起膨胀的检验粒子没有减速,任何粒子相对于给定的基本观测者始终保持相同的速度。因此不同参考系测量的宇宙时之间差一个洛伦兹变换 $t'=\gamma(t-vr/c^2)$,其中 $\gamma=(1-v^2/c^2)^{-1/2}$。关键点是均匀各向同性的条件必须用到宇宙时为常量 t'的所有基础观测者的参考系中。洛伦兹变换表明在平直空间中不可能得到这个条件,仅仅能在 $\kappa=-(H_0/c)^2$ 的双曲空间满足(见本章附录)。

可以很方便地将式(19.64)的一般解写为如下参数形式:

$$\text{对于 }\Omega_0>1:R=a(1-\cos\theta),\quad t=b(\theta-\sin\theta) \tag{19.67}$$

$$\text{对于 }\Omega_0<1:R=a(\cosh\varphi-1),\quad t=b(\sinh\varphi-\varphi) \tag{19.68}$$

其中

$$\text{对于 }\Omega_0>1:a=\frac{\Omega_0}{2(\Omega_0-1)},\quad b=\frac{\Omega_0}{2H_0(\Omega_0-1)^{3/2}} \tag{19.69}$$

$$\text{对于 }\Omega_0<1:a=\frac{\Omega_0}{2(1-\Omega_0)},\quad b=\frac{\Omega_0}{2H_0(1-\Omega_0)^{3/2}} \tag{19.70}$$

所有的模型在早期都趋向于临界模型动力学,但是常量不同。因此对于 $\theta\ll1$,$\varphi\ll1$,有

$$R = \Omega_0^{1/3}\left(\frac{3H_0 t}{2}\right)^{2/3} \tag{19.71}$$

正如哈勃常量 H_0 可以测量星系分布的局域膨胀率，我们可以定义当前时期宇宙的局域减速因子 $\ddot{R}(t_0)$。由表达式

$$q_0 = -\left(\frac{\ddot{R}}{\dot{R}^2}\right)_{t_0} \tag{19.72}$$

可以很方便地将当前的减速参数 q_0 定义为无量纲的减速因子。将这个式子代入式(19.58)中，得到 Ω_0 的定义。我们发现，在宇宙学常量 $\Lambda=0$ 的情况下，减速参数 q_0 直接正比于密度参数 Ω_0，即

$$q_0 = \Omega_0/2 \tag{19.73}$$

宇宙学各方面的一个重要结果是红移 z 和宇宙时 t 的关系。在式(19.64)和式(19.65)中，加上式 $R=(1+z)^{-1}$，我们发现：

$$\frac{dz}{dt} = -H_0(1+z)^2(\Omega_0 z+1)^{1/2} \tag{19.74}$$

从大爆炸开始的宇宙时 t 可以由积分

$$t = \int_0^t dt = -\frac{1}{H_0}\int_\infty^z \frac{dz}{(1+z)^2(\Omega_0 z+1)^{1/2}} \tag{19.75}$$

中得到。计算该积分，从而得到宇宙从大爆炸开始到现在的年龄，该计算是很简单的：

如果 $\Omega_0>1$，则

$$t_0 = \frac{\Omega_0}{H_0(\Omega_0-1)^{3/2}}\left[\sin^{-1}\left(\frac{\Omega_0-1}{\Omega_0}\right)^{1/2} - \frac{(\Omega_0-1)^{1/2}}{\Omega_0}\right]$$

如果 $\Omega_0=1$，则

$$t_0 = \frac{2}{3H_0}$$

如果 $\Omega_0<1$，则

$$t_0 = \frac{\Omega_0}{H_0(1-\Omega_0)^{3/2}}\left[\frac{(1-\Omega_0)^{1/2}}{\Omega_0} - \sinh^{-1}\left(\frac{1-\Omega_0}{\Omega_0}\right)^{1/2}\right]$$

因此对于临界宇宙模型 $\Omega_0=1$，宇宙现在的年龄是 $(2/3)H_0{}^{-1}$；对空模型 $\Omega_0=0$ 来说，则其年龄为 $H_0{}^{-1}$。以上所有的结果证明了 19.5 节中所说的，无论对于哪个世界模型，当 $\Lambda=0$ 时宇宙的年龄都是小于等于 H_0^{-1} 的。

正如在任何时期都可以由 $H=\dot{R}/R$ 定义哈勃常量一样，我们可以为任何时期定义一个密度参数 Ω，即 $\Omega=8\pi G\rho/(3H^2)$。由于 $\rho=\rho_0 R^{-2}=\rho_0(1+z)^3$，所以我们有

$$\Omega H^2 = \frac{8\pi G}{3}\rho_0(1+z)^3 \tag{19.76}$$

很容易看到，这个关系可以改写为

$$1-\frac{1}{\Omega}=(1+z)^{-1}\left(1-\frac{1}{\Omega_0}\right) \tag{19.77}$$

这是一个很重要的结果，因为这表明不论现在 Ω_0 的值是多少，在遥远的过去 Ω 总是趋于 1 的，这是由于在红移很大的时候 $(1+z)^{-1}$ 就变得非常小了。值得注意的是，现在宇宙的值为 1，即 $\Omega_0=1$（见 19.9 节）。如果在遥远的过去 Ω 的值与 1 相差很大，那么现在 Ω_0 将不等于 1，这从方程(19.77)中可以看出。空间曲率 κ 趋于零会导致所谓的平坦度问题。我们的宇宙在遥远的过去必定在 $\Omega=1$ 附近微调过，因为现在是无限接近 $\Omega_0=1$ 的。一些宇宙学家会争论这个问题，因为现在我们的宇宙接近 $\Omega_0=1$ 的原因仅仅是 Ω_0 的合理值是 1，这听起来让人觉得很意外。早期宇宙暴胀理论的支持者们有很多理由说明为什么应该是这种情形。我们完成 $\Lambda\neq 0$ 模型和以辐射为主的模型的讨论后，在 19.7.6 小节中将再次讨论这个问题。

我们现在可以找到共动径向坐标距离 r 和测量距离 D 的表达式。我们回忆一下：

$$\mathrm{d}r=\frac{c\,\mathrm{d}t}{R(t)}=-c\,\mathrm{d}t(1+z)=\frac{c\,\mathrm{d}z}{H_0(1+z)(\Omega_0 Z+1)^{1/2}} \tag{19.78}$$

对上式从红移 0～z 积分，r 的表达式为

$$r=\frac{2c}{H_0(\Omega_0-1)^{1/2}}\left[\tan^{-1}\left(\frac{\Omega_0 z+1}{\Omega_0-1}\right)^{1/2}-\tan^{-1}(\Omega_0-1)^{-1/2}\right] \tag{19.79}$$

最后，计算 $D=\mathscr{R}\sin(r/\mathscr{R})$，可以得到 D 的值，$\mathscr{R}$ 的表达式由式(19.65)给出。很容易计算出

$$D=\frac{2c}{H_0\Omega_0^2(1+z)}\{\Omega_0 z+(\Omega_0-2)[(\Omega_0 z+1)^{1/2}-1]\} \tag{19.80}$$

这是由玛缇格(Mattig)1959 年推导出的一个著名的公式。尽管它是在球面几何中推导出的，但它在对所有 Ω_0 的值的修正方面有很大的优势。它可以用在 19.4 节中所列的所有表达式中，将固有性质和观测值联系起来。

19.6.2 非零宇宙学常量模型

因为现在有了令人信服的证据，这些模型在最近几年里突然出现。从宇宙微波背景辐射涨落的能量谱和 Ia 型超新星星等-红移关系的研究可以得到：宇宙学常量 $\Lambda\neq 0$。

让我们考虑爱因斯坦场方程(19.56)，将宇宙学常量包含进去，对于充满尘埃的宇宙：

$$\ddot{R}=-\frac{4\pi G R\rho}{3}+\frac{\Lambda R}{3}=-\frac{4\pi G\rho_0}{3R^2}+\frac{\Lambda R}{3} \tag{19.81}$$

从该式中可以看出宇宙学常量的含义：即使在空宇宙中，$\rho=p=0$，对测试粒子来说，仍然有一个净力作用在它上面。用泽尔多维奇(Ya. B. Zeldovich)的话来说就

是,如果 Λ 是正的,这一项被认为是真空的排斥效应,之所以排斥与绝对几何的参考系有关。在经典物理学中对该项没有明确的解释。

然而,在量子场论中有一个自然的解释。在现代真空图像中,所有的真空场都有与零点能有关的零点涨落。真空的应力能量张量有负能态,即 $p = -\rho c^2$。可以将压强看作张力而不是压强。当真空膨胀的时候,使它从 V 膨胀到 $V + \mathrm{d}V$ 所做的功 $p\mathrm{d}V$ 等于 $\rho c^2 \mathrm{d}V$。因此在膨胀中,负能场的物质密度保持不变。卡罗尔(Carrou)、普雷斯(Press)和特纳(Turner)揭示如何只使用量子场论中的简单概念来计算出 Λ 的值,他们发现这个排斥场的物质密度为 $\rho_v = 10^{95}\ \mathrm{kg \cdot m^{-3}}$。这里存在一个问题:观测推导出的值 $\rho_v \approx 6 \times 10^{-27}\ \mathrm{kg \cdot m^{-3}}$,这意味着与宇宙学常量有关的质量密度是最佳观测值的 10^{120} 倍。

这一个巨大的差异,使这个问题成为了理论宇宙学未解决的问题之一。它对早期宇宙的现代图像的重要性可按如下方式理解。在很早期宇宙的暴胀模型中,这种类型的力被认为导致了宇宙呈指数膨胀。因为已经证明了今天的观测值 ρ_v 和 ρ_0 是同量级的,所以如果采纳这个暴胀图像,我们必须解释为什么在暴胀末期,ρ_v 的值减小到 $1/10^{120}$;然而,我们也没有一个令人信服的物理解释来说明 ρ_v 为什么如此小,也不能说明这两个密度参数为什么几乎相等。

然而,现在我们很自然地相信自然界中存在着提供“真空排斥”的力,并且把当前时期的真空能密度和一定的质量密度 ρ_v 联系起来。暗能量经常被用来描述与 ρ_v 有关的真空能量密度。用与 ρ_v 有关的密度参数项 Ω_v 来改写动力学方程是很方便的。我们从式(19.56)开始,用真空场的密度 ρ_v 和压强 p_v 代替 Λ 项:

$$\ddot{R} = -\frac{4\pi GR}{3}\left(\rho_m + \rho_v + \frac{3p_v}{c^2}\right) \tag{19.82}$$

其中,普通物质的密度是 ρ_m。由于 $p_v = -\rho_v c^2$,所以

$$\ddot{R} = -\frac{4\pi GR}{3}(\rho_m - 2\rho_v) \tag{19.83}$$

但是像上面所说的那样,由于宇宙膨胀,$\rho_m = \rho_0 / R^3$,但 ρ_v 保持不变,所以

$$\ddot{R} = -\frac{4\pi G\rho_0}{3R^2} + \frac{8\pi G\rho_v R}{3} \tag{19.84}$$

方程(19.81)和方程(19.84)对标度因子方面的宇宙学术语的依赖关系几乎是相同的,因此我们可以用真空物质质量密度定义宇宙常量,即

$$\Lambda = 8\pi G\rho_v \tag{19.85}$$

在当前时期,$R = 1$,因此

$$\ddot{R}(t_0) = -\frac{4\pi G\rho_0}{3} + \frac{8\pi G\rho_v}{3} \tag{19.86}$$

引入与 ρ_v 有关的密度参数 Ω_v,我们得到

$$\Omega_v = \frac{8\pi G\rho_v}{3H_0^2}, \quad 且 \quad \Lambda = 3H_0^2\Omega_v \tag{19.87}$$

因此我们可以由式(19.86)和式(19.87)找到减速参数 q_0,Ω_0 和 Ω_v 之间的关系:

$$q_0 = \frac{\Omega_0}{2} - \Omega_v \tag{19.88}$$

动力学方程(19.56)和方程(19.57)可以改写为

$$\ddot{R} = -\frac{\Omega_0 H_0^2}{2}\frac{1}{R^2} + \Omega_v H_0^2 R \tag{19.89}$$

$$\dot{R}^2 = \frac{\Omega_0 H_0^2}{R} - \frac{c^2}{\mathscr{R}^2} + \Omega_v H_0^2 R^2 \tag{19.90}$$

将当前时期的 $R=1$ 和 $\dot{R}=H_0$ 代入式(19.90)中,空间曲率与 Ω_0 和 Ω_v 的关系为

$$\frac{c^2}{\mathscr{R}^2} = H_0^2[(\Omega_0 + \Omega_v) - 1] \tag{19.91}$$

$$\kappa = \frac{1}{\mathscr{R}^2} = \frac{(\Omega_0 + \Omega_v) - 1}{c^2/H_0^2} \tag{19.92}$$

因此空间部分为欧几里得空间的条件为

$$\Omega_0 + \Omega_v = 1 \tag{19.93}$$

我们回忆模型的空间曲率半径随标度因子的变化关系为 $R_c = R\mathscr{R}$,因此如果空间曲率 $\kappa=0$,那么过去的所有时间里它就一直是相同的。在 19.6.1 小节中讨论的相同的平坦性问题也用到了这个模型,这是因为对很大的红移,$R \ll 1$,动力学由式(19.89)中 Ω_0 的项主导。完整的讨论将在 19.7.6 小节中进行。

现在让我们来研究 $\Lambda \neq 0$ 的模型的动力学。

$\Lambda<0$,$\Omega_v<0$ 的模型。大家对负宇宙学常量的模型没有太大兴趣,因为净效应包含一个重力之外的使宇宙膨胀减速的吸引力。它与 $\Lambda=0$ 的模型的区别是,无论 Λ 和 Ω_0 的值多么小,宇宙的膨胀最终是逆转的,从式(19.89)中可以看到这一点。

$\Lambda>0$,$\Omega_v>0$ 的模型。这种模型令人相当感兴趣,因为正宇宙学常量产生了一个排斥引力吸引的力。在这种模型中,膨胀率有一个最小值,这个最小值发生在标度因子为

$$R_{\min} = \left(\frac{4\pi G\rho_0}{\Lambda}\right)^{1/3} = \left(\frac{\Omega_0}{2\Omega_v}\right)^{1/3} \tag{19.94}$$

处。从式(19.90)中可得到膨胀率的最小值:

$$\dot{R}_{\min}^2 = \Lambda^{1/3}\left(\frac{3\Omega_0 H_0^2}{2}\right)^{2/3} - \frac{c^2}{\mathscr{R}^2} = 3H_0^2\left(\frac{\Omega_v \Omega_0^2}{4}\right)^{1/3} - \frac{c^2}{\mathscr{R}^2} \tag{19.95}$$

如果式(19.95)的右边大于零,那么动力学行为就是图 19.7(a)所示的那样。对于大的 R 值,动力学变成德·西特(de Sitter)宇宙那样,即

$$R(t) \propto \exp[(\Lambda/3)^{1/2} t] = \exp(\Omega_v^{1/2} H_0 t) \tag{19.96}$$

如果式(19.95)的右边小于零,则标度因子存在一个没有解的区间,可以轻易地看到方程 $R(t)$ 有两个分支,如图 19.7(b)所示。分支 A 中,动力学由 Λ 项主导,渐

进解由

$$R(t) \propto \exp[\pm (\Lambda/3)^{1/2} t] \tag{19.97}$$

描述。对分支B来说,因为 Λ 项的排斥作用会阻止宇宙的塌缩,所以宇宙永远不会膨胀到具足够大的 R 值。

最有意思的情况是 $\dot{R}_{\min}\approx 0$。$\dot{R}_{\min}\approx 0$ 的情况以爱丁顿-勒梅特模型为人们所知,如图19.7(c)所示。对这些模型的解释是:要么情况A,宇宙从过去有限的时间开始膨胀,最后在无限的将来会达到静态;要么情况B,宇宙从无限的过去膨胀,远离静态。静态C是不稳定的,一旦受到扰动,宇宙会移动到情况B或者情况A对应的塌缩上。在1917年爱因斯坦的静态宇宙中,静态相就出现在当前时期。

一般来说,与 $\dot{R}_{\min}=0$ 相应的 Λ 的值为

$$\Lambda = \frac{3\Omega_0 H_0^2}{2}(1+z_C)^3, \quad 因此 \quad \Omega_v = \frac{\Omega_0}{2}(1+z)^3 \tag{19.98}$$

其中,z_C 是静态红移。

由爱丁顿-勒梅特模型得到的年龄远远大于 H_0^{-1}。实际上,在无限过去的 $\dot{R}_{\min}=0$ 的极端爱丁顿-勒梅特模型中,宇宙的年龄是无穷大的。与其密切相关的一组模型是勒梅特模型,由它得到的年龄也大于 H_0^{-1},并且有 Λ 项,这样的话 $\dot{R}_{\min}$ 的值仅仅比零大一点。这类模型的例子见图19.7(d)。当宇宙膨胀速度非常小时,有一段很长的"爬坡阶段"。

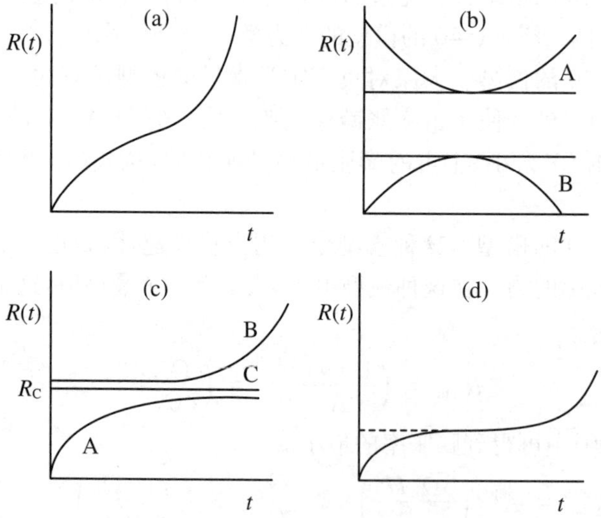

图19.7 $\Lambda\neq 1$ 的世界模型的动力学示例(邦迪,1960)。模型(a)和(d)为勒梅特模型;模型(c)是爱丁顿-勒梅特模型。在爱因斯坦静态模型中,$R(t)$ 一直是常量。其他的模型在正文中叙述

19.6.3 零曲率的 Λ 模型

近期对宇宙微波背景辐射的涨落能量谱的观测强烈地表明了宇宙的空间曲率非常接近零。一般来说，宇宙学常量非零的话，动力学、共动径向距离坐标和模型的年龄表达式必须由数值积分确定，但是在零曲率的情况下可以比较方便地解出。正如19.6.1小节中提到的那样，我们需要 $\mathrm{d}z/\mathrm{d}t$ 的表达式。由式(19.90)可知，能够替换式(19.74)的是

$$\frac{\mathrm{d}z}{\mathrm{d}t} = -H_0(1+z)[(1+z)^2(\Omega_0 z+1)-\Omega_v z(z+2)]^{1/2} \tag{19.99}$$

从大爆炸开始的宇宙时 t 可以立马由积分得到：

$$\begin{aligned} t &= \int_0^t \mathrm{d}t \\ &= -\frac{1}{H_0}\int_\infty^z \frac{\mathrm{d}z}{(1+z)[(1+z)^2(\Omega_0 z+1)-\Omega_v z(z+2)]^{1/2}} \end{aligned} \tag{19.100}$$

对于零曲率模型，$\Omega_0+\Omega_v=1$，因此式(19.99)变成

$$\frac{\mathrm{d}z}{\mathrm{d}t} = -H_0(1+z)[\Omega_0(1+z)^3+(1-\Omega_0)]^{1/2} \tag{19.101}$$

当 $\kappa=0$ 时，式中 $\mathrm{d}t$ 的表达式可以代入积分式(19.27)中得到径向共动距离坐标。宇宙时-红移的关系可以通过积分式(19.100)的零曲率形式得到：

$$t = \int_0^t \mathrm{d}t = -\frac{1}{H_0}\int_\infty^z \frac{\mathrm{d}z}{(1+z)[\Omega_0(1+z)^3-(1-\Omega_0)]^{1/2}} \tag{19.102}$$

式(19.102)的参数解为

$$t = \frac{2}{3H_0\Omega_v^{1/2}}\ln\left(\frac{1+\cos\theta}{\sin\theta}\right),\quad \tan\theta = \left(\frac{\Omega_0}{\Omega_v}\right)^{1/2}(1+z)^{3/2} \tag{19.103}$$

令 $z=0$，可以得到 $\kappa=0$ 时当前宇宙的年龄，即

$$t_0 = \frac{2}{3H_0\Omega_v^{1/2}}\ln\left[\frac{1+\Omega_v^{1/2}}{(1-\Omega_v)^{1/2}}\right] \tag{19.104}$$

这个关系告诉我们怎样找到平直空间部分的年龄大于 H_0^{-1} 的弗里德曼模型。例如，若 $\Omega_v=0.9$，$\Omega_0=0.1$，宇宙的年龄为 $1.28H_0^{-1}$。

19.7 宇宙的热历史

一旦世界模型的动力学框架建立了，通过应用热力学定律就可以了解宇宙的热历史，该分析促使了对标准图像的重要检验。让我们先考虑辐射主导时期宇宙的动力学。

19.7.1 辐射主导的宇宙

对光子气体、质量非常小的粒子或者极端相对论极限 $E \gg mc^2$ 下的相对论气体来说，压强 p 与能量密度 u 的关系为 $p = u/3$。在辐射的情况下，惯性质量密度 ρ_{rad} 与 u 的关系为 $u = \rho_{\text{rad}} c^2$。

如果 $N(\nu)$ 是能量为 $h\nu$ 的光子的数密度，那么把所有频率的光子能量加起来，即

$$u = \sum_{\nu} h\nu N(\nu) \tag{19.105}$$

就可以得到辐射能量密度。光子的数密度以 $N = N_0 R^{-3} = N_0(1+z)^3$ 的形式变化，每个光子的能量随着红移因子 $h\nu = h\nu_0(1+z)$ 发生改变。因此辐射能量密度随着宇宙时期的改变为

$$u = \sum_{\nu_0} h\nu_0 N_0(\nu_0)(1+z)^4 = u_0(1+z)^4 = u_0 R^{-4} \tag{19.106}$$

对黑体辐射来说，能量密度由斯特藩-玻尔兹曼定律给出，即 $u = aT^4$，它的能谱密度由普朗克分布给出，即

$$u(\nu)\mathrm{d}\nu = \frac{8\pi h\nu^3}{c^3} \frac{1}{\mathrm{e}^{h\nu/(kT)} - 1} \mathrm{d}\nu \tag{19.107}$$

对于黑体辐射，我们立即可以知道，温度 T 随红移的变化为 $T = T_0(1+z)$，它的能谱为

$$\begin{aligned} u(\nu_1)\mathrm{d}\nu_1 &= \frac{8\pi h\nu_1}{c^3} \frac{1}{\mathrm{e}^{h\nu_1/(kT_1)} - 1} \mathrm{d}\nu_1 \\ &= \frac{8\pi h\nu_0^3}{c^3} \frac{1}{\mathrm{e}^{h\nu_0/(kT_0)} - 1} (1+z)^4 \mathrm{d}\nu_0 \\ &= (1+z)^4 u(\nu_0)\mathrm{d}\nu_0 \end{aligned} \tag{19.108}$$

因此黑体谱随着宇宙膨胀保持形式不变，但是辐射温度会按 $T = T_0(1+z)$ 改变，每个光子的频率按 $\nu = \nu_0(1+z)$ 改变。另一种得到这些结果的方法是从光子气体的绝热膨胀角度考虑。辐射和极端相对论下的相对论气体的比热比为 $\gamma = 4/3$。正如在 9.3.3 小节中所说的，在绝热膨胀中：

$$T \propto V^{-(\gamma-1)} = V^{-1/3} \propto R^{-1} = 1 + z$$

这与前面的结果几乎相同。

可将 p 和 ρ 随 R 的变化代入爱因斯坦场方程(19.56)和(19.57)中。令宇宙学常量 $\Lambda = 0$，则

$$\ddot{R} = -\frac{8\pi G u_0}{3c^2} \frac{1}{R^3}, \quad \dot{R}^2 = \frac{8\pi G u_0}{3c^2} \frac{1}{R^2} - \frac{c^2}{\mathscr{R}^2} \tag{19.109}$$

在早期，常量项 $c^2/\mathscr{R}^2$ 可以忽略，因此积分得

$$R = \left(\frac{32\pi G u_0}{3c^2}\right)^{1/4} t^{1/2} \quad 或 \quad u = u_0 R^{-4} = \left(\frac{3c^2}{32\pi G}\right) t^{-2} \tag{19.110}$$

辐射主导的动力学模型 $R\propto t^{1/2}$ 仅仅依赖于相对论性或者无质量物质的惯性质量密度总和。注意我们需要把相应时期的所有形式的相对论性物质和辐射对 u 的贡献加起来。

19.7.2 宇宙的物质和辐射量

到目前为止,宇宙微波背景辐射是星系际空间辐射能量密度的主导。比较宇宙中辐射和物质的惯性质量密度,我们发现

$$\frac{\rho_{\mathrm{rad}}}{\rho_{\mathrm{m}}}=\frac{aT^4(z)}{\Omega_0/\rho_{\mathrm{c}}(1+z)^3c^2}=\frac{2.6\times10^{-5}(1+z)}{\Omega_0h^2} \tag{19.111}$$

我们将其中的哈勃常量写为 $h=H_0/(100\ \mathrm{km\cdot s^{-1}\cdot Mpc^{-1}})$,这是为了将哈勃常量 H_0 的不确定性考虑进去。因此宇宙从红移 $z=4\times10^4\Omega_0h^2$ 开始是由物质主导的,假设 $\Omega_0z\gg1$,则动力学由 $R\propto t^{2/3}$ 描述。在红移 $z\geqslant4\times10^4\Omega_0h^2$ 时,宇宙是由辐射主导的,动力学由式(19.110) $R\propto t^{1/2}$ 描述。

当前的光子-重子比是另一个关键的宇宙学参数。由于微波背景辐射包含大量的光子能量,令 $T=2.728$ K,我们发现

$$\frac{N_\gamma}{N_{\mathrm{B}}}=\frac{3.6\times10^7}{\Omega_{\mathrm{B}}h^2} \tag{19.112}$$

其中 N_{B} 和 Ω_{B} 分别为重子的数密度和密度参数。如果在宇宙的膨胀中光子既不会产生也不会毁灭,那么这个比例是不变的,它也是当前宇宙中光子数目超过重子数目的度量因子。它在膨胀的辐射主导时期正比于每个重子的比熵。

宇宙的热历史如图 19.8 所示。我们现在来详细地处理某些具有特殊意义的时期。

19.7.3 复合时期

在红移 $z\approx1\,500$ 处,宇宙微波背景辐射的温度为 $T\approx4\,000$ K,因此有足够多的能量大于 13.6 eV($h\nu\geqslant13.6$ eV)的光子出现在普朗克分布的维恩区域,能够电离星际介质中的所有中性氢。让我们来证明为什么这个过程发生在一个温度相对低的时期。

我将普朗克分布的维恩区域($h\nu\gg kT$)的光子数密度问题留作练习,能量为 $h\nu\geqslant E$ 的光子数密度是

$$n_{\geqslant E}=\int_{E/h}^{\infty}\frac{8\pi\nu^2}{c^3}\frac{\mathrm{d}\nu}{\mathrm{e}^{h\nu/(kT)}}=\frac{1}{\pi^2}\left(\frac{2\pi kT}{hc}\right)^3\mathrm{e}^{-x}(x^2+2x+2) \tag{19.113}$$

其中,$x=E/(kT)$。温度为 T 时黑体谱中的光子总的数密度为

$$N=0.244\left(\frac{2\pi kT}{hc}\right)^3\mathrm{m}^{-3} \tag{19.114}$$

因此能量高于 E 的光子所占比例为

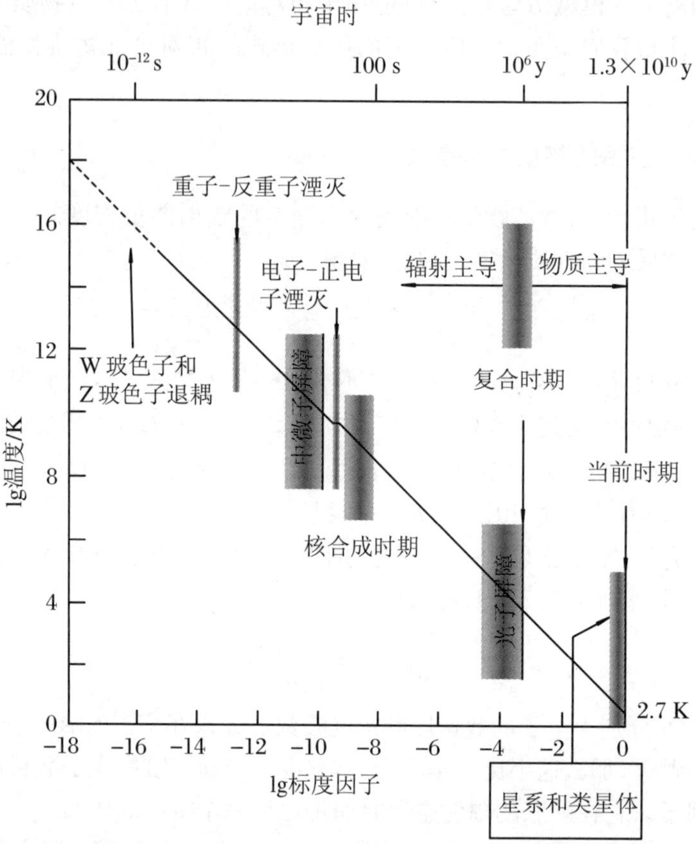

图 19.8　宇宙的热历史。辐射温度按 $T \propto R^{-1}$ 降低,除了不同粒子反粒子湮灭造成的小的温度跳跃。标准模型中各个重要时期如图所示。图的顶部标出了适当的时间尺度。图中还标出了光子和中微子屏障。在标准图像中,这些时期之前,宇宙对电磁辐射和中微子都是不透明的

$$\frac{n_{\geqslant E}}{N} = \frac{e^{-x}(x^2 + 2x + 2)}{0.244\pi^2} \tag{19.115}$$

在简单近似下,如果有与氢原子一样多的电离光子,星际气体可以被电离。也就是说,从式(19.112)中知,宇宙微波背景辐射每 $3.6 \times 10^7/(\Omega_B h^2)$ 个光子中,只要有一个能量高于 13.6 eV 的光子就可以电离气体。

示例说明如下:令式(19.112)的比例值为 10^{-9},那么有

$$\frac{1}{10^9} = \frac{e^{-x}(x^2 + 2x + 2)}{0.244\pi^2} \tag{19.116}$$

的解为 $x = E/(kT) \approx 26.5$。这是一个重要的结果。与氢原子相比,光子的数目多了很多,即使 $E = kT$ 对应的温度比辐射温度高 26.5 倍,仍然有足够多的 $h\nu \geqslant E$ 光子使气体电离。由于 $kT = 13.6$ eV 对应的温度为 150 000 K,所以在温度 $T \approx$

150 000/26.5≈5 600 (K)时星际气体被认为是完全电离的。由于现在的宇宙微波背景辐射温度是 2.728 K,原星际气体中的氢在标度因子 $R\approx 2.728/5\,600=5\times 10^{-4}$时,也就是说在红移 $z\approx 2\,000$ 处是完全电离的。

有趣的是,相同的计算以许多不同的形式出现在天体物理中——太阳的核反应发生在比预期温度低的地方,氢完全电离的区域温度只有 10 000 K 左右,轻核在早期宇宙中被摧毁时的温度比预计的要低很多。所有的这些情况中,普朗克和麦克斯韦分布的高能尾巴包含了大量能量远高于平均值的光子和粒子。

详细的计算表明,在红移 $z_r=1\,500$ 时,原星际气体被电离了 50%,这一时期叫作复合时期。这个名字的由来是,因为在这个时期之前,原星际气体是被完全电离的,所以当把时钟倒退到那时时,宇宙等离子体会复合。

这个计算最重要的结果是,在早期,宇宙对自由电子的汤姆孙散射是不透明的。详细的计算表明,在红移接近 1 000 时,原星际气体对汤姆孙散射的光深为 1,一旦星际氢在红移 z_r处被完全电离,光深就变得非常大。结果,宇宙在 $z\approx 1\,000$ 前是不能被观测到的,因为从高红移处发出的光子会在到达地球之前被散射很多次。在红移大于 1 000 时,有一个光子屏障,我们不能直接用光子得到任何信息。如果在复合时期和当前时期间光子没有进一步散射,那么红移为 1 000 处是宇宙微波背景辐射的最后散射面。微波天空图中小的空间涨落(图 19.2)被记录在这个 $z\approx 1\,000$ 的最后散射面上。

19.7.4 视界问题

粒子视界定义为,经过时间 t,能产生因果联系的最大距离。换句话说,它是光信号从 $t=0$ 的大爆炸起源开始,传播到 t 时的距离。与光信号从大爆炸开始传到 t 时的距离有关的径向共动距离坐标为

$$r=\int_0^t \frac{c\mathrm{d}t}{R(t)}=\int_\infty^z (1+z)c\mathrm{d}r \tag{19.117}$$

为了找到与红移 z 对应时期的视界范围,我们用标度因子 $R(t)=(1+z)^{-1}$来简单地标度共动径向距离坐标 r。因此与红移 z 相应的 t 时的粒子视界 $r_{\mathrm{H}}(t)$为

$$r_{\mathrm{H}}(t)=R(t)\int_0^t \frac{c\mathrm{d}t}{R(t)}=\frac{1}{1+z}\int_\infty^z (1+z)c\mathrm{d}t \tag{19.118}$$

在复合时期,用 $\Lambda=0$ 的物质主导解并且忽略曲率项是没有问题的。那么,所有的弗里德曼模型趋于临界模型动力学:

$$R(t)=\frac{1}{1+z}=\Omega_0^{1/3}\left(\frac{3H_0 t}{2}\right)^{2/3} \tag{19.119}$$

因此粒子视界为

$$r_{\mathrm{H}}(t)=\frac{1}{1+z}\int_\infty^z (1+z)c\mathrm{d}t=\frac{2c}{H_0\Omega_0^{1/2}}(1+z)^{-3/2} \tag{19.120}$$

利用式(19.119),这个结果可被写为含宇宙时 t 的项 $r_{\mathrm{H}}(t)=3ct$。这个结果是有

物理意义的，因为我们预期视界在光传播到 t 时之后为典型距离 ct。因子 3 是考虑了这样一个事实：基本观测者在早期互相靠得近一些，因此比 ct 大的距离可以进行因果联系。

我们可以用这个结果来说明 $\Omega_v=0$ 的标准弗里德曼模型中的视界问题的起源。让我们来求解对当前时期的观测者来说最后散射面的粒子视界的张角 θ_H。在红移 $z=1\,000$ 时，我们可以放心地使用 $\Omega_0 z\gg1$ 极限下标准的物质主导的弗里德曼方程解。从式(19.80)中可以看到，在红移非常大的极限下，测量距离 D 趋于常量值 $2c/(H_0\Omega_0)$。因此据式(19.33)来说，视界长度的角范围是

$$\theta_H = \frac{r_H(t)(1+z)}{D} = \frac{\Omega_0^{1/2}}{(1+z)^{1/2}} = 18\Omega_0^{1/2}(\text{度}) \qquad (19.121)$$

这个结果意味着，根据标准弗里德曼图像，宇宙中间隔超过 $1.8\Omega_0^{1/2}$ 度的区域在最后散射面上没有因果联系。那么为什么宇宙微波背景辐射在全天是均匀的，且偏差小于 10^{-5} 呢？这就是视界问题，在标准图像中，必须假设宇宙的高度各向同性是宇宙膨胀的初始条件之一。

19.7.5 物质与辐射惯性质量密度相等的时期

从式(19.111)可知，在红移 $z=4\times10^4\Omega_0 h^2$ 时，物质和辐射对惯性质量密度的贡献是相等的，在更大红移处，宇宙是以辐射为主的。星际气体在红移 $z\leqslant 1\,000$ 时复合之后，中性物质和微波背景辐射的光子之间的耦合可以忽略不计。由于物质和辐射不是热耦合的，它们彼此独立地冷却，所以气体的比热比为 5/3，而辐射的比热比是4/3。最后是绝热冷却的，物质和辐射对标度因子 R 的依赖关系分别为 $T_m\propto R^{-2}$ 和 $T_{rad}\propto R^{-1}$。因此我们期望在后复合时期，物质比辐射冷却快得多。然而，这与复合前的情形不同，因为那时物质和辐射通过康普顿散射强耦合：星际介质汤姆孙散射的光深非常大，以至于光子和电子之间通过康普顿散射进行的小能量转移就足够使物质保持与辐射一样的温度。

一旦星际气体的热历史确定下来，就可以找到宇宙时期的声速的变化。绝热声速 c_s 为

$$c_s^2 = \left(\frac{\partial p}{\partial \rho}\right)_S$$

其中下标 S 表示是在熵不变的情况下。比较混乱的是，从物质和辐射能量密度相等的时期，到复合时期和随后的中性阶段，对 p 和 ρ 的主导贡献随着宇宙的变化而变化：从由辐射主导，戏剧性地过渡到由物质主导；物质和辐射的耦合变得越来越弱，最后在红移 $z\approx1\,000$ 时，等离子体开始耦合。对于物质和辐射由康普顿散射耦合的时期，声速的平方可以写为

$$c_s^2 = \frac{(\partial p/\partial T)_{rad}}{(\partial \rho/\partial T)_{rad}+(\partial \rho/\partial T)_m} \qquad (19.122)$$

其中的偏微分在熵不变的条件下计算。表达式可以化简为

$$c_s^2 = \frac{c^2}{3}\left(\frac{4\rho_{rad}}{4\rho_{rad} + 3\rho_m}\right) \tag{19.123}$$

因此在辐射主导的阶段，$z \geqslant 4 \times 10^4 \Omega_0 h^2$，声速趋于相对论声速，即 $c_s = c/\sqrt{3}$。在红移较小的时候，由于热物质惯性质量密度的贡献变得越来越重要，声速会减小。

19.7.6 再论平坦性问题

在 19.6.1 小节中，我们简单提了一下平坦性问题，现在我们给出完整的解决方案，在弗里德曼方程中加入真空能和辐射。我们在式(19.57)和式(19.90)中加入额外的能量密度：

$$\dot{R}^2 = \frac{8\pi G R^2}{3}(\rho_m + \rho_{rad} + \rho_v) - \frac{c^2}{\mathscr{R}^2} \tag{19.124}$$

这些能量密度中的每一项在任何时期都可以用如下的密度参数项来表示：

$$\Omega_m = \frac{8\pi G\rho_m}{3H^2}, \quad \Omega_{rad} = \frac{8\pi G\rho_{rad}}{3H^2}, \quad \Omega_v = \frac{8\pi G\rho_v}{3H^2} \tag{19.125}$$

其中 $H = \dot{R}/R$。每一项随宇宙演化对标度因子的依赖关系不一样：

$$\rho_m = \rho_m(0)R^{-3}, \quad \rho_{rad} = \rho_{rad}(0)R^{-4}, \quad \rho_v = \rho_v(0) \tag{19.126}$$

括号中的 0 表示当前时期。因此完整的动力学方程可以写为

$$\dot{R}^2 = H_0^2 R^2[\Omega_m(0)R^{-3} + \Omega_{rad}(0)R^{-4} + \Omega_v(0)] - \frac{c^2}{\mathscr{R}^2} \tag{19.127}$$

让我们重新分析推导出式(19.77)的过程，但是引入 Ω_{rad} 和 Ω_v 项。将式(19.124)除以 $\dot{R}^2$，我们发现

$$1 = \Omega_m + \Omega_{rad} + \Omega_v - \frac{c^2}{\mathscr{R}^2 \dot{R}^2} \tag{19.128}$$

$$1 = \Omega - \frac{c^2}{\mathscr{R}^2 H^2 \dot{R}^2} \tag{19.129}$$

$$H^2 R^2(\Omega - 1) = \frac{c^2}{\mathscr{R}^2} \tag{19.130}$$

其中 $\Omega = \Omega_m + \Omega_{rad} + \Omega_v$。在当前时期，这个表达式简化为

$$H_0^2[\Omega(0) - 1] = \frac{c^2}{\mathscr{R}^2} \tag{19.131}$$

为了确定 Ω 如何随宇宙时期变化，首先我们必须知道 $H(t)$是如何变化的。在物质主导时期，由式(19.76)可以推导出式(19.77)，相同的结果也可以用在当前时期。在辐射主导时期，惯性质量密度由相对论物质和场贡献，它们的能量和物质密度随标度因子的变化为 R^{-4}，因此

$$\Omega = \frac{8\pi G\rho}{H^2} = \frac{8\pi G\rho(0)}{H^2}R^{-4} = \Omega(0)\frac{H_0^2}{H^2}R^{-4} \tag{19.132}$$

让方程(19.130)和(19.131)相等，再把 $H^2/H_0{}^2$ 代入式(19.132)中，我们发现

$$1-\frac{1}{\Omega}=\frac{1}{(1+z)^2}\left[1-\frac{1}{\Omega(0)}\right] \tag{19.133}$$

又出现了相同的平坦性问题。如果密度参数 Ω 在红移很大的时候与 1 相差的哪怕是微小的一个值，它今天的值必然就不可能接近 $\Omega(0)=1$。

19.7.7 早期宇宙

在完成这个简短的宇宙热历史之前，让我们总结一下早期宇宙重要的一些物理过程：

(1) 外推到红移 $z\approx10^8$ 时，辐射温度 $T\approx3\times10^8$ K，背景光子达到 γ 射线能段 $\varepsilon=kT=25$ keV。在如此高温中，普朗克谱的维恩区域能量足够高，可以离解轻核，例如氦和氘。在更早的时期，所有的核都是被离解的。

(2) 在红移 $z\geqslant10^9$ 时，由于热辐射背景产生了很多电子-正电子对，所以宇宙中充斥着电子-正电子对，后来变成今天的一对一对的光子。时间倒退到更早的时期，红移 $z\approx10^9$ 时，电子-正电子湮灭，它们的能量转移给光子场——这解释了温度历史在 $R=10^{-9}$时小的不连续性(图 19.8)。

(3) 在更早的时期，$z\approx10^{9.5}$时，宇宙对弱相互作用的不透明度为 1。导致了中微子屏障的产生，与 $z\sim1\ 000$ 时的光子屏障类似。

(4) 我们甚至可以进一步外推到 $z\approx10^{12}$ 的时期，那时背景辐射的温度足够高，可以使热背景中产生重子-反重子对。正如电子-反电子对产生的时期，此时宇宙中充斥着重子和反重子，每一个重子-反重子对变成现在宇宙中的一对光子。同样，那时的温度历史也存在小的不连续性。

进一步外推到早期宇宙迷雾时期的过程一直在进行着，直到我们用完了实验室里建立的所有物理理论。许多粒子物理学家同意基本粒子的标准模型经过测试和检验的能量至少有 100 GeV，因此我们可以相信实验室物理后退到 10^{-6} s，尽管更多的保守者更乐意接受 10^{-3} s。能够外推多远是一个很大胆的尝试。最有激情的理论家们毫不犹豫地将其外推到最早的普朗克时期，$t_{\mathrm{P}}\sim(Gh/c^5)^{1/2}=10^{-43}$(s)，这时相关的物理与从 10^{12}红移到当前时期的宇宙物理非常不同。这些思想的初衷是为了了解与标准大爆炸相关的一些基本问题。

19.8 早期宇宙的核合成

大爆炸模型受到认真对待的一个重要原因是它在解释原初核合成的轻元素的观测丰度时取得了显著的成功。下面的讨论细节在我的著作《星系的形成》中有更详细的解释。

考虑质量为 m 的粒子处于非常高的温度下，即 $kT \gg mc^2$。如果维持该粒子与其他粒子处于热平衡的相互作用的时标比当时宇宙的年龄还小，那么粒子和它的反粒子的平衡态数密度由统计力学给出：

$$N = \overline{N} = \frac{4\pi g}{h^3}\int_0^\infty \frac{p^2 \mathrm{d}p}{\mathrm{e}^{E/(kT)} \pm 1} \tag{19.134}$$

其中，g 是粒子的统计权重，p 是它的动量，± 符号与粒子是费米子（+）还是玻色子（−）有关。对于(1)光子、(2)核子和电子、(3)中微子，分别为：

(1) $g = 2, N = 0.244\left(\frac{2\pi kT}{hc}\right)^3 \mathrm{m}^{-3}, u = aT^4$；

(2) $g = 2, N = 0.183\left(\frac{2\pi kT}{hc}\right)^3 \mathrm{m}^{-3}, u = \frac{7}{8}aT^4$；

(3) $g = 2, N = 0.091\left(\frac{2\pi kT}{hc}\right)^3 \mathrm{m}^{-3}, u = \frac{7}{16}aT^4$。

为了找到总能量密度，将所有的平衡能量密度加起来：

$$\varepsilon = \chi(T) a T^4 \tag{19.135}$$

这个能量密度的表达式应该被包含在式(19.110)中，以确定早期宇宙的动力学。当粒子变成是非相对论性的时，$kT \ll mc^2$，粒子之间通过相互作用，各组分仍保持不变。式(19.134)的非相对论极限给出的平衡数密度为

$$N = g\left(\frac{mkT}{h^2}\right)^{3/2} \exp\left(-\frac{mc^2}{kT}\right) \tag{19.136}$$

因此一旦粒子变成非相对论性的，它们就不再对决定宇宙膨胀率的惯性质量密度起作用。

在红移 $z < 10^{12}$ 时，中子和质子是非相对论性的，$kT \ll mc^2$，它们的平衡丰度由电子-中微子弱相互作用维持：

$$\mathrm{e}^+ + \mathrm{n} \rightarrow \mathrm{p} + \bar{\nu}_\mathrm{e}, \quad \nu_\mathrm{e} + \mathrm{n} \rightarrow \mathrm{p} + \mathrm{e}^- \tag{19.137}$$

对于中子和质子，g 的值是相同的，因此中子和质子的相对丰度为

$$\left[\frac{n}{p}\right] = \exp\left(-\frac{\Delta mc^2}{kT}\right) \tag{19.138}$$

其中 Δmc^2 是中子和质子的质量-能量差。

当中微子相互作用不再使中子和质子丰度保持平衡时，丰度比会冻结。冻结的条件是弱相互作用的时标变得比宇宙年龄还要大。详细的计算表明宇宙的膨胀时标和中微子的退耦合时标在宇宙年龄为 1 s、温度为 10^{10} K 的时候是相等的。在那个时候，中子所占的比例由式(19.138)决定，即

$$\left[\frac{n}{n + p}\right] = 0.21 \tag{19.139}$$

这以后，中子的比例缓慢下降。详细的计算表明，300 s 以后，中子的比例降到 0.123。在这个时期，轻元素大量形成。几乎所有的中子都会结合质子形成 $^4\mathrm{He}$

核,因此每一对中子会形成一个氦核。反应过程如下:

$$
\begin{aligned}
&p + n \rightarrow D + \gamma, \quad p + D \rightarrow {}^3He + \gamma \\
&n + D \rightarrow {}^3H + \gamma, \quad p + {}^3H \rightarrow {}^4He + \gamma \\
&n + {}^3He \rightarrow {}^4He + \gamma, \quad d + d \rightarrow {}^4He + \gamma \\
&{}^3He + {}^3He \rightarrow {}^4He + 2p
\end{aligned}
\tag{19.140}
$$

图 19.9 是宇宙初始几小时内轻元素丰度演化的计算结果。由于在高温时,氘核(D)会被背景辐射的 γ 射线摧毁,所以大部分核合成发生在温度低于 1.2×10^9 K 时。D 的束缚能为 $E_B = 2.23$ MeV,在温度为 2.6×10^{10} K 时,这个能量等于 kT。然而,正如星际气体复合那样(19.7.3 小节),光子的数目远远超过核子数目,仅当膨胀气体的温度下降到这个温度的 1/26 时,离解光子的数目会比核子少。尽管一些中子会随着时间自发衰变,它们中的大部分还是会留下来。因此根据上面的计算,预测的氦、氢质量比是中子比例的两倍:$[{}^4He/H]\approx0.25$。详细的研究表明,除了 ^{4}He 的产生丰度为 23%～25%,还有其他的微量元素:D,^{3}He 和 ^{7}Li(图 19.9)。

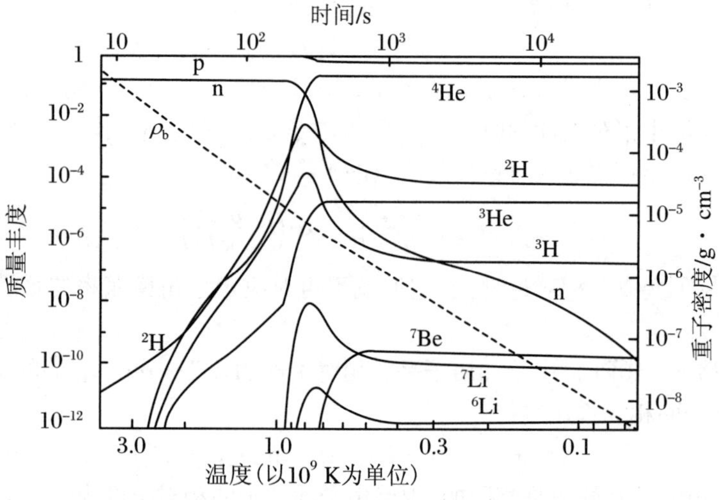

图 19.9　宇宙大爆炸模型中轻元素的丰度随时间和温度的演化,在 10 s 之前,没有有意义的轻元素合成发生,因为 D(^{2}H)被黑体辐射谱中维恩区域的硬 γ 射线摧毁了;随着温度下降,越来越多的氘出现了,轻元素的合成通过式(19.140)的反应变得可能;元素的合成,例如,D(^{2}H),^{3}He,^{4}He,^{7}Li,^{7}Be,在随后的 15 min 内完成

这是相当显著的成果。让我们感到困惑的是为什么无论观测宇宙的哪个地方,He 的丰度都如此之高。它的化学丰度通常大于 23%。另外,理解 D 是怎样合成的也是一个问题。它是一个很脆弱的核,在恒星的内部摧毁的比产生的多。同位素 ^{3}He 和 ^{7}Li 也存在相同的问题。然而,这些元素确实在大爆炸的早期阶段就被合成了。在恒星内部,核合成在很长时标内近似热力学平衡的条件中产生,而不像在大爆炸早期阶段那样,在几分钟内爆炸性核合成。

D 和 ^3He 的丰度为现在宇宙重子密度提供了很强的限制。观测到的 D 相对于 H 的丰度通常为 $[D/H] \approx 1.5 \times 10^{-5}$。因此从 $z = 10^8$ 以后的时期开始，我们仅仅知道 D 的毁灭方式而不是产生方式，图 19.9 为 D 在原初核合成中产生的数量提供了一个下限。瓦戈纳(Wagoner)的模拟表明预测的 D 核丰度是宇宙现在重子密度的函数，而 He 的丰度是一个明显的常量(图 19.10)。

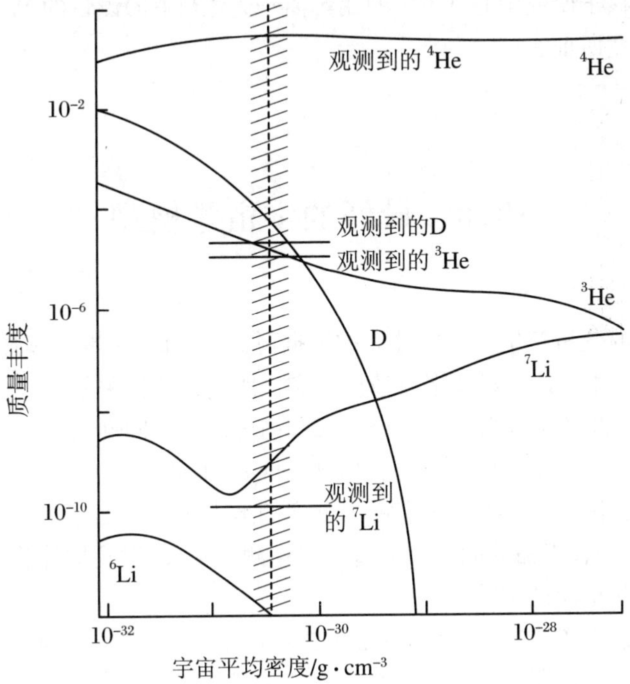

图 19.10 预测的轻元素原初丰度与它们的观测值比较。对“观测到的 ^4He”的水平标记与图线表示 ^4He 丰度的变化高度吻合。世界模型中当前重子物质的密度沿着横轴标出。阴影宽带是 Ω_B 或者 ρ_B 的范围，可以解释轻元素的丰度。观测到的元素丰度与 $\Omega_B \approx 0.015h^{-2}$ 时的模型符合得很好

其原因可按如下方式理解：He 合成的数目由宇宙冷却时质子和中子的平衡丰度决定，而这主要是由膨胀的辐射主导的宇宙热力学决定的。然而，D 的丰度依赖于核子的数目：如果宇宙的重子数密度很大，那么实际上所有的 D 会转变成 ^4He；而如果宇宙的重子数密度很低的话，那么不是所有的 D 都会转变。相同的讨论也可应用于 ^3He。因此 D 和 ^3He 给宇宙现在的重子密度提供了上限。最近分析给出的计算是

$$\Omega_B h^2 \leqslant 0.015 \qquad (19.141)$$

其中 h 是哈勃常量以 100 km · s^{-1} · Mpc^{-1} 为单位的值。因此即使采用小的值 $h = 0.5$，$\Omega_B < 0.06$，这个重子物质也不会接近宇宙的密度。正如我们将在下一节中

讨论,实际上,它甚至不能解释宇宙中暗物质的量。

这些研究很显著的成果之一是它们给出了出现在轻元素合成时期的中微子种类的限制。如果有超过三类的中微子存在,它们就会对无质量粒子的惯性质量密度起作用,因此会加速宇宙的早期膨胀[式(19.110)]。中微子在更高温度时退耦,产生过量的 He。从这类宇宙学的讨论中知道不可能有超过三类的中微子,这一结果随后被欧洲核子研究中心(CERN)用等离子光源(LEP)测量的 $W^{\pm}$ 和 Z^0 玻色子的衰变谱的带宽所证实。

19.9 最好的宇宙学模型

前面章节的分析产生了 4 个独立的证据,每一个都与标准大爆炸情形相符合:

(1) 哈勃定律描述了星系退行速度和它们距离的线性关系。

(2) 宇宙微波背景辐射的黑体谱形式和高度的各向同性。

(3) 轻元素 D, ^{3}He, ^{4}He, ^{7}Li 在大爆炸早期的形成。

(4) 宇宙膨胀时标和我们在宇宙中测到的最古老天体的年龄相似。这些研究根据核纪年法,用长寿命的同位素通过放射性测定年代,以及估计我们已知最古老的恒星系统球状星团的年龄。

这些证据说服了宇宙学家们,标准大爆炸模型为研究宇宙学起源、演化和它的组分提供了最令人信服的框架。这个故事的论述需要一整本书。对于上面列出来的这些模型的成功之处,我还要加上观测到的星系分布的大尺度结构,与通过观测宇宙微波背景辐射的能谱的涨落是一致的。微波背景是从红移 $z \approx 1\,000$ 时的最后散射面处产生的。这表明宇宙中大尺度结构是由小密度涨落的引力坍塌形成的,这个微扰产生于极早期的宇宙。

大量的观测和理论结果使宇宙学家对研究过程中的宇宙学参数的值达成了一个很好的共识。作为总结,下面列出了一系列被广泛接受的宇宙学参数:

(1) 用哈勃空间望远镜测量哈勃常量,使用了造父变星来测量宇宙距离尺度,得到的哈勃常量为 $H_0 = (70 \pm 7)\ \text{km} \cdot \text{s}^{-1} \cdot \text{Mpc}^{-1}$,误差在 1σ 内。这个结果与独立的估计相符合,很多估计认为哈勃常量的范围为 60～75 $\text{km} \cdot \text{s}^{-1} \cdot \text{Mpc}^{-1}$。

(2) 空间曲率可由宇宙微波背景辐射涨落的功率谱的第一个最大值(大约在 1°的角范围内)给出。该最大值与 $z = 1\,000$ 时的最后散射面上视界的大小有关,它像已知红移时的一个优秀的“刚性杆”一样(19.7.4 小节)。它在布梅兰格(Boomerang)、马克西马(Maxima)和角标度干涉仪(DASI)实验中得到了让人信服的探测结果。来自 DASI 的最新结果为 $\Omega_0 + \Omega_v = 1.04 \pm 0.06$,我们回想一下,对平直

时空来说 $\Omega_0+\Omega_v$ 为1。

(3) 当前时期宇宙的平均质量密度由暗物质主导，虽然它的本质还不是很清楚，但是肯定存在于星系和星系团中。最近对暗物质平均量的研究估计，从大尺度结构中的星系得到的值为 $\Omega_m\approx0.3$，与研究单个星系团得到的结果相符合。来自DASI实验的结果为 $\Omega_m h^2=0.14\pm0.04$。

(4) 对1A型超新星的研究表明，它们是迄今为止发现的最好的"标准烛光"，能够把视星等-红移关系从小红移处延伸到大红移处。这为宇宙减速参数为负提供了令人信服的证据。$\Omega_v=0.7$，$\Omega_m=0.3$ 的值为观测提供一个很好的拟合。

(5) 从原初核合成研究中得到的重子物质密度参数值为 $\Omega_B h^2=0.010\sim0.015$，与从宇宙微波背景辐射涨落谱研究中得到的值符合得很好。DASI实验发现，$\Omega_B h^2=0.022\pm0.004$。

这些研究结果表明，我们似乎在一个加速的宇宙中，膨胀是由真空场 Ω_v 的能量驱动的，暗物质的质量密度大约是临界宇宙密度的1/3，重子物质的密度大约比暗物质密度小一个数量级。这个正统的观念带来了一系列使宇宙学家和天体物理学家们紧张的问题。总结如下：

(1) 为什么当宇宙的曲率可以为任何值时，而我们生活的宇宙曲率却为零呢？这被称为平坦性问题。

(2) 宇宙在如此大的尺度上为什么是均匀的呢？正如19.7.4小节中所说的那样，这个均匀性产生了一个视界问题——根据标准图像，对宇宙中在最后散射面上尺度超过1°的区间是没有时间可以联系的。

(3) 为什么宇宙产生出来的是物质，而不是相等的物质和反物质的混合呢？这是重子非对称性问题。

(4) 暗物质的本质是什么？

(5) 为什么真空密度参数的值为 $\Omega_v\approx0.7$？来自量子场论的自然值比这个值大 10^{120} 倍。

(6) 为什么当前时期密度参数 Ω_0 的值与真空密度参数 Ω_v 的值相同，而它们对标度因子 R 的依赖关系大不相同呢？

(7) 涨落的起源是什么？宇宙从涨落中形成了大尺度结构。

对这一系列问题最普遍的解释是假设宇宙在极早期经历了一个快速膨胀阶段，即早期宇宙暴胀模型。让我们假设标度因子 R 随着时间指数增长，即 $R\propto e^{t/T}$；指数膨胀持续了一段时间，然后宇宙发展到辐射主导的时期。考虑在指数膨胀的影响下，早期宇宙膨胀的一个极小的区域。这个区域的粒子起初靠得非常近，因此彼此之间有因果联系。假设这个区域在发生暴胀之前，存在一个比粒子视界小的物理尺度，那么这些区域有时间保持均匀各向同性的状态。然后这个区域开始呈指数性地膨胀，因此它的相邻区域被驱动到更远的距离，这两个区域之间不能再使用光信号进行联系——由于暴胀，因果联系区域超过了它们的局域视界。

在极早期宇宙暴胀图像最流行和广为接受的版本中，指数膨胀与极高能量下基本粒子大统一理论的对称性破缺有关。根据这些理论，在足够高的温度下，强力和电弱力是统一的，只有在低一点的能量中，它们才表现为有区别的力。大统一相变可能发生的特征能量为 $E \sim 10^{14}$ GeV，大约在大爆炸后的 10^{-34} s，这也是指数膨胀的特征 e-折叠时间。这个能量一般被称为大统一理论(GUT)能标。在暴胀图像的典型情况里，这个指数暴胀一般从这个时间开始，一直到宇宙的年龄增大 100 倍时。在这个阶段的末期，存在与相变有关的巨大的能量释放，这使得宇宙的温度变得非常高，然后动力学变成标准辐射主导的大爆炸。

让我们进行一些数字计算。在宇宙年龄为 $10^{-34} \sim 10^{-32}$ s 时，宇宙标度因子以 $e^{100} \approx 10^{43}$ 的因子指数增长。在这个阶段的开始，视界尺度仅仅为 $r \approx ct \approx 3 \times 10^{-26}$ m，而在暴胀阶段末期，视界尺度暴胀到 3×10^{17} m。这个尺度与时间的关系为 $t^{1/2}$，与标准辐射主导的宇宙一样。因此这个区域在当前时期可能膨胀到 3×10^{42} m 的尺度，这个量级远远超过了宇宙现在的尺度，因为现在的宇宙仅仅为 10^{26} m。因此我们的宇宙可以从极早期远远小于当时视界尺度大小的极小区域开始增长。这保证了我们现在的宇宙在大尺度上是各向同性的，解决了视界问题。暴胀宇宙的历史与标准弗里德曼图像的比较见图 19.11。

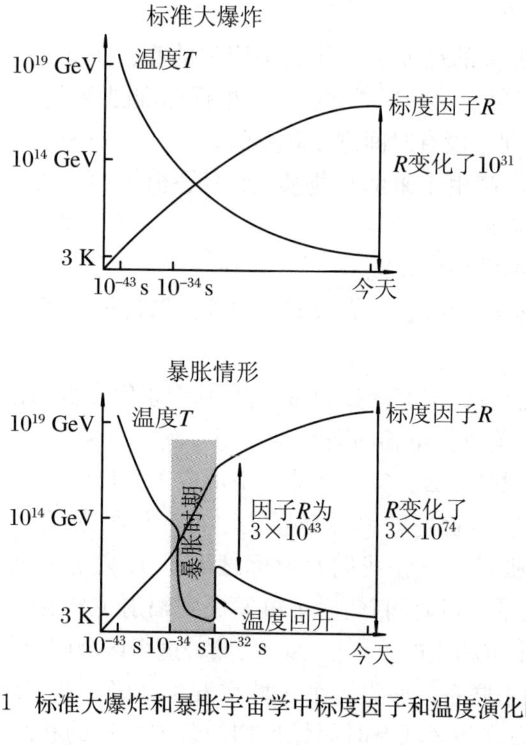

图 19.11　标准大爆炸和暴胀宇宙学中标度因子和温度演化的比较

指数膨胀的进一步结果是，它改变了早期宇宙的几何结构，宇宙的复杂化也由此开始。几何曲率半径为 $R_c(t)=\mathscr{R}R(t)$,因此这个极小区域的几何曲率半径也开始暴胀到比宇宙现在的尺度大很多的量级上——暴胀区域现在的几何是欧几里得平直几何。这一过程在暴胀末期结束。当宇宙从指数膨胀的状态转变为辐射主导的相时,几何变成欧几里得几何,即 $\kappa=0$。最后,宇宙有 $\Omega=1$。

这仅仅是当代宇宙学家们(包括观测家和理论家)需要面对的问题中的一部分。他们以一种愉快的方式完成了这个循环。我们的故事以天文学对了解我们在宇宙中所处的位置所做的贡献开始,以物理学家在21世纪初面临的宇宙学问题结束。这些都是值得我们从第谷、开普勒和牛顿处继承下来的问题。

19.10 参考文献

[1] Longair M.1977.Galaxy Formation.Berlin:Springer-Verlag.

[2] Sunyaev R A, ZeldovichY B. 1980. Ann. Rev. Astron. Astrophys., 18: 537-560.

[3] Bondi,H.1960.Cosmology.Cambridge:Cambridge University Press.

[4] Carroll S M.1960.Cosmology.Cambridge:Cambridge University Press.

[5] Wagoner R V.1973.Astrophys.J.,148:3.

[6] Weinberg S.1972.Gravitation and Cosmology.New York:John Wiley and Co.

第19章附录 空宇宙的罗伯逊-沃克度规

空世界模型为 $\Omega_0=0$、$\Omega_v=0$,一般称为米尔恩模型,因为它可以由纯运动学发展得到:米尔恩对宇宙学的主要贡献是阐明了宇宙学中时间和运动学的含义,并且为宇宙学模型——以运动宇宙学而闻名的宇宙学模型——的建立发展了一种特殊的方法。这些模型中最著名的是空模型,该模型中宇宙没有引力,因此粒子从 $t=0$ 开始,以常速度彼此分开,直到 $t=\infty$。19.3节的罗伯逊-沃克度规可以由空模型使用狭义相对论推出。这是一个很有价值的练习,因为它清楚地揭示了一些问题,这些问题产生于用广义相对论进行更一般处理的时候。

均匀膨胀的原点 O 取在[0,0,0,0],粒子的世界线从这一点开始发散,每一点与其他点保持恒定速度。这个宇宙时空图如图A19.1所示。我们自己的世界线是 t

轴,与我们保持恒定速度 v 的粒子 P 也标出来了。当我们试图为我们自己和与粒子 P 一起运动的基础观测者定义一个恰当的宇宙时的时候,存在一个明显的问题。在时刻 t,P 与我们的距离为 r,由于 P 的速度恒定,因此在我们的参考系中,$r=vt$。因为同时相对性,P 处的观测者测量到一个不同的时间 τ。根据洛伦兹变换有

$$\tau = \gamma\left(t - \frac{vr}{c^2}\right), \quad \gamma = \left(1 - \frac{v^2}{c^2}\right)^{-1/2}$$

因为 $r=vt$,所以

$$\tau = t\left(1 - \frac{r^2}{c^2 t^2}\right)^{1/2} \tag{A19.1}$$

现在问题就很明显了:t 是 O 点观测者的固有时,对其他所有观测者则不是。我们需要定义恒定宇宙时 τ 的表面,因为根据宇宙学原理,只有在这个表面上,我们才能够使用均匀各向同性的条件。$\tau=$常量的表面由满足下式的点组成:

$$\tau = t\left(1 - \frac{r^2}{c^2 t^2}\right)^{1/2} = 常量 \tag{A19.2}$$

局部地,在时空中的每一个点,这个表面必须与基础观测者的世界线正交。

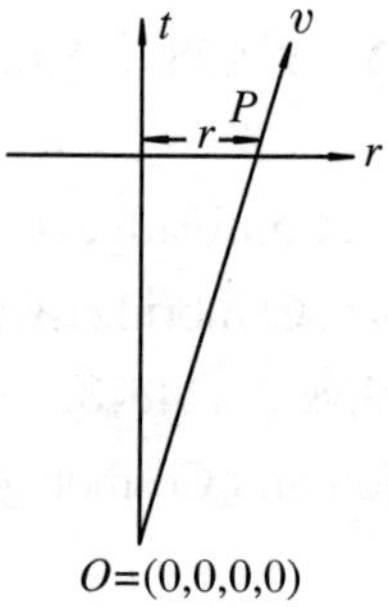

图 A19.1　空宇宙的时空图

下一个必要条件是在 $\tau=$常量(注:$\mathrm{d}l$ 和 $\mathrm{d}r$ 的含义与在本章前面的用法有一点点不同)的表面上,在点 P 处定义径向距离 $\mathrm{d}l$ 的局域线元。间隔 $\mathrm{d}s^2=\mathrm{d}t^2-(1/c^2)\mathrm{d}r^2$ 是不变的。因为 $\tau=$常量,所以在这个表面上 $\mathrm{d}s^2=-(1/c^2)\mathrm{d}l^2$,从而

$$\mathrm{d}l^2 = \mathrm{d}r^2 - c^2\mathrm{d}t^2 \tag{A19.3}$$

因此 τ 和 $\mathrm{d}l$ 局域地定义了 P 点的固有时和固有距离,等价于宇宙时 t 和 19.3 节中引入的径向距离 x。宇宙学原理只能在 τ 和 l 坐标中应用。

现在让我们把 O 点处观测者的参考系 S 转换到相对径向速度为 v 的 P 点世界线的参考系 S' 中。垂直于径向坐标的距离在洛伦兹变换下保持不变。因此如果在 S 中有

$$\mathrm{d}s^2 = \mathrm{d}t^2 - \frac{1}{c^2}(\mathrm{d}r^2 + r^2\mathrm{d}\theta^2) \tag{A19.4}$$

那么在 S' 中有

$$ds^2 = d\tau^2 - \frac{1}{c^2}(dl^2 + r^2 d\theta^2) \tag{A19.5}$$

现在我们需要做的是用 l 和 τ 来表示 r,从而完成向(τ,l)坐标的转换。

我们已经看到,在常量 τ 的表面,$ds^2 = dr^2 - c^2 dt^2$。另外,由于 dl 是在 S' 中的固定时间 τ 时测量的,所以 dr 和 dt 的关系可以由 $d\tau$ 的洛伦兹变换找到:

$$d\tau = \gamma\left(dt - \frac{v}{c^2}dr\right) = 0$$

从而

$$dt^2 = \frac{v^2}{c^4}dr^2 \tag{A19.6}$$

从式(A19.3)有

$$dl^2 = dr^2\left(1 - \frac{v^2}{c^2}\right) = dr^2\left(1 - \frac{r^2}{c^2 t^2}\right) = dr^2 - \frac{r^2 dr^2}{c^2 t^2} \tag{A19.7}$$

注意到这是由于在 P 点的静止参考系中,退行速度与在 S' 中观测到的相同,$v = dl/d\tau = dr/dt$。

最后,我们可以用 $dl/\tau = dr/t$ 代替式(A19.7)中最后一项 dr/t,因此

$$dl^2 = \frac{dr^2}{1 + \frac{r^2}{c^2\tau^2}} \tag{A19.8}$$

积分,用替代项 $r = c\tau\ \sinh x$,解为

$$r = c\tau\sinh[l/(c\tau)] \tag{A19.9}$$

因此度规式(A19.5)可以写为

$$ds^2 = d\tau^2 - \frac{1}{c^2}\left(dl^2 + c^2\tau^2\sinh^2\frac{1}{c\tau}d\theta^2\right) \tag{A19.10}$$

这与描述双曲几何的各向同性弯曲空间的表达式(19.9)高度相符,几何曲率半径 $\mathcal{R}$ 变成 $c\tau$。这解释了为什么空宇宙有双曲空间部分。条件式(A19.1)和式(A19.8)是说明为什么可以在双曲空间中而不能在平直空间中为空宇宙定义一个相容的宇宙时和径向距离坐标的关键公式。

后　记

现在，我们该结束我们的故事了。虽然我们的故事仅停留在量子力学开创的初期，且其随后的发展故事又非常吸引人，但我们若继续讲下去，则会导致这本书面向另一群读者，并且需要读者掌握一些高深的数学工具。我在写这本书的一开始就给自己定下了很多目标，而我是否成功达到这些目标不由我来评价。我只能说，我从一开始准备一篇原创的演讲，而后不断修改，不断扩展，最终出版成一本书，在此过程中学到了很多恨不得很久以前我就学到了的知识。在我 40 余年物理学、天体物理学、宇宙学的研究生涯中，我对那些开创了量子力学基本定理的物理学家和数学家充满了强烈的赞扬和钦佩之情。这些基本定理是辉煌的智慧结晶和天才们的灵光闪现，而这些定理所包含的对世界的深刻洞察力更是将我对整个物理学科的理解提升到了一个新的层次。

在阅读经典物理和现代物理的著名物理学家的原创论文时，我一次又一次地被他们的论文所展示出来的清晰易懂的内容折服。老实说，我发现阅读麦克斯韦、瑞利、爱因斯坦等著名物理学家的论文要比看现代的一些教材要容易得多。在这些伟大的文献中，我发现他们之所以能够如此清晰地表达出他们的思想和看法，正是由于他们对物理及用于描述它们的数学之间的关系有着非常深刻的理解。我们应非常看重物理学和理论物理学中的基本定理和规律，因为它们将会引出物理学中的新视角和新发现。这些新发现无法通过任何捷径获得，因为假如有这种捷径，我们早就该有这些新发现了。这些新发现需要的是长期大量的辛勤工作，通过对这些定理不断进行实验，来不断丰富这些定理，直到这些丰富的定理能被世人所接受并赞扬。

虽然某些特定问题的解法会非常复杂，但是其所蕴含的物理思想和数学结构却一定是非常简单的。而一旦理解了这些物理思想和数学结构，则剩下的仅仅只是将这些物理思想和数学结构应用到这一类特定的问题中去。我还清晰地记得我那位已去世的前任导师兼同事朔伊尔曾经告诉过我的一个故事。这个故事涉及他的一位同事汤姆孙。故事发生在他在军队服役期间。汤姆孙作为一名物理学家，被分到无线电接收器的研究工作岗位。有一天，他向一位军士请教某个电路的一些问题，而这位军士的回答至今还深深铭刻在我的脑海里。他说："你所需要知道的就是欧姆定律，但是你必须对欧姆定律有一个非常深刻的理解！"他这句话可以用在任何物理定律中。

索　引

阿伏伽德罗常量 232,235,247,307,309,318,330

爱因斯坦引力场方程 413

安培环路定理 75,83,100,102,104,112,388

暗能量 478

白金汉 Π 定理 152,153,155,157,163,164

暴胀 46,47,477,478,493～495

本构方程 113

比角动量 66,416,418,421,428

毕奥-萨伐尔定律 74,75,102～104,116

变分计算法 130

变压器与发电机 78

标度律 176～178,180,183

标度因子 464,466,469,472,475,478,479,485～487,493,494

波的涨落 339

波动的表达式 100

波动方程的色散关系 99

波粒二象性 259,355

玻尔氢原子模型 347

玻尔兹曼常量 232,248,305,308,318,321

玻尔兹曼因子 242,246

玻色-爱因斯坦分布 313

玻色-爱因斯坦统计 312,314

伯努利方程 202

泊松括号 142～144

测地线距离 407～409,414,417,434,463

潮汐力 400,401

潮汐效应 401

磁力线或磁场线 77

从一个特定方向抵达的分子通量 233

道尔顿分压定律 235

德拜温度 329,330

等概率原理 249,252,256

等温膨胀 203,209～211,214

等效原理 395,397～399,404,405,409

第一个电动机 76,77

电磁波的速度 88

电磁场的能量密度 120

电磁学的边界条件 108

电磁学的高斯定理 106

电荷耦合装置 448,449

电荷守恒 72,89,106

电流磁场的四种表达式 100,104

定容热容 198,200,203,235

定压热容 199

动量守恒定律 66,128,141,142,384,411,418,423

动物电 74,79

对称性 77,93,104,105,115,139,283,312,313,375,389,493,494

多孔塞 201

法拉第电磁感应定律 82,112,113
法拉第旋转 80
反射式望远镜 51,440～442,445
非欧几里得几何(非欧几何) 396,405,408,431,432
分形 151,166,171,178～181,198
分子从一个特定方向抵达的概率 232
分子振动 332
分子转动 331
弗里德曼模型 474,475,481,485,486
伏特电堆 74,79
辐射的量子理论 351
负熵 256
伽利略变换 45,128,367,368
伽利略定理 33,34,46
伽利略相对论 43,128,371
哥白尼日心说 18
固体的热容 326～328
惯性参考系 45,128,373,374,386,387
惯性定律 45
惯性质量 381,383,397～399,405,472,482,483,486,487,489,492
光电效应 319,320,323,324,326,344,345,448
光度距离 468,470
光线偏折 404,423,424
哈勃常量 459,467,470,471,475,476,483,491,492
哈勃定律 458～460,466,471,492
哈佛光谱序列 445
哈密顿方程 143
哈密顿量 140,142,143,415
哈密顿原理 125,132,412,413
亥姆霍兹自由能 227
焓 200,201,203,227
赫罗图 445,447
赫兹与电磁波的发现 90
黑洞 392,394,397,415,417,420,423,425,427～429
黑体辐射中的涨落 340
蝴蝶效应 166
华氏温标 189
混沌 59,126,151,165～168,170,171～174,176,247,280
基尔霍夫定律 262,265,266,281
吉布斯熵 254～256
吉布斯自由能 227
极限环 168,174
简正模式 135,137～139
焦耳-开尔文膨胀 200～203,210
焦耳-开尔文系数 201～203
焦耳膨胀 199～201,203,210,222,223,247,248,256,307,323
角动量守恒定律 66,128,142,418,423
角径距离 462,464,467,470
近日点进动 421,423
经典力学 125,126,144,242,261,416,419
经验温度 194,196,216
静电势 V 是泊松方程的解 73
绝热膨胀 193,202,203,210,213,214,223,274,276,482
绝热指数 203
K 修正 468,469
卡诺定理 209,214～216,219
卡诺理想热机的循环 211
开普勒行星运动第二定律 25
开普勒行星运动第三定律 26
开普勒行星运动第一定律 25

康普顿散射 353,355,486
可逆过程和不可逆过程 209
克劳修斯表述和开尔文表述等价 214～216
克劳修斯定理 220,222
空气分子的典型速度 231
库仑定律 72,114,116,283
拉格朗日量 129,131～136,138～142
楞次定律 79
黎曼-克里斯托夫张量 412
黎曼度规 406,409
理想气体的内能 200,235
理想气体的熵 223,250
理想气体定律 162,196,200,201,203,230,232,235,307
理想气体温标 197,215
粒子的涨落 336
连续性方程 81,89,106,107,145～147,411
量纲分析 151,152,154,156,157,161,162,165,274
临界密度 474
零测地线 423,433,465
卢瑟福散射 67,346,424
罗伯逊-沃克度规 461,462,464,465,495
螺旋场 97
洛伦兹变换 363,366,369～371,373,375,376,379,380,387,390,401,410,411,475,496,497
洛伦兹因子 132,369,374,378,384,388
迈克耳孙-莫雷实验 363～365,369,370
麦克斯韦方程组 8,70,75,82,89,93,105,116,117,123,367
麦克斯韦关系 225～229,267
麦克斯韦速度分布 237,242,305,352
麦克斯韦妖 245
闵可夫斯基度规 399,403,409,413,462
内能 U 是态函数 198
能量-动量张量 410～412
能量守恒定律 66,128,140,194,198,200,202,204,385,411,418
尼奎斯特定理 359,360
逆卡诺循环 214,218
黏滞系数 242～244,269,318
牛顿运动定律 3,6,8,56,66,93,125,127,128,145,147,246,367,382
纽可门蒸汽机 204
欧拉-拉格朗日方程 128,131～136,139～141,143,415,416
欧姆定律 75,498
碰撞参数 244,346,395
普适气体常量 196
气体的光电离 323,324
气体动理论的克劳修斯模型 230
气体分子产生的总压强 235
潜热 189,190
全微分的数学条件 226
燃素 191
热功当量 188,192～194
热力学的基本方程 224
热力学第二定律的开尔文表述 215
热力学第二定律的克劳修斯表述 214～216
热力学第零定律 194,195
热力学第一定律 186,194,197,198,203,204,213,267
热力学第一定律的数学表达式 197,198
热力学温度 197,214,216～218,224
热力学中的雅可比行列式 227

热平衡 186,263,265,266,273,276,281,289,294,302,320,321,351,352,354,359,360,489

热质 190,191,194,208,209,219,230

散度定理 81,94～96,106,107,115,118,121,145

熵的统计定义 247,253,254

熵增原理 220,221,247,252,255,292

摄氏温标 189

施瓦西半径 415,418,425～427,429

施瓦西度规 413,415,421,423,427,429

时间膨胀 395,401,403,414,466

视差 17,39,436,437,440,445,446

斯特藩-玻尔兹曼常量 273,307

斯特藩-玻尔兹曼定律 259,266,273,276,307,309,482

斯特林热机 211

斯托克斯定理 83,94～97,108,110～113

斯托克斯规则 323

四矢量 363,398

速度分解定律 45

随机误差 20,24

态函数 196,198,200,201,218,219,222,224～227,229

态密度 251～254,256,304

汤姆孙截面 281,284,346,347

统计温度 254

湍流谱 161,162

托勒密宇宙体系 13,15

瓦特蒸汽机 206

维恩位移定律 274,276,277,290,293,296,297

位移电流 70,87,89,116,122,269

稳态理论 470～472

无旋场或保守场 97

吸引子 168,173

系统误差 20

相对论原理 45,371,395

香农定理 254,255

亚里士多德的物理学 28,31

颜色现象 50

叶轮实验 188,193,194

疑难实验 50,51

以太 84,85,87,363～369,371

引力红移 401,402,404,426,427,447

引力质量 397～399

有心力 55,65,66

诱导发射和吸收 352

宇宙暴胀 46,472,477,493,494

宇宙标度因子 466,494

宇宙日心说 17

宇宙学常量 412,472,476,477～479,481,482

宇宙学红移 466

宇宙学原理 462,470,471,496

原始的麦克斯韦方程组 82

原子有核模型 347

约翰逊噪声 179,359,360

折射式望远镜 51,440

振子的辐射阻尼 284

质的类比 80

状态方程 196,200,267,472

自发发射 352～355

自然单位 308,309

自由组织临界性 151

最后稳定圆轨道 420

最小作用原理 129,131,132